世界鸟类分类与分布名录
（第二版）

A Checklist on the Classification and Distribution
of the Birds of the World
(Second Edition)

主编　郑光美

Chief Editor　ZHENG Guangmei

国家林业和草原局野生动植物保护司指导出版
Guidance by the Department of Wildlife Conservation,
National Forestry and Grassland Administration of the
People's Republic of China

科学出版社
北　京

内 容 简 介

　　本书是一部系统介绍世界鸟类分类及分布的专著。在编写中参考了近年国际上鸟类学研究的进展，对世界鸟类的分类系统及其分布进行了全面的介绍。全书共收录世界鸟类 10 634 种，其中分布在我国境内的有 1470 种，我国特有种 101 种。本书给出了每种鸟类的分类地位和主要分布区域，以及物种的拉丁学名、英文名和中文名。根据鸟类的形态特征、地理分布并参考最常用的英文名称，对中文名称进行了适当的补充和修订。本书对分布在我国的鸟类及我国特有种进行了专门的标记，以便读者能够了解我国的鸟类资源状况。书末附有主要参考文献及拉丁学名索引、英文名索引和中文名索引，以便读者检索。

　　本书可供从事鸟类学的教学、科研，以及从事农业、林业、环境保护、野生动物管理等领域的专业人员使用，也可为大专院校动物学、生态学、保护生物学等相关专业的师生提供参考。

审图号：GS(2021)4278 号

图书在版编目（CIP）数据

世界鸟类分类与分布名录/郑光美主编. —2 版. —北京：科学出版社，2021.10
ISBN 978-7-03-069159-0

Ⅰ. ①世… Ⅱ. ①郑… Ⅲ. ①鸟类–分类学–世界 ②鸟类–分布–世界–名录
Ⅳ. ①Q959.708-62

中国版本图书馆 CIP 数据核字（2021）第 110303 号

责任编辑：张会格　付　聪 / 责任校对：严　娜
责任印制：吴兆东 / 封面设计：刘新新

科学出版社 出版
北京东黄城根北街 16 号
邮政编码：100717
http://www.sciencep.com
北京九州迅驰传媒文化有限公司印刷
科学出版社发行　　各地新华书店经销
*
2002 年 7 月第 一 版　　开本：787×1092 1/16
2021 年 10 月第 二 版　　印张：29 1/2
2025 年 1 月第二次印刷　　字数：1 166 000
定价：**280.00 元**
（如有印装质量问题，我社负责调换）

《世界鸟类分类与分布名录》（第二版）
编委会

主编：郑光美

编委（按姓氏汉语拼音排序）：

丁　平　丁长青　董　路　卢　欣

王　宁　张雁云　张正旺　郑光美

Editorial Committee
of
A Checklist on the Classification and Distribution of the
Birds of the World (Second Edition)

Chief Editor: ZHENG Guangmei

Members (in the order of Chinese pinyin):

DING Ping	DING Changqing
DONG Lu	LU Xin
WANG Ning	ZHANG Yanyun
ZHANG Zhengwang	ZHENG Guangmei

前　言

　　《世界鸟类分类与分布名录》（第一版）出版距今已近 20 年。这期间，世界鸟类的系统演化及分类研究快速发展，取得了诸多重要成果。自 2004 年发表第一种鸟类基因组（家鸡），至 2020 年由我国学者领衔公布的 363 种鸟类基因组，已涵盖了世界鸟类所有的目和 92%的科级阶元。这些系统发育基因组学（phylogenomics）成果为重建鸟类的生命之树提供了清晰的演化脉络。与此同时，半个多世纪以来对"物种"定义的争论也随着研究证据的增加而逐渐形成共识，在经典的"生物学物种"概念的基础上逐步完善，形成了比较统一的整合分类学研究的范式，为基于分子、形态、鸣声等多种证据开展鸟类物种的分类实践提供了可行的实现途径，突破了以形态或分子系统发育等单一特征来界定物种的局限性，为种级阶元的分类提供了更可靠的科学依据。

　　层出不穷的科学研究成果为鸟类学家和研究机构对世界鸟类分类系统开展全面梳理提供了契机，更加符合达尔文演化观点的世界现代鸟类分类系统应运而生，形成了具有广泛影响力的 4 个世界鸟类分类名录体系：①以 1992~2003 年 *Handbook of the Birds of the World*（HBW，《世界鸟类手册》）第 1~17 卷为基础的世界鸟类名录，以及于 2014 年和 2016 年在 *HBW and BirdLife International Illustrated Checklist of the Birds of the World*（《HBW 与国际鸟盟世界鸟类名录》）第 1 卷和第 2 卷中的更新，被世界自然保护联盟（International Union for Conservation of Nature，IUCN）采纳，作为全球受威胁鸟类红色名录的分类依据；②自 2006 年开始，世界鸟类学家联合会[International Ornithologists' Union，IOU（原 IOC）]通过网络定期发布的 *IOC World Bird List*（《IOC 世界鸟类名录》）（至 2021 年 7 月，已更新至 11.1 版）；③Dickinson 等（2013~2014 年）主编的 *The Howard and Moore Complete Checklist of the Birds of the World* 第 4 版；④以 Clements 等主编的 *The eBird/Clements Checklist of Birds of the World* 为基础，由康奈尔大学鸟类学实验室持续更新，并作为 eBird 分类体系来源的名录。尽管以上 4 个独立发展起来的世界鸟类名录之间仍存在一些差异，但是对于目级和科级分类阶元的观点已逐渐趋于一致，92%以上的物种在至少 3 个名录中被承认。2018 年在温哥华举办的第 27 届国际鸟类学大会专门安排了以世界鸟类分类名录为主题的圆桌会议，期望以此为契机推动融合，消除分歧，展现了鸟类学家为建立统一的世界鸟类分类体系所做的努力。

　　在国际鸟类分类学领域发生这些巨大变革的时代，我们的《世界鸟类分类与分布名录》（第二版）需要顺应这一主流趋势，体现最新的科学研究成果，促进国际学术交流；同时也为鸟类学研究、物种保护、观鸟活动、科学传播、海关执法等提供实用的鸟类拉丁学名、中文名、英文名及其主要分布区域信息。在科名之后，另加括号给出其常用的英文名称，以方便交流。

关于近期我国鸟类分类系统目（order）和科（family）的主要变动，在《中国鸟类分类与分布名录》（第三版）（郑光美，2017）前言中已有所说明。本书其他重要的目和科级阶元的修订内容有：①将美洲鸵鸟目（Rheiformes）、鹤鸵目（Casuariiformes）、几维目（Apterygiformes）和鹋形目（Tinamiformes）并入鸵鸟目（Struthioniformes），属于古颚类；②依据分子系统发育研究，企鹅目（Sphenisciformes）与潜鸟目（Gaviiformes）、鹱形目（Procellariiformes）等水鸟的亲缘关系更近，取消了传统分类系统中的企鹅总目；③增设日鳽目（Eurypygiformes）、拟鹑目（Mesitornithiformes）、蕉鹃目（Musophagiformes）、美洲鹫目（Cathartiformes）和鹃三宝鸟目（Leptosomiformes）；④雀形目中科级分类阶元大幅增加，例如，增加了犁嘴鸟科（Eulacestomatidae）、黑脚风鸟科（Melampittidae）、长嘴莺科（Macrosphenidae）等，该目总计达137科，占世界鸟类科数的57%。本书修订主要以HBW和IOU发布的"世界鸟类名录"为基础，综合参考其他名录体系，收录已被多数名录所承认的物种。涉及我国分布的鸟类，主要依据《中国鸟类分类与分布名录》（第三版）收录的物种名称，同时根据近年来的研究成果进行了更新，增加了白脸鸻（*Charadrius dealbatus*）、台湾灰头灰雀（*Pyrrhula owstnoi*）等新物种，以及白腹针尾绿鸠（*Treron seimundi*）等新分布记录，使本书收录的我国鸟类达1470种，其中我国特有鸟类101种。

中文名是本书修订的重要内容。本书共收录世界鸟类10 634种，比第一版收录的9755种增加了879种，新的目和科有70多个。在拟定新增分类阶元的中文名时，依照本书第一版前言及《中国鸟类分类与分布名录》（第二版和第三版前言）所列原则，一般不轻易改动，以保持名称的连续性和稳定性。同时本着简明易懂、科学准确的原则，当存在以下几种情况时，我们会对中文名进行修订。①中文名字义比较晦涩的。②分类地位和拉丁学名变更后，需要规范的科和种的中文名。例如，由于裸鼻雀属（*Thraupis*）已并入靓唐纳雀属（*Tangara*），因此将Thraupidae的中文名裸鼻雀科恢复为唐纳雀科；Stenostiridae是雀形目中的一个新科，在《中国鸟类分类与分布名录》（第三版）中拟定了该科的中文名——玉鹟科，故 *Stenostira scita* 的中文名仙莺也相应地改为仙玉鹟，与本科中其他物种的中文名保持一致性。③新提升为科的中文名，尽量避免使用地名和人名，并依此修订其下物种的中文名。例如，*Pluvianellus socialis* 已分立为独立的科，依据形态特征确定科的中文名为短腿鸻科，并相应地将 *Pluvianellus socialis* 的中文名麦哲伦鸻改为短腿鸻；类似的，*Pluvianus aegyptius* 已独立为蓝腿燕鸻科（Pluvianidae），其中文名埃及燕鸻也相应地改为蓝腿燕鸻。④音译且缺乏明确含义的中文名，例如，将唐加拉雀改为靓唐纳雀后，可以更好地体现物种的形态特征及其与近缘类群的关系。⑤亚种提升为种的类群，以传统的、耳熟能详的中文名来称呼在我国广泛分布的物种，分布较狭窄的物种另起中文名。⑥对列入《华盛顿公约》（CITES）附录且常出现于非法贸易中的物种，参考市场惯用名进行修订，以便于执法。例如，将 *Pionites* 中物种的中文名后缀由鹦哥改为凯克鹦哥，将 *Ara ararauna* 的中文名琉璃金刚鹦鹉改为蓝黄金刚鹦鹉。

从着眼于未来的角度考虑，这些改动所造成的短期不便是可以接受的。需要说明的是，由于本书相较于第一版的分类变动非常多，如果在正文中一一标注文献出处，将超出本书可承载的篇幅，且偏离作为一本实用工具书的定位。有兴趣对分类变动进行深入探究的读者，可参考书后所列的主要参考文献，也可根据书中提供的拉丁学名，利用 Avibase、Birds of the World、IOC World Bird List 等在线数据库进行查询与比对。

此外，本书对物种的分布介绍遵循第一版的方式，仅列出其主要分布的自然地理区。我们根据自然地理区的划分方式对分布区进行编号（详见环衬"自然地理区划分示意图"及正文"一、本书鸟类分布区域的说明"），去繁从简，以便更为简洁实用。

本书由集体合作完成，第一版的编写者均参与了修订工作，并增加了两名青年鸟类学者。编者在共同的修订原则指导下，分别完成不同类群的修订工作，最后再汇总讨论定稿。负责修订的人员有：北京师范大学郑光美、张正旺、张雁云、董路、王宁，浙江大学丁平，武汉大学卢欣，北京林业大学丁长青。北京师范大学研究生何海燕、高丽君、李铮、郝佩佩、金碧洁、黄晨静、伍洋，浙江大学研究生宋虓、吴强、曾頔、任鹏、李家琦、金挺浩、刘娟、朱晨、张雪、韩雨潇、司琪、蔡畅，全国鸟类环志中心陈丽霞等在收集资料、录入文字和整理主要参考文献方面做了大量工作；梅坚先生帮助校对了拉丁学名和中文名；国家濒科委提供了常见贸易鸟类中文名的参考建议；国家林业和草原局野生动植物保护司为本书的出版提供了指导；全国鸟类环志中心为本书的出版提供了帮助，谨致诚挚的感谢！

限于编者水平，书中的疏漏和不当之处敬请批评指正。

编　者
2021 年 2 月

目　　录

一、本书鸟类分布区域的说明

鸟类是地球上生存能力最强的动物类群之一。它们数量多、分布广，栖息环境包括陆地和海洋。从海平面到海拔数千米的高山，从烈日炎炎的赤道到冰雪覆盖的两极都有鸟类分布。现存鸟类的生境类型多种多样，既包括森林、草原、湿地、荒漠、苔原等自然生境，也包括农田和城镇等人工生境。

自然地理学一般把世界陆地动物区系划分为 6 个界（realm），即古北界、东洋界、非洲热带界、澳洲界、新北界及新热带界。在本书第一版中，我们在上述 6 个界的基础上，将世界鸟类的分布进一步细分为 13 个区域。近 20 年来，学术界对世界鸟类地理分布的格局及演化历史又有了很多新的认识，为了便于广大读者从整体上简明扼要地了解世界鸟类分布的概况，在这一版中，我们将世界鸟类的分布区系总体上按照以上 6 界划分，并将南极洲单独划分出来。对于东洋界与澳洲界的分界线，我们采用传统的华莱士线，即自巴厘岛和龙目岛之间的龙目海峡，经加里曼丹岛和苏拉威西岛之间的望加锡海峡，至棉兰老岛和桑义赫群岛之间。

本版各分区的具体范围见书后插页示意图，其中：

1 为古北界，包括整个欧洲、撒哈拉沙漠以北的非洲、阿拉伯半岛，以及喜马拉雅山—横断山—秦岭—淮河—奄美群岛海域以北的亚洲地区；

2 为东洋界，包括喜马拉雅山—横断山—秦岭—淮河—奄美群岛海域以南、华莱士线以西的亚洲地区；

3 为非洲热带界，包括撒哈拉沙漠以南的非洲大陆、马达加斯加岛及其附近岛屿；

4 为澳洲界，包括华莱士线以东的亚洲地区和大洋洲；

5 为新北界，包括墨西哥高原及其以北的北美洲地区；

6 为新热带界，包括墨西哥高原以南的北美洲地区和南美洲；

7 为南极地区，包括南极洲。

在本书中，每种鸟类的分布区用上述各区的阿拉伯数字（1~7）代表。在我国境内有分布的鸟类，是我国特有种的标记为"EC"，不是我国特有种但在我国有分布的种类标记为"C"。

二、世界鸟类分类与分布名录

I 鸵鸟目 Struthioniformes

1. 鸵鸟科 Struthionidae (Ostriches) 1属 2种

Struthio camelus	非洲鸵鸟	Common Ostrich	分布: 1, 3
Struthio molybdophanes	灰颈鸵鸟	Somali Ostrich	分布: 3

2. 美洲鸵鸟科 Rheidae (Rheas) 1属 3种

Rhea americana	大美洲鸵	Greater Rhea	分布: 6
Rhea pennata	小美洲鸵	Lesser Rhea	分布: 6
Rhea tarapacensis	高地小美洲鸵	Puna Rhea	分布: 6

3. 鸥科 Tinamidae (Tinamous) 9属 48种

Nothocercus julius	红头林鸥	Tawny-breasted Tinamou	分布: 6
Nothocercus bonapartei	黑头林鸥	Highland Tinamou	分布: 6
Nothocercus nigrocapillus	灰头白喉林鸥	Hooded Tinamou	分布: 6
Tinamus tao	灰鸥	Grey Tinamou	分布: 6
Tinamus solitarius	孤鸥	Solitary Tinamou	分布: 6
Tinamus osgoodi	黑鸥	Black Tinamou	分布: 6
Tinamus major	大鸥	Great Tinamou	分布: 6
Tinamus guttatus	白喉鸥	White-throated Tinamou	分布: 6
Crypturellus berlepschi	伯氏穴鸥	Berlepsch's Tinamou	分布: 6
Crypturellus cinereus	灰穴鸥	Cinereous Tinamou	分布: 6
Crypturellus ptaritepui	灰喉穴鸥	Tepui Tinamou	分布: 6
Crypturellus soui	小穴鸥	Little Tinamou	分布: 6
Crypturellus obsoletus	褐穴鸥	Brown Tinamou	分布: 6
Crypturellus undulatus	波斑穴鸥	Undulated Tinamou	分布: 6
Crypturellus strigulosus	巴西穴鸥	Brazilian Tinamou	分布: 6
Crypturellus duidae	灰腿穴鸥	Grey-legged Tinamou	分布: 6
Crypturellus erythropus	红脚穴鸥	Red-footed Tinamou	分布: 6
Crypturellus noctivagus	黄腿穴鸥	Yellow-legged Tinamou	分布: 6
Crypturellus atrocapillus	黑顶穴鸥	Black-capped Tinamou	分布: 6
Crypturellus occidentalis	西棕穴鸥	Western Thicket Tinamou	分布: 6
Crypturellus cinnamomeus	棕穴鸥	Thicket Tinamou	分布: 6
Crypturellus transfasciatus	淡眉穴鸥	Pale-browed Tinamou	分布: 6
Crypturellus boucardi	灰胸穴鸥	Slaty-breasted Tinamou	分布: 6
Crypturellus kerriae	乔科穴鸥	Choco Tinamou	分布: 6

Crypturellus variegatus	杂色穴鹩	Variegated Tinamou	分布: 6
Crypturellus brevirostris	锈栗穴鹩	Rusty Tinamou	分布: 6
Crypturellus bartletti	巴氏穴鹩	Bartlett's Tinamou	分布: 6
Crypturellus casiquiare	斑穴鹩	Barred Tinamou	分布: 6
Crypturellus parvirostris	小嘴穴鹩	Small-billed Tinamou	分布: 6
Crypturellus tataupa	塔陶穴鹩	Tataupa Tinamou	分布: 6
Rhynchotus rufescens	红翅鹩	Red-winged Tinamou	分布: 6
Rhynchotus maculicollis	哨音红翅鹩	Huayco Tinamou	分布: 6
Nothoprocta taczanowskii	高山斑鹩	Taczanowski's Tinamou	分布: 6
Nothoprocta ornata	丽色斑鹩	Ornate Tinamou	分布: 6
Nothoprocta perdicaria	智利斑鹩	Chilean Tinamou	分布: 6
Nothoprocta cinerascens	灰斑鹩	Brushland Tinamou	分布: 6
Nothoprocta pentlandii	安第斯斑鹩	Andean Tinamou	分布: 6
Nothoprocta curvirostris	弯嘴斑鹩	Curve-billed Tinamou	分布: 6
Nothura boraquira	白腹拟鹩	White-bellied Nothura	分布: 6
Nothura minor	小拟鹩	Lesser Nothura	分布: 6
Nothura darwinii	达尔文拟鹩	Darwin's Nothura	分布: 6
Nothura maculosa	斑拟鹩	Spotted Nothura	分布: 6
Nothura chacoensis	查科拟鹩	Chaco Nothura	分布: 6
Taoniscus nanus	侏鹩	Dwarf Tinamou	分布: 6
Eudromia elegans	凤头鹩	Elegant Crested Tinamou	分布: 6
Eudromia formosa	棕凤头鹩	Quebracho Crested Tinamou	分布: 6
Tinamotis pentlandii	北山鹩	Puna Tinamou	分布: 6
Tinamotis ingoufi	南山鹩	Patagonian Tinamou	分布: 6

4. 鹤鸵科 Casuariidae (Cassowaries and Emus) 2 属　4 种

Casuarius casuarius	双垂鹤鸵	Southern Cassowary	分布: 4
Casuarius bennetti	侏鹤鸵	Dwarf Cassowary	分布: 4
Casuarius unappendiculatus	单垂鹤鸵	Northern Cassowary	分布: 4
Dromaius novaehollandiae	鸸鹋	Emu	分布: 4

5. 无翼科 Apterygidae (Kiwis) 1 属　5 种

Apteryx haastii	大斑几维	Great Spotted Kiwi	分布: 4
Apteryx owenii	小斑几维	Little Spotted Kiwi	分布: 4
Apteryx mantelli	北岛褐几维	North Island Brown Kiwi	分布: 4
Apteryx australis	褐几维	Southern Brown Kiwi	分布: 4
Apteryx rowi	白眶几维	Okarito Kiwi	分布: 4

II　鸡形目　Galliformes

1. 塚雉科 Megapodiidae (Megapodes) 7 属　21 种

| *Alectura lathami* | 大塚雉 | Brush Turkey | 分布: 4 |

Aepypodius arfakianus	肉垂塚雉	Wattled Brush Turkey	分布: 4
Aepypodius bruijnii	冠塚雉	Bruijn's Brush Turkey	分布: 4
Talegalla cuvieri	红嘴塚雉	Red-billed Brush Turkey	分布: 4
Talegalla fuscirostris	黑嘴塚雉	Black-billed Brush Turkey	分布: 4
Talegalla jobiensis	褐领塚雉	Brown-collared Brush Turkey	分布: 4
Leipoa ocellata	斑塚雉	Malleefowl	分布: 4
Macrocephalon maleo	塚雉	Maleo	分布: 4
Eulipoa wallacei	摩鹿加塚雉	Moluccan Scrub Hen	分布: 4
Megapodius nicobariensis	尼柯巴塚雉	Nicobar Scrub Fowl	分布: 2
Megapodius cumingii	菲律宾塚雉	Philippine Scrub Fowl	分布: 2, 4
Megapodius bernsteinii	苏拉塚雉	Sula Scrub Fowl	分布: 4
Megapodius tenimberensis	塔岛塚雉	Tanimbar Scrub Fowl	分布: 4
Megapodius layardi	瓦努阿图塚雉	Vanuatu Scrub Fowl	分布: 4
Megapodius laperouse	马岛塚雉	Marianas Scrub Hen	分布: 4
Megapodius pritchardii	汤加塚雉	Tongan Scrub Hen	分布: 4
Megapodius freycinet	暗色塚雉	Dusky Scrub Hen	分布: 4
Megapodius geelvinkianus	比岛塚雉	Biak Scrub Fowl	分布: 4
Megapodius decollatus	斑喉塚雉	New Guinea Scrub Fowl	分布: 4
Megapodius eremita	红斑塚雉	Bismarck Scrub Fowl	分布: 4
Megapodius reinwardt	橙脚塚雉	Orange-footed Scrub Fowl	分布: 4

2. 凤冠雉科　Cracidae　(Guans)　11 属　57 种

Chamaepetes unicolor	黑镰翅冠雉	Black Guan	分布: 6
Chamaepetes goudotii	褐镰翅冠雉	Sickle-winged Guan	分布: 6
Penelopina nigra	山冠雉	Highland Guan	分布: 6
Penelope argyrotis	斑尾冠雉	Band-tailed Guan	分布: 6
Penelope barbata	须冠雉	Bearded Guan	分布: 6
Penelope ortoni	古铜冠雉	Baudo Guan	分布: 6
Penelope montagnii	安第斯冠雉	Andean Guan	分布: 6
Penelope marail	绿背冠雉	Marail Guan	分布: 6
Penelope superciliaris	眉纹冠雉	Rusty-margined Guan	分布: 6
Penelope dabbenei	红脸冠雉	Red-faced Guan	分布: 6
Penelope jacquacu	棕胸冠雉	Spix's Guan	分布: 6
Penelope purpurascens	紫冠雉	Crested Guan	分布: 6
Penelope perspicax	考卡冠雉	Cauca Guan	分布: 6
Penelope albipennis	白翅冠雉	White-winged Guan	分布: 6
Penelope obscura	乌腿冠雉	Dusky-legged Guan	分布: 6
Penelope pileata	白顶冠雉	White-crested Guan	分布: 6
Penelope ochrogaster	栗腹冠雉	Chestnut-bellied Guan	分布: 6
Penelope jacucaca	白眉冠雉	White-browed Guan	分布: 6
Pipile pipile	鸣冠雉	Trinidad Piping Guan	分布: 6
Pipile cumanensis	蓝喉鸣冠雉	Blue-throated Piping Guan	分布: 6

Pipile grayi	白喉鸣冠雉	White-throated Piping Guan	分布: 6
Pipile cujubi	红喉鸣冠雉	Red-throated Piping Guan	分布: 6
Pipile jacutinga	黑额鸣冠雉	Black-fronted Piping Guan	分布: 6
Aburria aburri	肉垂冠雉	Wattled Guan	分布: 6
Ortalis vetula	纯色小冠雉	Plain Chachalaca	分布: 5, 6
Ortalis cinereiceps	灰头小冠雉	Grey-headed Chachalaca	分布: 6
Ortalis garrula	栗翅小冠雉	Chestnut-winged Chachalaca	分布: 6
Ortalis ruficauda	棕臀小冠雉	Rufous-vented Chachalaca	分布: 6
Ortalis erythroptera	棕头小冠雉	Rufous-headed Chachalaca	分布: 6
Ortalis wagleri	棕腹小冠雉	Rufous-bellied Chachalaca	分布: 6
Ortalis poliocephala	墨西哥小冠雉	West Mexican Chachalaca	分布: 6
Ortalis canicollis	查科小冠雉	Chaco Chachalaca	分布: 6
Ortalis leucogastra	白腹小冠雉	White-bellied Chachalaca	分布: 6
Ortalis columbiana	哥伦比亚小冠雉	Colombian Chachalaca	分布: 6
Ortalis guttata	鳞斑小冠雉	Speckled Chachalaca	分布: 6
Ortalis araucuan	巴西小冠雉	Brazilian Chachalaca	分布: 6
Ortalis squamata	点斑小冠雉	Scaled Chachalaca	分布: 6
Ortalis motmot	小冠雉	Little Chachalaca	分布: 6
Ortalis ruficeps	栗头小冠雉	Chestnut-headed Chachalaca	分布: 6
Ortalis superciliaris	黄眉小冠雉	Buff-browed Chachalaca	分布: 6
Oreophasis derbianus	角冠雉	Horned Guan	分布: 6
Nothocrax urumutum	夜冠雉	Nocturnal Curassow	分布: 6
Crax rubra	大凤冠雉	Great Curassow	分布: 6
Crax alberti	蓝嘴凤冠雉	Blue-billed Curassow	分布: 6
Crax daubentoni	黄瘤凤冠雉	Yellow-knobbed Curassow	分布: 6
Crax alector	黑凤冠雉	Black Curassow	分布: 6
Crax fasciolata	裸脸凤冠雉	Bared-faced Curassow	分布: 6
Crax pinima	贝伦凤冠雉	Belem Curassow	分布: 6
Crax globulosa	肉垂凤冠雉	Wattled Curassow	分布: 6
Crax blumenbachii	红嘴凤冠雉	Red-billed Curassow	分布: 6
Mitu tomentosum	无冠盔嘴雉	Crestless Curassow	分布: 6
Mitu mitu	阿拉戈盔嘴雉	Alagoas Curassow	分布: 6
Mitu tuberosum	巨嘴盔嘴雉	Razor-billed Curassow	分布: 6
Mitu salvini	白腹盔嘴雉	Salvin's Curassow	分布: 6
Pauxi unicornis	单盔凤冠雉	Horned Curassow	分布: 6
Pauxi koepckeae	希拉盔嘴雉	Sira Curassow	分布: 6
Pauxi pauxi	盔凤冠雉	Helmeted Curassow	分布: 6

3. 珠鸡科 Numididae (Guineafowls) 4 属 8 种

Numida meleagris	珠鸡	Helmeted Guineafowl	分布: 1, 3
Agelastes meleagrides	白胸珠鸡	White-breasted Guineafowl	分布: 3
Agelastes niger	黑珠鸡	Black Guineafowl	分布: 3

Acryllium vulturinum	鹫珠鸡	Vulturine Guineafowl	分布: 3
Guttera plumifera	长冠珠鸡	Plumed Guineafowl	分布: 3
Guttera verreauxi	西冠珠鸡	Western Crested Guineafowl	分布: 3
Guttera pucherani	冠珠鸡	Crested Guineafowl	分布: 3
Guttera edouardi	南冠珠鸡	Southern Crested Guineafowl	分布: 3

4. 齿鹑科 Odontophoridae （New World Quails） 10 属 34 种

Ptilopachus petrosus	石鹑	Stone Partridge	分布: 3
Ptilopachus nahani	纳氏石鹑	Nahan's Partridge	分布: 3
Philortyx fasciatus	斑鹑	Banded Quail	分布: 6
Oreortyx pictus	山翎鹑	Mountain Quail	分布: 5, 6
Colinus virginianus	山齿鹑	Northern Bobwhite	分布: 5, 6
Colinus nigrogularis	黑喉齿鹑	Black-throated Bobwhite	分布: 6
Colinus leucopogon	斑胸齿鹑	Spot-bellied Bobwhite	分布: 6
Colinus cristatus	冠齿鹑	Crested Bobwhite	分布: 6
Callipepla squamata	鳞斑鹑	Scaled Quail	分布: 5, 6
Callipepla douglasii	华丽翎鹑	Elegant Quail	分布: 5, 6
Callipepla gambelii	黑腹翎鹑	Gambel's Quail	分布: 5, 6
Callipepla californica	珠颈斑鹑	California Quail	分布: 5, 6
Dendrortyx barbatus	须林鹑	Bearded Wood Partridge	分布: 6
Dendrortyx macroura	长尾林鹑	Long-tailed Wood Partridge	分布: 6
Dendrortyx leucophrys	黄顶林鹑	Buffy-crowned Wood Partridge	分布: 6
Odontophorus gujanensis	云斑林鹑	Marbled Wood Quail	分布: 6
Odontophorus capueira	斑翅林鹑	Spot-winged Wood Quail	分布: 6
Odontophorus melanotis	黑耳林鹑	Black-eared Wood Quail	分布: 6
Odontophorus erythrops	棕额林鹑	Rufous-fronted Wood Quail	分布: 6
Odontophorus atrifrons	黑额林鹑	Black-fronted Wood Quail	分布: 6
Odontophorus hyperythrus	栗林鹑	Chestnut Wood Quail	分布: 6
Odontophorus melanonotus	暗背林鹑	Dark-backed Wood Quail	分布: 6
Odontophorus speciosus	棕胸林鹑	Rufous-breasted Wood Quail	分布: 6
Odontophorus dialeucos	黑顶林鹑	Tacarcuna Wood Quail	分布: 6
Odontophorus strophium	领林鹑	Gorgeted Wood Quail	分布: 6
Odontophorus columbianus	委内瑞拉林鹑	Venezuelan Wood Quail	分布: 6
Odontophorus leucolaemus	白喉林鹑	Black-breasted Wood Quail	分布: 6
Odontophorus balliviani	纹颊林鹑	Stripe-faced Wood Quail	分布: 6
Odontophorus stellatus	黄眼斑林鹑	Starred Wood Quail	分布: 6
Odontophorus guttatus	点斑林鹑	Spotted Wood Quail	分布: 6
Rhynchortyx cinctus	茶脸鹑	Tawny-faced Quail	分布: 6
Dactylortyx thoracicus	歌鹑	Singing Quail	分布: 6
Cyrtonyx montezumae	彩鹑	Montezuma Quail	分布: 5, 6
Cyrtonyx ocellatus	眼斑彩鹑	Ocellated Quail	分布: 6

5. 雉科　Phasianidae　(Pheasants and Allies)　53 属　187 种

Xenoperdix udzungwensis	坦桑尼亚鹑	Udzungwa Partridge	分布: 3
Rollulus rouloul	冕鹧鸪	Crested Partridge	分布: 2
Arborophila torqueola	环颈山鹧鸪	Hill Partridge	分布: 2; C
Arborophila rufogularis	红喉山鹧鸪	Rufous-throated Partridge	分布: 2; C
Arborophila atrogularis	白颊山鹧鸪	White-cheeked Partridge	分布: 2; C
Arborophila crudigularis	台湾山鹧鸪	Taiwan Partridge	分布: 2; EC
Arborophila mandellii	红胸山鹧鸪	Chestnut-breasted Partridge	分布: 2; C
Arborophila brunneopectus	褐胸山鹧鸪	Bar-backed Partridge	分布: 2; C
Arborophila rufipectus	四川山鹧鸪	Sichuan Partridge	分布: 1, 2; EC
Arborophila gingica	白眉山鹧鸪	Rickett's Partridge	分布: 2; EC
Arborophila davidi	橙颈山鹧鸪	Orange-necked Partridge	分布: 2
Arborophila cambodiana	栗头山鹧鸪	Chestnut-headed Partridge	分布: 2
Arborophila campbelli	马来山鹧鸪	Malay Partridge	分布: 2
Arborophila rolli	罗氏山鹧鸪	Roll's Partridge	分布: 2
Arborophila sumatrana	苏门答腊山鹧鸪	Sumatran Partridge	分布: 2
Arborophila orientalis	灰胸山鹧鸪	Gray-breasted Partridge	分布: 2
Arborophila javanica	棕腹山鹧鸪	Chestnut-bellied Partridge	分布: 2
Arborophila rubrirostris	红嘴山鹧鸪	Red-billed Partridge	分布: 2
Arborophila hyperythra	赤胸山鹧鸪	Red-breasted Partridge	分布: 2
Arborophila ardens	海南山鹧鸪	Hainan Partridge	分布: 2; EC
Arborophila diversa	泰国山鹧鸪	Siamese Partridge	分布: 2
Tropicoperdix chloropus	绿脚树鹧鸪	Green-legged Partridge	分布: 2; C
Tropicoperdix charltonii	栗胸树鹧鸪	Chestnut-necklaced Partridge	分布: 2
Tropicoperdix graydoni	沙巴树鹧鸪	Sabah Partridge	分布: 2
Rhizothera longirostris	长嘴山鹑	Long-billed Wood Partridge	分布: 2
Rhizothera dulitensis	白腹长嘴山鹑	Hose's Partridge	分布: 2
Melanoperdix niger	黑鹑	Black Wood Partridge	分布: 2
Haematortyx sanguiniceps	红头林鹧鸪	Crimson-headed Wood Partridge	分布: 2
Caloperdix oculeus	锈红林鹧鸪	Ferruginous Wood Partridge	分布: 2
Galloperdix spadicea	赤鸡鹑	Red Spurfowl	分布: 2
Galloperdix lunulata	彩鸡鹑	Painted Spurfowl	分布: 2
Galloperdix bicalcarata	斯里兰卡鸡鹑	Sri Lanka Spurfowl	分布: 2
Afropavo congensis	刚果孔雀	Congo Peafowl	分布: 3
Pavo cristatus	蓝孔雀	Indian Peafowl	分布: 2
Pavo muticus	绿孔雀	Green Peafowl	分布: 2; C
Argusianus argus	大眼斑雉	Great Argus	分布: 2
Rheinardia ocellata	冠眼斑雉	Crested Argus	分布: 2
Polyplectron napoleonis	巴拉望孔雀雉	Palawan Peacock Pheasant	分布: 2
Polyplectron malacense	凤冠孔雀雉	Malaysian Peacock Pheasant	分布: 2
Polyplectron schleiermacheri	加里曼丹孔雀雉	Bornean Peacock Pheasant	分布: 2

Polyplectron germaini	眼斑孔雀雉	Germain's Peacock Pheasant	分布: 2
Polyplectron katsumatae	海南孔雀雉	Hainan Peacock Pheasant	分布: 2; EC
Polyplectron bicalcaratum	灰孔雀雉	Grey Peacock Pheasant	分布: 2; C
Polyplectron inopinatum	山孔雀雉	Mountain Peacock Pheasant	分布: 2
Polyplectron chalcurum	铜尾孔雀雉	Bronze-tailed Peacock Pheasant	分布: 2
Margaroperdix madagarensis	马岛鹑	Madagascar Partridge	分布: 3
Coturnix coturnix	西鹌鹑	Common Quail	分布: 1, 2, 3; C
Coturnix japonica	鹌鹑	Japanese Quail	分布: 1, 2; C
Coturnix coromandelica	黑胸鹌鹑	Rain Quail	分布: 2
Coturnix delegorguei	花脸鹌鹑	Harlequin Quail	分布: 3
Coturnix pectoralis	澳洲鹌鹑	Pectoral Quail	分布: 4
Synoicus ypsilophorus	褐鹌鹑	Brown Quail	分布: 4
Synoicus chinensis	蓝胸鹑	Blue-breasted Quail	分布: 2, 4; C
Synoicus adansonii	非洲蓝鹑	African Blue Quail	分布: 3
Anurophasis monorthonyx	雪山鹑	Snow Mountain Quail	分布: 4
Tetraogallus caucasicus	高加索雪鸡	Caucasian Snowcock	分布: 1
Tetraogallus caspius	里海雪鸡	Caspian Snowcock	分布: 1
Tetraogallus himalayensis	暗腹雪鸡	Himalayan Snowcock	分布: 1, 2; C
Tetraogallus tibetanus	藏雪鸡	Tibetan Snowcock	分布: 1; C
Tetraogallus altaicus	阿尔泰雪鸡	Altai Snowcock	分布: 1; C
Alectoris graeca	欧石鸡	Rock Partridge	分布: 1
Alectoris chukar	石鸡	Chukar Partridge	分布: 1; C
Alectoris magna	大石鸡	Przevalski's Partridge	分布: 1; EC
Alectoris philbyi	黑脸石鸡	Philby's Partridge	分布: 1
Alectoris barbara	北非石鸡	Barbary Partridge	分布: 1
Alectoris rufa	红腿石鸡	Red-legged Partridge	分布: 1
Alectoris melanocephala	阿拉伯石鸡	Arabian Partridge	分布: 1
Lerwa lerwa	雪鹑	Snow Partridge	分布: 1; C
Ammoperdix griseogularis	漠鹑	See-see Partridge	分布: 1, 2
Ammoperdix heyi	沙鹑	Sand Partridge	分布: 1, 3
Perdicula asiatica	丛林鹑	Jungle Bush Quail	分布: 2
Perdicula argoondah	岩林鹑	Rock Bush Quail	分布: 2
Perdicula erythrorhyncha	红嘴林鹑	Painted Bush Quail	分布: 2
Perdicula manipurensis	阿萨姆林鹑	Manipur Bush Quail	分布: 2
Ophrysia superciliosa	喜山鹑	Himalayan Quail	分布: 2
Pternistis hartlaubi	哈氏鹧鸪	Hartlaub's Francolin	分布: 3
Pternistis bicalcaratus	双距鹧鸪	Double-spurred Francolin	分布: 1, 3
Pternistis icterorhynchus	黄嘴鹧鸪	Yellow-billed Francolin	分布: 3
Pternistis clappertoni	红眶鹧鸪	Clapperton's Francolin	分布: 3
Pternistis harwoodi	海氏鹧鸪	Harwood's Francolin	分布: 3
Pternistis adspersus	红嘴鹧鸪	Red-billed Francolin	分布: 3
Pternistis capensis	南非鹧鸪	Cape Francolin	分布: 3

Pternistis natalensis	纳塔尔鹧鸪	Natal Francolin	分布: 3
Pternistis hildebrandti	希氏鹧鸪	Hildebrandt's Francolin	分布: 3
Pternistis squamatus	鳞斑鹧鸪	Scaly Francolin	分布: 3
Pternistis ahantensis	褐顶鹧鸪	Ahanta Francolin	分布: 3
Pternistis griseostriatus	灰纹鹧鸪	Gray-striped Francolin	分布: 3
Pternistis leucoscepus	黄颈鹧鸪	Yellow-necked Francolin	分布: 3
Pternistis rufopictus	彩鹧鸪	Gray-breasted Francolin	分布: 3
Pternistis afer	红喉鹧鸪	Red-necked Francolin	分布: 3
Pternistis swainsonii	斯氏鹧鸪	Swainson's Francolin	分布: 3
Pternistis jacksoni	肯尼亚鹧鸪	Jackson's Francolin	分布: 3
Pternistis nobilis	艳鹧鸪	Handsome Francolin	分布: 3
Pternistis camerunensis	喀麦隆鹧鸪	Cameroon Francolin	分布: 3
Pternistis swierstrai	斯维氏鹧鸪	Swierstra's Francolin	分布: 3
Pternistis castaneicollis	栗枕鹧鸪	Chestnut-naped Francolin	分布: 3
Pternistis atrifrons	黑额鹧鸪	Black-fronted Francolin	分布: 3
Pternistis erckelii	棕顶鹧鸪	Erckel's Francolin	分布: 3
Pternistis ochropectus	淡腹鹧鸪	Pale-bellied Francolin	分布: 3
Francolinus francolinus	黑鹧鸪	Black Francolin	分布: 1, 2
Francolinus pictus	花彩鹧鸪	Painted Francolin	分布: 2
Francolinus pintadeanus	中华鹧鸪	Chinese Francolin	分布: 2; C
Francolinus pondicerianus	灰鹧鸪	Gray Francolin	分布: 1, 2
Francolinus gularis	沼泽鹧鸪	Swamp Francolin	分布: 2
Dendroperdix sephaena	凤头鹧鸪	Crested Francolin	分布: 3
Peliperdix coqui	栗顶鹧鸪	Coqui Francolin	分布: 3
Peliperdix albogularis	白喉鹧鸪	White-throated Francolin	分布: 3
Peliperdix schlegelii	栗喉鹧鸪	Schlegel's Banded Francolin	分布: 3
Peliperdix lathami	林鹧鸪	Forest Francolin	分布: 3
Scleroptila streptophora	环颈鹧鸪	Ring-necked Francolin	分布: 3
Scleroptila levaillantii	红翅鹧鸪	Red-winged Francolin	分布: 3
Scleroptila afra	灰翅鹧鸪	Gray-winged Francolin	分布: 3
Scleroptila finschi	芬氏鹧鸪	Finsch's Francolin	分布: 3
Scleroptila psilolaema	高地鹧鸪	Moorland Francolin	分布: 3
Scleroptila elgonensis	埃尔贡鹧鸪	Elgon Francolin	分布: 3
Scleroptila shelleyi	谢氏鹧鸪	Shelley's Francolin	分布: 3
Scleroptila whytei	怀氏鹧鸪	Whyte's Francolin	分布: 3
Scleroptila gutturalis	橙翅斑鹧鸪	Orange River Francolin	分布: 3
Bambusicola fytchii	棕胸竹鸡	Mountain Bamboo Partridge	分布: 2; C
Bambusicola thoracicus	灰胸竹鸡	Chinese Bamboo Partridge	分布: 1, 2; EC
Bambusicola sonorivox	台湾竹鸡	Taiwan Bamboo Partridge	分布: 2; EC
Gallus gallus	红原鸡	Red Junglefowl	分布: 2, 4; C
Gallus sonneratii	灰原鸡	Grey Junglefowl	分布: 2
Gallus lafayettii	蓝喉原鸡	Sri Lanka Junglefowl	分布: 2

Gallus varius	绿原鸡	Green Junglefowl	分布: 2, 4
Tetraophasis obscurus	红喉雉鹑	Chestnut-throated Partridge	分布: 1; EC
Tetraophasis szechenyii	黄喉雉鹑	Buff-throated Partridge	分布: 1; EC
Lophophorus impejanus	棕尾虹雉	Himalayan Monal	分布: 2; C
Lophophorus sclateri	白尾梢虹雉	Sclater's Monal	分布: 2; C
Lophophorus lhuysii	绿尾虹雉	Chinese Monal	分布: 1; EC
Tragopan melanocephalus	黑头角雉	Western Tragopan	分布: 2; C
Tragopan satyra	红胸角雉	Satyr Tragopan	分布: 2; C
Tragopan blythii	灰腹角雉	Blyth's Tragopan	分布: 2; C
Tragopan temminckii	红腹角雉	Temminck's Tragopan	分布: 1, 2; C
Tragopan caboti	黄腹角雉	Cabot's Tragopan	分布: 2; EC
Ithaginis cruentus	血雉	Blood Pheasant	分布: 1, 2; C
Pucrasia macrolopha	勺鸡	Koklass Pheasant	分布: 1, 2; C
Syrmaticus ellioti	白颈长尾雉	Elliot's Pheasant	分布: 2; EC
Syrmaticus humiae	黑颈长尾雉	Hume's Pheasant	分布: 2; C
Syrmaticus mikado	黑长尾雉	Mikado Pheasant	分布: 2; EC
Syrmaticus soemmerringii	铜长尾雉	Copper Pheasant	分布: 1
Syrmaticus reevesii	白冠长尾雉	Reeves's Pheasant	分布: 1, 2; EC
Chrysolophus pictus	红腹锦鸡	Golden Pheasant	分布: 1, 2; EC
Chrysolophus amherstiae	白腹锦鸡	Lady Amherst's Pheasant	分布: 2; C
Phasianus colchicus	环颈雉	Common Pheasant	分布: 1, 2; C
Phasianus versicolor	绿雉	Green Pheasant	分布: 2
Crossoptilon crossoptilon	白马鸡	White Eared Pheasant	分布: 1, 2; EC
Crossoptilon harmani	藏马鸡	Tibetan Eared Pheasant	分布: 1, 2; EC
Crossoptilon mantchuricum	褐马鸡	Brown Eared Pheasant	分布: 1; EC
Crossoptilon auritum	蓝马鸡	Blue Eared Pheasant	分布: 1; EC
Catreus wallichii	彩雉	Cheer Pheasant	分布: 2
Lophura leucomelanos	黑鹇	Kalij Pheasant	分布: 2; C
Lophura nycthemera	白鹇	Silver Pheasant	分布: 2; C
Lophura edwardsi	爱氏鹇	Edwards's Pheasant	分布: 2
Lophura swinhoii	蓝腹鹇	Swinhoe's Pheasant	分布: 2; EC
Lophura inornata	黑尾鹇	Salvadori's Pheasant	分布: 2
Lophura erythrophthalma	棕尾火背鹇	Crestless Fireback Pheasant	分布: 2
Lophura pyronota	婆罗洲火背鹇	Bornean Crestless Fireback	分布: 2
Lophura ignita	凤冠火背鹇	Crested Fireback Pheasant	分布: 2
Lophura rufa	马来凤冠火背鹇	Malay Crested Fireback	分布: 2
Lophura diardi	戴氏火背鹇	Diard's Fireback Pheasant	分布: 2
Lophura bulweri	鳞背鹇	Bulwer's Pheasant	分布: 2
Lophura hoogerwerfi	苏门答腊鹇	Hoogerwerf's Pheasant	分布: 2
Perdix perdix	灰山鹑	Grey Partridge	分布: 1; C
Perdix dauurica	斑翅山鹑	Daurian Partridge	分布: 1; C
Perdix hodgsoniae	高原山鹑	Tibetan Partridge	分布: 1, 2; C

Meleagris gallopavo	火鸡	Wild Turkey	分布: 5, 6
Meleagris ocellata	眼斑火鸡	Ocellated Turkey	分布: 6
Bonasa umbellus	披肩榛鸡	Ruffed Grouse	分布: 5
Tetrastes bonasia	花尾榛鸡	Hazel Grouse	分布: 1; C
Tetrastes sewerzowi	斑尾榛鸡	Chinese Grouse	分布: 1; EC
Lagopus lagopus	柳雷鸟	Willow Grouse	分布: 1, 5; C
Lagopus muta	岩雷鸟	Rock Ptarmigan	分布: 1, 5; C
Lagopus leucura	白尾雷鸟	White-tailed Ptarmigan	分布: 5
Dendragapus obscurus	蓝镰翅鸡	Blue Grouse	分布: 5
Dendragapus fuliginosus	乌镰翅鸡	Sooty Grouse	分布: 5
Falcipennis falcipennis	镰翅鸡	Siberian Spruce Grouse	分布: 1; C
Falcipennis canadensis	枞树镰翅鸡	Spruce Grouse	分布: 5
Tetrao urogallus	松鸡	Western Capercaillie	分布: 1; C
Tetrao urogalloides	黑嘴松鸡	Black-billed Capercaillie	分布: 1; C
Lyrurus tetrix	黑琴鸡	Black Grouse	分布: 1; C
Lyrurus mlokosiewiczi	高加索黑琴鸡	Caucasian Black Grouse	分布: 1
Centrocercus urophasianus	艾草松鸡	Sage Grouse	分布: 5
Centrocercus minimus	小艾草松鸡	Gunnison Grouse	分布: 5
Tympanuchus phasianellus	尖尾松鸡	Sharp-tailed Grouse	分布: 5
Tympanuchus cupido	草原松鸡	Greater Prairie Chicken	分布: 5
Tympanuchus pallidicinctus	小草原松鸡	Lesser Prairie Chicken	分布: 5

III 雁形目 Anseriformes

1. 叫鸭科 Anhimidae (Screamers) 2 属 3 种

Anhima cornuta	角叫鸭	Horned Screamer	分布: 6
Chauna chavaria	黑颈冠叫鸭	Northern Screamer	分布: 6
Chauna torquata	冠叫鸭	Southern Screamer	分布: 6

2. 鹊雁科 Anseranatidae (Magpie Goose) 1 属 1 种

Anseranas semipalmata	鹊雁	Magpie Goose	分布: 4

3. 鸭科 Anatidae (Waterfowls) 51 属 164 种

Dendrocygna viduata	白脸树鸭	White-faced Whistling Duck	分布: 3, 6
Dendrocygna autumnalis	黑腹树鸭	Black-bellied Whistling Duck	分布: 5, 6
Dendrocygna guttata	细斑树鸭	Spotted Whistling Duck	分布: 2, 4
Dendrocygna arborea	西印度树鸭	West Indian Whistling Duck	分布: 6
Dendrocygna bicolor	茶色树鸭	Fulvous Whistling Duck	分布: 2, 3, 5, 6
Dendrocygna eytoni	尖羽树鸭	Plumed Whistling Duck	分布: 4
Dendrocygna arcuata	斑胸树鸭	Wandering Whistling Duck	分布: 2, 4
Dendrocygna javanica	栗树鸭	Lesser Whistling Duck	分布: 2; C
Thalassornis leuconotus	白背鸭	White-backed Duck	分布: 3

Heteronetta atricapilla	黑头鸭	Black-headed Duck	分布: 6
Nomonyx dominicus	花脸硬尾鸭	Masked Duck	分布: 6
Oxyura jamaicensis	棕硬尾鸭	Ruddy Duck	分布: 5, 6
Oxyura ferruginea	安第斯硬尾鸭	Andean Duck	分布: 6
Oxyura vittata	南美硬尾鸭	Argentine Blue-billed Duck	分布: 6
Oxyura australis	澳洲硬尾鸭	Blue-billed Duck	分布: 4
Oxyura maccoa	非洲硬尾鸭	Maccoa Duck	分布: 3
Oxyura leucocephala	白头硬尾鸭	White-headed Duck	分布: 1; C
Biziura lobata	麝鸭	Musk Duck	分布: 4
Malacorhynchus membranaceus	红耳鸭	Pink-eared Duck	分布: 4
Stictonetta naevosa	澳洲斑鸭	Freckled Duck	分布: 4
Cereopsis novaehollandiae	澳洲灰雁	Cape Barren Goose	分布: 4
Coscoroba coscoroba	扁嘴天鹅	Coscoroba Swan	分布: 6
Cygnus melancoryphus	黑颈天鹅	Black-necked Swan	分布: 6
Cygnus atratus	黑天鹅	Black Swan	分布: 4
Cygnus olor	疣鼻天鹅	Mute Swan	分布: 1, 2, 3, 4, 5; C
Cygnus buccinator	黑嘴天鹅	Trumpeter Swan	分布: 5
Cygnus cygnus	大天鹅	Whooper Swan	分布: 1; C
Cygnus columbianus	小天鹅	Tundra Swan	分布: 1, 2, 5; C
Branta bernicla	黑雁	Brent Goose	分布: 1, 5; C
Branta leucopsis	白颊黑雁	Barnacle Goose	分布: 1, 5; C
Branta ruficollis	红胸黑雁	Red-breasted Goose	分布: 1; C
Branta hutchinsii	小美洲黑雁	Cackling Goose	分布: 1, 5; C
Branta canadensis	加拿大黑雁	Canada Goose	分布: 1, 5, 6; C
Branta sandvicensis	夏威夷黑雁	Hawaiian Goose	分布: 4
Anser canagicus	帝雁	Emperor Goose	分布: 1, 5
Anser caerulescens	雪雁	Snow Goose	分布: 1, 5; C
Anser rossii	细嘴雁	Ross's Goose	分布: 5
Anser indicus	斑头雁	Bar-headed Goose	分布: 1, 2; C
Anser anser	灰雁	Graylag Goose	分布: 1, 2; C
Anser cygnoid	鸿雁	Swan Goose	分布: 1, 2; C
Anser fabalis	豆雁	Bean Goose	分布: 1; C
Anser brachyrhynchus	粉脚雁	Pink-footed Goose	分布: 1, 5
Anser albifrons	白额雁	White-fronted Goose	分布: 1, 2, 5, 6; C
Anser erythropus	小白额雁	Lesser White-fronted Goose	分布: 1, 2; C
Anser serrirostris	短嘴豆雁	Tundra Bean Goose	分布: 1; C
Clangula hyemalis	长尾鸭	Long-tailed Duck	分布: 1, 5; C
Somateria fischeri	白眶绒鸭	Spectacled Eider	分布: 1, 5
Somateria spectabilis	王绒鸭	King Eider	分布: 1, 5
Somateria mollissima	欧绒鸭	Common Eider	分布: 1, 5
Polysticta stelleri	小绒鸭	Steller's Eider	分布: 1, 5; C

Melanitta perspicillata	斑头海番鸭	Surf Scoter	分布: 5, 6
Melanitta fusca	丝绒海番鸭	Velvet Scoter	分布: 1; C
Melanitta stejnegeri	斑脸海番鸭	Siberian Scoter	分布: 1, 2; C
Melanitta deglandi	白翅黑海番鸭	White-winged Scoter	分布: 1, 5
Melanitta nigra	普通海番鸭	Common Scoter	分布: 1, 5
Melanitta americana	黑海番鸭	Black Scoter	分布: 1, 5; C
Bucephala albeola	白枕鹊鸭	Bufflehead	分布: 5, 6
Bucephala clangula	鹊鸭	Common Goldeneye	分布: 1, 5; C
Bucephala islandica	巴氏鹊鸭	Barrow's Goldeneye	分布: 1, 5
Mergellus albellus	斑头秋沙鸭	Smew	分布: 1, 2; C
Lophodytes cucullatus	棕胁秋沙鸭	Hooded Merganser	分布: 5
Mergus merganser	普通秋沙鸭	Common Merganser	分布: 1, 2, 5, 6; C
Mergus squamatus	中华秋沙鸭	Chinese Merganser	分布: 1, 2; C
Mergus serrator	红胸秋沙鸭	Red-breasted Merganser	分布: 1, 5; C
Mergus octosetaceus	褐秋沙鸭	Brazilian Merganser	分布: 6
Histrionicus histrionicus	丑鸭	Harlequin Duck	分布: 1, 5; C
Neochen jubata	绿翅雁	Orinoco Goose	分布: 6
Chloephaga melanoptera	黑翅草雁	Andean Goose	分布: 6
Chloephaga picta	斑胁草雁	Upland Goose	分布: 6
Chloephaga hybrida	白草雁	Kelp Goose	分布: 6
Chloephaga poliocephala	灰头草雁	Ashy-headed Goose	分布: 6
Chloephaga rubidiceps	棕头草雁	Ruddy-headed Goose	分布: 6
Radjah radjah	白腹麻鸭	Radjah Shelduck	分布: 4
Alopochen aegyptiaca	埃及雁	Egyptian Goose	分布: 1, 3
Tadorna tadorna	翘鼻麻鸭	Common Shelduck	分布: 1, 2; C
Tadorna ferruginea	赤麻鸭	Ruddy Shelduck	分布: 1, 2, 3; C
Tadorna cana	灰头麻鸭	South African Shelduck	分布: 3
Tadorna tadornoides	棕胸麻鸭	Australian Shelduck	分布: 4
Tadorna variegata	黑胸麻鸭	Paradise Duck	分布: 4
Plectropterus gambensis	距翅雁	Spur-winged Goose	分布: 3
Cairina moschata	疣鼻栖鸭	Muscovy Duck	分布: 5, 6
Sarkidiornis sylvicola	美洲瘤鸭	American Comb Duck	分布: 6
Sarkidiornis melanotos	瘤鸭	Comb Duck	分布: 1, 2, 3; C
Nettapus auritus	厚嘴棉凫	African Pygmy Goose	分布: 3
Nettapus coromandelianus	棉凫	Cotton Pygmy Goose	分布: 2, 4; C
Nettapus pulchellus	绿棉凫	Green Pygmy Goose	分布: 4
Callonetta leucophrys	环颈鸭	Ringed Teal	分布: 6
Aix sponsa	林鸳鸯	Wood Duck	分布: 5, 6
Aix galericulata	鸳鸯	Mandarin Duck	分布: 1, 2; C
Chenonetta jubata	鬃林鸭	Maned Goose	分布: 4
Hymenolaimus malacorhynchos	山鸭	Mountain Duck	分布: 4

Merganetta armata	湍鸭	Torrent Duck	分布: 6
Pteronetta hartlaubii	黑头凫	Hartlaub's Duck	分布: 3
Cyanochen cyanoptera	蓝翅雁	Blue-winged Goose	分布: 3
Marmaronetta angustirostris	云石斑鸭	Marbled Teal	分布: 1, 2, 3; C
Asarcornis scutulata	白翅栖鸭	White-winged Duck	分布: 2
Netta rufina	赤嘴潜鸭	Red-crested Pochard	分布: 1, 2; C
Netta peposaca	粉嘴潜鸭	Rosy-billed Pochard	分布: 6
Netta erythrophthalma	灰嘴潜鸭	Southern Pochard	分布: 3, 6
Aythya ferina	红头潜鸭	Common Pochard	分布: 1, 2, 3; C
Aythya americana	美洲潜鸭	Redhead	分布: 5, 6
Aythya valisineria	帆背潜鸭	Canvasback	分布: 2, 5, 6; C
Aythya australis	澳洲潜鸭	Australian White-eyed Duck	分布: 4
Aythya innotata	马岛潜鸭	Madagascar Pochard	分布: 3
Aythya baeri	青头潜鸭	Baer's Pochard	分布: 1, 2; C
Aythya nyroca	白眼潜鸭	Ferruginous Duck	分布: 1, 2, 3; C
Aythya novaeseelandiae	新西兰潜鸭	New Zealand Scaup	分布: 4
Aythya collaris	环颈潜鸭	Ring-necked Duck	分布: 5, 6
Aythya fuligula	凤头潜鸭	Tufted Duck	分布: 1, 2, 3; C
Aythya marila	斑背潜鸭	Greater Scaup	分布: 1, 2, 5; C
Aythya affinis	小潜鸭	Lesser Scaup	分布: 5, 6
Salvadorina waigiuensis	花纹鸭	Salvadori's Duck	分布: 4
Tachyeres patachonicus	花斑船鸭	Flying Steamerduck	分布: 6
Tachyeres leucocephalus	白头船鸭	White-headed Steamerduck	分布: 6
Tachyeres pteneres	灰船鸭	Flightless Steamerduck	分布: 6
Tachyeres brachypterus	短翅船鸭	Falkland Steamerduck	分布: 6
Lophonetta specularioides	冠鸭	Crested Duck	分布: 6
Speculanas specularis	铜翅鸭	Bronze-winged Duck	分布: 6
Amazonetta brasiliensis	巴西凫	Brazilian Teal	分布: 6
Spatula querquedula	白眉鸭	Garganey	分布: 1, 2, 3; C
Spatula hottentota	南非鸭	Hottentot Teal	分布: 3
Spatula puna	安第斯银鸭	Puna Teal	分布: 6
Spatula versicolor	银鸭	Silver Teal	分布: 6
Spatula platalea	赤琵嘴鸭	Red Shoveler	分布: 6
Spatula smithii	褐顶琵嘴鸭	Cape Shoveler	分布: 3
Spatula rhynchotis	黑顶琵嘴鸭	Australian Shoveler	分布: 4
Spatula clypeata	琵嘴鸭	Northern Shoveler	分布: 1, 2, 3, 5, 6; C
Spatula cyanoptera	桂红鸭	Cinnamon Teal	分布: 5, 6
Spatula discors	蓝翅鸭	Blue-winged Teal	分布: 5, 6
Sibirionetta formosa	花脸鸭	Baikal Teal	分布: 1, 2; C
Mareca falcata	罗纹鸭	Falcated Duck	分布: 1, 2; C
Mareca strepera	赤膀鸭	Gadwall	分布: 1, 2, 3, 5, 6; C
Mareca penelope	赤颈鸭	Eurasian Wigeon	分布: 1, 2, 3; C

Mareca americana	绿眉鸭	American Wigeon	分布: 2, 5, 6; C
Mareca sibilatrix	黑白斑胸鸭	Chiloe Wigeon	分布: 6
Anas sparsa	非洲黑鸭	African Black Duck	分布: 3
Anas undulata	非洲黄嘴鸭	African Yellow-billed Duck	分布: 3
Anas melleri	麻斑鸭	Meller's Duck	分布: 3
Anas superciliosa	太平洋黑鸭	Pacific Black Duck	分布: 4
Anas luzonica	棕颈鸭	Philippine Duck	分布: 2; C
Anas zonorhyncha	斑嘴鸭	Chinese Spot-billed Duck	分布: 1, 2; C
Anas poecilorhyncha	南亚斑嘴鸭	Indian Spot-billed Duck	分布: 2; C
Anas laysanensis	莱岛鸭	Laysan Duck	分布: 4
Anas platyrhynchos	绿头鸭	Mallard	分布: 1, 2, 3, 4, 5, 6; C
Anas rubripes	北美黑鸭	American Black Duck	分布: 5
Anas fulvigula	北美斑鸭	Mottled Duck	分布: 5
Anas wyvilliana	夏威夷鸭	Hawaiian Duck	分布: 4
Anas albogularis	安岛灰鸭	Andaman Teal	分布: 2
Anas gibberifrons	爪哇灰鸭	Sunda Teal	分布: 2, 4
Anas gracilis	灰鸭	Grey Teal	分布: 4
Anas castanea	栗胸鸭	Chestnut-breasted Teal	分布: 4
Anas chlorotis	褐鸭	Brown Teal	分布: 4
Anas aucklandica	奥岛鸭	Auckland Islands Teal	分布: 4
Anas nesiotis	坎岛鸭	Campbell Islands Teal	分布: 4
Anas bernieri	马岛鸭	Madagascar Teal	分布: 3
Anas capensis	绿翅灰斑鸭	Cape Widgeon	分布: 3
Anas bahamensis	白脸针尾鸭	White-cheeked Pintail	分布: 6
Anas erythrorhyncha	赤嘴鸭	Red-billed Duck	分布: 3
Anas acuta	针尾鸭	Northern Pintail	分布: 1, 2, 3, 5, 6; C
Anas eatoni	凯岛针尾鸭	Eaton's Pintail	分布: 7
Anas georgica	黄嘴针尾鸭	Yellow-billed Pintail	分布: 6
Anas crecca	绿翅鸭	Eurasian Teal	分布: 1, 2, 3, 5, 6; C
Anas andium	斑头鸭	Andean Teal	分布: 6
Anas flavirostris	黄嘴鸭	Yellow-billed Teal	分布: 6

IV　䴙䴘目　**Podicipediformes**

1. 䴙䴘科　**Podicipedidae**　(Grebes)　6属　20种

Tachybaptus ruficollis	小䴙䴘	Little Grebe	分布: 1, 2, 3, 4; C
Tachybaptus novaehollandiae	黑喉小䴙䴘	Australasian Grebe	分布: 4
Tachybaptus pelzelnii	马岛小䴙䴘	Madagascar Little Grebe	分布: 3
Tachybaptus dominicus	侏䴙䴘	Least Grebe	分布: 6
Podilymbus podiceps	斑嘴巨䴙䴘	Pied-billed Grebe	分布: 5, 6
Rollandia rolland	白簇䴙䴘	White-tufted Grebe	分布: 6

Rollandia microptera	短翅䴙䴘	Short-winged Grebe	分布: 6
Poliocephalus poliocephalus	灰头䴙䴘	Hoary-headed Grebe	分布: 4
Poliocephalus rufopectus	新西兰䴙䴘	New Zealand Grebe	分布: 4
Podiceps major	大䴙䴘	Great Grebe	分布: 6
Podiceps grisegena	赤颈䴙䴘	Red-necked Grebe	分布: 1, 2, 5; C
Podiceps cristatus	凤头䴙䴘	Great Crested Grebe	分布: 1, 2, 3, 4; C
Podiceps auritus	角䴙䴘	Slavonian Grebe	分布: 1, 5; C
Podiceps nigricollis	黑颈䴙䴘	Black-necked Grebe	分布: 1, 2, 3, 5, 6; C
Podiceps juninensis	北银䴙䴘	Northern Silvery Grebe	分布: 6
Podiceps occipitalis	银䴙䴘	Southern Silvery Grebe	分布: 6
Podiceps taczanowskii	秘鲁䴙䴘	Junin Grebe	分布: 6
Podiceps gallardoi	阿根廷䴙䴘	Hooded Grebe	分布: 6
Aechmophorus occidentalis	北美䴙䴘	Western Grebe	分布: 5, 6
Aechmophorus clarkii	克氏䴙䴘	Clark's Grebe	分布: 5, 6

V　红鹳目　Phoenicopteriformes

1. 红鹳科　Phoenicopteridae　(Flamingos)　3 属　6 种

Phoenicopterus roseus	大红鹳	Greater Flamingo	分布: 1, 2, 3; C
Phoenicopterus ruber	美洲红鹳	American Flamingo	分布: 6
Phoenicopterus chilensis	智利红鹳	Chilean Flamingo	分布: 6
Phoeniconaias minor	小红鹳	Lesser Flamingo	分布: 1, 2, 3
Phoenicoparrus andinus	安第斯红鹳	Andean Flamingo	分布: 6
Phoenicoparrus jamesi	秘鲁红鹳	Puna Flamingo	分布: 6

VI　鹲形目　Phaethontiformes

1. 鹲科　Phaethontidae　(Tropicbirds)　1 属　3 种

Phaethon aethereus	红嘴鹲	Red-billed Tropicbird	分布: 1, 2, 3, 5, 6; C
Phaethon rubricauda	红尾鹲	Red-tailed Tropicbird	分布: 1, 2, 3, 4; C
Phaethon lepturus	白尾鹲	White-tailed Tropicbird	分布: 2, 3, 4, 6; C

VII　日鳽目　Eurypygiformes

1. 鹭鹤科　Rhynochetidae　(Kagu)　1 属　1 种

Rhynochetos jubatus	鹭鹤	Kagu	分布: 4

2. 日鳽科　Eurypygidae　(Sunbittern)　1 属　1 种

Eurypyga helias	日鳽	Sunbittern	分布: 6

VIII 拟鹑目 Mesitornithiformes

1. 拟鹑科 Mesitornithidae (Mesites) 2 属 3 种

Mesitornis variegatus	白胸拟鹑	White-breasted Mesite	分布: 3
Mesitornis unicolor	褐拟鹑	Brown Mesite	分布: 3
Monias benschi	本氏拟鹑	Bensch's Monia	分布: 3

IX 鸽形目 Columbiformes

1. 鸠鸽科 Columbidae (Pigeons and Doves) 46 属 326 种

Columba livia	原鸽	Rock Dove	分布: 1, 2, 3, 4, 5, 6; C
Columba rupestris	岩鸽	Hill Pigeon	分布: 1, 2; C
Columba leuconota	雪鸽	Snow Pigeon	分布: 1; C
Columba guinea	斑鸽	Speckled Pigeon	分布: 3
Columba albitorques	白领鸽	White-collared Dove	分布: 3
Columba oenas	欧鸽	Stock Dove	分布: 1, 2; C
Columba eversmanni	中亚鸽	Pale-backed Pigeon	分布: 1, 2; C
Columba oliviae	索马里岩鸽	Somali Pigeon	分布: 3
Columba palumbus	斑尾林鸽	Wood Pigeon	分布: 1, 2; C
Columba trocaz	长趾鸽	Trocaz Pigeon	分布: 1
Columba bollii	波氏鸽	Bolle's Pigeon	分布: 1
Columba junoniae	桂冠鸽	Laurel Pigeon	分布: 1
Columba unicincta	鳞斑灰鸽	Afep Pigeon	分布: 3
Columba arquatrix	黄眼鸽	Yellow-eyed Pigeon	分布: 3
Columba sjostedti	喀麦隆鸽	Cameroon Olive Pigeon	分布: 3
Columba thomensis	圣多美绿鸽	Sao Tome Olive Pigeon	分布: 3
Columba pollenii	科摩罗林鸽	Comoro Olive Pigeon	分布: 3
Columba hodgsonii	斑林鸽	Speckled Wood Pigeon	分布: 1, 2; C
Columba albinucha	白枕鸽	White-naped Pigeon	分布: 3
Columba pulchricollis	灰林鸽	Ashy Wood Pigeon	分布: 2; C
Columba elphinstonii	灰头林鸽	Nilgiri Wood Pigeon	分布: 2
Columba torringtoniae	紫头林鸽	Ceylon Wood Pigeon	分布: 2
Columba punicea	紫林鸽	Pale-capped Pigeon	分布: 2; C
Columba argentina	银鸽	Silver Pigeon	分布: 2
Columba palumboides	安达曼林鸽	Andaman Wood Pigeon	分布: 2
Columba janthina	黑林鸽	Japanese Wood Pigeon	分布: 1, 2; C
Columba vitiensis	白喉林鸽	Metallic Pigeon	分布: 2, 4
Columba leucomela	白头鸽	White-headed Pigeon	分布: 4
Columba pallidiceps	黄腿鸽	Yellow-legged Pigeon	分布: 4

Columba delegorguei	德氏鸽	Delegorgue's Pigeon	分布: 3
Columba iriditorques	铜颈鸽	Bronze-naped Pigeon	分布: 3
Columba malherbii	圣多美鸽	Sao Tome Pigeon	分布: 3
Aplopelia larvata	非洲鸽	Lemon Dove	分布: 3
Streptopelia turtur	欧斑鸠	Turtle Dove	分布: 1, 3; C
Streptopelia lugens	粉胸斑鸠	Dusky Turtle Dove	分布: 1, 3
Streptopelia hypopyrrha	喀麦隆斑鸠	Adamawa Turtle Dove	分布: 3
Streptopelia orientalis	山斑鸠	Oriental Turtle Dove	分布: 1, 2; C
Streptopelia bitorquata	爪哇斑鸠	Island Collared Dove	分布: 2, 4
Streptopelia decaocto	灰斑鸠	Eurasian Collared Dove	分布: 1, 2; C
Streptopelia roseogrisea	粉头斑鸠	African Collared Dove	分布: 1, 3
Streptopelia reichenowi	白翅斑鸠	White-winged Collared Dove	分布: 3
Streptopelia decipiens	灰头斑鸠	Mourning Collared Dove	分布: 1, 3
Streptopelia semitorquata	红眼斑鸠	Red-eyed Dove	分布: 3
Streptopelia capicola	环颈斑鸠	Ring-necked Dove	分布: 3
Streptopelia vinacea	酒红斑鸠	Vinaceous Dove	分布: 3
Streptopelia tranquebarica	火斑鸠	Red Turtle Dove	分布: 1, 2; C
Spilopelia chinensis	珠颈斑鸠	Spotted Dove	分布: 1, 2, 4; C
Spilopelia senegalensis	棕斑鸠	Laughing Dove	分布: 1, 2, 3; C
Nesoenas picturatus	马岛斑鸠	Madagascar Turtle Dove	分布: 3
Nesoenas mayeri	粉红鸽	Pink Pigeon	分布: 3
Macropygia unchall	斑尾鹃鸠	Bar-tailed Cuckoo Dove	分布: 1, 2, 4; C
Macropygia rufipennis	红翅鹃鸠	Andaman Cuckoo Dove	分布: 2
Macropygia emiliana	印尼鹃鸠	Indonesian Cuckoo Dove	分布: 2, 4
Macropygia tenuirostris	菲律宾鹃鸠	Philippine Cuckoo Dove	分布: 2; C
Macropygia magna	大鹃鸠	Large Cuckoo Dove	分布: 4
Macropygia amboinensis	红胸鹃鸠	Amboina Cuckoo Dove	分布: 4
Macropygia phasianella	褐鹃鸠	Brown Cuckoo Dove	分布: 4
Macropygia ruficeps	小鹃鸠	Lesser Red Cuckoo Dove	分布: 2, 4; C
Macropygia nigrirostris	黑嘴鹃鸠	Black-billed Cuckoo Dove	分布: 4
Macropygia mackinlayi	棕鹃鸠	Mackinlay's Cuckoo Dove	分布: 4
Turacoena manadensis	白脸蕉鸠	White-faced Cuckoo Dove	分布: 4
Turacoena modesta	黑蕉鸠	Black Cuckoo Dove	分布: 4
Reinwardtoena reinwardti	赤灰长尾鸠	Reinwardt's Long-tailed Pigeon	分布: 4
Reinwardtoena browni	黑白长尾鸠	Brown's Long-tailed Pigeon	分布: 4
Reinwardtoena crassirostris	凤头长尾鸠	Crested Long-tailed Pigeon	分布: 4
Patagioenas leucocephala	白顶鸽	White-crowned Pigeon	分布: 5, 6
Patagioenas squamosa	鳞枕鸽	Scaly-naped Pigeon	分布: 6
Patagioenas speciosa	鳞斑鸽	Scaled Pigeon	分布: 6
Patagioenas corensis	裸眶鸽	Bare-eyed Pigeon	分布: 6
Patagioenas picazuro	红头鸽	Picazuro Pigeon	分布: 6
Patagioenas maculosa	斑翅鸽	Spot-winged Pigeon	分布: 6

Patagioenas albipennis	白翅鸽	White-winged Pigeon	分布: 6
Patagioenas fasciata	北斑尾鸽	Northern Band-tailed Pigeon	分布: 5, 6
Patagioenas albilinea	南斑尾鸽	Southern Band-tailed Pigeon	分布: 6
Patagioenas araucana	智利鸽	Chilean Pigeon	分布: 6
Patagioenas caribaea	环尾鸽	Ring-tailed Pigeon	分布: 6
Patagioenas cayennensis	淡腹鸽	Pale-vented Pigeon	分布: 6
Patagioenas flavirostris	红嘴鸽	Red-billed Pigeon	分布: 5, 6
Patagioenas oenops	秘鲁鸽	Peruvian Pigeon	分布: 6
Patagioenas inornata	纯色鸽	Plain Pigeon	分布: 6
Patagioenas plumbea	铅灰鸽	Plumbeous Pigeon	分布: 6
Patagioenas subvinacea	赤鸽	Ruddy Pigeon	分布: 6
Patagioenas nigrirostris	短嘴鸽	Short-billed Pigeon	分布: 6
Patagioenas goodsoni	乌鸽	Dusky Pigeon	分布: 6
Geotrygon purpurata	蓝冠鹑鸠	Purple Quail Dove	分布: 6
Geotrygon saphirina	青冠鹑鸠	Sapphire Quail Dove	分布: 6
Geotrygon versicolor	凤头鹑鸠	Crested Quail Dove	分布: 6
Geotrygon caniceps	灰头鹑鸠	Gray-headed Quail Dove	分布: 6
Geotrygon leucometopia	白额鹑鸠	White-fronted Quail Dove	分布: 6
Geotrygon montana	红鹑鸠	Ruddy Quail Dove	分布: 6
Geotrygon violacea	紫鹑鸠	Violaceous Quail Dove	分布: 6
Geotrygon chrysia	绿顶鹑鸠	Key West Quail Dove	分布: 6
Geotrygon mystacea	绿颈鹑鸠	Bridled Quail Dove	分布: 6
Leptotrygon veraguensis	绿背鹑鸠	Olive-backed Quail Dove	分布: 6
Leptotila verreauxi	白额棕翅鸠	White-fronted Dove	分布: 5, 6
Leptotila jamaicensis	白腹棕翅鸠	White-bellied Dove	分布: 6
Leptotila cassinii	灰胸棕翅鸠	Gray-chested Dove	分布: 6
Leptotila conoveri	托利棕翅鸠	Tolima Dove	分布: 6
Leptotila ochraceiventris	赭腹棕翅鸠	Ochre-bellied Dove	分布: 6
Leptotila plumbeiceps	灰头棕翅鸠	Gray-headed Dove	分布: 6
Leptotila battyi	褐背棕翅鸠	Brown-backed Dove	分布: 6
Leptotila rufaxilla	灰额棕翅鸠	Gray-fronted Dove	分布: 6
Leptotila wellsi	威氏棕翅鸠	Wells's Dove	分布: 6
Leptotila pallida	苍棕翅鸠	Pallid Dove	分布: 6
Leptotila megalura	大尾棕翅鸠	Large-tailed Dove	分布: 6
Zentrygon carrikeri	卡氏鹑鸠	Veracruz Quail Dove	分布: 6
Zentrygon costaricensis	黄额鹑鸠	Buff-fronted Quail Dove	分布: 6
Zentrygon lawrencii	紫背鹑鸠	Purplish-backed Quail Dove	分布: 6
Zentrygon albifacies	灰头白脸鹑鸠	White-faced Quail Dove	分布: 6
Zentrygon frenata	白喉鹑鸠	White-throated Quail Dove	分布: 6
Zentrygon linearis	白脸鹑鸠	Lined Quail Dove	分布: 6
Zentrygon chiriquensis	棕胸鹑鸠	Rufous-breasted Quail Dove	分布: 6
Zentrygon goldmani	黄顶鹑鸠	Russet-crowned Quail Dove	分布: 6

Zenaida asiatica	白翅哀鸽	White-winged Dove	分布: 5, 6
Zenaida meloda	南美哀鸽	Pacific Dove	分布: 6
Zenaida aurita	鸣哀鸽	Zenaida Dove	分布: 6
Zenaida galapagoensis	加岛哀鸽	Galapagos Dove	分布: 6
Zenaida auriculata	斑颊哀鸽	Eared Dove	分布: 6
Zenaida macroura	哀鸽	Mourning Dove	分布: 5, 6
Zenaida graysoni	索岛哀鸽	Socorro Dove	分布: 6
Columbina inca	印加地鸠	Inca Dove	分布: 5, 6
Columbina squammata	鳞斑地鸠	Scaly Dove	分布: 6
Columbina passerina	地鸠	Common Ground Dove	分布: 5, 6
Columbina minuta	纯胸地鸠	Plain-breasted Ground Dove	分布: 6
Columbina buckleyi	厄瓜多尔地鸠	Ecuadorian Ground Dove	分布: 6
Columbina talpacoti	红地鸠	Ruddy Ground Dove	分布: 6
Columbina picui	白翅地鸠	Picui Ground Dove	分布: 6
Columbina cruziana	斑嘴地鸠	Croaking Ground Dove	分布: 6
Columbina cyanopis	蓝眼地鸠	Blue-eyed Dove	分布: 6
Metriopelia ceciliae	裸脸地鸠	Bare-faced Ground Dove	分布: 6
Metriopelia morenoi	裸眶地鸠	Bare-eyed Ground Dove	分布: 6
Metriopelia melanoptera	黑翅地鸠	Black-winged Ground Dove	分布: 6
Metriopelia aymara	斑翅地鸠	Golden-spotted Ground Dove	分布: 6
Uropelia campestris	长尾地鸠	Long-tailed Ground Dove	分布: 6
Claravis pretiosa	蓝地鸠	Blue Ground Dove	分布: 6
Claravis mondetoura	紫胸地鸠	Purple-breasted Ground Dove	分布: 6
Claravis geoffroyi	紫翅地鸠	Purple-winged Ground Dove	分布: 6
Starnoenas cyanocephala	蓝头鹑鸠	Blue-headed Quail Dove	分布: 6
Henicophaps albifrons	白顶地鸽	White-capped Ground Pigeon	分布: 4
Henicophaps foersteri	栗顶地鸽	New Britain Ground Pigeon	分布: 4
Gallicolumba luzonica	吕宋鸡鸠	Luzon Bleeding Heart	分布: 2
Gallicolumba crinigera	巴氏鸡鸠	Bartlett's Bleeding Heart	分布: 2
Gallicolumba platenae	民都洛鸡鸠	Mindoro Bleeding Heart	分布: 2
Gallicolumba keayi	内格罗斯鸡鸠	Negros Bleeding Heart	分布: 2
Gallicolumba menagei	塔维鸡鸠	Tawitawi Bleeding Heart	分布: 2
Gallicolumba tristigmata	黄胸鸡鸠	Celebes Quail Dove	分布: 4
Gallicolumba rufigula	红喉鸡鸠	Red-throated Ground Dove	分布: 4
Alopecoenas hoedtii	韦岛鸡鸠	Wetar Island Ground Dove	分布: 4
Alopecoenas jobiensis	白胸鸡鸠	White-breasted Ground Dove	分布: 4
Alopecoenas kubaryi	白额鸡鸠	White-fronted Ground Dove	分布: 4
Alopecoenas xanthonurus	白喉鸡鸠	White-throated Ground Dove	分布: 4
Alopecoenas erythropterus	白领鸡鸠	Ground Dove	分布: 4
Alopecoenas rubescens	灰头鸡鸠	Marquesas Ground Dove	分布: 4
Alopecoenas beccarii	灰喉鸡鸠	Gray-throated Ground Dove	分布: 4
Alopecoenas canifrons	灰额鸡鸠	Palau Ground Dove	分布: 4

Alopecoenas sanctaecrucis	圣岛鸡鸠	Santa Cruz Ground Dove	分布: 4
Alopecoenas stairi	睦鸡鸠	Friendly Ground Dove	分布: 4
Leucosarcia melanoleuca	巨地鸠	Wonga Pigeon	分布: 4
Petrophassa rufipennis	栗翅岩鸠	Chestnut-quilled Rock Pigeon	分布: 4
Petrophassa albipennis	白翅岩鸠	White-quilled Rock Pigeon	分布: 4
Geophaps plumifera	冠翎鹑鸠	Spinifex Pigeon	分布: 4
Geophaps scripta	鹑鸠	Partridge Bronzewing	分布: 4
Geophaps smithii	裸眼鹑鸠	Bare-eyed Partridge Pigeon	分布: 4
Phaps chalcoptera	铜翅鸠	Common Bronzewing	分布: 4
Phaps elegans	灌丛铜翅鸠	Brush Bronzewing	分布: 4
Phaps histrionica	聚群铜翅鸠	Flock Pigeon	分布: 4
Ocyphaps lophotes	冠鸠	Crested Pigeon	分布: 4
Geopelia cuneata	姬地鸠	Diamond Dove	分布: 4
Geopelia striata	斑姬地鸠	Zebra Dove	分布: 2
Geopelia placida	戈氏姬地鸠	Peaceful Dove	分布: 4
Geopelia maugeus	帝汶姬地鸠	Barred Dove	分布: 4
Geopelia humeralis	斑肩姬地鸠	Bar-shouldered Dove	分布: 4
Trugon terrestris	厚嘴地鸠	Thick-billed Ground Pigeon	分布: 4
Otidiphaps nobilis	雉鸠	Pheasant Pigeon	分布: 4
Goura cristata	蓝凤冠鸠	Blue Crowned Pigeon	分布: 4
Goura sclaterii	斯氏凤冠鸠	Sclater's Crowned Pigeon	分布: 4
Goura scheepmakeri	紫胸凤冠鸠	Southern Crowned Pigeon	分布: 4
Goura victoria	维多凤冠鸠	Victoria Crowned Pigeon	分布: 4
Caloenas nicobarica	尼柯巴鸠	Nicobar Pigeon	分布: 2, 4
Didunculus strigirostris	齿嘴鸠	Tooth-billed Pigeon	分布: 4
Chalcophaps indica	绿翅金鸠	Emerald Dove	分布: 2, 4; C
Chalcophaps longirostris	太平洋金鸠	Pacific Emerald Dove	分布: 4
Chalcophaps stephani	褐背金鸠	Brown-backed Emerald Dove	分布: 4
Turtur chalcospilos	绿点森鸠	Emerald-spotted Wood Dove	分布: 3
Turtur abyssinicus	黑嘴森鸠	Black-billed Wood Dove	分布: 3
Turtur afer	蓝斑森鸠	Blue-spotted Wood Dove	分布: 3
Turtur tympanistria	白胸森鸠	Tambourine Dove	分布: 3
Turtur brehmeri	蓝头森鸠	Blue-headed Dove	分布: 3
Oena capensis	小长尾鸠	Namaqua Dove	分布: 1, 3
Phapitreron leucotis	小褐果鸠	Lesser Brown Dove	分布: 2
Phapitreron amethystinus	大褐果鸠	Greater Brown Dove	分布: 2
Phapitreron brunneiceps	棉岛褐果鸠	Mindanao Brown Dove	分布: 2
Phapitreron cinereiceps	棕耳褐果鸠	Dark-eared Brown Dove	分布: 2
Treron fulvicollis	棕头绿鸠	Cinnamon-headed Green Pigeon	分布: 2
Treron olax	小绿鸠	Little Green Pigeon	分布: 2
Treron vernans	红颈绿鸠	Pink-necked Green Pigeon	分布: 2, 4
Treron bicinctus	橙胸绿鸠	Orange-breasted Green Pigeon	分布: 2; C

Treron phayrei	灰头绿鸠	Ashy-headed Green Pigeon	分布: 2; C
Treron affinis	灰额绿鸠	Grey-fronted Green Pigeon	分布: 2
Treron pompadora	斯里兰卡绿鸠	Pompadour Green Pigeon	分布: 2
Treron chloropterus	安达曼绿鸠	Andaman Green Pigeon	分布: 2
Treron axillaris	菲律宾绿鸠	Philippine Green Pigeon	分布: 2
Treron aromaticus	布鲁绿鸠	Buru Green Pigeon	分布: 2
Treron curvirostra	厚嘴绿鸠	Thick-billed Green Pigeon	分布: 2; C
Treron griseicauda	灰颊绿鸠	Grey-cheeked Green Pigeon	分布: 2, 4
Treron teysmannii	松巴绿鸠	Sumba Green Pigeon	分布: 4
Treron floris	绿鸠	Flores Green Pigeon	分布: 4
Treron psittaceus	帝汶绿鸠	Timor Green Pigeon	分布: 4
Treron capellei	大绿鸠	Large Green Pigeon	分布: 2
Treron phoenicopterus	黄脚绿鸠	Yellow-footed Green Pigeon	分布: 2; C
Treron waalia	黄腹绿鸠	Bruce's Green Pigeon	分布: 3
Treron griveaudi	科摩罗绿鸠	Comoro Green Pigeon	分布: 3
Treron australis	马岛绿鸠	Madagascar Green Pigeon	分布: 3
Treron calvus	非洲绿鸠	African Green Pigeon	分布: 3
Treron pembaensis	奔巴绿鸠	Pemba Green Pigeon	分布: 3
Treron sanctithomae	圣多美绿鸠	Sao Tome Green Pigeon	分布: 3
Treron apicauda	针尾绿鸠	Pin-tailed Green Pigeon	分布: 2; C
Treron oxyurus	黄腹针尾绿鸠	Sumatran Green Pigeon	分布: 2
Treron seimundi	白腹针尾绿鸠	Yellow-vented Green Pigeon	分布: 2; C
Treron sphenurus	楔尾绿鸠	Wedge-tailed Green Pigeon	分布: 2; C
Treron sieboldii	红翅绿鸠	White-bellied Green Pigeon	分布: 1, 2; C
Treron formosae	红顶绿鸠	Whistling Green Pigeon	分布: 1, 2; C
Ducula poliocephala	红腹皇鸠	Pink-bellied Imperial Pigeon	分布: 2
Ducula forsteni	斑尾皇鸠	Zone-tailed Pigeon	分布: 4
Ducula mindorensis	红喉皇鸠	Mindoro Imperial Pigeon	分布: 2
Ducula radiata	灰头皇鸠	Gray-headed Imperial Pigeon	分布: 4
Ducula carola	点斑皇鸠	Spotted Imperial Pigeon	分布: 2
Ducula aenea	绿皇鸠	Green Imperial Pigeon	分布: 2, 4; C
Ducula perspicillata	白眼皇鸠	White-eyed Imperial Pigeon	分布: 4
Ducula neglecta	赛兰皇鸠	Seram Imperial Pigeon	分布: 4
Ducula concinna	蓝尾皇鸠	Blue-tailed Imperial Pigeon	分布: 4
Ducula pacifica	太平洋皇鸠	Pacific Imperial Pigeon	分布: 4
Ducula oceanica	密克皇鸠	Micronesian Pigeon	分布: 4
Ducula aurorae	波利皇鸠	Polynesian Imperial Pigeon	分布: 4
Ducula galeata	马克萨斯皇鸠	Marquesas Pigeon	分布: 4
Ducula rubricera	红疣皇鸠	Red-knobbed Pigeon	分布: 4
Ducula myristicivora	黑疣皇鸠	Black-knobbed Pigeon	分布: 4
Ducula rufigaster	紫尾皇鸠	Purple-tailed Imperial Pigeon	分布: 4
Ducula basilica	棕腹皇鸠	Moluccan Rufous-bellied Pigeon	分布: 4

Ducula finschii	芬氏皇鸠	Finsch's Imperial Pigeon	分布: 4
Ducula chalconota	红胸皇鸠	Red-breasted Imperial Pigeon	分布: 4
Ducula pistrinaria	灰皇鸠	Island Imperial Pigeon	分布: 4
Ducula rosacea	粉头皇鸠	Pink-headed Imperial Pigeon	分布: 4
Ducula whartoni	圣诞岛皇鸠	Christmas Island Imperial Pigeon	分布: 2
Ducula pickeringii	马来皇鸠	Grey Imperial Pigeon	分布: 2
Ducula latrans	皮氏皇鸠	Peale's Pigeon	分布: 4
Ducula brenchleyi	栗腹皇鸠	Chestnut-bellied Pigeon	分布: 4
Ducula bakeri	贝氏皇鸠	Baker's Pigeon	分布: 4
Ducula goliath	巨皇鸠	Giant Pigeon	分布: 4
Ducula pinon	裸眶皇鸠	Pinon Imperial Pigeon	分布: 4
Ducula melanochroa	黑皇鸠	Black Imperial Pigeon	分布: 4
Ducula mullerii	黑领皇鸠	Collared Imperial Pigeon	分布: 4
Ducula zoeae	横斑皇鸠	Banded Imperial Pigeon	分布: 4
Ducula badia	山皇鸠	Imperial Pigeon	分布: 2; C
Ducula lacernulata	黑背皇鸠	Black-backed Imperial Pigeon	分布: 2, 4
Ducula cineracea	帝汶皇鸠	Timor Imperial Pigeon	分布: 4
Ducula bicolor	斑皇鸠	Pied Imperial Pigeon	分布: 2, 4
Ducula spilorrhoa	澳洲斑皇鸠	Torresian Imperial Pigeon	分布: 4
Ducula subflavescens	淡黄皇鸠	Yellowish Imperial Pigeon	分布: 4
Ducula luctuosa	苏拉斑皇鸠	Sulawesi Pied Imperial Pigeon	分布: 4
Ptilinopus magnificus	巨果鸠	Magnificent Fruit Dove	分布: 4
Ptilinopus bernsteinii	红胸果鸠	Scarlet-breasted Fruit Dove	分布: 4
Ptilinopus merrilli	梅氏果鸠	Merrill's Fruit Dove	分布: 2
Ptilinopus marchei	黑耳果鸠	Marche's Fruit Dove	分布: 2
Ptilinopus leclancheri	黑颏果鸠	Black-chinned Fruit Dove	分布: 2; C
Ptilinopus jambu	粉头果鸠	Jambu Fruit Dove	分布: 2
Ptilinopus epius	奥氏果鸠	Oberholser's Fruit Dove	分布: 4
Ptilinopus subgularis	暗颏果鸠	Dark-chinned Fruit Dove	分布: 4
Ptilinopus mangoliensis	苏拉果鸠	Sula Fruit Dove	分布: 4
Ptilinopus fischeri	费氏果鸠	Fischer's Fruit Dove	分布: 4
Ptilinopus occipitalis	栗耳果鸠	Yellow-breasted Fruit Dove	分布: 2
Alectroenas madagascariensis	马岛蓝鸠	Madagascar Blue Pigeon	分布: 3
Alectroenas sganzini	科摩罗蓝鸠	Comoro Blue Pigeon	分布: 3
Alectroenas pulcherrimus	红冠蓝鸠	Seychelles Blue Pigeon	分布: 3
Drepanoptila holosericea	散羽鸠	Cloven-feathered Dove	分布: 4
Ptilinopus victor	橙色果鸠	Orange Dove	分布: 4
Ptilinopus luteovirens	金果鸠	Golden Dove	分布: 4
Ptilinopus layardi	黄头果鸠	Whistling Dove	分布: 4
Ptilinopus nainus	小绿果鸠	Dwarf Fruit Dove	分布: 4
Ptilinopus arcanus	里氏果鸠	Ripley's Fruit Dove	分布: 2
Ptilinopus melanospilus	黑项果鸠	Black-napped Fruit Dove	分布: 2, 4

Ptilinopus cinctus	黑背果鸠	Black-backed Fruit Dove	分布: 4
Ptilinopus alligator	黑斑果鸠	Black-banded Dove	分布: 4
Ptilinopus dohertyi	红枕果鸠	Red-napped Fruit Dove	分布: 4
Ptilinopus porphyreus	粉红颈果鸠	Pink-necked Fruit Dove	分布: 2
Ptilinopus superbus	华丽果鸠	Superb Fruit Dove	分布: 4
Ptilinopus rivoli	白胸果鸠	White-bibbed Fruit Dove	分布: 4
Ptilinopus solomonensis	黄胸果鸠	Yellow-bibbed Fruit Dove	分布: 4
Ptilinopus tannensis	银肩果鸠	Silver-shouldered Fruit Dove	分布: 4
Ptilinopus hyogastrus	灰头果鸠	Gray-headed Fruit Dove	分布: 4
Ptilinopus granulifrons	花鼻果鸠	Carunculated Fruit Dove	分布: 4
Ptilinopus wallacii	金肩果鸠	Wallace's Green Fruit Dove	分布: 4
Ptilinopus aurantiifrons	橙额果鸠	Orange-fronted Fruit Dove	分布: 4
Ptilinopus ornatus	丽色果鸠	Ornate Fruit Dove	分布: 4
Ptilinopus perlatus	粉斑果鸠	Pink-spotted Fruit Dove	分布: 4
Ptilinopus iozonus	橙腹果鸠	Orange-bellied Fruit Dove	分布: 4
Ptilinopus insolitus	瘤鼻果鸠	Knob-billed Fruit Dove	分布: 4
Ptilinopus viridis	紫红胸果鸠	Claret-bibbed Fruit Dove	分布: 4
Ptilinopus eugeniae	白头果鸠	White-headed Fruit Dove	分布: 4
Ptilinopus pulchellus	红顶果鸠	Crimson-capped Fruit Dove	分布: 4
Ptilinopus monacha	蓝顶果鸠	Blue-capped Fruit Dove	分布: 4
Ptilinopus coronulatus	浅紫顶果鸠	Lilac-capped Fruit Dove	分布: 4
Ptilinopus regina	粉顶果鸠	Pink-capped Fruit Dove	分布: 4
Ptilinopus dupetithouarsii	白顶果鸠	White-capped Fruit Dove	分布: 4
Ptilinopus pelewensis	帕劳果鸠	Palau Fruit Dove	分布: 4
Ptilinopus richardsii	银顶果鸠	Silver-capped Fruit Dove	分布: 4
Ptilinopus roseicapilla	马里岛果鸠	Mariana Fruit Dove	分布: 4
Ptilinopus ponapensis	紫额果鸠	Purple-capped Fruit Dove	分布: 4
Ptilinopus hernsheimi	科岛果鸠	Kosrae Fruit Dove	分布: 4
Ptilinopus greyi	红嘴果鸠	Red-bellied Fruit Dove	分布: 4
Ptilinopus porphyraceus	紫顶果鸠	Crimson-crowned Fruit Dove	分布: 4
Ptilinopus perousii	多色果鸠	Many-coloured Fruit Dove	分布: 4
Ptilinopus huttoni	拉帕岛果鸠	Rapa Island Fruit Dove	分布: 4
Ptilinopus insularis	亨岛果鸠	Henderson Fruit Dove	分布: 4
Ptilinopus chalcurus	马喀岛果鸠	Makatea Fruit Dove	分布: 4
Ptilinopus coralensis	土岛果鸠	Atoll Fruit Dove	分布: 4
Ptilinopus rarotongensis	拉罗果鸠	Rarotongan Fruit Dove	分布: 4
Ptilinopus purpuratus	灰绿果鸠	Gray-green Fruit Dove	分布: 4
Hemiphaga novaeseelandiae	新西兰鸠	New Zealand Pigeon	分布: 4
Hemiphaga chathamensis	查岛鸠	Chatham Pigeon	分布: 4
Cryptophaps poecilorrhoa	苏拉乌鸠	Sulawesi Dusky Pigeon	分布: 4
Gymnophaps albertisii	裸眶山鸠	Bare-eyed Mountain Pigeon	分布: 4
Gymnophaps stalkeri	塞兰山鸠	Seram Mountain Pigeon	分布: 4

Gymnophaps mada	长尾山鸠	Long-tailed Mountain Pigeon	分布: 4
Gymnophaps solomonensis	所罗门山鸠	Pale Mountain Pigeon	分布: 4
Lopholaimus antarcticus	髻鸠	Topknot Pigeon	分布: 4

X 沙鸡目 Pterocliformes

1. 沙鸡科 Pteroclidae (Sandgrouses) 2 属 16 种

Syrrhaptes paradoxus	毛腿沙鸡	Pallas's Sandgrouse	分布: 1, 2; C
Syrrhaptes tibetanus	西藏毛腿沙鸡	Tibetan Sandgrouse	分布: 1, 2; C
Pterocles orientalis	黑腹沙鸡	Black-bellied Sandgrouse	分布: 1, 2; C
Pterocles namaqua	南非沙鸡	Namaqua Sandgrouse	分布: 3
Pterocles exustus	栗腹沙鸡	Chestnut-bellied Sandgrouse	分布: 1, 2, 3
Pterocles senegallus	斑沙鸡	Spotted Sandgrouse	分布: 1, 2, 3
Pterocles gutturalis	黄喉沙鸡	Yellow-throated Sandgrouse	分布: 3
Pterocles personatus	马岛沙鸡	Madagascar Sandgrouse	分布: 3
Pterocles coronatus	花头沙鸡	Crowned Sandgrouse	分布: 1, 2
Pterocles alchata	白腹沙鸡	White-bellied Sandgrouse	分布: 1, 2
Pterocles burchelli	杂色沙鸡	Variegated Sandgrouse	分布: 3
Pterocles decoratus	黑脸沙鸡	Black-faced Sandgrouse	分布: 3
Pterocles bicinctus	二斑沙鸡	Double-banded Sandgrouse	分布: 3
Pterocles quadricinctus	四斑沙鸡	Four-banded Sandgrouse	分布: 3
Pterocles lichtensteinii	里氏沙鸡	Lichtenstein's Sandgrouse	分布: 1, 2, 3
Pterocles indicus	彩沙鸡	Painted Sandgrouse	分布: 2

XI 夜鹰目 Caprimulgiformes

1. 油夜鹰科 Steatornithidae (Oilbird) 1 属 1 种

| *Steatornis caripensis* | 油夜鹰 | Oilbird | 分布: 6 |

2. 蛙口夜鹰科 Podargidae (Frogmouths) 3 属 14 种

Rigidipenna inexpectata	所罗门蛙口夜鹰	Solomons Frogmouth	分布: 4
Podargus ocellatus	云斑蛙口夜鹰	Marbled Frogmouth	分布: 4
Podargus papuensis	巴布亚蛙口夜鹰	Papuan Frogmouth	分布: 4
Podargus strigoides	茶色蛙口夜鹰	Tawny Frogmouth	分布: 4
Batrachostomus auritus	大蛙口夜鹰	Large Frogmouth	分布: 2
Batrachostomus harterti	栗颊蛙口夜鹰	Dulit Frogmouth	分布: 2
Batrachostomus septimus	菲律宾蛙口夜鹰	Philippine Frogmouth	分布: 2
Batrachostomus stellatus	鳞腹蛙口夜鹰	Gould's Frogmouth	分布: 2
Batrachostomus moniliger	领蛙口夜鹰	Ceylon Frogmouth	分布: 2
Batrachostomus hodgsoni	黑顶蛙口夜鹰	Hodgson's Frogmouth	分布: 2; C
Batrachostomus poliolophus	苍头蛙口夜鹰	Pale-headed Frogmouth	分布: 2

Batrachostomus mixtus	婆罗洲蛙口夜鹰	Bornean Frogmouth	分布: 2
Batrachostomus javensis	爪哇蛙口夜鹰	Javan Frogmouth	分布: 2
Batrachostomus cornutus	巽他蛙口夜鹰	Sunda Frogmouth	分布: 2

3. 钩嘴夜鹰科 Nyctibiidae (Potoos) 1 属 7 种

Nyctibius grandis	大钩嘴夜鹰	Great Potoo	分布: 6
Nyctibius aethereus	长尾钩嘴夜鹰	Long-tailed Potoo	分布: 6
Nyctibius jamaicensis	北钩嘴夜鹰	Northern Potoo	分布: 6
Nyctibius griseus	钩嘴夜鹰	Common Potoo	分布: 6
Nyctibius maculosus	安第斯钩嘴夜鹰	Andean Potoo	分布: 6
Nyctibius leucopterus	白翅钩嘴夜鹰	White-winged Potoo	分布: 6
Nyctibius bracteatus	棕钩嘴夜鹰	Rufous Potoo	分布: 6

4. 夜鹰科 Caprimulgidae (Nightjars) 20 属 96 种

Eurostopodus argus	斑毛腿夜鹰	Spotted Nightjar	分布: 4
Eurostopodus mystacalis	白喉毛腿夜鹰	White-throated Nightjar	分布: 4
Eurostopodus nigripennis	所罗门毛腿夜鹰	Solomons Nightjar	分布: 4
Eurostopodus exul	新喀毛腿夜鹰	New Caledonian Nightjar	分布: 4
Eurostopodus diabolicus	环颈毛腿夜鹰	Satanic Nightjar	分布: 4
Eurostopodus archboldi	阿氏毛腿夜鹰	Archbold's Nightjar	分布: 4
Eurostopodus papuensis	巴布亚毛腿夜鹰	Papuan Nightjar	分布: 4
Lyncornis macrotis	毛腿夜鹰	Great Eared Nightjar	分布: 2, 4; C
Lyncornis temminckii	马来毛腿夜鹰	Malaysian Eared Nightjar	分布: 2
Gactornis enarratus	领夜鹰	Collared Nightjar	分布: 3
Chordeiles nacunda	纳昆达夜鹰	Nacunda Nighthawk	分布: 6
Chordeiles pusillus	小白喉夜鹰	Least Nighthawk	分布: 6
Chordeiles minor	美洲夜鹰	Common Nighthawk	分布: 5, 6
Chordeiles gundlachii	安岛夜鹰	Antillean Nighthawk	分布: 6
Chordeiles acutipennis	小灰眉夜鹰	Lesser Nighthawk	分布: 5, 6
Chordeiles rupestris	沙色夜鹰	Sand-colored Nighthawk	分布: 6
Lurocalis semitorquatus	半领夜鹰	Semicollared Nighthawk	分布: 6
Lurocalis rufiventris	棕腹夜鹰	Rufous-bellied Nighthawk	分布: 6
Nyctiprogne leucopyga	斑尾夜鹰	Band-tailed Nighthawk	分布: 6
Nyctiprogne vielliardi	巴伊亚夜鹰	Bahian Nighthawk	分布: 6
Nyctipolus nigrescens	暗色夜鹰	Blackish Nightjar	分布: 6
Nyctipolus hirundinaceus	侏夜鹰	Pygmy Nightjar	分布: 6
Systellura decussata	小斑翅夜鹰	Tschudi's Nightjar	分布: 6
Systellura longirostris	斑翅夜鹰	Band-winged Nightjar	分布: 6
Nyctidromus albicollis	帕拉夜鹰	Pauraque	分布: 5, 6
Nyctidromus anthonyi	灌丛夜鹰	Scrub Nightjar	分布: 6
Eleothreptus anomalus	镰翅夜鹰	Sickle-winged Nightjar	分布: 6
Eleothreptus candicans	白翅夜鹰	White-winged Nightjar	分布: 6
Uropsalis segmentata	小燕尾夜鹰	Swallow-tailed Nightjar	分布: 6

Uropsalis lyra	大燕尾夜鹰	Lyre-tailed Nightjar	分布: 6
Setopagis heterura	托氏夜鹰	Todd's Nightjar	分布: 6
Setopagis parvula	小夜鹰	Little Nightjar	分布: 6
Setopagis whitelyi	委内瑞拉夜鹰	Roraiman Nightjar	分布: 6
Setopagis maculosa	卡宴夜鹰	Cayenne Nightjar	分布: 6
Hydropsalis climacocerca	梯尾夜鹰	Ladder-tailed Nightjar	分布: 6
Hydropsalis torquata	剪尾夜鹰	Scissor-tailed Nightjar	分布: 6
Hydropsalis cayennensis	白尾夜鹰	White-tailed Nightjar	分布: 6
Hydropsalis maculicaudus	白斑尾夜鹰	Spot-tailed Nightjar	分布: 6
Macropsalis forcipata	燕尾夜鹰	Long-trained Nightjar	分布: 6
Siphonorhis brewsteri	中美夜鹰	Least Poorwill	分布: 6
Nyctiphrynus rosenbergi	查岛夜鹰	Choco Poorwill	分布: 6
Nyctiphrynus mcleodii	耳夜鹰	Eared Poorwill	分布: 5, 6
Nyctiphrynus yucatanicus	尤卡坦夜鹰	Yucatan Poorwill	分布: 6
Nyctiphrynus ocellatus	黑夜鹰	Ocellated Poorwill	分布: 6
Phalaenoptilus nuttallii	北美小夜鹰	Common Poorwill	分布: 5, 6
Antrostomus vociferus	三声夜鹰	Whip-poor-will	分布: 5, 6
Antrostomus arizonae	墨西哥三声夜鹰	Mexican Whip-poor-will	分布: 5, 6
Antrostomus noctitherus	波多黎各夜鹰	Puerto Rican Nightjar	分布: 6
Antrostomus saturatus	美洲乌夜鹰	Dusky Nightjar	分布: 6
Antrostomus ridgwayi	黄领夜鹰	Buff-collared Nightjar	分布: 5, 6
Antrostomus salvini	褐领夜鹰	Tawny-collared Nightjar	分布: 5, 6
Antrostomus badius	尤卡褐领夜鹰	Yucatan Tawny-collared Nightjar	分布: 6
Antrostomus sericocaudatus	丝尾夜鹰	Silky-tailed Nightjar	分布: 6
Antrostomus carolinensis	卡氏夜鹰	Chuck-will's-widow	分布: 5, 6
Antrostomus rufus	棕夜鹰	Rufous Nightjar	分布: 6
Antrostomus cubanensis	古巴夜鹰	Greater Antillean Nightjar	分布: 6
Antrostomus ekmani	斯岛夜鹰	Sispaniolan Antillean Nightjar	分布: 6
Caprimulgus ruficollis	红颈夜鹰	Red-necked Nightjar	分布: 1, 3
Caprimulgus jotaka	普通夜鹰	Grey Nightjar	分布: 1, 2; C
Caprimulgus indicus	丛林夜鹰	Jungle Nightjar	分布: 2
Caprimulgus phalaena	帕劳夜鹰	Palau Nightjar	分布: 2
Caprimulgus europaeus	欧夜鹰	Eurasian Nightjar	分布: 1, 2, 3; C
Caprimulgus fraenatus	乌夜鹰	Sombre Nightjar	分布: 3
Caprimulgus rufigena	棕颊夜鹰	Rufous-cheeked Nightjar	分布: 3
Caprimulgus aegyptius	埃及夜鹰	Egyptian Nightjar	分布: 1, 2, 3; C
Caprimulgus mahrattensis	塞氏夜鹰	Sykes's Nightjar	分布: 1, 2
Caprimulgus nubicus	努比亚夜鹰	Nubian Nightjar	分布: 1, 3
Caprimulgus eximius	金夜鹰	Golden Nightjar	分布: 3
Caprimulgus atripennis	印度长尾夜鹰	Indian Long-tailed Nightjar	分布: 2
Caprimulgus macrurus	长尾夜鹰	Large-tailed Nightjar	分布: 2, 4; C

Caprimulgus meesi	米氏夜鹰	Mees's Nightjar	分布: 4
Caprimulgus andamanicus	安达曼夜鹰	Andaman Nightjar	分布: 2
Caprimulgus manillensis	菲律宾夜鹰	Philippine Nightjar	分布: 2
Caprimulgus celebensis	苏拉夜鹰	Sulawesi Nightjar	分布: 4
Caprimulgus concretus	白喉夜鹰	Bonaparte's Nightjar	分布: 2
Caprimulgus pulchellus	萨氏夜鹰	Salvadori's Nightjar	分布: 2
Caprimulgus donaldsoni	德氏夜鹰	Donaldson-Smith's Nightjar	分布: 3
Caprimulgus pectoralis	非洲夜鹰	African Dusky Nightjar	分布: 3
Caprimulgus poliocephalus	灰头夜鹰	Abyssinian Nightjar	分布: 3
Caprimulgus asiaticus	印度夜鹰	Indian Nightjar	分布: 2
Caprimulgus madagascariensis	马岛夜鹰	Madagascan Nightjar	分布: 3
Caprimulgus natalensis	非洲白尾夜鹰	African White-tailed Nightjar	分布: 3
Caprimulgus solala	内基萨夜鹰	Nechisar Nightjar	分布: 3
Caprimulgus inornatus	纯色夜鹰	Plain Nightjar	分布: 3
Caprimulgus stellatus	星斑夜鹰	Star-spotted Nightjar	分布: 3
Caprimulgus affinis	林夜鹰	Allied Nightjar	分布: 2, 4; C
Caprimulgus tristigma	雀斑夜鹰	Freckled Nightjar	分布: 3
Caprimulgus prigoginei	普氏夜鹰	Prigogine's Nightjar	分布: 3
Caprimulgus batesi	贝氏夜鹰	Bates's Nightjar	分布: 3
Caprimulgus climacurus	非洲长尾夜鹰	Long-tailed Nightjar	分布: 3
Caprimulgus clarus	细尾夜鹰	Slender-tailed Nightjar	分布: 3
Caprimulgus fossii	方尾夜鹰	Gabon Nightjar	分布: 3
Caprimulgus longipennis	旗翅夜鹰	Standard-winged Nightjar	分布: 3
Caprimulgus vexillarius	翎翅夜鹰	Pennant-winged Nightjar	分布: 3
Veles binotatus	非洲褐夜鹰	Brown Nightjar	分布: 3

5. 裸鼻夜鹰科 Aegothelidae (Owlet-nightjars) 1 属 10 种

Aegotheles savesi	新喀裸鼻夜鹰	New Caledonian Owlet-nightjar	分布: 4
Aegotheles insignis	大裸鼻夜鹰	Feline Owlet-nightjar	分布: 4
Aegotheles tatei	星斑裸鼻夜鹰	Spangled Owlet-nightjar	分布: 4
Aegotheles crinifrons	冠裸鼻夜鹰	Halmahera Owlet-nightjar	分布: 4
Aegotheles cristatus	澳洲裸鼻夜鹰	Owlet-nightjar	分布: 4
Aegotheles affinis	弗格克裸鼻夜鹰	Vogelkop Owlet-nightjar	分布: 4
Aegotheles bennettii	斑裸鼻夜鹰	Barred Owlet-nightjar	分布: 4
Aegotheles wallacii	华氏裸鼻夜鹰	Wallace's Owlet-nightjar	分布: 4
Aegotheles archboldi	阿氏裸鼻夜鹰	Archbold's Owlet-nightjar	分布: 4
Aegotheles albertisi	灰裸鼻夜鹰	Mountain Owlet-nightjar	分布: 4

6. 凤头雨燕科 Hemiprocnidae (Treeswifts) 1 属 4 种

Hemiprocne coronata	凤头雨燕	Crested Treeswift	分布: 2; C
Hemiprocne longipennis	灰腰凤头雨燕	Gray-rumped Treeswift	分布: 2, 4
Hemiprocne comata	小须凤头雨燕	Whiskered Treeswift	分布: 2

| *Hemiprocne mystacea* | 须凤头雨燕 | Moustached Treeswift | 分布: 4 |

7. 雨燕科 Apodidae (Swifts) 19 属 102 种

Cypseloides cherriei	斑额黑雨燕	Spot-fronted Swift	分布: 6
Cypseloides cryptus	白颏黑雨燕	White-chinned Swift	分布: 6
Cypseloides storeri	白额黑雨燕	White-fronted Swift	分布: 6
Cypseloides niger	黑雨燕	Black Swift	分布: 5, 6
Cypseloides lemosi	白胸黑雨燕	White-chested Swift	分布: 6
Cypseloides rothschildi	罗氏黑雨燕	Rothschild's Swift	分布: 6
Cypseloides fumigatus	乌黑雨燕	Sooty Swift	分布: 6
Cypseloides senex	大黑雨燕	Great Dusky Swift	分布: 6
Streptoprocne rutila	栗领黑雨燕	Chestnut-collared Swift	分布: 5, 6
Streptoprocne phelpsi	费氏黑雨燕	Tepui Swift	分布: 6
Streptoprocne zonaris	白领黑雨燕	White-collared Swift	分布: 6
Streptoprocne biscutata	巴西黑雨燕	Biscutate Swift	分布: 6
Streptoprocne semicollaris	白枕黑雨燕	White-naped Swift	分布: 6
Mearnsia picina	菲律宾针尾雨燕	Philippine Spinetail	分布: 2
Mearnsia novaeguineae	新几内亚针尾雨燕	New Guinea Spinetail	分布: 4
Zoonavena grandidieri	马岛针尾雨燕	Madagascar Spinetail	分布: 3
Zoonavena thomensis	圣多美针尾雨燕	Sao Thome Spinetail	分布: 3
Zoonavena sylvatica	白腰针尾雨燕	White-rumped Needletail	分布: 2
Telacanthura ussheri	斑喉针尾雨燕	Mottled Spinetail	分布: 3
Telacanthura melanopygia	黑针尾雨燕	Black Spinetail	分布: 3
Rhaphidura leucopygialis	银腰针尾雨燕	Silver-rumped Spinetail	分布: 2
Rhaphidura sabini	萨氏针尾雨燕	Sabine's Spinetail	分布: 3
Neafrapus cassini	白腹针尾雨燕	Cassin's Spinetail	分布: 3
Neafrapus boehmi	伯氏针尾雨燕	Boehm's Spinetail	分布: 3
Chaetura fumosa	哥斯达黎加雨燕	Costa Rican Swift	分布: 6
Chaetura spinicaudus	斑腰雨燕	Band-rumped Swift	分布: 6
Chaetura martinica	安岛雨燕	Lesser Antillean Swift	分布: 6
Chaetura cinereiventris	淡腰雨燕	Grey-rumped Swift	分布: 6
Chaetura egregia	苍腰雨燕	Pale-rumped Swift	分布: 6
Chaetura vauxi	沃氏雨燕	Vaux's Swift	分布: 5, 6
Chaetura pelagica	烟囱雨燕	Chimney Swift	分布: 5, 6
Chaetura chapmani	查氏雨燕	Chapman's Swift	分布: 6
Chaetura viridipennis	亚马孙雨燕	Mato Grosso Swift	分布: 6
Chaetura meridionalis	西氏雨燕	Sick's Swift	分布: 6
Chaetura brachyura	短尾雨燕	Short-tailed Swift	分布: 6
Hirundapus caudacutus	白喉针尾雨燕	White-throated Spinetail	分布: 1, 2, 4; C
Hirundapus cochinchinensis	灰喉针尾雨燕	Silver-backed Spinetail	分布: 2; C
Hirundapus giganteus	褐背针尾雨燕	Brown-backed Spinetail	分布: 2; C
Hirundapus celebensis	紫针尾雨燕	Purple Spinetail	分布: 2, 4; C

Collocalia troglodytes	侏金丝燕	Pygmy Swiftlet	分布: 2
Collocalia linchi	穴金丝燕	Cave Swiftlet	分布: 2
Collocalia esculenta	白腹金丝燕	White-bellied Swiftlet	分布: 2, 4
Hydrochous gigas	瀑布雨燕	Waterfall Swift	分布: 2
Aerodramus papuensis	巴布亚金丝燕	Papuan Swiftlet	分布: 4
Aerodramus whiteheadi	怀氏金丝燕	Whitehead's Swiftlet	分布: 2
Aerodramus nuditarsus	裸腿金丝燕	Bare-legged Swiftlet	分布: 4
Aerodramus orientalis	麦氏金丝燕	Mayr's Swiftlet	分布: 4
Aerodramus infuscatus	摩鹿加金丝燕	Moluccan Swiftlet	分布: 4
Aerodramus hirundinaceus	山金丝燕	Mountain Swiftlet	分布: 4
Aerodramus terraereginae	澳大利亚金丝燕	Australian Swiftlet	分布: 4
Aerodramus brevirostris	短嘴金丝燕	Himalayan Swiftlet	分布: 1, 2; C
Aerodramus vulcanorum	火山金丝燕	Volcano Swiftlet	分布: 2
Aerodramus maximus	大金丝燕	Black-nest Swiftlet	分布: 2; C
Aerodramus vanikorensis	纯色金丝燕	Uniform Swiftlet	分布: 4
Aerodramus amelis	阿美林金丝燕	Ameline Swiftlet	分布: 2
Aerodramus sawtelli	库岛金丝燕	Cook Islands Swiftlet	分布: 4
Aerodramus leucophaeus	塔岛金丝燕	Tahitian Swiftlet	分布: 4
Aerodramus inquietus	卡罗琳金丝燕	Caroline Swiftlet	分布: 4
Aerodramus pelewensis	帕劳金丝燕	Palau Swiftlet	分布: 4
Aerodramus bartschi	关岛金丝燕	Guam Swiftlet	分布: 4
Aerodramus mearnsi	菲律宾金丝燕	Philippine Swiftlet	分布: 2
Aerodramus spodiopygius	白腰金丝燕	White-rumped Swiftlet	分布: 4
Aerodramus unicolor	印度金丝燕	Indian Swiftlet	分布: 2
Aerodramus francicus	小灰腰金丝燕	Grey-rumped Swiftlet	分布: 3
Aerodramus elaphrus	塞舌尔金丝燕	Seychelles Swiftlet	分布: 3
Aerodramus fuciphagus	爪哇金丝燕	Edible-nest Swiftlet	分布: 2, 4; C
Aerodramus salangana	苔巢金丝燕	Mossy-nest Swiftlet	分布: 2
Aerodramus ocistus	马克萨金丝燕	Marquesan Swiftlet	分布: 4
Schoutedenapus myoptilus	珍雨燕	Scarce Swift	分布: 3
Schoutedenapus schoutedeni	斯氏雨燕	Schouteden's Swift	分布: 3
Aeronautes saxatalis	白喉雨燕	White-throated Swift	分布: 5, 6
Aeronautes montivagus	白尾梢雨燕	White-tipped Swift	分布: 6
Aeronautes andecolus	安第斯雨燕	Andean Swift	分布: 6
Tachornis phoenicobia	西印棕雨燕	Antillean Palm Swift	分布: 6
Tachornis furcata	侏棕雨燕	Pygmy Swift	分布: 6
Tachornis squamata	叉尾棕雨燕	Fork-tailed Palm Swift	分布: 6
Panyptila sanctihieronymi	大燕尾雨燕	Great Swallow-tailed Swift	分布: 6
Panyptila cayennensis	小燕尾雨燕	Lesser Swallow-tailed Swift	分布: 6
Cypsiurus parvus	非洲棕雨燕	African Palm Swift	分布: 1, 3
Cypsiurus balasiensis	棕雨燕	Asian Palm Swift	分布: 2, 4; C
Tachymarptis melba	高山雨燕	Alpine Swift	分布: 1, 2, 3; C

Tachymarptis aequatorialis	杂斑雨燕	Mottled Swift	分布: 3
Apus acuticauda	暗背雨燕	Dark-backed Swift	分布: 2; C
Apus pacificus	白腰雨燕	Fork-tailed Swift	分布: 1, 2, 4; C
Apus salimalii	华西白腰雨燕	Salim Ali's Swift	分布: 1, 2; EC
Apus leuconyx	布氏白腰雨燕	Blyth's Swift	分布: 1, 2
Apus cooki	库氏白腰雨燕	Cook's Swift	分布: 2; C
Apus caffer	非洲白腰雨燕	White-rumped Swift	分布: 1, 3
Apus batesi	贝氏雨燕	Bates's Swift	分布: 3
Apus horus	白眉雨燕	Horus Swift	分布: 3
Apus nipalensis	小白腰雨燕	House Swift	分布: 1, 2, 4; C
Apus affinis	小雨燕	Little Swift	分布: 1, 2, 3
Apus niansae	尼安萨雨燕	Nyanza Swift	分布: 3
Apus bradfieldi	布氏雨燕	Bradfield's Swift	分布: 3
Apus barbatus	非洲黑雨燕	African Black Swift	分布: 3
Apus sladeniae	费波黑雨燕	Fernando Po Swift	分布: 3
Apus balstoni	马岛黑雨燕	Malagasy Black Swift	分布: 3
Apus berliozi	伯氏雨燕	Berlioz's Swift	分布: 3
Apus unicolor	纯色雨燕	Plain Swift	分布: 3
Apus alexandri	亚氏雨燕	Alexander's Swift	分布: 3
Apus pallidus	苍雨燕	Pallid Swift	分布: 1, 2, 3
Apus apus	普通雨燕	Common Swift	分布: 1, 2, 3; C

8. 蜂鸟科　Trochilidae　(Hummingbirds)　106 属　347 种

Topaza pella	赤叉尾蜂鸟	Crimson Topaz	分布: 6
Topaza pyra	火红叉尾蜂鸟	Fiery Topaz	分布: 6
Florisuga mellivora	白颈蜂鸟	White-necked Jacobin	分布: 6
Florisuga fusca	黑蜂鸟	Black Jacobin	分布: 6
Eutoxeres aquila	白尾尖镰嘴蜂鸟	White-tipped Sicklebill	分布: 6
Eutoxeres condamini	黄尾镰嘴蜂鸟	Buff-tailed Sicklebill	分布: 6
Ramphodon naevius	锯嘴蜂鸟	Saw-billed Hermit	分布: 6
Glaucis dohrnii	钩嘴铜色蜂鸟	Hook-billed Hermit	分布: 6
Glaucis aeneus	铜色蜂鸟	Bronzy Hermit	分布: 6
Glaucis hirsutus	棕胸铜色蜂鸟	Rufous-breasted Hermit	分布: 6
Threnetes ruckeri	斑尾髭喉蜂鸟	Band-tailed Barbthroat	分布: 6
Threnetes leucurus	淡尾髭喉蜂鸟	Pale-tailed Barbthroat	分布: 6
Threnetes niger	暗色髭喉蜂鸟	Sooty Barbthroat	分布: 6
Anopetia gounellei	阔尾隐蜂鸟	Broad-tipped Hermit	分布: 6
Phaethornis squalidus	暗喉隐蜂鸟	Dusky-throated Hermit	分布: 6
Phaethornis rupurumii	斑喉隐蜂鸟	Streak-throated Hermit	分布: 6
Phaethornis longuemareus	小隐蜂鸟	Little Hermit	分布: 6
Phaethornis aethopygus	塔河隐蜂鸟	Tapajos Hermit	分布: 6
Phaethornis idaliae	姬隐蜂鸟	Minute Hermit	分布: 6

Phaethornis nattereri	红喉隐蜂鸟	Cinnamon-throated Hermit	分布: 6
Phaethornis atrimentalis	黑喉隐蜂鸟	Black-throated Hermit	分布: 6
Phaethornis striigularis	纹喉隐蜂鸟	Stripe-throated Hermit	分布: 6
Phaethornis griseogularis	灰颊隐蜂鸟	Gray-chinned Hermit	分布: 6
Phaethornis ruber	红隐蜂鸟	Reddish Hermit	分布: 6
Phaethornis stuarti	白眉隐蜂鸟	White-browed Hermit	分布: 6
Phaethornis subochraceus	黄腹隐蜂鸟	Buff-bellied Hermit	分布: 6
Phaethornis augusti	乌顶隐蜂鸟	Sooty-capped Hermit	分布: 6
Phaethornis pretrei	普拉隐蜂鸟	Planalto Hermit	分布: 6
Phaethornis eurynome	鳞喉隐蜂鸟	Scale-throated Hermit	分布: 6
Phaethornis anthophilus	淡腹隐蜂鸟	Pale-bellied Hermit	分布: 6
Phaethornis hispidus	白髯隐蜂鸟	White-bearded Hermit	分布: 6
Phaethornis yaruqui	白须隐蜂鸟	White-whiskered Hermit	分布: 6
Phaethornis guy	绿隐蜂鸟	Green Hermit	分布: 6
Phaethornis syrmatophorus	茶腹隐蜂鸟	Tawny-bellied Hermit	分布: 6
Phaethornis koepckeae	凯氏隐蜂鸟	Koepcke's Hermit	分布: 6
Phaethornis philippii	细嘴隐蜂鸟	Needle-billed Hermit	分布: 6
Phaethornis bourcieri	直嘴隐蜂鸟	Straight-billed Hermit	分布: 6
Phaethornis mexicanus	墨西哥隐蜂鸟	Mexican Hermit	分布: 5
Phaethornis longirostris	西长尾隐蜂鸟	Western Long-tailed Hermit	分布: 6
Phaethornis superciliosus	长尾隐蜂鸟	Long-tailed Hermit	分布: 6
Phaethornis malaris	大嘴隐蜂鸟	Great-billed Hermit	分布: 6
Doryfera ludovicae	绿额矛嘴蜂鸟	Green-fronted Lancebill	分布: 6
Doryfera johannae	蓝额矛嘴蜂鸟	Blue-fronted Lancebill	分布: 6
Schistes albogularis	白喉楔嘴蜂鸟	White-throated Wedgebill	分布: 6
Schistes geoffroyi	楔嘴蜂鸟	Wedge-billed Hummingbird	分布: 6
Augastes scutatus	紫蓝妆脸蜂鸟	Hyacinth Visor-bearer	分布: 6
Augastes lumachella	妆脸蜂鸟	Hooded Visor-bearer	分布: 6
Colibri delphinae	褐紫耳蜂鸟	Brown Violetear	分布: 6
Colibri thalassinus	绿紫耳蜂鸟	Green Violetear	分布: 6
Colibri coruscans	辉紫耳蜂鸟	Sparkling Violetear	分布: 6
Colibri serrirostris	白腹紫耳蜂鸟	White-vented Violetear	分布: 6
Androdon aequatorialis	齿嘴蜂鸟	Tooth-billed Hummingbird	分布: 6
Heliactin bilophus	角蜂鸟	Horned Sungem	分布: 6
Heliothryx barroti	紫冠仙蜂鸟	Purple-crowned Fairy	分布: 6
Heliothryx auritus	黑耳仙蜂鸟	Black-eared Fairy	分布: 6
Polytmus guainumbi	白尾金喉蜂鸟	White-tailed Goldenthroat	分布: 6
Polytmus milleri	黑嘴金喉蜂鸟	Tepui Goldenthroat	分布: 6
Polytmus theresiae	绿尾金喉蜂鸟	Green-tailed Goldenthroat	分布: 6
Chrysolampis mosquitus	金喉红顶蜂鸟	Ruby Topaz Hummingbird	分布: 6
Avocettula recurvirostris	翘嘴蜂鸟	Fiery-tailed Awlbill	分布: 6
Anthracothorax viridigula	绿喉芒果蜂鸟	Green-throated Mango	分布: 6

Anthracothorax prevostii	绿胸芒果蜂鸟	Green-breasted Mango	分布: 6
Anthracothorax nigricollis	黑喉芒果蜂鸟	Black-throated Mango	分布: 6
Anthracothorax veraguensis	巴拿马芒果蜂鸟	Veraguas Mango	分布: 6
Anthracothorax dominicus	黑胸芒果蜂鸟	Antillean Mango	分布: 6
Anthracothorax viridis	绿芒果蜂鸟	Green Mango	分布: 6
Anthracothorax mango	牙买加芒果蜂鸟	Jamaican Mango	分布: 6
Eulampis holosericeus	绿喉蜂鸟	Green-throated Carib	分布: 6
Eulampis jugularis	紫喉蜂鸟	Purple-throated Carib	分布: 6
Heliangelus mavors	橙喉领蜂鸟	Orange-throated Sunangel	分布: 6
Heliangelus spencei	梅里达领蜂鸟	Merida Sunangel	分布: 6
Heliangelus clarisse	龙氏领蜂鸟	Longuemare's Sunangel	分布: 6
Heliangelus amethysticollis	辉喉领蜂鸟	Amethyst-throated Sunangel	分布: 6
Heliangelus strophianus	领蜂鸟	Gorgeted Sunangel	分布: 6
Heliangelus exortis	暗绿领蜂鸟	Tourmaline Sunangel	分布: 6
Heliangelus micraster	小领蜂鸟	Little Sunangel	分布: 6
Heliangelus viola	紫喉领蜂鸟	Purple-throated Sunangel	分布: 6
Heliangelus regalis	皇领蜂鸟	Royal Sunangel	分布: 6
Sephanoides sephaniodes	绿背火冠蜂鸟	Green-backed Firecrown	分布: 6
Sephanoides fernandensis	火冠蜂鸟	Fernandez Firecrown	分布: 6
Discosura conversii	绿刺尾蜂鸟	Green Thorntail	分布: 6
Discosura popelairii	翎冠刺尾蜂鸟	Wire-crested Thorntail	分布: 6
Discosura langsdorffi	黑腹刺尾蜂鸟	Black-bellied Thorntail	分布: 6
Discosura letitiae	铜色刺尾蜂鸟	Coppery Thorntail	分布: 6
Discosura longicaudus	扇尾蜂鸟	Racquet-tailed Coquette	分布: 6
Lophornis ornatus	缨冠蜂鸟	Tufted Coquette	分布: 6
Lophornis gouldii	斑耳冠蜂鸟	Dot-eared Coquette	分布: 6
Lophornis magnificus	纹颈冠蜂鸟	Frilled Coquette	分布: 6
Lophornis brachylophus	短冠蜂鸟	Short-crested Coquette	分布: 6
Lophornis delattrei	棕冠蜂鸟	Rufous-crested Coquette	分布: 6
Lophornis stictolophus	斑冠蜂鸟	Spangled Coquette	分布: 6
Lophornis chalybeus	极乐冠蜂鸟	Festive Coquette	分布: 6
Lophornis pavoninus	孔雀冠蜂鸟	Peacock Coquette	分布: 6
Lophornis helenae	黑冠蜂鸟	Black-crested Coquette	分布: 6
Lophornis adorabilis	白冠蜂鸟	White-crested Coquette	分布: 6
Phlogophilus hemileucurus	厄瓜多尔斑尾蜂鸟	Ecuadorian Piedtail	分布: 6
Phlogophilus harterti	秘鲁斑尾蜂鸟	Peruvian Piedtail	分布: 6
Adelomyia melanogenys	鳞斑蜂鸟	Speckled Hummingbird	分布: 6
Aglaiocercus kingii	长尾蜂鸟	Long-tailed Sylph	分布: 6
Aglaiocercus coelestis	紫长尾蜂鸟	Violet-tailed Sylph	分布: 6
Aglaiocercus berlepschi	南美长尾蜂鸟	Venezuelan Sylph	分布: 6
Sappho sparganurus	红尾彗星蜂鸟	Red-tailed Comet	分布: 6
Taphrolesbia griseiventris	灰嘴彗星蜂鸟	Grey-billed Comet	分布: 6

Polyonymus caroli	铜尾彗星蜂鸟	Bronze-tailed Comet	分布: 6
Oreotrochilus chimborazo	紫巾山蜂鸟	Chimborazo Hillstar	分布: 6
Oreotrochilus estella	安第斯山蜂鸟	Andean Hillstar	分布: 6
Oreotrochilus stolzmanni	绿头山蜂鸟	Green-headed Hillstar	分布: 6
Oreotrochilus leucopleurus	白胁山蜂鸟	White-sided Hillstar	分布: 6
Oreotrochilus melanogaster	黑胸山蜂鸟	Black-breasted Hillstar	分布: 6
Oreotrochilus adela	楔尾山蜂鸟	Wedge-tailed Hillstar	分布: 6
Opisthoprora euryptera	反嘴蜂鸟	Mountain Avocetbill	分布: 6
Lesbia victoriae	黑带尾蜂鸟	Black-tailed Trainbearer	分布: 6
Lesbia nuna	绿带尾蜂鸟	Green-tailed Trainbearer	分布: 6
Ramphomicron dorsale	黑背刺嘴蜂鸟	Black-backed Thornbill	分布: 6
Ramphomicron microrhynchum	紫背刺嘴蜂鸟	Purple-backed Thornbill	分布: 6
Chalcostigma ruficeps	棕顶尖嘴蜂鸟	Rufous-capped Thornbill	分布: 6
Chalcostigma olivaceum	绿尖嘴蜂鸟	Olivaceous Thornbill	分布: 6
Chalcostigma stanleyi	蓝背尖嘴蜂鸟	Blue-mantled Thornbill	分布: 6
Chalcostigma heteropogon	铜尾尖嘴蜂鸟	Bronze-tailed Thornbill	分布: 6
Chalcostigma herrani	彩须尖嘴蜂鸟	Rainbow-bearded Thornbill	分布: 6
Oxypogon cyanolaemus	蓝髯蜂鸟	Blue-bearded Helmetcrest	分布: 6
Oxypogon lindenii	白髯蜂鸟	White-bearded Helmetcrest	分布: 6
Oxypogon guerinii	髯蜂鸟	Bearded Helmetcrest	分布: 6
Oxypogon stuebelii	黄髯蜂鸟	Buffy Helmetcrest	分布: 6
Oreonympha nobilis	须蜂鸟	Bearded Mountaineer	分布: 6
Metallura iracunda	佩里辉尾蜂鸟	Perija Metaltail	分布: 6
Metallura tyrianthina	紫辉尾蜂鸟	Tyrian Metaltail	分布: 6
Metallura williami	翠绿辉尾蜂鸟	Viridian Metaltail	分布: 6
Metallura baroni	紫喉辉尾蜂鸟	Violet-throated Metaltail	分布: 6
Metallura odomae	涅比辉尾蜂鸟	Neblina Metaltail	分布: 6
Metallura theresiae	铜辉尾蜂鸟	Coppery Metaltail	分布: 6
Metallura eupogon	火喉辉尾蜂鸟	Fire-throated Metaltail	分布: 6
Metallura aeneocauda	鳞辉尾蜂鸟	Scaled Metaltail	分布: 6
Metallura phoebe	黑辉尾蜂鸟	Black Metaltail	分布: 6
Haplophaedia aureliae	淡绿蓬腿蜂鸟	Greenish Puffleg	分布: 6
Haplophaedia assimilis	黄腿蓬腿蜂鸟	Buff-thighed Puffleg	分布: 6
Haplophaedia lugens	苍蓬腿蜂鸟	Hoary Puffleg	分布: 6
Eriocnemis nigrivestis	黑胸毛腿蜂鸟	Black-breasted Puffleg	分布: 6
Eriocnemis isabellae	伊莎毛腿蜂鸟	Gorgeted Puffleg	分布: 6
Eriocnemis vestita	紫颏毛腿蜂鸟	Glowing Puffleg	分布: 6
Eriocnemis derbyi	黑脚毛腿蜂鸟	Black-thighed Puffleg	分布: 6
Eriocnemis godini	绿喉毛腿蜂鸟	Turquoise-throated Puffleg	分布: 6
Eriocnemis cupreoventris	铜腹毛腿蜂鸟	Coppery-bellied Puffleg	分布: 6
Eriocnemis luciani	蓝臀毛腿蜂鸟	Sapphire-vented Puffleg	分布: 6
Eriocnemis mosquera	金胸毛腿蜂鸟	Golden-breasted Puffleg	分布: 6

Eriocnemis glaucopoides	蓝顶毛腿蜂鸟	Blue-capped Puffleg	分布: 6
Eriocnemis mirabilis	彩毛腿蜂鸟	Colorful Puffleg	分布: 6
Eriocnemis aline	翠腹毛腿蜂鸟	Emerald-bellied Puffleg	分布: 6
Loddigesia mirabilis	叉扇尾蜂鸟	Marvellous Spatuletail	分布: 6
Aglaeactis cupripennis	闪羽蜂鸟	Shining Sunbeam	分布: 6
Aglaeactis castelnaudii	辉胸闪羽蜂鸟	White-tufted Sunbeam	分布: 6
Aglaeactis aliciae	紫背闪羽蜂鸟	Purple-backed Sunbeam	分布: 6
Aglaeactis pamela	黑头闪羽蜂鸟	Black-hooded Sunbeam	分布: 6
Coeligena coeligena	铜色星额蜂鸟	Bronzy Inca	分布: 6
Coeligena prunellei	黑星额蜂鸟	Black Inca	分布: 6
Coeligena wilsoni	褐星额蜂鸟	Brown Inca	分布: 6
Coeligena torquata	领星额蜂鸟	Collared Inca	分布: 6
Coeligena violifer	紫喉星额蜂鸟	Violet-throated Starfrontlet	分布: 6
Coeligena iris	彩虹星额蜂鸟	Rainbow Starfrontlet	分布: 6
Coeligena phalerata	白尾星额蜂鸟	White-tailed Starfrontlet	分布: 6
Coeligena orina	暗星额蜂鸟	Dusky Starfrontlet	分布: 6
Coeligena lutetiae	黄翅星额蜂鸟	Buff-winged Starfrontlet	分布: 6
Coeligena bonapartei	金腹星额蜂鸟	Golden-bellied Starfrontlet	分布: 6
Coeligena helianthea	蓝喉星额蜂鸟	Blue-throated Starfrontlet	分布: 6
Lafresnaya lafresnayi	绒胸蜂鸟	Mountain Velvetbreast	分布: 6
Ensifera ensifera	剑嘴蜂鸟	Sword-billed Hummingbird	分布: 6
Pterophanes cyanopterus	蓝翅大蜂鸟	Great Sapphirewing	分布: 6
Boissonneaua flavescens	黄尾冕蜂鸟	Buff-tailed Coronet	分布: 6
Boissonneaua matthewsii	栗胸冕蜂鸟	Chestnut-breasted Coronet	分布: 6
Boissonneaua jardini	紫冕蜂鸟	Velvet-purple Coronet	分布: 6
Ocreatus underwoodii	盘尾蜂鸟	Booted Racquet-tail	分布: 6
Urochroa bougueri	褐颊白尾蜂鸟	White-tailed Hillstar	分布: 6
Urochroa leucura	铜腰白尾蜂鸟	Green-backed Hillstar	分布: 6
Urosticte benjamini	白尾梢蜂鸟	Whitetip	分布: 6
Urosticte ruficrissa	棕臀白尾梢蜂鸟	Rufous-vented Whitetip	分布: 6
Heliodoxa xanthogonys	黑眉辉蜂鸟	Velvet-browed Brilliant	分布: 6
Heliodoxa gularis	粉喉辉蜂鸟	Pink-throated Brilliant	分布: 6
Heliodoxa branickii	棕甲辉蜂鸟	Rufous-webbed Brilliant	分布: 6
Heliodoxa schreibersii	黑喉辉蜂鸟	Black-throated Brilliant	分布: 6
Heliodoxa aurescens	古氏蜂鸟	Gould's Jewelfront	分布: 6
Heliodoxa rubinoides	棕胸辉蜂鸟	Fawn-breasted Brilliant	分布: 6
Heliodoxa jacula	绿顶辉蜂鸟	Green-crowned Brilliant	分布: 6
Heliodoxa imperatrix	皇辉蜂鸟	Empress Brilliant	分布: 6
Heliodoxa leadbeateri	紫额辉蜂鸟	Violet-fronted Brilliant	分布: 6
Clytolaema rubricauda	红玉蜂鸟	Brazilian Ruby	分布: 6
Patagona gigas	巨蜂鸟	Giant Hummingbird	分布: 6
Chlorostilbon auriceps	金冠翠蜂鸟	Golden-crowned Emerald	分布: 5

Chlorostilbon forficatus	科苏梅尔翠蜂鸟	Cozumel Emerald	分布: 5
Chlorostilbon canivetii	卡氏翠蜂鸟	Canivet's Emerald	分布: 5, 6
Chlorostilbon assimilis	花园翠蜂鸟	Garden Emerald	分布: 6
Chlorostilbon gibsoni	红嘴翠蜂鸟	Red-billed Emerald	分布: 6
Chlorostilbon mellisugus	蓝尾翠蜂鸟	Blue-tailed Emerald	分布: 6
Chlorostilbon melanorhynchus	西翠蜂鸟	Western Emerald	分布: 6
Chlorostilbon olivaresi	奇里翠蜂鸟	Chiribiquete Emerald	分布: 6
Chlorostilbon ricordii	古巴翠蜂鸟	Cuban Emerald	分布: 6
Chlorostilbon swainsonii	中美翠蜂鸟	Hispaniolan Emerald	分布: 6
Chlorostilbon maugaeus	波多翠蜂鸟	Puerto Rican Emerald	分布: 6
Chlorostilbon lucidus	辉腹翠蜂鸟	Glittering-bellied Emerald	分布: 6
Chlorostilbon russatus	铜色翠蜂鸟	Coppery Emerald	分布: 6
Chlorostilbon stenurus	狭尾翠蜂鸟	Narrow-tailed Emerald	分布: 6
Chlorostilbon poortmani	短尾翠蜂鸟	Short-tailed Emerald	分布: 6
Chlorostilbon alice	绿尾翠蜂鸟	Green-tailed Emerald	分布: 6
Chlorestes notata	蓝颏青蜂鸟	Blue-chinned Sapphire	分布: 6
Cynanthus sordidus	暗阔嘴蜂鸟	Dusky Hummingbird	分布: 6
Cynanthus latirostris	阔嘴蜂鸟	Broad-billed Hummingbird	分布: 5
Cynanthus doubledayi	青绿阔嘴蜂鸟	Turquoise-crowned Hummingbird	分布: 5
Cyanophaia bicolor	蓝头蜂鸟	Blue-headed Hummingbird	分布: 6
Klais guimeti	紫头蜂鸟	Violet-headed Hummingbird	分布: 6
Abeillia abeillei	翠颏蜂鸟	Emerald-chinned Hummingbird	分布: 6
Orthorhyncus cristatus	凤头蜂鸟	Antillean Crested Hummingbird	分布: 6
Stephanoxis lalandi	绿凤冠蜂鸟	Green-crowned Plovercrest	分布: 6
Stephanoxis loddigesii	紫凤冠蜂鸟	Purple-crowned Plovercrest	分布: 6
Aphantochroa cirrochloris	暗色刀翅蜂鸟	Sombre Hummingbird	分布: 6
Anthocephala floriceps	花顶蜂鸟	Blossomcrown	分布: 6
Phaeochroa cuvierii	鳞胸刀翅蜂鸟	Scaly-breasted Hummingbird	分布: 6
Campylopterus curvipennis	弯翅刀翅蜂鸟	Curve-winged Sabrewing	分布: 6
Campylopterus excellens	长尾刀翅蜂鸟	Long-tailed Sabrewing	分布: 6
Campylopterus largipennis	灰胸刀翅蜂鸟	Grey-breasted Sabrewing	分布: 6
Campylopterus rufus	棕刀翅蜂鸟	Rufous Sabrewing	分布: 6
Campylopterus hyperythrus	棕胸刀翅蜂鸟	Rufous-breasted Sabrewing	分布: 6
Campylopterus hemileucurus	紫刀翅蜂鸟	Violet Sabrewing	分布: 6
Campylopterus ensipennis	白尾刀翅蜂鸟	White-tailed Sabrewing	分布: 6
Campylopterus falcatus	棕尾刀翅蜂鸟	Lazuline Sabrewing	分布: 6
Campylopterus phainopeplus	圣马刀翅蜂鸟	Santa Marta Sabrewing	分布: 6
Campylopterus villaviscensio	那波刀翅蜂鸟	Napo Sabrewing	分布: 6
Campylopterus duidae	黄胸刀翅蜂鸟	Buff-breasted Sabrewing	分布: 6
Eupetomena macroura	燕尾刀翅蜂鸟	Swallow-tailed Hummingbird	分布: 6
Eupherusa eximia	纹尾蜂鸟	Stripe-tailed Hummingbird	分布: 6
Eupherusa cyanophrys	蓝顶蜂鸟	Blue-capped Hummingbird	分布: 6

Eupherusa poliocerca	白尾蜂鸟	White-tailed Hummingbird	分布: 6
Eupherusa nigriventris	黑腹蜂鸟	Black-bellied Hummingbird	分布: 6
Elvira chionura	白尾丽蜂鸟	White-tailed Emerald	分布: 6
Elvira cupreiceps	铜头丽蜂鸟	Coppery-headed Emerald	分布: 6
Microchera albocoronata	白顶蜂鸟	Snowcap	分布: 6
Chalybura buffonii	白腹棕尾蜂鸟	White-vented Plumeleteer	分布: 6
Chalybura urochrysia	斑胸棕尾蜂鸟	Bronze-tailed Plumeleteer	分布: 6
Thalurania ridgwayi	墨西哥妍蜂鸟	Mexican Woodnymph	分布: 6
Thalurania colombica	蓝顶妍蜂鸟	Blue-crowned Woodnymph	分布: 6
Thalurania furcata	叉尾妍蜂鸟	Fork-tailed Woodnymph	分布: 6
Thalurania watertonii	长尾妍蜂鸟	Long-tailed Woodnymph	分布: 6
Thalurania glaucopis	紫顶妍蜂鸟	Violet-capped Woodnymph	分布: 6
Taphrospilus hypostictus	点斑蜂鸟	Many-spotted Hummingbird	分布: 6
Leucochloris albicollis	白喉蜂鸟	White-throated Hummingbird	分布: 6
Leucippus fallax	淡黄蜂鸟	Buffy Hummingbird	分布: 6
Leucippus baeri	秘鲁蜂鸟	Tumbes Hummingbird	分布: 6
Leucippus taczanowskii	斑喉蜂鸟	Spot-throated Hummingbird	分布: 6
Leucippus chlorocercus	绿斑蜂鸟	Olive-spotted Hummingbird	分布: 6
Amazilia chionogaster	白腹蜂鸟	White-bellied Hummingbird	分布: 6
Amazilia viridicauda	绿尾蜂鸟	Green-and-white Hummingbird	分布: 6
Amazilia tzacatl	棕尾蜂鸟	Rufous-tailed Hummingbird	分布: 6
Amazilia castaneiventris	栗腹蜂鸟	Chestnut-bellied Hummingbird	分布: 6
Amazilia yucatanensis	棕腹蜂鸟	Buff-bellied Hummingbird	分布: 5, 6
Amazilia rutila	桂红蜂鸟	Cinnamon Hummingbird	分布: 6
Amazilia amazilia	艳蜂鸟	Amazilia Hummingbird	分布: 6
Amazilia leucogaster	纯腹蜂鸟	Plain-bellied Emerald	分布: 6
Amazilia versicolor	虹彩蜂鸟	Versicolored Emerald	分布: 6
Amazilia brevirostris	白胸蜂鸟	White-chested Emerald	分布: 6
Amazilia franciae	安第斯蜂鸟	Andean Emerald	分布: 6
Amazilia candida	白腹绿蜂鸟	White-bellied Emerald	分布: 6
Amazilia luciae	洪都拉斯蜂鸟	Honduras Emerald	分布: 6
Amazilia boucardi	红树林蜂鸟	Mangrove Hummingbird	分布: 6
Amazilia amabilis	蓝胸蜂鸟	Blue-chested Hummingbird	分布: 6
Amazilia decora	娇蜂鸟	Charming Hummingbird	分布: 6
Amazilia cyanocephala	红嘴蜂鸟	Red-billed Azurecrown	分布: 6
Amazilia beryllina	绿蜂鸟	Berylline Hummingbird	分布: 6
Amazilia cyanura	蓝尾蜂鸟	Blue-tailed Hummingbird	分布: 6
Amazilia saucerottei	灰腹蜂鸟	Steely-vented Hummingbird	分布: 6
Amazilia cyanifrons	青顶蜂鸟	Indigo-capped Hummingbird	分布: 6
Amazilia violiceps	紫冠蜂鸟	Violet-crowned Hummingbird	分布: 5, 6
Amazilia viridifrons	绿额蜂鸟	Green-fronted Hummingbird	分布: 6
Amazilia wagneri	栗胁蜂鸟	Cinnamon-sided Hummingbird	分布: 6

Amazilia fimbriata	辉喉蜂鸟	Glittering-throated Emerald	分布: 6
Amazilia lactea	蓝喉蜂鸟	Sapphire-spangled Emerald	分布: 6
Amazilia rosenbergi	紫胸蜂鸟	Purple-chested Hummingbird	分布: 6
Amazilia edward	雪胸蜂鸟	Snowy-breasted Hummingbird	分布: 6
Amazilia viridigaster	绿腹蜂鸟	Green-bellied Hummingbird	分布: 6
Amazilia tobaci	铜色腰蜂鸟	Copper-rumped Hummingbird	分布: 6
Hylocharis sapphirina	棕喉红嘴蜂鸟	Rufous-throated Sapphire	分布: 6
Hylocharis humboldtii	洪氏红嘴蜂鸟	Humboldt's Sapphire	分布: 6
Hylocharis grayi	蓝头红嘴蜂鸟	Blue-headed Sapphire	分布: 6
Trochilus polytmus	红嘴长尾蜂鸟	Red-billed Streamertail	分布: 6
Trochilus scitulus	黑嘴长尾蜂鸟	Black-billed Streamertail	分布: 6
Chrysuronia oenone	金尾蜂鸟	Golden-tailed Sapphire	分布: 6
Goethalsia bella	棕颊蜂鸟	Pirre Hummingbird	分布: 6
Goldmania violiceps	紫顶蜂鸟	Violet-capped Hummingbird	分布: 6
Lepidopyga coeruleogularis	青喉蜂鸟	Sapphire-throated Hummingbird	分布: 6
Lepidopyga lilliae	青腹蜂鸟	Sapphire-bellied Hummingbird	分布: 6
Lepidopyga goudoti	辉绿蜂鸟	Shining Green Hummingbird	分布: 6
Juliamyia julie	紫腹蜂鸟	Violet-bellied Hummingbird	分布: 6
Hylocharis eliciae	蓝喉红嘴蜂鸟	Blue-throated Goldentail	分布: 6
Hylocharis cyanus	白颊红嘴蜂鸟	White-chinned Sapphire	分布: 6
Hylocharis chrysura	金红嘴蜂鸟	Gilded Hummingbird	分布: 6
Basilinna xantusii	赞氏蜂鸟	Xantus's Hummingbird	分布: 5
Basilinna leucotis	白耳蜂鸟	White-eared Hummingbird	分布: 5, 6
Sternoclyta cyanopectus	紫罗兰胸蜂鸟	Violet-chested Hummingbird	分布: 6
Hylonympha macrocerca	剪尾蜂鸟	Scissor-tailed Hummingbird	分布: 6
Eugenes fulgens	大蜂鸟	Rivoli's Hummingbird	分布: 5, 6
Panterpe insignis	火喉蜂鸟	Fiery-throated Hummingbird	分布: 6
Heliomaster constantii	纯顶星喉蜂鸟	Plain-capped Brilliant	分布: 5, 6
Heliomaster longirostris	长嘴星喉蜂鸟	Long-billed Starthroat	分布: 6
Heliomaster squamosus	纹胸星喉蜂鸟	Stripe-breasted Starthroat	分布: 6
Heliomaster furcifer	蓝角星喉蜂鸟	Blue-tufted Starthroat	分布: 6
Lampornis viridipallens	绿喉宝石蜂鸟	Green-throated Hummingbird	分布: 6
Lampornis sybillae	绿胸宝石蜂鸟	Green-breasted Mountaingem	分布: 6
Lampornis amethystinus	辉紫喉宝石蜂鸟	Amethyst-throated Hummingbird	分布: 6
Lampornis clemenciae	蓝喉宝石蜂鸟	Blue-throated Hummingbird	分布: 5, 6
Lampornis hemileucus	白腹宝石蜂鸟	White-bellied Mountaingem	分布: 6
Lampornis calolaemus	紫喉宝石蜂鸟	Purple-throated Mountaingem	分布: 6
Lampornis cinereicauda	灰尾宝石蜂鸟	Grey-tailed Mountaingem	分布: 6
Lampornis castaneoventris	白喉宝石蜂鸟	White-throated Mountaingem	分布: 6
Lamprolaima rhami	红喉蜂鸟	Garnet-throated Hummingbird	分布: 6
Myrtis fanny	紫领蜂鸟	Purple-collared Woodstar	分布: 6
Eulidia yarrellii	智利蜂鸟	Chilean Woodstar	分布: 6

Rhodopis vesper	绿洲蜂鸟	Oasis Hummingbird	分布: 6
Thaumastura cora	矛尾蜂鸟	Peruvian Sheartail	分布: 6
Chaetocercus mulsant	白腹林蜂鸟	White-bellied Woodstar	分布: 6
Chaetocercus bombus	小林蜂鸟	Little Woodstar	分布: 6
Chaetocercus heliodor	粉髯林蜂鸟	Gorgeted Woodstar	分布: 6
Chaetocercus astreans	圣马林蜂鸟	Santa Marta Woodstar	分布: 6
Chaetocercus berlepschi	埃斯林蜂鸟	Esmeraldas Woodstar	分布: 6
Chaetocercus jourdanii	棕尾林蜂鸟	Rufous-shafted Woodstar	分布: 6
Myrmia micrura	短尾蜂鸟	Short-tailed Woodstar	分布: 6
Microstilbon burmeisteri	细尾林星蜂鸟	Slender-tailed Woodstar	分布: 6
Calliphlox amethystina	紫辉林星蜂鸟	Amethyst Woodstar	分布: 6
Calliphlox bryantae	红喉林星蜂鸟	Magenta-throated Woodstar	分布: 6
Calliphlox mitchellii	紫喉林星蜂鸟	Purple-throated Woodstar	分布: 6
Doricha enicura	细剪尾蜂鸟	Slender Sheartail	分布: 6
Doricha eliza	墨西哥剪尾蜂鸟	Mexican Sheartail	分布: 6
Tilmatura dupontii	火尾蜂鸟	Sparkling-tailed Hummingbird	分布: 6
Calothorax lucifer	瑰丽蜂鸟	Lucifer Hummingbird	分布: 5, 6
Calothorax pulcher	华丽蜂鸟	Beautiful Hummingbird	分布: 6
Calliphlox evelynae	巴哈马林星蜂鸟	Bahama Woodstar	分布: 6
Mellisuga minima	小吸蜜蜂鸟	Vervain Hummingbird	分布: 6
Mellisuga helenae	吸蜜蜂鸟	Bee Hummingbird	分布: 6
Calypte anna	安氏蜂鸟	Anna's Hummingbird	分布: 5
Calypte costae	科氏蜂鸟	Costa's Hummingbird	分布: 5, 6
Archilochus alexandri	黑颏北蜂鸟	Black-chinned Hummingbird	分布: 5, 6
Archilochus colubris	红喉北蜂鸟	Ruby-throated Hummingbird	分布: 5, 6
Selasphorus platycercus	宽尾煌蜂鸟	Broad-tailed Hummingbird	分布: 5, 6
Selasphorus calliope	星蜂鸟	Calliope Hummingbird	分布: 5, 6
Selasphorus rufus	棕煌蜂鸟	Rufous Hummingbird	分布: 5, 6
Selasphorus sasin	艾氏煌蜂鸟	Allen's Hummingbird	分布: 5, 6
Selasphorus flammula	粉喉煌蜂鸟	Rose-throated Hummingbird	分布: 6
Selasphorus scintilla	辉煌蜂鸟	Scintillant Hummingbird	分布: 6
Selasphorus ardens	辉喉煌蜂鸟	Glow-throated Hummingbird	分布: 6
Atthis heloisa	大瑰喉蜂鸟	Bumblebee Hummingbird	分布: 5, 6
Atthis ellioti	瑰喉蜂鸟	Wine-throated Hummingbird	分布: 6

XII 麝雉目 Opisthocomiformes

1. 麝雉科 Opisthocomidae (Hoatzin) 1 属 1 种

Opisthocomus hoazin	麝雉	Hoatzin	分布: 6

XIII 鹃形目 Cuculiformes

1. 杜鹃科 Cuculidae (Cuckoos) 36属 154种

Crotophaga major	大犀鹃	Greater Ani	分布: 6
Crotophaga ani	滑嘴犀鹃	Smooth-billed Ani	分布: 6
Crotophaga sulcirostris	沟嘴犀鹃	Groove-billed Ani	分布: 6
Guira guira	圭拉鹃	Guira Cuckoo	分布: 6
Tapera naevia	纵纹鹃	Striped Cuckoo	分布: 6
Dromococcyx phasianellus	雉鹃	Pheasant Cuckoo	分布: 6
Dromococcyx pavoninus	小雉鹃	Pavonine Cuckoo	分布: 6
Morococcyx erythropygus	小地鹃	Lesser Ground-cuckoo	分布: 6
Geococcyx velox	小走鹃	Lesser Roadrunner	分布: 6
Geococcyx californianus	走鹃	Greater Roadrunner	分布: 5, 6
Neomorphus geoffroyi	棕腹鸡鹃	Rufous-vented Ground Cuckoo	分布: 6
Neomorphus squamiger	鳞鸡鹃	Scaled Ground Cuckoo	分布: 6
Neomorphus radiolosus	斑鸡鹃	Banded Ground Cuckoo	分布: 6
Neomorphus rufipennis	棕翅鸡鹃	Rufous-winged Ground Cuckoo	分布: 6
Neomorphus pucheranii	红嘴鸡鹃	Red-billed Ground Cuckoo	分布: 6
Coua gigas	大马岛鹃	Giant Coua	分布: 3
Coua coquereli	科氏马岛鹃	Coquerel's Coua	分布: 3
Coua serriana	红胸马岛鹃	Red-breasted Coua	分布: 3
Coua reynaudii	红额马岛鹃	Red-fronted Coua	分布: 3
Coua cursor	锈喉马岛鹃	Running Coua	分布: 3
Coua ruficeps	红顶马岛鹃	Red-capped Coua	分布: 3
Coua olivaceiceps	绿顶马岛鹃	Olive-capped Coua	分布: 3
Coua cristata	凤头马岛鹃	Crested Coua	分布: 3
Coua pyropyga	栗臀马岛鹃	Chestnut-vented Coua	分布: 3
Coua verreauxi	南凤头马岛鹃	Verreaux's Coua	分布: 3
Coua caerulea	蓝马岛鹃	Blue Coua	分布: 3
Carpococcyx radiceus	地鹃	Bornean Ground-cuckoo	分布: 2
Carpococcyx viridis	苏门答腊地鹃	Sumatran Ground-cuckoo	分布: 2
Carpococcyx renauldi	瑞氏红嘴地鹃	Coral-billed Ground-cuckoo	分布: 2
Centropus milo	黄头鸦鹃	Buff-headed Coucal	分布: 4
Centropus ateralbus	杂色鸦鹃	Pied Coucal	分布: 2
Centropus menbeki	大鸦鹃	Greater Black Coucal	分布: 4
Centropus chalybeus	比岛鸦鹃	Biak Coucal	分布: 4
Centropus unirufus	棕鸦鹃	Rufous Coucal	分布: 2
Centropus chlororhynchos	绿嘴鸦鹃	Green-billed Coucal	分布: 2
Centropus melanops	黑脸鸦鹃	Black-faced Coucal	分布: 2
Centropus steerii	斯氏鸦鹃	Black-hooded Coucal	分布: 2

Centropus rectunguis	短趾鸦鹃	Short-toed Coucal	分布: 2
Centropus celebensis	苏拉鸦鹃	Bay Coucal	分布: 4
Centropus anselli	加蓬鸦鹃	Gabon Coucal	分布: 3
Centropus leucogaster	黑喉鸦鹃	Black throated Coucal	分布: 3
Centropus senegalensis	塞内加尔鸦鹃	Senegal Coucal	分布: 3
Centropus monachus	蓝头鸦鹃	Blue-headed Coucal	分布: 3
Centropus cupreicaudus	铜尾鸦鹃	Coppery-tailed Coucal	分布: 3
Centropus superciliosus	白眉鸦鹃	White-browed Coucal	分布: 3
Centropus burchellii	布氏鸦鹃	Burchell's Coucal	分布: 3
Centropus nigrorufus	爪哇鸦鹃	Javan Coucal	分布: 2
Centropus sinensis	褐翅鸦鹃	Greater Coucal	分布: 2; C
Centropus andamanensis	褐鸦鹃	Andaman Coucal	分布: 2
Centropus goliath	巨鸦鹃	Goliath Coucal	分布: 4
Centropus toulou	马岛小鸦鹃	Madagascar Coucal	分布: 3
Centropus grillii	黑胸鸦鹃	Black Coucal	分布: 3
Centropus viridis	绿鸦鹃	Philippine Coucal	分布: 2
Centropus bengalensis	小鸦鹃	Lesser Coucal	分布: 2, 4; C
Centropus violaceus	紫鸦鹃	Violaceous Coucal	分布: 4
Centropus bernsteini	小黑鸦鹃	Black-billed Coucal	分布: 4
Centropus phasianinus	雉鸦鹃	Pheasant Coucal	分布: 4
Centropus spilopterus	摩鹿加鸦鹃	Kai Coucal	分布: 4
Rhinortha chlorophaea	棕胸地鹃	Raffles's Malkoha	分布: 2
Ceuthmochares aereus	黄嘴鹃	Chattering Yellowbill	分布: 3
Ceuthmochares australis	哨声黄嘴鹃	Whistling Yellowbill	分布: 3
Taccocua leschenaultii	短嘴地鹃	Sirkeer Malkoha	分布: 2
Zanclostomus javanicus	红嘴地鹃	Red-billed Malkoha	分布: 2
Phaenicophaeus pyrrhocephalus	红脸地鹃	Red-faced Malkoha	分布: 2
Phaenicophaeus viridirostris	小绿嘴地鹃	Blue-faced Malkoha	分布: 2
Phaenicophaeus diardi	黑嘴地鹃	Black-bellied Malkoha	分布: 2
Phaenicophaeus sumatranus	棕腹地鹃	Chestnut-bellied Malkoha	分布: 2
Phaenicophaeus tristis	绿嘴地鹃	Green-billed Malkoha	分布: 2; C
Phaenicophaeus curvirostris	栗胸地鹃	Chestnut-breasted Malkoha	分布: 2, 4
Phaenicophaeus oeneicaudus	孟塔维地鹃	Mentawai Malkoha	分布: 2
Dasylophus superciliosus	蓬冠地鹃	Red-crested Malkoha	分布: 2
Lepidogrammus cumingi	鳞纹地鹃	Scale-feathered Malkoha	分布: 2
Rhamphococcyx calyorhynchus	火红嘴地鹃	Yellow-billed Malkoha	分布: 4
Clamator jacobinus	斑翅凤头鹃	Jacobin Cuckoo	分布: 2, 3; C
Clamator levaillantii	莱氏凤头鹃	Levaillant's Cuckoo	分布: 3
Clamator coromandus	红翅凤头鹃	Chestnut-winged Cuckoo	分布: 1, 2; C
Clamator glandarius	大斑凤头鹃	Great Spotted Cuckoo	分布: 1, 3
Coccycua minuta	小棕鹃	Little Cuckoo	分布: 6

Coccycua pumila	小美洲鹃	Dwarf Cuckoo	分布: 6
Coccycua cinerea	灰美洲鹃	Ash-colored Cuckoo	分布: 6
Piaya mexicana	墨西哥棕鹃	Mexican Squirrel-cuckoo	分布: 5
Piaya cayana	灰腹棕鹃	Common Squirrel-cuckoo	分布: 6
Piaya melanogaster	黑腹棕鹃	Black-bellied Cuckoo	分布: 6
Coccyzus americanus	黄嘴美洲鹃	Yellow-billed Cuckoo	分布: 5, 6
Coccyzus euleri	珠胸美洲鹃	Pearly-breasted Cuckoo	分布: 6
Coccyzus minor	红树美洲鹃	Mangrove Cuckoo	分布: 5, 6
Coccyzus ferrugineus	可岛美洲鹃	Cocos Cuckoo	分布: 6
Coccyzus melacoryphus	暗嘴美洲鹃	Dark-billed Cuckoo	分布: 6
Coccyzus erythropthalmus	黑嘴美洲鹃	Black-billed Cuckoo	分布: 5, 6
Coccyzus lansbergi	灰顶美洲鹃	Grey-capped Cuckoo	分布: 6
Coccyzus pluvialis	栗腹鹃	Chestnut-bellied Cuckoo	分布: 6
Coccyzus rufigularis	栗胸鹃	Bay-breasted Cuckoo	分布: 6
Coccyzus merlini	大蜥鹃	Cuban Lizard-cuckoo	分布: 6
Coccyzus bahamensis	巴哈马蜥鹃	Bahama Lizard-cuckoo	分布: 6
Coccyzus vetula	牙买加蜥鹃	Jamaican Lizard-cuckoo	分布: 6
Coccyzus longirostris	长嘴蜥鹃	Hispaniolan Lizard-cuckoo	分布: 6
Coccyzus vieilloti	波多黎各蜥鹃	Puerto Rican Lizard-cuckoo	分布: 6
Pachycoccyx audeberti	厚嘴杜鹃	Thick-billed Cuckoo	分布: 3
Microdynamis parva	黑顶鹃	Dwarf Koel	分布: 4
Eudynamys scolopaceus	噪鹃	Western Koel	分布: 1, 2, 4; C
Eudynamys orientalis	太平洋噪鹃	Pacific Koel	分布: 4
Eudynamys melanorhynchus	黑嘴噪鹃	Black-billed Koel	分布: 4
Urodynamis taitensis	长尾噪鹃	Long-tailed Koel	分布: 4
Scythrops novaehollandiae	沟嘴鹃	Channel-billed Cuckoo	分布: 4
Chalcites megarhynchus	小长嘴鹃	Long-billed Cuckoo	分布: 4
Chalcites basalis	霍氏金鹃	Horsfield's Bronze-cuckoo	分布: 4
Chalcites osculans	黑耳金鹃	Black-eared Cuckoo	分布: 4
Chalcites ruficollis	红喉金鹃	Rufous-throated Bronze-cuckoo	分布: 4
Chalcites lucidus	金鹃	Shining Bronze-cuckoo	分布: 4
Chalcites meyerii	铜翅金鹃	White-eared Bronze-cuckoo	分布: 4
Chalcites minutillus	棕胸金鹃	Little Bronze-cuckoo	分布: 2, 4
Chalcites crassirostris	斑翅金鹃	Pied Bronze-cuckoo	分布: 4
Chrysococcyx maculatus	翠金鹃	Asian Emerald Cuckoo	分布: 1, 2; C
Chrysococcyx xanthorhynchus	紫金鹃	Violet Cuckoo	分布: 2; C
Chrysococcyx flavigularis	黄喉金鹃	Yellow-throated Cuckoo	分布: 3
Chrysococcyx klaas	白腹金鹃	Klaas's Cuckoo	分布: 3
Chrysococcyx cupreus	黄腹金鹃	African Emerald Cuckoo	分布: 3
Chrysococcyx caprius	白眉金鹃	Diederik Cuckoo	分布: 3
Cacomantis castaneiventris	栗胸杜鹃	Chestnut-breasted Cuckoo	分布: 4
Cacomantis flabelliformis	扇尾杜鹃	Fan-tailed Cuckoo	分布: 4

Cacomantis sonneratii	栗斑杜鹃	Banded Bay Cuckoo	分布: 2; C
Cacomantis merulinus	八声杜鹃	Plaintive Cuckoo	分布: 2, 4; C
Cacomantis passerinus	灰腹杜鹃	Grey-bellied Cuckoo	分布: 1, 2
Cacomantis variolosus	灌丛杜鹃	Brush Cuckoo	分布: 4
Cacomantis sepulcralis	锈胸杜鹃	Rust-breasted Cuckoo	分布: 2, 4
Cacomantis aeruginosus	摩鹿加杜鹃	Moluccan Cuckoo	分布: 4
Heteroscenes pallidus	淡色杜鹃	Pallid Cuckoo	分布: 4
Caliechthrus leucolophus	白顶噪鹃	White-crowned Cuckoo	分布: 4
Cercococcyx mechowi	暗色长尾鹃	Dusky Long-tailed Cuckoo	分布: 3
Cercococcyx olivinus	绿长尾鹃	Olive Long-tailed Cuckoo	分布: 3
Cercococcyx montanus	长尾鹃	Barred Long-tailed Cuckoo	分布: 3
Surniculus dicruroides	叉尾乌鹃	Fork-tailed Drongo-cuckoo	分布: 2
Surniculus lugubris	乌鹃	Square-tailed Drongo-cuckoo	分布: 2, 4; C
Surniculus velutinus	菲律宾乌鹃	Philippine Cuckoo	分布: 2
Surniculus musschenbroeki	摩鹿加乌鹃	Moluccan Drongo-cuckoo	分布: 4
Hierococcyx bocki	暗色鹰鹃	Dark Hawk-cuckoo	分布: 2
Hierococcyx sparverioides	大鹰鹃	Large Hawk-cuckoo	分布: 1, 2, 4; C
Hierococcyx varius	普通鹰鹃	Common Hawk-cuckoo	分布: 2; C
Hierococcyx vagans	小鹰鹃	Moustached Hawk-cuckoo	分布: 2
Hierococcyx nisicolor	棕腹鹰鹃	Whistling Hawk-cuckoo	分布: 2; C
Hierococcyx fugax	马来棕腹鹰鹃	Malay Hawk-cuckoo	分布: 1, 2, 4; C
Hierococcyx hyperythrus	北棕腹鹰鹃	Northern Hawk-cuckoo	分布: 1, 2; C
Hierococcyx pectoralis	菲律宾鹰鹃	Philippine Hawk-cuckoo	分布: 2
Cuculus crassirostris	苏拉鹰鹃	Sulawesi Cuckoo	分布: 4
Cuculus solitarius	赤胸杜鹃	Red-chested Cuckoo	分布: 3
Cuculus clamosus	黑杜鹃	Black Cuckoo	分布: 3
Cuculus micropterus	四声杜鹃	Indian Cuckoo	分布: 1, 2; C
Cuculus canorus	大杜鹃	Common Cuckoo	分布: 1, 2, 3; C
Cuculus gularis	非洲杜鹃	African Cuckoo	分布: 3
Cuculus saturatus	中杜鹃	Himalayan Cuckoo	分布: 1, 2, 4; C
Cuculus lepidus	巽他中杜鹃	Sunda Cuckoo	分布: 2, 4
Cuculus optatus	东方中杜鹃	Oriental Cuckoo	分布: 1, 2, 4; C
Cuculus poliocephalus	小杜鹃	Lesser Cuckoo	分布: 1, 2, 3; C
Cuculus rochii	马岛杜鹃	Madagascar Cuckoo	分布: 3

XIV 鹤形目 Gruiformes

1. 日䴓科 Heliornithidae (Finfoots) 3 属 3 种

Podica senegalensis	非洲鳍趾䴓	African Finfoot	分布: 3
Heliopais personatus	亚洲鳍趾䴓	Masked Finfoot	分布: 2
Heliornis fulica	日䴓	Sungrebe	分布: 6

2. 秧鸡科　Rallidae　(Rails and Coots)　38 属　149 种

Sarothrura pulchra	白斑侏秧鸡	White-spotted Flufftail	分布: 3
Sarothrura elegans	黄斑侏秧鸡	Buff-spotted Flufftail	分布: 3
Sarothrura rufa	红胸侏秧鸡	Red-chested Flufftail	分布: 3
Sarothrura lugens	栗头侏秧鸡	Chestnut-headed Flufftail	分布: 3
Sarothrura boehmi	纹胸侏秧鸡	Streaky-breasted Flufftail	分布: 3
Sarothrura affinis	栗尾侏秧鸡	Striped Flufftail	分布: 3
Sarothrura insularis	马岛侏秧鸡	Madagascar Flufftail	分布: 3
Sarothrura ayresi	白翅侏秧鸡	White-winged Flufftail	分布: 3
Sarothrura watersi	细嘴侏秧鸡	Slender-billed Flufftail	分布: 3
Himantornis haematopus	噪秧鸡	Nkulengu Rail	分布: 3
Canirallus oculeus	灰喉秧鸡	Grey-throated Rail	分布: 3
Mentocrex kioloides	马岛林秧鸡	Madagascar Wood-rail	分布: 3
Mentocrex beankaensis	石林秧鸡	Tsingy Wood-rail	分布: 3
Rallicula rubra	栗秧鸡	Chestnut Forest Rail	分布: 4
Rallicula leucospila	白纹栗秧鸡	White-striped Forest Rail	分布: 4
Rallicula forbesi	黑翅栗秧鸡	Forbes's Forest Rail	分布: 4
Rallicula mayri	麦氏栗秧鸡	Mayr's Forest Rail	分布: 4
Rallina tricolor	红颈秧鸡	Red-necked Crake	分布: 4
Rallina canningi	安达曼秧鸡	Andaman Crake	分布: 2
Rallina fasciata	红腿斑秧鸡	Red-legged Crake	分布: 2, 4; C
Rallina eurizonoides	白喉斑秧鸡	Slaty-legged Crake	分布: 1, 2; C
Coturnicops exquisitus	花田鸡	Swinhoe's Rail	分布: 1, 2; C
Coturnicops noveboracensis	北美花田鸡	Yellow Rail	分布: 5, 6
Coturnicops notatus	达尔文花田鸡	Speckled Rail	分布: 6
Micropygia schomburgkii	眼斑田鸡	Ocellated Crake	分布: 6
Rufirallus castaneiceps	栗头田鸡	Chestnut-headed Crake	分布: 6
Rufirallus viridis	红顶田鸡	Russet-crowned Crake	分布: 6
Laterallus melanophaius	棕胁田鸡	Rufous-sided Crake	分布: 6
Laterallus levraudi	锈胁田鸡	Rusty-flanked Crake	分布: 6
Laterallus ruber	红田鸡	Ruddy Crake	分布: 6
Laterallus albigularis	白喉田鸡	White-throated Crake	分布: 6
Laterallus exilis	灰胸田鸡	Gray-breasted Crake	分布: 6
Laterallus jamaicensis	黑田鸡	Black Rail	分布: 5, 6
Laterallus tuerosi	秘鲁田鸡	Junin Rail	分布: 6
Laterallus spilonota	加岛田鸡	Galapagos Rail	分布: 6
Laterallus leucopyrrhus	红白田鸡	Red-and-white Crake	分布: 6
Laterallus xenopterus	棕脸田鸡	Rufous-faced Crake	分布: 6
Rallus longirostris	红树林秧鸡	Mangrove Rail	分布: 5, 6
Rallus tenuirostris	阿芝秧鸡	Mexican Rail	分布: 5
Rallus obsoletus	里氏秧鸡	Ridgway's Rail	分布: 5

Rallus elegans	王秧鸡	King Rail	分布: 5, 6
Rallus crepitans	长嘴秧鸡	Clapper Rail	分布: 5, 6
Rallus wetmorei	淡胁秧鸡	Plain-flanked Rail	分布: 6
Rallus limicola	弗古尼亚秧鸡	Virginia Rail	分布: 5, 6
Rallus aequatorialis	厄瓜多尔秧鸡	Ecuadorian Rail	分布: 6
Rallus semiplumbeus	波哥大秧鸡	Bogota Rail	分布: 6
Rallus antarcticus	火地岛秧鸡	Austral Rail	分布: 6
Rallus aquaticus	西秧鸡	Western Water Rail	分布: 1, 2, 3; C
Rallus indicus	普通秧鸡	Eastern Water Rail	分布: 1; C
Rallus caerulescens	暗蓝秧鸡	African Rail	分布: 3
Rallus madagascariensis	马岛秧鸡	Madagascar Rail	分布: 3
Aramidopsis plateni	普氏秧鸡	Snoring Rail	分布: 4
Lewinia striata	灰胸秧鸡	Slaty-breasted Rail	分布: 1, 2, 4; C
Lewinia mirifica	褐斑秧鸡	Brown-banded Rail	分布: 2
Lewinia pectoralis	卢氏秧鸡	Lewin's Rail	分布: 4
Lewinia muelleri	奥岛秧鸡	Auckland Rail	分布: 4
Habroptila wallacii	华氏秧鸡	Drummer Rail	分布: 4
Gallirallus calayanensis	卡岛秧鸡	Calayan Rail	分布: 2
Gallirallus lafresnayanus	新喀秧鸡	New Caledonian Wood Rail	分布: 4
Gallirallus australis	新西兰秧鸡	Weka	分布: 4
Eulabeornis castaneoventris	栗腹秧鸡	Chestnut Rail	分布: 4
Hypotaenidia okinawae	冲绳秧鸡	Okinawa Rail	分布: 1
Hypotaenidia torquata	横斑秧鸡	Barred Rail	分布: 2, 4
Hypotaenidia insignis	新不列颠秧鸡	New Britain Rail	分布: 4
Hypotaenidia tertia	布干维尔秧鸡	Bougainville Rail	分布: 4
Hypotaenidia immaculata	伊岛秧鸡	Santa Isabel Rail	分布: 4
Hypotaenidia woodfordi	瓜岛秧鸡	Guadalcanal Rail	分布: 4
Hypotaenidia rovianae	所罗门秧鸡	Roviana Rail	分布: 4
Hypotaenidia owstoni	关岛秧鸡	Guam Rail	分布: 4
Hypotaenidia sylvestris	豪岛秧鸡	Lord Howe Rail	分布: 4
Hypotaenidia philippensis	红眼斑秧鸡	Buff-banded Rail	分布: 2, 4
Dryolimnas cuvieri	白喉秧鸡	White-throated Rail	分布: 3
Crex egregia	非洲秧鸡	African Crake	分布: 3
Crex crex	长脚秧鸡	Corncrake	分布: 1; C
Rougetius rougetii	鲁氏秧鸡	Rouget's Rail	分布: 3
Atlantisia rogersi	荒岛秧鸡	Inaccessible Island Rail	分布: 4
Aramides ypecaha	大林秧鸡	Giant Wood Rail	分布: 6
Aramides wolfi	褐林秧鸡	Brown Wood Rail	分布: 6
Aramides mangle	小林秧鸡	Little Wood Rail	分布: 6
Aramides cajaneus	灰颈林秧鸡	Grey-necked Wood Rail	分布: 6
Aramides albiventris	白腹林秧鸡	Rufous-naped Wood Rail	分布: 6
Aramides axillaris	棕颈林秧鸡	Rufous-necked Wood Rail	分布: 6

Aramides calopterus	红翅林秧鸡	Red-winged Wood Rail	分布: 6
Aramides saracura	灰胸林秧鸡	Slaty-breasted Wood Rail	分布: 6
Amaurolimnas concolor	纯色秧鸡	Uniform Crake	分布: 6
Cyanolimnas cerverai	古巴秧鸡	Zapata Rail	分布: 6
Neocrex colombiana	哥伦比亚秧鸡	Colombian Crake	分布: 6
Neocrex erythrops	彩喙秧鸡	Paint-billed Crake	分布: 6
Pardirallus maculatus	美洲斑秧鸡	Spotted Rail	分布: 5, 6
Pardirallus nigricans	暗色秧鸡	Blackish Rail	分布: 6
Pardirallus sanguinolentus	铅色秧鸡	Plumbeous Rail	分布: 6
Gymnocrex rosenbergii	蓝脸秧鸡	Blue-faced Rail	分布: 4
Gymnocrex talaudensis	塔劳秧鸡	Talaud Rail	分布: 4
Gymnocrex plumbeiventris	裸眼秧鸡	Bare-eyed Rail	分布: 4
Hapalocrex flaviventer	黄胸田鸡	Yellow-breasted Crake	分布: 6
Porzana fasciata	黑斑田鸡	Black-banded Crake	分布: 6
Porzana spiloptera	点翅田鸡	Dot-winged Crake	分布: 6
Porzana albicollis	灰喉田鸡	Ash-throated Crake	分布: 6
Porzana carolina	黑脸田鸡	Sora	分布: 5, 6
Porzana porzana	斑胸田鸡	Spotted Crake	分布: 1, 2; C
Porzana fluminea	斑田鸡	Australian Crake	分布: 4
Zapornia fusca	红胸田鸡	Ruddy-breasted Crake	分布: 1, 2, 4; C
Zapornia paykullii	斑胁田鸡	Band-bellied Crake	分布: 1, 2; C
Zapornia akool	红脚田鸡	Brown Crake	分布: 2; C
Zapornia flavirostra	黑苦恶鸟	Black Crake	分布: 3
Zapornia parva	姬田鸡	Little Crake	分布: 1, 2; C
Zapornia pusilla	小田鸡	Baillon's Crake	分布: 1, 2, 3, 4; C
Zapornia olivieri	马岛苦恶鸟	Sakalava Rail	分布: 3
Zapornia bicolor	棕背田鸡	Black-tailed Crake	分布: 2; C
Zapornia atra	亨岛田鸡	Henderson Crake	分布: 4
Zapornia tabuensis	无斑田鸡	Spotless Crake	分布: 2, 4
Amaurornis isabellina	苏拉苦恶鸟	Isabelline Bush-hen	分布: 4
Amaurornis olivacea	菲律宾苦恶鸟	Philippine Bush-hen	分布: 2
Amaurornis magnirostris	塔劳苦恶鸟	Talaud Bush-hen	分布: 4
Amaurornis moluccana	棕尾苦恶鸟	Pale-vented Bush-hen	分布: 4
Amaurornis phoenicurus	白胸苦恶鸟	White-breasted Waterhen	分布: 2, 4; C
Amaurornis cinerea	白眉苦恶鸟	White-browed Crake	分布: 2, 4; C
Amaurornis marginalis	斑纹田鸡	Striped Crake	分布: 3
Megacrex inepta	新几内亚秧鸡	New Guinea Flightless Rail	分布: 4
Gallicrex cinerea	董鸡	Watercock	分布: 1, 2, 4; C
Porphyrio hochstetteri	南岛秧鸡	South Island Takahe	分布: 4
Porphyrio porphyrio	西紫水鸡	Purple Swamphen	分布: 1
Porphyrio madagascariensis	非洲紫水鸡	African Swamphen	分布: 3
Porphyrio poliocephalus	紫水鸡	Grey-headed Swamphen	分布: 1, 2; C

Porphyrio indicus	黑背紫水鸡	Black-backed Swamphen	分布: 2, 4
Porphyrio pulverulentus	菲律宾紫水鸡	Philippine Swamphen	分布: 2, 4
Porphyrio melanotus	澳洲紫水鸡	Australasian Swamphen	分布: 4
Porphyrio alleni	辉青水鸡	Allen's Gallinule	分布: 3
Porphyrio martinicus	紫青水鸡	Purple Gallinule	分布: 5, 6
Porphyrio flavirostris	淡青水鸡	Azure Gallinule	分布: 6
Pareudiastes silvestris	圣岛骨顶	Makira Moorhen	分布: 4
Gallinula comeri	果夫岛黑水鸡	Gough Moorhen	分布: 3
Gallinula chloropus	黑水鸡	Common Moorhen	分布: 1, 2, 3; C
Gallinula galeata	美洲黑水鸡	Common Gallinule	分布: 5, 6
Gallinula tenebrosa	暗色水鸡	Dusky Moorhen	分布: 4
Gallinula angulata	小黑水鸡	Lesser Moorhen	分布: 3
Gallinula melanops	斑胁水鸡	Spot-flanked Gallinule	分布: 6
Tribonyx ventralis	黑尾水鸡	Black-tailed Native-hen	分布: 4
Tribonyx mortierii	绿水鸡	Tasmanian Native-hen	分布: 4
Fulica cristata	红瘤白骨顶	Red-knobbed Coot	分布: 1, 3
Fulica atra	白骨顶	Common Coot	分布: 1, 2, 4; C
Fulica alai	夏威夷骨顶	Hawaiian Coot	分布: 4
Fulica americana	美洲骨顶	American Coot	分布: 4, 5, 6
Fulica leucoptera	白翅骨顶	White-winged Coot	分布: 6
Fulica ardesiaca	安第斯骨顶	Andean Coot	分布: 6
Fulica armillata	黄腿骨顶	Red-gartered Coot	分布: 6
Fulica rufifrons	红额骨顶	Red-fronted Coot	分布: 6
Fulica gigantea	大骨顶	Giant Coot	分布: 6
Fulica cornuta	角骨顶	Horned Coot	分布: 6

3. 喇叭声鹤科　Psophiidae　(Trumpeters)　1 属　6 种

Psophia crepitans	灰翅喇叭声鹤	Grey-winged Trumpeter	分布: 6
Psophia ochroptera	黄翅喇叭声鹤	Ochre-winged Trumpeter	分布: 6
Psophia leucoptera	白翅喇叭声鹤	White-winged Trumpeter	分布: 6
Psophia viridis	绿翅喇叭声鹤	Green-winged Trumpeter	分布: 6
Psophia dextralis	褐翅喇叭声鹤	Olive-winged Trumpeter	分布: 6
Psophia obscura	黑翅喇叭声鹤	Black-winged Trumpeter	分布: 6

4. 秧鹤科　Aramidae　(Limpkin)　1 属　1 种

| *Aramus guarauna* | 秧鹤 | Limpkin | 分布: 5, 6 |

5. 鹤科　Gruidae　(Cranes)　4 属　15 种

Balearica regulorum	灰冕鹤	Grey Crowned Crane	分布: 3
Balearica pavonina	黑冕鹤	Black Crowned Crane	分布: 3
Leucogeranus leucogeranus	白鹤	Siberian Crane	分布: 1, 2; C
Antigone canadensis	沙丘鹤	Sandhill Crane	分布: 1, 5, 6; C
Antigone vipio	白枕鹤	White-naped Crane	分布: 1; C

Antigone antigone	赤颈鹤	Sarus Crane	分布: 2, 4; C
Antigone rubicunda	澳洲鹤	Brolga	分布: 4
Grus carunculata	肉垂鹤	Wattled Crane	分布: 3
Grus paradisea	蓝蓑羽鹤	Blue Crane	分布: 3
Grus virgo	蓑羽鹤	Demoiselle Crane	分布: 1, 3; C
Grus japonensis	丹顶鹤	Red-crowned Crane	分布: 1; C
Grus americana	美洲鹤	Whooping Crane	分布: 5
Grus grus	灰鹤	Common Crane	分布: 1, 2; C
Grus monacha	白头鹤	Hooded Crane	分布: 1; C
Grus nigricollis	黑颈鹤	Black-necked Crane	分布: 1, 2; C

XV 鸨形目 Otidiformes

1. 鸨科 Otididae (Bustards) 12 属 26 种

Tetrax tetrax	小鸨	Little Bustard	分布: 1, 2; C
Otis tarda	大鸨	Great Bustard	分布: 1; C
Chlamydotis undulata	非洲波斑鸨	African Houbara	分布: 1, 3
Chlamydotis macqueenii	波斑鸨	Asian Houbara	分布: 1, 2; C
Lissotis hartlaubii	灰黑腹鸨	Hartlaub's Bustard	分布: 3
Lissotis melanogaster	褐黑腹鸨	Black-bellied Bustard	分布: 3
Neotis ludwigii	黑头鸨	Ludwig's Bustard	分布: 3
Neotis denhami	黑冠鸨	Denham's Bustard	分布: 3
Neotis heuglinii	黑脸鸨	Heuglin's Bustard	分布: 3
Neotis nuba	棕顶鸨	Nubian Bustard	分布: 3
Ardeotis arabs	阿拉伯鹭鸨	Arabian Bustard	分布: 1, 3
Ardeotis kori	灰颈鹭鸨	Kori Bustard	分布: 3
Ardeotis nigriceps	印度鹭鸨	Great Indian Bustard	分布: 2
Ardeotis australis	澳洲鹭鸨	Australian Bustard	分布: 4
Houbaropsis bengalensis	南亚鸨	Bengal Florican	分布: 2
Sypheotides indicus	凤头鸨	Lesser Florican	分布: 2
Lophotis savilei	萨氏鸨	Savile's Bustard	分布: 3
Lophotis gindiana	黄冠鸨	Buff-crested Bustard	分布: 3
Lophotis ruficrista	红冠鸨	Red-crested Bustard	分布: 3
Heterotetrax vigorsii	黑喉鸨	Karoo Bustard	分布: 3
Heterotetrax rueppelii	鲁氏鸨	Rueppell's Bustard	分布: 3
Heterotetrax humilis	褐鸨	Little Brown Bustard	分布: 3
Afrotis afra	黑鸨	Southern Black Bustard	分布: 3
Afrotis afraoides	白翅黑鸨	Northern Black Bustard	分布: 3
Eupodotis senegalensis	白腹鸨	White-bellied Bustard	分布: 3
Eupodotis caerulescens	蓝鸨	Blue Bustard	分布: 3

XVI 蕉鹃目 Musophagiformes

1. 蕉鹃科 Musophagidae (Turacos) 7 属 24 种

Corythaeola cristata	蓝蕉鹃	Great Blue Turaco	分布: 3
Criniferoides leucogaster	白腹灰蕉鹃	White-bellied Go-away-bird	分布: 3
Crinifer zonurus	东非灰蕉鹃	Eastern Plantain-eater	分布: 3
Crinifer piscator	灰蕉鹃	Western Plantain-eater	分布: 3
Corythaixoides personatus	棕脸灰蕉鹃	Brown-faced Go-away-bird	分布: 3
Corythaixoides leopoldi	黑脸灰蕉鹃	Black-faced Go-away-bird	分布: 3
Corythaixoides concolor	南非灰蕉鹃	Grey Go-away-bird	分布: 3
Tauraco porphyreolophus	紫冠蕉鹃	Violet-crested Turaco	分布: 3
Ruwenzorornis johnstoni	红胸蕉鹃	Ruwenzori Turaco	分布: 3
Tauraco schalowi	沙氏蕉鹃	Schalow's Turaco	分布: 3
Tauraco hartlaubi	蓝冠蕉鹃	Hartlaub's Turaco	分布: 3
Tauraco schuettii	黑嘴蕉鹃	Black-billed Turaco	分布: 3
Tauraco livingstonii	利氏蕉鹃	Livingstone's Turaco	分布: 3
Tauraco fischeri	费氏蕉鹃	Fischer's Turaco	分布: 3
Tauraco corythaix	尼斯那蕉鹃	Knysna Turaco	分布: 3
Tauraco persa	绿冠蕉鹃	Green Turaco	分布: 3
Tauraco leucotis	白颊蕉鹃	White-cheeked Turaco	分布: 3
Tauraco ruspolii	王子蕉鹃	Prince Ruspoli's Turaco	分布: 3
Tauraco bannermani	班氏蕉鹃	Bannerman's Turaco	分布: 3
Tauraco erythrolophus	红冠蕉鹃	Red-crested Turaco	分布: 3
Tauraco leucolophus	白冠蕉鹃	White-crested Turaco	分布: 3
Tauraco macrorhynchus	黄嘴蕉鹃	Yellow-billed Turaco	分布: 3
Musophaga rossae	短冠紫蕉鹃	Ross's Turaco	分布: 3
Musophaga violacea	紫蕉鹃	Violet Turaco	分布: 3

XVII 潜鸟目 Gaviiformes

1. 潜鸟科 Gaviidae (Loons and Divers) 1 属 5 种

Gavia stellata	红喉潜鸟	Red-throated Diver	分布: 1, 2, 5; C
Gavia arctica	黑喉潜鸟	Arctic Loon	分布: 1, 5; C
Gavia pacifica	太平洋潜鸟	Pacific Diver	分布: 1, 5; C
Gavia immer	普通潜鸟	Common Loon	分布: 1, 5
Gavia adamsii	黄嘴潜鸟	Yellow-billed Loon	分布: 1, 5; C

XVIII 企鹅目 Sphenisciformes

1. 企鹅科 Spheniscidae (Penguins) 6属 18种

Aptenodytes patagonicus	王企鹅	King Penguin	分布: 6, 7
Aptenodytes forsteri	帝企鹅	Emperor Penguin	分布: 7
Pygoscelis papua	白眉企鹅	Gentoo Penguin	分布: 6, 7
Pygoscelis adeliae	阿德利企鹅	Adelie Penguin	分布: 7
Pygoscelis antarcticus	纹颊企鹅	Chinstrap Penguin	分布: 6, 7
Eudyptes schlegeli	白颊黄眉企鹅	Royal Penguin	分布: 4
Eudyptes chrysolophus	长眉企鹅	Macaroni Penguin	分布: 3, 6, 7
Eudyptes moseleyi	北凤头黄眉企鹅	Northern Rockhopper Penguin	分布: 3, 4, 6
Eudyptes chrysocome	凤头黄眉企鹅	Southern Rockhopper Penguin	分布: 3, 4, 6, 7
Eudyptes sclateri	翘眉企鹅	Erect-crested Penguin	分布: 4
Eudyptes pachyrhynchus	黄眉企鹅	Fiordland Penguin	分布: 4
Eudyptes robustus	斯岛黄眉企鹅	Snares Penguin	分布: 4
Megadyptes antipodes	黄眼企鹅	Yellow-eyed Penguin	分布: 4
Eudyptula minor	小企鹅	Little Penguin	分布: 4
Spheniscus demersus	南非企鹅	Jackass Penguin	分布: 3
Spheniscus magellanicus	南美企鹅	Magellanic Penguin	分布: 6
Spheniscus humboldti	秘鲁企鹅	Humboldt Penguin	分布: 6
Spheniscus mendiculus	加岛企鹅	Galapagos Penguin	分布: 6

XIX 鹱形目 Procellariiformes

1. 南海燕科 Oceanitidae (Southern Storm-petrels) 5属 9种

Oceanites oceanicus	黄蹼洋海燕	Wilson's Storm-petrel	分布: 1, 2, 3, 4, 5, 6, 7; C
Oceanites gracilis	白臀洋海燕	White-vented Storm-petrel	分布: 6
Oceanites pincoyae	黑洋海燕	Pincoya Storm-petrel	分布: 6
Garrodia nereis	灰背海燕	Gray-backed Storm-petrel	分布: 3, 4, 6, 7
Pelagodroma marina	白脸海燕	White-faced Storm-petrel	分布: 1, 2, 3, 4, 5, 6
Fregetta grallaria	白腹舰海燕	White-bellied Storm-petrel	分布: 3, 4, 6
Fregetta tropica	黑腹舰海燕	Black-bellied Storm-petrel	分布: 2, 3, 4, 6, 7
Fregetta maoriana	新西兰舰海燕	New Zealand Storm-petrel	分布: 4
Nesofregetta fuliginosa	白喉海燕	Polynesian Storm-petrel	分布: 4

2. 海燕科 Hydrobatidae (Northern Storm-petrels) 1属 18种

Hydrobates pelagicus	暴风海燕	European Storm-petrel	分布: 1, 3
Hydrobates jabejabe	佛得角叉尾海燕	Cape Verde Storm-petrel	分布: 3
Hydrobates castro	斑腰叉尾海燕	Band-rumped Storm-petrel	分布: 1, 3, 4, 5, 6

Hydrobates monteiroi	蒙氏叉尾海燕	Monteiro's Storm-petrel	分布: 1
Hydrobates matsudairae	烟黑叉尾海燕	Matsudaira's Storm-petrel	分布: 1, 2, 3, 4
Hydrobates melania	美洲叉尾海燕	Black Storm-petrel	分布: 6
Hydrobates homochroa	灰叉尾海燕	Ashy Storm-petrel	分布: 6
Hydrobates microsoma	小海燕	Least Storm-petrel	分布: 6
Hydrobates tethys	加岛叉尾海燕	Wedge-rumped Storm-petrel	分布: 6
Hydrobates socorroensis	汤氏叉尾海燕	Townsend's Storm-petrel	分布: 5
Hydrobates cheimomnestes	安氏叉尾海燕	Ainley's Storm-petrel	分布: 5, 6
Hydrobates leucorhous	白腰叉尾海燕	Leach's Storm-petrel	分布: 1, 2, 3, 4, 5, 6; C
Hydrobates monorhis	黑叉尾海燕	Swinhoe's Storm-petrel	分布: 1, 2, 3; C
Hydrobates macrodactylus	瓜岛叉尾海燕	Guadalupe Storm-petrel	分布: 5
Hydrobates tristrami	褐翅叉尾海燕	Tristram's Storm-petrel	分布: 1; C
Hydrobates markhami	乌叉尾海燕	Markham's Storm-petrel	分布: 5, 6
Hydrobates furcatus	灰蓝叉尾海燕	Fork-tailed Storm-petrel	分布: 1, 5
Hydrobates hornbyi	环叉尾海燕	Ringed Storm-petrel	分布: 6

3. 信天翁科　Diomedeidae　(Albatrosses)　4 属　21 种

Diomedea sanfordi	北皇信天翁	Northern Royal Albatross	分布: 4, 6, 7
Diomedea epomophora	皇信天翁	Southern Royal Albatross	分布: 4, 6, 7
Diomedea exulans	漂泊信天翁	Wandering Albatross	分布: 3, 4, 6, 7
Diomedea antipodensis	安岛信天翁	Antipodean Albatross	分布: 4
Diomedea amsterdamensis	阿岛信天翁	Amsterdam Albatross	分布: 4, 7
Diomedea dabbenena	特岛信天翁	Tristan Albatross	分布: 3, 6
Phoebetria fusca	乌信天翁	Sooty Albatross	分布: 3, 4, 6, 7
Phoebetria palpebrata	灰背信天翁	Light-mantled Albatross	分布: 2, 3, 4, 6, 7
Phoebastria irrorata	加岛信天翁	Waved Albatross	分布: 6
Phoebastria nigripes	黑脚信天翁	Black-footed Albatross	分布: 1, 2, 4, 5; C
Phoebastria immutabilis	黑背信天翁	Laysan Albatross	分布: 1, 2, 4, 5; C
Phoebastria albatrus	短尾信天翁	Short-tailed Albatross	分布: 1, 2, 4, 5; C
Thalassarche chlororhynchos	黄鼻信天翁	Atlantic Yellow-nosed Albatross	分布: 3, 4, 6
Thalassarche carteri	印度洋黄鼻信天翁	Indian Yellow-nosed Albatross	分布: 3, 4
Thalassarche chrysostoma	灰头信天翁	Grey-headed Albatross	分布: 3, 4, 6, 7
Thalassarche melanophris	黑眉信天翁	Black-browed Albatross	分布: 3, 4, 6, 7
Thalassarche impavida	坎岛信天翁	Campbell Albatross	分布: 4, 7
Thalassarche bulleri	新西兰信天翁	Buller's Albatross	分布: 4, 6
Thalassarche cauta	白顶信天翁	White-capped Albatross	分布: 2, 3, 4, 6
Thalassarche eremita	查岛信天翁	Chatham Albatross	分布: 4, 6
Thalassarche salvini	萨氏信天翁	Salvin's Albatross	分布: 3, 4, 6

4. 鹱科　Procellariidae　(Petrels)　16 属　97 种

Macronectes halli	霍氏巨鹱	Northern Giant Petrel	分布: 3, 4, 6, 7
Macronectes giganteus	巨鹱	Southern Giant Petrel	分布: 3, 4, 6, 7
Fulmarus glacialis	暴风鹱	Northern Fulmar	分布: 1, 5; C

Fulmarus glacialoides	银灰暴风鹱	Southern Fulmar	分布: 3, 4, 6, 7
Thalassoica antarctica	南极鹱	Antarctic Petrel	分布: 4, 6, 7
Daption capense	花斑鹱	Cape Petrel	分布: 3, 4, 6, 7
Pagodroma nivea	雪鹱	Snow Petrel	分布: 6, 7
Halobaena caerulea	蓝鹱	Blue Petrel	分布: 3, 4, 6, 7
Pachyptila vittata	阔嘴锯鹱	Broad-billed Prion	分布: 3, 4
Pachyptila salvini	小锯鹱	Salvin's Prion	分布: 3, 4
Pseudobulweria macgillivrayi	斐济圆尾鹱	Fiji Petrel	分布: 4
Pachyptila desolata	鸽锯鹱	Antarctic Prion	分布: 2, 3, 4, 6, 7
Pachyptila belcheri	细嘴锯鹱	Slender-billed Prion	分布: 3, 4, 6, 7
Pachyptila turtur	仙锯鹱	Fairy Prion	分布: 2, 4, 6, 7
Pachyptila crassirostris	厚嘴锯鹱	Fulmar Prion	分布: 4, 7
Aphrodroma brevirostris	短嘴圆尾鹱	Kerguelen Petrel	分布: 3, 4, 6, 7
Pterodroma leucoptera	白翅圆尾鹱	White-winged Petrel	分布: 4, 6
Pterodroma brevipes	领圆尾鹱	Collared Petrel	分布: 4
Pterodroma defilippiana	迪氏圆尾鹱	Masatierra Petrel	分布: 6
Pterodroma longirostris	长嘴圆尾鹱	Stejneger's Petrel	分布: 1, 4, 6
Pterodroma cookii	黑脚圆尾鹱	Cook's Petrel	分布: 1, 2, 4, 6
Pterodroma pycrofti	新西兰圆尾鹱	Pycroft's Petrel	分布: 4
Pterodroma hypoleuca	白额圆尾鹱	Bonin Petrel	分布: 1, 2, 4; C
Pterodroma nigripennis	黑翅圆尾鹱	Black-winged Petrel	分布: 1, 2, 4, 6
Pterodroma axillaris	查岛圆尾鹱	Chatham Petrel	分布: 4
Pterodroma ultima	墨氏圆尾鹱	Murphy's Petrel	分布: 4
Pterodroma solandri	棕头圆尾鹱	Providence Petrel	分布: 1, 2, 5
Pterodroma neglecta	克岛圆尾鹱	Kermadec Petrel	分布: 2, 4, 5, 6
Pterodroma arminjoniana	特岛圆尾鹱	Trindade Petrel	分布: 1, 2, 3, 4, 6
Pterodroma heraldica	信使圆尾鹱	Herald Petrel	分布: 4, 6
Pterodroma atrata	亨氏圆尾鹱	Henderson Petrel	分布: 4, 6
Pterodroma alba	白腹圆尾鹱	Phoenix Petrel	分布: 4
Pterodroma baraui	留尼汪圆尾鹱	Barau's Petrel	分布: 3
Pterodroma inexpectata	鳞斑圆尾鹱	Mottled Petrel	分布: 1, 2, 4, 5, 7
Pterodroma sandwichensis	夏威夷圆尾鹱	Hawaiian Petrel	分布: 4, 5
Pterodroma phaeopygia	暗腰圆尾鹱	Galapagos Petrel	分布: 1, 4, 6
Pterodroma cervicalis	白领圆尾鹱	White-necked Petrel	分布: 1, 2, 4
Pterodroma occulta	瓦努阿图圆尾鹱	Vanuatu Petrel	分布: 4
Pterodroma externa	白颈圆尾鹱	Juan Fernandez Petrel	分布: 1, 4, 6
Pterodroma mollis	柔羽圆尾鹱	Soft-plumaged Petrel	分布: 2, 3, 4, 6
Pterodroma cahow	百慕大圆尾鹱	Bermuda Petrel	分布: 5
Pterodroma hasitata	黑顶圆尾鹱	Black-capped Petrel	分布: 6
Pterodroma feae	佛得角圆尾鹱	Cape Verde Petrel	分布: 1
Pterodroma deserta	德岛圆尾鹱	Desertas Petrel	分布: 3, 5, 6
Pterodroma madeira	马德拉圆尾鹱	Zino's Petrel	分布: 1

Pterodroma magentae	红圆尾鹱	Magenta Petrel	分布: 4
Pterodroma incerta	大西洋圆尾鹱	Atlantic Petrel	分布: 3, 6
Pterodroma lessonii	白头圆尾鹱	White-headed Petrel	分布: 3, 4, 6, 7
Pterodroma macroptera	灰翅圆尾鹱	Grcat-wingcd Pctrcl	分布: 3, 4, 7
Pterodroma gouldi	灰脸圆尾鹱	Grey-faced Petrel	分布: 4
Procellaria cinerea	灰风鹱	Grey Petrel	分布: 3, 4, 6, 7
Procellaria aequinoctialis	白颏风鹱	White-chinned Petrel	分布: 3, 4, 6, 7
Procellaria conspicillata	白眶风鹱	Spectacled Petrel	分布: 3, 6
Procellaria westlandica	大黑风鹱	Westland Petrel	分布: 4
Procellaria parkinsoni	黑风鹱	Black Petrel	分布: 4, 6
Ardenna pacifica	楔尾鹱	Wedge-tailed Shearwater	分布: 1, 2, 3, 4, 6; C
Ardenna bulleri	灰背鹱	Gray-backed Shearwater	分布: 1, 4, 5, 6
Ardenna tenuirostris	短尾鹱	Short-tailed Shearwater	分布: 1, 4, 5; C
Ardenna grisea	灰鹱	Sooty Shearwater	分布: 1, 2, 3, 4, 5, 6; C
Ardenna gravis	大鹱	Greater Shearwater	分布: 1, 3, 5, 6
Ardenna carneipes	淡足鹱	Pale-footed Shearwater	分布: 1, 2, 3, 4, 5; C
Ardenna creatopus	粉脚鹱	Pink-footed Shearwater	分布: 4, 5, 6
Calonectris leucomelas	白额鹱	Streaked Shearwater	分布: 1, 2, 4; C
Calonectris diomedea	斯氏鹱	Scopoli's Shearwater	分布: 1, 3, 5, 6
Calonectris borealis	猛鹱	Cory's Shearwater	分布: 1, 3, 5, 6
Calonectris edwardsii	佛得角鹱	Cape Verde Shearwater	分布: 3, 6
Puffinus nativitatis	黑鹱	Christmas Shearwater	分布: 4, 6
Puffinus subalaris	加岛鹱	Galapagos Shearwater	分布: 6
Puffinus gavia	棕嘴鹱	Fluttering Shearwater	分布: 4
Puffinus huttoni	澳洲鹱	Hutton's Shearwater	分布: 4
Puffinus opisthomelas	黑臀鹱	Black-vented Shearwater	分布: 5, 6
Puffinus bryani	布氏鹱	Bryan's Shearwater	分布: 4
Puffinus myrtae	拉帕鹱	Rapa Shearwater	分布: 4
Puffinus newelli	夏威夷鹱	Newell's Shearwater	分布: 4
Puffinus auricularis	汤氏鹱	Townsend's Shearwater	分布: 1, 4, 6
Puffinus bailloni	热带鹱	Tropical Shearwater	分布: 2, 3, 4
Puffinus persicus	波斯鹱	Persian Shearwater	分布: 1
Puffinus bannermani	斑氏鹱	Bannerman's Shearwater	分布: 4
Puffinus puffinus	大西洋鹱	Manx Shearwater	分布: 1, 3, 5, 6
Puffinus yelkouan	地中海鹱	Yelkouan Shearwater	分布: 1
Puffinus mauretanicus	巴利鹱	Balearic Shearwater	分布: 1
Puffinus elegans	亚南极鹱	Subantarctic Shearwater	分布: 3, 4, 6
Puffinus assimilis	小鹱	Little Shearwater	分布: 1, 3, 4, 6, 7
Puffinus lherminieri	奥氏鹱	Audubon's Shearwater	分布: 1, 5, 6
Puffinus baroli	北大西洋鹱	Barolo Shearwater	分布: 1
Puffinus boydi	佛得角小鹱	Boyd's Shearwater	分布: 3
Puffinus heinrothi	所罗门鹱	Heinroth's Shearwater	分布: 4

Pseudobulweria aterrima	黑圆尾鹱	Mascarene Petrel	分布: 3
Pseudobulweria becki	贝氏圆尾鹱	Beck's Petrel	分布: 4
Pseudobulweria rostrata	钩嘴圆尾鹱	Tahiti Petrel	分布: 2, 4; C
Bulweria bulwerii	褐燕鹱	Bulwer's Petrel	分布: 1, 2, 3, 4, 6; C
Bulweria fallax	厚嘴燕鹱	Jouanin's Petrel	分布: 2, 3
Pelecanoides garnotii	秘鲁鹈燕	Peruvian Diving-petrel	分布: 6
Pelecanoides magellani	麦哲伦鹈燕	Magellanic Diving-petrel	分布: 6
Pelecanoides georgicus	南乔治亚鹈燕	South Georgia Diving-petrel	分布: 4, 7
Pelecanoides whenuahouensis	新西兰鹈燕	Whenua Hou Diving-petrel	分布: 4
Pelecanoides urinatrix	鹈燕	Common Diving-petrel	分布: 3, 4, 6, 7

XX　鹳形目　Ciconiiformes

1. 鹳科　Ciconiidae　(Storks)　6 属　20 种

Leptoptilos crumenifer	非洲秃鹳	Marabou	分布: 3
Leptoptilos dubius	大秃鹳	Greater Adjutant	分布: 2
Leptoptilos javanicus	秃鹳	Lesser Adjutant	分布: 1, 2; C
Mycteria americana	黑头鹮鹳	Wood Stork	分布: 5, 6
Mycteria ibis	黄嘴鹮鹳	Yellow-billed Stork	分布: 3
Mycteria leucocephala	彩鹳	Painted Stork	分布: 1, 2; C
Mycteria cinerea	白鹮鹳	Milky Stork	分布: 2, 4
Anastomus oscitans	钳嘴鹳	Asian Openbill	分布: 2; C
Anastomus lamelligerus	非洲钳嘴鹳	African Openbill	分布: 3
Ciconia nigra	黑鹳	Black Stork	分布: 1, 2, 3; C
Ciconia abdimii	白腹鹳	Abdim's Stork	分布: 3
Ciconia microscelis	非洲白颈鹳	African Woollyneck	分布: 3
Ciconia episcopus	白颈鹳	Asian Woollyneck	分布: 1, 2, 3, 4; C
Ciconia stormi	黄脸鹳	Storm's Stork	分布: 2
Ciconia maguari	黑尾鹳	Maguari Stork	分布: 6
Ciconia ciconia	白鹳	White Stork	分布: 1, 2, 3; C
Ciconia boyciana	东方白鹳	Oriental Stork	分布: 1; C
Jabiru mycteria	裸颈鹳	Jabiru	分布: 6
Ephippiorhynchus asiaticus	黑颈鹳	Black-necked Stork	分布: 2, 4
Ephippiorhynchus senegalensis	鞍嘴鹳	Saddlebill	分布: 3

XXI　鹈形目　Pelecaniformes

1. 鹮科　Threskiornithidae　(Ibises and Spoonbills)　13 属　35 种

| *Platalea flavipes* | 黄嘴琵鹭 | Yellow-billed Spoonbill | 分布: 4 |
| *Platalea ajaja* | 粉红琵鹭 | Roseate Spoonbill | 分布: 5, 6 |

Platalea alba	非洲琵鹭	African Spoonbill	分布: 3
Platalea leucorodia	白琵鹭	Eurasian Spoonbill	分布: 1, 2, 3; C
Platalea minor	黑脸琵鹭	Black-faced Spoonbill	分布: 1, 2; C
Platalea regia	澳洲琵鹭	Royal Spoonbill	分布: 4
Threskiornis aethiopicus	非洲白鹮	African Sacred Ibis	分布: 1, 3
Threskiornis bernieri	马岛白鹮	Madagascar Sacred Ibis	分布: 3
Threskiornis melanocephalus	黑头白鹮	Black-headed Ibis	分布: 1, 2; C
Threskiornis moluccus	澳洲白鹮	Australian Ibis	分布: 4
Threskiornis spinicollis	蓑颈白鹮	Straw-necked Ibis	分布: 4
Pseudibis papillosa	黑鹮	Red-naped Ibis	分布: 2; C
Pseudibis davisoni	白肩黑鹮	White-shouldered Ibis	分布: 2, 4; C
Pseudibis gigantea	巨鹮	Giant Ibis	分布: 2
Geronticus eremita	隐鹮	Northern Bald Ibis	分布: 1, 3
Geronticus calvus	秃鹮	Southern Bald Ibis	分布: 3
Nipponia nippon	朱鹮	Crested Ibis	分布: 1; C
Bostrychia olivacea	绿背鹮	Olive Ibis	分布: 3
Bostrychia bocagei	侏绿背鹮	Dwarf Ibis	分布: 3
Bostrychia rara	斑胸鹮	Spot-breasted Ibis	分布: 3
Bostrychia hagedash	噪鹮	Hadada Ibis	分布: 3
Bostrychia carunculata	肉垂鹮	Wattled Ibis	分布: 3
Theristicus caerulescens	铅色鹮	Plumbeous Ibis	分布: 6
Theristicus caudatus	黄颈鹮	Buff-necked Ibis	分布: 6
Theristicus branickii	安第斯鹮	Andean Ibis	分布: 6
Theristicus melanopis	黑脸鹮	Black-faced Ibis	分布: 6
Cercibis oxycerca	长尾鹮	Sharp-tailed Ibis	分布: 6
Mesembrinibis cayennensis	绿鹮	Green Ibis	分布: 6
Phimosus infuscatus	裸脸鹮	Bare-faced Ibis	分布: 6
Eudocimus albus	美洲白鹮	White Ibis	分布: 5, 6
Eudocimus ruber	美洲红鹮	Scarlet Ibis	分布: 6
Plegadis falcinellus	彩鹮	Glossy Ibis	分布: 1, 2, 3, 4, 5, 6; C
Plegadis chihi	白脸彩鹮	White-faced Ibis	分布: 5, 6
Plegadis ridgwayi	秘鲁彩鹮	Puna Ibis	分布: 6
Lophotibis cristata	凤头林鹮	Madagascar Crested Ibis	分布: 3

2. 鹭科　Ardeidae　(Herons)　18 属　68 种

Zonerodius heliosylus	林鸦	Forest Bittern	分布: 4
Tigriornis leucolopha	白冠虎鹭	White-crested Tiger-heron	分布: 3
Tigrisoma lineatum	栗虎鹭	Rufescent Tiger-heron	分布: 6
Tigrisoma fasciatum	横纹虎鹭	Fasciated Tiger-heron	分布: 6
Tigrisoma mexicanum	裸喉虎鹭	Bare-throated Tiger-heron	分布: 6
Agamia agami	栗腹鹭	Agami Heron	分布: 6
Cochlearius cochlearius	船嘴鹭	Boat-billed Heron	分布: 6

Zebrilus undulatus	波斑鹭	Zigzag Heron	分布: 6
Botaurus stellaris	大麻鸦	Eurasian Bittern	分布: 1, 2, 3; C
Botaurus poiciloptilus	褐麻鸦	Australasian Bittern	分布: 4
Botaurus lentiginosus	美洲麻鸦	American Bittern	分布: 5, 6
Botaurus pinnatus	大嘴麻鸦	Pinnated Bittern	分布: 6
Ixobrychus involucris	纹背苇鸦	Stripe-backed Bittern	分布: 6
Ixobrychus exilis	姬苇鸦	Least Bittern	分布: 5, 6
Ixobrychus minutus	小苇鸦	Ixobrychus Minutus	分布: 1, 2, 3, 4; C
Ixobrychus dubius	黑背苇鸦	Australian Little Bittern	分布: 4
Ixobrychus sinensis	黄斑苇鸦	Yellow Bittern	分布: 1, 2, 4; C
Ixobrychus eurhythmus	紫背苇鸦	Schrenck's Bittern	分布: 1, 2, 4; C
Ixobrychus cinnamomeus	栗苇鸦	Cinnamon Bittern	分布: 1, 2, 4; C
Ixobrychus sturmii	蓝苇鸦	Dwarf Bittern	分布: 3
Ixobrychus flavicollis	黑苇鸦	Black Bittern	分布: 1, 2, 4; C
Gorsachius magnificus	海南鸦	White-eared Night-heron	分布: 1, 2; C
Gorsachius goisagi	栗头鸦	Japanese Night-heron	分布: 1, 2; C
Gorsachius melanolophus	黑冠鸦	Malay Night-heron	分布: 1, 2, 4; C
Gorsachius leuconotus	白背夜鹭	White-backed Night-heron	分布: 3
Nycticorax nycticorax	夜鹭	Black-crowned Night-heron	分布: 1, 2, 3, 4, 5, 6; C
Nycticorax caledonicus	棕夜鹭	Rufous Night-heron	分布: 2, 4; C
Nyctanassa violacea	黄冠夜鹭	Yellow-crowned Night-heron	分布: 5, 6
Butorides striata	绿鹭	Green-backed Heron	分布: 1, 2, 3, 4, 5, 6; C
Butorides virescens	美洲绿鹭	Green Heron	分布: 5, 6
Butorides sundevalli	加岛绿鹭	Galapagos Heron	分布: 6
Ardeola ralloides	白翅黄池鹭	Squacco Heron	分布: 1, 3
Ardeola grayii	印度池鹭	Indian Pond Heron	分布: 1, 2; C
Ardeola bacchus	池鹭	Chinese Pond Heron	分布: 1, 2; C
Ardeola speciosa	爪哇池鹭	Javan Pond Heron	分布: 2, 4; C
Ardeola idae	马岛池鹭	Madagascar Pond Heron	分布: 3
Ardeola rufiventris	棕腹池鹭	Rufous-bellied Heron	分布: 3
Bubulcus ibis	西牛背鹭	Western Cattle Egret	分布: 1, 3, 5, 6, 7
Bubulcus coromandus	牛背鹭	Cattle Egret	分布: 2, 4; C
Ardea cinerea	苍鹭	Grey Heron	分布: 1, 2, 3; C
Ardea herodias	大蓝鹭	Great Blue Heron	分布: 5, 6
Ardea cocoi	黑冠白颈鹭	Cocoi Heron	分布: 6
Ardea pacifica	白颈鹭	White-necked Heron	分布: 4
Ardea melanocephala	黑头鹭	Black-headed Heron	分布: 3
Ardea humbloti	马岛鹭	Madagascar Heron	分布: 3
Ardea insignis	白腹鹭	White-bellied Heron	分布: 2
Ardea sumatrana	大嘴鹭	Great-billed Heron	分布: 2, 4
Ardea goliath	巨鹭	Goliath Heron	分布: 3
Ardea purpurea	草鹭	Purple Heron	分布: 1, 2, 3, 4; C

Ardea alba	大白鹭	Great Egret	分布: 1, 2, 3, 4, 5, 6; C
Ardea brachyrhyncha	非洲中白鹭	Yellow-billed Egret	分布: 3
Ardea intermedia	中白鹭	Intermediate Egret	分布: 1, 2, 3, 4; C
Ardea plumifera	澳洲中白鹭	Plumed Egret	分布: 4
Syrigma sibilatrix	啸鹭	Whistling Heron	分布: 6
Pilherodius pileatus	蓝嘴黑顶鹭	Capped Heron	分布: 6
Egretta picata	斑鹭	Pied Heron	分布: 2, 4; C
Egretta novaehollandiae	白脸鹭	White-faced Egret	分布: 2, 4; C
Egretta rufescens	棕颈鹭	Reddish Egret	分布: 5, 6
Egretta ardesiaca	黑鹭	Black Heron	分布: 3
Egretta vinaceigula	蓝灰鹭	Slaty Egret	分布: 3
Egretta tricolor	三色鹭	Tricolored Heron	分布: 5, 6
Egretta caerulea	小蓝鹭	Little Blue Heron	分布: 5, 6
Egretta thula	雪鹭	Snowy Egret	分布: 5, 6
Egretta garzetta	白鹭	Little Egret	分布: 1, 2, 3, 4; C
Egretta gularis	西岩鹭	Western Reef-egret	分布: 1, 2, 3
Egretta dimorpha	礁鹭	Dimorphic Egret	分布: 3
Egretta sacra	岩鹭	Pacific Reef-egret	分布: 1, 2, 4; C
Egretta eulophotes	黄嘴白鹭	Chinese Egret	分布: 1, 2; C

3. 锤头鹳科 Scopidae (Hamerkop) 1 属 1 种

| *Scopus umbretta* | 锤头鹳 | Hamerkop | 分布: 3 |

4. 鲸头鹳科 Balaenicipitidae (Shoebill) 1 属 1 种

| *Balaeniceps rex* | 鲸头鹳 | Shoebill | 分布: 3 |

5. 鹈鹕科 Pelecanidae (Pelicans) 1 属 8 种

Pelecanus crispus	卷羽鹈鹕	Dalmatian Pelican	分布: 1, 5; C
Pelecanus philippensis	斑嘴鹈鹕	Spot-billed Pelican	分布: 2; C
Pelecanus rufescens	粉红背鹈鹕	Pink-backed Pelican	分布: 3
Pelecanus conspicillatus	澳洲鹈鹕	Australian Pelican	分布: 4
Pelecanus onocrotalus	白鹈鹕	Great White Pelican	分布: 1, 2, 3; C
Pelecanus occidentalis	褐鹈鹕	Brown Pelican	分布: 5, 6
Pelecanus thagus	秘鲁鹈鹕	Peruvian Pelican	分布: 2, 6
Pelecanus erythrorhynchos	美洲鹈鹕	American White Pelican	分布: 5, 6

XXII 鲣鸟目 Suliformes

1. 军舰鸟科 Fregatidae (Frigatebirds) 1 属 5 种

Fregata ariel	白斑军舰鸟	Lesser Frigatebird	分布: 2, 3, 4, 6; C
Fregata minor	黑腹军舰鸟	Great Frigatebird	分布: 2, 3, 4, 6; C
Fregata andrewsi	白腹军舰鸟	Christmas Frigatebird	分布: 2; C
Fregata magnificens	华丽军舰鸟	Magnificent Frigatebird	分布: 1, 5, 6

| *Fregata aquila* | 阿岛军舰鸟 | Ascension Frigatebird | 分布: 3 |

2. 鲣鸟科　Sulidae　(Gannets and Boobies)　3属　10种

Papasula abbotti	粉嘴鲣鸟	Abbott's Booby	分布: 2
Morus bassanus	北鲣鸟	Northern Gannet	分布: 1, 5, 6
Morus capensis	南非鲣鸟	Cape Gannet	分布: 3
Morus serrator	澳洲鲣鸟	Australasian Gannet	分布: 4
Sula sula	红脚鲣鸟	Red-footed Booby	分布: 2, 3, 4, 6; C
Sula leucogaster	褐鲣鸟	Brown Booby	分布: 2, 3, 4, 6; C
Sula nebouxii	蓝脚鲣鸟	Blue-footed Booby	分布: 5, 6
Sula variegata	秘鲁鲣鸟	Peruvian Booby	分布: 6
Sula dactylatra	蓝脸鲣鸟	Masked Booby	分布: 2, 3, 4, 6; C
Sula granti	橙嘴鲣鸟	Nazca Booby	分布: 5, 6

3. 鸬鹚科　Phalacrocoracidae　(Cormorants)　3属　40种

Microcarbo coronatus	冠鸬鹚	Crowned Cormorant	分布: 3
Microcarbo africanus	长尾鸬鹚	Long-tailed Cormorant	分布: 3
Microcarbo pygmaeus	侏鸬鹚	Pygmy Cormorant	分布: 1
Microcarbo niger	黑颈鸬鹚	Little Cormorant	分布: 2; C
Microcarbo melanoleucos	小斑鸬鹚	Little Pied Cormorant	分布: 4
Phalacrocorax gaimardi	红腿鸬鹚	Red-legged Cormorant	分布: 6
Phalacrocorax magellanicus	岩鸬鹚	Rock Shag	分布: 6
Phalacrocorax bougainvillii	南美鸬鹚	Guanay Cormorant	分布: 6
Phalacrocorax atriceps	蓝眼鸬鹚	Imperial Shag	分布: 6
Phalacrocorax verrucosus	克岛鸬鹚	Kerguelen Shag	分布: 7
Phalacrocorax carunculatus	毛脸鸬鹚	Rough-faced Shag	分布: 4
Phalacrocorax onslowi	查岛鸬鹚	Chatham Shag	分布: 4
Phalacrocorax campbelli	坎岛鸬鹚	Campbell Shag	分布: 4
Phalacrocorax ranfurlyi	邦岛鸬鹚	Bounty Shag	分布: 4
Phalacrocorax colensoi	奥岛鸬鹚	Auckland Shag	分布: 4
Leucocarbo chalconotus	铜鸬鹚	Stewart Shag	分布: 4
Leucocarbo bransfieldensis	南极鸬鹚	Antarctic Shag	分布: 7
Leucocarbo georgianus	南乔治亚鸬鹚	South Georgia Shag	分布: 7
Leucocarbo nivalis	哈岛鸬鹚	Heard Island Shag	分布: 7
Leucocarbo melanogenis	科岛鸬鹚	Crozet Shag	分布: 7
Leucocarbo purpurascens	麦岛鸬鹚	Macquarie Shag	分布: 7
Phalacrocorax auritus	角鸬鹚	Double-crested Cormorant	分布: 5, 6
Phalacrocorax brasilianus	美洲鸬鹚	Neotropic Cormorant	分布: 5, 6
Phalacrocorax harrisi	弱翅鸬鹚	Flightless Cormorant	分布: 6
Phalacrocorax penicillatus	加州鸬鹚	Brandt's Cormorant	分布: 5, 6
Phalacrocorax pelagicus	海鸬鹚	Pelagic Cormorant	分布: 1, 5; C
Phalacrocorax urile	红脸鸬鹚	Red-faced Cormorant	分布: 1, 5; C
Phalacrocorax aristotelis	欧鸬鹚	European Shag	分布: 1

Phalacrocorax carbo	普通鸬鹚	Great Cormorant	分布: 1, 2, 3, 4, 5; C
Phalacrocorax lucidus	白胸鸬鹚	White-breasted Cormorant	分布: 3
Phalacrocorax capillatus	绿背鸬鹚	Japanese Cormorant	分布: 1; C
Phalacrocorax capensis	南非鸬鹚	Cape Cormorant	分布: 3
Phalacrocorax nigrogularis	黑喉鸬鹚	Socotra Cormorant	分布: 1, 3
Phalacrocorax neglectus	岸鸬鹚	Bank Cormorant	分布: 3
Phalacrocorax fuscicollis	印度鸬鹚	Indian Cormorant	分布: 2
Phalacrocorax sulcirostris	小黑鸬鹚	Little Black Cormorant	分布: 2, 4
Phalacrocorax fuscescens	黑脸鸬鹚	Black-faced Cormorant	分布: 4
Phalacrocorax varius	斑鸬鹚	Great Pied Cormorant	分布: 4
Phalacrocorax punctatus	点斑鸬鹚	Spotted Shag	分布: 4
Phalacrocorax featherstoni	皮岛鸬鹚	Pitt Shag	分布: 4

4. 蛇鹈科　Anhingidae　(Darters)　1 属　4 种

Anhinga anhinga	美洲蛇鹈	Anhinga	分布: 5, 6
Anhinga rufa	红蛇鹈	African Darter	分布: 1, 2, 3
Anhinga melanogaster	黑腹蛇鹈	Asian Darter	分布: 2, 3, 4
Anhinga novaehollandiae	澳洲蛇鹈	Australian Darter	分布: 4

XXIII　鸻形目　Charadriiformes

1. 石鸻科　Burhinidae　(Thick-knees)　2 属　10 种

Burhinus oedicnemus	石鸻	Stone Curlew	分布: 1, 3; C
Burhinus indicus	印度石鸻	Indian Stone Curlew	分布: 2; C
Burhinus senegalensis	小石鸻	Senegal Thick-knee	分布: 3
Burhinus vermiculatus	水石鸻	Water Thick-knee	分布: 3
Burhinus capensis	斑石鸻	Spotted Thick-knee	分布: 3
Burhinus bistriatus	双纹石鸻	Double-striped Thick-knee	分布: 6
Burhinus superciliaris	秘鲁石鸻	Peruvian Thick-knee	分布: 6
Burhinus grallarius	长尾石鸻	Bush Thick-knee	分布: 4
Esacus recurvirostris	大石鸻	Great Thick-knee	分布: 1, 2; C
Esacus magnirostris	澳洲石鸻	Beach Thick-knee	分布: 2, 4

2. 鞘嘴鸥科　Chionididae　(Sheathbills)　1 属　2 种

Chionis albus	白鞘嘴鸥	Snowy Sheathbill	分布: 6, 7
Chionis minor	黑脸鞘嘴鸥	Black-faced Sheathbill	分布: 7

3. 短腿鸻科　Pluvianellidae　(Magellanic Plover)　1 属　1 种

Pluvianellus socialis	短腿鸻	Magellanic Plover	分布: 6

4. 蓝腿燕鸻科　Pluvianidae　(Egyptian Plover)　1 属　1 种

Pluvianus aegyptius	蓝腿燕鸻	Egyptian Plover	分布: 3

5. 蛎鹬科 Haematopodidae (Oystercatchers) 1 属 11 种

Haematopus leucopodus	智利蛎鹬	Magellanic Oystercatcher	分布: 6
Haematopus ater	南美黑蛎鹬	Blackish Oystercatcher	分布: 6
Haematopus bachmani	北美黑蛎鹬	Black Oystercatcher	分布: 5, 6
Haematopus palliatus	美洲斑蛎鹬	American Oystercatcher	分布: 5, 6
Haematopus moquini	非洲黑蛎鹬	African Oystercatcher	分布: 3
Haematopus ostralegus	蛎鹬	Eurasian Oystercatcher	分布: 1, 2, 3, 4; C
Haematopus finschi	南岛斑蛎鹬	South Island Oystercatcher	分布: 4
Haematopus longirostris	澳洲斑蛎鹬	Pied Oystercatcher	分布: 4
Haematopus chathamensis	查岛蛎鹬	Chatham Oystercatcher	分布: 4
Haematopus unicolor	新西兰蛎鹬	Variable Oystercatcher	分布: 4
Haematopus fuliginosus	澳洲黑蛎鹬	Sooty Oystercatcher	分布: 4

6. 鹮嘴鹬科 Ibidorhynchidae (Ibisbill) 1 属 1 种

Ibidorhyncha struthersii	鹮嘴鹬	Ibisbill	分布: 1, 2; C

7. 反嘴鹬科 Recurvirostridae (Avocets and Stilts) 3 属 10 种

Cladorhynchus leucocephalus	斑长脚鹬	Banded Stilt	分布: 4
Recurvirostra avosetta	反嘴鹬	Pied Avocet	分布: 1, 2, 3; C
Recurvirostra americana	褐胸反嘴鹬	American Avocet	分布: 5, 6
Recurvirostra novaehollandiae	红颈反嘴鹬	Red-necked Avocet	分布: 4
Recurvirostra andina	安第斯反嘴鹬	Andean Avocet	分布: 6
Himantopus himantopus	黑翅长脚鹬	Black-winged Stilt	分布: 1, 2, 3, 4, 6; C
Himantopus leucocephalus	澳洲长脚鹬	Pied Stilt	分布: 4
Himantopus mexicanus	黑颈长脚鹬	Black-necked Stilt	分布: 2, 5, 6
Himantopus melanurus	南美长脚鹬	White-backed Stilt	分布: 6
Himantopus novaezelandiae	黑长脚鹬	Black Stilt	分布: 4

8. 鸻科 Charadriidae (Plovers) 12 属 70 种

Pluvialis squatarola	灰鸻	Grey Plover	分布: 1, 2, 3, 4, 5, 6; C
Pluvialis apricaria	欧金鸻	Eurasian Golden Plover	分布: 1
Pluvialis fulva	金鸻	Pacific Golden Plover	分布: 1, 2, 3, 4, 5; C
Pluvialis dominica	美洲金鸻	American Golden Plover	分布: 5, 6
Oreopholus ruficollis	橙喉鸻	Tawny-throated Dotterel	分布: 6
Phegornis mitchellii	黑顶鸻	Diademed Plover	分布: 6
Eudromias morinellus	小嘴鸻	Eurasian Dotterel	分布: 1; C
Charadrius aquilonius	北岛鸻	Northern Red-breasted Plover	分布: 4
Charadrius obscurus	新西兰鸻	Southern Red-breasted Plover	分布: 4
Charadrius hiaticula	剑鸻	Common Ringed Plover	分布: 1, 3, 5; C
Charadrius semipalmatus	半蹼鸻	Semipalmated Plover	分布: 5, 6
Charadrius placidus	长嘴剑鸻	Long-billed Plover	分布: 1, 2; C
Charadrius dubius	金眶鸻	Little Ringed Plover	分布: 1, 2, 3, 4, 5; C
Charadrius wilsonia	厚嘴鸻	Wilson's Plover	分布: 5, 6

Charadrius vociferus	双领鸻	Killdeer	分布: 5, 6
Charadrius melodus	笛鸻	Piping Plover	分布: 5, 6
Charadrius thoracicus	黑斑沙鸻	Black-banded Plover	分布: 3
Charadrius pecuarius	基氏沙鸻	Kittlitz's Plover	分布: 3
Charadrius sanctaehelenae	圣岛沙鸻	St Helena Plover	分布: 3
Charadrius tricollaris	三色鸻	African Three-banded Plover	分布: 3
Charadrius bifrontatus	马岛三色鸻	Madagascar Three-banded Plover	分布: 3
Charadrius forbesi	福氏鸻	Forbes's Plover	分布: 3
Charadrius marginatus	白额沙鸻	White-fronted Plover	分布: 3
Charadrius alexandrinus	环颈鸻	Kentish Plover	分布: 1, 2, 3; C
Charadrius dealbatus	白脸鸻	White-faced Plover	分布: 2; C
Charadrius nivosus	雪鸻	Snowy Plover	分布: 5, 6
Charadrius javanicus	爪哇鸻	Javan Plover	分布: 2
Charadrius ruficapillus	红顶鸻	Red-capped Plover	分布: 4
Charadrius peronii	马来鸻	Malay Plover	分布: 2, 4
Charadrius pallidus	栗斑鸻	Chestnut-banded Plover	分布: 3
Charadrius collaris	领鸻	Collared Plover	分布: 6
Charadrius alticola	山鸻	Puna Plover	分布: 6
Charadrius falklandicus	双斑鸻	Two-banded Plover	分布: 6
Charadrius bicinctus	栗胸鸻	Double-banded Plover	分布: 4
Charadrius mongolus	蒙古沙鸻	Lesser Sandplover	分布: 1, 2, 3, 5; C
Charadrius leschenaultii	铁嘴沙鸻	Greater Sandplover	分布: 1, 2, 3, 4; C
Charadrius asiaticus	红胸鸻	Caspian Plover	分布: 1, 3; C
Charadrius veredus	东方鸻	Oriental Plover	分布: 1, 4; C
Charadrius montanus	岩鸻	Mountain Plover	分布: 5, 6
Charadrius modestus	棕胸鸻	Rufous-chested Plover	分布: 6
Thinornis cucullatus	黑头鸻	Hooded Plover	分布: 4
Thinornis novaeseelandiae	滨鸻	Shore Plover	分布: 4
Elseyornis melanops	黑额鸻	Black-fronted Dotterel	分布: 4
Hoploxypterus cayanus	杂色麦鸡	Pied Lapwing	分布: 6
Vanellus vanellus	凤头麦鸡	Northern Lapwing	分布: 1, 2, 3; C
Vanellus crassirostris	长趾麦鸡	Long-toed Lapwing	分布: 3
Vanellus armatus	黑背麦鸡	Blacksmith Lapwing	分布: 3
Vanellus spinosus	黑胸麦鸡	Spur-winged Lapwing	分布: 1, 3
Vanellus duvaucelii	距翅麦鸡	River Lapwing	分布: 1, 2; C
Vanellus tectus	非洲麦鸡	Black-headed Lapwing	分布: 3
Vanellus malabaricus	黄垂麦鸡	Yellow-wattled Lapwing	分布: 1, 2
Vanellus albiceps	白头麦鸡	White-headed Lapwing	分布: 3
Vanellus lugubris	塞内加尔麦鸡	Senegal Lapwing	分布: 3
Vanellus melanopterus	黑翅麦鸡	Black-winged Lapwing	分布: 3
Vanellus coronatus	冕麦鸡	Crowned Lapwing	分布: 3
Vanellus senegallus	黑喉麦鸡	Wattled Lapwing	分布: 3

Vanellus melanocephalus	斑胸麦鸡	Spot-breasted Lapwing	分布: 3
Vanellus superciliosus	褐胸麦鸡	Brown-chested Lapwing	分布: 3
Vanellus cinereus	灰头麦鸡	Grey-headed Lapwing	分布: 1, 2; C
Vanellus indicus	肉垂麦鸡	Red-wattled Lapwing	分布: 1, 2; C
Vanellus tricolor	三色麦鸡	Banded Lapwing	分布: 4
Vanellus miles	白颈麦鸡	Masked Lapwing	分布: 4
Vanellus novaehollandiae	黑肩麦鸡	Black-shouldered Lapwing	分布: 4
Vanellus gregarius	黄颊麦鸡	Sociable Lapwing	分布: 1, 2, 3; C
Vanellus leucurus	白尾麦鸡	White-tailed Lapwing	分布: 1, 2, 3; C
Vanellus chilensis	凤头距翅麦鸡	Southern Lapwing	分布: 6
Vanellus resplendens	安第斯麦鸡	Andean Lapwing	分布: 6
Erythrogonys cinctus	红膝麦鸡	Red-kneed Dotterel	分布: 4
Peltohyas australis	澳洲小嘴鸻	Inland Dotterel	分布: 4
Anarhynchus frontalis	弯嘴鸻	Wrybill	分布: 4

9. 领鹑科 Pedionomidae (Plains-wanderer) 1 属 1 种

| *Pedionomus torquatus* | 领鹑 | Plains-wanderer | 分布: 4 |

10. 籽鹬科 Thinocoridae (Seedsnipes) 2 属 4 种

Attagis gayi	棕腹籽鹬	Rufous-bellied Seedsnipe	分布: 6
Attagis malouinus	白腹籽鹬	White-bellied Seedsnipe	分布: 6
Thinocorus orbignyianus	灰胸籽鹬	Grey-breasted Seedsnipe	分布: 6
Thinocorus rumicivorus	小籽鹬	Least Seedsnipe	分布: 6

11. 彩鹬科 Rostratulidae (Painted-snipes) 2 属 3 种

Rostratula benghalensis	彩鹬	Greater Painted-snipe	分布: 1, 2, 3, 4; C
Rostratula australis	澳洲彩鹬	Australian Painted-snipe	分布: 4
Nycticryphes semicollaris	半领彩鹬	South American Painted-snipe	分布: 6

12. 水雉科 Jacanidae (Jacanas) 6 属 8 种

Jacana spinosa	美洲水雉	Northern Jacana	分布: 5, 6
Jacana jacana	肉垂水雉	Wattled Jacana	分布: 6
Hydrophasianus chirurgus	水雉	Pheasant-tailed Jacana	分布: 1, 2; C
Actophilornis africanus	非洲雉鸻	African Jacana	分布: 3
Actophilornis albinucha	马岛雉鸻	Madagascar Jacana	分布: 3
Metopidius indicus	铜翅水雉	Bronze-winged Jacana	分布: 2; C
Irediparra gallinacea	冠水雉	Comb-crested Jacana	分布: 2, 4
Microparra capensis	小雉鸻	Lesser Jacana	分布: 3

13. 鹬科 Scolopacidae (Sandpipers) 16 属 91 种

Bartramia longicauda	高原鹬	Upland Sandpiper	分布: 5, 6
Numenius tahitiensis	太平洋杓鹬	Bristle-thighed Curlew	分布: 4, 5
Numenius phaeopus	中杓鹬	Whimbrel	分布: 1, 2, 3, 4, 5, 6; C
Numenius minutus	小杓鹬	Little Curlew	分布: 1, 2, 4; C

Numenius borealis	极北杓鹬	Eskimo Curlew	分布: 5, 6
Numenius tenuirostris	细嘴杓鹬	Slender-billed Curlew	分布: 1
Numenius americanus	长嘴杓鹬	Long-billed Curlew	分布: 5, 6
Numenius arquata	白腰杓鹬	Eurasian Curlew	分布: 1, 2, 3; C
Numenius madagascariensis	大杓鹬	Far Eastern Curlew	分布: 1, 2, 4; C
Limosa lapponica	斑尾塍鹬	Bar-tailed Godwit	分布: 1, 2, 3, 4, 5; C
Limosa fedoa	云斑塍鹬	Marbled Godwit	分布: 5, 6
Limosa haemastica	棕塍鹬	Hudsonian Godwit	分布: 5, 6
Limosa limosa	黑尾塍鹬	Black-tailed Godwit	分布: 1, 2, 3, 4; C
Arenaria interpres	翻石鹬	Ruddy Turnstone	分布: 1, 2, 3, 4, 5, 6; C
Arenaria melanocephala	黑翻石鹬	Black Turnstone	分布: 5
Calidris tenuirostris	大滨鹬	Great Knot	分布: 1, 2, 4; C
Calidris canutus	红腹滨鹬	Red Knot	分布: 1, 2, 3, 4, 5, 6; C
Calidris virgata	短嘴鹬	Surfbird	分布: 5, 6
Calidris pugnax	流苏鹬	Ruff	分布: 1, 2, 3; C
Calidris falcinellus	阔嘴鹬	Broad-billed Sandpiper	分布: 1, 2, 3, 4; C
Calidris acuminata	尖尾滨鹬	Sharp-tailed Sandpiper	分布: 1, 2, 4; C
Calidris himantopus	高跷鹬	Stilt Sandpiper	分布: 2, 5, 6; C
Calidris ferruginea	弯嘴滨鹬	Curlew Sandpiper	分布: 1, 2, 3, 4; C
Calidris temminckii	青脚滨鹬	Temminck's Stint	分布: 1, 2, 3; C
Calidris subminuta	长趾滨鹬	Long-toed Stint	分布: 1, 2, 4; C
Calidris pygmaea	勺嘴鹬	Spoon-billed Sandpiper	分布: 1, 2; C
Calidris ruficollis	红颈滨鹬	Red-necked Stint	分布: 1, 2, 4, 5; C
Calidris alba	三趾滨鹬	Sanderling	分布: 1, 2, 3, 4, 5, 6; C
Calidris alpina	黑腹滨鹬	Dunlin	分布: 1, 2, 3, 4, 5, 6; C
Calidris ptilocnemis	岩滨鹬	Rock Sandpiper	分布: 1, 5; C
Calidris maritima	紫滨鹬	Purple Sandpiper	分布: 1, 5
Calidris bairdii	白腹滨鹬	Baird's Sandpiper	分布: 1, 5, 6
Calidris minuta	小滨鹬	Little Stint	分布: 1, 2, 3; C
Calidris minutilla	美洲小滨鹬	Least Sandpiper	分布: 5, 6
Calidris fuscicollis	白腰滨鹬	White-rumped Sandpiper	分布: 2, 5, 6; C
Calidris subruficollis	黄胸滨鹬	Buff-breasted Sandpiper	分布: 1, 5, 6; C
Calidris melanotos	斑胸滨鹬	Pectoral Sandpiper	分布: 1, 5, 6; C
Calidris pusilla	半蹼滨鹬	Semipalmated Sandpiper	分布: 5, 6
Calidris mauri	西滨鹬	Western Sandpiper	分布: 1, 5, 6; C
Prosobonia parvirostris	土岛鹬	Tuamotu Sandpiper	分布: 4
Limnodromus semipalmatus	半蹼鹬	Asian Dowitcher	分布: 1, 2, 4; C
Limnodromus griseus	短嘴半蹼鹬	Short-billed Dowitcher	分布: 5, 6
Limnodromus scolopaceus	长嘴半蹼鹬	Long-billed Dowitcher	分布: 1, 5, 6; C
Scolopax rusticola	丘鹬	Eurasian Woodcock	分布: 1, 2; C
Scolopax mira	琉球丘鹬	Amami Woodcock	分布: 1
Scolopax saturata	棕丘鹬	Rufous Woodcock	分布: 2

Scolopax rosenbergii	新几内亚丘鹬	New Guinea Woodcock	分布: 4
Scolopax bukidnonensis	菲律宾丘鹬	Bukidnon Woodcock	分布: 2
Scolopax celebensis	苏拉丘鹬	Sulawesi Woodcock	分布: 4
Scolopax rochussenii	摩鹿加丘鹬	Moluccan Woodcock	分布: 4
Scolopax minor	小丘鹬	American Woodcock	分布: 5, 6
Coenocorypha pusilla	查岛沙锥	Chatham Snipe	分布: 4
Coenocorypha huegeli	斯岛沙锥	Snares Snipe	分布: 4
Coenocorypha aucklandica	奥克兰沙锥	Auckland Snipe	分布: 4
Gallinago imperialis	暗褐沙锥	Imperial Snipe	分布: 6
Gallinago jamesoni	安第斯沙锥	Andean Snipe	分布: 6
Gallinago stricklandii	火地岛沙锥	Fuegian Snipe	分布: 6
Gallinago solitaria	孤沙锥	Solitary Snipe	分布: 1, 2; C
Gallinago hardwickii	拉氏沙锥	Latham's Snipe	分布: 1, 4; C
Gallinago nemoricola	林沙锥	Wood Snipe	分布: 1, 2; C
Gallinago stenura	针尾沙锥	Pintail Snipe	分布: 1, 2, 4; C
Gallinago megala	大沙锥	Swinhoe's Snipe	分布: 1, 2, 4; C
Gallinago nigripennis	非洲沙锥	African Snipe	分布: 3
Gallinago macrodactyla	马岛沙锥	Madagascar Snipe	分布: 3
Gallinago media	斑腹沙锥	Great Snipe	分布: 1
Gallinago gallinago	扇尾沙锥	Common Snipe	分布: 1, 2, 3; C
Gallinago delicata	美洲沙锥	Wilson's Snipe	分布: 5, 6
Gallinago paraguaiae	南美沙锥	South American Snipe	分布: 6
Gallinago andina	山沙锥	Puna Snipe	分布: 6
Gallinago nobilis	长嘴沙锥	Noble Snipe	分布: 6
Gallinago undulata	巨沙锥	Giant Snipe	分布: 6
Lymnocryptes minimus	姬鹬	Jack Snipe	分布: 1, 2, 3; C
Steganopus tricolor	细嘴瓣蹼鹬	Wilson's Phalarope	分布: 5, 6
Phalaropus lobatus	红颈瓣蹼鹬	Red-necked Phalarope	分布: 1, 2, 3, 4, 5; C
Phalaropus fulicarius	灰瓣蹼鹬	Red Phalarope	分布: 1, 3, 5, 6; C
Xenus cinereus	翘嘴鹬	Terek Sandpiper	分布: 1, 2, 3, 4; C
Actitis hypoleucos	矶鹬	Common Sandpiper	分布: 1, 2, 3, 4; C
Actitis macularius	斑腹矶鹬	Spotted Sandpiper	分布: 5, 6
Tringa ochropus	白腰草鹬	Green Sandpiper	分布: 1, 2, 3; C
Tringa solitaria	褐腰草鹬	Solitary Sandpiper	分布: 5, 6
Tringa brevipes	灰尾漂鹬	Grey-tailed Tattler	分布: 1, 2, 4; C
Tringa incana	漂鹬	Wandering Tattler	分布: 1, 4, 5, 6; C
Tringa semipalmata	斑翅鹬	Willet	分布: 5, 6
Tringa flavipes	小黄脚鹬	Lesser Yellowlegs	分布: 1, 5, 6; C
Tringa erythropus	鹤鹬	Spotted Redshank	分布: 1, 2, 3; C
Tringa nebularia	青脚鹬	Common Greenshank	分布: 1, 2, 3, 4; C
Tringa melanoleuca	大黄脚鹬	Greater Yellowlegs	分布: 5, 6
Tringa totanus	红脚鹬	Common Redshank	分布: 1, 2, 3, 4; C

Tringa glareola	林鹬	Wood Sandpiper	分布: 1, 2, 3, 4; C
Tringa stagnatilis	泽鹬	Marsh Sandpiper	分布: 1, 2, 3, 4; C
Tringa guttifer	小青脚鹬	Spotted Greenshank	分布: 1, 2; C

14. 三趾鹑科　Turnicidae　(Buttonquails)　2 属　18 种

Turnix sylvaticus	林三趾鹑	Common Buttonquail	分布: 1, 2, 3, 4; C
Turnix maculosus	红背三趾鹑	Red-backed Buttonquail	分布: 2, 4
Turnix tanki	黄脚三趾鹑	Yellow-legged Buttonquail	分布: 1, 2; C
Turnix nanus	黑腰三趾鹑	Black-rumped Buttonquail	分布: 3
Turnix hottentottus	非洲三趾鹑	Hottentot Buttonquail	分布: 3
Turnix ocellatus	菲律宾三趾鹑	Spotted Buttonquail	分布: 2
Turnix suscitator	棕三趾鹑	Barred Buttonquail	分布: 1, 2, 4; C
Turnix nigricollis	马岛三趾鹑	Madagascar Buttonquail	分布: 3
Turnix melanogaster	黑胸三趾鹑	Black-breasted Buttonquail	分布: 4
Turnix novaecaledoniae	新喀三趾鹑	New Caledonian Buttonquail	分布: 4
Turnix varius	彩三趾鹑	Painted Buttonquail	分布: 4
Turnix olivii	黄胸三趾鹑	Buff-breasted Buttonquail	分布: 4
Turnix castanotus	栗背三趾鹑	Chestnut-backed Buttonquail	分布: 4
Turnix pyrrhothorax	红胸三趾鹑	Red-chested Buttonquail	分布: 4
Turnix everetti	松巴三趾鹑	Sumba Buttonquail	分布: 4
Turnix worcesteri	吕宋三趾鹑	Luzon Buttonquail	分布: 2
Turnix velox	小三趾鹑	Little Buttonquail	分布: 4
Ortyxelos meiffrenii	白翅三趾鹑	Quail-plover	分布: 4

15. 蟹鸻科　Dromadidae　(Crab-plover)　1 属　1 种

| *Dromas ardeola* | 蟹鸻 | Crab-plover | 分布: 2, 3 |

16. 燕鸻科　Glareolidae　(Coursers and Pratincoles)　4 属　17 种

Rhinoptilus africanus	双领斑走鸻	Double-banded Courser	分布: 3
Rhinoptilus cinctus	栗颈走鸻	Three-banded Courser	分布: 3
Rhinoptilus chalcopterus	铜翅走鸻	Bronze-winged Courser	分布: 3
Rhinoptilus bitorquatus	约氏走鸻	Jerdon's Courser	分布: 2
Cursorius cursor	沙色走鸻	Cream-colored Courser	分布: 1, 2, 3
Cursorius somalensis	索马里走鸻	Somali Courser	分布: 3
Cursorius rufus	布氏走鸻	Burchell's Courser	分布: 3
Cursorius temminckii	黑腹走鸻	Temminck's Courser	分布: 3
Cursorius coromandelicus	印度走鸻	Indian Courser	分布: 2
Stiltia isabella	澳洲燕鸻	Australian Pratincole	分布: 4
Glareola pratincola	领燕鸻	Collared Pratincole	分布: 1, 2, 3; C
Glareola maldivarum	普通燕鸻	Oriental Pratincole	分布: 1, 2; C
Glareola nordmanni	黑翅燕鸻	Black-winged Pratincole	分布: 1, 3; C
Glareola ocularis	马岛燕鸻	Madagascar Pratincole	分布: 3
Glareola nuchalis	乌燕鸻	Rock Pratincole	分布: 3

| *Glareola cinerea* | 黄颈灰燕鸻 | Gray Pratincole | 分布: 3 |
| *Glareola lactea* | 灰燕鸻 | Little Pratincole | 分布: 1, 2; C |

17. 鸥科　Laridae　(Gulls, Terns and Skimmers)　24 属　103 种

Anous stolidus	白顶玄燕鸥	Brown Noddy	分布: 2, 3, 4, 6; C
Anous tenuirostris	小玄燕鸥	Lesser Noddy	分布: 2, 3, 4
Anous minutus	玄燕鸥	Black Noddy	分布: 2, 3, 4, 6
Procelsterna cerulea	蓝灰燕鸥	Blue Noddy	分布: 1, 4, 6
Procelsterna albivitta	灰燕鸥	Gray Noddy	分布: 4, 6
Gygis alba	白燕鸥	Common White Tern	分布: 2, 3, 4, 6; C
Gygis microrhyncha	小白燕鸥	Little White Tern	分布: 4
Rynchops niger	黑剪嘴鸥	Black Skimmer	分布: 5, 6
Rynchops flavirostris	非洲剪嘴鸥	African Skimmer	分布: 3
Rynchops albicollis	剪嘴鸥	Indian Skimmer	分布: 2; C
Saundersilarus saundersi	黑嘴鸥	Saunders's Gull	分布: 1, 2; C
Hydrocoloeus minutus	小鸥	Little Gull	分布: 1, 5; C
Rhodostethia rosea	楔尾鸥	Ross's Gull	分布: 1, 5; C
Creagrus furcatus	燕尾鸥	Swallow-tailed Gull	分布: 6
Xema sabini	叉尾鸥	Sabine's Gull	分布: 1, 3, 5, 6; C
Pagophila eburnea	白鸥	Ivory Gull	分布: 1, 5
Rissa brevirostris	红腿三趾鸥	Red-legged Kittiwake	分布: 1, 5
Rissa tridactyla	三趾鸥	Black-legged Kittiwake	分布: 1, 5; C
Chroicocephalus philadelphia	伯氏鸥	Bonaparte's Gull	分布: 5
Chroicocephalus genei	细嘴鸥	Slender-billed Gull	分布: 1, 2, 3; C
Chroicocephalus brunnicephalus	棕头鸥	Brown-headed Gull	分布: 1, 2; C
Chroicocephalus ridibundus	红嘴鸥	Black-headed Gull	分布: 1, 2, 3, 5; C
Chroicocephalus serranus	安第斯鸥	Andean Gull	分布: 6
Chroicocephalus maculipennis	褐头鸥	Brown-hooded Gull	分布: 6
Chroicocephalus hartlaubii	哈氏鸥	Hartlaub's Gull	分布: 3, 6
Chroicocephalus cirrocephalus	灰头鸥	Grey-headed Gull	分布: 3, 6
Chroicocephalus novaehollandiae	澳洲红嘴鸥	Silver Gull	分布: 2, 4; C
Chroicocephalus bulleri	新西兰黑嘴鸥	Black-billed Gull	分布: 4
Leucophaeus modestus	灰鸥	Gray Gull	分布: 6
Leucophaeus scoresbii	豚鸥	Dolphin Gull	分布: 6
Leucophaeus pipixcan	弗氏鸥	Franklin's Gull	分布: 1, 5, 6; C
Leucophaeus atricilla	笑鸥	Laughing Gull	分布: 5, 6
Leucophaeus fuliginosus	岩鸥	Lava Gull	分布: 6
Ichthyaetus ichthyaetus	渔鸥	Pallas's Gull	分布: 1, 2, 3; C
Ichthyaetus relictus	遗鸥	Relict Gull	分布: 1, 2; C
Ichthyaetus melanocephalus	地中海鸥	Mediterranean Gull	分布: 1
Ichthyaetus hemprichii	白领鸥	Sooty Gull	分布: 1, 2, 3

Ichthyaetus leucophthalmus	白眼鸥	White-eyed Gull	分布: 1, 3
Ichthyaetus audouinii	奥氏鸥	Audouin's Gull	分布: 1
Larus heermanni	红嘴灰鸥	Heermann's Gull	分布: 5, 6
Larus pacificus	太平洋鸥	Pacific Gull	分布: 4
Larus crassirostris	黑尾鸥	Black-tailed Gull	分布: 1; C
Larus belcheri	斑尾鸥	Belcher's Gull	分布: 6
Larus atlanticus	大西洋鸥	Olrog's Gull	分布: 6
Larus delawarensis	环嘴鸥	Ring-billed Gull	分布: 5, 6
Larus canus	普通海鸥	Mew Gull	分布: 1, 2, 5; C
Larus livens	黄脚鸥	Yellow-footed Gull	分布: 5, 6
Larus occidentalis	西美鸥	Western Gull	分布: 5, 6
Larus californicus	加州鸥	California Gull	分布: 5, 6
Larus dominicanus	黑背鸥	Kelp Gull	分布: 3, 4, 6, 7
Larus fuscus	小黑背鸥	Lesser Black-backed Gull	分布: 1, 2, 3; C
Larus argentatus	银鸥	European Herring Gull	分布: 1, 2, 5, 6
Larus michahellis	黄腿银鸥	Yellow-legged Gull	分布: 1
Larus cachinnans	里海银鸥	Caspian Gull	分布: 1, 2, 3; C
Larus smithsonianus	美洲银鸥	American Herring Gull	分布: 5
Larus thayeri	泰氏银鸥	Thayer's Gull	分布: 5
Larus vegae	西伯利亚银鸥	Vega Gull	分布: 1, 2; C
Larus armenicus	亚美尼亚鸥	Armenian Gull	分布: 1
Larus glaucoides	冰岛鸥	Iceland Gull	分布: 1, 5
Larus schistisagus	灰背鸥	Slaty-backed Gull	分布: 1; C
Larus glaucescens	灰翅鸥	Glaucous-winged Gull	分布: 1, 5; C
Larus hyperboreus	北极鸥	Glaucous Gull	分布: 1, 5; C
Larus marinus	大黑背鸥	Great Black-backed Gull	分布: 1, 5, 6
Onychoprion aleuticus	白腰燕鸥	Aleutian Tern	分布: 1, 2, 5; C
Onychoprion fuscatus	乌燕鸥	Sooty Tern	分布: 1, 2, 3, 4, 6; C
Onychoprion anaethetus	褐翅燕鸥	Bridled Tern	分布: 2, 3, 4, 6; C
Onychoprion lunatus	灰背燕鸥	Grey-backed Tern	分布: 4
Sternula albifrons	白额燕鸥	Little Tern	分布: 1, 2, 3, 4; C
Sternula saundersi	桑氏白额燕鸥	Saunders's Tern	分布: 1, 2, 3
Sternula antillarum	小白额燕鸥	Least Tern	分布: 5, 6
Sternula superciliaris	南美白额燕鸥	Yellow-billed Tern	分布: 6
Sternula lorata	秘鲁燕鸥	Peruvian Tern	分布: 6
Sternula nereis	眼斑燕鸥	Fairy Tern	分布: 4
Sternula balaenarum	西非燕鸥	Damara Tern	分布: 3
Phaetusa simplex	巨嘴燕鸥	Large-billed Tern	分布: 6
Gelochelidon nilotica	鸥嘴噪鸥	Common Gull-billed Tern	分布: 1, 2, 3, 4, 5, 6; C
Gelochelidon macrotarsa	澳洲鸥嘴噪鸥	Australian Gull-billed Tern	分布: 4
Hydroprogne caspia	红嘴巨燕鸥	Caspian Tern	分布: 1, 2, 3, 4, 5, 6; C
Larosterna inca	印加燕鸥	Inca Tern	分布: 6

Chlidonias albostriatus	黑额燕鸥	Black-fronted Tern	分布: 4
Chlidonias hybrida	灰翅浮鸥	Whiskered Tern	分布: 1, 2, 3, 4; C
Chlidonias leucopterus	白翅浮鸥	White-winged Tern	分布: 1, 2, 3, 4; C
Chlidonias niger	黑浮鸥	Black Tern	分布: 1, 3, 5, 6; C
Sterna aurantia	河燕鸥	River Tern	分布: 1, 2; C
Sterna dougallii	粉红燕鸥	Roseate Tern	分布: 1, 2, 3, 4, 5, 6; C
Sterna striata	澳洲燕鸥	White-fronted Tern	分布: 4
Sterna sumatrana	黑枕燕鸥	Black-naped Tern	分布: 2, 3, 4; C
Sterna hirundinacea	南美燕鸥	South American Tern	分布: 6
Sterna hirundo	普通燕鸥	Common Tern	分布: 1, 2, 3, 4, 5, 6; C
Sterna repressa	白颊燕鸥	White-cheeked Tern	分布: 1, 2, 3
Sterna paradisaea	北极燕鸥	Arctic Tern	分布: 1, 3, 5, 6, 7
Sterna vittata	南极燕鸥	Antarctic Tern	分布: 3, 4, 6, 7
Sterna virgata	克岛燕鸥	Kerguelen Tern	分布: 3, 7
Sterna forsteri	弗氏燕鸥	Forster's Tern	分布: 5, 6
Sterna trudeaui	白顶燕鸥	Snowy-crowned Tern	分布: 6
Sterna acuticauda	黑腹燕鸥	Black-bellied Tern	分布: 1, 2; C
Thalasseus bengalensis	小凤头燕鸥	Lesser Crested Tern	分布: 1, 2, 3, 4; C
Thalasseus bernsteini	中华凤头燕鸥	Chinese Crested Tern	分布: 1, 2, 4; C
Thalasseus elegans	美洲凤头燕鸥	Elegant Tern	分布: 5, 6
Thalasseus sandvicensis	白嘴端凤头燕鸥	Sandwich Tern	分布: 1, 2, 3; C
Thalasseus acuflavidus	卡氏凤头燕鸥	Cabot's Tern	分布: 5, 6
Thalasseus maximus	橙嘴凤头燕鸥	Royal Tern	分布: 3, 5, 6
Thalasseus bergii	大凤头燕鸥	Greater Crested Tern	分布: 1, 2, 3, 4; C

18. 贼鸥科　Stercorariidae　(Skuas)　2 属　7 种

Stercorarius longicaudus	长尾贼鸥	Long-tailed Jaeger	分布: 1, 2, 3, 5, 6, 7; C
Stercorarius parasiticus	短尾贼鸥	Parasitic Jaeger	分布: 1, 2, 3, 4, 5, 6; C
Stercorarius pomarinus	中贼鸥	Pomarine Jaeger	分布: 1, 2, 3, 4, 5, 6; C
Stercorarius skua	北贼鸥	Great Skua	分布: 1, 3, 5, 6
Stercorarius maccormicki	南极贼鸥	South Polar Skua	分布: 1, 2, 5, 7; C
Stercorarius antarcticus	棕贼鸥	Brown Skua	分布: 3, 4, 6, 7
Catharacta chilensis	智利贼鸥	Chilean Skua	分布: 6

19. 海雀科　Alcidae　(Auks)　10 属　24 种

Cerorhinca monocerata	角嘴海雀	Rhinoceros Auklet	分布: 1, 5; C
Fratercula cirrhata	簇羽海鹦	Tufted Puffin	分布: 1, 2
Fratercula arctica	北极海鹦	Atlantic Puffin	分布: 1, 2
Fratercula corniculata	角海鹦	Horned Puffin	分布: 1, 2
Ptychoramphus aleuticus	海雀	Cassin's Auklet	分布: 1, 5
Aethia psittacula	白腹海雀	Parakeet Auklet	分布: 1, 5
Aethia pusilla	小海雀	Least Auklet	分布: 1, 5
Aethia pygmaea	须海雀	Whiskered Auklet	分布: 1

Aethia cristatella	凤头海雀	Crested Auklet	分布: 1, 5
Brachyramphus perdix	长嘴斑海雀	Long-billed Murrelet	分布: 1; C
Brachyramphus marmoratus	斑海雀	Marbled Murrelet	分布: 5
Brachyramphus brevirostris	小嘴斑海雀	Kittlitz's Murrelet	分布: 1, 5
Cepphus grylle	白翅斑海鸽	Black Guillemot	分布: 1, 5
Cepphus columba	海鸽	Pigeon Guillemot	分布: 1, 5
Cepphus carbo	白眶海鸽	Spectacled Guillemot	分布: 1
Synthliboramphus antiquus	扁嘴海雀	Ancient Murrelet	分布: 1, 5; C
Synthliboramphus wumizusume	冠海雀	Japanese Murrelet	分布: 1; C
Synthliboramphus scrippsi	斯氏海雀	Scripps's Murrelet	分布: 5
Synthliboramphus hypoleucus	桑氏海雀	Xantus's Murrelet	分布: 5, 6
Synthliboramphus craveri	克氏海雀	Craveri's Murrelet	分布: 5, 6
Alca torda	刀嘴海雀	Razorbill	分布: 1, 5
Alle alle	黑头海雀	Little Auk	分布: 1, 5
Uria lomvia	厚嘴崖海鸦	Thick-billed Murre	分布: 1, 5
Uria aalge	崖海鸦	Common Murre	分布: 1, 5; C

XXIV 鸮形目 Strigiformes

1. 草鸮科 Tytonidae (Barn-owls) 2 属 21 种

Phodilus badius	栗鸮	Oriental Bay-owl	分布: 2; C
Phodilus assimilis	斯里兰卡栗鸮	Sri Lanka Bay-owl	分布: 2
Phodilus prigoginei	非洲栗鸮	Congo Bay-owl	分布: 3
Tyto capensis	非洲草鸮	African Grass-owl	分布: 3
Tyto longimembris	草鸮	Eastern Grass-owl	分布: 1, 2, 4; C
Tyto tenebricosa	乌草鸮	Greater Sooty-owl	分布: 4
Tyto multipunctata	小乌草鸮	Lesser Sooty-owl	分布: 4
Tyto novaehollandiae	大草鸮	Australian Masked-owl	分布: 4
Tyto manusi	马努斯草鸮	Manus Masked-owl	分布: 4
Tyto sororcula	小草鸮	Moluccan Masked-owl	分布: 4
Tyto aurantia	橘色仓鸮	Bismarck Masked-owl	分布: 4
Tyto almae	塞兰草鸮	Seram Masked-owl	分布: 4
Tyto nigrobrunnea	塔里仓鸮	Taliabu Masked-owl	分布: 4
Tyto inexspectata	米纳仓鸮	Minahassa Masked-owl	分布: 4
Tyto rosenbergii	苏拉仓鸮	Sulawesi-owl	分布: 4
Tyto soumagnei	马岛草鸮	Madagascar Red Owl	分布: 3
Tyto alba	西仓鸮	Barn-owl	分布: 1, 3
Tyto furcata	美洲仓鸮	American Barn-owl	分布: 5, 6
Tyto javanica	仓鸮	Eastern Barn-owl	分布: 2, 4; C
Tyto deroepstorffi	安达曼仓鸮	Andaman Masked-owl	分布: 2
Tyto glaucops	灰面鸮	Ashy-faced Owl	分布: 6

2. 鸱鸮科　**Strigidae**　(Typical Owls)　25 属　228 种

Ninox rufa	棕鹰鸮	Rufous Owl	分布: 4
Ninox strenua	猛鹰鸮	Powerful Owl	分布: 4
Ninox connivens	吠鹰鸮	Barking Owl	分布: 4
Ninox rudolfi	松巴鹰鸮	Sumba Boobook	分布: 4
Ninox boobook	南鹰鸮	Southern Boobook	分布: 4
Ninox leucopsis	塔岛鹰鸮	Tasmanian Boobook	分布: 4
Ninox novaeseelandiae	新西兰鹰鸮	Morepork	分布: 4
Ninox japonica	日本鹰鸮	Northern Boobook	分布: 1, 2, 4; C
Ninox scutulata	鹰鸮	Brown Boobook	分布: 1, 2, 4; C
Ninox randi	茶色鹰鸮	Chocolate Boobook	分布: 2
Ninox obscura	休氏鹰鸮	Hume's Boobook	分布: 2
Ninox affinis	安达曼鹰鸮	Andaman Boobook	分布: 2
Ninox philippensis	菲律宾鹰鸮	Luzon Boobook	分布: 2
Ninox spilocephala	棉兰鹰鸮	Mindanao Boobook	分布: 2
Ninox leventisi	卡米金鹰鸮	Camiguin Boobook	分布: 2
Ninox reyi	苏禄鹰鸮	Sulu Boobook	分布: 2
Ninox rumseyi	宿务鹰鸮	Cebu Boobook	分布: 2
Ninox spilonotus	朗布隆鹰鸮	Romblon Boobook	分布: 2
Ninox mindorensis	民岛鹰鸮	Mindoro Boobook	分布: 2
Ninox sumbaensis	小松巴鹰鸮	Least Boobook	分布: 4
Ninox burhani	托岛鹰鸮	Togian Boobook	分布: 4
Ninox ochracea	赭腹鹰鸮	Ochre-bellied Boobook	分布: 4
Ninox ios	棕红鹰鸮	Cinnabar Boobook	分布: 4
Ninox hypogramma	哈岛鹰鸮	Halmahera Boobook	分布: 4
Ninox hantu	布鲁鹰鸮	Buru Boobook	分布: 4
Ninox squamipila	栗鹰鸮	Seram Boobook	分布: 4
Ninox forbesi	塔宁巴鹰鸮	Tanimbar Boobook	分布: 4
Ninox natalis	圣诞岛鹰鸮	Christmas Boobook	分布: 6
Ninox meeki	马努斯鹰鸮	Manus Boobook	分布: 4
Ninox theomacha	褐鹰鸮	Jungle Boobook	分布: 4
Ninox punctulata	斑鹰鸮	Speckled Boobook	分布: 4
Ninox odiosa	新不列颠鹰鸮	New Britain Boobook	分布: 4
Ninox variegata	俾斯麦鹰鸮	Bismarck Boobook	分布: 4
Ninox jacquinoti	所罗门鹰鸮	West Solomons Boobook	分布: 4
Ninox granti	瓜岛鹰鸮	Guadalcanal Boobook	分布: 4
Ninox malaitae	马雷塔鹰鸮	Malaita Boobook	分布: 4
Ninox roseoaxillaris	马基拉鹰鸮	Makira Boobook	分布: 4
Uroglaux dimorpha	丛鹰鸮	Papuan Hawk-owl	分布: 4
Surnia ulula	猛鸮	Northern Hawk-owl	分布: 1, 5; C
Glaucidium passerinum	花头鸺鹠	Eurasian Pygmy-owl	分布: 1; C

Glaucidium brodiei	领鸺鹠	Collared Owlet	分布: 2; C
Glaucidium perlatum	珠斑鸺鹠	Pearl-spotted Owlet	分布: 3
Glaucidium tephronotum	红胸鸺鹠	Red-chested Owlet	分布: 3
Glaucidium sjostedti	中非鸺鹠	Sjöstedt's Owlet	分布: 3
Glaucidium cuculoides	斑头鸺鹠	Asian Barred Owlet	分布: 1, 2; C
Glaucidium castanopterum	栗翅鸺鹠	Javan Owlet	分布: 2
Glaucidium radiatum	丛林鸺鹠	Jungle Owlet	分布: 2
Glaucidium castanotum	栗背鸺鹠	Chestnut-backed Owlet	分布: 2
Glaucidium capense	斑鸺鹠	African Barred Owlet	分布: 3
Glaucidium castaneum	栗鸺鹠	Chestnut Owlet	分布: 3
Glaucidium albertinum	艾伯鸺鹠	Albertine Owlet	分布: 3
Glaucidium gnoma	山鸺鹠	Mountain Pygmy-owl	分布: 5, 6
Glaucidium californicum	北美鸺鹠	Northern Pygmy-owl	分布: 5
Glaucidium cobanense	危地马拉鸺鹠	Guatemalan Pygmy-owl	分布: 6
Glaucidium hoskinsii	海角鸺鹠	Baja Pygmy-owl	分布: 5
Glaucidium costaricanum	哥斯达黎加鸺鹠	Costa Rican Pygmy-owl	分布: 6
Glaucidium nubicola	厄瓜多尔鸺鹠	Cloudforest Pygmy-owl	分布: 6
Glaucidium jardinii	安第斯鸺鹠	Andean Pygmy-owl	分布: 6
Glaucidium bolivianum	玻利维亚鸺鹠	Yungas Pygmy-owl	分布: 6
Glaucidium palmarum	科利马鸺鹠	Colima Pygmy-owl	分布: 5, 6
Glaucidium sanchezi	塔州鸺鹠	Tamaulipas Pygmy-owl	分布: 6
Glaucidium griseiceps	中美鸺鹠	Central American Pygmy-owl	分布: 6
Glaucidium parkeri	派克鸺鹠	Subtropical Pygmy-owl	分布: 6
Glaucidium hardyi	亚马孙鸺鹠	Amazonian Pygmy-owl	分布: 6
Glaucidium minutissimum	巴西鸺鹠	Least Pygmy-owl	分布: 6
Glaucidium mooreorum	伯州鸺鹠	Pernambuco Pygmy-owl	分布: 6
Glaucidium brasilianum	棕鸺鹠	Ferruginous Pygmy-owl	分布: 5, 6
Glaucidium tucumanum	图库曼鸺鹠	Tucuman Pygmy-owl	分布: 6
Glaucidium peruanum	秘鲁鸺鹠	Peruvian Pygmy-owl	分布: 6
Glaucidium nana	南鸺鹠	Austral Pygmy-owl	分布: 6
Glaucidium siju	古巴鸺鹠	Cuban Pygmy-owl	分布: 6
Xenoglaux loweryi	长须鸺鹠	Long-whiskered Owlet	分布: 6
Micrathene whitneyi	娇鸺鹠	Elf Owl	分布: 5, 6
Athene cunicularia	穴小鸮	Burrowing Owl	分布: 5, 6
Athene brama	横斑腹小鸮	Spotted Owlet	分布: 2; C
Athene noctua	纵纹腹小鸮	Little Owl	分布: 1, 2, 3; C
Athene superciliaris	白眉小鸮	White-browed Owl	分布: 3
Heteroglaux blewitti	林斑小鸮	Forest Owlet	分布: 2
Aegolius funereus	鬼鸮	Boreal Owl	分布: 1, 5; C
Aegolius acadicus	棕榈鬼鸮	Northern Saw-whet Owl	分布: 5, 6
Aegolius ridgwayi	无斑棕榈鬼鸮	Unspotted Saw-whet Owl	分布: 6
Aegolius harrisii	黄额鬼鸮	Buff-fronted Owl	分布: 6

Otus sagittatus	白额角鸮	White-fronted Scops-owl	分布: 2
Otus rufescens	棕角鸮	Reddish Scops-owl	分布: 2
Otus thilohoffmanni	斯里兰卡角鸮	Serendib Scops-owl	分布: 2
Otus icterorhynchus	沙色角鸮	Sandy Scops-owl	分布: 3
Otus ireneae	肯尼亚角鸮	Sokoke Scops-owl	分布: 3
Otus gurneyi	巨角鸮	Giant Scops-owl	分布: 2
Otus semitorques	北领角鸮	Japanese Scops-owl	分布: 1; C
Otus lettia	领角鸮	Collared Scops-owl	分布: 1, 2; C
Otus lempiji	巽他领角鸮	Sunda Scops-owl	分布: 2
Otus bakkamoena	印度领角鸮	Indian Scops-owl	分布: 2
Otus megalotis	菲律宾角鸮	Luzon Lowland Scops-owl	分布: 2
Otus nigrorum	内格罗斯角鸮	Visayan Scops-owl	分布: 2
Otus everetti	埃氏角鸮	Mindanao Lowland Scops-owl	分布: 2
Otus fuliginosus	巴拉望角鸮	Palawan Scops-owl	分布: 2
Otus mentawi	明岛领角鸮	Mentawai Scops-owl	分布: 2
Otus silvicola	华莱士角鸮	Wallace's Scops-owl	分布: 4
Otus enganensis	恩加诺角鸮	Enggano Scops-owl	分布: 2
Otus umbra	栗角鸮	Simeulue Scops-owl	分布: 2
Otus alius	尼科巴角鸮	Nicobar Scops-owl	分布: 2
Otus balli	安达曼角鸮	Andaman Scops-owl	分布: 2
Otus alfredi	弗洛角鸮	Flores Scops-owl	分布: 4
Otus spilocephalus	黄嘴角鸮	Mountain Scops-owl	分布: 2; C
Otus angelinae	爪哇角鸮	Javan Scops-owl	分布: 2
Otus brookii	拉氏角鸮	Rajah Scops-owl	分布: 2
Otus pamelae	阿拉伯角鸮	Arabian Scops-owl	分布: 3
Otus pembaensis	奔巴角鸮	Pemba Scops-owl	分布: 3
Otus senegalensis	非洲角鸮	African Scops-owl	分布: 3
Otus feae	安诺本角鸮	Annobon Scops-owl	分布: 3
Otus hartlaubi	圣多美角鸮	Sao Tome Scops-owl	分布: 3
Otus scops	西红角鸮	Eurasian Scops-owl	分布: 1, 3; C
Otus cyprius	塞浦路斯角鸮	Cyprus Scops-owl	分布: 1
Otus brucei	纵纹角鸮	Pallid Scops-owl	分布: 1, 2, 3; C
Otus longicornis	吕宋角鸮	Luzon Highland Scops-owl	分布: 2
Otus mirus	棉兰角鸮	Mindanao Highland Scops-owl	分布: 2
Otus mindorensis	民岛角鸮	Mindoro Scops-owl	分布: 2
Otus rutilus	马岛角鸮	Madagascar Scops-owl	分布: 3
Otus mayottensis	马约特岛角鸮	Mayotte Scops-owl	分布: 3
Otus madagascariensis	托罗卡角鸮	Torotoroka Scops-owl	分布: 3
Otus capnodes	烟色角鸮	Anjouan Scops-owl	分布: 3
Otus pauliani	科摩罗角鸮	Grand Comoro Scops-owl	分布: 3
Otus moheliensis	莫岛角鸮	Moheli Scops-owl	分布: 3
Otus socotranus	索岛角鸮	Socotra Scops-owl	分布: 3

Otus insularis	裸腿角鸮	Seychelles Scops-owl	分布: 3
Otus sunia	红角鸮	Oriental Scops-owl	分布: 1, 2, 4; C
Otus elegans	优雅角鸮	Ryukyu Scops-owl	分布: 1, 2; C
Otus siaoensis	锡奥角鸮	Siau Scops-owl	分布: 4
Otus manadensis	苏拉威西角鸮	Sulawesi Scops-owl	分布: 4
Otus mendeni	帮盖岛角鸮	Banggai Scops-owl	分布: 4
Otus sulaensis	苏拉角鸮	Sula Scops-owl	分布: 4
Otus collari	桑岛角鸮	Sangihe Scops-owl	分布: 4
Otus mantananensis	南菲律宾角鸮	Mantanani Scops-owl	分布: 2
Otus magicus	摩鹿加角鸮	Moluccan Scops-owl	分布: 4
Otus jolandae	林加尼角鸮	Rinjani Scops-owl	分布: 4
Otus tempestatis	韦塔岛角鸮	Wetar Scops-owl	分布: 4
Otus beccarii	比岛角鸮	Biak Scops-owl	分布: 4
Pyrroglaux podargina	帕劳角鸮	Palau Owl	分布: 4
Ptilopsis leucotis	白脸角鸮	Northern White-faced Owl	分布: 3
Ptilopsis granti	南白脸角鸮	Southern White-faced Owl	分布: 3
Asio stygius	乌耳鸮	Stygian Owl	分布: 5, 6
Asio otus	长耳鸮	Long-eared Owl	分布: 1, 5; C
Asio abyssinicus	埃塞长耳鸮	Abyssinian Long-eared Owl	分布: 3
Asio madagascariensis	马岛长耳鸮	Madagascar Long-eared Owl	分布: 3
Asio clamator	纹鸮	Striped Owl	分布: 6
Asio flammeus	短耳鸮	Short-eared Owl	分布: 1, 2, 3, 5, 6; C
Asio capensis	沼泽耳鸮	African Marsh Owl	分布: 3
Pseudoscops grammicus	牙买加鸮	Jamaican Owl	分布: 6
Nesasio solomonensis	所罗门鸮	Fearful Owl	分布: 4
Psiloscops flammeolus	美洲角鸮	Flammulated Owl	分布: 5, 6
Megascops kennicottii	西美角鸮	Western Screech-owl	分布: 5, 6
Megascops seductus	巴尔萨斯角鸮	Balsas Screech-owl	分布: 6
Megascops cooperi	太平洋角鸮	Pacific Screech-owl	分布: 6
Megascops asio	东美角鸮	Eastern Screech-owl	分布: 5, 6
Megascops gilesi	圣玛尔塔角鸮	Santa Marta Screech-owl	分布: 6
Megascops trichopsis	长耳须角鸮	Whiskered Screech-owl	分布: 6
Megascops choliba	热带角鸮	Tropical Screech-owl	分布: 6
Megascops roboratus	秘鲁角鸮	Peruvian Screech-owl	分布: 6
Megascops koepckeae	马氏角鸮	Koepcke's Screech-owl	分布: 6
Megascops clarkii	裸胫角鸮	Bare-shanked Screech-owl	分布: 6
Megascops barbarus	须角鸮	Bearded Screech-owl	分布: 6
Megascops colombianus	哥伦比亚角鸮	Colombian Screech-owl	分布: 6
Megascops ingens	萨氏角鸮	Rufescent Screech-owl	分布: 6
Megascops petersoni	桂红角鸮	Cinnamon Screech-owl	分布: 6
Megascops marshalli	秘鲁林角鸮	Cloudforest Screech-owl	分布: 6
Megascops watsonii	茶腹角鸮	Tawny-bellied Screech-owl	分布: 6

Megascops guatemalae	中美角鸮	Guatemalan Screech-owl	分布: 6
Megascops roraimae	委内瑞拉角鸮	Foothill Screech-owl	分布: 6
Megascops centralis	乔科角鸮	Choco Screech-owl	分布: 6
Megascops vermiculatus	蠕纹角鸮	Vermiculated Screech-owl	分布: 6
Megascops hoyi	霍氏角鸮	Yungas Screech-owl	分布: 6
Megascops atricapilla	黑顶角鸮	Black-capped Screech-owl	分布: 6
Megascops sanctaecatarinae	长簇角鸮	Long-tufted Screech-owl	分布: 6
Megascops nudipes	珠眉角鸮	Puerto Rican Screech-owl	分布: 6
Megascops albogularis	白喉角鸮	White-throated Screech-owl	分布: 6
Margarobyas lawrencii	古巴角鸮	Bare-legged Screech-owl	分布: 6
Pulsatrix perspicillata	眼镜鸮	Spectacled Owl	分布: 6
Pulsatrix koeniswaldiana	茶眉眼镜鸮	Tawny-browed Owl	分布: 6
Pulsatrix melanota	斑腹眼镜鸮	Band-bellied Owl	分布: 6
Strix seloputo	点斑林鸮	Spotted Wood Owl	分布: 2
Strix ocellata	白领林鸮	Mottled Wood Owl	分布: 2
Strix leptogrammica	褐林鸮	Brown Wood Owl	分布: 1, 2; C
Strix aluco	西灰林鸮	Tawny Owl	分布: 1
Strix nivicolum	灰林鸮	Himalayan Owl	分布: 1, 2; C
Strix hadorami	沙漠灰林鸮	Desert Owl	分布: 1, 3
Strix butleri	漠林鸮	Hume's Owl	分布: 1
Strix occidentalis	斑林鸮	Spotted Owl	分布: 5, 6
Strix varia	横斑林鸮	Barred Owl	分布: 5, 6
Strix sartorii	墨西哥横斑林鸮	Cinereous Owl	分布: 5
Strix fulvescens	茶色林鸮	Fulvous Owl	分布: 6
Strix hylophila	锈斑林鸮	Rusty-barred Owl	分布: 6
Strix chacoensis	查科林鸮	Chaco Owl	分布: 6
Strix rufipes	棕斑林鸮	Rufous-legged Owl	分布: 6
Strix uralensis	长尾林鸮	Ural Owl	分布: 1; C
Strix nebulosa	乌林鸮	Great Grey Owl	分布: 1, 5; C
Strix woodfordii	非洲林鸮	African Wood Owl	分布: 3
Strix davidi	四川林鸮	Pere David's Owl	分布: 1; EC
Strix virgata	杂斑林鸮	Mottled Owl	分布: 6
Strix nigrolineata	斑眉林鸮	Black-and-white Owl	分布: 6
Strix huhula	黑斑林鸮	Black-banded Owl	分布: 6
Strix albitarsis	棕斑叫鸮	Rufous-banded Owl	分布: 6
Jubula lettii	鬃鸮	Maned Owl	分布: 3
Lophostrix cristata	冠鸮	Crested Owl	分布: 6
Bubo scandiacus	雪鸮	Snowy Owl	分布: 1, 5; C
Bubo virginianus	美洲雕鸮	Great Horned Owl	分布: 5, 6
Bubo magellanicus	小雕鸮	Magellanic Horned Owl	分布: 6
Bubo bubo	雕鸮	Northern Eagle Owl	分布: 1; C
Bubo ascalaphus	荒漠雕鸮	Desert Eagle Owl	分布: 1

Bubo bengalensis	印度雕鸮	Indian Eagle Owl	分布: 2
Bubo capensis	海角雕鸮	Cape Eagle Owl	分布: 3
Bubo africanus	斑雕鸮	Spotted Eagle Owl	分布: 1, 3
Bubo cinerascens	灰雕鸮	Greyish Eagle Owl	分布: 3
Bubo poensis	弗氏雕鸮	Fraser's Eagle Owl	分布: 3
Bubo vosseleri	坦桑雕鸮	Usambara Eagle Owl	分布: 3
Bubo lacteus	黄雕鸮	Verreaux's Eagle Owl	分布: 3
Bubo shelleyi	横斑雕鸮	Shelley's Eagle Owl	分布: 3
Bubo sumatranus	马来雕鸮	Malay Eagle Owl	分布: 2
Bubo nipalensis	林雕鸮	Forest Eagle Owl	分布: 2; C
Bubo coromandus	乌雕鸮	Dusky Eagle Owl	分布: 2
Bubo leucostictus	蝶斑雕鸮	Akun Eagle Owl	分布: 3
Bubo philippensis	菲律宾雕鸮	Philippine Eagle Owl	分布: 2
Bubo blakistoni	毛腿雕鸮	Blakiston's Fish-owl	分布: 1; C
Ketupa zeylonensis	褐渔鸮	Brown Fish-owl	分布: 1, 2; C
Ketupa flavipes	黄腿渔鸮	Tawny Fish-owl	分布: 1, 2; C
Ketupa ketupu	马来渔鸮	Buffy Fish-owl	分布: 2
Scotopelia peli	横斑渔鸮	Pel's Fishing-owl	分布: 3
Scotopelia ussheri	棕渔鸮	Rufous Fishing-owl	分布: 3
Scotopelia bouvieri	矛斑渔鸮	Vermiculated Fishing-owl	分布: 3

XXV 美洲鹫目 Cathartiformes

1. 美洲鹫科 Cathartidae (New World Vultures) 5 属 7 种

Cathartes aura	红头美洲鹫	Turkey Vulture	分布: 5, 6
Cathartes burrovianus	小黄头美洲鹫	Lesser Yellow-headed Vulture	分布: 6
Cathartes melambrotus	大黄头美洲鹫	Greater Yellow-headed Vulture	分布: 6
Coragyps atratus	黑头美洲鹫	American Black Vulture	分布: 5, 6
Sarcoramphus papa	王鹫	King Vulture	分布: 6
Gymnogyps californianus	加州神鹫	California Condor	分布: 5
Vultur gryphus	安第斯神鹫	Andean Condor	分布: 6

XXVI 鹰形目 Accipitriformes

1. 鹭鹰科 Sagittariidae (Secretarybird) 1 属 1 种

| *Sagittarius serpentarius* | 鹭鹰 | Secretarybird | 分布: 3 |

2. 鹗科 Pandionidae (Osprey) 1 属 1 种

| *Pandion haliaetus* | 鹗 | Osprey | 分布: 1, 2, 3, 4, 5, 6; C |

3. 鹰科 Accipitridae (Hawks and Eagles) 70 属 255 种

| *Elanus caeruleus* | 黑翅鸢 | Black-shouldered Kite | 分布: 1, 2, 3, 4; C |

Elanus axillaris	澳洲鸢	Australian Kite	分布: 4
Elanus leucurus	白尾鸢	White-tailed Kite	分布: 5, 6
Elanus scriptus	纹翅鸢	Letter-winged Kite	分布: 4
Gampsonyx swainsonii	小鸢	Pearl Kite	分布: 6
Chelictinia riocourii	剪尾鸢	Scissor-tailed Kite	分布: 3
Polyboroides typus	非洲鼠鹰	African Harrier Hawk	分布: 3
Polyboroides radiatus	马岛鼠鹰	Madagascar Harrier Hawk	分布: 3
Gypohierax angolensis	棕榈鹫	Palm-nut Vulture	分布: 3
Gypaetus barbatus	胡兀鹫	Bearded Vulture	分布: 1, 3; C
Neophron percnopterus	白兀鹫	Egyptian Vulture	分布: 1, 2, 3; C
Eutriorchis astur	马岛蛇雕	Madagascar Serpent Eagle	分布: 4
Leptodon cayanensis	灰头美洲鸢	Gray-headed Kite	分布: 6
Leptodon forbesi	白领美洲鸢	White-collared Kite	分布: 6
Chondrohierax uncinatus	钩嘴鸢	Hook-billed Kite	分布: 6
Chondrohierax wilsonii	古巴钩嘴鸢	Cuban Kite	分布: 6
Pernis apivorus	鹃头蜂鹰	European Honey-buzzard	分布: 1, 3; C
Pernis ptilorhynchus	凤头蜂鹰	Oriental Honey-buzzard	分布: 1, 2; C
Pernis celebensis	南洋蜂鹰	Barred Honey-buzzard	分布: 2, 4
Pernis steerei	菲律宾蜂鹰	Philippine Honey-buzzard	分布: 2
Elanoides forficatus	燕尾鸢	Swallow-tailed Kite	分布: 5, 6
Lophoictinia isura	方尾鸢	Square-tailed Kite	分布: 4
Hamirostra melanosternon	黑胸钩嘴鸢	Black-breasted Buzzard	分布: 4
Aviceda cuculoides	非洲鹃隼	African Cuckoo Hawk	分布: 3
Aviceda madagascariensis	马岛鹃隼	Madagascar Cuckoo Hawk	分布: 3
Aviceda jerdoni	褐冠鹃隼	Jerdon's Baza	分布: 2, 4; C
Aviceda subcristata	凤头鹃隼	Crested Baza	分布: 2, 4
Aviceda leuphotes	黑冠鹃隼	Black Baza	分布: 1, 2; C
Henicopernis longicauda	长尾鵟	Long-tailed Honey Buzzard	分布: 4
Henicopernis infuscatus	黑长尾鵟	Black Honey Buzzard	分布: 4
Necrosyrtes monachus	斗篷兀鹫	Hooded Vulture	分布: 3
Gyps africanus	非洲白背兀鹫	White-backed Vulture	分布: 3
Gyps bengalensis	白背兀鹫	White-rumped Vulture	分布: 2; C
Gyps indicus	印度兀鹫	Indian Vulture	分布: 2; C
Gyps tenuirostris	长嘴兀鹫	Slender-billed Vulture	分布: 2; C
Gyps rueppelli	黑白兀鹫	Rueppell's Griffon	分布: 3
Gyps himalayensis	高山兀鹫	Himalayan Griffon	分布: 1, 2; C
Gyps fulvus	兀鹫	Eurasian Griffon	分布: 1, 2; C
Gyps coprotheres	南非兀鹫	Cape Griffon	分布: 3
Sarcogyps calvus	黑兀鹫	Red-headed Vulture	分布: 2; C
Trigonoceps occipitalis	白头秃鹫	White-headed Vulture	分布: 3
Aegypius monachus	秃鹫	Cinereous Vulture	分布: 1, 2; C
Torgos tracheliotos	皱脸秃鹫	Lappet-faced Vulture	分布: 1, 3

Spilornis cheela	蛇雕	Crested Serpent Eagle	分布: 1, 2, 3, 4; C
Spilornis klossi	尼岛蛇雕	Nicobar Serpent Eagle	分布: 2
Spilornis kinabaluensis	山蛇雕	Mountain Serpent Eagle	分布: 2
Spilornis rufipectus	苏拉蛇雕	Sulawesi Serpent Eagle	分布: 4
Spilornis holospilus	菲律宾蛇雕	Philippine Serpent Eagle	分布: 2
Spilornis elgini	安达曼蛇雕	Andaman Serpent Eagle	分布: 2
Pithecophaga jefferyi	菲律宾雕	Philippine Eagle	分布: 2
Circaetus gallicus	短趾雕	Short-toed Snake Eagle	分布: 1, 2, 3; C
Circaetus beaudouini	西非短趾雕	Beaudouin's Snake Eagle	分布: 3
Circaetus pectoralis	黑胸短趾雕	Black-breasted Snake Eagle	分布: 3
Circaetus cinereus	褐短趾雕	Brown Snake Eagle	分布: 3
Circaetus fasciolatus	斑短趾雕	Southern Banded Snake Eagle	分布: 3
Circaetus cinerascens	小斑短趾雕	Smaller Banded Snake Eagle	分布: 3
Dryotriorchis spectabilis	刚果蛇雕	Congo Serpent Eagle	分布: 3
Terathopius ecaudatus	短尾雕	Bateleur	分布: 3
Macheiramphus alcinus	食蝠鸢	Bat Hawk	分布: 2, 3, 4
Harpyopsis novaeguineae	新几内亚角雕	New Guinea Harpy Eagle	分布: 4
Morphnus guianensis	冠雕	Guiana Crested Eagle	分布: 6
Harpia harpyja	角雕	Harpy Eagle	分布: 6
Nisaetus cirrhatus	凤头鹰雕	Changeable Hawk Eagle	分布: 2, 4; C
Nisaetus floris	费氏鹰雕	Flores Hawk Eagle	分布: 4
Nisaetus nipalensis	鹰雕	Mountain Hawk Eagle	分布: 1, 2; C
Nisaetus alboniger	马来鹰雕	Blyth's Hawk Eagle	分布: 2
Nisaetus bartelsi	爪哇鹰雕	Javan Hawk Eagle	分布: 2
Nisaetus lanceolatus	苏拉鹰雕	Sulawesi Hawk Eagle	分布: 4
Nisaetus philippensis	菲律宾鹰雕	Philippine Hawk Eagle	分布: 2
Nisaetus pinskeri	平氏鹰雕	Pinsker's Hawk Eagle	分布: 2
Nisaetus nanus	华氏鹰雕	Wallace's Hawk Eagle	分布: 2
Spizaetus tyrannus	黑鹰雕	Black Hawk Eagle	分布: 6
Spizaetus melanoleucus	黑白鹰雕	Black-and-white Hawk Eagle	分布: 6
Spizaetus ornatus	丽鹰雕	Ornate Hawk Eagle	分布: 6
Spizaetus isidori	黑栗雕	Black-and-chestnut Eagle	分布: 6
Stephanoaetus coronatus	非洲冠雕	Crowned Hawk Eagle	分布: 3
Lophotriorchis kienerii	棕腹隼雕	Rufous-bellied Hawk Eagle	分布: 2, 4; C
Polemaetus bellicosus	猛雕	Martial Eagle	分布: 3
Lophaetus occipitalis	长冠鹰雕	Long-crested Eagle	分布: 3
Ictinaetus malaiensis	林雕	Black Eagle	分布: 1, 2, 4; C
Clanga pomarina	小乌雕	Lesser Spotted Eagle	分布: 1, 2, 3
Clanga hastata	印度乌雕	Indian Spotted Eagle	分布: 2
Clanga clanga	乌雕	Greater Spotted Eagle	分布: 1, 2, 3; C
Hieraaetus wahlbergi	细嘴雕	Wahlberg's Eagle	分布: 3
Hieraaetus pennatus	靴隼雕	Booted Eagle	分布: 1, 2, 3; C

Hieraaetus morphnoides	小隼雕	Little Eagle	分布: 4
Hieraaetus weiskei	侏隼雕	Pygmy Eagle	分布: 4
Hieraaetus ayresii	艾氏隼雕	Ayres's Hawk Eagle	分布: 3
Aquila rapax	茶色雕	Tawny Eagle	分布: 1, 2, 3
Aquila nipalensis	草原雕	Steppe Eagle	分布: 1, 2, 3; C
Aquila adalberti	西班牙雕	Spanish Eagle	分布: 1
Aquila heliaca	白肩雕	Imperial Eagle	分布: 1, 2, 3; C
Aquila gurneyi	格氏雕	Gurney's Eagle	分布: 4
Aquila chrysaetos	金雕	Golden Eagle	分布: 1, 5; C
Aquila audax	楔尾雕	Wedge-tailed Eagle	分布: 4
Aquila verreauxii	黑雕	Verreaux's Eagle	分布: 1, 3
Aquila africana	非洲鹰雕	Cassin's Hawk Eagle	分布: 3
Aquila fasciata	白腹隼雕	Bonelli's Eagle	分布: 1, 2, 3, 4; C
Aquila spilogaster	非洲隼雕	African Hawk Eagle	分布: 3
Harpagus bidentatus	双齿鸢	Double-toothed Kite	分布: 6
Harpagus diodon	棕腿齿鸢	Rufous-thighed Kite	分布: 6
Kaupifalco monogrammicus	食蜥鵟	Lizard Buzzard	分布: 3
Micronisus gabar	小歌鹰	Gabar Goshawk	分布: 3
Melierax metabates	暗色歌鹰	Dark Chanting Goshawk	分布: 1, 3
Melierax poliopterus	灰歌鹰	Gray Chanting Goshawk	分布: 3
Melierax canorus	淡色歌鹰	Pale Chanting Goshawk	分布: 3
Urotriorchis macrourus	非洲长尾鹰	Long-tailed Hawk	分布: 3
Erythrotriorchis buergersi	栗肩鹰	Chestnut-shouldered Goshawk	分布: 4
Erythrotriorchis radiatus	褐肩鹰	Red Goshawk	分布: 4
Megatriorchis doriae	多氏鹰	Doria's Goshawk	分布: 4
Accipiter superciliosus	侏鹰	Tiny Hawk	分布: 6
Accipiter collaris	半领鹰	Semicollared Hawk	分布: 6
Accipiter trivirgatus	凤头鹰	Crested Goshawk	分布: 1, 2; C
Accipiter griseiceps	苏拉凤头鹰	Sulawesi Crested Goshawk	分布: 4
Accipiter poliogaster	灰腹鹰	Grey-bellied Goshawk	分布: 6
Accipiter toussenelii	红胸鹰	Red-chested Goshawk	分布: 3
Accipiter tachiro	非洲鹰	African Goshawk	分布: 3
Accipiter castanilius	栗胁雀鹰	Chestnut-flanked Sparrow Hawk	分布: 3
Accipiter badius	褐耳鹰	Shikra	分布: 1, 2, 3; C
Accipiter butleri	尼岛雀鹰	Nicobar Shikra	分布: 2
Accipiter brevipes	东雀鹰	Levant Sparrow Hawk	分布: 1, 3
Accipiter soloensis	赤腹鹰	Chinese Goshawk	分布: 1, 2, 4; C
Accipiter francesiae	马岛鹰	Frances's Goshawk	分布: 3
Accipiter trinotatus	斑尾鹰	Spot-tailed Goshawk	分布: 4
Accipiter novaehollandiae	灰鹰	Grey Goshawk	分布: 4
Accipiter hiogaster	杂色鹰	Variable Goshawk	分布: 4
Accipiter fasciatus	褐鹰	Brown Goshawk	分布: 4

Accipiter melanochlamys	黑背鹰	Black-mantled Goshawk	分布: 4
Accipiter albogularis	斑鹰	Pied Goshawk	分布: 4
Accipiter haplochrous	白腹鹰	White-bellied Goshawk	分布: 4
Accipiter rufitorques	斐济鹰	Fiji Goshawk	分布: 4
Accipiter henicogrammus	摩鹿加鹰	Gray's Goshawk	分布: 4
Accipiter luteoschistaceus	蓝灰雀鹰	Blue-and-grey Sparrow Hawk	分布: 4
Accipiter imitator	拟雀鹰	Imitator Sparrow Hawk	分布: 4
Accipiter poliocephalus	苍头鹰	Grey-headed Goshawk	分布: 4
Accipiter princeps	灰头鹰	New Britain Goshawk	分布: 4
Accipiter erythropus	红腿雀鹰	Red-thighed Sparrow Hawk	分布: 3
Accipiter minullus	非洲小雀鹰	African Little Sparrow Hawk	分布: 3
Accipiter gularis	日本松雀鹰	Japanese Sparrow Hawk	分布: 1, 2, 4; C
Accipiter virgatus	松雀鹰	Besra Sparrow Hawk	分布: 1, 2, 4; C
Accipiter nanus	苏拉雀鹰	Small Sparrow Hawk	分布: 4
Accipiter erythrauchen	红颈雀鹰	Rufous-necked Sparrow Hawk	分布: 4
Accipiter cirrocephalus	领雀鹰	Collared Sparrow Hawk	分布: 4
Accipiter brachyurus	短尾雀鹰	New Britain Sparrow Hawk	分布: 4
Accipiter rhodogaster	红胸雀鹰	Vinous-breasted Sparrow Hawk	分布: 4
Accipiter madagascariensis	马岛雀鹰	Madagascar Sparrow Hawk	分布: 3
Accipiter ovampensis	赞比亚雀鹰	Ovampo Sparrow Hawk	分布: 3
Accipiter nisus	雀鹰	Eurasian Sparrow Hawk	分布: 1, 2, 3; C
Accipiter rufiventris	棕胸雀鹰	Rufous-breasted Sparrow Hawk	分布: 3
Accipiter striatus	纹腹鹰	Sharp-shinned Hawk	分布: 5, 6
Accipiter chionogaster	白胸鹰	White-breasted Hawk	分布: 6
Accipiter ventralis	淡胸鹰	Plain-breasted Hawk	分布: 6
Accipiter erythronemius	红腿鹰	Rufous-thighed Hawk	分布: 6
Accipiter cooperii	库氏鹰	Cooper's Hawk	分布: 5, 6
Accipiter gundlachi	古巴鹰	Grundlach's Hawk	分布: 6
Accipiter bicolor	双色鹰	Bicolored Hawk	分布: 6
Accipiter chilensis	智利鹰	Chilean Hawk	分布: 6
Accipiter melanoleucus	黑鹰	Black Goshawk	分布: 3
Accipiter henstii	亨氏鹰	Henst's Goshawk	分布: 3
Accipiter gentilis	苍鹰	Northern Goshawk	分布: 1, 2, 5, 6; C
Accipiter meyerianus	白颊鹰	Meyer's Goshawk	分布: 4
Circus aeruginosus	白头鹞	Western Marsh Harrier	分布: 1, 2, 3; C
Circus spilonotus	白腹鹞	Eastern Marsh Harrier	分布: 1, 2; C
Circus spilothorax	巴布亚鹞	Papuan Harrier	分布: 4
Circus approximans	沼泽鹞	Pacific Marsh Harrier	分布: 4
Circus ranivorus	非洲泽鹞	African Marsh Harrier	分布: 3
Circus maillardi	留尼汪鹞	Reunion Harrier	分布: 3
Circus macrosceles	马岛鹞	Malagasy Harrier	分布: 3
Circus buffoni	长翅鹞	Long-winged Harrier	分布: 6

Circus assimilis	斑鹞	Spotted Harrier	分布: 4
Circus maurus	黑鹞	Black Harrier	分布: 3
Circus cyaneus	白尾鹞	Hen Harrier	分布: 1, 5, 6; C
Circus hudsonius	北鹞	Northern Harrier	分布: 5, 6
Circus cinereus	斑腹鹞	Cinereous Harrier	分布: 6
Circus macrourus	草原鹞	Pallid Harrier	分布: 1, 2, 3; C
Circus melanoleucos	鹊鹞	Pied Harrier	分布: 1, 2; C
Circus pygargus	乌灰鹞	Montagu's Harrier	分布: 1, 2, 3; C
Milvus milvus	赤鸢	Red Kite	分布: 1, 3
Milvus migrans	黑鸢	Black Kite	分布: 1, 2, 3, 4; C
Milvus aegyptius	黄嘴鸢	Yellow-billed Kite	分布: 3
Haliastur sphenurus	啸鸢	Whistling Kite	分布: 4
Haliastur indus	栗鸢	Brahminy Kite	分布: 2, 4; C
Haliaeetus leucogaster	白腹海雕	White-bellied Sea Eagle	分布: 2, 4; C
Haliaeetus sanfordi	所罗门海雕	Sanford's Sea Eagle	分布: 4
Haliaeetus vocifer	非洲海雕	African Fish Eagle	分布: 3
Haliaeetus vociferoides	马岛海雕	Madagascar Fish Eagle	分布: 3
Haliaeetus leucoryphus	玉带海雕	Pallas's Fish Eagle	分布: 1, 2; C
Haliaeetus albicilla	白尾海雕	White-tailed Sea Eagle	分布: 1, 2, 5; C
Haliaeetus leucocephalus	白头海雕	Bald Eagle	分布: 5, 6
Haliaeetus pelagicus	虎头海雕	Steller's Sea Eagle	分布: 1; C
Icthyophaga humilis	渔雕	Lesser Fish Eagle	分布: 2, 4; C
Icthyophaga ichthyaetus	灰头渔雕	Gray-headed Fish Eagle	分布: 2, 4
Butastur rufipennis	蝗鵟鹰	Grasshopper Buzzard	分布: 3
Butastur teesa	白眼鵟鹰	White-eyed Buzzard	分布: 2; C
Butastur liventer	棕翅鵟鹰	Rufous-winged Buzzard	分布: 2, 4; C
Butastur indicus	灰脸鵟鹰	Grey-faced Buzzard	分布: 1, 2, 4; C
Ictinia mississippiensis	密西西比灰鸢	Mississippi Kite	分布: 5, 6
Ictinia plumbea	南美灰鸢	Plumbeous Kite	分布: 6
Busarellus nigricollis	黑领鹰	Black-collared Hawk	分布: 6
Rostrhamus sociabilis	食螺鸢	Everglade Kite	分布: 6
Helicolestes hamatus	黑臀食螺鸢	Slender-billed Kite	分布: 6
Geranospiza caerulescens	鹤鹰	Crane Hawk	分布: 6
Cryptoleucopteryx plumbea	铅色南美鵟	Plumbeous Hawk	分布: 6
Buteogallus schistaceus	青灰南美鵟	Slate-colored Hawk	分布: 6
Buteogallus anthracinus	黑鸡鵟	Common Black Hawk	分布: 5, 6
Buteogallus gundlachii	古巴鸡鵟	Cuban Black Hawk	分布: 6
Buteogallus aequinoctialis	棕鸡鵟	Rufous Crab Hawk	分布: 6
Buteogallus meridionalis	草原鸡鵟	Savanna Hawk	分布: 6
Buteogallus lacernulatus	白颈南美鵟	White-necked Hawk	分布: 6
Buteogallus urubitinga	大黑鸡鵟	Great Black Hawk	分布: 6
Buteogallus solitarius	孤冕雕	Solitary Eagle	分布: 6

Buteogallus coronatus	冕雕	Crowned Eagle	分布: 6
Morphnarchus princeps	横斑南美鵟	Barred Hawk	分布: 6
Rupornis magnirostris	阔嘴鵟	Roadside Hawk	分布: 6
Parabuteo unicinctus	栗翅鹰	Harris' Hawk	分布: 5, 6
Parabuteo leucorrhous	白腰鵟	White-rumped Hawk	分布: 6
Geranoaetus albicaudatus	白尾鵟	White-tailed Hawk	分布: 5, 6
Geranoaetus polyosoma	红背鵟	Red-backed Hawk	分布: 6
Geranoaetus melanoleucus	鵟雕	Black-chested Buzzard Eagle	分布: 6
Pseudastur polionotus	披风南美鵟	Mantled Hawk	分布: 6
Pseudastur albicollis	白南美鵟	White Hawk	分布: 6
Pseudastur occidentalis	灰背南美鵟	Gray-backed Hawk	分布: 6
Leucopternis semiplumbeus	淡灰南美鵟	Semi-plumbeous Hawk	分布: 6
Leucopternis melanops	黑脸南美鵟	Black-faced Hawk	分布: 6
Leucopternis kuhli	白眉南美鵟	White-browed Hawk	分布: 6
Bermuteo avivorus	百慕大鵟	Bermuda Hawk	分布: 6
Buteo plagiatus	灰鵟	Grey Hawk	分布: 5, 6
Buteo nitidus	灰纹鵟	Grey-lined Hawk	分布: 5, 6
Buteo lineatus	赤肩鵟	Red-shouldered Hawk	分布: 5, 6
Buteo ridgwayi	里氏鵟	Ridgway's Hawk	分布: 6
Buteo platypterus	巨翅鵟	Broad-winged Hawk	分布: 5, 6
Buteo albigula	白喉鵟	White-throated Hawk	分布: 6
Buteo brachyurus	短尾鵟	Short-tailed Hawk	分布: 5, 6
Buteo solitarius	夏威夷鵟	Hawaiian Hawk	分布: 4
Buteo swainsoni	斯氏鵟	Swainson's Hawk	分布: 5, 6
Buteo galapagoensis	加岛鵟	Galapagos Hawk	分布: 6
Buteo albonotatus	斑尾鵟	Zone-tailed Hawk	分布: 5, 6
Buteo jamaicensis	红尾鵟	Red-tailed Hawk	分布: 5, 6
Buteo ventralis	美洲棕尾鵟	Rufous-tailed Hawk	分布: 6
Buteo regalis	锈色鵟	Ferruginous Hawk	分布: 5, 6
Buteo lagopus	毛脚鵟	Rough-legged Hawk	分布: 1, 2, 5; C
Buteo hemilasius	大鵟	Upland Buzzard	分布: 1, 2; C
Buteo japonicus	普通鵟	Eastern Buzzard	分布: 1, 2; C
Buteo refectus	喜山鵟	Himalayan Buzzard	分布: 1, 2; C
Buteo rufinus	棕尾鵟	Long-legged Hawk	分布: 1, 2, 3; C
Buteo bannermani	佛得角鵟	Cape Verde Buzzard	分布: 1
Buteo socotraensis	索岛鵟	Socotra Buzzard	分布: 3
Buteo buteo	欧亚鵟	Eurasian Buzzard	分布: 1, 2, 3; C
Buteo trizonatus	林鵟	Forest Buzzard	分布: 3
Buteo oreophilus	山鵟	African Mountain Hawk	分布: 3
Buteo archeri	索马里鵟	Archer's Buzzard	分布: 3
Buteo auguralis	赤颈鵟	Red-necked Buzzard	分布: 3
Buteo brachypterus	马岛鵟	Madagascar Hawk	分布: 3

| *Buteo augur* | 非洲鵟 | Augur Buzzard | 分布: 3 |
| *Buteo rufofuscus* | 暗棕鵟 | Jackal Hawk | 分布: 3 |

XXVII 鼠鸟目 Coliiformes

1. 鼠鸟科 Coliidae (Mousebirds) 2 属 6 种

Colius striatus	斑鼠鸟	Speckeled Mousebird	分布: 3
Colius leucocephalus	白头鼠鸟	White-headed Mousebird	分布: 3
Colius castanotus	红背鼠鸟	Red-backed Mousebird	分布: 3
Colius colius	白背鼠鸟	White-backed Mousebird	分布: 3
Urocolius macrourus	蓝枕鼠鸟	Blue-naped Mousebird	分布: 3
Urocolius indicus	红脸鼠鸟	Red-faced Mousebird	分布: 3

XXVIII 鹃三宝鸟目 Leptosomiformes

1. 鹃三宝鸟科 Leptosomatidae (Cuckoo Roller) 1 属 1 种

| *Leptosomus discolor* | 鹃三宝鸟 | Cuckoo Roller | 分布: 3 |

XXIX 咬鹃目 Trogoniformes

1. 咬鹃科 Trogonidae (Trogons) 7 属 43 种

Apaloderma narina	绿颊咬鹃	Narina's Trogon	分布: 3
Apaloderma aequatoriale	黄颊咬鹃	Bare-cheeked Trogon	分布: 3
Apaloderma vittatum	斑尾咬鹃	Bar-tailed Trogon	分布: 3
Apalharpactes reinwardtii	蓝尾咬鹃	Blue-tailed Trogon	分布: 2
Apalharpactes mackloti	苏门答腊咬鹃	Sumatran Trogon	分布: 2
Harpactes fasciatus	黑头咬鹃	Malabar Trogon	分布: 2
Harpactes kasumba	红枕咬鹃	Red-naped Trogon	分布: 2
Harpactes diardii	紫顶咬鹃	Diard's Trogon	分布: 2
Harpactes ardens	粉胸咬鹃	Philippine Trogon	分布: 2
Harpactes whiteheadi	灰胸咬鹃	Whitehead's Trogon	分布: 2
Harpactes orrhophaeus	橙腰咬鹃	Cinnamon-rumped Trogon	分布: 2
Harpactes duvaucelii	红腰咬鹃	Scarlet-rumped Trogon	分布: 2
Harpactes oreskios	橙胸咬鹃	Orange-breasted Trogon	分布: 2; C
Harpactes erythrocephalus	红头咬鹃	Red-headed Trogon	分布: 2; C
Harpactes wardi	红腹咬鹃	Ward's Trogon	分布: 2; C
Euptilotis neoxenus	角咬鹃	Eared Trogon	分布: 6
Pharomachrus pavoninus	彩绿咬鹃	Pavonine Quetzal	分布: 6
Pharomachrus auriceps	金头绿咬鹃	Golden-headed Quetzal	分布: 6
Pharomachrus fulgidus	白尾梢绿咬鹃	White-tipped Quetzal	分布: 6

Pharomachrus mocinno	凤尾绿咬鹃	Resplendent Quetzal	分布: 6
Pharomachrus antisianus	凤头绿咬鹃	Crested Quetzal	分布: 6
Priotelus temnurus	古巴咬鹃	Cuban Trogon	分布: 6
Priotelus roseigaster	伊岛咬鹃	Hispaniolan Trogon	分布: 6
Trogon clathratus	花尾美洲咬鹃	Lattice-tailed Trogon	分布: 6
Trogon massena	灰尾美洲咬鹃	Slaty-tailed Trogon	分布: 6
Trogon comptus	白眼美洲咬鹃	White-eyed Trogon	分布: 6
Trogon mesurus	厄瓜多尔咬鹃	Ecuadorian Trogon	分布: 6
Trogon melanurus	黑尾美洲咬鹃	Black-tailed Trogon	分布: 6
Trogon melanocephalus	黑头美洲咬鹃	Black-headed Trogon	分布: 6
Trogon citreolus	黄纹美洲咬鹃	Citreoline Trogon	分布: 6
Trogon chionurus	白尾美洲咬鹃	White-tailed Trogon	分布: 6
Trogon bairdii	拜氏美洲咬鹃	Baird's Trogon	分布: 6
Trogon viridis	绿背美洲咬鹃	Green-backed Trogon	分布: 6
Trogon caligatus	斑尾美洲咬鹃	Gartered Trogon	分布: 5, 6
Trogon ramonianus	亚马孙咬鹃	Amazonian Trogon	分布: 6
Trogon violaceus	紫头美洲咬鹃	Violaceous Trogon	分布: 6
Trogon curucui	蓝顶美洲咬鹃	Blue-crowned Trogon	分布: 6
Trogon surrucura	苏鲁美洲咬鹃	Surucua Trogon	分布: 6
Trogon rufus	黑喉美洲咬鹃	Black-throated Trogon	分布: 6
Trogon elegans	优雅美洲咬鹃	Elegant Trogon	分布: 5, 6
Trogon mexicanus	高山美洲咬鹃	Mountain Trogon	分布: 6
Trogon collaris	白领美洲咬鹃	Collared Trogon	分布: 6
Trogon personatus	美洲咬鹃	Masked Trogon	分布: 6

XXX 犀鸟目 Bucerotiformes

1. 犀鸟科 Bucerotidae (Hornbills) 16 属 61 种

Bucorvus abyssinicus	地犀鸟	Abyssinian Ground Hornbill	分布: 3
Bucorvus leadbeateri	红脸地犀鸟	Southern Ground Hornbill	分布: 3
Tockus ruahae	坦桑红嘴犀鸟	Tanzanian Red-billed Hornbill	分布: 3
Tockus kempi	西非红嘴犀鸟	Western Red-billed Hornbill	分布: 3
Tockus damarensis	达马拉红嘴犀鸟	Damara Hornbill	分布: 3
Tockus rufirostris	南红嘴犀鸟	Southern Red-billed Hornbill	分布: 3
Tockus erythrorhynchus	红嘴弯嘴犀鸟	Red-billed Hornbill	分布: 3
Tockus monteiri	蒙氏弯嘴犀鸟	Monteiro's Hornbill	分布: 3
Tockus deckeni	德氏弯嘴犀鸟	Von der Decken's Hornbill	分布: 3
Tockus jacksoni	杰氏弯嘴犀鸟	Jackson's Hornbill	分布: 3
Tockus leucomelas	南黄弯嘴犀鸟	Southern Yellow-billed Hornbill	分布: 3
Tockus flavirostris	黄弯嘴犀鸟	Yellow-billed Hornbill	分布: 3
Lophoceros bradfieldi	南非弯嘴犀鸟	Bradfield's Hornbill	分布: 3

Lophoceros alboterminatus	冕弯嘴犀鸟	Crowned Hornbill	分布: 3
Lophoceros fasciatus	斑尾弯嘴犀鸟	African Pied Hornbill	分布: 3
Lophoceros hemprichii	亨氏弯嘴犀鸟	Hemprich's Hornbill	分布: 3
Lophoceros nasutus	黑嘴弯嘴犀鸟	African Grey Hornbill	分布: 3
Lophoceros camurus	红弯嘴犀鸟	Red-billed Dwarf Hornbill	分布: 3
Lophoceros pallidirostris	灰嘴弯嘴犀鸟	Pale-billed Hornbill	分布: 3
Bycanistes fistulator	笛声噪犀鸟	Piping Hornbill	分布: 3
Bycanistes bucinator	噪犀鸟	Trumpeter Hornbill	分布: 3
Bycanistes cylindricus	褐颊噪犀鸟	Brown-cheeked Hornbill	分布: 3
Bycanistes albotibialis	白腿噪犀鸟	White-thighed Hornbill	分布: 3
Bycanistes subcylindricus	黑白噪犀鸟	Black-and-white-casqued Hornbill	分布: 3
Bycanistes brevis	银颊噪犀鸟	Silvery-cheeked Hornbill	分布: 3
Ceratogymna elata	黄盔噪犀鸟	Yellow-casqued Hornbill	分布: 3
Ceratogymna atrata	黑盔噪犀鸟	Black-casqued Hornbill	分布: 3
Horizocerus hartlaubi	黑弯嘴犀鸟	Black Dwarf Hornbill	分布: 3
Horizocerus albocristatus	白冠弯嘴犀鸟	White-crested Hornbill	分布: 3
Berenicornis comatus	白冠犀鸟	White-crowned Hornbill	分布: 2
Buceros rhinoceros	马来犀鸟	Rhinoceros Hornbill	分布: 2
Buceros bicornis	双角犀鸟	Great Indian Hornbill	分布: 2; C
Buceros hydrocorax	棕犀鸟	Rufous Hornbill	分布: 2
Rhinoplax vigil	盔犀鸟	Helmeted Hornbill	分布: 2
Anthracoceros marchei	白嘴斑犀鸟	Palawan Hornbill	分布: 2
Anthracoceros albirostris	冠斑犀鸟	Oriental Pied Hornbill	分布: 2; C
Anthracoceros coronatus	印度冠斑犀鸟	Malabar Pied Hornbill	分布: 2
Anthracoceros montani	黑嘴斑犀鸟	Sulu Hornbill	分布: 2
Anthracoceros malayanus	黑斑犀鸟	Black Hornbill	分布: 2
Ocyceros griseus	印度灰犀鸟	Malabar Grey Hornbill	分布: 2
Ocyceros gingalensis	斯里兰卡灰犀鸟	Ceylon Grey Hornbill	分布: 2
Ocyceros birostris	灰犀鸟	Common Grey Hornbill	分布: 2
Anorrhinus tickelli	锈颊犀鸟	Rusty-cheeked Hornbill	分布: 2
Anorrhinus austeni	白喉犀鸟	Brown Hornbill	分布: 2; C
Anorrhinus galeritus	凤头犀鸟	Bushy-crested Hornbill	分布: 2
Aceros nipalensis	棕颈犀鸟	Rufous-necked Hornbill	分布: 2; C
Rhyticeros plicatus	蓝喉皱盔犀鸟	Blyth's Hornbill	分布: 4
Rhyticeros narcondami	拿岛皱盔犀鸟	Narcondam Hornbill	分布: 2
Rhyticeros undulatus	花冠皱盔犀鸟	Wreathed Hornbill	分布: 2; C
Rhyticeros everetti	松巴皱盔犀鸟	Everett's Hornbill	分布: 4
Rhyticeros subruficollis	淡喉皱盔犀鸟	Plain-pouched Hornbill	分布: 4
Rhyticeros cassidix	苏拉皱盔犀鸟	Knobbed Hornbill	分布: 4
Rhabdotorrhinus waldeni	红头犀鸟	Writhe-billed Hornbill	分布: 2
Rhabdotorrhinus leucocephalus	白头犀鸟	Writhed Hornbill	分布: 2
Rhabdotorrhinus exarhatus	白颊犀鸟	Sulawesi Hornbill	分布: 4

Rhabdotorrhinus corrugatus	皱盔犀鸟	Wrinkled Hornbill	分布: 2
Penelopides manillae	吕宋犀鸟	Luzon Hornbill	分布: 2
Penelopides mindorensis	民岛犀鸟	Mindoro Hornbill	分布: 2
Penelopides affinis	棉岛犀鸟	Mindanao Hornbill	分布: 2
Penelopides samarensis	萨岛犀鸟	Samar Hornbill	分布: 2
Penelopides panini	棕尾犀鸟	Rufous-tailed Hornbill	分布: 2

2. 戴胜科　Upupidae　(Hoopoes)　1 属　3 种

Upupa epops	戴胜	Eurasian Hoopoe	分布: 1, 2, 3; C
Upupa africana	非洲戴胜	African Hoopoe	分布: 3
Upupa marginata	马岛戴胜	Madagascar Hoopoe	分布: 3

3. 林戴胜科　Phoeniculidae　(Wood Hoopoes)　2 属　9 种

Phoeniculus castaneiceps	栗头林戴胜	Forest Wood Hoopoe	分布: 3
Phoeniculus bollei	白头林戴胜	White-headed Wood Hoopoe	分布: 3
Phoeniculus purpureus	绿林戴胜	Green Wood Hoopoe	分布: 3
Phoeniculus somaliensis	黑嘴林戴胜	Black-billed Wood Hoopoe	分布: 3
Phoeniculus damarensis	紫林戴胜	Violet Wood Hoopoe	分布: 3
Phoeniculus granti	格氏林戴胜	Grant's Wood Hoopoe	分布: 3
Rhinopomastus aterrimus	黑弯嘴林戴胜	Black Scimitar Bill	分布: 3
Rhinopomastus cyanomelas	弯嘴林戴胜	Scimitar Bill	分布: 3
Rhinopomastus minor	小弯嘴林戴胜	Abyssinian Scimitar Bill	分布: 3

XXXI　佛法僧目　Coraciiformes

1. 蜂虎科　Meropidae　(Bee Eaters)　3 属　28 种

Nyctyornis amictus	赤须夜蜂虎	Red-bearded Bee Eater	分布: 2; C
Nyctyornis athertoni	蓝须夜蜂虎	Blue-bearded Bee Eater	分布: 2; C
Meropogon forsteni	须蜂虎	Bearded Bee Eater	分布: 4
Merops breweri	黑头蜂虎	Black-headed Bee Eater	分布: 3
Merops muelleri	蓝头蜂虎	Blue-headed Bee Eater	分布: 3
Merops mentalis	蓝须蜂虎	Blue-moustached Bee Eater	分布: 3
Merops gularis	黑蜂虎	Black Bee Eater	分布: 3
Merops hirundineus	燕尾蜂虎	Swallow-tailed Bee Eater	分布: 3
Merops pusillus	小蜂虎	Little Bee Eater	分布: 3
Merops variegatus	蓝胸蜂虎	Blue-breasted Bee Eater	分布: 3
Merops lafresnayii	埃塞俄比亚蜂虎	Ethiopian Bee Eater	分布: 3
Merops oreobates	红胸蜂虎	Cinnamon-chested Bee Eater	分布: 3
Merops bulocki	赤喉蜂虎	Red-throated Bee Eater	分布: 3
Merops bullockoides	白额蜂虎	White-fronted Bee Eater	分布: 3
Merops revoilii	索马里蜂虎	Somali Bee Eater	分布: 3
Merops albicollis	白喉蜂虎	White-throated Bee Eater	分布: 3

Merops boehmi	蓝领蜂虎	Boehm's Bee Eater	分布: 3
Merops orientalis	绿喉蜂虎	Little Green Bee Eater	分布: 1, 2; C
Merops malimbicus	粉蜂虎	Rosy Bee Eater	分布: 3
Merops persicus	蓝颊蜂虎	Blue-cheeked Bee Eater	分布: 1, 3; C
Merops superciliosus	马岛蜂虎	Madagascar Bee Eater	分布: 3
Merops philippinus	栗喉蜂虎	Blue-tailed Bee Eater	分布: 2, 4; C
Merops ornatus	彩虹蜂虎	Rainbow Bee Eater	分布: 2, 4; C
Merops viridis	蓝喉蜂虎	Blue-throated Bee Eater	分布: 2, 4; C
Merops leschenaulti	栗头蜂虎	Chestnut-headed Bee Eater	分布: 2; C
Merops apiaster	黄喉蜂虎	Common Bee Eater	分布: 1, 2, 3; C
Merops nubicus	红蜂虎	Carmine Bee Eater	分布: 3
Merops nubicoides	南红蜂虎	Southern Carmine Bee Eater	分布: 3

2. 佛法僧科　Coraciidae　(Rollers)　2 属　13 种

Coracias naevius	棕顶佛法僧	Rufous-crowned Roller	分布: 3
Coracias benghalensis	西棕胸佛法僧	Indian Roller	分布: 1, 2
Coracias affinis	棕胸佛法僧	Indochinese Roller	分布: 2; C
Coracias temminckii	紫翅佛法僧	Sulawesi Roller	分布: 4
Coracias spatulatus	扇尾佛法僧	Racquet-tailed Roller	分布: 3
Coracias caudatus	紫胸佛法僧	Lilac-breasted Roller	分布: 3
Coracias abyssinicus	蓝头佛法僧	Abyssinian Roller	分布: 3
Coracias garrulus	蓝胸佛法僧	European Roller	分布: 1, 2, 3; C
Coracias cyanogaster	蓝腹佛法僧	Blue-bellied Roller	分布: 3
Eurystomus gularis	蓝喉三宝鸟	Blue-throated Roller	分布: 3
Eurystomus glaucurus	阔嘴三宝鸟	African Broad-billed Roller	分布: 3
Eurystomus orientalis	三宝鸟	Dollarbird	分布: 1, 2, 4; C
Eurystomus azureus	翠蓝三宝鸟	Azure Roller	分布: 4

3. 地三宝鸟科　Brachypteraciidae　(Ground-rollers)　4 属　5 种

Brachypteracias leptosomus	短腿地三宝鸟	Short-legged Ground-roller	分布: 3
Geobiastes squamiger	鳞斑地三宝鸟	Scaly Ground-roller	分布: 3
Atelornis pittoides	地三宝鸟	Pitta-like Ground-roller	分布: 3
Atelornis crossleyi	栗头地三宝鸟	Rufous-headed Ground-roller	分布: 3
Uratelornis chimaera	长尾地三宝鸟	Long-tailed Ground-roller	分布: 3

4. 短尾鸩科　Todidae　(Todies)　1 属　5 种

Todus multicolor	杂色短尾鸩	Cuban Tody	分布: 6
Todus subulatus	阔嘴短尾鸩	Broad-billed Tody	分布: 6
Todus angustirostris	狭嘴短尾鸩	Narrow-billed Tody	分布: 6
Todus todus	短尾鸩	Jamaican Tody	分布: 6
Todus mexicanus	波多黎各短尾鸩	Puerto Rican Tody	分布: 6

5. 翠鸩科　Momotidae　(Motmots)　6 属　14 种

Hylomanes momotula	短尾翠鸩	Tody Motmot	分布: 6

Aspatha gularis	蓝喉翠鴗	Blue-throated Motmot	分布: 6
Momotus mexicanus	锈顶翠鴗	Russet-crowned Motmot	分布: 6
Momotus coeruliceps	蓝顶翠鴗	Blue-capped Motmot	分布: 5
Momotus lessonii	雷氏翠鴗	Lesson's Motmot	分布: 5, 6
Momotus subrufescens	叫翠鴗	Whooping Motmot	分布: 6
Momotus bahamensis	特岛翠鴗	Trinidad Motmot	分布: 6
Momotus momota	亚马孙翠鴗	Amazonian Motmot	分布: 6
Momotus aequatorialis	高原翠鴗	Highland Motmot	分布: 6
Baryphthengus martii	棕翠鴗	Rufous Motmot	分布: 6
Baryphthengus ruficapillus	棕顶翠鴗	Rufous-capped Motmot	分布: 6
Electron carinatum	隆嘴翠鴗	Keel-billed Motmot	分布: 6
Electron platyrhynchum	阔嘴翠鴗	Broad-billed Motmot	分布: 6
Eumomota superciliosa	绿眉翠鴗	Turquoise-browed Motmot	分布: 6

6. 翠鸟科 Alcedinidae (Kingfishers) 19 属 114 种

Ispidina lecontei	红头小翠鸟	Dwarf Kingfisher	分布: 3
Ispidina picta	粉颊小翠鸟	African Pygmy Kingfisher	分布: 3
Corythornis madagascariensis	马岛小翠鸟	Madagascar Pygmy Kingfisher	分布: 3
Corythornis leucogaster	白腹翠鸟	White-bellied Kingfisher	分布: 3
Corythornis cristatus	冠翠鸟	Malachite Kingfisher	分布: 3
Corythornis vintsioides	马岛翠鸟	Madagascar Kingfisher	分布: 3
Ceyx erithaca	三趾翠鸟	Three-toed Kingfisher	分布: 2; C
Ceyx melanurus	菲律宾三趾翠鸟	Philippine Forest Kingfisher	分布: 2
Ceyx fallax	小三趾翠鸟	Sulawesi Pygmy Kingfisher	分布: 4
Ceyx lepidus	摩鹿加三趾翠鸟	Moluccan Dwarf Kingfisher	分布: 4
Ceyx margarethae	双色三趾翠鸟	Dimorphic Dwarf Kingfisher	分布: 2
Ceyx wallacii	苏拉三趾翠鸟	Sula Dwarf Kingfisher	分布: 4
Ceyx cajeli	布鲁三趾翠鸟	Buru Dwarf Kingfisher	分布: 4
Ceyx solitarius	巴布亚三趾翠鸟	New Guinea Dwarf Kingfisher	分布: 4
Ceyx dispar	马努斯三趾翠鸟	Manus Dwarf Kingfisher	分布: 4
Ceyx mulcatus	新爱岛三趾翠鸟	New Ireland Dwarf Kingfisher	分布: 4
Ceyx sacerdotis	新英岛三趾翠鸟	New Britain Dwarf Kingfisher	分布: 4
Ceyx meeki	所罗门三趾翠鸟	North Solomons Dwarf Kingfisher	分布: 4
Ceyx collectoris	新乔岛三趾翠鸟	New Georgia Dwarf Kingfisher	分布: 4
Ceyx malaitae	马莱塔三趾翠鸟	Malaita Dwarf Kingfisher	分布: 4
Ceyx nigromaxilla	瓜岛三趾翠鸟	Guadalcanal Dwarf Kingfisher	分布: 4
Ceyx gentianus	马基拉三趾翠鸟	Makira Dwarf Kingfisher	分布: 4
Ceyx cyanopectus	蓝胸翠鸟	Dwarf River Kingfisher	分布: 2
Ceyx argentatus	银翠鸟	Silvery Kingfisher	分布: 2
Ceyx flumenicola	北银翠鸟	Northern Silvery Kingfisher	分布: 2
Ceyx azureus	蓝翠鸟	Azure Kingfisher	分布: 4
Ceyx websteri	俾岛翠鸟	Bismarck Kingfisher	分布: 4

Ceyx pusillus	小翠鸟	Little Kingfisher	分布: 4
Alcedo coerulescens	小蓝翠鸟	Small Blue Kingfisher	分布: 2, 4
Alcedo euryzona	蓝带翠鸟	Blue-banded Kingfisher	分布: 2
Alcedo quadribrachys	亮蓝翠鸟	Shining-blue Kingfisher	分布: 3
Alcedo meninting	蓝耳翠鸟	Blue-eared Kingfisher	分布: 2, 4; C
Alcedo atthis	普通翠鸟	Common Kingfisher	分布: 1, 2, 3, 4; C
Alcedo semitorquata	半领翠鸟	Half-collared Kingfisher	分布: 3
Alcedo hercules	斑头大翠鸟	Blyth's Kingfisher	分布: 2; C
Megaceryle lugubris	冠鱼狗	Crested Kingfisher	分布: 1, 2; C
Megaceryle maxima	大鱼狗	Giant Kingfisher	分布: 3
Megaceryle torquata	棕腹鱼狗	Ringed Kingfisher	分布: 6
Megaceryle alcyon	白腹鱼狗	Belted Kingfisher	分布: 5, 6
Ceryle rudis	斑鱼狗	Lesser Pied Kingfisher	分布: 1, 2, 3; C
Chloroceryle aenea	侏绿鱼狗	Pygmy Kingfisher	分布: 6
Chloroceryle inda	棕腹绿鱼狗	Green-and-rufous Kingfisher	分布: 6
Chloroceryle americana	绿鱼狗	Green Kingfisher	分布: 5, 6
Chloroceryle amazona	亚马孙绿鱼狗	Amazon Kingfisher	分布: 6
Lacedo pulchella	横斑翠鸟	Banded Kingfisher	分布: 2
Pelargopsis capensis	鹳嘴翡翠	Stork-billed Kingfisher	分布: 2, 4; C
Pelargopsis melanorhyncha	大嘴翡翠	Great-billed Kingfisher	分布: 4
Pelargopsis amauroptera	褐翅翡翠	Brown-winged Kingfisher	分布: 2
Halcyon coromanda	赤翡翠	Ruddy Kingfisher	分布: 1, 2, 4; C
Halcyon smyrnensis	白胸翡翠	White-breasted Kingfisher	分布: 1, 2; C
Halcyon cyanoventris	爪哇翡翠	Java Kingfisher	分布: 2
Halcyon badia	栗背翡翠	Chocolate-backed Kingfisher	分布: 3
Halcyon pileata	蓝翡翠	Black-capped Kingfisher	分布: 1, 2, 4; C
Halcyon leucocephala	灰头翡翠	Gray-headed Kingfisher	分布: 3
Halcyon albiventris	褐头翡翠	Brown-hooded Kingfisher	分布: 3
Halcyon chelicuti	斑翡翠	Striped Kingfisher	分布: 3
Halcyon malimbica	蓝胸翡翠	Blue-breasted Kingfisher	分布: 3
Halcyon senegalensis	非洲林翡翠	Woodland Kingfisher	分布: 3
Halcyon senegaloides	红树林翡翠	Mangrove Kingfisher	分布: 3
Caridonax fulgidus	白腰翡翠	White-rumped Kingfisher	分布: 4
Actenoides monachus	绿背翡翠	Green-backed Wood Kingfisher	分布: 4
Actenoides princeps	斑头翡翠	Bar-headed Wood Kingfisher	分布: 4
Actenoides bougainvillei	须翡翠	Moustached Kingfisher	分布: 4
Actenoides lindsayi	斑林翡翠	Spotted Wood Kingfisher	分布: 2
Actenoides hombroni	蓝顶翡翠	Blue-capped Kingfisher	分布: 2
Actenoides concretus	栗领翡翠	Chestnut-collared Kingfisher	分布: 2
Syma torotoro	黄嘴翡翠	Yellow-billed Kingfisher	分布: 4
Syma megarhyncha	山黄嘴翡翠	Mountain Yellow-billed Kingfisher	分布: 4
Todiramphus nigrocyaneus	蓝黑翡翠	Blue-black Kingfisher	分布: 4

Todiramphus winchelli	菲律宾翡翠	Rufous-lored Kingfisher	分布: 2
Todiramphus diops	摩鹿加翡翠	Moluccan Kingfisher	分布: 4
Todiramphus lazuli	南摩鹿加翡翠	South Moluccan Kingfisher	分布: 4
Todiramphus macleayii	林翡翠	Forest Kingfisher	分布: 4
Todiramphus albonotatus	白背翡翠	White-backed Kingfisher	分布: 4
Todiramphus leucopygius	深蓝翡翠	Ultramarine Kingfisher	分布: 4
Todiramphus farquhari	栗腹翡翠	Chestnut-bellied Kingfisher	分布: 4
Todiramphus funebris	淡黑翡翠	Sombre Kingfisher	分布: 4
Todiramphus chloris	白领翡翠	White-collared Kingfisher	分布: 2, 3, 4; C
Todiramphus sordidus	托列斯翡翠	Torresian Kingfisher	分布: 4
Todiramphus colonus	小岛翡翠	Islet Kingfisher	分布: 4
Todiramphus albicilla	马里亚纳翡翠	Mariana Kingfisher	分布: 4
Todiramphus tristrami	美岛翡翠	Melanesian Kingfisher	分布: 4
Todiramphus sacer	太平洋翡翠	Pacific Kingfisher	分布: 4
Todiramphus enigma	暗色翡翠	Obscure Kingfisher	分布: 4
Todiramphus cinnamominus	桂红翡翠	Micronesian Kingfisher	分布: 2, 4
Todiramphus pelewensis	锈顶翡翠	Rusty-capped Kingfisher	分布: 4
Todiramphus reichenbachii	波岛翡翠	Pohnpei Kingfisher	分布: 4
Todiramphus saurophagus	白头翡翠	White-headed Kingfisher	分布: 4
Todiramphus sanctus	白眉翡翠	Sacred Kingfisher	分布: 4
Todiramphus recurvirostris	扁嘴翡翠	Flat-billed Kingfisher	分布: 4
Todiramphus australasia	冠翡翠	Timor Kingfisher	分布: 4
Todiramphus tutus	博拉翡翠	Borabora Kingfisher	分布: 4
Todiramphus ruficollaris	库克岛翡翠	Mangaia Kingfisher	分布: 4
Todiramphus veneratus	塔希提翡翠	Tahitian Kingfisher	分布: 4
Todiramphus youngi	莫岛翡翠	Moorea Kingfisher	分布: 4
Todiramphus gertrudae	尼澳岛翡翠	Niau Kingfisher	分布: 4
Todiramphus godeffroyi	马克岛翡翠	Marquenan Kingfisher	分布: 4
Todiramphus pyrrhopygius	红背翡翠	Red-backed Kingfisher	分布: 4
Cittura cyanotis	苏拉蓝耳翠鸟	Sulawesi Blue-eared Kingfisher	分布: 4
Tanysiptera galatea	普通仙翡翠	Common Paradise Kingfisher	分布: 4
Tanysiptera ellioti	黑翅仙翡翠	Kofiau Paradise Kingfisher	分布: 4
Tanysiptera riedelii	比岛仙翡翠	Biak Paradise Kingfisher	分布: 4
Tanysiptera carolinae	蓝仙翡翠	Numfor Paradise Kingfisher	分布: 4
Tanysiptera hydrocharis	阿鲁仙翡翠	Aru Paradise Kingfisher	分布: 4
Tanysiptera sylvia	白尾仙翡翠	White-tailed Kingfisher	分布: 4
Tanysiptera nigriceps	黑冠仙翡翠	Black-capped Paradise Kingfisher	分布: 4
Tanysiptera nympha	粉胸仙翡翠	Pink-breasted Paradise Kingfisher	分布: 4
Tanysiptera danae	褐背仙翡翠	Brown-backed Paradise Kingfisher	分布: 4
Melidora macrorrhina	钩嘴翠鸟	Hook-billed Kingfisher	分布: 4
Clytoceyx rex	铲嘴翠鸟	Shovel-billed Kingfisher	分布: 4
Dacelo novaeguineae	笑翠鸟	Laughing Kookaburra	分布: 4

Dacelo leachii	蓝翅笑翠鸟	Blue-winged Kookaburra	分布: 4
Dacelo tyro	披肩笑翠鸟	Aru Giant Kingfisher	分布: 4
Dacelo gaudichaud	棕腹笑翠鸟	Rufous-bellied Giant Kingfisher	分布: 4

XXXII 啄木鸟目 Piciformes

1. 鹟䴕科 Galbulidae (Jacamars) 5 属 18 种

Galbalcyrhynchus leucotis	白耳鹟䴕	White-eared Jacamar	分布: 6
Galbalcyrhynchus purusianus	栗鹟䴕	Chestnut Jacamar	分布: 6
Brachygalba salmoni	乌背鹟䴕	Dusky-backed Jacamar	分布: 6
Brachygalba goeringi	苍头鹟䴕	Pale-headed Jacamar	分布: 6
Brachygalba lugubris	褐鹟䴕	Brown Jacamar	分布: 6
Brachygalba albogularis	白喉鹟䴕	White-throated Jacamar	分布: 6
Jacamaralcyon tridactyla	三趾鹟䴕	Three-toed Jacamar	分布: 6
Galbula albirostris	黄嘴鹟䴕	Yellow-billed Jacamar	分布: 6
Galbula cyanicollis	蓝颈鹟䴕	Blue-necked Jacamar	分布: 6
Galbula ruficauda	棕尾鹟䴕	Rufous-tailed Jacamar	分布: 6
Galbula galbula	绿尾鹟䴕	Green-tailed Jacamar	分布: 6
Galbula pastazae	铜胸鹟䴕	Coppery-chested Jacamar	分布: 6
Galbula tombacea	白颏鹟䴕	White-chinned Jacamar	分布: 6
Galbula cyanescens	蓝额鹟䴕	Bluish-fronted Jacamar	分布: 6
Galbula chalcothorax	紫鹟䴕	Purplish Jacamar	分布: 6
Galbula leucogastra	铜色鹟䴕	Bronzy Jacamar	分布: 6
Galbula dea	黑腹鹟䴕	Paradise Jacamar	分布: 6
Jacamerops aureus	大鹟䴕	Great Jacamar	分布: 6

2. 蓬头䴕科 Bucconidae (Puffbirds) 10 属 38 种

Notharchus hyperrhynchus	白颈蓬头䴕	White-necked Puffbird	分布: 5, 6
Notharchus macrorhynchos	圭亚那蓬头䴕	Guianan Puffbird	分布: 6
Notharchus swainsoni	黄腹蓬头䴕	Buff-bellied Puffbird	分布: 6
Notharchus pectoralis	黑胸蓬头䴕	Black-breasted Puffbird	分布: 6
Notharchus ordii	褐斑蓬头䴕	Brown-banded Puffbird	分布: 6
Notharchus tectus	丽色蓬头䴕	Pied Puffbird	分布: 6
Bucco macrodactylus	栗顶蓬头䴕	Chestnut-capped Puffbird	分布: 6
Bucco tamatia	斑蓬头䴕	Spotted Puffbird	分布: 6
Bucco noanamae	乌顶蓬头䴕	Sooty-capped Puffbird	分布: 6
Bucco capensis	领蓬头䴕	Collared Puffbird	分布: 6
Nystalus radiatus	横斑蓬头䴕	Barred Puffbird	分布: 6
Nystalus chacuru	白耳蓬头䴕	White-eared Puffbird	分布: 6
Nystalus striolatus	条纹蓬头䴕	Striolated Puffbird	分布: 6
Nystalus obamai	西条纹蓬头䴕	Western Striolated Puffbird	分布: 6

Nystalus maculatus	斑背蓬头鴗	Spot-backed Puffbird	分布: 6
Nystalus striatipectus	查科蓬头鴗	Chaco Puffbird	分布: 6
Hypnelus ruficollis	黄喉蓬头鴗	Russet-throated Puffbird	分布: 6
Hypnelus bicinctus	双斑蓬头鴗	Two-banded Puffbird	分布: 6
Malacoptila striata	月胸蓬头鴗	Crescent-chested Puffbird	分布: 6
Malacoptila fusca	白胸蓬头鴗	White-chested Puffbird	分布: 6
Malacoptila semicincta	半领蓬头鴗	Semicollared Puffbird	分布: 6
Malacoptila fulvogularis	黑纹蓬头鴗	Black-streaked Puffbird	分布: 6
Malacoptila rufa	棕颈蓬头鴗	Rufous-necked Puffbird	分布: 6
Malacoptila panamensis	白须蓬头鴗	White-whiskered Puffbird	分布: 6
Malacoptila mystacalis	须蓬头鴗	Moustached Puffbird	分布: 6
Micromonacha lanceolata	矛蓬头鴗	Lanceolated Monklet	分布: 6
Nonnula rubecula	锈胸小蓬头鴗	Rusty-breasted Nunlet	分布: 6
Nonnula sclateri	褐颊小蓬头鴗	Fulvous-chinned Nunlet	分布: 6
Nonnula brunnea	褐小蓬头鴗	Brown Nunlet	分布: 6
Nonnula frontalis	灰颊小蓬头鴗	Grey-cheeked Nunlet	分布: 6
Nonnula ruficapilla	棕顶小蓬头鴗	Rufous-capped Nunlet	分布: 6
Nonnula amaurocephala	栗头小蓬头鴗	Chestnut-headed Nunlet	分布: 6
Hapaloptila castanea	白脸鴗	White-faced Nunbird	分布: 6
Monasa atra	黑鴗	Black Nunbird	分布: 6
Monasa nigrifrons	黑额黑鴗	Black-fronted Nunbird	分布: 6
Monasa morphoeus	白额黑鴗	White-fronted Nunbird	分布: 6
Monasa flavirostris	黄嘴黑鴗	Yellow-billed Nunbird	分布: 6
Chelidoptera tenebrosa	燕翅鴗	Swallow-wing Puffbird	分布: 6

3. 巨嘴鸟科 Ramphastidae （Toucans） 5属 43种

Ramphastos dicolorus	红胸巨嘴鸟	Red-breasted Toucan	分布: 6
Ramphastos vitellinus	凹嘴巨嘴鸟	Channel-billed Toucan	分布: 6
Ramphastos citreolaemus	淡黄喉巨嘴鸟	Citron-throated Toucan	分布: 6
Ramphastos brevis	乔科巨嘴鸟	Choco Toucan	分布: 6
Ramphastos sulfuratus	厚嘴巨嘴鸟	Keel-billed Toucan	分布: 6
Ramphastos toco	巨嘴鸟	Toco Toucan	分布: 6
Ramphastos tucanus	红嘴巨嘴鸟	Red-billed Toucan	分布: 6
Ramphastos ambiguus	黑嘴巨嘴鸟	Black-mandibled Toucan	分布: 6
Aulacorhynchus wagleri	韦氏绿巨嘴鸟	Wagler's Toucanet	分布: 5
Aulacorhynchus prasinus	绿巨嘴鸟	Emerald Toucanet	分布: 6
Aulacorhynchus caeruleogularis	蓝喉巨嘴鸟	Blue-throated Toucanet	分布: 6
Aulacorhynchus albivitta	白喉巨嘴鸟	White-throated Toucanet	分布: 6
Aulacorhynchus atrogularis	黑喉巨嘴鸟	Black-throated Toucanet	分布: 6
Aulacorhynchus sulcatus	沟嘴巨嘴鸟	Groove-billed Toucanet	分布: 6
Aulacorhynchus derbianus	栗斑巨嘴鸟	Chestnut-tipped Toucanet	分布: 6

Aulacorhynchus whitelianus	怀氏巨嘴鸟	Tepui Toucanet	分布: 6
Aulacorhynchus haematopygus	绯腰巨嘴鸟	Crimson-rumped Toucanet	分布: 6
Aulacorhynchus huallagae	黄额巨嘴鸟	Yellow-browed Toucanet	分布: 6
Aulacorhynchus coeruleicinctis	蓝斑巨嘴鸟	Blue-banded Toucanet	分布: 6
Andigena hypoglauca	灰胸山巨嘴鸟	Grey-breasted Mountain Toucan	分布: 6
Andigena laminirostris	扁嘴山巨嘴鸟	Plate-billed Mountain Toucan	分布: 6
Andigena cucullata	冠山巨嘴鸟	Hooded Mountain Toucan	分布: 6
Andigena nigrirostris	黑嘴山巨嘴鸟	Black-billed Mountain Toucan	分布: 6
Selenidera spectabilis	黄耳小巨嘴鸟	Yellow-eared Toucanet	分布: 6
Selenidera piperivora	圭亚那小巨嘴鸟	Guianan Toucanet	分布: 6
Selenidera reinwardtii	金领小巨嘴鸟	Golden-collared Toucanet	分布: 6
Selenidera nattereri	褐须小巨嘴鸟	Tawny-tufted Toucanet	分布: 6
Selenidera gouldii	高氏小巨嘴鸟	Gould's Toucanet	分布: 6
Selenidera maculirostris	点嘴小巨嘴鸟	Spot-billed Toucanet	分布: 6
Pteroglossus viridis	绿簇舌巨嘴鸟	Green Aracari	分布: 6
Pteroglossus inscriptus	巴西簇舌巨嘴鸟	Lettered Aracari	分布: 6
Pteroglossus bitorquatus	红颈簇舌巨嘴鸟	Red-necked Aracari	分布: 6
Pteroglossus azara	白嘴簇舌巨嘴鸟	Ivory-billed Aracari	分布: 6
Pteroglossus mariae	褐嘴簇舌巨嘴鸟	Brown-mandibled Aracari	分布: 6
Pteroglossus aracari	黑颈簇舌巨嘴鸟	Black-necked Aracari	分布: 6
Pteroglossus castanotis	栗耳簇舌巨嘴鸟	Chestnut-eared Aracari	分布: 6
Pteroglossus pluricinctus	多斑簇舌巨嘴鸟	Many-banded Aracari	分布: 6
Pteroglossus torquatus	领簇舌巨嘴鸟	Collared Aracari	分布: 6
Pteroglossus sanguineus	斑嘴簇舌巨嘴鸟	Stripe-billed Aracari	分布: 6
Pteroglossus erythropygius	淡嘴簇舌巨嘴鸟	Pale-mandibled Aracari	分布: 6
Pteroglossus frantzii	红嘴簇舌巨嘴鸟	Fiery-billed Aracari	分布: 6
Pteroglossus beauharnaesii	曲冠簇舌巨嘴鸟	Curl-crested Aracari	分布: 6
Pteroglossus bailloni	橘黄巨嘴鸟	Saffron Toucanet	分布: 6

4. 美洲拟啄木鸟科　Capitonidae　(New World Barbets)　2 属　15 种

Capito aurovirens	红顶拟啄木鸟	Scarlet-crowned Barbet	分布: 6
Capito wallacei	红领须啄木鸟	Scarlet-banded Barbet	分布: 6
Capito fitzpatricki	希拉须啄木鸟	Sira Barbet	分布: 6
Capito maculicoronatus	斑冠拟啄木鸟	Spot-crowned Barbet	分布: 6
Capito squamatus	橙额拟啄木鸟	Orange-fronted Barbet	分布: 6
Capito hypoleucus	白背拟啄木鸟	White-mantled Barbet	分布: 6
Capito dayi	黑环拟啄木鸟	Black-girdled Barbet	分布: 6
Capito brunneipectus	棕胸拟啄木鸟	Brown-chested Barbet	分布: 6
Capito niger	红喉拟啄木鸟	Black-spotted Barbet	分布: 6
Capito auratus	金胸拟啄木鸟	Gilded Barbet	分布: 6
Capito quinticolor	五色拟啄木鸟	Five-colored Barbet	分布: 6

Eubucco richardsoni	黄喉拟啄木鸟	Lemon-throated Barbet	分布: 6
Eubucco bourcierii	红头拟啄木鸟	Red-headed Barbet	分布: 6
Eubucco tucinkae	红巾拟啄木鸟	Scarlet-hooded Barbet	分布: 6
Eubucco versicolor	彩拟啄木鸟	Versicolored Barbet	分布: 6

5. 巨嘴拟啄木鸟科　Semnornithidae　(Prong-billed Barbets)　1 属　2 种

| *Semnornis frantzii* | 厚嘴拟啄木鸟 | Prong-billed Barbet | 分布: 6 |
| *Semnornis ramphastinus* | 巨嘴拟啄木鸟 | Toucan Barbet | 分布: 6 |

6. 拟啄木鸟科　Megalaimidae　(Asian Barbets)　2 属　35 种

Caloramphus fuliginosus	褐拟啄木鸟	Brown Barbet	分布: 2
Caloramphus hayii	马来棕拟啄木鸟	Malay Brown Barbet	分布: 2
Psilopogon pyrolophus	火簇拟啄木鸟	Fire-tufted Barbet	分布: 2
Psilopogon virens	大拟啄木鸟	Great Barbet	分布: 2; C
Psilopogon lagrandieri	红臀拟啄木鸟	Red-vented Barbet	分布: 2
Psilopogon zeylanicus	棕头绿拟啄木鸟	Brown-headed Barbet	分布: 2
Psilopogon lineatus	绿拟啄木鸟	Lineated Barbet	分布: 2; C
Psilopogon viridis	小绿拟啄木鸟	Small Green Barbet	分布: 2
Psilopogon faiostrictus	黄纹拟啄木鸟	Green-eared Barbet	分布: 2; C
Psilopogon corvinus	褐喉拟啄木鸟	Brown-throated Barbet	分布: 2
Psilopogon chrysopogon	金须拟啄木鸟	Gold-whiskered Barbet	分布: 2
Psilopogon rafflesii	花彩拟啄木鸟	Many-colored Barbet	分布: 2
Psilopogon mystacophanos	丽色拟啄木鸟	Gaudy Barbet	分布: 2
Psilopogon javensis	黑斑拟啄木鸟	Black-banded Barbet	分布: 2
Psilopogon flavifrons	黄额拟啄木鸟	Yellow-fronted Barbet	分布: 2
Psilopogon franklinii	金喉拟啄木鸟	Golden-throated Barbet	分布: 2; C
Psilopogon auricularis	斑喉拟啄木鸟	Necklaced Barbet	分布: 2
Psilopogon oorti	马来拟啄木鸟	Black-browed Barbet	分布: 2
Psilopogon annamensis	中南拟啄木鸟	Indochinese Barbet	分布: 2
Psilopogon faber	黑眉拟啄木鸟	Chinese Barbet	分布: 2; C
Psilopogon nuchalis	台湾拟啄木鸟	Taiwan Barbet	分布: 2; EC
Psilopogon asiaticus	蓝喉拟啄木鸟	Blue-throated Barbet	分布: 2; C
Psilopogon chersonesus	绿喉拟啄木鸟	Turquoise-throated Barbet	分布: 2
Psilopogon monticola	山拟啄木鸟	Mountain Barbet	分布: 2
Psilopogon incognitus	休氏拟啄木鸟	Hume's Blue-throated Barbet	分布: 2
Psilopogon henricii	黄顶拟啄木鸟	Yellow-crowned Barbet	分布: 2
Psilopogon armillaris	蓝顶拟啄木鸟	Blue-crowned Barbet	分布: 2
Psilopogon pulcherrimus	金枕拟啄木鸟	Golden-naped Barbet	分布: 2
Psilopogon australis	黄耳拟啄木鸟	Yellow-eared Barbet	分布: 2
Psilopogon duvaucelii	黑耳拟啄木鸟	Black-eared Barbet	分布: 2
Psilopogon cyanotis	蓝耳拟啄木鸟	Blue-eared Barbet	分布: 2; C
Psilopogon eximius	加里曼丹拟啄木鸟	Bornean Barbet	分布: 2
Psilopogon rubricapillus	斯里兰卡拟啄木鸟	Crimson-fronted Barbet	分布: 2

Psilopogon malabaricus	马拉巴拟啄木鸟	Malabar Barbet	分布: 2
Psilopogon haemacephalus	赤胸拟啄木鸟	Crimson-breasted Barbet	分布: 2; C

7. 非洲拟啄木鸟科　Lybiidae　(African Barbets)　9 属　42 种

Trachyphonus vaillantii	南非拟啄木鸟	Crested Barbet	分布: 3
Trachyphonus erythrocephalus	红黄拟啄木鸟	Red-and-yellow Barbet	分布: 3
Trachyphonus margaritatus	黄胸拟啄木鸟	Yellow-breasted Barbet	分布: 3
Trachyphonus darnaudii	东非拟啄木鸟	D'Arnaud's Barbet	分布: 3
Buccanodon duchaillui	黄斑拟啄木鸟	Yellow-spotted Barbet	分布: 3
Cryptolybia olivacea	非洲绿拟啄木鸟	Green Barbet	分布: 3
Gymnobucco bonapartei	灰喉拟啄木鸟	Gray-throated Barbet	分布: 3
Gymnobucco sladeni	斯氏拟啄木鸟	Sladen's Barbet	分布: 3
Gymnobucco peli	须鼻拟啄木鸟	Bristle-nosed Barbet	分布: 3
Gymnobucco calvus	裸颊拟啄木鸟	Naked-faced Barbet	分布: 3
Stactolaema leucotis	白耳拟啄木鸟	White-eared Barbet	分布: 3
Stactolaema whytii	中非拟啄木鸟	Whyte's Barbet	分布: 3
Stactolaema anchietae	黄头拟啄木鸟	Anchieta's Barbet	分布: 3
Pogoniulus scolopaceus	点斑小拟啄木鸟	Speckled Tinkerbird	分布: 3
Pogoniulus simplex	绿小拟啄木鸟	Green Tinkerbird	分布: 3
Pogoniulus leucomystax	须绿小拟啄木鸟	Moustached Green Tinkerbird	分布: 3
Pogoniulus coryphaea	西非小拟啄木鸟	Western Green Tinkerbird	分布: 3
Pogoniulus atroflavus	红腰小拟啄木鸟	Red-rumped Tinkerbird	分布: 3
Pogoniulus subsulphureus	黄喉小拟啄木鸟	Yellow-throated Tinkerbird	分布: 3
Pogoniulus bilineatus	金腰小拟啄木鸟	Golden-rumped Tinkerbird	分布: 3
Pogoniulus makawai	白胸小拟啄木鸟	White-chested Tinkerbird	分布: 3
Pogoniulus pusillus	红额小拟啄木鸟	Red-fronted Tinkerbird	分布: 3
Pogoniulus chrysoconus	黄额小拟啄木鸟	Yellow-fronted Tinkerbird	分布: 3
Tricholaema hirsuta	丝胸拟啄木鸟	Hairy-breasted Barbet	分布: 3
Tricholaema diademata	红额拟啄木鸟	Red-fronted Barbet	分布: 3
Tricholaema frontata	疏林拟啄木鸟	Miombo Pied Barbet	分布: 3
Tricholaema leucomelas	斑拟啄木鸟	Pied Barbet	分布: 3
Tricholaema lacrymosa	斑胁拟啄木鸟	Spotted-flanked Barbet	分布: 3
Tricholaema melanocephala	黑喉拟啄木鸟	Black-throated Barbet	分布: 3
Lybius undatus	横斑拟啄木鸟	Banded Barbet	分布: 3
Lybius vieilloti	维氏拟啄木鸟	Vieillot's Barbet	分布: 3
Lybius leucocephalus	白头拟啄木鸟	White-headed Barbet	分布: 3
Lybius chaplini	查氏拟啄木鸟	Chaplin's Barbet	分布: 3
Lybius rubrifacies	红颊拟啄木鸟	Red-faced Barbet	分布: 3
Lybius guifsobalito	黑嘴拟啄木鸟	Black-billed Barbet	分布: 3
Lybius torquatus	黑领拟啄木鸟	Black-collared Barbet	分布: 3
Pogonornis melanopterus	褐胸拟啄木鸟	Brown-breasted Barbet	分布: 3
Pogonornis minor	黑背拟啄木鸟	Black-backed Barbet	分布: 3

Pogonornis bidentatus	双齿拟啄木鸟	Double-toothed Barbet	分布: 3
Pogonornis dubius	须拟啄木鸟	Bearded Barbet	分布: 3
Pogonornis rolleti	黑胸拟啄木鸟	Black-breasted Barbet	分布: 3
Trachyphonus purpuratus	黄嘴拟啄木鸟	Yellow-billed Barbet	分布: 3

8. 响蜜䴕科 Indicatoridae (Honeyguides) 4 属 17 种

Prodotiscus insignis	尖嘴蜜䴕	Cassin's Honeybird	分布: 3
Prodotiscus zambesiae	绿背蜜䴕	Green-backed Honeybird	分布: 3
Prodotiscus regulus	沃氏蜜䴕	Wahlberg's Honeybird	分布: 3
Melignomon zenkeri	中非响蜜䴕	Zenker's Honeyguide	分布: 3
Melignomon eisentrauti	黄脚响蜜䴕	Yellow-footed Honeyguide	分布: 3
Indicator pumilio	姬响蜜䴕	Pygmy Honeyguide	分布: 3
Indicator willcocksi	西非响蜜䴕	Willcocks's Honeyguide	分布: 3
Indicator meliphilus	东非响蜜䴕	Eastern Least Honeyguide	分布: 3
Indicator exilis	小响蜜䴕	Least Honeyguide	分布: 3
Indicator conirostris	厚嘴响蜜䴕	Thick-billed Honeyguide	分布: 3
Indicator minor	北非响蜜䴕	Lesser Honeyguide	分布: 3
Indicator maculatus	斑响蜜䴕	Spotted Honeyguide	分布: 3
Indicator variegatus	鳞喉响蜜䴕	Scaly-throated Honeyguide	分布: 3
Indicator xanthonotus	黄腰响蜜䴕	Yellow-rumped Honeyguide	分布: 2; C
Indicator archipelagicus	马来响蜜䴕	Malay Honeyguide	分布: 2
Indicator indicator	黑喉响蜜䴕	Black-throated Honeyguide	分布: 3
Melichneutes robustus	琴尾响蜜䴕	Lyre-tailed Honeyguide	分布: 3

9. 啄木鸟科 Picidae (Woodpeckers) 34 属 235 种

Jynx torquilla	蚁䴕	Wryneck	分布: 1, 2, 3; C
Jynx ruficollis	红胸蚁䴕	Red-breasted Wryneck	分布: 3
Verreauxia africana	非洲姬啄木鸟	African Piculet	分布: 3
Sasia abnormis	棕啄木鸟	Rufous Piculet	分布: 2
Sasia ochracea	白眉棕啄木鸟	White-browed Piculet	分布: 2; C
Picumnus innominatus	斑姬啄木鸟	Speckled Piculet	分布: 1, 2; C
Picumnus aurifrons	金额姬啄木鸟	Gold-fronted Piculet	分布: 6
Picumnus lafresnayi	拉氏姬啄木鸟	Lafresnaye's Piculet	分布: 6
Picumnus pumilus	奥里姬啄木鸟	Orinoco Piculet	分布: 6
Picumnus exilis	亮丽姬啄木鸟	Golden-spangled Piculet	分布: 6
Picumnus nigropunctatus	黑斑姬啄木鸟	Black-spotted Piculet	分布: 6
Picumnus sclateri	厄瓜多尔姬啄木鸟	Ecuadorian Piculet	分布: 6
Picumnus squamulatus	鳞斑姬啄木鸟	Scaled Piculet	分布: 6
Picumnus spilogaster	白腹姬啄木鸟	White-bellied Piculet	分布: 6
Picumnus minutissimus	尖头姬啄木鸟	Arrowhead Piculet	分布: 6
Picumnus pygmaeus	姬啄木鸟	Spotted Piculet	分布: 6
Picumnus steindachneri	斑胸姬啄木鸟	Speckle-chested Piculet	分布: 6
Picumnus varzeae	巴西姬啄木鸟	Varzea Piculet	分布: 6

Picumnus cirratus	白斑姬啄木鸟	White-barred Piculet	分布: 6
Picumnus dorbignyanus	眼斑姬啄木鸟	Ocellated Piculet	分布: 6
Picumnus temminckii	赭领姬啄木鸟	Ochre-collared Piculet	分布: 6
Picumnus albosquamatus	白尾姬啄木鸟	White-wedged Piculet	分布: 6
Picumnus fuscus	锈颈姬啄木鸟	Rusty-necked Piculet	分布: 6
Picumnus rufiventris	棕胸姬啄木鸟	Rufous-breasted Piculet	分布: 6
Picumnus limae	赭色姬啄木鸟	Ochraceous Piculet	分布: 6
Picumnus fulvescens	茶色姬啄木鸟	Tawny Piculet	分布: 6
Picumnus nebulosus	丽色姬啄木鸟	Mottled Piculet	分布: 6
Picumnus castelnau	纯胸姬啄木鸟	Plain-breasted Piculet	分布: 6
Picumnus subtilis	细斑姬啄木鸟	Fine-barred Piculet	分布: 6
Picumnus olivaceus	暗绿姬啄木鸟	Olivaceous Piculet	分布: 6
Picumnus granadensis	灰姬啄木鸟	Grayish Piculet	分布: 6
Picumnus cinnamomeus	栗姬啄木鸟	Chestnut Piculet	分布: 6
Nesoctites micromegas	安岛姬啄木鸟	Antillean Piculet	分布: 6
Hemicircus concretus	灰黄啄木鸟	Grey-and-buff Woodpecker	分布: 2
Hemicircus canente	黑冠啄木鸟	Heart-spotted Woodpecker	分布: 2
Campephilus pollens	红冠颈纹啄木鸟	Powerful Woodpecker	分布: 6
Campephilus haematogaster	朱腹啄木鸟	Crimson-bellied Woodpecker	分布: 6
Campephilus rubricollis	红颈啄木鸟	Red-necked Woodpecker	分布: 6
Campephilus robustus	南美啄木鸟	Robust Woodpecker	分布: 6
Campephilus melanoleucos	朱冠啄木鸟	Crimson-crested Woodpecker	分布: 6
Campephilus guatemalensis	淡嘴啄木鸟	Pale-billed Woodpecker	分布: 6
Campephilus gayaquilensis	厄瓜多尔啄木鸟	Guayaquil Woodpecker	分布: 6
Campephilus leucopogon	乳白背啄木鸟	Cream-backed Woodpecker	分布: 6
Campephilus magellanicus	阿根廷啄木鸟	Magellanic Woodpecker	分布: 6
Campephilus principalis	象牙嘴啄木鸟	Ivory-billed Woodpecker	分布: 5, 6
Campephilus imperialis	帝啄木鸟	Imperial Woodpecker	分布: 6
Blythipicus rubiginosus	小栗啄木鸟	Maroon Woodpecker	分布: 2
Blythipicus pyrrhotis	黄嘴栗啄木鸟	Bay Woodpecker	分布: 2; C
Reinwardtipicus validus	橙背啄木鸟	Orange-backed Woodpecker	分布: 2
Chrysocolaptes lucidus	棕斑金背啄木鸟	Buff-spotted Flameback	分布: 2
Chrysocolaptes haematribon	吕宋金背啄木鸟	Luzon Flameback	分布: 2
Chrysocolaptes xanthocephalus	黄脸金背啄木鸟	Yellow-faced Flameback	分布: 2
Chrysocolaptes erythrocephalus	红头金背啄木鸟	Red-headed Flameback	分布: 2
Chrysocolaptes stricklandi	绯红背啄木鸟	Crimson-backed Flameback	分布: 2
Chrysocolaptes guttacristatus	大金背啄木鸟	Greater Flameback	分布: 2; C
Chrysocolaptes strictus	爪哇金背啄木鸟	Javan Flameback	分布: 2
Chrysocolaptes festivus	黑腰啄木鸟	Black-rumped Woodpecker	分布: 2
Dinopium rafflesii	绿背三趾啄木鸟	Olive-backed Woodpecker	分布: 2
Dinopium shorii	喜山金背啄木鸟	Himalayan Flameback	分布: 2

Dinopium javanense	金背啄木鸟	Golden-backed Flameback	分布: 2; C
Dinopium everetti	斑喉三趾啄木鸟	Spot-throated Flameback	分布: 2
Dinopium benghalense	小金背啄木鸟	Lesser Golden-backed Flameback	分布: 2; C
Dinopium psarodes	红背三趾啄木鸟	Red-backed Flameback	分布: 2
Gecinulus grantia	竹啄木鸟	Pale-headed Woodpecker	分布: 2; C
Gecinulus viridis	苍头竹啄木鸟	Bamboo Woodpecker	分布: 2
Micropternus brachyurus	栗啄木鸟	Rufous Woodpecker	分布: 2; C
Meiglyptes tristis	黄腰斑啄木鸟	White-rumped Woodpecker	分布: 2
Meiglyptes jugularis	黑棕斑啄木鸟	Black-and-buff Woodpecker	分布: 2
Meiglyptes tukki	黄颈斑啄木鸟	Buff-necked Barred Woodpecker	分布: 2
Chrysophlegma miniaceum	红翅绿背啄木鸟	Banded Red Woodpecker	分布: 2
Chrysophlegma mentale	斑喉绿啄木鸟	Checker-throated Woodpecker	分布: 2
Chrysophlegma flavinucha	大黄冠啄木鸟	Greater Yellow-naped Woodpecker	分布: 2; C
Geocolaptes olivaceus	地啄木鸟	Ground Woodpecker	分布: 3
Campethera punctuligera	红点啄木鸟	Fine-spotted Woodpecker	分布: 3
Campethera bennettii	班氏啄木鸟	Bennett's Woodpecker	分布: 3
Campethera scriptoricauda	赖氏啄木鸟	Reichenow's Woodpecker	分布: 3
Campethera nubica	东非啄木鸟	Nubian Woodpecker	分布: 3
Campethera abingoni	金尾啄木鸟	Golden-tailed Woodpecker	分布: 3
Campethera mombassica	蒙巴萨啄木鸟	Mombasa Woodpecker	分布: 3
Campethera notata	南非啄木鸟	Knysna Woodpecker	分布: 3
Campethera cailliautii	绿背啄木鸟	Green-backed Woodpecker	分布: 3
Campethera maculosa	小绿啄木鸟	Little Green Woodpecker	分布: 3
Campethera tullbergi	喀麦隆啄木鸟	Tullberg's Woodpecker	分布: 3
Campethera nivosa	棕斑啄木鸟	Buff-spotted Woodpecker	分布: 3
Campethera caroli	褐耳啄木鸟	Brown-eared Woodpecker	分布: 3
Picus chlorolophus	黄冠啄木鸟	Lesser Yellow-naped Woodpecker	分布: 2; C
Picus puniceus	红翅绿啄木鸟	Crimson-winged Woodpecker	分布: 2
Picus viridanus	斑胸绿啄木鸟	Streak-breasted Woodpecker	分布: 2
Picus vittatus	花腹绿啄木鸟	Laced Woodpecker	分布: 2; C
Picus xanthopygaeus	纹喉绿啄木鸟	Streak-throated Woodpecker	分布: 2; C
Picus squamatus	鳞腹绿啄木鸟	Scaly-bellied Green Woodpecker	分布: 1, 2; C
Picus awokera	日本绿啄木鸟	Japanese Green Woodpecker	分布: 1
Picus viridis	绿啄木鸟	Green Woodpecker	分布: 1
Picus sharpei	伊比利亚绿啄木鸟	Iberian Green Woodpecker	分布: 1
Picus vaillantii	利氏绿啄木鸟	Levaillant's Woodpecker	分布: 1, 3
Picus rabieri	红颈绿啄木鸟	Red-collared Woodpecker	分布: 2; C
Picus erythropygius	黑头绿啄木鸟	Black-headed Woodpecker	分布: 2
Picus canus	灰头绿啄木鸟	Grey-faced Woodpecker	分布: 1, 2; C
Piculus simplex	棕翅啄木鸟	Rufous-winged Woodpecker	分布: 6

Piculus callopterus	纹颊啄木鸟	Stripe-cheeked Woodpecker	分布: 6
Piculus leucolaemus	白喉啄木鸟	White-throated Woodpecker	分布: 6
Piculus litae	利塔啄木鸟	Lita Woodpecker	分布: 6
Piculus flavigula	黄喉啄木鸟	Yellow-throated Woodpecker	分布: 6
Piculus chrysochloros	黄绿啄木鸟	Golden-green Woodpecker	分布: 6
Piculus aurulentus	白眉啄木鸟	White-browed Woodpecker	分布: 6
Colaptes rubiginosus	高原啄木鸟	Golden-olive Woodpecker	分布: 5, 6
Colaptes auricularis	灰顶啄木鸟	Gray-crowned Woodpecker	分布: 5
Colaptes aeruginosus	铜翅啄木鸟	Bronze-winged Woodpecker	分布: 5
Colaptes rivolii	红背啄木鸟	Crimson-mantled Woodpecker	分布: 6
Colaptes atricollis	黑颈扑翅䴕	Black-necked Flicker	分布: 6
Colaptes punctigula	斑胸扑翅䴕	Spot-breasted Flicker	分布: 6
Colaptes melanochloros	绿斑扑翅䴕	Green-barred Flicker	分布: 6
Colaptes auratus	北扑翅䴕	Northern Flicker	分布: 5, 6
Colaptes chrysoides	黄扑翅䴕	Gilded Flicker	分布: 6
Colaptes fernandinae	古巴扑翅䴕	Fernandina's Flicker	分布: 6
Colaptes pitius	智利扑翅䴕	Chilean Flicker	分布: 6
Colaptes rupicola	安第斯扑翅䴕	Andean Flicker	分布: 6
Colaptes campestris	草原扑翅䴕	Campo Flicker	分布: 6
Celeus loricatus	桂红啄木鸟	Cinnamon Woodpecker	分布: 6
Celeus undatus	波斑啄木鸟	Waved Woodpecker	分布: 6
Celeus grammicus	鳞胸啄木鸟	Scale-breasted Woodpecker	分布: 6
Celeus castaneus	中美栗啄木鸟	Chestnut-colored Woodpecker	分布: 6
Celeus elegans	南美栗啄木鸟	Chestnut Woodpecker	分布: 6
Celeus lugubris	白冠啄木鸟	Pale-crested Woodpecker	分布: 6
Celeus flavescens	淡黄冠啄木鸟	Blond-crested Woodpecker	分布: 6
Celeus ochraceus	赭背啄木鸟	Ochre-backed Woodpecker	分布: 6
Celeus flavus	乳白啄木鸟	Cream-colored Woodpecker	分布: 6
Celeus spectabilis	棕头啄木鸟	Rufous-headed Woodpecker	分布: 6
Celeus obrieni	肯氏啄木鸟	Kaempfer's Woodpecker	分布: 6
Celeus torquatus	环颈啄木鸟	Ringed Woodpecker	分布: 6
Celeus galeatus	盔啄木鸟	Helmeted Woodpecker	分布: 6
Dryocopus schulzii	南美黑啄木鸟	Black-bodied Woodpecker	分布: 6
Dryocopus lineatus	细纹黑啄木鸟	Lineated Woodpecker	分布: 5, 6
Dryocopus pileatus	北美黑啄木鸟	Pileated Woodpecker	分布: 5
Dryocopus javensis	白腹黑啄木鸟	White-bellied Black Woodpecker	分布: 1, 2; C
Dryocopus hodgei	安岛啄木鸟	Andaman Woodpecker	分布: 2
Dryocopus martius	黑啄木鸟	Black Woodpecker	分布: 1; C
Mulleripicus fulvus	暗黄啄木鸟	Ashy Woodpecker	分布: 4
Mulleripicus funebris	乌啄木鸟	Sooty Woodpecker	分布: 2
Mulleripicus pulverulentus	大灰啄木鸟	Great Slaty Woodpecker	分布: 2; C
Sphyrapicus thyroideus	威氏吸汁啄木鸟	Williamson's Sapsucker	分布: 5, 6

Sphyrapicus varius	黄腹吸汁啄木鸟	Yellow-bellied Sapsucker	分布: 5, 6
Sphyrapicus nuchalis	红颈吸汁啄木鸟	Red-naped Sapsucker	分布: 5, 6
Sphyrapicus ruber	红胸吸汁啄木鸟	Red-breasted Sapsucker	分布: 5
Xiphidiopicus percussus	古巴绿啄木鸟	Cuban Green Woodpecker	分布: 6
Melanerpes candidus	白啄木鸟	White Woodpecker	分布: 6
Melanerpes lewis	刘氏啄木鸟	Lewis's Woodpecker	分布: 5, 6
Melanerpes herminieri	瓜岛啄木鸟	Guadeloupe Woodpecker	分布: 6
Melanerpes portoricensis	波多黎各啄木鸟	Puerto Rican Woodpecker	分布: 6
Melanerpes erythrocephalus	红头啄木鸟	Red-headed Woodpecker	分布: 5
Melanerpes formicivorus	橡树啄木鸟	Acorn Woodpecker	分布: 5, 6
Melanerpes cruentatus	黄须啄木鸟	Yellow-tufted Woodpecker	分布: 6
Melanerpes flavifrons	黄额啄木鸟	Yellow-fronted Woodpecker	分布: 6
Melanerpes chrysauchen	金枕啄木鸟	Golden-naped Woodpecker	分布: 6
Melanerpes pulcher	华丽啄木鸟	Beautiful Woodpecker	分布: 6
Melanerpes pucherani	黑颊啄木鸟	Black-cheeked Woodpecker	分布: 6
Melanerpes cactorum	白额啄木鸟	White-fronted Woodpecker	分布: 6
Melanerpes striatus	拉美啄木鸟	Hispaniolan Woodpecker	分布: 6
Melanerpes radiolatus	牙买加啄木鸟	Jamaican Woodpecker	分布: 6
Melanerpes chrysogenys	金颊啄木鸟	Golden-cheeked Woodpecker	分布: 6
Melanerpes hypopolius	灰胸啄木鸟	Gray-breasted Woodpecker	分布: 6
Melanerpes pygmaeus	尤卡坦啄木鸟	Yucatan Woodpecker	分布: 6
Melanerpes rubricapillus	红冠啄木鸟	Red-crowned Woodpecker	分布: 6
Melanerpes uropygialis	吉拉啄木鸟	Gila Woodpecker	分布: 5, 6
Melanerpes hoffmannii	霍氏啄木鸟	Hoffmann's Woodpecker	分布: 6
Melanerpes aurifrons	金额啄木鸟	Golden-fronted Woodpecker	分布: 5, 6
Melanerpes santacruzi	委氏啄木鸟	Velasquez's Woodpecker	分布: 5, 6
Melanerpes carolinus	红腹啄木鸟	Red-bellied Woodpecker	分布: 5
Melanerpes superciliaris	大红腹啄木鸟	Great Red-bellied Woodpecker	分布: 6
Picoides tridactylus	三趾啄木鸟	Three-toed Woodpecker	分布: 1; C
Picoides dorsalis	美洲三趾啄木鸟	American Three-toed Woodpecker	分布: 5
Picoides arcticus	黑背三趾啄木鸟	Black-backed Woodpecker	分布: 5
Picoides temminckii	坦氏啄木鸟	Temminck's Pygmy Woodpecker	分布: 4
Picoides nanus	褐头啄木鸟	Brown-capped Woodpecker	分布: 2
Picoides canicapillus	星头啄木鸟	Grey-capped Woodpecker	分布: 1, 2; C
Picoides maculatus	菲律宾啄木鸟	Philippine Pygmy Woodpecker	分布: 2
Picoides ramsayi	苏禄啄木鸟	Sulu Pygmy Woodpecker	分布: 2
Picoides moluccensis	巽他啄木鸟	Sunda Woodpecker	分布: 2
Picoides kizuki	小星头啄木鸟	Japanese Spotted Woodpecker	分布: 1, 2; C
Chloropicus xantholophus	金冠啄木鸟	Golden-crowned Woodpecker	分布: 3
Chloropicus namaquus	须啄木鸟	Bearded Woodpecker	分布: 3
Chloropicus pyrrhogaster	火腹啄木鸟	Fire-bellied Woodpecker	分布: 3
Dendropicos elachus	小灰啄木鸟	Little Gray Woodpecker	分布: 3

Dendropicos poecilolaemus	斑胸啄木鸟	Speckle-breasted Woodpecker	分布: 3
Dendropicos abyssinicus	非洲金背啄木鸟	Golden-backed Woodpecker	分布: 3
Dendropicos fuscescens	暗红啄木鸟	Cardinal Woodpecker	分布: 3
Dendropicos gabonensis	加蓬啄木鸟	Gabon Woodpecker	分布: 3
Dendropicos lugubris	棕顶啄木鸟	Melancholy Woodpecker	分布: 3
Dendropicos stierlingi	斯氏啄木鸟	Stierling's Woodpecker	分布: 3
Dendropicos elliotii	埃氏啄木鸟	Elliot's Woodpecker	分布: 3
Dendropicos goertae	灰啄木鸟	Grey Woodpecker	分布: 3
Dendropicos dorae	阿拉伯啄木鸟	Arabian Woodpecker	分布: 1, 3
Dendropicos spodocephalus	灰头啄木鸟	Gray-headed Woodpecker	分布: 3
Dendropicos griseocephalus	非洲灰啄木鸟	Olive Woodpecker	分布: 3
Dendropicos obsoletus	褐背啄木鸟	Brown-backed Woodpecker	分布: 3
Dryobates nuttallii	加州啄木鸟	Nuttall's Woodpecker	分布: 5, 6
Dryobates scalaris	纹背啄木鸟	Ladder-backed Woodpecker	分布: 5, 6
Dryobates pubescens	绒啄木鸟	Downy Woodpecker	分布: 5
Dryobates cathpharius	赤胸啄木鸟	Scarlet-breasted Woodpecker	分布: 1, 2; C
Dryobates minor	小斑啄木鸟	Lesser Spotted Woodpecker	分布: 1, 2; C
Leiopicus auriceps	褐额啄木鸟	Brown-fronted Woodpecker	分布: 1, 2; C
Leiopicus medius	中斑啄木鸟	Middle-spotted Woodpecker	分布: 1
Leiopicus mahrattensis	黄冠斑啄木鸟	Yellow-crowned Woodpecker	分布: 2
Veniliornis passerinus	小啄木鸟	Little Woodpecker	分布: 6
Veniliornis frontalis	点额啄木鸟	Dot-fronted Woodpecker	分布: 6
Veniliornis spilogaster	白斑啄木鸟	White-spotted Woodpecker	分布: 6
Veniliornis mixtus	格斑啄木鸟	Checkered Woodpecker	分布: 6
Veniliornis lignarius	条纹啄木鸟	Striped Woodpecker	分布: 6
Veniliornis callonotus	朱背啄木鸟	Scarlet-backed Woodpecker	分布: 6
Veniliornis dignus	黄臀啄木鸟	Yellow-vented Woodpecker	分布: 6
Veniliornis nigriceps	斑腹啄木鸟	Bar-bellied Woodpecker	分布: 6
Veniliornis sanguineus	红啄木鸟	Blood-colored Woodpecker	分布: 6
Veniliornis kirkii	红腰啄木鸟	Red-rumped Woodpecker	分布: 6
Veniliornis affinis	红晕啄木鸟	Red-stained Woodpecker	分布: 6
Veniliornis chocoensis	乔科啄木鸟	Choco Woodpecker	分布: 6
Veniliornis cassini	金领啄木鸟	Golden-collared Woodpecker	分布: 6
Veniliornis maculifrons	黄耳啄木鸟	Yellow-eared Woodpecker	分布: 6
Leuconotopicus borealis	红顶啄木鸟	Red-cockaded Woodpecker	分布: 5
Leuconotopicus fumigatus	褐啄木鸟	Smoky-brown Woodpecker	分布: 6
Leuconotopicus arizonae	亚利桑那啄木鸟	Arizona Woodpecker	分布: 5, 6
Leuconotopicus stricklandi	褐斑啄木鸟	Strickland's Woodpecker	分布: 5, 6
Leuconotopicus villosus	长嘴啄木鸟	Hairy Woodpecker	分布: 5, 6
Leuconotopicus albolarvatus	白头啄木鸟	White-headed Woodpecker	分布: 5
Dendrocopos hyperythrus	棕腹啄木鸟	Rufous-bellied Woodpecker	分布: 1, 2; C
Dendrocopos macei	纹腹啄木鸟	Streak-bellied Woodpecker	分布: 2; C

Dendrocopos analis	点胸啄木鸟	Freckle-breasted Woodpecker	分布: 2
Dendrocopos atratus	纹胸啄木鸟	Stripe-breasted Woodpecker	分布: 2; C
Dendrocopos darjellensis	黄颈啄木鸟	Brown-throated Woodpecker	分布: 1, 2; C
Dendrocopos himalayensis	喜山啄木鸟	Himalayan Woodpecker	分布: 1, 2
Dendrocopos assimilis	信德啄木鸟	Sind Woodpecker	分布: 1, 2
Dendrocopos syriacus	叙利亚啄木鸟	Syrian Woodpecker	分布: 1
Dendrocopos leucopterus	白翅啄木鸟	White-winged Woodpecker	分布: 1, 2; C
Dendrocopos major	大斑啄木鸟	Great Spotted Woodpecker	分布: 1, 2; C
Dendrocopos noguchii	冲绳啄木鸟	Okinawa Woodpecker	分布: 1
Dendrocopos leucotos	白背啄木鸟	White-backed Woodpecker	分布: 1, 2; C

XXXIII 叫鹤目 Cariamiformes

1. 叫鹤科 Cariamidae (Seriemas) 2 属 2 种

| *Cariama cristata* | 红腿叫鹤 | Red-legged Seriema | 分布: 6 |
| *Chunga burmeisteri* | 黑腿叫鹤 | Black-legged Seriema | 分布: 6 |

XXXIV 隼形目 Falconiformes

1. 隼科 Falconidae (Falcons and Caracaras) 11 属 64 种

Herpetotheres cachinnans	笑隼	Laughing Falcon	分布: 6
Micrastur ruficollis	斑林隼	Barred Forest Falcon	分布: 6
Micrastur plumbeus	铅色林隼	Plumbeous Forest Falcon	分布: 6
Micrastur gilvicollis	细纹林隼	Lined Forest Falcon	分布: 6
Micrastur mintoni	隐林隼	Cryptic Forest Falcon	分布: 6
Micrastur mirandollei	灰背林隼	Slaty-backed Forest Falcon	分布: 6
Micrastur semitorquatus	领林隼	Collared Forest Falcon	分布: 6
Micrastur buckleyi	巴氏林隼	Buckley's Forest Falcon	分布: 6
Spiziapteryx circumcincta	斑翅花隼	Spot-winged Falconet	分布: 6
Caracara cheriway	美洲巨隼	Northern Crested Caracara	分布: 5, 6
Caracara plancus	凤头巨隼	Southern Crested Caracara	分布: 6
Daptrius ater	黑巨隼	Black Caracara	分布: 6
Ibycter americanus	红喉巨隼	Red-throated Caracara	分布: 6
Milvago chimachima	黄头叫隼	Yellow-headed Caracara	分布: 6
Phalcoboenus carunculatus	冠巨隼	Carunculated Caracara	分布: 6
Phalcoboenus megalopterus	山地巨隼	Mountain Caracara	分布: 6
Phalcoboenus albogularis	白喉巨隼	White-throated Caracara	分布: 6
Phalcoboenus australis	红腿巨隼	Striated Caracara	分布: 6
Phalcoboenus chimango	叫隼	Chimango Caracara	分布: 6
Microhierax caerulescens	红腿小隼	Collared Falconet	分布: 2; C

Microhierax fringillarius	黑腿小隼	Black-thighed Falconet	分布: 2
Microhierax latifrons	白额小隼	White-fronted Falconet	分布: 2
Microhierax erythrogenys	菲律宾小隼	Philippine Falconet	分布: 2
Microhierax melanoleucos	白腿小隼	Pied Falconet	分布: 1, 2; C
Polihierax semitorquatus	非洲侏隼	African Pygmy Falcon	分布: 3
Polihierax insignis	白腰侏隼	White-rumped Pygmy Falcon	分布: 2
Falco naumanni	黄爪隼	Lesser Kestrel	分布: 1, 3; C
Falco tinnunculus	红隼	Common Kestrel	分布: 1, 2, 3; C
Falco rupicolus	岩隼	Rock Kestrel	分布: 3
Falco newtoni	马岛隼	Madagascar Kestrel	分布: 3
Falco punctatus	毛里求斯隼	Mauritius Kestrel	分布: 3
Falco araeus	塞舌尔隼	Seychelles Kestrel	分布: 3
Falco moluccensis	斑隼	Spotted Kestrel	分布: 2, 4
Falco cenchroides	澳洲隼	Nankeen Kestrel	分布: 4
Falco sparverius	美洲隼	American Kestrel	分布: 5, 6
Falco rupicoloides	黄眼隼	Greater Kestrel	分布: 3
Falco alopex	大黄眼隼	Fox Kestrel	分布: 3
Falco ardosiaceus	灰隼	Gray Kestrel	分布: 3
Falco dickinsoni	灰头隼	Dickinson's Kestrel	分布: 3
Falco zoniventris	马岛斑隼	Madagascar Banded Kestrel	分布: 3
Falco chicquera	红头隼	Red-headed Falcon	分布: 1, 2
Falco vespertinus	西红脚隼	Western Red-footed Falcon	分布: 1, 3; C
Falco amurensis	红脚隼	Eastern Red-footed Falcon	分布: 1, 3; C
Falco eleonorae	艾氏隼	Eleonora's Falcon	分布: 1, 3
Falco concolor	烟色隼	Sooty Falcon	分布: 1, 3
Falco femoralis	黄眉隼	Aplomado Falcon	分布: 5, 6
Falco columbarius	灰背隼	Merlin	分布: 1, 2, 5, 6; C
Falco rufigularis	食蝠隼	Bat Falcon	分布: 6
Falco deiroleucus	橙胸隼	Orange-breasted Falcon	分布: 6
Falco subbuteo	燕隼	Hobby	分布: 1, 2, 3; C
Falco cuvierii	非洲隼	African Hobby	分布: 3
Falco severus	猛隼	Oriental Hobby	分布: 2, 4; C
Falco longipennis	姬隼	Little Falcon	分布: 4
Falco novaeseelandiae	新西兰隼	New Zealand Falcon	分布: 4
Falco berigora	褐隼	Brown Falcon	分布: 4
Falco hypoleucos	澳洲灰隼	Gray Falcon	分布: 4
Falco subniger	黑隼	Black Falcon	分布: 4
Falco biarmicus	地中海隼	Lanner Falcon	分布: 1, 3
Falco jugger	印度猎隼	Laggar Falcon	分布: 2
Falco cherrug	猎隼	Saker Falcon	分布: 1, 2, 3; C
Falco rusticolus	矛隼	Gyr Falcon	分布: 1, 5; C
Falco mexicanus	草原隼	Prairie Falcon	分布: 5, 6

| *Falco peregrinus* | 游隼 | Peregrine Falcon | 分布: 1, 2, 3, 4, 5, 6; C |
| *Falco fasciinucha* | 东非隼 | Taita Falcon | 分布: 3 |

XXXV 鹦鹉目 Psittaciformes

1. 鸮面鹦鹉科 Strigopidae (New Zealand Parrots) 2 属 3 种

Strigops habroptila	鸮面鹦鹉	Kakapo	分布: 4
Nestor notabilis	啄羊鹦鹉	Kea	分布: 4
Nestor meridionalis	白顶啄羊鹦鹉	Kaka	分布: 4

2. 凤头鹦鹉科 Cacatuidae (Cockatoos) 7 属 21 种

Nymphicus hollandicus	鸡尾鹦鹉	Cockatiel	分布: 4
Calyptorhynchus banksii	红尾凤头鹦鹉	Red-tailed Black Cockatoo	分布: 4
Calyptorhynchus lathami	辉凤头鹦鹉	Glossy Black Cockatoo	分布: 4
Zanda funerea	黑凤头鹦鹉	Black Cockatoo	分布: 4
Zanda baudinii	长嘴黑凤头鹦鹉	Long-billed Black Cockatoo	分布: 4
Zanda latirostris	短嘴黑凤头鹦鹉	Short-billed Black Cockatoo	分布: 4
Probosciger aterrimus	棕树凤头鹦鹉	Plam Cockatoo	分布: 4
Callocephalon fimbriatum	红冠灰凤头鹦鹉	Gang-gang Cockatoo	分布: 4
Eolophus roseicapilla	粉红凤头鹦鹉	Galah	分布: 4
Cacatua leadbeateri	彩冠凤头鹦鹉	Major Mitchell's Cockatoo	分布: 4
Cacatua tenuirostris	长嘴凤头鹦鹉	Long-billed Corella	分布: 4
Cacatua pastinator	西长嘴凤头鹦鹉	Western Long-billed Corella	分布: 4
Cacatua sanguinea	小凤头鹦鹉	Little Cockatoo	分布: 4
Cacatua goffiniana	戈氏凤头鹦鹉	Goffin's Cockatoo	分布: 4
Cacatua ducorpsii	杜氏凤头鹦鹉	Ducorp's Cockatoo	分布: 4
Cacatua haematuropygia	菲律宾凤头鹦鹉	Red-vented Cockatoo	分布: 2
Cacatua galerita	葵花鹦鹉	Sulphur-crested Cockatoo	分布: 4
Cacatua ophthalmica	蓝眼凤头鹦鹉	Blue-eyed Cockatoo	分布: 4
Cacatua sulphurea	小葵花鹦鹉	Lesser Sulphur-crested Cockatoo	分布: 4
Cacatua moluccensis	橙冠凤头鹦鹉	Salmon-crested Cockatoo	分布: 4
Cacatua alba	白凤头鹦鹉	White Cockatoo	分布: 4

3. 鹦鹉科 Psittacidae (Parrots) 79 属 362 种

Psittacus erithacus	非洲灰鹦鹉	Gray Parrot	分布: 3
Psittacus timneh	西非灰鹦鹉	Timneh Parrot	分布: 3
Poicephalus gulielmi	非洲红额鹦鹉	Red-fronted Parrot	分布: 3
Poicephalus flavifrons	黄头鹦鹉	Yellow-fronted Parrot	分布: 3
Poicephalus fuscicollis	褐颈鹦鹉	Brown-necked Parrot	分布: 3
Poicephalus robustus	好望角鹦鹉	Cape Parrot	分布: 3
Poicephalus meyeri	褐鹦鹉	Brown Parrot	分布: 3
Poicephalus rueppellii	鲁氏鹦鹉	Rueppell's Parrot	分布: 3

Poicephalus cryptoxanthus	褐头鹦鹉	Brown-headed Parrot	分布: 3
Poicephalus crassus	尼安鹦鹉	Niam-niam Parrot	分布: 3
Poicephalus senegalus	塞内加尔鹦鹉	Senegal Parrot	分布: 3
Poicephalus rufiventris	红腹鹦鹉	Red-bellied Parrot	分布: 3
Touit batavicus	淡紫尾鹦哥	Lilac-tailed Parrotlet	分布: 6
Touit huetii	紫肩鹦哥	Scarlet-shouldered Parrotlet	分布: 6
Touit costaricensis	中美红额鹦哥	Red-fronted Parrotlet	分布: 6
Touit dilectissimus	蓝额鹦哥	Blue-fronted Parrotlet	分布: 6
Touit purpuratus	青腰鹦哥	Sapphire-rumped Parrotlet	分布: 6
Touit melanonotus	褐背鹦哥	Brown-backed Parrotlet	分布: 6
Touit surdus	金尾鹦哥	Golden-tailed Parrotlet	分布: 6
Touit stictopterus	斑翅鹦哥	Spot-winged Parrotlet	分布: 6
Psilopsiagon aymara	灰顶鹦哥	Grey-hooded Parakeet	分布: 6
Psilopsiagon aurifrons	山鹦哥	Mountain Parakeet	分布: 6
Bolborhynchus lineola	横斑鹦哥	Barred Parakeet	分布: 6
Bolborhynchus ferrugineifrons	棕额鹦哥	Rufous-fronted Parakeet	分布: 6
Bolborhynchus orbygnesius	安第斯鹦哥	Andean Parakeet	分布: 6
Nannopsittaca panychlora	特布伊鹦哥	Tepui Parrotlet	分布: 6
Nannopsittaca dachilleae	亚马孙鹦哥	Amazonian Parrotlet	分布: 6
Myiopsitta monachus	灰胸鹦哥	Monk Parakeet	分布: 6
Myiopsitta luchsi	白胸鹦哥	Cliff Parakeet	分布: 6
Brotogeris sanctithomae	图伊鹦哥	Tui Parakeet	分布: 6
Brotogeris tirica	纯色鹦哥	Plain Parakeet	分布: 6
Brotogeris versicolurus	淡黄翅鹦哥	Canary-winged Parakeet	分布: 6
Brotogeris chiriri	黄翅斑鹦哥	Yellow-chevroned Parakeet	分布: 6
Brotogeris pyrrhoptera	灰颊鹦哥	Grey-cheeked Parakeet	分布: 6
Brotogeris jugularis	橙颏鹦哥	Orange-chinned Parakeet	分布: 6
Brotogeris cyanoptera	绣眼蓝翅鹦哥	Cobalt-winged Parakeet	分布: 6
Brotogeris chrysoptera	金翅斑鹦哥	Golden-winged Parakeet	分布: 6
Pionopsitta pileata	红顶鹦哥	Pileated Parrot	分布: 6
Triclaria malachitacea	蓝腹鹦哥	Blue-bellied Parrot	分布: 6
Pyrilia haematotis	褐冠鹦哥	Brown-hooded Parrot	分布: 6
Pyrilia pyrilia	橙头鹦哥	Saffron-headed Parrot	分布: 6
Pyrilia pulchra	粉脸鹦哥	Rose-faced Parrot	分布: 6
Pyrilia barrabandi	橙颊鹦哥	Orange-cheeked Parrot	分布: 6
Pyrilia caica	盖加鹦哥	Caica Parrot	分布: 6
Pyrilia aurantiocephala	秃鹦哥	Bald Parrot	分布: 6
Pyrilia vulturina	鹫鹦哥	Vulturine Parrot	分布: 6
Hapalopsittaca amazonina	锈脸鹦哥	Rusty-faced Parrot	分布: 6
Hapalopsittaca fuertesi	红肩鹦哥	Indigo-winged Parrot	分布: 6
Hapalopsittaca pyrrhops	红脸鹦哥	Red-faced Parrot	分布: 6
Hapalopsittaca melanotis	黑耳鹦哥	Black-eared Parrot	分布: 6

Pionus fuscus	暗色鹦哥	Dusky Parrot	分布: 6
Pionus sordidus	红嘴鹦哥	Red-billed Parrot	分布: 6
Pionus maximiliani	鳞头鹦哥	Scaly-headed Parrot	分布: 6
Pionus tumultuosus	紫冠鹦哥	Plum-crowned Parrot	分布: 6
Pionus seniloides	白顶鹦哥	White-capped Parrot	分布: 6
Pionus menstruus	蓝头鹦哥	Blue-headed Parrot	分布: 6
Pionus senilis	白冠鹦哥	White-crowned Parrot	分布: 6
Pionus chalcopterus	青铜翅鹦哥	Bronze-winged Parrot	分布: 6
Graydidascalus brachyurus	短尾鹦哥	Short-tailed Parrot	分布: 6
Alipiopsitta xanthops	黄颊鹦哥	Yellow-faced Parrot	分布: 6
Amazona festiva	红额蓝颊鹦哥	Festive Parrot	分布: 6
Amazona vinacea	红胸鹦哥	Vinaceous Parrot	分布: 6
Amazona tucumana	图库曼鹦哥	Tucuman Parrot	分布: 6
Amazona pretrei	红眶鹦哥	Red-spectacled Parrot	分布: 6
Amazona agilis	黑嘴鹦哥	Black-billed Parrot	分布: 6
Amazona albifrons	白额绿鹦哥	White-fronted Parrot	分布: 6
Amazona collaria	黄嘴鹦哥	Yellow-billed Parrot	分布: 6
Amazona leucocephala	古巴白额鹦哥	Cuban Parrot	分布: 6
Amazona ventralis	白眶绿鹦哥	Hispaniolan Parrot	分布: 6
Amazona vittata	波多黎各鹦哥	Puerto Rican Parrot	分布: 6
Amazona finschi	淡紫冠鹦哥	Lilac-crowned Parrot	分布: 6
Amazona autumnalis	红眼鹦哥	Red-lored Parrot	分布: 6
Amazona diadema	冕鹦哥	Diademed Amazon	分布: 6
Amazona viridigenalis	红冠鹦哥	Red-crowned Parrot	分布: 6
Amazona xantholora	黄眼先鹦哥	Yellow-lored Parrot	分布: 6
Amazona dufresniana	蓝颊鹦哥	Blue-cheeked Parrot	分布: 6
Amazona rhodocorytha	红眉鹦哥	Red-browed Parrot	分布: 6
Amazona arausiaca	红颈鹦哥	Red-necked Parrot	分布: 6
Amazona versicolor	圣卢西亚鹦哥	St. Lucia Parrot	分布: 6
Amazona ochrocephala	黄冠鹦哥	Yellow-crowned Parrot	分布: 6
Amazona oratrix	黄头鹦哥	Yellow-headed Amazon	分布: 5, 6
Amazona tresmariae	三圣岛鹦哥	Tres Marias Amazon	分布: 6
Amazona auropalliata	黄枕鹦哥	Yellow-naped Amazon	分布: 6
Amazona barbadensis	黄肩鹦哥	Yellow-shouldered Parrot	分布: 6
Amazona aestiva	蓝顶鹦哥	Blue-fronted Parrot	分布: 6
Amazona mercenarius	鳞颈鹦哥	Scaly-naped Parrot	分布: 6
Amazona guatemalae	北斑点鹦哥	Northern Mealy Amazon	分布: 6
Amazona farinosa	斑点鹦哥	Mealy Parrot	分布: 6
Amazona kawalli	白脸鹦哥	White-faced Parrot	分布: 6
Amazona imperialis	帝鹦哥	Imperial Parrot	分布: 6
Amazona brasiliensis	红尾鹦哥	Red-tailed Parrot	分布: 6
Amazona amazonica	橙翅鹦哥	Orange-winged Parrot	分布: 6

Amazona guildingii	圣文森特鹦哥	St. Vincent Parrot	分布: 6
Forpus modestus	乌嘴鹦哥	Dusky-billed Parrotlet	分布: 6
Forpus cyanopygius	蓝腰鹦哥	Blue-rumped Parrotlet	分布: 6
Forpus passerinus	绿腰鹦哥	Green-rumped Parrotlet	分布: 6
Forpus spengeli	绿翅鹦哥	Turquoise-winged Parrotlet	分布: 6
Forpus xanthopterygius	蓝翅鹦哥	Blue-winged Parrotlet	分布: 6
Forpus crassirostris	大嘴鹦哥	Large-billed Parrotlet	分布: 6
Forpus conspicillatus	蓝眶鹦哥	Spectacled Parrotlet	分布: 6
Forpus coelestis	太平洋鹦哥	Pacific Parrotlet	分布: 6
Forpus xanthops	黄脸鹦哥	Yellow-faced Parrotlet	分布: 6
Pionites melanocephalus	黑头凯克鹦哥	Black-headed Parrot	分布: 6
Pionites leucogaster	白腹凯克鹦哥	White-bellied Parrot	分布: 6
Deroptyus accipitrinus	鹰头鹦哥	Hawk-headed Parrot	分布: 6
Pyrrhura cruentata	蓝喉鹦哥	Blue-throated Conure	分布: 6
Pyrrhura devillei	辉翅鹦哥	Blaze-winged Conure	分布: 6
Pyrrhura frontalis	红腹鹦哥	Maroon-bellied Conure	分布: 6
Pyrrhura lepida	绯红腹鹦哥	Crimson-bellied Conure	分布: 6
Pyrrhura perlata	珠颈鹦哥	Pearly Conure	分布: 6
Pyrrhura molinae	绿颊锥尾鹦哥	Green-cheeked Conure	分布: 6
Pyrrhura pfrimeri	普氏鹦哥	Pfrimer's Parakeet	分布: 6
Pyrrhura griseipectus	栗腹鹦哥	Grey-breasted Parakeet	分布: 6
Pyrrhura leucotis	白耳鹦哥	White-eared Conure	分布: 6
Pyrrhura picta	彩鹦哥	Painted Conure	分布: 6
Pyrrhura emma	委内瑞拉鹦哥	Venezuelan Parakeet	分布: 6
Pyrrhura amazonum	圣塔伦鹦哥	Santarem Parakeet	分布: 6
Pyrrhura lucianii	波氏鹦哥	Bonaparte's Parakeet	分布: 6
Pyrrhura roseifrons	赤额鹦哥	Rose-fronted Parakeet	分布: 6
Pyrrhura viridicata	圣马塔鹦哥	Santa Marta Conure	分布: 6
Pyrrhura egregia	火红肩鹦哥	Fiery-shouldered Conure	分布: 6
Pyrrhura melanura	栗尾鹦哥	Maroon-tailed Conure	分布: 6
Pyrrhura orcesi	厄瓜多尔鹦哥	El Oro Parakeet	分布: 6
Pyrrhura albipectus	白颈鹦哥	White-necked Conure	分布: 6
Pyrrhura rupicola	黑顶鹦哥	Black-capped Conure	分布: 6
Pyrrhura calliptera	褐胸鹦哥	Brown-breasted Conure	分布: 6
Pyrrhura hoematotis	红耳鹦哥	Red-eared Conure	分布: 6
Pyrrhura rhodocephala	赤头鹦哥	Rose-headed Conure	分布: 6
Pyrrhura hoffmanni	黄翅鹦哥	Hoffmann's Conure	分布: 6
Enicognathus ferrugineus	南鹦哥	Austral Parakeet	分布: 6
Enicognathus leptorhynchus	细嘴鹦哥	Slender-billed Parakeet	分布: 6
Cyanoliseus patagonus	穴鹦哥	Burrowing Conure	分布: 6
Anodorhynchus hyacinthinus	紫蓝金刚鹦鹉	Hyacinth Macaw	分布: 6
Anodorhynchus leari	青蓝金刚鹦鹉	Indigo Macaw	分布: 6

Anodorhynchus glaucus	蓝绿金刚鹦鹉	Glaucous Macaw	分布: 6
Rhynchopsitta pachyrhyncha	厚嘴鹦哥	Thick-billed Parrot	分布: 6
Rhynchopsitta terrisi	暗红额鹦哥	Maroon-fronted Parrot	分布: 6
Eupsittula nana	绿喉鹦哥	Olive-throated Parakeet	分布: 6
Eupsittula canicularis	橙额鹦哥	Orange-fronted Parakeet	分布: 6
Eupsittula aurea	粉额鹦哥	Peach-fronted Parakeet	分布: 6
Eupsittula pertinax	褐喉鹦哥	Brown-throated Parakeet	分布: 6
Eupsittula cactorum	仙人掌鹦哥	Cactus Parakeet	分布: 6
Aratinga weddellii	暗头鹦哥	Dusky-headed Parakeet	分布: 6
Aratinga nenday	黑头鹦哥	Black-hooded Parakeet	分布: 6
Aratinga solstitialis	金黄鹦哥	Sun Parakeet	分布: 6
Aratinga maculata	橙胸鹦哥	Sulphur-breasted Parakeet	分布: 6
Aratinga jandaya	绿翅金鹦哥	Jandaya Parakeet	分布: 6
Aratinga auricapillus	金帽鹦哥	Golden-capped Parakeet	分布: 6
Cyanopsitta spixii	小蓝金刚鹦鹉	Little Blue Macaw	分布: 6
Orthopsittaca manilatus	红腹金刚鹦鹉	Red-bellied Macaw	分布: 6
Primolius couloni	蓝头金刚鹦鹉	Blue-headed Macaw	分布: 6
Primolius auricollis	金领金刚鹦鹉	Yellow-collared Macaw	分布: 6
Primolius maracana	蓝翅金刚鹦鹉	Blue-winged Macaw	分布: 6
Ara ararauna	蓝黄金刚鹦鹉	Blue-and-yellow Macaw	分布: 6
Ara glaucogularis	蓝喉金刚鹦鹉	Blue-throated Macaw	分布: 6
Ara militaris	军绿金刚鹦鹉	Military Macaw	分布: 5, 6
Ara ambiguus	大绿金刚鹦鹉	Great Green Macaw	分布: 6
Ara macao	绯红金刚鹦鹉	Scarlet Macaw	分布: 6
Ara chloropterus	红绿金刚鹦鹉	Red-and-green Macaw	分布: 6
Ara rubrogenys	红额金刚鹦鹉	Red-fronted Macaw	分布: 6
Ara severus	栗额金刚鹦鹉	Chestnut-fronted Macaw	分布: 6
Leptosittaca branickii	金羽鹦哥	Golden-plumed Parrot	分布: 6
Ognorhynchus icterotis	黄耳鹦哥	Yellow-eared Conure	分布: 6
Guaruba guarouba	金鹦哥	Golden Parakeet	分布: 6
Diopsittaca nobilis	红肩金刚鹦鹉	Red-shouldered Macaw	分布: 6
Psittacara acuticaudatus	蓝冠鹦哥	Blue-crowned Parakeet	分布: 6
Psittacara holochlorus	绿鹦哥	Green Parakeet	分布: 6
Psittacara brevipes	索岛鹦哥	Socorro Parakeet	分布: 6
Psittacara rubritorquis	红喉鹦哥	Red-throated Parakeet	分布: 6
Psittacara strenuus	尼加拉瓜绿鹦哥	Pacific Parakeet	分布: 6
Psittacara wagleri	红额鹦哥	Scarlet-fronted Parakeet	分布: 6
Psittacara frontatus	秘鲁红额鹦哥	Cordilleran Parakeet	分布: 6
Psittacara mitratus	红耳绿鹦哥	Mitred Parakeet	分布: 6
Psittacara erythrogenys	红头鹦哥	Red-masked Parakeet	分布: 6
Psittacara finschi	绯额鹦哥	Crimson-fronted Parakeet	分布: 6
Psittacara leucophthalmus	白眼鹦哥	White-eyed Parakeet	分布: 6

Psittacara euops	古巴鹦哥	Cuban Parakeet	分布: 6
Psittacara chloropterus	伊岛鹦哥	Hispaniolan Parakeet	分布: 6
Psittrichas fulgidus	彼氏鹦鹉	Pesquet's Parrot	分布: 4
Coracopsis vasa	马岛鹦鹉	Vasa Parrot	分布: 3
Coracopsis nigra	马岛小鹦鹉	Black Parrot	分布: 3
Coracopsis barklyi	塞舌尔黑鹦鹉	Seychelles Black Parrot	分布: 3
Psephotus haematonotus	红腰鹦鹉	Red-rumped Parrot	分布: 4
Northiella haematogaster	红腹蓝额鹦鹉	Blue Bonnet	分布: 4
Northiella narethae	黄腹蓝额鹦鹉	Naretha Bluebonnet	分布: 4
Psephotellus varius	穆加鹦鹉	Mulga Parrot	分布: 4
Psephotellus dissimilis	黑冠鹦鹉	Hooded Parrot	分布: 4
Psephotellus chrysopterygius	金肩鹦鹉	Golden-shouldered Parrot	分布: 4
Purpureicephalus spurius	红顶鹦鹉	Red-capped Parrot	分布: 4
Platycercus caledonicus	绿背玫瑰鹦鹉	Green Rosella	分布: 4
Platycercus elegans	红玫瑰鹦鹉	Crimson Rosella	分布: 4
Platycercus venustus	北澳玫瑰鹦鹉	Northern Rosella	分布: 4
Platycercus adscitus	淡头玫瑰鹦鹉	Pale-headed Rosella	分布: 4
Platycercus eximius	东澳玫瑰鹦鹉	Eastern Rosella	分布: 4
Platycercus icterotis	西澳玫瑰鹦鹉	Western Rosella	分布: 4
Barnardius zonarius	黑头环颈鹦鹉	Port Lincoln Parrot	分布: 4
Lathamus discolor	红尾绿鹦鹉	Swift Parrot	分布: 4
Prosopeia splendens	绯胸辉鹦鹉	Crimson Shining Parrot	分布: 4
Prosopeia personata	黄胸辉鹦鹉	Masked Shining Parrot	分布: 4
Prosopeia tabuensis	红胸辉鹦鹉	Red Shining Parrot	分布: 4
Eunymphicus cornutus	翎冠鹦鹉	Horned Parakeet	分布: 4
Eunymphicus uvaeensis	乌岛翎冠鹦鹉	Ouvea Parakeet	分布: 4
Cyanoramphus saisseti	新喀岛鹦鹉	New Caledonian Parakeet	分布: 4
Cyanoramphus forbesi	查岛鹦鹉	Chatham Parakeet	分布: 4
Cyanoramphus cookii	诺福克红额鹦鹉	Norfolk Parakeet	分布: 4
Cyanoramphus unicolor	纯绿鹦鹉	Antipodes Parakeet	分布: 4
Cyanoramphus auriceps	黄额鹦鹉	Yellow-fronted Parakeet	分布: 4
Cyanoramphus malherbi	橙额鹦鹉	Malherbe's Parakeet	分布: 4
Cyanoramphus novaezelandiae	红额鹦鹉	Red-fronted Parakeet	分布: 4
Cyanoramphus hochstetteri	安岛红额鹦鹉	Reischek's Parakeet	分布: 4
Pezoporus wallicus	地鹦鹉	Ground Parrot	分布: 4
Pezoporus flaviventris	西地鹦鹉	Western Ground Parrot	分布: 4
Pezoporus occidentalis	夜鹦鹉	Night Parrot	分布: 4
Neopsephotus bourkii	伯氏鹦鹉	Bourke's Parrot	分布: 4
Neophema chrysostoma	蓝翅鹦鹉	Blue-winged Parrot	分布: 4
Neophema elegans	蓝眉鹦鹉	Elegant Parrot	分布: 4
Neophema petrophila	岩鹦鹉	Rock Parrot	分布: 4
Neophema chrysogaster	橙腹鹦鹉	Orange-bellied Parrot	分布: 4

Neophema pulchella	绿宝石鹦鹉	Turquoise Parrot	分布: 4
Neophema splendida	红胁鹦鹉	Scarlet-chested Parrot	分布: 4
Oreopsittacus arfaki	紫颊鹦鹉	Plum-faced Lorikeet	分布: 4
Charmosyna palmarum	棕榈鹦鹉	Palm Lorikeet	分布: 4
Charmosyna rubrigularis	红颏鹦鹉	Red-chinned Lorikeet	分布: 4
Charmosyna meeki	米氏鹦鹉	Meek's Lorikeet	分布: 4
Charmosyna toxopei	蓝额鹦鹉	Blue-fronted Lorikeet	分布: 4
Charmosyna multistriata	纵纹鹦鹉	Striated Lorikeet	分布: 4
Charmosyna wilhelminae	威氏鹦鹉	Pygmy Lorikeet	分布: 4
Charmosyna rubronotata	红斑鹦鹉	Red-spotted Lorikeet	分布: 4
Charmosyna placentis	蓝脸鹦鹉	Red-flanked Lorikeet	分布: 4
Charmosyna diadema	新喀岛蓝额鹦鹉	New Caledonian Lorikeet	分布: 4
Charmosyna amabilis	红喉鹦鹉	Red-throated Lorikeet	分布: 4
Charmosyna margarethae	贵妃鹦鹉	Duchess Lorikeet	分布: 4
Charmosyna pulchella	仙鹦鹉	Fairy Lorikeet	分布: 4
Charmosyna josefinae	约氏鹦鹉	Josephine's Lory	分布: 4
Charmosyna papou	巴布亚鹦鹉	Papuan Lory	分布: 4
Vini australis	蓝冠鹦鹉	Blue-crowned Lorikeet	分布: 4
Vini kuhlii	库氏鹦鹉	Kuhl's Lorikeet	分布: 4
Vini stepheni	斯氏鹦鹉	Stephen's Lorikeet	分布: 4
Vini peruviana	蓝鹦鹉	Blue Lorikeet	分布: 4
Vini ultramarina	翠蓝鹦鹉	Ultramarine Lorikeet	分布: 4
Phigys solitarius	绿领鹦鹉	Collared Lory	分布: 4
Neopsittacus musschenbroekii	马氏鹦鹉	Musschenbroek's Lorikeet	分布: 4
Neopsittacus pullicauda	翠绿鹦鹉	Emerald Lorikeet	分布: 4
Glossopsitta pusilla	姬鹦鹉	Little Lorikeet	分布: 4
Glossopsitta porphyrocephala	紫顶鹦鹉	Purple-crowned Lorikeet	分布: 4
Glossopsitta concinna	红耳绿鹦鹉	Musk Lorikeet	分布: 4
Lorius garrulus	噪鹦鹉	Chattering Lory	分布: 4
Lorius domicella	紫枕鹦鹉	Purple-naped Lory	分布: 4
Lorius lory	黑顶鹦鹉	Black-capped Lory	分布: 4
Lorius hypoinochrous	紫腹鹦鹉	Purple-bellied Lory	分布: 4
Lorius albidinucha	白枕鹦鹉	White-naped Lory	分布: 4
Lorius chlorocercus	黄领鹦鹉	Yellow-bibbed Lory	分布: 4
Chalcopsitta atra	黑鹦鹉	Black Lory	分布: 4
Chalcopsitta duivenbodei	黄额褐鹦鹉	Brown Lory	分布: 4
Chalcopsitta scintillata	黄纹绿鹦鹉	Yellow-streaked Lory	分布: 4
Chalcopsitta cardinalis	暗红鹦鹉	Cardinal Lory	分布: 4
Pseudeos fuscata	烟色鹦鹉	Dusky Lory	分布: 4
Psitteuteles versicolor	丽色鹦鹉	Varied Lorikeet	分布: 4
Psitteuteles iris	五彩鹦鹉	Iris Lorikeet	分布: 4
Psitteuteles goldiei	戈氏鹦鹉	Goldie's Lorikeet	分布: 4

Eos histrio	红蓝鹦鹉	Red-and-blue Lory	分布: 4
Eos squamata	紫颈鹦鹉	Violet-necked Lory	分布: 4
Eos bornea	红鹦鹉	Red Lory	分布: 4
Eos reticulata	蓝纹鹦鹉	Blue-streaked Lory	分布: 4
Eos cyanogenia	黑翅鹦鹉	Black-winged Lory	分布: 4
Eos semilarvata	蓝耳鹦鹉	Blue-eared Lory	分布: 4
Trichoglossus ornatus	华丽鹦鹉	Ornate Lorikeet	分布: 4
Trichoglossus forsteni	红胸鹦鹉	Sunset Lorikeet	分布: 4
Trichoglossus weberi	弗岛鹦鹉	Leaf Lorikeet	分布: 4
Trichoglossus capistratus	黄胸鹦鹉	Marigold Lorikeet	分布: 4
Trichoglossus haematodus	椰果鹦鹉	Coconut Lorikeet	分布: 4
Trichoglossus rosenbergii	拜岛鹦鹉	Biak Lorikeet	分布: 4
Trichoglossus moluccanus	彩虹吸蜜鹦鹉	Rainbow Lorikeet	分布: 4
Trichoglossus rubritorquis	红领鹦鹉	Red-collared Lorikeet	分布: 4
Trichoglossus euteles	褐头绿鹦鹉	Olive-headed Lorikeet	分布: 4
Trichoglossus flavoviridis	黄绿鹦鹉	Yellow-and-green Lorikeet	分布: 4
Trichoglossus johnstoniae	红喉绿鹦鹉	Mindanao Lorikeet	分布: 2
Trichoglossus rubiginosus	紫红鹦鹉	Pohnpei Lorikeet	分布: 4
Trichoglossus chlorolepidotus	鳞胸鹦鹉	Scaly-breasted Lorikeet	分布: 4
Melopsittacus undulatus	虎皮鹦鹉	Budgerigar	分布: 4
Psittaculirostris desmarestii	德氏果鹦鹉	Desmarest's Fig-parrot	分布: 4
Psittaculirostris edwardsii	爱氏果鹦鹉	Edwards's Fig-parrot	分布: 4
Psittaculirostris salvadorii	萨氏果鹦鹉	Salvadori's Fig-parrot	分布: 4
Cyclopsitta gulielmitertii	橙胸果鹦鹉	Orange-breasted Fig-parrot	分布: 4
Cyclopsitta nigrifrons	黑额果鹦鹉	Black-fronted Fig-parrot	分布: 4
Cyclopsitta diophthalma	红脸果鹦鹉	Red-faced Fig-parrot	分布: 4
Bolbopsittacus lunulatus	菲律宾鹦鹉	Guaiabero	分布: 2
Loriculus vernalis	短尾鹦鹉	Vernal Hanging Parrot	分布: 2; C
Loriculus beryllinus	斯里兰卡短尾鹦鹉	Ceylon Hanging Parrot	分布: 2
Loriculus philippensis	菲律宾短尾鹦鹉	Philippine Hanging Parrot	分布: 2
Loriculus camiguinensis	卡米金短尾鹦鹉	Camiguin Hanging Parrot	分布: 2
Loriculus galgulus	蓝顶短尾鹦鹉	Blue-crowned Hanging Parrot	分布: 2
Loriculus stigmatus	苏拉短尾鹦鹉	Celebes Hanging Parrot	分布: 4
Loriculus amabilis	摩鹿加短尾鹦鹉	Moluccan Hanging Parrot	分布: 4
Loriculus sclateri	红背短尾鹦鹉	Sula Hanging Parrot	分布: 4
Loriculus catamene	桑岛短尾鹦鹉	Sangihe Hanging Parrot	分布: 4
Loriculus aurantiifrons	橙额短尾鹦鹉	Orange-fronted Hanging Parrot	分布: 4
Loriculus tener	绿额短尾鹦鹉	Green-fronted Hanging Parrot	分布: 4
Loriculus exilis	绿短尾鹦鹉	Green Hanging Parrot	分布: 4
Loriculus pusillus	黄喉短尾鹦鹉	Yellow-throated Hanging Parrot	分布: 2
Loriculus flosculus	瓦氏短尾鹦鹉	Wallace's Hanging Parrot	分布: 4
Agapornis canus	灰头牡丹鹦鹉	Grey-headed Lovebird	分布: 3

Agapornis pullarius	红脸牡丹鹦鹉	Red-faced Lovebird	分布: 3
Agapornis taranta	黑翅牡丹鹦鹉	Black-winged Lovebird	分布: 3
Agapornis swindernianus	黑领牡丹鹦鹉	Black-collared Lovebird	分布: 3
Agapornis roseicollis	粉脸牡丹鹦鹉	Rosy-faced Lovebird	分布: 3
Agapornis fischeri	费氏牡丹鹦鹉	Fisher's Lovebird	分布: 3
Agapornis personatus	黄领牡丹鹦鹉	Yellow-collared Lovebird	分布: 3
Agapornis lilianae	尼亚萨牡丹鹦鹉	Nyasa Lovebird	分布: 3
Agapornis nigrigenis	黑脸牡丹鹦鹉	Black-cheeked Lovebird	分布: 3
Polytelis swainsonii	靓鹦鹉	Superb Parrot	分布: 4
Polytelis anthopeplus	黄鹦鹉	Regent Parrot	分布: 4
Polytelis alexandrae	公主鹦鹉	Princess Parrot	分布: 4
Alisterus amboinensis	安汶王鹦鹉	Amboina King Parrot	分布: 4
Alisterus chloropterus	绿翅王鹦鹉	Green-winged King Parrot	分布: 4
Alisterus scapularis	澳洲王鹦鹉	Australian King Parrot	分布: 4
Aprosmictus jonquillaceus	帝汶红翅鹦鹉	Timor Red-winged Parrot	分布: 4
Aprosmictus erythropterus	红翅鹦鹉	Red-winged Parrot	分布: 4
Prioniturus mada	布岛扇尾鹦鹉	Buru Racket-tail	分布: 4
Prioniturus platurus	金肩扇尾鹦鹉	Golden-mantled Racket-tail	分布: 4
Prioniturus waterstradti	棉岛扇尾鹦鹉	Mindanao Racket-tail	分布: 2
Prioniturus montanus	山扇尾鹦鹉	Mountain Racket-tail	分布: 2
Prioniturus platenae	巴拉望扇尾鹦鹉	Palawan Racket-tail	分布: 2
Prioniturus mindorensis	民岛扇尾鹦鹉	Mindoro Racquet-tail	分布: 2
Prioniturus verticalis	苏禄扇尾鹦鹉	Blue-winged Racket-tail	分布: 2
Prioniturus flavicans	红斑扇尾鹦鹉	Yellowish-breasted Racket-tail	分布: 4
Prioniturus luconensis	绿扇尾鹦鹉	Green Racket-tail	分布: 2
Prioniturus discurus	蓝冠扇尾鹦鹉	Blue-crowned Racket-tail	分布: 2
Eclectus roratus	红胁绿鹦鹉	Eclectus Parrot	分布: 4
Eclectus cornelia	松巴红胁绿鹦鹉	Sumba Eclectus	分布: 4
Geoffroyus geoffroyi	红脸鹦鹉	Red-cheeked Parrot	分布: 4
Geoffroyus simplex	蓝领鹦鹉	Blue-collared Parrot	分布: 4
Geoffroyus heteroclitus	歌鹦鹉	Singing Parrot	分布: 4
Psittinus cyanurus	蓝腰鹦鹉	Blue-rumped Parrot	分布: 2; C
Psittinus abbotti	锡米卢鹦鹉	Simeulue Parrot	分布: 2
Tanygnathus megalorynchos	巨嘴鹦鹉	Great-billed Parrot	分布: 4
Tanygnathus lucionensis	蓝颈鹦鹉	Blue-naped Parrot	分布: 2
Tanygnathus sumatranus	蓝背鹦鹉	Bull-backed Parrot	分布: 2, 4
Tanygnathus gramineus	黑眼先鹦鹉	Black-lored Parrot	分布: 4
Psittacula finschii	灰头鹦鹉	Grey-headed Parakeet	分布: 2; C
Psittacula himalayana	青头鹦鹉	Slaty-headed Parakeet	分布: 2; C
Psittacula roseata	花头鹦鹉	Blossom-headed Parakeet	分布: 2; C

Psittacula cyanocephala	紫头鹦鹉	Plum-headed Parakeet	分布: 2
Psittacula alexandri	绯胸鹦鹉	Red-breasted Parakeet	分布: 2, 4; C
Psittacula derbiana	大紫胸鹦鹉	Derbyan Parakeet	分布: 2; C
Psittacula longicauda	长尾鹦鹉	Long-tailed Parakeet	分布: 2
Psittacula columboides	马拉巴鹦鹉	Malabar Parakeet	分布: 2
Psittacula calthrapae	艳绿领鹦鹉	Emerald-collared Parakeet	分布: 2
Psittacula eupatria	亚历山大鹦鹉	Alexandrine Parakeet	分布: 2; C
Psittacula krameri	红领绿鹦鹉	Rose-ringed Parakeet	分布: 2, 3; C
Psittacula eques	毛里求斯鹦鹉	Mauritius Parakeet	分布: 3
Psittacula caniceps	布莱氏鹦鹉	Blyth's Parakeet	分布: 2
Psittacella brehmii	布氏鹦鹉	Brehm's Parrot	分布: 4
Psittacella picta	彩鹦鹉	Painted Parrot	分布: 4
Psittacella modesta	羞怯鹦鹉	Modest Parrot	分布: 4
Psittacella madaraszi	纹背绿鹦鹉	Madarasz's Parrot	分布: 4
Micropsitta keiensis	黄顶侏鹦鹉	Yellow-capped Pygmy Parrot	分布: 4
Micropsitta geelvinkiana	杰文侏鹦鹉	Geelvink Pygmy Parrot	分布: 4
Micropsitta pusio	棕脸侏鹦鹉	Buff-faced Pygmy Parrot	分布: 4
Micropsitta meeki	米氏侏鹦鹉	Meek's Pygmy Parrot	分布: 4
Micropsitta finschii	芬氏侏鹦鹉	Finsch's Pygmy Parrot	分布: 4
Micropsitta bruijnii	红胸侏鹦鹉	Red-breasted Pygmy Parrot	分布: 4

XXXVI 雀形目 Passeriformes

1. 刺鹩科 Acanthisittidae (New Zealand Wrens) 2 属 2 种

| *Acanthisitta chloris* | 刺鹩 | Rifleman | 分布: 4 |
| *Xenicus gilviventris* | 新西兰岩鹩 | New Zealand Rockwren | 分布: 4 |

2. 八色鸫科 Pittidae (Pittas) 3 属 42 种

Hydrornis phayrei	双辫八色鸫	Eared Pitta	分布: 2; C
Hydrornis nipalensis	蓝枕八色鸫	Blue-naped Pitta	分布: 2; C
Hydrornis soror	蓝背八色鸫	Blue-rumped Pitta	分布: 2; C
Hydrornis oatesi	栗头八色鸫	Rusty-naped Pitta	分布: 2; C
Hydrornis schneideri	施氏八色鸫	Schneider's Pitta	分布: 2
Hydrornis caeruleus	大蓝八色鸫	Giant Pitta	分布: 2
Hydrornis baudii	蓝头八色鸫	Blue-headed Pitta	分布: 2
Hydrornis cyaneus	蓝八色鸫	Blue Pitta	分布: 2; C
Hydrornis elliotii	斑腹八色鸫	Bar-bellied Pitta	分布: 2
Hydrornis guajanus	蓝尾八色鸫	Javan Banded Pitta	分布: 2
Hydrornis irena	马来蓝尾八色鸫	Malay Banded Pitta	分布: 2
Hydrornis schwaneri	婆罗蓝尾八色鸫	Bornean Banded Pitta	分布: 2
Hydrornis gurneyi	泰国八色鸫	Gurney's Pitta	分布: 2

Erythropitta kochi	吕宋八色鸫	Whiskered Pitta	分布: 2
Erythropitta erythrogaster	红胸八色鸫	Philippine Pitta	分布: 2, 4
Erythropitta dohertyi	苏拉岛八色鸫	Sula Pitta	分布: 4
Erythropitta celebensis	苏拉威西八色鸫	Sulawesi Pitta	分布: 4
Erythropitta palliceps	西岛八色鸫	Siau Pitta	分布: 4
Erythropitta caeruleitorques	桑岛八色鸫	Sangihe Pitta	分布: 4
Erythropitta rubrinucha	南摩鹿加八色鸫	South Moluccan Pitta	分布: 4
Erythropitta rufiventris	北摩鹿加八色鸫	North Moluccan Pitta	分布: 4
Erythropitta meeki	罗岛八色鸫	Louisiade Pitta	分布: 4
Erythropitta novaehibernicae	比岛八色鸫	New Ireland Pitta	分布: 4
Erythropitta macklotii	巴布亚八色鸫	Papuan Pitta	分布: 4
Erythropitta arquata	蓝斑八色鸫	Blue-banded Pitta	分布: 2
Erythropitta granatina	榴红八色鸫	Garnet Pitta	分布: 2
Erythropitta venusta	黑冠八色鸫	Graceful Pitta	分布: 2
Erythropitta ussheri	黑头八色鸫	Black-crowned Pitta	分布: 2
Pitta sordida	绿胸八色鸫	Western Hooded Pitta	分布: 2, 4; C
Pitta maxima	白胸八色鸫	Ivory-breasted Pitta	分布: 4
Pitta steerii	蓝胸八色鸫	Azure-breasted Pitta	分布: 2
Pitta superba	靓八色鸫	Superb Pitta	分布: 4
Pitta angolensis	非洲八色鸫	African Pitta	分布: 3
Pitta reichenowi	非洲绿胸八色鸫	Green-breasted Pitta	分布: 3
Pitta brachyura	蓝翅八色鸫	Indian Pitta	分布: 2; C
Pitta nympha	仙八色鸫	Fairy Pitta	分布: 1, 2; C
Pitta moluccensis	马来八色鸫	Blue-winged Pitta	分布: 2, 4
Pitta megarhyncha	红树八色鸫	Mangrove Pitta	分布: 2
Pitta elegans	华丽八色鸫	Elegant Pitta	分布: 2, 4
Pitta iris	彩虹八色鸫	Rainbow Pitta	分布: 4
Pitta versicolor	噪八色鸫	Noisy Pitta	分布: 4
Pitta anerythra	黑脸八色鸫	Black-faced Pitta	分布: 4

3. 裸眉鸫科 **Philepittidae** (Asities) 2 属 4 种

Philepitta castanea	紫黑裸眉鸫	Velvet Asity	分布: 3
Philepitta schlegeli	施氏裸眉鸫	Schlegel's Asity	分布: 3
Neodrepanis coruscans	弯嘴裸眉鸫	Common Sunbird-asity	分布: 3
Neodrepanis hypoxantha	小弯嘴裸眉鸫	Yellow-bellied Sunbird-asity	分布: 3

4. 阔嘴鸟科 **Eurylaimidae** (Typical Broadbills) 7 属 9 种

Cymbirhynchus macrorhynchos	黑红阔嘴鸟	Black-and-red Broadbill	分布: 2
Psarisomus dalhousiae	长尾阔嘴鸟	Long-tailed Broadbill	分布: 2; C
Serilophus lunatus	银胸丝冠鸟	Silver-breasted Broadbill	分布: 2; C
Eurylaimus javanicus	带斑阔嘴鸟	Javan Broadbill	分布: 2
Eurylaimus ochromalus	黑黄阔嘴鸟	Black-and-yellow Broadbill	分布: 2
Sarcophanops steerii	肉垂阔嘴鸟	Mindanao Wattled Broadbill	分布: 2

Sarcophanops samarensis	米岛阔嘴鸟	Visayan Wattled Broadbill	分布: 2
Corydon sumatranus	暗色阔嘴鸟	Dusky Broadbill	分布: 2
Pseudocalyptomena graueri	非洲绿阔嘴鸟	Grauer's Broadbill	分布: 3

5. 阔嘴霸鹟科 Sapayoidae (Sapayoa) 1 属 1 种

| *Sapayoa aenigma* | 阔嘴霸鹟 | Sapayoa | 分布: 6 |

6. 非洲阔嘴鸟科 Calyptomenidae (African Broadbills) 2 属 6 种

Smithornis capensis	非洲阔嘴鸟	African Broadbill	分布: 3
Smithornis sharpei	灰头阔嘴鸟	Grey-headed Broadbill	分布: 3
Smithornis rufolateralis	棕胁阔嘴鸟	Rufous-sided Broadbill	分布: 3
Calyptomena viridis	绿阔嘴鸟	Green Broadbill	分布: 2
Calyptomena hosii	丽绿阔嘴鸟	Hose's Broadbill	分布: 2
Calyptomena whiteheadi	黑喉绿阔嘴鸟	Whitehead's Broadbill	分布: 2

7. 蚁鸭科 Thamnophilidae (Typical Antwrens) 61 属 232 种

Euchrepomis callinota	棕腰蚁鹩	Rufous-rumped Antwren	分布: 6
Euchrepomis humeralis	栗肩蚁鹩	Chestnut-shouldered Antwren	分布: 6
Euchrepomis sharpei	黄腰蚁鹩	Yellow-rumped Antwren	分布: 6
Euchrepomis spodioptila	灰翅蚁鹩	Ash-winged Antwren	分布: 6
Myrmornis torquata	斑翅蚁鸟	Southern Wing-banded Antbird	分布: 6
Pygiptila stellaris	点翅蚁鹃	Spot-winged Antshrike	分布: 6
Thamnistes anabatinus	褐蚁鹃	Western Russet Antshrike	分布: 6
Microrhopias quixensis	斑翅蚁鹩	Dot-winged Antwren	分布: 6
Neoctantes niger	黑丛蚁鹃	Black Bushbird	分布: 6
Clytoctantes alixii	翘嘴丛蚁鹃	Recurve-billed Bushbird	分布: 6
Clytoctantes atrogularis	丛蚁鹃	Rondonia Bushbird	分布: 6
Epinecrophylla fulviventris	格喉蚁鹩	Checker-throated Antwren	分布: 6
Epinecrophylla gutturalis	褐腹蚁鹩	Brown-bellied Antwren	分布: 6
Epinecrophylla leucophthalma	白眼蚁鹩	White-eyed Antwren	分布: 6
Epinecrophylla haematonota	斑喉蚁鹩	Western Stipple-throated Antwren	分布: 6
Epinecrophylla spodionota	低山蚁鹩	Foothill Antwren	分布: 6
Epinecrophylla ornata	丽蚁鹩	Western Ornate Antwren	分布: 6
Epinecrophylla erythrura	棕尾蚁鹩	Rufous-tailed Antwren	分布: 6
Myrmorchilus strigilatus	纹背蚁鹩	Stripe-backed Antbird	分布: 6
Aprositornis disjuncta	委内瑞拉蚁鸟	Yapacana Antbird	分布: 6
Ammonastes pelzelni	灰腹蚁鸟	Grey-bellied Antbird	分布: 6
Myrmophylax atrothorax	黑喉蚁鸟	Black-throated Antbird	分布: 6
Myrmotherula ignota	须蚁鹩	Moustached Antwren	分布: 6
Myrmotherula brachyura	姬蚁鹩	Pygmy Antwren	分布: 6
Myrmotherula surinamensis	纵纹蚁鹩	Guianan Streaked Antwren	分布: 6
Myrmotherula multostriata	亚马孙纵纹蚁鹩	Amazonian Streaked Antwren	分布: 6
Myrmotherula pacifica	太平洋纵纹蚁鹩	Pacific Antwren	分布: 6

Myrmotherula cherriei	红蚁䴕	Cherrie's Antwren	分布: 6
Myrmotherula klagesi	凯氏蚁䴕	Klages's Antwren	分布: 6
Myrmotherula longicauda	纹胸蚁䴕	Stripe-chested Antwren	分布: 6
Myrmotherula ambigua	黄喉蚁䴕	Yellow-throated Antwren	分布: 6
Myrmotherula sclateri	巴西蚁䴕	Sclater's Antwren	分布: 6
Myrmotherula axillaris	白胁蚁䴕	White-flanked Antwren	分布: 6
Myrmotherula luctuosa	银胁蚁䴕	Silvery-flanked Antwren	分布: 6
Myrmotherula schisticolor	蓝灰蚁䴕	Slaty Antwren	分布: 6
Myrmotherula sunensis	南美蚁䴕	Rio Suno Antwren	分布: 6
Myrmotherula minor	小蚁䴕	Salvadori's Antwren	分布: 6
Myrmotherula longipennis	长翅蚁䴕	Long-winged Antwren	分布: 6
Myrmotherula urosticta	斑尾蚁䴕	Band-tailed Antwren	分布: 6
Myrmotherula iheringi	亚马孙蚁䴕	Ihering's Antwren	分布: 6
Myrmotherula fluminensis	里约蚁䴕	Rio de Janeiro Antwren	分布: 6
Myrmotherula grisea	淡灰蚁䴕	Ashy Antwren	分布: 6
Myrmotherula unicolor	纯色蚁䴕	Unicolored Antwren	分布: 6
Myrmotherula snowi	阿拉蚁䴕	Alagoas Antwren	分布: 6
Myrmotherula behni	纯色翅蚁䴕	Plain-winged Antwren	分布: 6
Myrmotherula menetriesii	灰蚁䴕	Grey Antwren	分布: 6
Myrmotherula assimilis	铅色蚁䴕	Leaden Antwren	分布: 6
Terenura maculata	纹顶蚁䴕	Streak-capped Antwren	分布: 6
Terenura sicki	橙腹蚁䴕	Orange-bellied Antwren	分布: 6
Myrmochanes hemileucus	黑白蚁鸟	Black-and-white Antbird	分布: 6
Formicivora iheringi	狭嘴蚁䴕	Narrow-billed Antwren	分布: 6
Formicivora erythronotos	黑巾蚁䴕	Black-hooded Antwren	分布: 6
Formicivora grisea	南白胁蚁䴕	Southern White-fringed Antwren	分布: 6
Formicivora intermedia	北白胁蚁䴕	Northern White-fringed Antwren	分布: 6
Formicivora serrana	赛亚蚁䴕	Serra Antwren	分布: 6
Formicivora melanogaster	黑腹蚁䴕	Black-bellied Antwren	分布: 6
Formicivora rufa	褐背蚁䴕	Rusty-backed Antwren	分布: 6
Formicivora grantsaui	格氏蚁䴕	Sincora Antwren	分布: 6
Formicivora acutirostris	巴拉那蚁䴕	Marsh Antwren	分布: 6
Dichrozona cincta	斑纹蚁鸟	Banded Antbird	分布: 6
Rhopias gularis	星喉蚁䴕	Star-throated Antwren	分布: 6
Isleria hauxwelli	淡喉蚁䴕	Plain-throated Antwren	分布: 6
Isleria guttata	棕腹蚁䴕	Rufous-bellied Antwren	分布: 6
Thamnomanes ardesiacus	灰喉蚁鵙	Dusky-throated Antshrike	分布: 6
Thamnomanes saturninus	暗色蚁鵙	Saturnine Antshrike	分布: 6
Thamnomanes caesius	灰蚁鵙	Cinereous Antshrike	分布: 6
Thamnomanes schistogynus	蓝蚁鵙	Bluish-slate Antshrike	分布: 6
Megastictus margaritatus	珠翅蚁鵙	Pearly Antshrike	分布: 6
Herpsilochmus pileatus	乌顶蚁䴕	Bahia Antwren	分布: 6

Herpsilochmus sellowi	卡廷加蚁鹩	Caatinga Antwren	分布: 6
Herpsilochmus atricapillus	黑顶蚁鹩	Black-capped Antwren	分布: 6
Herpsilochmus stotzi	白喉蚁鹩	Aripuana Antwren	分布: 6
Herpsilochmus praedictus	棕额蚁鹩	Predicted Antwren	分布: 6
Herpsilochmus motacilloides	白腹蚁鹩	Creamy-bellied Antwren	分布: 6
Herpsilochmus parkeri	灰喉蚁鹩	Ash-throated Antwren	分布: 6
Herpsilochmus sticturus	点斑尾蚁鹩	Spot-tailed Antwren	分布: 6
Herpsilochmus dugandi	杜氏蚁鹩	Dugand's Antwren	分布: 6
Herpsilochmus stictocephalus	托氏蚁鹩	Todd's Antwren	分布: 6
Herpsilochmus dorsimaculatus	斑背蚁鹩	Spot-backed Antwren	分布: 6
Herpsilochmus roraimae	罗来曼蚁鹩	Roraiman Antwren	分布: 6
Herpsilochmus pectoralis	饰胸蚁鹩	Pectoral Antwren	分布: 6
Herpsilochmus longirostris	大嘴蚁鹩	Large-billed Antwren	分布: 6
Herpsilochmus gentryi	原蚁鹩	Ancient Antwren	分布: 6
Herpsilochmus axillaris	黄胸蚁鹩	Yellow-breasted Antwren	分布: 6
Herpsilochmus rufimarginatus	棕翅蚁鹩	Southern Rufous-winged Antwren	分布: 6
Dysithamnus stictothorax	斑胸蚁鵙	Spot-breasted Antvireo	分布: 6
Dysithamnus mentalis	淡色蚁鵙	Plain Antvireo	分布: 6
Dysithamnus striaticeps	纹冠蚁鵙	Streak-crowned Antvireo	分布: 6
Dysithamnus puncticeps	斑点冠蚁鵙	Spot-crowned Antvireo	分布: 6
Dysithamnus xanthopterus	棕背蚁鵙	Rufous-backed Antvireo	分布: 6
Dysithamnus occidentalis	西蚁鵙	Bicolored Antvireo	分布: 6
Dysithamnus plumbeus	铅色蚁鵙	Plumbeous Antvireo	分布: 6
Dysithamnus leucostictus	白纹蚁鵙	White-streaked Antvireo	分布: 6
Thamnophilus bernardi	领蚁鵙	Collared Antshrike	分布: 6
Thamnophilus melanonotus	黑背蚁鵙	Black-backed Antshrike	分布: 6
Thamnophilus melanothorax	斑尾蚁鵙	Band-tailed Antshrike	分布: 6
Thamnophilus doliatus	横斑蚁鵙	Barred Antshrike	分布: 6
Thamnophilus zarumae	查氏蚁鵙	Chapman's Antshrike	分布: 6
Thamnophilus multistriatus	斑冠蚁鵙	Bar-crested Antshrike	分布: 6
Thamnophilus tenuepunctatus	线纹蚁鵙	Lined Antshrike	分布: 6
Thamnophilus palliatus	栗背蚁鵙	Chestnut-backed Antshrike	分布: 6
Thamnophilus bridgesi	黑头蚁鵙	Black-hooded Antshrike	分布: 6
Thamnophilus nigriceps	黑蚁鵙	Black Antshrike	分布: 6
Thamnophilus praecox	厄瓜多尔蚁鵙	Cocha Antshrike	分布: 6
Thamnophilus nigrocinereus	黑灰蚁鵙	Blackish-grey Antshrike	分布: 6
Thamnophilus cryptoleucus	卡氏蚁鵙	Castelnau's Antshrike	分布: 6
Thamnophilus aethiops	白肩蚁鵙	White-shouldered Antshrike	分布: 6
Thamnophilus unicolor	纯色蚁鵙	Uniform Antshrike	分布: 6
Thamnophilus schistaceus	黑顶蚁鵙	Plain-winged Antshrike	分布: 6
Thamnophilus murinus	鼠灰蚁鵙	Mouse-colored Antshrike	分布: 6
Thamnophilus aroyae	山蚁鵙	Upland Antshrike	分布: 6

Thamnophilus atrinucha	西蓝灰蚁鵙	Black-crowned Antshrike	分布: 6
Thamnophilus punctatus	蓝灰蚁鵙	Northern Slaty Antshrike	分布: 6
Thamnophilus stictocephalus	纳氏蚁鵙	Natterer's Slaty Antshrike	分布: 6
Thamnophilus sticturus	玻利维亚蚁鵙	Bolivian Slaty Antshrike	分布: 6
Thamnophilus pelzelni	高原蚁鵙	Planalto Slaty Antshrike	分布: 6
Thamnophilus ambiguus	索瑞蚁鵙	Sooretama Slaty Antshrike	分布: 6
Thamnophilus amazonicus	亚马孙蚁鵙	Amazonian Antshrike	分布: 6
Thamnophilus divisorius	橙腹蚁鵙	Acre Antshrike	分布: 6
Thamnophilus insignis	纹背蚁鵙	Streak-backed Antshrike	分布: 6
Thamnophilus caerulescens	杂色蚁鵙	Variable Antshrike	分布: 6
Thamnophilus torquatus	棕翅蚁鵙	Rufous-winged Antshrike	分布: 6
Thamnophilus ruficapillus	棕顶蚁鵙	Southern Rufous-capped Antshrike	分布: 6
Sakesphorus canadensis	黑冠蚁鵙	Black-crested Antshrike	分布: 6
Sakesphorus cristatus	银颊蚁鵙	Silvery-cheeked Antshrike	分布: 6
Sakesphorus luctuosus	辉蚁鵙	Glossy Antshrike	分布: 6
Biatas nigropectus	白须蚁鵙	White-bearded Antshrike	分布: 6
Cymbilaimus lineatus	带斑蚁鵙	Fasciated Antshrike	分布: 6
Cymbilaimus sanctaemariae	竹蚁鵙	Bamboo Antshrike	分布: 6
Taraba major	大蚁鵙	Great Antshrike	分布: 6
Mackenziaena leachii	大尾蚁鵙	Large-tailed Antshrike	分布: 6
Mackenziaena severa	须蚁鵙	Tufted Antshrike	分布: 6
Frederickena viridis	黑喉蚁鵙	Black-throated Antshrike	分布: 6
Frederickena unduliger	波纹蚁鵙	Undulated Antshrike	分布: 6
Frederickena fulva	茶色蚁鵙	Fulvous Antshrike	分布: 6
Hypoedaleus guttatus	斑背蚁鵙	Spot-backed Antshrike	分布: 6
Batara cinerea	巨蚁鵙	Giant Antshrike	分布: 6
Xenornis setifrons	点胸蚁鵙	Spiny-faced Antshrike	分布: 6
Pithys albifrons	白羽蚁鸟	White-plumed Antbird	分布: 6
Pithys castaneus	白脸蚁鸟	White-masked Antbird	分布: 6
Phaenostictus mcleannani	眼斑蚁鸟	Ocellated Antbird	分布: 6
Gymnopithys bicolor	双色蚁鸟	Bicolored Antbird	分布: 6
Gymnopithys leucaspis	白颊蚁鸟	White-cheeked Antbird	分布: 6
Gymnopithys rufigula	棕喉蚁鸟	Rufous-throated Antbird	分布: 6
Oneillornis salvini	白喉蚁鸟	White-throated Antbird	分布: 6
Oneillornis lunulatus	月斑蚁鸟	Lunulated Antbird	分布: 6
Rhegmatorhina gymnops	裸眼蚁鸟	Bare-eyed Antbird	分布: 6
Rhegmatorhina berlepschi	橙颊蚁鸟	Harlequin Antbird	分布: 6
Rhegmatorhina hoffmannsi	白胸蚁鸟	White-breasted Antbird	分布: 6
Rhegmatorhina cristata	栗冠蚁鸟	Chestnut-crested Antbird	分布: 6
Rhegmatorhina melanosticta	发冠蚁鸟	Hairy-crested Antbird	分布: 6
Phlegopsis nigromaculata	黑斑裸眼蚁鸟	Black-spotted Bare-eye	分布: 6
Phlegopsis erythroptera	红翅裸眼蚁鸟	Reddish-winged Bare-eye	分布: 6

Phlegopsis borbae	灰脸裸眼蚁鸟	Pale-faced Bare-eye	分布: 6
Willisornis poecilinotus	鳞背蚁鸟	Common Scale-backed Antbird	分布: 6
Willisornis vidua	新谷鳞背蚁鸟	Xingu Scale-backed Antbird	分布: 6
Drymophila ferruginea	赤褐蚁鸟	Ferruginous Antbird	分布: 6
Drymophila rubricollis	伯氏蚁鸟	Bertoni's Antbird	分布: 6
Drymophila genei	棕尾蚁鸟	Rufous-tailed Antbird	分布: 6
Drymophila ochropyga	赭腰蚁鸟	Ochre-rumped Antbird	分布: 6
Drymophila malura	暗尾蚁鸟	Dusky-tailed Antbird	分布: 6
Drymophila squamata	鳞斑蚁鸟	Scaled Antbird	分布: 6
Drymophila devillei	条纹蚁鸟	Striated Antbird	分布: 6
Drymophila hellmayri	圣马塔蚁鸟	Santa Marta Antbird	分布: 6
Drymophila klagesi	克氏蚁鸟	Klages's Antbird	分布: 6
Drymophila caudata	长尾蚁鸟	East Andean Antbird	分布: 6
Drymophila striaticeps	纹头蚁鸟	Streak-headed Antbird	分布: 6
Hypocnemis cantator	歌蚁鸟	Guianan Antwarbler	分布: 6
Hypocnemis flavescens	淡胸歌蚁鸟	Imeri Antwarbler	分布: 6
Hypocnemis peruviana	秘鲁歌蚁鸟	Peruvian Antwarbler	分布: 6
Hypocnemis subflava	黄胸歌蚁鸟	Yellow-breasted Antwarbler	分布: 6
Hypocnemis ochrogyna	赭背歌蚁鸟	Rondonia Antwarbler	分布: 6
Hypocnemis striata	斯氏歌蚁鸟	Spix's Antwarbler	分布: 6
Hypocnemis rondoni	棕尾歌蚁鸟	Manicore Antwarbler	分布: 6
Hypocnemis hypoxantha	黄眉歌蚁鸟	Yellow-browed Antwarbler	分布: 6
Sciaphylax hemimelaena	南栗尾蚁鸟	Southern Chestnut-tailed Antbird	分布: 6
Sciaphylax castanea	北栗尾蚁鸟	Northern Chestnut-tailed Antbird	分布: 6
Cercomacroides laeta	威氏蚁鸟	Willis's Antbird	分布: 6
Cercomacroides parkeri	帕氏蚁鸟	Parker's Antbird	分布: 6
Cercomacroides nigrescens	淡黑蚁鸟	Blackish Antbird	分布: 6
Cercomacroides fuscicauda	河岸蚁鸟	Riparian Antbird	分布: 6
Cercomacroides tyrannina	暗蚁鸟	Dusky Antbird	分布: 6
Cercomacroides serva	黑蚁鸟	Black Antbird	分布: 6
Cercomacra manu	马努蚁鸟	Manu Antbird	分布: 6
Cercomacra brasiliana	里约蚁鸟	Rio de Janeiro Antbird	分布: 6
Cercomacra cinerascens	灰蚁鸟	Grey Antbird	分布: 6
Cercomacra melanaria	马托蚁鸟	Mato Grosso Antbird	分布: 6
Cercomacra ferdinandi	巴纳蚁鸟	Bananal Antbird	分布: 6
Cercomacra nigricans	辉黑蚁鸟	Jet Antbird	分布: 6
Cercomacra carbonaria	巴西蚁鸟	Rio Branco Antbird	分布: 6
Myrmoderus ferrugineus	棕背蚁鸟	Ferruginous-backed Antbird	分布: 6
Myrmoderus ruficauda	扇尾蚁鸟	Scalloped Antbird	分布: 6
Myrmoderus loricatus	白枕蚁鸟	White-bibbed Antbird	分布: 6
Myrmoderus squamosus	鳞纹蚁鸟	Squamate Antbird	分布: 6
Hypocnemoides melanopogon	黑颏蚁鸟	Black-chinned Antbird	分布: 6

Hypocnemoides maculicauda	斑尾蚁鸟	Band-tailed Antbird	分布: 6
Hylophylax naevioides	点斑蚁鸟	Spotted Antbird	分布: 6
Hylophylax naevius	斑背蚁鸟	Spot-backed Antbird	分布: 6
Hylophylax punctulatus	点斑背蚁鸟	Dot-backed Antbird	分布: 6
Sclateria naevia	银色蚁鸟	Silvered Antbird	分布: 6
Myrmelastes hyperythrus	铅色蚁鸟	Plumbeous Antbird	分布: 6
Myrmelastes schistaceus	蓝灰蚁鸟	Slate-colored Antbird	分布: 6
Myrmelastes leucostigma	点翅蚁鸟	Spot-winged Antbird	分布: 6
Myrmelastes humaythae	乌迈塔蚁鸟	Humaita Antbird	分布: 6
Myrmelastes brunneiceps	乌头蚁鸟	Brownish-headed Antbird	分布: 6
Myrmelastes rufifacies	棕脸蚁鸟	Rufous-faced Antbird	分布: 6
Myrmelastes saturatus	罗莱曼蚁鸟	Roraiman Antbird	分布: 6
Myrmelastes caurensis	卡乌拉蚁鸟	Caura Antbird	分布: 6
Poliocrania exsul	栗背蚁鸟	Chestnut-backed Antbird	分布: 6
Ampelornis griseiceps	灰头蚁鸟	Grey-headed Antbird	分布: 6
Sipia berlepschi	短尾蚁鸟	Stub-tailed Antbird	分布: 6
Sipia nigricauda	埃斯蚁鸟	Esmeraldas Antbird	分布: 6
Sipia palliata	褐背蚁鸟	Magdalena Antbird	分布: 6
Sipia laemosticta	暗背蚁鸟	Dull-mantled Antbird	分布: 6
Myrmeciza longipes	白腹蚁鸟	White-bellied Antbird	分布: 6
Myrmoborus melanurus	黑尾蚁鸟	Black-tailed Antbird	分布: 6
Myrmoborus lophotes	棕冠蚁鸟	White-lined Antbird	分布: 6
Myrmoborus myotherinus	黑脸蚁鸟	Black-faced Antbird	分布: 6
Myrmoborus leucophrys	白眉蚁鸟	White-browed Antbird	分布: 6
Myrmoborus lugubris	灰胸蚁鸟	Ash-breasted Antbird	分布: 6
Gymnocichla nudiceps	裸顶蚁鸟	Bare-crowned Antbird	分布: 6
Pyriglena leuconota	白背红眼蚁鸟	White-backed Fire-eye	分布: 6
Pyriglena atra	镶背红眼蚁鸟	Fringe-backed Fire-eye	分布: 6
Pyriglena leucoptera	白肩红眼蚁鸟	White-shouldered Fire-eye	分布: 6
Rhopornis ardesiacus	纤蚁鸟	Slender Antbird	分布: 6
Percnostola rufifrons	黑头蚁鸟	Black-headed Antbird	分布: 6
Percnostola arenarum	栗腹蚁鸟	Allpahuayo Antbird	分布: 6
Akletos melanoceps	白肩蚁鸟	White-shouldered Antbird	分布: 6
Akletos goeldii	高氏蚁鸟	Goeldi's Antbird	分布: 6
Hafferia fortis	乌蚁鸟	Sooty Antbird	分布: 6
Hafferia immaculata	纯色蚁鸟	Blue-lored Antbird	分布: 6
Hafferia zeledoni	泽氏蚁鸟	Zeledon's Antbird	分布: 6

8. 食蚁鸟科 Conopophagidae (Gnateaters) 2 属 11 种

Conopophaga lineata	棕食蚁鸟	Rufous Gnateater	分布: 6
Conopophaga aurita	栗带食蚁鸟	Chestnut-belted Gnateater	分布: 6
Conopophaga roberti	冠食蚁鸟	Hooded Gnateater	分布: 6

Conopophaga peruviana	灰喉食蚊鸟	Ash-throated Gnateater	分布: 6
Conopophaga cearae	塞阿拉食蚊鸟	Ceara Gnateater	分布: 6
Conopophaga ardesiaca	蓝灰食蚊鸟	Slaty Gnateater	分布: 6
Conopophaga castaneiceps	栗顶食蚊鸟	Chestnut-crowned Gnateater	分布: 6
Conopophaga melanops	黑颊食蚊鸟	Black-cheeked Gnateater	分布: 6
Conopophaga melanogaster	黑腹食蚊鸟	Black-bellied Gnateater	分布: 6
Pittasoma michleri	黑顶蚁鸫	Black-crowned Pittasoma	分布: 6
Pittasoma rufopileatum	棕冠蚁鸫	Rufous-crowned Pittasoma	分布: 6

9. 月胸窜鸟科 Melanopareiidae (Crescentchests) 1 属 4 种

Melanopareia torquata	领月胸窜鸟	Collared Crescentchest	分布: 6
Melanopareia maximiliani	绿冠月胸窜鸟	Olive-crowned Crescentchest	分布: 6
Melanopareia maranonica	秘鲁月胸窜鸟	Maranon Crescentchest	分布: 6
Melanopareia elegans	丽月胸窜鸟	Elegant Crescentchest	分布: 6

10. 短尾蚁鸫科 Grallariidae (Antpittas) 4 属 51 种

Grallaria squamigera	波纹蚁鸫	Undulated Antpitta	分布: 6
Grallaria gigantea	巨蚁鸫	Giant Antpitta	分布: 6
Grallaria excelsa	大蚁鸫	Great Antpitta	分布: 6
Grallaria varia	杂色蚁鸫	Variegated Antpitta	分布: 6
Grallaria alleni	须蚁鸫	Moustached Antpitta	分布: 6
Grallaria guatimalensis	鳞斑蚁鸫	Scaled Antpitta	分布: 6
Grallaria chthonia	委内瑞拉蚁鸫	Tachira Antpitta	分布: 6
Grallaria haplonota	纯背蚁鸫	Plain-backed Antpitta	分布: 6
Grallaria dignissima	赭纹蚁鸫	Ochre-striped Antpitta	分布: 6
Grallaria eludens	南美蚁鸫	Elusive Antpitta	分布: 6
Grallaria ruficapilla	栗顶蚁鸫	Chestnut-crowned Antpitta	分布: 6
Grallaria watkinsi	沃氏蚁鸫	Watkins's Antpitta	分布: 6
Grallaria bangsi	圣马塔蚁鸫	Santa Marta Antpitta	分布: 6
Grallaria kaestneri	昆迪蚁鸫	Cundinamarca Antpitta	分布: 6
Grallaria andicolus	纹头蚁鸫	Stripe-headed Antpitta	分布: 6
Grallaria griseonucha	灰颈蚁鸫	Grey-naped Antpitta	分布: 6
Grallaria rufocinerea	双色蚁鸫	Bicolored Antpitta	分布: 6
Grallaria ridgelyi	若克蚁鸫	Jocotoco Antpitta	分布: 6
Grallaria nuchalis	栗枕蚁鸫	Chestnut-naped Antpitta	分布: 6
Grallaria carrikeri	灰嘴蚁鸫	Pale-billed Antpitta	分布: 6
Grallaria albigula	白喉蚁鸫	White-throated Antpitta	分布: 6
Grallaria flavotincta	黄胸蚁鸫	Yellow-breasted Antpitta	分布: 6
Grallaria hypoleuca	褐背蚁鸫	White-bellied Antpitta	分布: 6
Grallaria przewalskii	普氏蚁鸫	Rusty-tinged Antpitta	分布: 6
Grallaria capitalis	枣红蚁鸫	Bay Antpitta	分布: 6
Grallaria erythroleuca	红白蚁鸫	Red-and-white Antpitta	分布: 6
Grallaria rufula	棕蚁鸫	Rufous Antpitta	分布: 6

Grallaria blakei	栗蚁鸫	Chestnut Antpitta	分布: 6
Grallaria quitensis	褐蚁鸫	Western Tawny Antpitta	分布: 6
Grallaria milleri	褐斑蚁鸫	Brown-banded Antpitta	分布: 6
Grallaria fenwickorum	灰腹蚁鸫	Urrao Antpitta	分布: 6
Grallaria erythrotis	棕脸蚁鸫	Rufous-faced Antpitta	分布: 6
Hylopezus perspicillatus	纹胸蚁鸫	Streak-chested Antpitta	分布: 6
Hylopezus macularius	斑蚁鸫	Spotted Antpitta	分布: 6
Hylopezus auricularis	花脸蚁鸫	Masked Antpitta	分布: 6
Hylopezus dives	黄腹蚁鸫	Thicket Antpitta	分布: 6
Hylopezus fulviventris	白眼先蚁鸫	White-lored Antpitta	分布: 6
Hylopezus berlepschi	亚马孙蚁鸫	Amazonian Antpitta	分布: 6
Hylopezus ochroleucus	白眉蚁鸫	White-browed Antpitta	分布: 6
Hylopezus nattereri	斑胸蚁鸫	Speckle-breasted Antpitta	分布: 6
Myrmothera campanisona	拟鸫蚁鸫	Thrush-like Antpitta	分布: 6
Myrmothera simplex	褐胸蚁鸫	Tepui Antpitta	分布: 6
Grallaricula flavirostris	赭胸蚁鸫	Ochre-breasted Antpitta	分布: 6
Grallaricula loricata	贝胸蚁鸫	Scallop-breasted Antpitta	分布: 6
Grallaricula cucullata	巾冠蚁鸫	Hooded Antpitta	分布: 6
Grallaricula peruviana	秘鲁蚁鸫	Peruvian Antpitta	分布: 6
Grallaricula ochraceifrons	赭额蚁鸫	Ochre-fronted Antpitta	分布: 6
Grallaricula ferrugineipectus	锈胸蚁鸫	Rusty-breasted Antpitta	分布: 6
Grallaricula nana	蓝顶蚁鸫	Slate-crowned Antpitta	分布: 6
Grallaricula cumanensis	白腹蓝顶蚁鸫	Sucre Antpitta	分布: 6
Grallaricula lineifrons	月脸蚁鸫	Crescent-faced Antpitta	分布: 6

11. 窜鸟科 **Rhinocryptidae** (Tapaculos) 12 属 59 种

Acropternis orthonyx	眼斑窜鸟	Ocellated Tapaculo	分布: 6
Pteroptochos castaneus	栗喉隐窜鸟	Chestnut-throated Huet-huet	分布: 6
Pteroptochos tarnii	黑喉隐窜鸟	Black-throated Huet-huet	分布: 6
Pteroptochos megapodius	须隐窜鸟	Moustached Turca	分布: 6
Scelorchilus albicollis	白喉窜鸟	White-throated Tapaculo	分布: 6
Scelorchilus rubecula	智利窜鸟	Chucao Tapaculo	分布: 6
Rhinocrypta lanceolata	冠窜鸟	Crested Gallito	分布: 6
Teledromas fuscus	沙色窜鸟	Sandy Gallito	分布: 6
Liosceles thoracicus	锈纹窜鸟	Rusty-belted Tapaculo	分布: 6
Psilorhamphus guttatus	斑竹鹩	Spotted Bamboowren	分布: 6
Merulaxis ater	须额窜鸟	Slaty Bristlefront	分布: 6
Merulaxis stresemanni	斯氏须额窜鸟	Stresemann's Bristlefront	分布: 6
Eugralla paradoxa	赭胁窜鸟	Ochre-flanked Tapaculo	分布: 6
Myornis senilis	灰窜鸟	Ash-colored Tapaculo	分布: 6
Eleoscytalopus indigoticus	白胸窜鸟	White-breasted Tapaculo	分布: 6
Eleoscytalopus psychopompus	栗胁窜鸟	Bahia Tapaculo	分布: 6

Scytalopus iraiensis	湿地窜鸟	Marsh Tapaculo	分布: 6
Scytalopus speluncae	鼠色窜鸟	Mouse-colored Tapaculo	分布: 6
Scytalopus gonzagai	棕背窜鸟	Boa Nova Tapaculo	分布: 6
Scytalopus petrophilus	岩窜鸟	Rock Tapaculo	分布: 6
Scytalopus pachecoi	高原窜鸟	Planalto Tapaculo	分布: 6
Scytalopus novacapitalis	巴西窜鸟	Brasilia Tapaculo	分布: 6
Scytalopus bolivianus	玻利维亚窜鸟	Bolivian Tapaculo	分布: 6
Scytalopus atratus	白冠窜鸟	White-crowned Tapaculo	分布: 6
Scytalopus sanctaemartae	圣岛窜鸟	Santa Marta Tapaculo	分布: 6
Scytalopus femoralis	棕肛窜鸟	Rufous-vented Tapaculo	分布: 6
Scytalopus micropterus	长尾窜鸟	Long-tailed Tapaculo	分布: 6
Scytalopus vicinior	太平洋窜鸟	Narino Tapaculo	分布: 6
Scytalopus robbinsi	厄瓜多尔窜鸟	Ecuadorian Tapaculo	分布: 6
Scytalopus chocoensis	乔科窜鸟	Choco Tapaculo	分布: 6
Scytalopus rodriguezi	扇尾窜鸟	Magdalena Tapaculo	分布: 6
Scytalopus stilesi	白喉扇尾窜鸟	Stiles's Tapaculo	分布: 6
Scytalopus panamensis	淡喉窜鸟	Tacarcuna Tapaculo	分布: 6
Scytalopus argentifrons	银额窜鸟	Silvery-fronted Tapaculo	分布: 6
Scytalopus caracae	加拉加斯窜鸟	Caracas Tapaculo	分布: 6
Scytalopus meridanus	梅里达窜鸟	Merida Tapaculo	分布: 6
Scytalopus latebricola	褐腰窜鸟	Brown-rumped Tapaculo	分布: 6
Scytalopus perijanus	暗褐腰窜鸟	Perija Tapaculo	分布: 6
Scytalopus spillmanni	斯氏窜鸟	Spillmann's Tapaculo	分布: 6
Scytalopus parkeri	丘斯窜鸟	Chusquea Tapaculo	分布: 6
Scytalopus parvirostris	颤音窜鸟	Trilling Tapaculo	分布: 6
Scytalopus acutirostris	楚氏窜鸟	Tschudi's Tapaculo	分布: 6
Scytalopus unicolor	纯色窜鸟	Unicolored Tapaculo	分布: 6
Scytalopus griseicollis	马托窜鸟	Pale-bellied Tapaculo	分布: 6
Scytalopus canus	帕拉窜鸟	Paramillo Tapaculo	分布: 6
Scytalopus opacus	棕臀黑窜鸟	Paramo Tapaculo	分布: 6
Scytalopus affinis	安卡什窜鸟	Ancash Tapaculo	分布: 6
Scytalopus altirostris	涅比窜鸟	Neblina Tapaculo	分布: 6
Scytalopus urubambae	维尔窜鸟	Vilcabamba Tapaculo	分布: 6
Scytalopus schulenbergi	花冠窜鸟	Diademed Tapaculo	分布: 6
Scytalopus simonsi	蓬那窜鸟	Puna Tapaculo	分布: 6
Scytalopus zimmeri	济氏窜鸟	Zimmer's Tapaculo	分布: 6
Scytalopus superciliaris	白眉窜鸟	White-browed Tapaculo	分布: 6
Scytalopus magellanicus	安第斯窜鸟	Magellanic Tapaculo	分布: 6
Scytalopus fuscus	暗黑窜鸟	Dusky Tapaculo	分布: 6
Scytalopus latrans	黑窜鸟	Blackish Tapaculo	分布: 6
Scytalopus gettyae	互宁窜鸟	Junin Tapaculo	分布: 6
Scytalopus macropus	大脚窜鸟	Large-footed Tapaculo	分布: 6

Scytalopus diamantinensis	灰腹岩窜鸟	Diamantina Tapaculo	分布: 6

12. 蚁鸫科 Formicariidae (Ground-antbirds) 2 属 12 种

Formicarius colma	棕顶蚁鸫	Rufous-capped Antthrush	分布: 6
Formicarius analis	黑脸蚁鸫	Black-faced Antthrush	分布: 6
Formicarius moniliger	玛雅蚁鸫	Mayan Antthrush	分布: 6
Formicarius rufifrons	棕额蚁鸫	Rufous-fronted Antthrush	分布: 6
Formicarius nigricapillus	黑头蚁鸫	Black-headed Antthrush	分布: 6
Formicarius rufipectus	棕胸蚁鸫	Rufous-breasted Antthrush	分布: 6
Chamaeza campanisona	短尾蚁鸫	Short-tailed Antthrush	分布: 6
Chamaeza nobilis	纵纹蚁鸫	Striated Antthrush	分布: 6
Chamaeza meruloides	萨氏蚁鸫	Cryptic Antthrush	分布: 6
Chamaeza ruficauda	棕尾蚁鸫	Rufous-tailed Antthrush	分布: 6
Chamaeza turdina	施氏蚁鸫	Scalloped Antthrush	分布: 6
Chamaeza mollissima	横斑蚁鸫	Barred Antthrush	分布: 6

13. 灶鸟科 Furnariidae (Ovenbirds) 69 属 304 种

Geositta poeciloptera	草原掘穴雀	Campo Miner	分布: 6
Geositta cunicularia	掘穴雀	Common Miner	分布: 6
Geositta punensis	高山掘穴雀	Puna Miner	分布: 6
Geositta antarctica	短嘴掘穴雀	Short-billed Miner	分布: 6
Geositta tenuirostris	细嘴掘穴雀	Slender-billed Miner	分布: 6
Geositta maritima	灰掘穴雀	Greyish Miner	分布: 6
Geositta peruviana	岸掘穴雀	Coastal Miner	分布: 6
Geositta saxicolina	黑翅掘穴雀	Dark-winged Miner	分布: 6
Geositta rufipennis	棕斑掘穴雀	Rufous-banded Miner	分布: 6
Geositta isabellina	白腰掘穴雀	Creamy-rumped Miner	分布: 6
Geositta crassirostris	厚嘴掘穴雀	Thick-billed Miner	分布: 6
Ochetorhynchus ruficaudus	直嘴爬地雀	Straight-billed Earthcreeper	分布: 6
Ochetorhynchus andaecola	岩爬地雀	Rock Earthcreeper	分布: 6
Ochetorhynchus phoenicurus	斑尾爬地雀	Band-tailed Earthcreeper	分布: 6
Ochetorhynchus melanurus	崖爬地雀	Crag Earthcreeper	分布: 6
Upucerthia validirostris	黄胸爬地雀	Buff-breasted Earthcreeper	分布: 6
Upucerthia albigula	白喉爬地雀	White-throated Earthcreeper	分布: 6
Upucerthia dumetaria	鳞喉爬地雀	Scale-throated Earthcreeper	分布: 6
Upucerthia saturatior	林爬地雀	Forest Earthcreeper	分布: 6
Geocerthia serrana	条纹爬地雀	Striated Earthcreeper	分布: 6
Tarphonomus harterti	玻利维亚爬地雀	Bolivian Earthcreeper	分布: 6
Tarphonomus certhioides	查科爬地雀	Chaco Earthcreeper	分布: 6
Cinclodes pabsti	长尾抖尾地雀	Long-tailed Cinclodes	分布: 6
Cinclodes antarcticus	淡黑抖尾地雀	Blackish Cinclodes	分布: 6
Cinclodes fuscus	斑翅抖尾地雀	Buff-winged Cinclodes	分布: 6
Cinclodes albidiventris	红翅抖尾地雀	Chestnut-winged Cinclodes	分布: 6

Cinclodes comechingonus	科尔抖尾地雀	Cordoba Cinclodes	分布: 6
Cinclodes albiventris	淡翅抖尾地雀	Cream-winged Cinclodes	分布: 6
Cinclodes olrogi	奥氏抖尾地雀	Olrog's Cinclodes	分布: 6
Cinclodes excelsior	粗嘴抖尾地雀	Stout-billed Cinclodes	分布: 6
Cinclodes aricomae	皇抖尾地雀	Royal Cinclodes	分布: 6
Cinclodes atacamensis	白翅抖尾地雀	White-winged Cinclodes	分布: 6
Cinclodes palliatus	白腹抖尾地雀	White-bellied Cinclodes	分布: 6
Cinclodes oustaleti	灰胁抖尾地雀	Grey-flanked Cinclodes	分布: 6
Cinclodes patagonicus	暗腹抖尾地雀	Dark-bellied Cinclodes	分布: 6
Cinclodes taczanowskii	逐浪抖尾地雀	Surf Cinclodes	分布: 6
Cinclodes nigrofumosus	海滨抖尾地雀	Seaside Cinclodes	分布: 6
Furnarius minor	小灶鸟	Lesser Hornero	分布: 6
Furnarius figulus	白斑灶鸟	Wing-banded Hornero	分布: 6
Furnarius leucopus	淡腿灶鸟	Pale-legged Hornero	分布: 6
Furnarius torridus	淡嘴灶鸟	Pale-billed Hornero	分布: 6
Furnarius rufus	棕灶鸟	Rufous Hornero	分布: 6
Furnarius cristatus	冠灶鸟	Crested Hornero	分布: 6
Sylviorthorhynchus desmurii	阿根廷线尾雀	Des Murs's Wiretail	分布: 6
Aphrastura spinicauda	棘尾雷雀	Thorn-tailed Rayadito	分布: 6
Aphrastura masafucrae	马萨岛雷雀	Masafuera Rayadito	分布: 6
Leptasthenura fuliginiceps	褐顶针尾雀	Brown-capped Tit-spinetail	分布: 6
Sylviorthorhynchus yanacensis	茶色针尾雀	Tawny Tit-spinetail	分布: 6
Leptasthenura platensis	须针尾雀	Tufted Tit-spinetail	分布: 6
Leptasthenura aegithaloides	纯背针尾雀	Plain-mantled Tit-spinetail	分布: 6
Leptasthenura striolata	条纹针尾雀	Striolated Tit-spinetail	分布: 6
Leptasthenura pileata	锈顶针尾雀	Rusty-crowned Tit-spinetail	分布: 6
Leptasthenura xenothorax	秘鲁白眉针尾雀	White-browed Tit-spinetail	分布: 6
Leptasthenura striata	纹针尾雀	Streaked Tit-spinetail	分布: 6
Leptasthenura andicola	安第斯针尾雀	Andean Tit-spinetail	分布: 6
Leptasthenura setaria	南美针尾雀	Araucaria Tit-spinetail	分布: 6
Asthenes perijana	秘鲁棘尾雀	Perija Thistletail	分布: 6
Asthenes fuliginosa	白颏棘尾雀	White-chinned Thistletail	分布: 6
Asthenes vilcabambae	维山棘尾雀	Vilcabamba Thistletail	分布: 6
Asthenes ayacuchensis	栗喉棘尾雀	Ayacucho Thistletail	分布: 6
Asthenes coryi	赭额棘尾雀	Ochre-browed Thistletail	分布: 6
Asthenes griseomurina	灰棘尾雀	Mouse-colored Thistletail	分布: 6
Asthenes palpebralis	绣眼棘尾雀	Eye-ringed Thistletail	分布: 6
Asthenes helleri	高山棘尾雀	Puna Thistletail	分布: 6
Asthenes harterti	黑喉棘尾雀	Black-throated Thistletail	分布: 6
Asthenes moreirae	巴西棘尾雀	Itatiaia Spinetail	分布: 6
Asthenes pyrrholeuca	小卡纳灶鸟	Sharp-billed Canastero	分布: 6
Asthenes baeri	短嘴卡纳灶鸟	Short-billed Canastero	分布: 6

Asthenes pudibunda	峡谷卡纳灶鸟	Canyon Canastero	分布: 6
Asthenes ottonis	锈额卡纳灶鸟	Rusty-fronted Canastero	分布: 6
Asthenes heterura	马基卡纳灶鸟	Maquis Canastero	分布: 6
Asthenes modesta	高山卡纳灶鸟	Cordilleran Canastero	分布: 6
Asthenes humilis	纹喉卡纳灶鸟	Streak-throated Canastero	分布: 6
Asthenes dorbignyi	白胸卡纳灶鸟	Creamy-breasted Canastero	分布: 6
Asthenes arequipae	暗翅卡纳灶鸟	Arequipa Canastero	分布: 6
Asthenes huancavelicae	苍尾卡纳灶鸟	Huancavelica Canastero	分布: 6
Asthenes berlepschi	波氏卡纳灶鸟	Berlepsch's Canastero	分布: 6
Asthenes luizae	西波卡纳灶鸟	Cipo Canastero	分布: 6
Asthenes wyatti	纹背卡纳灶鸟	Streak-backed Canastero	分布: 6
Asthenes sclateri	科尔卡纳灶鸟	Puna Canastero	分布: 6
Asthenes anthoides	安第斯卡纳灶鸟	Austral Canastero	分布: 6
Asthenes hudsoni	赫氏卡纳灶鸟	Hudson's Canastero	分布: 6
Asthenes urubambensis	线额卡纳灶鸟	Line-fronted Canastero	分布: 6
Asthenes flammulata	斑纹卡纳灶鸟	Many-striped Canastero	分布: 6
Asthenes virgata	秘鲁卡纳灶鸟	Junin Canastero	分布: 6
Asthenes maculicauda	蓬尾卡纳灶鸟	Scribble-tailed Canastero	分布: 6
Pseudasthenes humicola	乌尾卡纳灶鸟	Dusky-tailed Canastero	分布: 6
Pseudasthenes patagonica	南美卡纳灶鸟	Patagonian Canastero	分布: 6
Pseudasthenes cactorum	仙人掌卡纳灶鸟	Cactus Canastero	分布: 6
Pseudasthenes steinbachi	栗卡纳灶鸟	Steinbach's Canastero	分布: 6
Schoeniophylax phryganophilus	霍托针尾雀	Chotoy Spinetail	分布: 6
Synallaxis candei	白须针尾雀	White-whiskered Spinetail	分布: 6
Synallaxis kollari	灰喉针尾雀	Hoary-throated Spinetail	分布: 6
Synallaxis scutata	褐颊针尾雀	Ochre-cheeked Spinetail	分布: 6
Synallaxis unirufa	棕色针尾雀	Rufous Spinetail	分布: 6
Synallaxis castanea	黑喉针尾雀	Black-throated Spinetail	分布: 6
Synallaxis fuscorufa	锈头针尾雀	Rusty-headed Spinetail	分布: 6
Synallaxis ruficapilla	棕顶针尾雀	Rufous-capped Spinetail	分布: 6
Synallaxis cinerea	巴西针尾雀	Bahia Spinetail	分布: 6
Synallaxis infuscata	纯色针尾雀	Pinto's Spinetail	分布: 6
Synallaxis cinnamomea	纹胸针尾雀	Stripe-breasted Spinetail	分布: 6
Synallaxis cinerascens	灰腹针尾雀	Grey-bellied Spinetail	分布: 6
Synallaxis subpudica	银喉针尾雀	Silvery-throated Spinetail	分布: 6
Synallaxis frontalis	烟额针尾雀	Sooty-fronted Spinetail	分布: 6
Synallaxis azarae	阿氏针尾雀	Azara's Spinetail	分布: 6
Synallaxis courseni	阿波针尾雀	Apurimac Spinetail	分布: 6
Synallaxis albescens	淡胸针尾雀	Pale-breasted Spinetail	分布: 6
Synallaxis beverlyae	奥里针尾雀	Orinoco Spinetail	分布: 6
Synallaxis albigularis	暗胸针尾雀	Dark-breasted Spinetail	分布: 6
Synallaxis hypospodia	灰胸针尾雀	Cinereous-breasted Spinetail	分布: 6

Synallaxis spixi	斯氏针尾雀	Spix's Spinetail	分布: 6
Synallaxis rutilans	赤黄针尾雀	Ruddy Spinetail	分布: 6
Synallaxis cherriei	栗喉针尾雀	Chestnut-throated Spinetail	分布: 6
Synallaxis erythrothorax	棕胸针尾雀	Rufous-breasted Spinetail	分布: 6
Synallaxis brachyura	蓝灰针尾雀	Slaty Spinetail	分布: 6
Synallaxis tithys	黑头针尾雀	Blackish-headed Spinetail	分布: 6
Mazaria propinqua	白腹针尾雀	White-bellied Spinetail	分布: 6
Synallaxis macconnelli	马氏针尾雀	McConnell's Spinetail	分布: 6
Synallaxis moesta	暗色针尾雀	Dusky Spinetail	分布: 6
Synallaxis cabanisi	卡氏针尾雀	Cabanis's Spinetail	分布: 6
Synallaxis gujanensis	纯顶针尾雀	Plain-crowned Spinetail	分布: 6
Synallaxis maranonica	马拉针尾雀	Maranon Spinetail	分布: 6
Synallaxis albilora	白眼先针尾雀	White-lored Spinetail	分布: 6
Synallaxis zimmeri	黄腹针尾雀	Russet-bellied Spinetail	分布: 6
Synallaxis stictothorax	项圈针尾雀	Necklaced Spinetail	分布: 6
Synallaxis hypochondriaca	大针尾雀	Great Spinetail	分布: 6
Synallaxis hellmayri	雷氏针尾雀	Red-shouldered Spinetail	分布: 6
Hellmayrea gularis	白眉针尾雀	White-browed Spinetail	分布: 6
Cranioleuca marcapatae	秘鲁针尾雀	Marcapata Spinetail	分布: 6
Cranioleuca albiceps	淡顶针尾雀	Light-crowned Spinetail	分布: 6
Cranioleuca vulpina	锈背针尾雀	Rusty-backed Spinetail	分布: 6
Cranioleuca dissita	科岛针尾雀	Coiba Spinetail	分布: 6
Cranioleuca vulpecula	帕氏针尾雀	Parker's Spinetail	分布: 6
Cranioleuca sulphurifera	黄须针尾雀	Sulphur-throated Spinetail	分布: 6
Cranioleuca subcristata	冠针尾雀	Crested Spinetail	分布: 6
Cranioleuca pyrrhophia	纹顶针尾雀	Stripe-crowned Spinetail	分布: 6
Cranioleuca henricae	玻利维亚针尾雀	Bolivian Spinetail	分布: 6
Cranioleuca obsoleta	绿针尾雀	Olive Spinetail	分布: 6
Cranioleuca pallida	淡色针尾雀	Pallid Spinetail	分布: 6
Cranioleuca semicinerea	灰头针尾雀	Grey-headed Spinetail	分布: 6
Cranioleuca albicapilla	白冠针尾雀	Creamy-crested Spinetail	分布: 6
Cranioleuca erythrops	红脸针尾雀	Red-faced Spinetail	分布: 6
Cranioleuca demissa	泰普针尾雀	Tepui Spinetail	分布: 6
Cranioleuca hellmayri	纹冠针尾雀	Streak-capped Spinetail	分布: 6
Cranioleuca curtata	灰眉针尾雀	Ash-browed Spinetail	分布: 6
Cranioleuca antisiensis	纹颊针尾雀	Line-cheeked Spinetail	分布: 6
Thripophaga gutturata	斑针尾雀	Speckled Spinetail	分布: 6
Cranioleuca muelleri	鳞斑针尾雀	Scaled Spinetail	分布: 6
Certhiaxis cinnamomeus	黄颏针尾雀	Yellow-chinned Spinetail	分布: 6
Certhiaxis mustelinus	红白针尾雀	Red-and-white Spinetail	分布: 6
Thripophaga cherriei	委内瑞拉软尾雀	Orinoco Softtail	分布: 6
Thripophaga amacurensis	三角洲软尾雀	Delta Amacuro Softtail	分布: 6

Thripophaga macroura	条纹软尾雀	Striated Softtail	分布: 6
Thripophaga fusciceps	纯色软尾雀	Plain Softtail	分布: 6
Cranioleuca berlepschi	锈背软尾雀	Russet-mantled Softtail	分布: 6
Phacellodomus rufifrons	棕额棘雀	Rufous-fronted Thornbird	分布: 6
Phacellodomus inornatus	淡色棘雀	Plain Thornbird	分布: 6
Phacellodomus sibilatrix	小棘雀	Little Thornbird	分布: 6
Phacellodomus striaticeps	纹额棘雀	Streak-fronted Thornbird	分布: 6
Phacellodomus striaticollis	斑胸棘雀	Freckle-breasted Thornbird	分布: 6
Phacellodomus maculipectus	点斑胸棘雀	Spot-breasted Thornbird	分布: 6
Phacellodomus dorsalis	栗背棘雀	Chestnut-backed Thornbird	分布: 6
Phacellodomus ruber	大棘雀	Greater Thornbird	分布: 6
Phacellodomus erythrophthalmus	红眼棘雀	Orange-eyed Thornbird	分布: 6
Phacellodomus ferrugineigula	橙胸棘雀	Orange-breasted Thornbird	分布: 6
Clibanornis dendrocolaptoides	地棘雀	Canebrake Groundcreeper	分布: 6
Spartonoica maluroides	栗顶针尾雀	Bay-capped Wren-spinetail	分布: 6
Phleocryptes melanops	拟鹨针尾雀	Wren-like Rushbird	分布: 6
Limnornis curvirostris	弯嘴芦雀	Curve-billed Reedhaunter	分布: 6
Limnoctites rectirostris	直嘴芦雀	Straight-billed Reedhaunter	分布: 6
Anumbius annumbi	集木雀	Firewood-gatherer	分布: 6
Coryphistera alaudina	拟鹨灌丛雀	Lark-like Brushrunner	分布: 6
Siptornis striaticollis	眼纹刺尾雀	Spectacled Prickletail	分布: 6
Metopothrix aurantiaca	橙额绒顶雀	Orange-fronted Plushcrown	分布: 6
Xenerpestes minlosi	双斑灰尾雀	Double-banded Greytail	分布: 6
Xenerpestes singularis	赤道灰尾雀	Equatorial Greytail	分布: 6
Premnornis guttuliger	锈翅斑尾雀	Rusty-winged Barbtail	分布: 6
Premnoplex brunnescens	点斑尾雀	Spotted Barbtail	分布: 6
Premnoplex tatei	白喉斑尾雀	White-throated Barbtail	分布: 6
Roraimia adusta	红斑尾雀	Roraiman Barbtail	分布: 6
Acrobatornis fonsecai	粉腿针尾雀	Pink-legged Graveteiro	分布: 6
Margarornis rubiginosus	棕爬树雀	Ruddy Treerunner	分布: 6
Margarornis stellatus	黄斑爬树雀	Fulvous-dotted Treerunner	分布: 6
Margarornis bellulus	华丽爬树雀	Beautiful Treerunner	分布: 6
Margarornis squamiger	鳞斑爬树雀	Pearled Treerunner	分布: 6
Pseudoseisura cristata	棕巨灶鸫	Caatinga Cachalote	分布: 6
Pseudoseisura unirufa	灰冠巨灶鸫	Grey-crested Cachalote	分布: 6
Pseudoseisura lophotes	褐巨灶鸫	Brown Cachalote	分布: 6
Pseudoseisura gutturalis	白喉巨灶鸫	White-throated Cachalote	分布: 6
Pseudocolaptes lawrencii	黄簇颊灶鸫	Buffy Tuftedcheek	分布: 6
Pseudocolaptes johnsoni	太平洋簇颊灶鸫	Pacific Tuftedcheek	分布: 6
Pseudocolaptes boissonneauii	条纹簇颊灶鸫	Streaked Tuftedcheek	分布: 6
Berlepschia rikeri	尖尾棕榈雀	Palmcreeper	分布: 6

Anabacerthia variegaticeps	鳞喉拾叶雀	Scaly-throated Foliage-gleaner	分布: 6
Anabacerthia striaticollis	高山拾叶雀	Montane Foliage-gleaner	分布: 6
Anabacerthia amaurotis	白眉拾叶雀	White-browed Foliage-gleaner	分布: 6
Syndactyla guttulata	点斑拾叶雀	Guttulate Foliage-gleaner	分布: 6
Syndactyla subalaris	线纹拾叶雀	Lineated Foliage-gleaner	分布: 6
Syndactyla rufosuperciliata	黄眉拾叶雀	Buff-browed Foliage-gleaner	分布: 6
Syndactyla ruficollis	棕颈拾叶雀	Rufous-necked Foliage-gleaner	分布: 6
Syndactyla dimidiata	草黄拾叶雀	Russet-mantled Foliage-gleaner	分布: 6
Syndactyla roraimae	白喉拾叶雀	White-throated Foliage-gleaner	分布: 6
Syndactyla ucayalae	秘鲁拾叶雀	Peruvian Recurvebill	分布: 6
Syndactyla striata	玻利维亚拾叶雀	Bolivian Recurvebill	分布: 6
Ancistrops strigilatus	栗翅钩嘴雀	Chestnut-winged Hookbill	分布: 6
Automolus subulatus	条纹拾叶雀	Eastern Woodhaunter	分布: 6
Anabacerthia ruficaudata	棕尾拾叶雀	Rufous-tailed Foliage-gleaner	分布: 6
Anabacerthia lichtensteini	赭胸拾叶雀	Ochre-breasted Foliage-gleaner	分布: 6
Philydor fuscipenne	蓝灰拾叶雀	Slaty-winged Foliage-gleaner	分布: 6
Philydor erythrocercum	棕腰拾叶雀	Rufous-rumped Foliage-gleaner	分布: 6
Philydor erythropterum	栗翅拾叶雀	Chestnut-winged Foliage-gleaner	分布: 6
Philydor novaesi	诺氏拾叶雀	Alagoas Foliage-gleaner	分布: 6
Philydor atricapillus	黑顶拾叶雀	Black-capped Foliage-gleaner	分布: 6
Philydor rufum	黄额拾叶雀	Buff-fronted Foliage-gleaner	分布: 6
Philydor pyrrhodes	红腰拾叶雀	Cinnamon-rumped Foliage-gleaner	分布: 6
Anabazenops dorsalis	冠拾叶雀	Dusky-cheeked Foliage-gleaner	分布: 6
Anabazenops fuscus	白领拾叶雀	White-collared Foliage-gleaner	分布: 6
Cichlocolaptes leucophrus	淡眉树猎雀	Large Pale-browed Treehunter	分布: 6
Cichlocolaptes mazarbarnetti	隐秘树猎雀	Cryptic Treehunter	分布: 6
Thripadectes ignobilis	纯色树猎雀	Uniform Treehunter	分布: 6
Thripadectes rufobrunneus	纹胸树猎雀	Streak-breasted Treehunter	分布: 6
Thripadectes melanorhynchus	黑嘴树猎雀	Black-billed Treehunter	分布: 6
Thripadectes holostictus	纵纹树猎雀	Striped Treehunter	分布: 6
Thripadectes virgaticeps	纹顶树猎雀	Streak-capped Treehunter	分布: 6
Thripadectes flammulatus	火红树猎雀	Flammulated Treehunter	分布: 6
Thripadectes scrutator	黄喉树猎雀	Rufous-backed Treehunter	分布: 6
Automolus ochrolaemus	黄喉拾叶雀	Buff-throated Foliage-gleaner	分布: 6
Automolus infuscatus	绿背拾叶雀	Olive-backed Foliage-gleaner	分布: 6
Automolus paraensis	帕拉拾叶雀	Para Foliage-gleaner	分布: 6
Automolus leucophthalmus	白眼拾叶雀	White-eyed Foliage-gleaner	分布: 6
Automolus lammi	棕胸拾叶雀	Pernambuco Foliage-gleaner	分布: 6
Automolus melanopezus	褐腰拾叶雀	Brown-rumped Foliage-gleaner	分布: 6
Clibanornis rubiginosus	锈色拾叶雀	Ruddy Foliage-gleaner	分布: 6
Automolus rufipileatus	栗冠拾叶雀	Chestnut-crowned Foliage-gleaner	分布: 6
Clibanornis rufipectus	圣马塔拾叶雀	Santa Marta Foliage-gleaner	分布: 6

Clibanornis erythrocephalus	红冠拾叶雀	Henna-hooded Foliage-gleaner	分布: 6
Clibanornis rectirostris	栗顶拾叶雀	Henna-capped Foliage-gleaner	分布: 6
Sclerurus mexicanus	茶喉硬尾雀	Tawny-throated Leaftosser	分布: 6
Sclerurus rufigularis	短嘴硬尾雀	Short-billed Leaftosser	分布: 6
Sclerurus albigularis	灰喉硬尾雀	Grey-throated Leaftosser	分布: 6
Sclerurus caudacutus	黑尾硬尾雀	Black-tailed Leaftosser	分布: 6
Sclerurus scansor	棕胸硬尾雀	Rufous-breasted Leaftosser	分布: 6
Sclerurus guatemalensis	鳞喉硬尾雀	Scaly-throated Leaftosser	分布: 6
Lochmias nematura	尖尾溪雀	Streamcreeper	分布: 6
Heliobletus contaminatus	尖嘴树猎雀	Sharp-billed Treehunter	分布: 6
Microxenops milleri	棕尾翘嘴雀	Rufous-tailed Xenops	分布: 6
Xenops tenuirostris	细嘴翘嘴雀	Slender-billed Xenops	分布: 6
Xenops minutus	纯色翘嘴雀	White-throated Xenops	分布: 6
Xenops rutilus	纵纹翘嘴雀	Streaked Xenops	分布: 6
Megaxenops parnaguae	大翘嘴雀	Great Xenops	分布: 6
Pygarrhichas albogularis	白喉爬树雀	White-throated Treerunner	分布: 6
Dendrocincla tyrannina	霸䴕雀	Tyrannine Woodcreeper	分布: 6
Dendrocincla fuliginosa	纯褐䴕雀	Plain-brown Woodcreeper	分布: 6
Dendrocincla turdina	鸫䴕雀	Plain-winged Woodcreeper	分布: 6
Dendrocincla anabatina	褐翅䴕雀	Tawny-winged Woodcreeper	分布: 6
Dendrocincla merula	白颏䴕雀	White-chinned Woodcreeper	分布: 6
Dendrocincla homochroa	黄䴕雀	Ruddy Woodcreeper	分布: 6
Deconychura longicauda	长尾䴕雀	Northern Long-tailed Woodcreeper	分布: 6
Certhiasomus stictolaemus	斑喉䴕雀	Spot-throated Woodcreeper	分布: 6
Sittasomus griseicapillus	绿䴕雀	Eastern Olivaceous Woodcreeper	分布: 6
Glyphorynchus spirurus	楔嘴䴕雀	Wedge-billed Woodcreeper	分布: 6
Drymornis bridgesii	弯嘴䴕雀	Scimitar-billed Woodcreeper	分布: 6
Nasica longirostris	长嘴䴕雀	Long-billed Woodcreeper	分布: 6
Dendrexetastes rufigula	红喉䴕雀	Cinnamon-throated Woodcreeper	分布: 6
Hylexetastes perrotii	红嘴䴕雀	Red-billed Woodcreeper	分布: 6
Hylexetastes stresemanni	斑腹䴕雀	Bar-bellied Woodcreeper	分布: 6
Xiphocolaptes promeropirhynchus	强嘴䴕雀	Strong-billed Woodcreeper	分布: 6
Xiphocolaptes albicollis	白喉䴕雀	White-throated Woodcreeper	分布: 6
Xiphocolaptes falcirostris	须䴕雀	Moustached Woodcreeper	分布: 6
Xiphocolaptes major	大棕䴕雀	Great Rufous Woodcreeper	分布: 6
Dendrocolaptes sanctithomae	北斑䴕雀	Western Barred Woodcreeper	分布: 6
Dendrocolaptes certhia	斑䴕雀	Amazonian Barred Woodcreeper	分布: 6
Dendrocolaptes hoffmannsi	霍氏䴕雀	Hoffmanns's Woodcreeper	分布: 6
Dendrocolaptes picumnus	黑斑䴕雀	Black-banded Woodcreeper	分布: 6
Dendrocolaptes platyrostris	南美䴕雀	Planalto Woodcreeper	分布: 6
Dendroplex picus	直嘴䴕雀	Straight-billed Woodcreeper	分布: 6

Dendroplex kienerii	奇氏鸶雀	Zimmer's Woodcreeper	分布: 6
Xiphorhynchus obsoletus	纵纹鸶雀	Striped Woodcreeper	分布: 6
Xiphorhynchus fuscus	小鸶雀	Lesser Woodcreeper	分布: 6
Xiphorhynchus ocellatus	眼斑鸶雀	Ocellated Woodcreeper	分布: 6
Xiphorhynchus elegans	优雅鸶雀	Elegant Woodcreeper	分布: 6
Xiphorhynchus spixii	斯氏鸶雀	Spix's Woodcreeper	分布: 6
Xiphorhynchus pardalotus	栗腰鸶雀	Chestnut-rumped Woodcreeper	分布: 6
Xiphorhynchus guttatus	黄喉鸶雀	Buff-throated Woodcreeper	分布: 6
Xiphorhynchus susurrans	可岛鸶雀	Cocoa Woodcreeper	分布: 6
Xiphorhynchus flavigaster	白嘴鸶雀	Ivory-billed Woodcreeper	分布: 6
Xiphorhynchus lachrymosus	黑纹鸶雀	Black-striped Woodcreeper	分布: 6
Xiphorhynchus erythropygius	点斑鸶雀	Northern Spotted Woodcreeper	分布: 6
Xiphorhynchus triangularis	绿背鸶雀	Olive-backed Woodcreeper	分布: 6
Lepidocolaptes leucogaster	白纹鸶雀	White-striped Woodcreeper	分布: 6
Lepidocolaptes souleyetii	纹头鸶雀	Streak-headed Woodcreeper	分布: 6
Lepidocolaptes angustirostris	窄嘴鸶雀	Narrow-billed Woodcreeper	分布: 6
Lepidocolaptes affinis	斑顶鸶雀	Northern Spot-crowned Woodcreeper	分布: 6
Lepidocolaptes lacrymiger	山鸶雀	Montane Woodcreeper	分布: 6
Lepidocolaptes squamatus	鳞斑鸶雀	Scaled Woodcreeper	分布: 6
Lepidocolaptes albolineatus	线纹鸶雀	Lineated Woodcreeper	分布: 6
Lepidocolaptes duidae	杜山鸶雀	Duida Woodcreeper	分布: 6
Lepidocolaptes fatimalimae	伊河鸶雀	Inambari Woodcreeper	分布: 6
Lepidocolaptes fuscicapillus	暗冠鸶雀	Dusky-capped Woodcreeper	分布: 6
Drymotoxeres pucheranii	大镰嘴鸶雀	Greater Scythebill	分布: 6
Campylorhamphus trochilirostris	红嘴镰嘴鸶雀	Red-billed Scythebill	分布: 6
Campylorhamphus falcularius	黑嘴镰嘴鸶雀	Black-billed Scythebill	分布: 6
Campylorhamphus pusillus	褐嘴镰嘴鸶雀	Brown-billed Scythebill	分布: 6
Campylorhamphus procurvoides	淡嘴镰嘴鸶雀	Curve-billed Scythebill	分布: 6

14. 娇鹟科　Pipridae　(Manakins)　17 属　52 种

Tyranneutes stolzmanni	侏霸娇鹟	Dwarf Tyrant-manakin	分布: 6
Tyranneutes virescens	小霸娇鹟	Tiny Tyrant-manakin	分布: 6
Neopelma chrysocephalum	黄冠霸娇鹟	Saffron-crested Tyrant-manakin	分布: 6
Neopelma sulphureiventer	黄腹霸娇鹟	Sulphur-bellied Tyrant-manakin	分布: 6
Neopelma pallescens	淡腹霸娇鹟	Pale-bellied Tyrant-manakin	分布: 6
Neopelma aurifrons	巴西霸娇鹟	Wied's Tyrant-manakin	分布: 6
Neopelma chrysolophum	巴西黄冠霸娇鹟	Serra do Mar Tyrant-manakin	分布: 6
Chloropipo flavicapilla	黄头绿娇鹟	Yellow-headed Manakin	分布: 6
Chloropipo unicolor	辉绿娇鹟	Jet Manakin	分布: 6
Antilophia bokermanni	鹊色盔娇鹟	Araripe Manakin	分布: 6

Antilophia galeata	盔娇鹟	Helmeted Manakin	分布: 6
Chiroxiphia linearis	长尾娇鹟	Long-tailed Manakin	分布: 6
Chiroxiphia lanceolata	尖尾娇鹟	Lance-tailed Manakin	分布: 6
Chiroxiphia pareola	蓝背娇鹟	Blue-backed Manakin	分布: 6
Chiroxiphia boliviana	玻利维亚娇鹟	Yungas Manakin	分布: 6
Chiroxiphia caudata	燕尾娇鹟	Blue Manakin	分布: 6
Ilicura militaris	针尾娇鹟	Pin-tailed Manakin	分布: 6
Masius chrysopterus	金翅娇鹟	Golden-winged Manakin	分布: 6
Corapipo gutturalis	白喉娇鹟	White-throated Manakin	分布: 6
Corapipo altera	中美白皱领娇鹟	White-ruffed Manakin	分布: 6
Corapipo leucorrhoa	南美白皱领娇鹟	White-bibbed Manakin	分布: 6
Xenopipo uniformis	橄榄绿娇鹟	Olive Manakin	分布: 6
Xenopipo atronitens	黑娇鹟	Black Manakin	分布: 6
Cryptopipo holochlora	绿娇鹟	Green Manakin	分布: 6
Lepidothrix coronata	蓝冠娇鹟	Blue-crowned Manakin	分布: 6
Lepidothrix nattereri	白顶娇鹟	Snow-capped Manakin	分布: 6
Lepidothrix vilasboasi	金冠娇鹟	Golden-crowned Manakin	分布: 6
Lepidothrix iris	乳白冠娇鹟	Opal-crowned Manakin	分布: 6
Lepidothrix suavissima	特普伊娇鹟	Orange-bellied Manakin	分布: 6
Lepidothrix serena	白额娇鹟	White-fronted Manakin	分布: 6
Lepidothrix isidorei	蓝腰娇鹟	Blue-rumped Manakin	分布: 6
Lepidothrix coeruleocapilla	蓝头娇鹟	Cerulean-capped Manakin	分布: 6
Heterocercus aurantiivertex	橙顶娇鹟	Orange-crested Manakin	分布: 6
Heterocercus flavivertex	黄顶娇鹟	Yellow-crested Manakin	分布: 6
Heterocercus linteatus	赤顶娇鹟	Flame-crested Manakin	分布: 6
Manacus manacus	白须娇鹟	White-bearded Manakin	分布: 6
Manacus candei	白头娇鹟	White-collared Manakin	分布: 6
Manacus vitellinus	金领娇鹟	Golden-collared Manakin	分布: 6
Manacus aurantiacus	橙领娇鹟	Orange-collared Manakin	分布: 6
Pipra aureola	绯红冠娇鹟	Crimson-hooded Manakin	分布: 6
Pipra filicauda	线尾娇鹟	Wire-tailed Manakin	分布: 6
Pipra fasciicauda	斑尾娇鹟	Band-tailed Manakin	分布: 6
Machaeropterus deliciosus	梅花翅娇鹟	Club-winged Manakin	分布: 6
Machaeropterus regulus	纹娇鹟	Kinglet Manakin	分布: 6
Machaeropterus striolatus	紫纹娇鹟	Striolated Manakin	分布: 6
Machaeropterus pyrocephalus	朱顶娇鹟	Fiery-capped Manakin	分布: 6
Pseudopipra pipra	白冠娇鹟	White-crowned Manakin	分布: 6
Ceratopipra cornuta	红角娇鹟	Scarlet-horned Manakin	分布: 6
Ceratopipra mentalis	红顶娇鹟	Red-capped Manakin	分布: 6
Ceratopipra chloromeros	圆尾娇鹟	Round-tailed Manakin	分布: 6
Ceratopipra erythrocephala	金头娇鹟	Golden-headed Manakin	分布: 6
Ceratopipra rubrocapilla	红头娇鹟	Red-headed Manakin	分布: 6

15. 伞鸟科 Cotingidae (Cotingas) 25 属 66 种

Ampelion rubrocristatus	红冠伞鸟	Red-crested Cotinga	分布: 6
Ampelion rufaxilla	栗冠伞鸟	Chestnut-crested Cotinga	分布: 6
Phibalura flavirostris	燕尾伞鸟	Swallow-tailed Cotinga	分布: 6
Phibalura boliviana	黄眼燕尾伞鸟	Apolo Cotinga	分布: 6
Zaratornis stresemanni	白颊伞鸟	White-cheeked Cotinga	分布: 6
Doliornis remseni	栗腹伞鸟	Chestnut-bellied Cotinga	分布: 6
Doliornis sclateri	栗肛伞鸟	Bay-vented Cotinga	分布: 6
Phytotoma raimondii	秘鲁割草鸟	Peruvian Plantcutter	分布: 6
Phytotoma rutila	红胸割草鸟	White-tipped Plantcutter	分布: 6
Phytotoma rara	棕尾割草鸟	Rufous-tailed Plantcutter	分布: 6
Carpornis cucullata	冠食果伞鸟	Hooded Berryeater	分布: 6
Carpornis melanocephala	黑头食果伞鸟	Black-headed Berryeater	分布: 6
Pipreola riefferii	绿黑食果伞鸟	Green-and-black Fruiteater	分布: 6
Pipreola intermedia	斑尾食果伞鸟	Band-tailed Fruiteater	分布: 6
Pipreola arcuata	横斑食果伞鸟	Barred Fruiteater	分布: 6
Pipreola aureopectus	金胸食果伞鸟	Golden-breasted Fruiteater	分布: 6
Pipreola jucunda	橙胸食果伞鸟	Orange-breasted Fruiteater	分布: 6
Pipreola lubomirskii	黑胸食果伞鸟	Black-chested Fruiteater	分布: 6
Pipreola pulchra	花脸食果伞鸟	Masked Fruiteater	分布: 6
Pipreola frontalis	红胸食果伞鸟	Scarlet-breasted Fruiteater	分布: 6
Pipreola chlorolepidota	红喉食果伞鸟	Fiery-throated Fruiteater	分布: 6
Pipreola formosa	丽色食果伞鸟	Handsome Fruiteater	分布: 6
Pipreola whitelyi	红斑食果伞鸟	Red-banded Fruiteater	分布: 6
Ampelioides tschudii	鳞斑食果伞鸟	Scaled Fruiteater	分布: 6
Rupicola rupicola	圭亚那冠伞鸟	Guianan Cock-of-the-rock	分布: 6
Rupicola peruvianus	安第斯冠伞鸟	Andean Cock-of-the-rock	分布: 6
Phoenicircus carnifex	圭亚那红伞鸟	Guianan Red Cotinga	分布: 6
Phoenicircus nigricollis	黑颈红伞鸟	Black-necked Red Cotinga	分布: 6
Cotinga amabilis	秀丽伞鸟	Lovely Cotinga	分布: 6
Cotinga ridgwayi	绿伞鸟	Turquoise Cotinga	分布: 6
Cotinga nattererii	蓝伞鸟	Blue Cotinga	分布: 6
Cotinga maynana	斑喉伞鸟	Plum-throated Cotinga	分布: 6
Cotinga cotinga	紫胸伞鸟	Purple-breasted Cotinga	分布: 6
Cotinga maculata	斑伞鸟	Banded Cotinga	分布: 6
Cotinga cayana	辉伞鸟	Spangled Cotinga	分布: 6
Procnias tricarunculatus	肉垂钟伞鸟	Three-wattled Bellbird	分布: 6
Procnias albus	白钟伞鸟	White Bellbird	分布: 6
Procnias averano	须钟伞鸟	Bearded Bellbird	分布: 6
Procnias nudicollis	裸喉钟伞鸟	Bare-throated Bellbird	分布: 6
Tijuca atra	黑黄伞鸟	Black-and-gold Cotinga	分布: 6

Tijuca condita	灰翅伞鸟	Grey-winged Cotinga	分布: 6
Lipaugus weberi	栗顶伞鸟	Chestnut-capped Piha	分布: 6
Lipaugus fuscocinereus	暗色伞鸟	Dusky Piha	分布: 6
Lipaugus uropygialis	镰翅伞鸟	Scimitar-winged Piha	分布: 6
Lipaugus unirufus	棕伞鸟	Rufous Piha	分布: 6
Lipaugus vociferans	尖声伞鸟	Screaming Piha	分布: 6
Lipaugus lanioides	红肛伞鸟	Cinnamon-vented Piha	分布: 6
Lipaugus streptophorus	红领伞鸟	Rose-collared Piha	分布: 6
Conioptilon mcilhennyi	黑脸伞鸟	Black-faced Cotinga	分布: 6
Snowornis subalaris	灰尾伞鸟	Grey-tailed Piha	分布: 6
Snowornis cryptolophus	橄榄绿伞鸟	Olivaceous Piha	分布: 6
Porphyrolaema porphyrolaema	紫喉伞鸟	Purple-throated Cotinga	分布: 6
Xipholena punicea	白翅紫伞鸟	Pompadour Cotinga	分布: 6
Xipholena lamellipennis	白尾伞鸟	White-tailed Cotinga	分布: 6
Xipholena atropurpurea	白翅伞鸟	White-winged Cotinga	分布: 6
Carpodectes hopkei	南美白伞鸟	Black-tipped Cotinga	分布: 6
Carpodectes nitidus	中美白伞鸟	Snowy Cotinga	分布: 6
Carpodectes antoniae	黄嘴白伞鸟	Yellow-billed Cotinga	分布: 6
Gymnoderus foetidus	裸颈果伞鸟	Bare-necked Fruitcrow	分布: 6
Querula purpurata	紫喉果伞鸟	Purple-throated Fruitcrow	分布: 6
Haematoderus militaris	绯红果伞鸟	Crimson Fruitcrow	分布: 6
Pyroderus scutatus	红领果伞鸟	Red-ruffed Fruitcrow	分布: 6
Perissocephalus tricolor	三色伞鸟	Capuchinbird	分布: 6
Cephalopterus glabricollis	裸颈伞鸟	Bare-necked Umbrellabird	分布: 6
Cephalopterus ornatus	亚马孙伞鸟	Amazonian Umbrellabird	分布: 6
Cephalopterus penduliger	长耳垂伞鸟	Long-wattled Umbrellabird	分布: 6

16. 南美霸鹟科　Tityridae　(Tityras and Allies)　11 属　45 种

Oxyruncus cristatus	尖喙霸鹟	Sharpbill	分布: 6
Onychorhynchus coronatus	皇霸鹟	Amazonian Royal Flycatcher	分布: 6
Onychorhynchus mexicanus	北皇霸鹟	Northern Royal Flycatcher	分布: 6
Onychorhynchus occidentalis	西皇霸鹟	Pacific Royal Flycatcher	分布: 6
Onychorhynchus swainsoni	东皇霸鹟	Atlantic Royal Flycatcher	分布: 6
Myiobius villosus	茶胸黄腰霸鹟	Tawny-breasted Flycatcher	分布: 6
Myiobius sulphureipygius	硫黄腰霸鹟	Sulphur-rumped Flycatcher	分布: 6
Myiobius barbatus	须黄腰霸鹟	Whiskered Flycatcher	分布: 6
Myiobius atricaudus	黑尾黄腰霸鹟	Black-tailed Flycatcher	分布: 6
Terenotriccus erythrurus	红尾霸鹟	Ruddy-tailed Flycatcher	分布: 6
Tityra inquisitor	黑顶蒂泰霸鹟	Black-crowned Tityra	分布: 6
Tityra cayana	黑尾蒂泰霸鹟	Western Black-tailed Tityra	分布: 6
Tityra semifasciata	花脸蒂泰霸鹟	Masked Tityra	分布: 6
Schiffornis major	大希夫霸鹟	Varzea Schiffornis	分布: 6

Schiffornis olivacea	圭亚那希夫霸鹟	Olivaceous Mourner	分布: 6
Schiffornis veraepacis	北希夫霸鹟	Northern Mourner	分布: 6
Schiffornis aenea	山希夫霸鹟	Foothill Mourner	分布: 6
Schiffornis stenorhyncha	红翅希夫霸鹟	Russet-winged Mourner	分布: 6
Schiffornis turdina	拟鸫希夫霸鹟	Brown-winged Mourner	分布: 6
Schiffornis virescens	绿希夫霸鹟	Greenish Schiffornis	分布: 6
Laniocera rufescens	点斑伞鸟	Speckled Mourner	分布: 6
Laniocera hypopyrra	栗翅斑伞鸟	Cinereous Mourner	分布: 6
Iodopleura pipra	黄喉紫须伞鸟	Buff-throated Purpletuft	分布: 6
Iodopleura fusca	紫须伞鸟	Dusky Purpletuft	分布: 6
Iodopleura isabellae	白眉紫须伞鸟	White-browed Purpletuft	分布: 6
Laniisoma elegans	鹂伞鸟	Elegant Mourner	分布: 6
Laniisoma buckleyi	安第斯鹂伞鸟	Andean Mourner	分布: 6
Xenopsaris albinucha	白枕霸鹟	White-naped Becard	分布: 6
Pachyramphus viridis	绿背厚嘴霸鹟	Green-backed Becard	分布: 6
Pachyramphus xanthogenys	黄颊厚嘴霸鹟	Yellow-cheeked Becard	分布: 6
Pachyramphus versicolor	斑纹厚嘴霸鹟	Barred Becard	分布: 6
Pachyramphus spodiurus	蓝灰厚嘴霸鹟	Slaty Becard	分布: 6
Pachyramphus rufus	灰厚嘴霸鹟	Cinereous Becard	分布: 6
Pachyramphus castaneus	栗顶厚嘴霸鹟	Chestnut-crowned Becard	分布: 6
Pachyramphus cinnamomeus	桂红厚嘴霸鹟	Cinnamon Becard	分布: 6
Pachyramphus polychopterus	白翅厚嘴霸鹟	White-winged Becard	分布: 6
Pachyramphus marginatus	黑顶厚嘴霸鹟	Black-capped Becard	分布: 6
Pachyramphus albogriseus	黑白厚嘴霸鹟	Black-and-white Becard	分布: 6
Pachyramphus major	灰领厚嘴霸鹟	Eastern Grey-collared Becard	分布: 6
Pachyramphus surinamus	亮背厚嘴霸鹟	Glossy-backed Becard	分布: 6
Pachyramphus homochrous	单色厚嘴霸鹟	One-colored Becard	分布: 6
Pachyramphus minor	粉喉厚嘴霸鹟	Pink-throated Becard	分布: 6
Pachyramphus validus	淡色厚嘴霸鹟	Crested Becard	分布: 6
Pachyramphus aglaiae	红喉厚嘴霸鹟	Rose-throated Becard	分布: 5, 6
Pachyramphus niger	牙买加厚嘴霸鹟	Jamaican Becard	分布: 6

17. 霸鹟科　Tyrannidae　(Tyrant-flycatchers)　101 属　428 种

Piprites griseiceps	灰头娇鹟	Grey-headed Piprites	分布: 6
Piprites chloris	斑翅娇鹟	Wing-barred Piprites	分布: 6
Piprites pileata	黑顶娇鹟	Black-capped Piprites	分布: 6
Phyllomyias fasciatus	带斑小霸鹟	Planalto Tyrannulet	分布: 6
Phyllomyias weedeni	央葛斯小霸鹟	Yungas Tyrannulet	分布: 6
Phyllomyias burmeisteri	毛腿小霸鹟	Rough-legged Tyrannulet	分布: 6
Phyllomyias zeledoni	白额小霸鹟	White-fronted Tyrannulet	分布: 6
Phyllomyias virescens	绿色小霸鹟	Greenish Tyrannulet	分布: 6
Phyllomyias reiseri	里氏小霸鹟	Reiser's Tyrannulet	分布: 6

Phyllomyias urichi	尤氏小霸鹟	Urich's Tyrannulet	分布: 6
Phyllomyias sclateri	阿根廷小霸鹟	Sclater's Tyrannulet	分布: 6
Phyllomyias griseocapilla	灰顶小霸鹟	Grey-capped Tyrannulet	分布: 6
Phyllomyias griseiceps	乌头小霸鹟	Sooty-headed Tyrannulet	分布: 6
Phyllomyias plumbeiceps	铅色顶小霸鹟	Plumbeous-crowned Tyrannulet	分布: 6
Phyllomyias nigrocapillus	黑顶小霸鹟	Black-capped Tyrannulet	分布: 6
Phyllomyias cinereiceps	灰头小霸鹟	Ashy-headed Tyrannulet	分布: 6
Phyllomyias uropygialis	褐腰小霸鹟	Tawny-rumped Tyrannulet	分布: 6
Tyrannulus elatus	黄顶小霸鹟	Yellow-crowned Tyrannulet	分布: 6
Myiopagis gaimardii	林伊拉鹟	Forest Elaenia	分布: 6
Myiopagis caniceps	灰色伊拉鹟	Atlantic Grey Elaenia	分布: 6
Myiopagis olallai	山地伊拉鹟	Foothill Elaenia	分布: 6
Myiopagis subplacens	太平洋伊拉鹟	Pacific Elaenia	分布: 6
Myiopagis flavivertex	黄顶伊拉鹟	Yellow-crowned Elaenia	分布: 6
Myiopagis viridicata	绿伊拉鹟	Greenish Elaenia	分布: 6
Myiopagis cotta	牙买加伊拉鹟	Small Jamaican Elaenia	分布: 6
Elaenia flavogaster	黄腹拟霸鹟	Yellow-bellied Elaenia	分布: 6
Elaenia martinica	加勒比拟霸鹟	Caribbean Elaenia	分布: 6
Elaenia spectabilis	大拟霸鹟	Large Elaenia	分布: 6
Elaenia ridleyana	诺尔拟霸鹟	Noronha Elaenia	分布: 6
Elaenia albiceps	白冠拟霸鹟	White-crested Elaenia	分布: 6
Elaenia parvirostris	小嘴拟霸鹟	Small-billed Elaenia	分布: 6
Elaenia mesoleuca	绿拟霸鹟	Olivaceous Elaenia	分布: 6
Elaenia strepera	灰拟霸鹟	Slaty Elaenia	分布: 6
Elaenia gigas	斑背拟霸鹟	Mottle-backed Elaenia	分布: 6
Elaenia pelzelni	淡褐拟霸鹟	Brownish Elaenia	分布: 6
Elaenia cristata	纯色冠拟霸鹟	Plain-crested Elaenia	分布: 6
Elaenia chiriquensis	小拟霸鹟	Lesser Elaenia	分布: 6
Elaenia brachyptera	灰胸小拟霸鹟	Coopmans's Elaenia	分布: 6
Elaenia ruficeps	棕顶拟霸鹟	Rufous-crowned Elaenia	分布: 6
Elaenia frantzii	山拟霸鹟	Mountain Elaenia	分布: 6
Elaenia obscura	高原拟霸鹟	Highland Elaenia	分布: 6
Elaenia dayi	中美拟霸鹟	Great Elaenia	分布: 6
Elaenia pallatangae	岭拟霸鹟	Sierran Elaenia	分布: 6
Elaenia olivina	黄腹岭拟霸鹟	Tepui Elaenia	分布: 6
Elaenia fallax	安岛拟霸鹟	Large Jamaican Elaenia	分布: 6
Ornithion semiflavum	黄腹小霸鹟	Yellow-bellied Tyrannulet	分布: 6
Ornithion brunneicapillus	褐顶小霸鹟	Brown-capped Tyrannulet	分布: 6
Ornithion inerme	白眼先小霸鹟	White-lored Tyrannulet	分布: 6
Camptostoma imberbe	北无须小霸鹟	Northern Beardless Tyrannulet	分布: 5, 6
Camptostoma obsoletum	南无须小霸鹟	Southern Beardless Tyrannulet	分布: 6
Suiriri suiriri	平原霸鹟	Suiriri Flycatcher	分布: 6

Mecocerculus leucophrys	白喉姬霸鹟	White-throated Tyrannulet	分布: 6
Mecocerculus poecilocercus	白尾姬霸鹟	White-tailed Tyrannulet	分布: 6
Mecocerculus hellmayri	黄斑姬霸鹟	Buff-banded Tyrannulet	分布: 6
Mecocerculus calopterus	棕翅姬霸鹟	Rufous-winged Tyrannulet	分布: 6
Mecocerculus minor	黄腹姬霸鹟	Sulphur-bellied Tyrannulet	分布: 6
Mecocerculus stictopterus	白斑姬霸鹟	White-banded Tyrannulet	分布: 6
Anairetes nigrocristatus	黑冠雀霸鹟	Black-crested Tit-tyrant	分布: 6
Anairetes reguloides	斑冠雀霸鹟	Pied-crested Tit-tyrant	分布: 6
Anairetes alpinus	灰胸雀霸鹟	Ash-breasted Tit-tyrant	分布: 6
Anairetes flavirostris	黄嘴雀霸鹟	Yellow-billed Tit-tyrant	分布: 6
Anairetes parulus	须雀霸鹟	Tufted Tit-tyrant	分布: 6
Uromyias agilis	敏雀霸鹟	Agile Tit-tyrant	分布: 6
Uromyias agraphia	无纹雀霸鹟	Unstreaked Tit-tyrant	分布: 6
Serpophaga cinerea	灰姬霸鹟	Torrent Tyrannulet	分布: 6
Serpophaga hypoleuca	河姬霸鹟	River Tyrannulet	分布: 6
Serpophaga nigricans	烟姬霸鹟	Sooty Tyrannulet	分布: 6
Serpophaga subcristata	白冠姬霸鹟	White-crested Tyrannulet	分布: 6
Serpophaga munda	白腹姬霸鹟	White-bellied Tyrannulet	分布: 6
Serpophaga griseicapilla	灰冠姬霸鹟	Straneck's Tyrannulet	分布: 6
Phaeomyias murina	灰色小霸鹟	Mouse-colored Tyrannulet	分布: 6
Phaeomyias tumbezana	白腹灰色小霸鹟	Tumbes Tyrannulet	分布: 6
Capsiempis flaveola	黄小霸鹟	Yellow Tyrannulet	分布: 6
Polystictus pectoralis	须多斑霸鹟	Bearded Tachuri	分布: 6
Polystictus superciliaris	灰背多斑霸鹟	Grey-backed Tachuri	分布: 6
Nesotriccus ridgwayi	科岛霸鹟	Cocos Flycatcher	分布: 6
Pseudocolopteryx dinelliana	南美多拉霸鹟	Dinelli's Doradito	分布: 6
Pseudocolopteryx sclateri	冠多拉霸鹟	Crested Doradito	分布: 6
Pseudocolopteryx acutipennis	亚热带多拉霸鹟	Subtropical Doradito	分布: 6
Pseudocolopteryx flaviventris	拟莺多拉霸鹟	Warbling Doradito	分布: 6
Pseudocolopteryx citreola	滴答多拉霸鹟	Ticking Doradito	分布: 6
Pseudotriccus pelzelni	铜绿侏霸鹟	Bronze-olive Pygmy-tyrant	分布: 6
Pseudotriccus simplex	褐额侏霸鹟	Hazel-fronted Pygmy-tyrant	分布: 6
Pseudotriccus ruficeps	棕头侏霸鹟	Rufous-headed Pygmy-tyrant	分布: 6
Corythopis torquatus	环蚁鹨	Ringed Antpipit	分布: 6
Corythopis delalandi	南美蚁鹨	Southern Antpipit	分布: 6
Euscarthmus meloryphus	褐顶侏霸鹟	Tawny-crowned Pygmy-tyrant	分布: 6
Euscarthmus rufomarginatus	棕胁侏霸鹟	Rufous-sided Pygmy-tyrant	分布: 6
Pseudelaenia leucospodia	灰白小霸鹟	Grey-and-white Tyrannulet	分布: 6
Stigmatura napensis	小霸鹟	Lesser Wagtail-tyrant	分布: 6
Stigmatura budytoides	大霸鹟	Greater Wagtail-tyrant	分布: 6
Zimmerius vilissimus	稚小霸鹟	Paltry Tyrannulet	分布: 6
Zimmerius parvus	槲小霸鹟	Mistletoe Tyrannulet	分布: 6

Zimmerius improbus	华丽小霸鹟	Mountain Tyrannulet	分布: 6
Zimmerius petersi	委内瑞拉小霸鹟	Venezuelan Tyrannulet	分布: 6
Zimmerius bolivianus	玻利维亚小霸鹟	Bolivian Tyrannulet	分布: 6
Zimmerius cinereicapilla	红嘴小霸鹟	Red-billed Tyrannulet	分布: 6
Zimmerius villarejoi	绿头小霸鹟	Mishana Tyrannulet	分布: 6
Zimmerius chicomendesi	短嘴绿头小霸鹟	Chico's Tyrannulet	分布: 6
Zimmerius gracilipes	细脚小霸鹟	Slender-footed Tyrannulet	分布: 6
Zimmerius acer	圭亚那小霸鹟	Guianan Tyrannulet	分布: 6
Zimmerius chrysops	金脸小霸鹟	Golden-faced Tyrannulet	分布: 6
Zimmerius albigularis	灰喉金脸小霸鹟	Choco Tyrannulet	分布: 6
Zimmerius viridiflavus	秘鲁小霸鹟	Peruvian Tyrannulet	分布: 6
Pogonotriccus poecilotis	杂色须霸鹟	Variegated Bristle-tyrant	分布: 6
Pogonotriccus chapmani	查氏姬霸鹟	Chapman's Bristle-tyrant	分布: 6
Pogonotriccus ophthalmicus	纹脸须霸鹟	Marble-faced Bristle-tyrant	分布: 6
Pogonotriccus orbitalis	眼斑须霸鹟	Spectacled Bristle-tyrant	分布: 6
Pogonotriccus venezuelanus	委内瑞拉须霸鹟	Venezuelan Bristle-tyrant	分布: 6
Pogonotriccus lanyoni	哥伦比亚须霸鹟	Antioquia Bristle-tyrant	分布: 6
Pogonotriccus eximius	南须霸鹟	Southern Bristle-tyrant	分布: 6
Phylloscartes ventralis	点颊姬霸鹟	Mottle-cheeked Tyrannulet	分布: 6
Phylloscartes ceciliae	长尾姬霸鹟	Alagoas Tyrannulet	分布: 6
Phylloscartes kronei	雷斯姬霸鹟	Restinga Tyrannulet	分布: 6
Phylloscartes beckeri	巴伊姬霸鹟	Bahia Tyrannulet	分布: 6
Phylloscartes flavovirens	黄绿姬霸鹟	Yellow-green Tyrannulet	分布: 6
Phylloscartes virescens	橄榄绿姬霸鹟	Olive-green Tyrannulet	分布: 6
Phylloscartes gualaquizae	厄瓜多尔姬霸鹟	Ecuadorian Tyrannulet	分布: 6
Phylloscartes nigrifrons	黑额姬霸鹟	Black-fronted Tyrannulet	分布: 6
Phylloscartes superciliaris	棕额姬霸鹟	Rufous-browed Tyrannulet	分布: 6
Phylloscartes flaviventris	褐眼先姬霸鹟	Rufous-lored Tyrannulet	分布: 6
Phylloscartes parkeri	棕脸姬霸鹟	Cinnamon-faced Tyrannulet	分布: 6
Phylloscartes roquettei	米州姬霸鹟	Minas Gerais Tyrannulet	分布: 6
Phylloscartes paulista	圣保罗姬霸鹟	Sao Paulo Tyrannulet	分布: 6
Phylloscartes oustaleti	欧氏姬霸鹟	Oustalet's Tyrannulet	分布: 6
Phylloscartes difficilis	巴西姬霸鹟	Serra do Mar Tyrannulet	分布: 6
Phylloscartes sylviolus	栗环姬霸鹟	Bay-ringed Tyrannulet	分布: 6
Mionectes striaticollis	纹颈霸鹟	Streak-necked Flycatcher	分布: 6
Mionectes olivaceus	橄榄绿纹霸鹟	Olive-streaked Flycatcher	分布: 6
Mionectes oleagineus	赭腹霸鹟	Ochre-bellied Flycatcher	分布: 6
Mionectes macconnelli	麦氏霸鹟	McConnell's Flycatcher	分布: 6
Mionectes roraimae	暗胸麦氏霸鹟	Sierra de Lema Flycatcher	分布: 6
Mionectes rufiventris	灰冠霸鹟	Grey-hooded Flycatcher	分布: 6
Leptopogon amaurocephalus	棕顶窄嘴霸鹟	Sepia-capped Flycatcher	分布: 6
Leptopogon superciliaris	灰顶窄嘴霸鹟	Slaty-capped Flycatcher	分布: 6

Leptopogon rufipectus	棕胸窄嘴霸鹟	Rufous-breasted Flycatcher	分布: 6
Leptopogon taczanowskii	印加窄嘴霸鹟	Inca Flycatcher	分布: 6
Sublegatus arenarum	北灌丛霸鹟	Northern Scrub-flycatcher	分布: 6
Sublegatus obscurior	亚马孙灌丛霸鹟	Amazonian Scrub-flycatcher	分布: 6
Sublegatus modestus	南灌丛霸鹟	Southern Scrub-flycatcher	分布: 6
Inezia tenuirostris	细嘴姬霸鹟	Slender-billed Tyrannulet	分布: 6
Inezia inornata	纯色姬霸鹟	Plain Tyrannulet	分布: 6
Inezia subflava	亚马孙姬霸鹟	Amazonian Tyrannulet	分布: 6
Inezia caudata	白眼姬霸鹟	Pale-tipped Tyrannulet	分布: 6
Myiophobus flavicans	黄斑翅霸鹟	Flavescent Flycatcher	分布: 6
Myiophobus phoenicomitra	橙冠斑翅霸鹟	Orange-crested Flycatcher	分布: 6
Myiophobus inornatus	纯色斑翅霸鹟	Unadorned Flycatcher	分布: 6
Myiophobus roraimae	巴西斑翅霸鹟	Roraiman Flycatcher	分布: 6
Myiophobus cryptoxanthus	绿胸斑翅霸鹟	Olive-chested Flycatcher	分布: 6
Myiophobus fasciatus	浅褐斑翅霸鹟	Bran-colored Flycatcher	分布: 6
Nephelomyias pulcher	华丽斑翅霸鹟	Handsome Flycatcher	分布: 6
Nephelomyias lintoni	橙斑翅霸鹟	Orange-banded Flycatcher	分布: 6
Nephelomyias ochraceiventris	赭胸斑翅霸鹟	Ochraceous-breasted Flycatcher	分布: 6
Myiotriccus ornatus	华丽霸鹟	Western Ornate Flycatcher	分布: 6
Tachuris rubrigastra	多色苇霸鹟	Many-colored Rush-tyrant	分布: 6
Culicivora caudacuta	尖尾霸鹟	Sharp-tailed Tyrant	分布: 6
Hemitriccus diops	淡褐胸侏霸鹟	Drab-breasted Bamboo-tyrant	分布: 6
Hemitriccus obsoletus	褐胸侏霸鹟	Brown-breasted Bamboo-tyrant	分布: 6
Hemitriccus flammulatus	红侏霸鹟	Flammulated Bamboo-tyrant	分布: 6
Hemitriccus minor	小哑霸鹟	Snethlage's Tody-tyrant	分布: 6
Hemitriccus spodiops	玻利维亚哑霸鹟	Yungas Tody-tyrant	分布: 6
Hemitriccus cohnhafti	阿克雷哑霸鹟	Acre Tody-tyrant	分布: 6
Hemitriccus josephinae	阔嘴哑霸鹟	Boat-billed Tody-tyrant	分布: 6
Hemitriccus zosterops	白眼哑霸鹟	White-eyed Tody-tyrant	分布: 6
Hemitriccus griseipectus	白腹哑霸鹟	White-bellied Tody-tyrant	分布: 6
Hemitriccus minimus	奇氏哑霸鹟	Zimmer's Tody-tyrant	分布: 6
Hemitriccus orbitatus	橄榄色哑霸鹟	Eye-ringed Tody-tyrant	分布: 6
Hemitriccus iohannis	乔氏哑霸鹟	Joao's Tody-tyrant	分布: 6
Hemitriccus striaticollis	纹颈哑霸鹟	Stripe-necked Tody-tyrant	分布: 6
Hemitriccus nidipendulus	悬巢哑霸鹟	Hangnest Tody-tyrant	分布: 6
Hemitriccus margaritaceiventer	斑臀哑霸鹟	Pearly-vented Tody-tyrant	分布: 6
Hemitriccus inornatus	佩氏哑霸鹟	Pelzeln's Tody-tyrant	分布: 6
Hemitriccus granadensis	黑喉哑霸鹟	Black-throated Tody-tyrant	分布: 6
Hemitriccus mirandae	黄胸哑霸鹟	Buff-breasted Tody-tyrant	分布: 6
Hemitriccus cinnamomeipectus	棕胸哑霸鹟	Cinnamon-breasted Tody-tyrant	分布: 6
Hemitriccus kaempferi	凯氏哑霸鹟	Kaempfer's Tody-tyrant	分布: 6
Hemitriccus rufigularis	黄喉哑霸鹟	Buff-throated Tody-tyrant	分布: 6

Hemitriccus furcatus	叉尾哑霸鹟	Fork-tailed Tody-tyrant	分布: 6
Myiornis auricularis	角侏霸鹟	Eared Pygmy-tyrant	分布: 6
Myiornis albiventris	白胸侏霸鹟	White-bellied Pygmy-tyrant	分布: 6
Myiornis atricapillus	黑顶侏霸鹟	Black-capped Pygmy-tyrant	分布: 6
Myiornis ecaudatus	短尾侏霸鹟	Short-tailed Pygmy-tyrant	分布: 6
Oncostoma cinereigulare	北弯嘴霸鹟	Northern Bentbill	分布: 6
Oncostoma olivaceum	南弯嘴霸鹟	Southern Bentbill	分布: 6
Lophotriccus pileatus	鳞冠侏霸鹟	Scale-crested Pygmy-tyrant	分布: 6
Lophotriccus eulophotes	长冠侏霸鹟	Long-crested Pygmy-tyrant	分布: 6
Lophotriccus vitiosus	双斑侏霸鹟	Double-banded Pygmy-tyrant	分布: 6
Lophotriccus galeatus	盔侏霸鹟	Helmeted Pygmy-tyrant	分布: 6
Atalotriccus pilaris	淡眼侏霸鹟	Pale-eyed Pygmy-tyrant	分布: 6
Poecilotriccus ruficeps	棕顶哑霸鹟	Rufous-crowned Tody-flycatcher	分布: 6
Poecilotriccus luluae	红头哑霸鹟	Lulu's Tody-flycatcher	分布: 6
Poecilotriccus albifacies	白颊哑霸鹟	White-cheeked Tody-flycatcher	分布: 6
Poecilotriccus capitalis	黑白哑霸鹟	Black-and-white Tody-flycatcher	分布: 6
Poecilotriccus senex	黄颊哑霸鹟	Buff-cheeked Tody-flycatcher	分布: 6
Poecilotriccus russatus	赤黄哑霸鹟	Ruddy Tody-flycatcher	分布: 6
Poecilotriccus plumbeiceps	赭脸哑霸鹟	Ochre-faced Tody-flycatcher	分布: 6
Poecilotriccus fumifrons	灰额哑霸鹟	Smoky-fronted Tody-flycatcher	分布: 6
Poecilotriccus latirostris	锈额哑霸鹟	Rusty-fronted Tody-flycatcher	分布: 6
Poecilotriccus sylvia	蓝灰头哑霸鹟	Slate-headed Tody-flycatcher	分布: 6
Poecilotriccus calopterus	金翅哑霸鹟	Golden-winged Tody-flycatcher	分布: 6
Poecilotriccus pulchellus	黑背哑霸鹟	Black-backed Tody-flycatcher	分布: 6
Taeniotriccus andrei	黑胸霸鹟	Black-chested Tyrant	分布: 6
Todirostrum maculatum	斑哑霸鹟	Spotted Tody-flycatcher	分布: 6
Todirostrum poliocephalum	灰头哑霸鹟	Yellow-lored Tody-flycatcher	分布: 6
Todirostrum cinereum	哑霸鹟	Common Tody-flycatcher	分布: 6
Todirostrum viridanum	短尾哑霸鹟	Maracaibo Tody-flycatcher	分布: 6
Todirostrum pictum	彩哑霸鹟	Painted Tody-flycatcher	分布: 6
Todirostrum chrysocrotaphum	黄眉哑霸鹟	Yellow-browed Tody-flycatcher	分布: 6
Todirostrum nigriceps	黑头哑霸鹟	Black-headed Tody-flycatcher	分布: 6
Cnipodectes subbrunneus	褐霸鹟	Brownish Twistwing	分布: 6
Cnipodectes superrufus	棕霸鹟	Rufous Twistwing	分布: 6
Rhynchocyclus brevirostris	眼环扁嘴霸鹟	Eye-ringed Flatbill	分布: 6
Rhynchocyclus olivaceus	绿扁嘴霸鹟	Eastern Olivaceous Flatbill	分布: 6
Rhynchocyclus pacificus	太平洋扁嘴霸鹟	Pacific Flatbill	分布: 6
Rhynchocyclus fulvipectus	锈胸扁嘴霸鹟	Fulvous-breasted Flatbill	分布: 6
Tolmomyias sulphurescens	黄绿霸鹟	Yellow-olive Flatbill	分布: 6
Tolmomyias traylori	黄眼霸鹟	Orange-eyed Flatbill	分布: 6
Tolmomyias assimilis	黄羽缘霸鹟	Yellow-margined Flatbill	分布: 6
Tolmomyias flavotectus	黄翅霸鹟	Yellow-winged Flatbill	分布: 6

Tolmomyias poliocephalus	灰顶霸鹟	Grey-crowned Flatbill	分布: 6
Tolmomyias flaviventris	黄胸霸鹟	Ochre-lored Flatbill	分布: 6
Tolmomyias viridiceps	绿脸霸鹟	Olive-faced Flatbill	分布: 6
Calyptura cristata	姬伞鸟	Kinglet Calyptura	分布: 6
Platyrinchus saturatus	桂红冠铲嘴雀	Cinnamon-crested Spadebill	分布: 6
Platyrinchus cancrominus	短尾铲嘴雀	Stub-tailed Spadebill	分布: 6
Platyrinchus mystaceus	白喉铲嘴雀	Eastern White-throated Spadebill	分布: 6
Platyrinchus coronatus	金冠铲嘴雀	Golden-crowned Spadebill	分布: 6
Platyrinchus flavigularis	黄喉铲嘴雀	Yellow-throated Spadebill	分布: 6
Platyrinchus platyrhynchos	白冠铲嘴雀	White-crested Spadebill	分布: 6
Platyrinchus leucoryphus	黄褐翅铲嘴雀	Russet-winged Spadebill	分布: 6
Neopipo cinnamomea	栗红霸鹟	Cinnamon Manakin-tyrant	分布: 6
Pyrrhomyias cinnamomeus	桂红霸鹟	Cinnamon Flycatcher	分布: 6
Hirundinea ferruginea	峭壁霸鹟	Cliff Flycatcher	分布: 6
Lathrotriccus euleri	南美纹霸鹟	Euler's Flycatcher	分布: 6
Lathrotriccus griseipectus	灰胸纹霸鹟	Grey-breasted Flycatcher	分布: 6
Aphanotriccus capitalis	褐胸斑翅霸鹟	Tawny-chested Flycatcher	分布: 6
Aphanotriccus audax	黑嘴斑翅霸鹟	Black-billed Flycatcher	分布: 6
Cnemotriccus fuscatus	暗褐霸鹟	Fuscous Flycatcher	分布: 6
Xenotriccus callizonus	带霸鹟	Belted Flycatcher	分布: 6
Xenotriccus mexicanus	墨西哥霸鹟	Pileated Flycatcher	分布: 6
Sayornis phoebe	灰胸长尾霸鹟	Eastern Phoebe	分布: 5, 6
Sayornis nigricans	黑长尾霸鹟	Black Phoebe	分布: 5, 6
Sayornis saya	棕腹长尾霸鹟	Say's Phoebe	分布: 5, 6
Mitrephanes phaeocercus	领霸鹟	Tufted Flycatcher	分布: 6
Mitrephanes olivaceus	橄榄色霸鹟	Olive Flycatcher	分布: 6
Contopus cooperi	绿胁绿霸鹟	Olive-sided Flycatcher	分布: 5, 6
Contopus pertinax	大绿霸鹟	Greater Pewee	分布: 6
Contopus lugubris	暗绿霸鹟	Dark Pewee	分布: 6
Contopus fumigatus	烟色绿霸鹟	Smoke-colored Pewee	分布: 5, 6
Contopus ochraceus	赭色绿霸鹟	Ochraceous Pewee	分布: 6
Contopus sordidulus	西绿霸鹟	Western Wood-pewee	分布: 5, 6
Contopus virens	东绿霸鹟	Eastern Wood-pewee	分布: 5, 6
Contopus cinereus	热带绿霸鹟	Southern Tropical Pewee	分布: 6
Contopus punensis	西热带绿霸鹟	Western Tropical Pewee	分布: 6
Contopus albogularis	白喉绿霸鹟	White-throated Pewee	分布: 6
Contopus nigrescens	黑绿霸鹟	Blackish Pewee	分布: 6
Contopus caribaeus	大安岛绿霸鹟	Cuban Pewee	分布: 6
Contopus hispaniolensis	拉美绿霸鹟	Hispaniolan Pewee	分布: 6
Contopus pallidus	牙买加绿霸鹟	Jamaican Pewee	分布: 6
Contopus latirostris	小安岛绿霸鹟	Lesser Antillean Pewee	分布: 6
Empidonax flaviventris	黄腹纹霸鹟	Yellow-bellied Flycatcher	分布: 5, 6

Empidonax virescens	绿纹霸鹟	Acadian Flycatcher	分布: 5, 6
Empidonax traillii	纹霸鹟	Willow Flycatcher	分布: 5, 6
Empidonax alnorum	恺木纹霸鹟	Alder Flycatcher	分布: 5, 6
Empidonax albigularis	白喉纹霸鹟	White-throated Flycatcher	分布: 6
Empidonax minimus	小纹霸鹟	Least Flycatcher	分布: 5, 6
Empidonax hammondii	哈氏纹霸鹟	Hammond's Flycatcher	分布: 5, 6
Empidonax oberholseri	暗纹霸鹟	American Dusky Flycatcher	分布: 5, 6
Empidonax wrightii	灰纹霸鹟	American Grey Flycatcher	分布: 5, 6
Empidonax affinis	松纹霸鹟	Pine Flycatcher	分布: 6
Empidonax difficilis	北美纹霸鹟	Pacific-slope Flycatcher	分布: 5, 6
Empidonax occidentalis	科迪纹霸鹟	Cordilleran Flycatcher	分布: 5, 6
Empidonax flavescens	淡黄纹霸鹟	Yellowish Flycatcher	分布: 6
Empidonax fulvifrons	黄胸纹霸鹟	Buff-breasted Flycatcher	分布: 5, 6
Empidonax atriceps	黑顶纹霸鹟	Black-capped Flycatcher	分布: 6
Pyrocephalus rubinus	朱红霸鹟	Common Vermilion Flycatcher	分布: 5, 6
Pyrocephalus nanus	小朱红霸鹟	Little Vermilion Flycatcher	分布: 6
Lessonia rufa	棕背小霸鹟	Austral Negrito	分布: 6
Lessonia oreas	萨氏小霸鹟	Andean Negrito	分布: 6
Knipolegus striaticeps	灰霸鹟	Cinereous Black-tyrant	分布: 6
Knipolegus hudsoni	哈氏黑霸鹟	Hudson's Black-tyrant	分布: 6
Knipolegus poecilocercus	亚马孙黑霸鹟	Amazonian Black-tyrant	分布: 6
Knipolegus signatus	秘鲁丛霸鹟	Andean Black-tyrant	分布: 6
Knipolegus cabanisi	淡嘴黑霸鹟	Plumbeous Black-tyrant	分布: 6
Knipolegus cyanirostris	蓝嘴黑霸鹟	Blue-billed Black-tyrant	分布: 6
Knipolegus poecilurus	棕尾霸鹟	Rufous-tailed Tyrant	分布: 6
Knipolegus orenocensis	滨霸鹟	Riverside Tyrant	分布: 6
Knipolegus aterrimus	白翅黑霸鹟	White-winged Black-tyrant	分布: 6
Knipolegus franciscanus	巴西黑霸鹟	Caatinga Black-tyrant	分布: 6
Knipolegus lophotes	冠黑霸鹟	Crested Black-tyrant	分布: 6
Knipolegus nigerrimus	柔羽黑霸鹟	Velvety Black-tyrant	分布: 6
Hymenops perspicillatus	斑眼霸鹟	Spectacled Tyrant	分布: 6
Ochthornis littoralis	淡褐唧霸鹟	Drab Water-tyrant	分布: 6
Satrapa icterophrys	黄眉霸鹟	Yellow-browed Tyrant	分布: 6
Muscisaxicola fluviatilis	小地霸鹟	Little Ground-tyrant	分布: 6
Muscisaxicola maculirostris	斑嘴地霸鹟	Spot-billed Ground-tyrant	分布: 6
Muscisaxicola griseus	淡顶地霸鹟	Taczanowski's Ground-tyrant	分布: 6
Muscisaxicola juninensis	高山地霸鹟	Puna Ground-tyrant	分布: 6
Muscisaxicola cinereus	灰地霸鹟	Cinereous Ground-tyrant	分布: 6
Muscisaxicola albifrons	白额地霸鹟	White-fronted Ground-tyrant	分布: 6
Muscisaxicola flavinucha	赭颈地霸鹟	Ochre-naped Ground-tyrant	分布: 6
Muscisaxicola rufivertex	棕颈地霸鹟	Rufous-naped Ground-tyrant	分布: 6
Muscisaxicola maclovianus	暗脸地霸鹟	Dark-faced Ground-tyrant	分布: 6

Muscisaxicola albilora	白眉地霸鹟	White-browed Ground-tyrant	分布: 6
Muscisaxicola alpinus	淡顶地霸鹟	Plain-capped Ground-tyrant	分布: 6
Muscisaxicola capistratus	红腹地霸鹟	Cinnamon-bellied Ground-tyrant	分布: 6
Muscisaxicola frontalis	黑额地霸鹟	Black-fronted Ground-tyrant	分布: 6
Agriornis montanus	黑嘴鸲霸鹟	Black-billed Shrike-tyrant	分布: 6
Agriornis albicauda	白尾鸲霸鹟	White-tailed Shrike-tyrant	分布: 6
Agriornis lividus	大鸲霸鹟	Great Shrike-tyrant	分布: 6
Agriornis micropterus	灰腹鸲霸鹟	Grey-bellied Shrike-tyrant	分布: 6
Agriornis murinus	小鸲霸鹟	Lesser Shrike-tyrant	分布: 6
Xolmis pyrope	红眼蒙霸鹟	Fire-eyed Diucon	分布: 6
Xolmis cinereus	灰蒙霸鹟	Grey Monjita	分布: 6
Xolmis coronatus	黑顶蒙霸鹟	Black-crowned Monjita	分布: 6
Xolmis velatus	白腰蒙霸鹟	White-rumped Monjita	分布: 6
Xolmis irupero	白蒙霸鹟	White Monjita	分布: 6
Xolmis rubetra	锈背蒙霸鹟	Rusty-backed Monjita	分布: 6
Xolmis salinarum	盐沼蒙霸鹟	Salinas Monjita	分布: 6
Xolmis dominicanus	黑白蒙霸鹟	Black-and-white Monjita	分布: 6
Myiotheretes striaticollis	纹喉丛霸鹟	Streak-throated Bush-tyrant	分布: 6
Myiotheretes pernix	哥伦比亚丛霸鹟	Santa Marta Bush-tyrant	分布: 6
Myiotheretes fumigatus	烟色丛霸鹟	Smoky Bush-tyrant	分布: 6
Myiotheretes fuscorufus	棕腹丛霸鹟	Rufous-bellied Bush-tyrant	分布: 6
Cnemarchus erythropygius	红腰丛霸鹟	Red-rumped Bush-tyrant	分布: 6
Polioxolmis rufipennis	丛霸鹟	Rufous-webbed Bush-tyrant	分布: 6
Neoxolmis rufiventris	赭肛霸鹟	Chocolate-vented Tyrant	分布: 6
Gubernetes yetapa	飘带尾霸鹟	Streamer-tailed Tyrant	分布: 6
Muscipipra vetula	剪尾灰霸鹟	Shear-tailed Grey Tyrant	分布: 6
Fluvicola pica	斑水霸鹟	Pied Water-tyrant	分布: 6
Fluvicola albiventer	黑背水霸鹟	Black-backed Water-tyrant	分布: 6
Fluvicola nengeta	花脸水霸鹟	Masked Water-tyrant	分布: 6
Arundinicola leucocephala	白头沼泽霸鹟	White-headed Marsh-tyrant	分布: 6
Alectrurus tricolor	鸡尾霸鹟	Cock-tailed Tyrant	分布: 6
Alectrurus risora	异尾霸鹟	Strange-tailed Tyrant	分布: 6
Ochthoeca salvini	通贝斯唧霸鹟	Tumbes Tyrant	分布: 6
Silvicultrix frontalis	冠唧霸鹟	Crowned Chat-tyrant	分布: 6
Silvicultrix pulchella	金眉唧霸鹟	Golden-browed Chat-tyrant	分布: 6
Silvicultrix diadema	黄腹唧霸鹟	Yellow-bellied Chat-tyrant	分布: 6
Silvicultrix jelskii	杰氏唧霸鹟	Jelski's Chat-tyrant	分布: 6
Ochthoeca cinnamomeiventris	灰背唧霸鹟	Slaty-backed Chat-tyrant	分布: 6
Ochthoeca nigrita	黑背唧霸鹟	Blackish Chat-tyrant	分布: 6
Ochthoeca thoracica	栗腰唧霸鹟	Chestnut-belted Chat-tyrant	分布: 6
Ochthoeca rufipectoralis	棕胸唧霸鹟	Rufous-breasted Chat-tyrant	分布: 6
Ochthoeca fumicolor	褐背唧霸鹟	Brown-backed Chat-tyrant	分布: 6

Ochthoeca oenanthoides	南美唧霸鹟	d'Orbigny's Chat-tyrant	分布: 6
Ochthoeca leucophrys	白眉唧霸鹟	White-browed Chat-tyrant	分布: 6
Ochthoeca piurae	安第斯唧霸鹟	Piura Chat-tyrant	分布: 6
Colorhamphus parvirostris	巴塔唧霸鹟	Patagonian Tyrant	分布: 6
Colonia colonus	长尾霸鹟	Long-tailed Tyrant	分布: 6
Muscigralla brevicauda	短尾田霸鹟	Short-tailed Field-tyrant	分布: 6
Machetornis rixosa	牛霸鹟	Cattle Tyrant	分布: 6
Legatus leucophaius	强霸鹟	Piratic Flycatcher	分布: 6
Phelpsia inornata	白须短嘴霸鹟	White-bearded Flycatcher	分布: 6
Myiozetetes cayanensis	锈边短嘴霸鹟	Rusty-margined Flycatcher	分布: 6
Myiozetetes similis	群栖短嘴霸鹟	Social Flycatcher	分布: 6
Myiozetetes granadensis	灰顶短嘴霸鹟	Grey-capped Flycatcher	分布: 6
Myiozetetes luteiventris	暗胸短嘴霸鹟	Dusky-chested Flycatcher	分布: 6
Pitangus sulphuratus	大食蝇霸鹟	Great Kiskadee	分布: 5, 6
Philohydor lictor	小食蝇霸鹟	Lesser Kiskadee	分布: 6
Conopias albovittatus	白环蚊霸鹟	White-ringed Flycatcher	分布: 6
Conopias parvus	黄喉蚊霸鹟	Yellow-throated Flycatcher	分布: 6
Conopias trivirgatus	三纹蚊霸鹟	Three-striped Flycatcher	分布: 6
Conopias cinchoneti	黄眉蚊霸鹟	Lemon-browed Flycatcher	分布: 6
Myiodynastes hemichrysus	金腹大嘴霸鹟	Golden-bellied Flycatcher	分布: 6
Myiodynastes chrysocephalus	金顶大嘴霸鹟	Golden-crowned Flycatcher	分布: 6
Myiodynastes bairdii	比氏大嘴霸鹟	Baird's Flycatcher	分布: 6
Myiodynastes luteiventris	黄腹大嘴霸鹟	Sulphur-bellied Flycatcher	分布: 5, 6
Myiodynastes maculatus	纹大嘴霸鹟	Northern Streaked Flycatcher	分布: 6
Megarynchus pitangua	船嘴霸鹟	Boat-billed Flycatcher	分布: 6
Tyrannopsis sulphurea	黄白喉霸鹟	Sulphury Flycatcher	分布: 6
Empidonomus varius	杂色纹霸鹟	Variegated Flycatcher	分布: 6
Griseotyrannus aurantioatrocristatus	冠灰纹霸鹟	Crowned Slaty Flycatcher	分布: 6
Tyrannus niveigularis	雪喉王霸鹟	Snowy-throated Kingbird	分布: 6
Tyrannus albogularis	白喉王霸鹟	White-throated Kingbird	分布: 6
Tyrannus melancholicus	热带王霸鹟	Tropical Kingbird	分布: 5, 6
Tyrannus couchii	库氏王霸鹟	Couch's Kingbird	分布: 5, 6
Tyrannus vociferans	卡氏王霸鹟	Cassin's Kingbird	分布: 5, 6
Tyrannus crassirostris	厚嘴王霸鹟	Thick-billed Kingbird	分布: 5, 6
Tyrannus verticalis	西王霸鹟	Western Kingbird	分布: 5, 6
Tyrannus forficatus	剪尾王霸鹟	Scissor-tailed Flycatcher	分布: 5, 6
Tyrannus savana	叉尾王霸鹟	Fork-tailed Flycatcher	分布: 6
Tyrannus tyrannus	东王霸鹟	Eastern Kingbird	分布: 5, 6
Tyrannus dominicensis	灰王霸鹟	Grey Kingbird	分布: 5, 6
Tyrannus cubensis	巨王霸鹟	Giant Kingbird	分布: 6
Tyrannus caudifasciatus	圆头王霸鹟	Loggerhead Kingbird	分布: 6

Rhytipterna simplex	灰悲霸鹟	Greyish Mourner	分布: 6
Rhytipterna immunda	淡腹悲霸鹟	Pale-bellied Mourner	分布: 6
Rhytipterna holerythra	棕悲霸鹟	Rufous Mourner	分布: 6
Sirystes sibilator	西利霸鹟	Sibilant Sirystes	分布: 6
Sirystes albocinereus	白腰西利霸鹟	White-rumped Sirystes	分布: 6
Sirystes subcanescens	托氏西利霸鹟	Todd's Sirystes	分布: 6
Sirystes albogriseus	白翅西利霸鹟	Choco Sirystes	分布: 6
Casiornis rufus	棕卡西霸鹟	Rufous Casiornis	分布: 6
Casiornis fuscus	灰喉卡西霸鹟	Ash-throated Casiornis	分布: 6
Myiarchus semirufus	棕蝇霸鹟	Rufous Flycatcher	分布: 6
Myiarchus yucatanensis	尤卡坦蝇霸鹟	Yucatan Flycatcher	分布: 6
Myiarchus barbirostris	牙买加蝇霸鹟	Sad Flycatcher	分布: 6
Myiarchus tuberculifer	暗顶蝇霸鹟	Dusky-capped Flycatcher	分布: 5, 6
Myiarchus swainsoni	斯氏蝇霸鹟	Swainson's Flycatcher	分布: 6
Myiarchus venezuelensis	委内瑞拉蝇霸鹟	Venezuelan Flycatcher	分布: 6
Myiarchus panamensis	巴拿马蝇霸鹟	Panama Flycatcher	分布: 6
Myiarchus ferox	短冠蝇霸鹟	Short-crested Flycatcher	分布: 6
Myiarchus apicalis	尖顶蝇霸鹟	Apical Flycatcher	分布: 6
Myiarchus cephalotes	淡边蝇霸鹟	Pale-edged Flycatcher	分布: 6
Myiarchus phaeocephalus	乌冠蝇霸鹟	Sooty-crowned Flycatcher	分布: 6
Myiarchus cinerascens	灰喉蝇霸鹟	Ash-throated Flycatcher	分布: 5, 6
Myiarchus nuttingi	淡喉蝇霸鹟	Nutting's Flycatcher	分布: 6
Myiarchus crinitus	大冠蝇霸鹟	Great Crested Flycatcher	分布: 5, 6
Myiarchus tyrannulus	褐冠蝇霸鹟	Brown-crested Flycatcher	分布: 5, 6
Myiarchus magnirostris	大嘴蝇霸鹟	Galapagos Flycatcher	分布: 6
Myiarchus nugator	格林纳达蝇霸鹟	Grenada Flycatcher	分布: 6
Myiarchus validus	棕尾蝇霸鹟	Rufous-tailed Flycatcher	分布: 6
Myiarchus sagrae	拉氏蝇霸鹟	La Sagra's Flycatcher	分布: 6
Myiarchus stolidus	憨蝇霸鹟	Stolid Flycatcher	分布: 6
Myiarchus antillarum	波多黎各蝇霸鹟	Puerto Rican Flycatcher	分布: 6
Myiarchus oberi	安岛蝇霸鹟	Lesser Antillean Flycatcher	分布: 6
Deltarhynchus flammulatus	火红霸鹟	Flammulated Flycatcher	分布: 6
Ramphotrigon megacephalum	大头扁嘴霸鹟	Large-headed Flatbill	分布: 6
Ramphotrigon ruficauda	棕尾扁嘴霸鹟	Rufous-tailed Flatbill	分布: 6
Ramphotrigon fuscicauda	暗尾扁嘴霸鹟	Dusky-tailed Flatbill	分布: 6
Attila phoenicurus	褐尾阿蒂霸鹟	Rufous-tailed Attila	分布: 6
Attila cinnamomeus	桂红阿蒂霸鹟	Cinnamon Attila	分布: 6
Attila torridus	赭色阿蒂霸鹟	Ochraceous Attila	分布: 6
Attila citriniventris	黄腹阿蒂霸鹟	Citron-bellied Attila	分布: 6
Attila bolivianus	暗顶阿蒂霸鹟	White-eyed Attila	分布: 6
Attila rufus	灰头阿蒂霸鹟	Grey-hooded Attila	分布: 6
Attila spadiceus	亮腰阿蒂霸鹟	Bright-rumped Attila	分布: 6

18. 琴鸟科　Menuridae　(Lyrebirds)　1 属　2 种

Menura alberti	艾氏琴鸟	Albert's Lyrebird	分布: 4
Menura novaehollandiae	华丽琴鸟	Superb Lyrebird	分布: 4

19. 薮鸟科　Atrichornithidae　(Scrub-birds)　1 属　2 种

Atrichornis rufescens	棕薮鸟	Rufous Scrub-bird	分布: 4
Atrichornis clamosus	噪薮鸟	Noisy Scrub-bird	分布: 4

20. 园丁鸟科　Ptilonorhynchidae　(Bowerbirds)　8 属　20 种

Ailuroedus buccoides	白耳园丁鸟	White-eared Catbird	分布: 4
Ailuroedus crassirostris	绿园丁鸟	Green Catbird	分布: 4
Ailuroedus melanotis	斑园丁鸟	Black-eared Catbird	分布: 4
Scenopoeetes dentirostris	齿嘴园丁鸟	Tooth-billed Bowerbird	分布: 4
Archboldia papuensis	阿氏园丁鸟	Archbold's Bowerbird	分布: 4
Amblyornis inornata	褐色园丁鸟	Vogelkop Bowerbird	分布: 4
Amblyornis macgregoriae	冠园丁鸟	MacGregor's Bowerbird	分布: 4
Amblyornis subalaris	纹园丁鸟	Streaked Bowerbird	分布: 4
Amblyornis flavifrons	黄额园丁鸟	Golden-fronted Bowerbird	分布: 4
Prionodura newtoniana	金亭鸟	Golden Bowerbird	分布: 4
Sericulus aureus	辉亭鸟	Masked Bowerbird	分布: 4
Sericulus ardens	火红辉亭鸟	Flame Bowerbird	分布: 4
Sericulus bakeri	贝氏辉亭鸟	Fire-maned Bowerbird	分布: 4
Sericulus chrysocephalus	黄头辉亭鸟	Regent Bowerbird	分布: 4
Ptilonorhynchus violaceus	缎蓝园丁鸟	Satin Bowerbird	分布: 4
Chlamydera guttata	西大亭鸟	Western Bowerbird	分布: 4
Chlamydera nuchalis	大亭鸟	Great Bowerbird	分布: 4
Chlamydera maculata	斑大亭鸟	Spotted Bowerbird	分布: 4
Chlamydera lauterbachi	黄胸大亭鸟	Yellow-breasted Bowerbird	分布: 4
Chlamydera cerviniventris	浅黄胸大亭鸟	Fawn-breasted Bowerbird	分布: 4

21. 短嘴旋木雀科　Climacteridae　(Australian Treecreepers)　2 属　7 种

Cormobates leucophaea	白喉短嘴旋木雀	White-throated Treecreeper	分布: 4
Cormobates placens	短嘴旋木雀	Papuan Treecreeper	分布: 4
Climacteris erythrops	红眉短嘴旋木雀	Red-browed Treecreeper	分布: 4
Climacteris affinis	白眉短嘴旋木雀	White-browed Treecreeper	分布: 4
Climacteris rufus	棕短嘴旋木雀	Rufous Treecreeper	分布: 4
Climacteris picumnus	褐短嘴旋木雀	Brown Treecreeper	分布: 4
Climacteris melanurus	黑尾短嘴旋木雀	Black-tailed Treecreeper	分布: 4

22. 细尾鹩莺科　Maluridae　(Fairy-wrens)　6 属　29 种

Sipodotus wallacii	华氏鹩莺	Wallace's Fairy-wren	分布: 4
Chenorhamphus grayi	阔嘴细尾鹩莺	Broad-billed Fairy-wren	分布: 4
Chenorhamphus campbelli	坎氏细尾鹩莺	Campbell's Fairy-wren	分布: 4

Malurus cyanocephalus	蓝细尾鹩莺	Emperor Fairy-wren	分布: 4
Malurus amabilis	娇美细尾鹩莺	Lovely Fairy-wren	分布: 4
Malurus lamberti	杂色细尾鹩莺	Variegated Fairy-wren	分布: 4
Malurus pulcherrimus	蓝胸细尾鹩莺	Blue-breasted Fairy-wren	分布: 4
Malurus elegans	红翅细尾鹩莺	Red-winged Fairy-wren	分布: 4
Malurus cyaneus	华丽细尾鹩莺	Superb Fairy-wren	分布: 4
Malurus splendens	辉蓝细尾鹩莺	Splendid Fairy-wren	分布: 4
Malurus coronatus	紫冠细尾鹩莺	Purple-crowned Fairy-wren	分布: 4
Malurus alboscapulatus	白肩细尾鹩莺	White-shouldered Fairy-wren	分布: 4
Malurus melanocephalus	红背细尾鹩莺	Red-backed Fairy-wren	分布: 4
Malurus leucopterus	蓝白细尾鹩莺	White-winged Fairy-wren	分布: 4
Clytomyias insignis	棕鹩莺	Orange-crowned Fairy-wren	分布: 4
Stipiturus malachurus	帚尾鹩莺	Southern Emu-wren	分布: 4
Stipiturus mallee	马里帚尾鹩莺	Mallee Emu-wren	分布: 4
Stipiturus ruficeps	棕帚尾鹩莺	Rufous-crowned Emu-wren	分布: 4
Amytornis barbatus	灰草鹩莺	Grey Grasswren	分布: 4
Amytornis housei	黑草鹩莺	Black Grasswren	分布: 4
Amytornis woodwardi	白喉草鹩莺	White-throated Grasswren	分布: 4
Amytornis dorotheae	多氏草鹩莺	Carpentarian Grasswren	分布: 4
Amytornis merrotsyi	短尾草鹩莺	Short-tailed Grasswren	分布: 4
Amytornis striatus	纹草鹩莺	Striated Grasswren	分布: 4
Amytornis goyderi	埃坎草鹩莺	Eyrean Grasswren	分布: 4
Amytornis textilis	西草鹩莺	Western Grasswren	分布: 4
Amytornis modestus	厚嘴鹩莺	Thick-billed Grasswren	分布: 4
Amytornis purnelli	乌草鹩莺	Dusky Grasswren	分布: 4
Amytornis ballarae	灰胸草鹩莺	Kalkadoon Grasswren	分布: 4

23. 棕刺莺科　Dasyornithidae　(Bristlebirds)　1 属　3 种

Dasyornis brachypterus	棕刺莺	Eastern Bristlebird	分布: 4
Dasyornis longirostris	西刺莺	Western Bristlebird	分布: 4
Dasyornis broadbenti	短翅刺莺	Rufous Bristlebird	分布: 4

24. 吸蜜鸟科　Meliphagidae　(Honeyeaters)　53 属　183 种

Sugomel nigrum	黑吸蜜鸟	Black Honeyeater	分布: 4
Myzomela blasii	布氏摄蜜鸟	Drab Myzomela	分布: 4
Myzomela albigula	白颏摄蜜鸟	White-chinned Myzomela	分布: 4
Myzomela cineracea	灰摄蜜鸟	Ashy Myzomela	分布: 4
Myzomela eques	红喉摄蜜鸟	Ruby-throated Myzomela	分布: 4
Myzomela obscura	暗摄蜜鸟	Dusky Myzomela	分布: 4
Myzomela cruentata	红摄蜜鸟	Red Myzomela	分布: 4
Myzomela nigrita	黑摄蜜鸟	Papuan Black Myzomela	分布: 4
Myzomela pulchella	秀丽摄蜜鸟	New Ireland Myzomela	分布: 4
Myzomela kuehni	红巾摄蜜鸟	Crimson-hooded Myzomela	分布: 4

Myzomela erythrocephala	红头摄蜜鸟	Red-headed Myzomela	分布: 4
Myzomela dammermani	松巴摄蜜鸟	Sumba Myzomela	分布: 4
Myzomela adolphinae	山摄蜜鸟	Mountain Myzomela	分布: 4
Myzomela boiei	斑达摄蜜鸟	Banda Myzomela	分布: 4
Myzomela chloroptera	苏拉摄蜜鸟	Sulawesi Myzomela	分布: 4
Myzomela wakoloensis	摩鹿加摄蜜鸟	Wakolo Myzomela	分布: 4
Myzomela sanguinolenta	绯红摄蜜鸟	Scarlet Myzomela	分布: 4
Myzomela caledonica	新喀摄蜜鸟	New Caledonian Myzomela	分布: 4
Myzomela cardinalis	深红摄蜜鸟	Cardinal Myzomela	分布: 4
Myzomela chermesina	罗岛摄蜜鸟	Rotuma Myzomela	分布: 4
Myzomela rubratra	密岛摄蜜鸟	Micronesian Myzomela	分布: 4
Myzomela sclateri	红襟摄蜜鸟	Sclater's Myzomela	分布: 4
Myzomela pammelaena	俾岛摄蜜鸟	Bismarck Black Myzomela	分布: 4
Myzomela lafargei	红枕摄蜜鸟	Red-capped Myzomela	分布: 4
Myzomela eichhorni	黄臀摄蜜鸟	Crimson-rumped Myzomela	分布: 4
Myzomela malaitae	红腹摄蜜鸟	Malaita Myzomela	分布: 4
Myzomela melanocephala	黑头摄蜜鸟	Black-headed Myzomela	分布: 4
Myzomela tristrami	烟色摄蜜鸟	Sooty Myzomela	分布: 4
Myzomela jugularis	橙胸摄蜜鸟	Orange-breasted Myzomela	分布: 4
Myzomela erythromelas	红黑摄蜜鸟	Black-bellied Myzomela	分布: 4
Myzomela vulnerata	红腰摄蜜鸟	Black-breasted Myzomela	分布: 4
Myzomela rosenbergii	红领摄蜜鸟	Red-collared Myzomela	分布: 4
Gliciphila melanops	茶冠澳蜜鸟	Tawny-crowned Honeyeater	分布: 4
Glycichaera fallax	白眼吸蜜鸟	Green-backed Honeyeater	分布: 4
Ptiloprora plumbea	铅色嗜蜜鸟	Leaden Honeyeater	分布: 4
Ptiloprora meekiana	绿纹嗜蜜鸟	Yellowish-streaked Honeyeater	分布: 4
Ptiloprora erythropleura	红胁嗜蜜鸟	Rufous-sided Honeyeater	分布: 4
Ptiloprora guisei	红背嗜蜜鸟	Rufous-backed Honeyeater	分布: 4
Ptiloprora mayri	麦氏嗜蜜鸟	Mayr's Honeyeater	分布: 4
Ptiloprora perstriata	黑背嗜蜜鸟	Grey-streaked Honeyeater	分布: 4
Acanthorhynchus tenuirostris	东尖嘴吸蜜鸟	Eastern Spinebill	分布: 4
Acanthorhynchus superciliosus	西尖嘴吸蜜鸟	Western Spinebill	分布: 4
Certhionyx variegatus	白肩黑吸蜜鸟	Pied Honeyeater	分布: 4
Prosthemadera novaeseelandiae	簇胸吸蜜鸟	Tui	分布: 4
Anthornis melanura	新西兰吸蜜鸟	New Zealand Bellbird	分布: 4
Anthornis melanocephala	查塔姆吸蜜鸟	Chatham Bellbird	分布: 4
Pycnopygius ixoides	绿褐吸蜜鸟	Plain Honeyeater	分布: 4
Pycnopygius cinereus	苍额吸蜜鸟	Marbled Honeyeater	分布: 4
Pycnopygius stictocephalus	纹头吸蜜鸟	Streak-headed Honeyeater	分布: 4
Cissomela pectoralis	带胸黑吸蜜鸟	Banded Honeyeater	分布: 4
Lichmera lombokia	鳞顶岩吸蜜鸟	Scaly-crowned Honeyeater	分布: 4

Lichmera argentauris	绿岩吸蜜鸟	Olive Honeyeater	分布: 4
Lichmera indistincta	褐岩吸蜜鸟	Brown Honeyeater	分布: 4
Lichmera incana	银耳岩吸蜜鸟	Grey-eared Honeyeater	分布: 4
Lichmera alboauricularis	白耳岩吸蜜鸟	Silver-eared Honeyeater	分布: 4
Lichmera squamata	白簇岩吸蜜鸟	Scaly-breasted Honeyeater	分布: 4
Lichmera deningeri	布鲁岩吸蜜鸟	Buru Honeyeater	分布: 4
Lichmera monticola	塞兰岩吸蜜鸟	Seram Honeyeater	分布: 4
Lichmera flavicans	黄耳岩吸蜜鸟	Flame-eared Honeyeater	分布: 4
Lichmera notabilis	黑胸岩吸蜜鸟	Black-necklaced Honeyeater	分布: 4
Phylidonyris pyrrhopterus	月斑澳蜜鸟	Crescent Honeyeater	分布: 4
Phylidonyris novaehollandiae	黄翅澳蜜鸟	New Holland Honeyeater	分布: 4
Phylidonyris niger	白颊澳蜜鸟	White-cheeked Honeyeater	分布: 4
Trichodere cockerelli	白纹岩吸蜜鸟	White-streaked Honeyeater	分布: 4
Grantiella picta	彩蚊蜜鸟	Painted Honeyeater	分布: 4
Plectorhyncha lanceolata	纵纹吸蜜鸟	Striped Honeyeater	分布: 4
Xanthotis polygrammus	斑吸蜜鸟	Spotted Honeyeater	分布: 4
Xanthotis macleayanus	黄纹吸蜜鸟	Macleay's Honeyeater	分布: 4
Xanthotis flaviventer	茶胸吸蜜鸟	Tawny-breasted Honeyeater	分布: 4
Meliphacator provocator	黄脸肉垂吸蜜鸟	Kadavu Honeyeater	分布: 4
Philemon meyeri	麦氏吮蜜鸟	Meyer's Friarbird	分布: 4
Philemon brassi	布氏吮蜜鸟	Brass's Friarbird	分布: 4
Philemon citreogularis	小吮蜜鸟	Little Friarbird	分布: 4
Philemon kisserensis	灰吮蜜鸟	Grey Friarbird	分布: 4
Philemon inornatus	帝汶吮蜜鸟	Timor Friarbird	分布: 4
Philemon fuscicapillus	暗吮蜜鸟	Dusky Friarbird	分布: 4
Philemon subcorniculatus	灰颈吮蜜鸟	Seram Friarbird	分布: 4
Philemon moluccensis	黑脸吮蜜鸟	Black-faced Friarbird	分布: 4
Philemon plumigenis	东黑脸吮蜜鸟	Tanimbar Friarbird	分布: 4
Philemon buceroides	盔吮蜜鸟	Helmeted Friarbird	分布: 4
Philemon cockerelli	白纹吮蜜鸟	New Britain Friarbird	分布: 4
Philemon eichhorni	新爱尔兰吮蜜鸟	New Ireland Friarbird	分布: 4
Philemon albitorques	白枕吮蜜鸟	White-naped Friarbird	分布: 4
Philemon argenticeps	银冠吮蜜鸟	Silver-crowned Friarbird	分布: 4
Philemon corniculatus	噪吮蜜鸟	Noisy Friarbird	分布: 4
Philemon diemenensis	新喀吮蜜鸟	New Caledonian Friarbird	分布: 4
Melitograis gilolensis	摩鹿加吮蜜鸟	White-streaked Friarbird	分布: 4
Entomyzon cyanotis	蓝脸吸蜜鸟	Blue-faced Honeyeater	分布: 4
Melithreptus gularis	黑颏抚蜜鸟	Black-chinned Honeyeater	分布: 4
Melithreptus validirostris	坚嘴抚蜜鸟	Strong-billed Honeyeater	分布: 4
Melithreptus brevirostris	褐头抚蜜鸟	Brown-headed Honeyeater	分布: 4
Melithreptus albogularis	白喉抚蜜鸟	White-throated Honeyeater	分布: 4
Melithreptus lunatus	白颈抚蜜鸟	White-naped Honeyeater	分布: 4

Melithreptus chloropsis	西白颈抚蜜鸟	Gilbert's Honeyeater	分布: 4
Melithreptus affinis	黑头抚蜜鸟	Black-headed Honeyeater	分布: 4
Foulehaio carunculatus	肉垂吸蜜鸟	Polynesian Wattled Honeyeater	分布: 4
Foulehaio taviunensis	北肉垂吸蜜鸟	Fiji Wattled Honeyeater	分布: 4
Foulehaio procerior	西肉垂吸蜜鸟	Kikau	分布: 4
Nesoptilotis leucotis	白耳吸蜜鸟	White-eared Honeyeater	分布: 4
Nesoptilotis flavicollis	黄喉吸蜜鸟	Yellow-throated Honeyeater	分布: 4
Ashbyia lovensis	漠澳鹛	Gibberbird	分布: 4
Epthianura tricolor	绯红澳鹛	Crimson Chat	分布: 4
Epthianura aurifrons	橙澳鹛	Orange Chat	分布: 4
Epthianura crocea	黄澳鹛	Yellow Chat	分布: 4
Epthianura albifrons	白额澳鹛	White-fronted Chat	分布: 4
Melilestes megarhynchus	巨嘴盗蜜鸟	Long-billed Honeyeater	分布: 4
Macgregoria pulchra	麦氏饮蜜鸟	Macgregor's Honeyeater	分布: 4
Melipotes gymnops	阿法饮蜜鸟	Arfak Honeyeater	分布: 4
Melipotes fumigatus	烟色饮蜜鸟	Smoky Honeyeater	分布: 4
Melipotes carolae	红脸饮蜜鸟	Foja Honeyeater	分布: 4
Melipotes ater	辉饮蜜鸟	Spangled Honeyeater	分布: 4
Timeliopsis fulvigula	黄喉直嘴吸蜜鸟	Olive Straightbill	分布: 4
Timeliopsis griseigula	灰喉直嘴吸蜜鸟	Tawny Straightbill	分布: 4
Conopophila albogularis	棕斑蚊蜜鸟	Rufous-banded Honeyeater	分布: 4
Conopophila rufogularis	红喉蚊蜜鸟	Rufous-throated Honeyeater	分布: 4
Conopophila whitei	灰蚊蜜鸟	Grey Honeyeater	分布: 4
Ramsayornis fasciatus	斑胸胶蜜鸟	Bar-breasted Honeyeater	分布: 4
Ramsayornis modestus	褐背胶蜜鸟	Brown-backed Honeyeater	分布: 4
Acanthagenys rufogularis	刺颊垂蜜鸟	Spiny-cheeked Honeyeater	分布: 4
Anthochaera chrysoptera	灰颊垂蜜鸟	Little Wattlebird	分布: 4
Anthochaera lunulata	小垂蜜鸟	Western Wattlebird	分布: 4
Anthochaera carunculata	红垂蜜鸟	Red Wattlebird	分布: 4
Anthochaera paradoxa	黄垂蜜鸟	Yellow Wattlebird	分布: 4
Anthochaera phrygia	王吸蜜鸟	Regent Honeyeater	分布: 4
Bolemoreus frenatus	暗喉吸蜜鸟	Bridled Honeyeater	分布: 4
Bolemoreus hindwoodi	纹腹吸蜜鸟	Eungella Honeyeater	分布: 4
Caligavis chrysops	黄脸吸蜜鸟	Yellow-faced Honeyeater	分布: 4
Caligavis subfrenata	黑喉吸蜜鸟	Black-throated Honeyeater	分布: 4
Caligavis obscura	暗吸蜜鸟	Obscure Honeyeater	分布: 4
Lichenostomus melanops	黄冠吸蜜鸟	Yellow-tufted Honeyeater	分布: 4
Lichenostomus cratitius	紫颊纹吸蜜鸟	Purple-gaped Honeyeater	分布: 4
Manorina melanophrys	矿吸蜜鸟	Bell Miner	分布: 4
Manorina flavigula	黄喉矿吸蜜鸟	Yellow-throated Miner	分布: 4
Manorina melanotis	黑耳矿吸蜜鸟	Black-eared Miner	分布: 4
Meliarchus sclateri	圣克里吸蜜鸟	Makira Honeyeater	分布: 4

Melidectes fuscus	暗寻蜜鸟	Sooty Honeyeater	分布: 4
Vosea whitemanensis	山寻蜜鸟	Gilliard's Melidectes	分布: 4
Melidectes nouhuysi	短须寻蜜鸟	Short-bearded Honeyeater	分布: 4
Melidectes princeps	长须寻蜜鸟	Long-bearded Honeyeater	分布: 4
Melidectes ochromelas	棕眉寻蜜鸟	Cinnamon-browed Honeyeater	分布: 4
Melidectes leucostephes	白额寻蜜鸟	Vogelkop Honeyeater	分布: 4
Melidectes rufocrissalis	黄眉寻蜜鸟	Yellow-browed Honeyeater	分布: 4
Melidectes foersteri	休恩寻蜜鸟	Huon Honeyeater	分布: 4
Melidectes belfordi	博氏寻蜜鸟	Belford's Honeyeater	分布: 4
Melidectes torquatus	棕胸寻蜜鸟	Ornate Honeyeater	分布: 4
Purnella albifrons	白额澳蜜鸟	White-fronted Honeyeater	分布: 4
Stomiopera unicolor	白颊纹吸蜜鸟	White-gaped Honeyeater	分布: 4
Stomiopera flava	黄吸蜜鸟	Yellow Honeyeater	分布: 4
Gavicalis versicolor	杂色吸蜜鸟	Varied Honeyeater	分布: 4
Gavicalis fasciogularis	饰颈吸蜜鸟	Mangrove Honeyeater	分布: 4
Gavicalis virescens	歌吸蜜鸟	Singing Honeyeater	分布: 4
Ptilotula flavescens	淡黄吸蜜鸟	Yellow-tinted Honeyeater	分布: 4
Ptilotula fusca	黄翅灰吸蜜鸟	Fuscous Honeyeater	分布: 4
Ptilotula keartlandi	灰头吸蜜鸟	Grey-headed Honeyeater	分布: 4
Ptilotula plumula	澳洲灰额吸蜜鸟	Grey-fronted Honeyeater	分布: 4
Ptilotula ornata	黄痣吸蜜鸟	Yellow-plumed Honeyeater	分布: 4
Ptilotula penicillata	白痣吸蜜鸟	White-plumed Honeyeater	分布: 4
Microptilotis mimikae	斑胸吸蜜鸟	Mottle-breasted Honeyeater	分布: 4
Microptilotis montanus	林吸蜜鸟	Forest Honeyeater	分布: 4
Microptilotis orientalis	山林吸蜜鸟	Mountain Honeyeater	分布: 4
Microptilotis albonotatus	灌丛吸蜜鸟	Scrub Honeyeater	分布: 4
Microptilotis analogus	效鸣吸蜜鸟	Mimic Honeyeater	分布: 4
Microptilotis vicina	塔古吸蜜鸟	Tagula Honeyeater	分布: 4
Microptilotis gracilis	细嘴吸蜜鸟	Graceful Honeyeater	分布: 4
Microptilotis cinereifrons	华丽吸蜜鸟	Elegant Honeyeater	分布: 4
Microptilotis flavirictus	黄嘴吸蜜鸟	Yellow-gaped Honeyeater	分布: 4
Microptilotis albilineatus	白纹吸蜜鸟	White-lined Honeyeater	分布: 4
Microptilotis fordianus	淡色白纹吸蜜鸟	Kimberley Honeyeater	分布: 4
Microptilotis reticulatus	纹胸吸蜜鸟	Streak-breasted Honeyeater	分布: 4
Meliphaga aruensis	蓬背吸蜜鸟	Puff-backed Honeyeater	分布: 4
Meliphaga notata	黄斑吸蜜鸟	Yellow-spotted Honeyeater	分布: 4
Meliphaga lewinii	利氏吸蜜鸟	Lewin's Honeyeater	分布: 4
Guadalcanaria inexpectata	瓜岛吸蜜鸟	Guadalcanal Honeyeater	分布: 4
Oreornis chrysogenys	橙颊吸蜜鸟	Orange-cheeked Honeyeater	分布: 4
Gymnomyza viridis	绿裸吸蜜鸟	Yellow-billed Honeyeater	分布: 4
Gymnomyza brunneirostris	褐嘴裸吸蜜鸟	Giant Honeyeater	分布: 4
Gymnomyza samoensis	黑胸裸吸蜜鸟	Mao	分布: 4

Gymnomyza aubryana	红脸裸吸蜜鸟	Crow Honeyeater	分布: 4
Myza celebensis	暗耳汲蜜鸟	Dark-eared Myza	分布: 4
Myza sarasinorum	白耳汲蜜鸟	White-eared Myza	分布: 4
Stresemannia bougainvillei	所罗门盗蜜鸟	Bougainville Honeycatcr	分布: 4
Glycifohia undulata	横斑澳蜜鸟	Barred Honeyeater	分布: 4
Glycifohia notabilis	白腹澳蜜鸟	White-bellied Honeyeater	分布: 4

25. 斑食蜜鸟科 Pardalotidae (Pardalotes) 1 属 4 种

Pardalotus punctatus	斑翅食蜜鸟	Spotted Pardalote	分布: 4
Pardalotus quadragintus	多斑食蜜鸟	Forty-spotted Pardalote	分布: 4
Pardalotus rubricatus	红眉食蜜鸟	Red-browed Pardalote	分布: 4
Pardalotus striatus	纹翅食蜜鸟	Striated Pardalote	分布: 4

26. 刺嘴莺科 Acanthizidae (Thornbills) 13 属 63 种

Pachycare flavogriseum	金脸啸鹟	Goldenface	分布: 4
Oreoscopus gutturalis	蕨鹬刺莺	Fernwren	分布: 4
Pycnoptilus floccosus	随莺	Pilotbird	分布: 4
Acanthornis magna	灌丛丝刺莺	Scrubtit	分布: 4
Origma solitaria	岩刺莺	Rockwarbler	分布: 4
Calamanthus pyrrhopygius	栗尾地刺莺	Chestnut-rumped Heathwren	分布: 4
Calamanthus cautus	怯地刺莺	Shy Heathwren	分布: 4
Calamanthus fuliginosus	田刺莺	Striated Fieldwren	分布: 4
Calamanthus montanellus	西地刺莺	Western Fieldwren	分布: 4
Calamanthus campestris	褐刺莺	Rufous Fieldwren	分布: 4
Pyrrholaemus brunneus	红喉刺莺	Redthroat	分布: 4
Pyrrholaemus sagittatus	斑刺莺	Speckled Warbler	分布: 4
Crateroscelis murina	低地鼠莺	Rusty Mouse-warbler	分布: 4
Crateroscelis nigrorufa	中山鼠莺	Bicolored Mouse-warbler	分布: 4
Crateroscelis robusta	山鼠莺	Mountain Mouse-warbler	分布: 4
Sericornis spilodera	淡嘴丝刺莺	Pale-billed Scrubwren	分布: 4
Sericornis papuensis	巴布亚丝刺莺	Papuan Scrubwren	分布: 4
Sericornis keri	澳洲丝刺莺	Atherton Scrubwren	分布: 4
Sericornis frontalis	白眉丝刺莺	White-browed Scrubwren	分布: 4
Sericornis humilis	褐色丝刺莺	Tasmanian Scrubwren	分布: 4
Sericornis citreogularis	黄喉丝刺莺	Yellow-throated Scrubwren	分布: 4
Sericornis magnirostra	巨嘴丝刺莺	Large-billed Scrubwren	分布: 4
Sericornis beccarii	小丝刺莺	Tropical Scrubwren	分布: 4
Sericornis nouhuysi	山丝刺莺	Large Scrubwren	分布: 4
Sericornis perspicillatus	棕脸丝刺莺	Buff-faced Scrubwren	分布: 4
Sericornis rufescens	瓦格丝刺莺	Vogelkop Scrubwren	分布: 4
Sericornis arfakianus	灰绿丝刺莺	Grey-green Scrubwren	分布: 4
Smicrornis brevirostris	褐阔嘴莺	Weebill	分布: 4
Gerygone mouki	褐噪刺莺	Brown Gerygone	分布: 4

Gerygone igata	灰嗓刺莺	Grey Gerygone	分布: 4
Gerygone modesta	诺岛嗓刺莺	Norfolk Gerygone	分布: 4
Gerygone albofrontata	查岛嗓刺莺	Chatham Gerygone	分布: 4
Gerygone flavolateralis	扇尾嗓刺莺	Fan-tailed Gerygone	分布: 4
Gerygone ruficollis	褐胸嗓刺莺	Brown-breasted Gerygone	分布: 4
Gerygone sulphurea	黄胸嗓刺莺	Golden-bellied Gerygone	分布: 2, 4
Gerygone dorsalis	红胁嗓刺莺	Rufous-sided Gerygone	分布: 4
Gerygone levigaster	棕胸嗓刺莺	Mangrove Gerygone	分布: 4
Gerygone inornata	纯色嗓刺莺	Plain Gerygone	分布: 4
Gerygone fusca	西嗓刺莺	Western Gerygone	分布: 4
Gerygone tenebrosa	暗色嗓刺莺	Dusky Gerygone	分布: 4
Gerygone magnirostris	沼泽嗓刺莺	Large-billed Gerygone	分布: 4
Gerygone hypoxantha	仙嗓刺莺	Biak Gerygone	分布: 4
Gerygone chrysogaster	黄腹嗓刺莺	Yellow-bellied Gerygone	分布: 4
Gerygone chloronota	灰头嗓刺莺	Green-backed Gerygone	分布: 4
Gerygone olivacea	白喉嗓刺莺	White-throated Gerygone	分布: 4
Gerygone palpebrosa	黑头嗓刺莺	Fairy Gerygone	分布: 4
Acanthiza katherina	山刺嘴莺	Mountain Thornbill	分布: 4
Acanthiza pusilla	褐刺嘴莺	Brown Thornbill	分布: 4
Acanthiza apicalis	宽尾刺嘴莺	Inland Thornbill	分布: 4
Acanthiza ewingii	塔岛刺嘴莺	Tasmanian Thornbill	分布: 4
Acanthiza murina	巴布亚刺嘴莺	New Guinea Thornbill	分布: 4
Acanthiza uropygialis	栗尾刺嘴莺	Chestnut-rumped Thornbill	分布: 4
Acanthiza reguloides	棕尾刺嘴莺	Buff-rumped Thornbill	分布: 4
Acanthiza inornata	西刺嘴莺	Western Thornbill	分布: 4
Acanthiza iredalei	细嘴刺嘴莺	Slender-billed Thornbill	分布: 4
Acanthiza chrysorrhoa	黄尾刺嘴莺	Yellow-rumped Thornbill	分布: 4
Acanthiza nana	小刺嘴莺	Yellow Thornbill	分布: 4
Acanthiza cinerea	新几内亚刺嘴莺	Grey Thornbill	分布: 4
Acanthiza lineata	纵纹刺嘴莺	Striated Thornbill	分布: 4
Acanthiza robustirostris	蓝灰刺嘴莺	Slaty-backed Thornbill	分布: 4
Aphelocephala leucopsis	白脸刺莺	Southern Whiteface	分布: 4
Aphelocephala pectoralis	栗胸白脸刺莺	Chestnut-breasted Whiteface	分布: 4
Aphelocephala nigricincta	斑纹白脸刺莺	Banded Whiteface	分布: 4

27. 刺尾鸫科 Orthonychidae (Logrunners) 1 属 3 种

Orthonyx novaeguineae	新几内亚刺尾鸫	Papuan Logrunner	分布: 4
Orthonyx temminckii	刺尾鸫	Australian Logrunner	分布: 4
Orthonyx spaldingii	黑头刺尾鸫	Chowchilla	分布: 4

28. 弯嘴鹛科 Pomatostomidae (Australian Babblers) 2 属 5 种

| *Garritornis isidorei* | 弯嘴鹛 | Papuan Babbler | 分布: 4 |
| *Pomatostomus temporalis* | 灰冠弯嘴鹛 | Grey-crowned Babbler | 分布: 4 |

Pomatostomus halli	哈氏弯嘴鹛	Hall's Babbler	分布: 4
Pomatostomus superciliosus	白眉弯嘴鹛	White-browed Babbler	分布: 4
Pomatostomus ruficeps	栗冠弯嘴鹛	Chestnut-crowned Babbler	分布: 4

29. 刺莺科 Mohouidae (Mohouas) 1 属 3 种

Mohoua ochrocephala	黄头刺莺	Yellowhead	分布: 4
Mohoua albicilla	白头刺莺	Whitehead	分布: 4
Mohoua novaeseelandiae	新西兰刺莺	Pipipi	分布: 4

30. 犁嘴鸟科 Eulacestomatidae (Ploughbill) 1 属 1 种

| *Eulacestoma nigropectus* | 肉垂犁嘴鸟 | Wattled Ploughbill | 分布: 4 |

31. 澳鸸科 Neosittidae (Sittellas) 1 属 3 种

Daphoenositta chrysoptera	杂色澳鸸	Varied Sittella	分布: 4
Daphoenositta papuensis	巴布亚澳鸸	Papuan Sittella	分布: 4
Daphoenositta miranda	黑澳鸸	Black Sittella	分布: 4

32. 黄鹂科 Oriolidae (Old World Orioles) 4 属 37 种

Turnagra tanagra	北岛鸫鹟	North Island Piopio	分布: 4
Sphecotheres viridis	绿裸眼鹂	Timor Figbird	分布: 4
Sphecotheres hypoleucus	白腹裸眼鹂	Wetar Figbird	分布: 4
Sphecotheres vieilloti	澳裸眼鹂	Australasian Figbird	分布: 4
Pitohui kirhocephalus	杂色林鸥鹟	Northern Variable Pitohui	分布: 4
Pitohui cerviniventris	褐头林鸥鹟	Waigeo Pitohui	分布: 4
Pitohui uropygialis	棕背林鸥鹟	Southern Variable Pitohui	分布: 4
Pitohui dichrous	黑头林鸥鹟	Hooded Pitohui	分布: 4
Oriolus szalayi	褐鹂	Brown Oriole	分布: 4
Oriolus phaeochromus	暗褐鹂	Halmahera Oriole	分布: 4
Oriolus forsteni	灰领鹂	Seram Oriole	分布: 4
Oriolus bouroensis	黑耳鹂	Buru Oriole	分布: 4
Oriolus decipiens	褐耳鹂	Tanimbar Oriole	分布: 4
Oriolus melanotis	绿褐鹂	Timor Oriole	分布: 4
Oriolus sagittatus	绿背黄鹂	Olive-backed Oriole	分布: 4
Oriolus flavocinctus	绿鹂	Green Oriole	分布: 4
Oriolus xanthonotus	黑喉黄鹂	Dark-throated Oriole	分布: 2
Oriolus steerii	菲律宾黄鹂	Philippine Oriole	分布: 2
Oriolus albiloris	白眼先黄鹂	White-lored Oriole	分布: 2
Oriolus isabellae	淡色鹂	Isabela Oriole	分布: 2
Oriolus oriolus	金黄鹂	Eurasian Golden Oriole	分布: 1, 2, 3; C
Oriolus kundoo	印度金黄鹂	Indian Golden Oriole	分布: 1, 2; C
Oriolus auratus	非洲黄鹂	African Golden Oriole	分布: 3
Oriolus tenuirostris	细嘴黄鹂	Slender-billed Oriole	分布: 2; C
Oriolus chinensis	黑枕黄鹂	Black-naped Oriole	分布: 1, 2, 4; C
Oriolus chlorocephalus	绿头黄鹂	Green-headed Oriole	分布: 3

Oriolus crassirostris	白腹黄鹂	Sao Tome Oriole	分布: 3
Oriolus brachyrynchus	西非黑头黄鹂	Western Black-headed Oriole	分布: 3
Oriolus monacha	黑头林黄鹂	Ethiopian Black-headed Oriole	分布: 3
Oriolus percivali	山鹂	Mountain Oriole	分布: 3
Oriolus larvatus	东非黑头黄鹂	Eastern Black-headed Oriole	分布: 3
Oriolus nigripennis	黑翅黄鹂	Black-winged Oriole	分布: 3
Oriolus xanthornus	黑头黄鹂	Black-hooded Oriole	分布: 2; C
Oriolus hosii	黑鹂	Black Oriole	分布: 2
Oriolus cruentus	绯胸黄鹂	Javan Oriole	分布: 2
Oriolus traillii	朱鹂	Maroon Oriole	分布: 2; C
Oriolus mellianus	鹊鹂	Silver Oriole	分布: 2; C

33. 冠啄果鸟科 Paramythiidae (Painted Berrypeckers) 2 属 2 种

| *Oreocharis arfaki* | 拟雀啄果鸟 | Tit Berrypecker | 分布: 4 |
| *Paramythia montium* | 冠啄果鸟 | Eastern Crested Berrypecker | 分布: 4 |

34. 钟鹩科 Oreoicidae (Australo-papuan Bellbirds) 3 属 3 种

Aleadryas rufinucha	棕颈钟鹩	Rufous-naped Bellbird	分布: 4
Ornorectes cristatus	冠林钟鹩	Piping Bellbird	分布: 4
Oreoica gutturalis ·	冠钟鹩	Crested Bellbird	分布: 4

35. 鹑鸫科 Cinclosomatidae (Quail-thrushes) 2 属 11 种

Ptilorrhoa leucosticta	斑丽鸫	Spotted Jewel-babbler	分布: 4
Ptilorrhoa caerulescens	蓝丽鸫	Blue Jewel-babbler	分布: 4
Ptilorrhoa geislerorum	棕头丽鸫	Dimorphic Jewel-babbler	分布: 4
Ptilorrhoa castanonota	栗背丽鸫	Chestnut-backed Jewel-babbler	分布: 4
Cinclosoma punctatum	斑鹑鸫	Spotted Quail-thrush	分布: 4
Cinclosoma castanotum	栗鹑鸫	Chestnut Quail-thrush	分布: 4
Cinclosoma cinnamomeum	桂红鹑鸫	Cinnamon Quail-thrush	分布: 4
Cinclosoma alisteri	黑胸桂红鹑鸫	Nullarbor Quail-thrush	分布: 4
Cinclosoma castaneothorax	栗胸鹑鸫	Chestnut-breasted Quail-thrush	分布: 4
Cinclosoma marginatum	西鹑鸫	Western Quail-thrush	分布: 4
Cinclosoma ajax	彩鹑鸫	Painted Quail-thrush	分布: 4

36. 鸱雀鹩科 Falcunculidae (Shrike-tit) 1 属 1 种

| *Falcunculus frontatus* | 鸱雀鹩 | Eastern Shrike-tit | 分布: 4 |

37. 啸鹩科 Pachycephalidae (Whistlers) 5 属 49 种

Coracornis raveni	栗背啸鹩	Maroon-backed Whistler	分布: 4
Coracornis sanghirensis	桑岛啸鹩	Sangihe Whistler	分布: 4
Melanorectes nigrescens	黑林鸥鹩	Black Pitohui	分布: 4
Pachycephala olivacea	绿啸鹩	Olive Whistler	分布: 4
Pachycephala rufogularis	红眼先啸鹩	Red-lored Whistler	分布: 4
Pachycephala inornata	吉氏啸鹩	Gilbert's Whistler	分布: 4

Pachycephala cinerea	红树啸鹟	Mangrove Whistler	分布: 2
Pachycephala albiventris	绿背啸鹟	Green-backed Whistler	分布: 2
Pachycephala homeyeri	白臀啸鹟	White-vented Whistler	分布: 2
Pachycephala phaionota	海岛啸鹟	Island Whistler	分布: 4
Pachycephala hyperythra	棕胸啸鹟	Rusty Whistler	分布: 4
Pachycephala modesta	褐背啸鹟	Brown-backed Whistler	分布: 4
Pachycephala philippinensis	黄腹啸鹟	Yellow-bellied Whistler	分布: 4
Pachycephala sulfuriventer	硫黄腹啸鹟	Sulphur-bellied Whistler	分布: 4
Pachycephala hypoxantha	加里啸鹟	Bornean Whistler	分布: 2
Pachycephala meyeri	弗格克啸鹟	Vogelkop Whistler	分布: 4
Pachycephala simplex	灰啸鹟	Grey Whistler	分布: 4
Pachycephala orpheus	褐胸啸鹟	Fawn-breasted Whistler	分布: 4
Pachycephala soror	黑领啸鹟	Sclater's Whistler	分布: 4
Pachycephala fulvotincta	锈红胸啸鹟	Rusty-breasted Whistler	分布: 2, 4
Pachycephala mentalis	黑颏啸鹟	Black-chinned Whistler	分布: 4
Pachycephala pectoralis	金啸鹟	Golden Whistler	分布: 4
Pachycephala orioloides	鹂啸鹟	Oriole Whistler	分布: 4
Pachycephala feminina	橄榄背啸鹟	Rennell Whistler	分布: 4
Pachycephala caledonica	新喀啸鹟	New Caledonian Whistler	分布: 4
Pachycephala vitiensis	斐济啸鹟	Fiji Whistler	分布: 4
Pachycephala jacquinoti	汤加啸鹟	Tongan Whistler	分布: 4
Pachycephala melanura	黑尾啸鹟	Black-tailed Whistler	分布: 4
Pachycephala flavifrons	黄额啸鹟	Samoan Whistler	分布: 4
Pachycephala implicata	山啸鹟	Guadalcanal Hooded Whistler	分布: 4
Pachycephala richardsi	黑喉山啸鹟	Bougainville Hooded Whistler	分布: 4
Pachycephala nudigula	裸喉啸鹟	Bare-throated Whistler	分布: 4
Pachycephala lorentzi	罗氏啸鹟	Lorentz's Whistler	分布: 4
Pachycephala schlegelii	斯氏啸鹟	Regent Whistler	分布: 4
Pachycephala aurea	黄背啸鹟	Golden-backed Whistler	分布: 4
Pachycephala rufiventris	棕啸鹟	Rufous Whistler	分布: 4
Pachycephala monacha	阿鲁啸鹟	Black-headed Whistler	分布: 4
Pachycephala leucogastra	白腹啸鹟	White-bellied Whistler	分布: 4
Pachycephala arctitorquis	印尼啸鹟	Wallacean Whistler	分布: 4
Pachycephala griseonota	褐啸鹟	Drab Whistler	分布: 4
Pachycephala lanioides	白胸啸鹟	White-breasted Whistler	分布: 4
Pachycephala tenebrosa	帕劳啸鹟	Morningbird	分布: 4
Pseudorectes incertus	斑胸林鸺鹟	White-bellied Pitohui	分布: 4
Pseudorectes ferrugineus	锈色林鸺鹟	Rusty Pitohui	分布: 4
Colluricincla boweri	纹胸鸺鹟	Bower's Shrike-thrush	分布: 4
Colluricincla tenebrosa	乌鸺鹟	Sooty Shrike-thrush	分布: 4
Colluricincla megarhyncha	棕鸺鹟	Little Shrike-thrush	分布: 4
Colluricincla harmonica	灰鸺鹟	Grey Shrike-thrush	分布: 4

Colluricincla woodwardi	褐胸鸥鹟	Sandstone Shrike-thrush	分布: 4

38. 啸冠鸫科 Psophodidae (Whipbirds and Wedgebills) 2 属 5 种

Androphobus viridis	绿背鹛鹟	Papuan Whipbird	分布: 4
Psophodes olivaceus	绿啸冠鸫	Eastern Whipbird	分布: 4
Psophodes nigrogularis	黑喉啸冠鸫	Western Whipbird	分布: 4
Psophodes cristatus	东啸冠鸫	Chirruping Wedgebill	分布: 4
Psophodes occidentalis	西啸冠鸫	Chiming Wedgebill	分布: 4

39. 莺雀科 Vireonidae (Vireos) 6 属 64 种

Cyclarhis gujanensis	棕眉鸥雀	Rufous-browed Peppershrike	分布: 6
Cyclarhis nigrirostris	黑嘴鸥雀	Black-billed Peppershrike	分布: 6
Vireolanius melitophrys	栗胁鸥雀	Chestnut-sided Shrike-vireo	分布: 6
Vireolanius pulchellus	绿鸥雀	Green Shrike-vireo	分布: 6
Vireolanius eximius	黄眉鸥雀	Yellow-browed Shrike-vireo	分布: 6
Vireolanius leucotis	灰顶鸥雀	Slaty-capped Shrike-vireo	分布: 6
Vireo brevipennis	灰蓝莺雀	Slaty Vireo	分布: 6
Vireo griseus	白眼莺雀	White-eyed Vireo	分布: 5, 6
Vireo crassirostris	厚嘴莺雀	Thick-billed Vireo	分布: 6
Vireo pallens	红树莺雀	Mangrove Vireo	分布: 6
Vireo bairdi	科岛莺雀	Cozumel Vireo	分布: 6
Vireo caribaeus	圣岛莺雀	San Andres Vireo	分布: 6
Vireo modestus	牙买加莺雀	Jamaican Vireo	分布: 6
Vireo gundlachii	古巴莺雀	Cuban Vireo	分布: 6
Vireo latimeri	波多黎各莺雀	Puerto Rican Vireo	分布: 6
Vireo nanus	扁嘴莺雀	Flat-billed Vireo	分布: 6
Vireo bellii	贝氏莺雀	Bell's Vireo	分布: 5, 6
Vireo atricapilla	黑顶莺雀	Black-capped Vireo	分布: 5, 6
Vireo nelsoni	侏莺雀	Dwarf Vireo	分布: 6
Vireo vicinior	灰莺雀	Grey Vireo	分布: 5, 6
Vireo osburni	山莺雀	Blue Mountain Vireo	分布: 6
Vireo flavifrons	黄喉莺雀	Yellow-throated Vireo	分布: 5, 6
Vireo plumbeus	铅色莺雀	Plumbeous Vireo	分布: 5, 6
Vireo cassinii	卡氏莺雀	Cassin's Vireo	分布: 5, 6
Vireo solitarius	蓝头莺雀	Blue-headed Vireo	分布: 5, 6
Vireo carmioli	黄翅莺雀	Yellow-winged Vireo	分布: 6
Vireo masteri	乔科莺雀	Choco Vireo	分布: 6
Vireo sclateri	蓝顶绿莺雀	Tepui Vireo	分布: 6
Vireo huttoni	褐莺雀赫氏莺雀	Hutton's Vireo	分布: 5
Vireo hypochryseus	金莺雀	Golden Vireo	分布: 6
Vireo gilvus	歌莺雀	Warbling Vireo	分布: 5, 6
Vireo leucophrys	褐顶莺雀	Brown-capped Vireo	分布: 6
Vireo philadelphicus	费城莺雀	Philadelphia Vireo	分布: 5, 6

Vireo olivaceus	红眼莺雀	Red-eyed Vireo	分布: 5
Vireo chivi	南美红眼莺雀	Chivi Vireo	分布: 6
Vireo gracilirostris	巴西莺雀	Noronha Vireo	分布: 6
Vireo flavoviridis	黄绿莺雀	Yellow-grccn Virco	分布: 5, 6
Vireo altiloquus	黑髭莺雀	Black-whiskered Vireo	分布: 5, 6
Vireo magister	尤卡莺雀	Yucatan Vireo	分布: 6
Hylophilus poicilotis	棕顶绿莺雀	Rufous-crowned Greenlet	分布: 6
Hylophilus amaurocephalus	灰眼绿莺雀	Grey-eyed Greenlet	分布: 6
Hylophilus thoracicus	里约绿莺雀	Lemon-chested Greenlet	分布: 6
Hylophilus semicinereus	灰胸绿莺雀	Grey-chested Greenlet	分布: 6
Hylophilus pectoralis	灰颈绿莺雀	Ashy-headed Greenlet	分布: 6
Hylophilus brunneiceps	褐头绿莺雀	Brown-headed Greenlet	分布: 6
Hylophilus semibrunneus	棕颈绿莺雀	Rufous-naped Greenlet	分布: 6
Hylophilus aurantiifrons	金额绿莺雀	Golden-fronted Greenlet	分布: 6
Hylophilus hypoxanthus	乌顶绿莺雀	Dusky-capped Greenlet	分布: 6
Hylophilus muscicapinus	黄颊绿莺雀	Buff-cheeked Greenlet	分布: 6
Hylophilus flavipes	灌丛绿莺雀	Scrub Greenlet	分布: 6
Hylophilus insularis	多巴哥绿莺雀	Tobago Greenlet	分布: 6
Hylophilus olivaceus	橄榄绿莺雀	Olivaceous Greenlet	分布: 6
Hylophilus ochraceiceps	褐顶绿莺雀	Tawny-crowned Greenlet	分布: 6
Hylophilus decurtatus	灰头绿莺雀	Lesser Greenlet	分布: 6
Erpornis zantholeuca	白腹凤鹛	White-bellied Erpornis	分布: 2; C
Pteruthius rufiventer	棕腹䴗鹛	Black-headed Shrike-babbler	分布: 2; C
Pteruthius flaviscapis	爪哇红翅䴗鹛	Pied Shrike-babbler	分布: 2
Pteruthius aeralatus	红翅䴗鹛	Blyth's Shrike-babbler	分布: 2; C
Pteruthius ripleyi	喜山红翅䴗鹛	Himalayan Shrike-babbler	分布: 2; C
Pteruthius annamensis	越南䴗鹛	Dalat Shrike-babbler	分布: 2
Pteruthius xanthochlorus	淡绿䴗鹛	Green Shrike-babbler	分布: 2; C
Pteruthius melanotis	栗喉䴗鹛	Black-eared Shrike-babbler	分布: 2; C
Pteruthius aenobarbus	爪哇栗额䴗鹛	Trilling Shrike-babbler	分布: 2
Pteruthius intermedius	栗额䴗鹛	Clicking Shrike-babbler	分布: 2; C

40. 山椒鸟科　Campephagidae　(Minivets and Cuckooshrikes)　11 属　92 种

Pericrocotus erythropygius	白腹山椒鸟	White-bellied Minivet	分布: 2
Pericrocotus albifrons	白额山椒鸟	Jerdon's Minivet	分布: 2
Pericrocotus igneus	火红山椒鸟	Fiery Minivet	分布: 2
Pericrocotus cinnamomeus	小山椒鸟	Small Minivet	分布: 2
Pericrocotus solaris	灰喉山椒鸟	Grey-chinned Minivet	分布: 2; C
Pericrocotus miniatus	巽他山椒鸟	Sunda Minivet	分布: 2
Pericrocotus brevirostris	短嘴山椒鸟	Short-billed Minivet	分布: 2; C
Pericrocotus lansbergei	三色山椒鸟	Little Minivet	分布: 4
Pericrocotus ethologus	长尾山椒鸟	Long-tailed Minivet	分布: 2; C

Pericrocotus flammeus	赤红山椒鸟	Orange Minivet	分布: 2; C
Pericrocotus divaricatus	灰山椒鸟	Ashy Minivet	分布: 1, 2; C
Pericrocotus tegimae	琉球山椒鸟	Ryukyu Minivet	分布: 2
Pericrocotus cantonensis	小灰山椒鸟	Swinhoe's Minivet	分布: 1, 2; C
Pericrocotus roseus	粉红山椒鸟	Rosy Minivet	分布: 2; C
Ceblepyris cinereus	马岛鹃鵙	Madagascan Cuckooshrike	分布: 3
Ceblepyris cucullatus	科摩罗鹃鵙	Comoros Cuckooshrike	分布: 3
Ceblepyris graueri	格氏鹃鵙	Grauer's Cuckooshrike	分布: 3
Ceblepyris pectoralis	白胸鹃鵙	White-breasted Cuckooshrike	分布: 3
Ceblepyris caesius	非洲灰鹃鵙	Grey Cuckooshrike	分布: 3
Coracina caeruleogrisea	厚嘴鹃鵙	Stout-billed Cuckooshrike	分布: 4
Coracina longicauda	黑冠鹃鵙	Hooded Cuckooshrike	分布: 4
Coracina temminckii	苏拉蓝鹃鵙	Cerulean Cuckooshrike	分布: 4
Coracina bicolor	双色鹃鵙	Pied Cuckooshrike	分布: 4
Coracina maxima	细嘴地鹃鵙	Ground Cuckooshrike	分布: 4
Coracina lineata	黄眼鹃鵙	Barred Cuckooshrike	分布: 4
Coracina novaehollandiae	黑脸鹃鵙	Black-faced Cuckooshrike	分布: 4
Coracina boyeri	白眼先鹃鵙	Boyer's Cuckooshrike	分布: 4
Coracina fortis	布鲁鹃鵙	Buru Cuckooshrike	分布: 4
Coracina personata	帝汶鹃鵙	Wallacean Cuckooshrike	分布: 4
Coracina welchmani	所罗门鹃鵙	North Melanesian Cuckooshrike	分布: 4
Coracina caledonica	美岛鹃鵙	South Melanesian Cuckooshrike	分布: 4
Coracina striata	斑腹鹃鵙	Bar-bellied Cuckooshrike	分布: 2
Coracina javensis	爪哇鹃鵙	Javan Cuckooshrike	分布: 2
Coracina macei	大鹃鵙	Large Cuckooshrike	分布: 2; C
Coracina dobsoni	安达曼鹃鵙	Andaman Cuckooshrike	分布: 2
Coracina schistacea	青灰鹃鵙	Slaty Cuckooshrike	分布: 4
Coracina leucopygia	白腰鹃鵙	White-rumped Cuckooshrike	分布: 4
Coracina larvata	巽他鹃鵙	Sunda Cuckooshrike	分布: 2
Coracina papuensis	白腹鹃鵙	White-bellied Cuckooshrike	分布: 4
Coracina ingens	马努斯鹃鵙	Manus Cuckooshrike	分布: 4
Coracina atriceps	摩鹿加鹃鵙	Moluccan Cuckooshrike	分布: 4
Campephaga flava	黑鹃鵙	Black Cuckooshrike	分布: 3
Campephaga phoenicea	红肩鹃鵙	Red-shouldered Cuckooshrike	分布: 3
Campephaga petiti	红腹鹃鵙	Petit's Cuckooshrike	分布: 3
Campephaga quiscalina	紫喉鹃鵙	Purple-throated Cuckooshrike	分布: 3
Lobotos lobatus	加纳鹃鵙	Western Wattled Cuckooshrike	分布: 3
Lobotos oriolinus	鹂鹃鵙	Eastern Wattled Cuckooshrike	分布: 3
Campochaera sloetii	橙鹃鵙	Golden Cuckooshrike	分布: 4
Malindangia mcgregori	尖尾鹃鵙	Sharp-tailed Cuckooshrike	分布: 2
Edolisoma anale	山鹃鵙	New Caledonian Cuckooshrike	分布: 4
Edolisoma ostentum	白翅鹃鵙	White-winged Cuckooshrike	分布: 2

Edolisoma coerulescens	菲律宾黑鹃鵙	Blackish Cuckooshrike	分布: 2
Edolisoma montanum	高山鹃鵙	Black-bellied Cuckooshrike	分布: 4
Edolisoma dohertyi	多氏鹃鵙	Pale-shouldered Cicadabird	分布: 4
Edolisoma dispar	凯岛鹃鵙	Kai Cicadabird	分布: 4
Edolisoma schisticeps	灰头鹃鵙	Grey-headed Cuckooshrike	分布: 4
Edolisoma ceramense	灰白鹃鵙	Pale Cicadabird	分布: 4
Edolisoma mindanense	黑胸鹃鵙	Black-bibbed Cicadabird	分布: 2
Edolisoma salomonis	灰腹鹃鵙	Makira Cicadabird	分布: 4
Edolisoma holopolium	黑腹鹃鵙	Solomons Cuckooshrike	分布: 4
Edolisoma morio	苏拉鹃鵙	Sulawesi Cicadabird	分布: 4
Edolisoma incertum	黑肩鹃鵙	Black-shouldered Cicadabird	分布: 4
Edolisoma remotum	灰顶鹃鵙	Grey-capped Cicadabird	分布: 4
Edolisoma sula	苏岛鹃鵙	Sula Cicadabird	分布: 4
Edolisoma tenuirostre	长嘴鹃鵙	Common Cicadabird	分布: 4
Edolisoma admiralitatis	阿岛鹃鵙	Admiralty Cicadabird	分布: 4
Edolisoma monacha	帕劳鹃鵙	Palau Cicadabird	分布: 4
Edolisoma nesiotis	雅岛鹃鵙	Yap Cicadabird	分布: 4
Edolisoma insperatum	波岛鹃鵙	Pohnpei Cicadabird	分布: 4
Edolisoma melas	新几内亚鹃鵙	Black Cicadabird	分布: 4
Edolisoma parvulum	哈岛鹃鵙	Halmahera Cuckooshrike	分布: 4
Celebesica abbotti	姬鹃鵙	Pygmy Cuckooshrike	分布: 4
Cyanograucalus azureus	蓝鹃鵙	Blue Cuckooshrike	分布: 3
Lalage maculosa	斑鸣鹃鵙	Polynesian Triller	分布: 4
Lalage sharpei	萨摩亚鸣鹃鵙	Samoan Triller	分布: 4
Lalage sueurii	白肩鸣鹃鵙	White-shouldered Triller	分布: 4
Lalage leucopyga	长尾鸣鹃鵙	Long-tailed Triller	分布: 4
Lalage tricolor	白翅鸣鹃鵙	White-winged Triller	分布: 4
Lalage aurea	金腹鸣鹃鵙	Rufous-bellied Triller	分布: 4
Lalage atrovirens	黑眉鸣鹃鵙	Black-browed Triller	分布: 4
Lalage moesta	白眉鸣鹃鵙	White-browed Triller	分布: 4
Lalage leucomela	杂色鸣鹃鵙	Varied Triller	分布: 4
Lalage conjuncta	圣岛鹃鵙	Mussau Triller	分布: 4
Lalage melanoleuca	黑白鸣鹃鵙	Black-and-white Triller	分布: 2
Lalage nigra	斑鹃鵙	Pied Triller	分布: 2
Lalage leucopygialis	白腰鸣鹃鵙	White-rumped Triller	分布: 4
Lalage melaschistos	暗灰鹃鵙	Black-winged Cuckooshrike	分布: 2; C
Lalage melanoptera	黑头鹃鵙	Black-headed Cuckooshrike	分布: 2
Lalage polioptera	灰鹃鵙	Indochinese Cuckooshrike	分布: 2
Lalage fimbriata	缨鹃鵙	Lesser Cuckooshrike	分布: 2
Lalage typica	毛里求斯鹃鵙	Mauritius Cuckooshrike	分布: 3
Lalage newtoni	留岛鹃鵙	Reunion Cuckooshrike	分布: 3

41. 斑啸鹟科　Rhagologidae　(Berryhunter)　1 属　1 种

Rhagologus leucostigma	斑啸鹟	Mottled Berryhunter	分布: 4

42. 燕鵙科　Artamidae　(Woodswallows and Butcherbirds)　6 属　24 种

Artamus fuscus	灰燕鵙	Ashy Woodswallow	分布: 2; C
Artamus leucoryn	白胸燕鵙	White-breasted Woodswallow	分布: 2, 4
Artamus mentalis	斐济燕鵙	Fiji Woodswallow	分布: 4
Artamus monachus	白背燕鵙	Ivory-backed Woodswallow	分布: 4
Artamus maximus	大燕鵙	Great Woodswallow	分布: 4
Artamus insignis	俾斯麦燕鵙	White-backed Woodswallow	分布: 4
Artamus personatus	黑眼燕鵙	Masked Woodswallow	分布: 4
Artamus superciliosus	白眉燕鵙	White-browed Woodswallow	分布: 4
Artamus cinereus	黑脸燕鵙	Black-faced Woodswallow	分布: 4
Artamus cyanopterus	暗燕鵙	Dusky Woodswallow	分布: 4
Artamus minor	小燕鵙	Little Woodswallow	分布: 4
Peltops blainvillii	盾钟鹊	Lowland Peltops	分布: 4
Peltops montanus	山盾钟鹊	Mountain Peltops	分布: 4
Melloria quoyi	黑钟鹊	Black Butcherbird	分布: 4
Gymnorhina tibicen	澳洲钟鹊	Australian Magpie	分布: 4
Cracticus torquatus	灰钟鹊	Grey Butcherbird	分布: 4
Cracticus argenteus	银背钟鹊	Silver-backed Butcherbird	分布: 4
Cracticus mentalis	黑背钟鹊	Black-backed Butcherbird	分布: 4
Cracticus nigrogularis	黑喉钟鹊	Pied Butcherbird	分布: 4
Cracticus cassicus	黑头钟鹊	Hooded Butcherbird	分布: 4
Cracticus louisiadensis	白腰钟鹊	Tagula Butcherbird	分布: 4
Strepera graculina	斑噪钟鹊	Pied Currawong	分布: 4
Strepera fuliginosa	黑噪钟鹊	Black Currawong	分布: 4
Strepera versicolor	灰噪钟鹊	Grey Currawong	分布: 4

43. 船嘴鹟科　Machaerirhynchidae　(Boatbills)　1 属　2 种

Machaerirhynchus flaviventer	黄胸船嘴鹟	Yellow-breasted Boatbill	分布: 4
Machaerirhynchus nigripectus	黑胸船嘴鹟	Black-breasted Boatbill	分布: 4

44. 钩嘴鵙科　Vangidae　(Vangas and Allies)　21 属　39 种

Calicalicus madagascariensis	红尾钩嘴鵙	Red-tailed Vanga	分布: 3
Calicalicus rufocarpalis	红肩钩嘴鵙	Red-shouldered Vanga	分布: 3
Vanga curvirostris	钩嘴鵙	Hook-billed Vanga	分布: 3
Oriolia bernieri	黑头莺嘴鵙	Bernier's Vanga	分布: 3
Xenopirostris xenopirostris	拉氏厚嘴鵙	Lafresnaye's Vanga	分布: 3
Xenopirostris damii	范氏厚嘴鵙	Van Dam's Vanga	分布: 3
Xenopirostris polleni	白额厚嘴鵙	Pollen's Vanga	分布: 3
Falculea palliata	弯嘴鵙	Sickle-billed Vanga	分布: 3
Artamella viridis	白头钩嘴鵙	White-headed Vanga	分布: 3

Leptopterus chabert	黑钩嘴鹎	Chabert Vanga	分布: 3
Cyanolanius madagascarinus	蓝钩嘴鹎	Blue Vanga	分布: 3
Schetba rufa	棕钩嘴鹎	Rufous Vanga	分布: 3
Euryceros prevostii	盔鹎	Helmet Vanga	分布: 3
Tylas eduardi	泰拉钩嘴鹎	Tylas Vanga	分布: 3
Hypositta corallirostris	红嘴钩嘴鹎	Nuthatch Vanga	分布: 3
Newtonia amphichroa	暗牛顿莺	Dark Newtonia	分布: 3
Newtonia brunneicauda	棕尾牛顿莺	Common Newtonia	分布: 3
Newtonia archboldi	阿氏牛顿莺	Archbold's Newtonia	分布: 3
Newtonia fanovanae	红尾牛顿莺	Red-tailed Newtonia	分布: 3
Pseudobias wardi	瓦氏鹟	Ward's Flycatcher	分布: 3
Mystacornis crossleyi	克氏须鹛	Crossley's Vanga	分布: 3
Prionops plumatus	长冠盔鹎	White-crested Helmetshrike	分布: 3
Prionops poliolophus	灰冠盔鹎	Grey-crested Helmetshrike	分布: 3
Prionops alberti	黄冠盔鹎	Yellow-crested Helmetshrike	分布: 3
Prionops caniceps	栗腹盔鹎	Red-billed Helmetshrike	分布: 3
Prionops rufiventris	棕腹盔鹎	Rufous-bellied Helmetshrike	分布: 3
Prionops retzii	雷氏盔鹎	Retz's Helmetshrike	分布: 3
Prionops gabela	安哥拉盔鹎	Gabela Helmetshrike	分布: 3
Prionops scopifrons	栗额盔鹎	Chestnut-fronted Helmetshrike	分布: 3
Hemipus picatus	褐背鹟鹎	Bar-winged Flycatcher-shrike	分布: 2; C
Hemipus hirundinaceus	黑翅鹟鹎	Black-winged Flycatcher-shrike	分布: 2
Tephrodornis virgatus	钩嘴林鹎	Large Woodshrike	分布: 2; C
Tephrodornis sylvicola	西钩嘴林鹎	Malabar Woodshrike	分布: 2
Tephrodornis pondicerianus	林鹎	Common Woodshrike	分布: 2
Tephrodornis affinis	斯里兰卡林鹎	Sri Lanka Woodshrike	分布: 2
Philentoma pyrhoptera	棕翅王鹎	Rufous-winged Philentoma	分布: 2
Philentoma velata	栗胸王鹎	Maroon-breasted Philentoma	分布: 2
Megabyas flammulatus	非洲鹎鹟	African Shrike-flycatcher	分布: 3
Bias musicus	黑白鹎鹟	Black-and-white Shrike-flycatcher	分布: 3

45. 疣眼鹟科 **Platysteiridae** (Batises and Wattle-eyes) 4 属 31 种

Batis diops	鲁文蓬背鹟	Rwenzori Batis	分布: 3
Batis margaritae	布氏蓬背鹟	Margaret's Batis	分布: 3
Batis mixta	短尾蓬背鹟	Forest Batis	分布: 3
Batis reichenowi	灰胸蓬背鹟	Reichenow's Batis	分布: 3
Batis crypta	褐翅蓬背鹟	Dark Batis	分布: 3
Batis capensis	海角蓬背鹟	Cape Batis	分布: 3
Batis fratrum	祖鲁蓬背鹟	Woodward's Batis	分布: 3
Batis molitor	点颏蓬背鹟	Chinspot Batis	分布: 3
Batis senegalensis	塞内蓬背鹟	Senegal Batis	分布: 3
Batis orientalis	灰头蓬背鹟	Grey-headed Batis	分布: 3

Batis soror	白颏蓬背鹟	Pale Batis	分布: 3
Batis pririt	南非蓬背鹟	Pririt Batis	分布: 3
Batis minor	黑头蓬背鹟	Eastern Black-headed Batis	分布: 3
Batis erlangeri	西黑头蓬背鹟	Western Black-headed Batis	分布: 3
Batis perkeo	侏蓬背鹟	Pygmy Batis	分布: 3
Batis minulla	安哥拉蓬背鹟	Angolan Batis	分布: 3
Batis minima	西灰头蓬背鹟	Gabon Batis	分布: 3
Batis ituriensis	查氏蓬背鹟	Ituri Batis	分布: 3
Batis poensis	费尔蓬背鹟	Fernando Po Batis	分布: 3
Lanioturdus torquatus	白尾鸥鹟	White-tailed Shrike	分布: 3
Dyaphorophyia hormophora	西非疣眼鹟	West African Wattle-eye	分布: 3
Dyaphorophyia castanea	栗色疣眼鹟	Chestnut Wattle-eye	分布: 3
Dyaphorophyia tonsa	白斑疣眼鹟	White-spotted Wattle-eye	分布: 3
Dyaphorophyia concreta	栗腹疣眼鹟	Yellow-bellied Wattle-eye	分布: 3
Dyaphorophyia blissetti	红颊疣眼鹟	Red-cheeked Wattle-eye	分布: 3
Dyaphorophyia chalybea	瑞氏疣眼鹟	Black-necked Wattle-eye	分布: 3
Dyaphorophyia jamesoni	杰氏疣眼鹟	Jameson's Wattle-eye	分布: 3
Platysteira laticincta	巴门疣眼鹟	Banded Wattle-eye	分布: 3
Platysteira peltata	黑喉疣眼鹟	Black-throated Wattle-eye	分布: 3
Platysteira albifrons	白额疣眼鹟	White-fronted Wattle-eye	分布: 3
Platysteira cyanea	褐喉疣眼鹟	Brown-throated Wattle-eye	分布: 3

46. 雀鹎科 Aegithinidae (Ioras) 1属 4种

Aegithina tiphia	黑翅雀鹎	Common Iora	分布: 2; C
Aegithina nigrolutea	白尾雀鹎	Marshall's Iora	分布: 2
Aegithina viridissima	绿雀鹎	Green Iora	分布: 2
Aegithina lafresnayei	大绿雀鹎	Great Iora	分布: 2; C

47. 棘头鹎科 Pityriasidae (Bristlehead) 1属 1种

| *Pityriasis gymnocephala* | 棘头鹎 | Bornean Bristlehead | 分布: 2 |

48. 丛鵙科 Malaconotidae (Bush-shrikes) 9属 49种

Malaconotus cruentus	红胸丛鵙	Fiery-breasted Bush-shrike	分布: 3
Malaconotus monteiri	蒙氏丛鵙	Monteiro's Bush-shrike	分布: 3
Malaconotus blanchoti	灰头丛鵙	Grey-headed Bush-shrike	分布: 3
Malaconotus lagdeni	中非丛鵙	Lagden's Bush-shrike	分布: 3
Malaconotus gladiator	绿胸丛鵙	Green-breasted Bush-shrike	分布: 3
Malaconotus alius	黑顶丛鵙	Uluguru Bush-shrike	分布: 3
Chlorophoneus kupeensis	库山丛鵙	Mount Kupe Bush-shrike	分布: 3
Chlorophoneus multicolor	艳丽丛鵙	Many-colored Bush-shrike	分布: 3
Chlorophoneus nigrifrons	黑额丛鵙	Black-fronted Bush-shrike	分布: 3
Chlorophoneus olivaceus	暗绿丛鵙	Olive Bush-shrike	分布: 3
Chlorophoneus bocagei	灰绿丛鵙	Bocage's Bush-shrike	分布: 3

Chlorophoneus sulfureopectus	橙胸丛鸡	Orange-breasted Bush-shrike	分布: 3
Telophorus viridis	四色丛鸡	Gorgeous Bush-shrike	分布: 3
Telophorus dohertyi	杜氏丛鸡	Doherty's Bush-shrike	分布: 3
Telophorus zeylonus	南非丛鸡	Bokmakieric	分布: 3
Rhodophoneus cruentus	粉斑丛鸡	Rosy-patched Bush-shrike	分布: 1, 3
Bocagia minuta	小红翅鸡	Marsh Tchagra	分布: 3
Tchagra australis	褐冠红翅鸡	Brown-crowned Tchagra	分布: 3
Tchagra jamesi	纹斑红翅鸡	Three-streaked Tchagra	分布: 3
Tchagra tchagra	南非红翅鸡	Southern Tchagra	分布: 3
Tchagra senegalus	黑冠红翅鸡	Black-crowned Tchagra	分布: 1, 3
Dryoscopus sabini	大嘴蓬背鸡	Sabine's Puffback	分布: 3
Dryoscopus angolensis	红腿蓬背鸡	Pink-footed Puffback	分布: 3
Dryoscopus senegalensis	红眼蓬背鸡	Red-eyed Puffback	分布: 3
Dryoscopus cubla	黑背蓬背鸡	Black-backed Puffback	分布: 3
Dryoscopus gambensis	蓬背鸡	Northern Puffback	分布: 3
Dryoscopus pringlii	普氏篷背鸡	Pringle's Puffback	分布: 3
Laniarius leucorhynchus	白嘴黑鸡	Lowland Sooty Boubou	分布: 3
Laniarius poensis	山地黑鸡	Mountain Sooty Boubou	分布: 3
Laniarius holomelas	艾伯丁黑鸡	Albertine Boubou	分布: 3
Laniarius fuelleborni	福氏黑鸡	Fülleborn's Boubou	分布: 3
Laniarius funebris	暗色黑鸡	Slate-colored Boubou	分布: 3
Laniarius luehderi	卢氏黑鸡	Lühder's Bushshrike	分布: 3
Laniarius brauni	布氏黑鸡	Braun's Bushshrike	分布: 3
Laniarius amboimensis	褐头黑鸡	Gabela Bushshrike	分布: 3
Laniarius ruficeps	红颈黑鸡	Red-naped Bushshrike	分布: 3
Laniarius nigerrimus	索马里黑鸡	Black Boubou	分布: 3
Laniarius aethiopicus	埃塞黑鸡	Ethiopian Boubou	分布: 3
Laniarius major	热带黑鸡	Tropical Boubou	分布: 3
Laniarius sublacteus	东岸黑鸡	East Coast Boubou	分布: 3
Laniarius ferrugineus	锈色黑鸡	Southern Boubou	分布: 3
Laniarius bicolor	双色黑鸡	Swamp Boubou	分布: 3
Laniarius turatii	图氏黑鸡	Turati's Boubou	分布: 3
Laniarius barbarus	非洲黑鸡	Yellow-crowned Gonolek	分布: 3
Laniarius mufumbiri	穆氏黑鸡	Papyrus Gonolek	分布: 3
Laniarius erythrogaster	黑头黑鸡	Black-headed Gonolek	分布: 3
Laniarius atrococcineus	红胸黑鸡	Crimson-breasted Shrike	分布: 3
Laniarius atroflavus	黄胸黑鸡	Yellow-breasted Boubou	分布: 3
Nilaus afer	非洲鸡	Brubru	分布: 3

49. 扇尾鹟科　Rhipiduridae　(Fantails)　3 属　51 种

Rhipidura superciliaris	蓝扇尾鹟	Mindanao Blue Fantail	分布: 2
Rhipidura samarensis	北方蓝扇尾鹟	Visayan Blue Fantail	分布: 2

Rhipidura cyaniceps	蓝头扇尾鹟	Blue-headed Fantail	分布: 2
Rhipidura sauli	塔岛扇尾鹟	Tablas Fantail	分布: 2
Rhipidura albiventris	白腹蓝头扇尾鹟	Visayan Fantail	分布: 2
Rhipidura albicollis	白喉扇尾鹟	White-throated Fantail	分布: 2; C
Rhipidura albogularis	白点扇尾鹟	White-spotted Fantail	分布: 2
Rhipidura euryura	白腹扇尾鹟	White-bellied Fantail	分布: 2
Rhipidura aureola	白眉扇尾鹟	White-browed Fantail	分布: 2; C
Rhipidura javanica	斑扇尾鹟	Malaysian Pied Fantail	分布: 2
Rhipidura nigritorquis	菲律宾斑扇尾鹟	Philippine Pied Fantail	分布: 2
Rhipidura perlata	珠点扇尾鹟	Spotted Fantail	分布: 2
Rhipidura leucophrys	黑白扇尾鹟	Willie Wagtail	分布: 4
Rhipidura diluta	褐冠扇尾鹟	Brown-capped Fantail	分布: 4
Rhipidura fuscorufa	栗尾扇尾鹟	Cinnamon-tailed Fantail	分布: 4
Rhipidura rufiventris	北扇尾鹟	Northern Fantail	分布: 4
Rhipidura cockerelli	白翅扇尾鹟	White-winged Fantail	分布: 4
Rhipidura threnothorax	乌黑扇尾鹟	Sooty Thicket Fantail	分布: 4
Rhipidura maculipectus	黑薮扇尾鹟	Black Thicket Fantail	分布: 4
Rhipidura leucothorax	白胸扇尾鹟	White-bellied Thicket Fantail	分布: 4
Rhipidura atra	黑扇尾鹟	Black Fantail	分布: 4
Rhipidura hyperythra	栗腹扇尾鹟	Chestnut-bellied Fantail	分布: 4
Rhipidura albolimbata	睦扇尾鹟	Friendly Fantail	分布: 4
Rhipidura albiscapa	灰扇尾鹟	Grey Fantail	分布: 4
Rhipidura fuliginosa	新西兰灰扇尾鹟	New Zealand Fantail	分布: 4
Rhipidura phasiana	红树扇尾鹟	Mangrove Fantail	分布: 4
Rhipidura drownei	山扇尾鹟	Brown Fantail	分布: 4
Rhipidura tenebrosa	暗色扇尾鹟	Makira Fantail	分布: 4
Rhipidura rennelliana	伦纳扇尾鹟	Rennell Fantail	分布: 4
Rhipidura verreauxi	点胸扇尾鹟	Streaked Fantail	分布: 4
Rhipidura personata	坎大扇尾鹟	Kadavu Fantail	分布: 4
Rhipidura nebulosa	萨摩扇尾鹟	Samoan Fantail	分布: 4
Rhipidura phoenicura	红尾扇尾鹟	Rufous-tailed Fantail	分布: 2
Rhipidura nigrocinnamomea	黑桂扇尾鹟	Black-and-cinnamon Fantail	分布: 2
Rhipidura brachyrhyncha	棕色扇尾鹟	Dimorphic Fantail	分布: 4
Rhipidura lepida	帕劳扇尾鹟	Palau Fantail	分布: 4
Rhipidura dedemi	特尼扇尾鹟	Streak-breasted Fantail	分布: 4
Rhipidura superflua	茶背扇尾鹟	Tawny-backed Fantail	分布: 4
Rhipidura teysmanni	锈腹扇尾鹟	Rusty-bellied Fantail	分布: 4
Rhipidura opistherythra	红背扇尾鹟	Long-tailed Fantail	分布: 4
Rhipidura rufidorsa	灰胸扇尾鹟	Rufous-backed Fantail	分布: 4
Rhipidura dahli	岛扇尾鹟	Bismarck Fantail	分布: 4
Rhipidura matthiae	圣岛扇尾鹟	Mussau Fantail	分布: 4
Rhipidura malaitae	马莱扇尾鹟	Malaita Fantail	分布: 4

Rhipidura semirubra	曼岛扇尾鹟	Manus Fantail	分布: 4
Rhipidura rufifrons	棕额扇尾鹟	Rufous Fantail	分布: 4
Rhipidura kubaryi	波岛扇尾鹟	Pohnpei Fantail	分布: 4
Rhipidura dryas	杂色扇尾鹟	Arafura Fantail	分布: 4
Lamprolia victoriae	丝尾阔嘴鹟	Taveuni Silktail	分布: 4
Lamprolia klinesmithi	小丝尾阔嘴鹟	Natewa Silktail	分布: 4
Chaetorhynchus papuensis	须嘴扇尾鹟	Drongo Fantail	分布: 4

50. 卷尾科　Dicruridae　(Drongos)　1 属　25 种

Dicrurus ludwigii	方尾卷尾	Square-tailed Drongo	分布: 3
Dicrurus atripennis	辉卷尾	Shining Drongo	分布: 3
Dicrurus adsimilis	叉尾卷尾	Fork-tailed Drongo	分布: 3
Dicrurus modestus	绒背卷尾	Velvet-mantled Drongo	分布: 3
Dicrurus fuscipennis	科摩罗卷尾	Grand Comoro Drongo	分布: 3
Dicrurus aldabranus	阿岛卷尾	Aldabra Drongo	分布: 3
Dicrurus forficatus	冠卷尾	Crested Drongo	分布: 3
Dicrurus waldenii	马约特卷尾	Mayotte Drongo	分布: 3
Dicrurus macrocercus	黑卷尾	Black Drongo	分布: 1, 2; C
Dicrurus leucophaeus	灰卷尾	Ashy Drongo	分布: 1, 2; C
Dicrurus caerulescens	白腹卷尾	White-bellied Drongo	分布: 2
Dicrurus annectens	鸦嘴卷尾	Crow-billed Drongo	分布: 2; C
Dicrurus aeneus	古铜色卷尾	Bronzed Drongo	分布: 2; C
Dicrurus remifer	小盘尾	Lesser Racket-tailed Drongo	分布: 2; C
Dicrurus balicassius	白胁卷尾	Balicassiao	分布: 2
Dicrurus hottentottus	发冠卷尾	Hair-crested Drongo	分布: 1, 2, 4; C
Dicrurus menagei	塔岛卷尾	Tablas Drongo	分布: 2
Dicrurus sumatranus	苏门答腊卷尾	Sumatran Drongo	分布: 2
Dicrurus densus	华莱士卷尾	Wallacean Drongo	分布: 2
Dicrurus montanus	苏拉卷尾	Sulawesi Drongo	分布: 4
Dicrurus bracteatus	蓝点辉卷尾	Spangled Drongo	分布: 4
Dicrurus megarhynchus	绶带卷尾	Paradise Drongo	分布: 4
Dicrurus andamanensis	安达曼卷尾	Andaman Drongo	分布: 2
Dicrurus paradiseus	大盘尾	Greater Racket-tailed Drongo	分布: 2; C
Dicrurus lophorinus	斯里兰卡卷尾	Sri Lanka Drongo	分布: 2

51. 鹛鸫科　Ifritidae　(Ifrit)　1 属　1 种

Ifrita kowaldi	蓝顶鹛鸫	Blue-capped Ifrit	分布: 4

52. 王鹟科　Monarchidae　(Monarch-flycatchers)　16 属　98 种

Hypothymis azurea	黑枕王鹟	Black-naped Monarch	分布: 2; C
Hypothymis puella	灰蓝王鹟	Pale-blue Monarch	分布: 2, 4
Hypothymis helenae	短冠王鹟	Short-crested Monarch	分布: 2
Hypothymis coelestis	仙王鹟	Celestial Monarch	分布: 2

Eutrichomyias rowleyi	仙蓝王鹟	Cerulean Paradise Flycatcher	分布: 4
Trochocercus cyanomelas	非洲凤头鹟	Blue-mantled Crested Flycatcher	分布: 3
Trochocercus nitens	蓝头凤头鹟	Blue-headed Crested Flycatcher	分布: 3
Terpsiphone bedfordi	贝氏寿带	Bedford's Paradise Flycatcher	分布: 3
Terpsiphone rufocinerea	棕臀寿带	Rufous-vented Paradise Flycatcher	分布: 3
Terpsiphone rufiventer	红腹寿带	Red-bellied Paradise Flycatcher	分布: 3
Terpsiphone batesi	巴氏寿带	Bates's Paradise Flycatcher	分布: 3
Terpsiphone viridis	非洲寿带	African Paradise Flycatcher	分布: 3
Terpsiphone paradisi	印度寿带	Indian Paradise Flycatcher	分布: 2; C
Terpsiphone affinis	东方寿带	Oriental Paradise Flycatcher	分布: 2; C
Terpsiphone incei	寿带	Chinese Paradise Flycatcher	分布: 2; C
Terpsiphone atrocaudata	紫寿带	Japanese Paradise Flycatcher	分布: 2; C
Terpsiphone cyanescens	蓝寿带	Blue Paradise Flycatcher	分布: 2
Terpsiphone cinnamomea	棕寿带	Rufous Paradise Flycatcher	分布: 2
Terpsiphone atrochalybeia	圣多美寿带	Sao Tome Paradise Flycatcher	分布: 3
Terpsiphone mutata	马岛寿带	Malagasy Paradise Flycatcher	分布: 3
Terpsiphone corvina	塞舌尔寿带	Seychelles Paradise Flycatcher	分布: 3
Terpsiphone bourbonnensis	毛里求斯寿带	Mascarene Paradise Flycatcher	分布: 3
Chasiempis sclateri	考岛蚋鹟	Kauai Elepaio	分布: 4
Chasiempis ibidis	檀香山蚋鹟	Oahu Elepaio	分布: 4
Chasiempis sandwichensis	蚋鹟	Hawaii Elepaio	分布: 4
Pomarea dimidiata	白腹果鹟	Rarotonga Monarch	分布: 4
Pomarea nigra	黑腹果鹟	Tahiti Monarch	分布: 4
Pomarea pomarea	莫岛果鹟	Maupiti Monarch	分布: 4
Pomarea mendozae	马克果鹟	Marquesan Monarch	分布: 4
Pomarea mira	白翅果鹟	Ua Pou Monarch	分布: 4
Pomarea iphis	果鹟	Iphis Monarch	分布: 4
Pomarea whitneyi	巨果鹟	Fatu Hiva Monarch	分布: 4
Mayrornis schistaceus	蓝灰鹟	Vanikoro Monarch	分布: 4
Mayrornis versicolor	杂色灰鹟	Versicolored Monarch	分布: 4
Mayrornis lessoni	斐济灰鹟	Slaty Monarch	分布: 4
Neolalage banksiana	棕腹鹟	Buff-bellied Monarch	分布: 4
Clytorhynchus pachycephaloides	南鸥嘴鹟	Southern Shrikebill	分布: 4
Clytorhynchus vitiensis	斐济鸥嘴鹟	Fiji Shrikebill	分布: 4
Clytorhynchus nigrogularis	黑喉鸥嘴鹟	Black-throated Shrikebill	分布: 4
Clytorhynchus sanctaecrucis	黑背鸥嘴鹟	Santa Cruz Shrikebill	分布: 4
Clytorhynchus hamlini	伦纳鸥嘴鹟	Rennell Shrikebill	分布: 4
Metabolus rugensis	特鲁克鹟	Chuuk Monarch	分布: 4
Symposiachrus axillaris	黑王鹟	Black Monarch	分布: 4
Symposiachrus guttula	斑翅王鹟	Spot-winged Monarch	分布: 4
Symposiachrus mundus	黑胸王鹟	Black-bibbed Monarch	分布: 4

Symposiachrus sacerdotum	梅氏王鹟	Flores Monarch	分布：4
Symposiachrus boanensis	黑颏王鹟	Black-chinned Monarch	分布：4
Symposiachrus trivirgatus	眼镜王鹟	Spectacled Monarch	分布：4
Symposiachrus leucurus	白尾王鹟	White-tailed Monarch	分布：4
Symposiachrus julianae	黑背王鹟	Kofiau Monarch	分布：4
Symposiachrus everetti	白羽缘王鹟	White-tipped Monarch	分布：4
Symposiachrus loricatus	黑羽缘王鹟	Black-tipped Monarch	分布：4
Symposiachrus brehmii	比阿王鹟	Biak Monarch	分布：4
Symposiachrus manadensis	冠王鹟	Hooded Monarch	分布：4
Symposiachrus infelix	阿岛王鹟	Manus Monarch	分布：4
Symposiachrus menckei	白胸王鹟	Mussau Monarch	分布：4
Symposiachrus verticalis	黑尾王鹟	Black-tailed Monarch	分布：4
Symposiachrus barbatus	斑王鹟	Solomons Monarch	分布：4
Symposiachrus malaitae	马莱塔王鹟	Malaita Monarch	分布：4
Symposiachrus browni	库岛王鹟	Kolombangara Monarch	分布：4
Symposiachrus vidua	白领王鹟	White-collared Monarch	分布：4
Symposiachrus rubiensis	棕王鹟	Rufous Monarch	分布：4
Monarcha cinerascens	岛王鹟	Island Monarch	分布：4
Monarcha melanopsis	黑脸王鹟	Black-faced Monarch	分布：4
Monarcha frater	黑翅王鹟	Black-winged Monarch	分布：4
Monarcha castaneiventris	栗腹王鹟	Chestnut-bellied Monarch	分布：4
Monarcha ugiensis	乌岛王鹟	Makira Monarch	分布：4
Monarcha richardsii	里氏王鹟	White-capped Monarch	分布：4
Metabolus godeffroyi	雅岛王鹟	Yap Monarch	分布：4
Metabolus takatsukasae	提岛王鹟	Tinian Monarch	分布：4
Carterornis leucotis	白耳王鹟	White-eared Monarch	分布：4
Carterornis pileatus	白枕王鹟	White-naped Monarch	分布：4
Carterornis chrysomela	金王鹟	Golden Monarch	分布：4
Arses insularis	栗领皱鹟	Ochre-collared Monarch	分布：4
Arses telescopthalmus	饰颈皱鹟	Frilled Monarch	分布：4
Arses lorealis	领皱鹟	Frill-necked Monarch	分布：4
Arses kaupi	斑皱鹟	Pied Monarch	分布：4
Grallina cyanoleuca	鹊鹟	Magpie-lark	分布：4
Grallina bruijnii	山鹊鹟	Torrent-lark	分布：4
Myiagra oceanica	特岛阔嘴鹟	Oceanic Flycatcher	分布：4
Myiagra erythrops	帕劳阔嘴鹟	Palau Flycatcher	分布：4
Myiagra pluto	波岛阔嘴鹟	Pohnpei Flycatcher	分布：4
Myiagra galeata	盔阔嘴鹟	Moluccan Flycatcher	分布：4
Myiagra atra	比岛阔嘴鹟	Biak Black Flycatcher	分布：4
Myiagra rubecula	铅灰阔嘴鹟	Leaden Flycatcher	分布：4
Myiagra ferrocyanea	所罗门阔嘴鹟	Steel-blue Flycatcher	分布：4
Myiagra cervinicauda	赭头阔嘴鹟	Makira Flycatcher	分布：4

Myiagra caledonica	美岛阔嘴鹟	Melanesian Flycatcher	分布: 4
Myiagra vanikorensis	瓦岛阔嘴鹟	Vanikoro Flycatcher	分布: 4
Myiagra albiventris	白腹阔嘴鹟	Samoan Flycatcher	分布: 4
Myiagra azureocapilla	蓝冠阔嘴鹟	Azure-crested Flycatcher	分布: 4
Myiagra castaneigularis	栗喉阔嘴鹟	Chestnut-throated Flycatcher	分布: 4
Myiagra ruficollis	棕颈阔嘴鹟	Broad-billed Flycatcher	分布: 4
Myiagra cyanoleuca	缎辉阔嘴鹟	Satin Flycatcher	分布: 4
Myiagra alecto	辉阔嘴鹟	Shining Flycatcher	分布: 4
Myiagra hebetior	暗色阔嘴鹟	Velvet Flycatcher	分布: 4
Myiagra nana	小阔嘴鹟	Paperbark Flycatcher	分布: 4
Myiagra inquieta	大阔嘴鹟	Restless Flycatcher	分布: 4

53. 冠鸦科　Platylophidae　(Crested Jay)　1 属　1 种

Platylophus galericulatus	冠鸦	Crested Jay	分布: 2

54. 伯劳科　Laniidae　(Shrikes)　4 属　34 种

Corvinella corvina	黄嘴鹊鸸	Yellow-billed Shrike	分布: 3
Urolestes melanoleucus	白肩鹊鸸	Magpie Shrike	分布: 3
Eurocephalus ruppelli	白腰林鸸	Northern White-crowned Shrike	分布: 3
Eurocephalus anguitimens	白顶林鸸	Southern White-crowned Shrike	分布: 3
Lanius tigrinus	虎纹伯劳	Tiger Shrike	分布: 1, 2; C
Lanius souzae	南非伯劳	Souza's Shrike	分布: 3
Lanius bucephalus	牛头伯劳	Bull-headed Shrike	分布: 1; C
Lanius cristatus	红尾伯劳	Brown Shrike	分布: 1, 2; C
Lanius collurio	红背伯劳	Red-backed Shrike	分布: 1, 3; C
Lanius isabellinus	荒漠伯劳	Isabelline Shrike	分布: 1, 2, 3; C
Lanius phoenicuroides	棕尾伯劳	Red-tailed Shrike	分布: 2, 3; C
Lanius collurioides	栗背伯劳	Burmese Shrike	分布: 2; C
Lanius gubernator	艾氏伯劳	Emin's Shrike	分布: 3
Lanius vittatus	褐背伯劳	Bay-backed Shrike	分布: 1, 3
Lanius schach	棕背伯劳	Long-tailed Shrike	分布: 2, 4; C
Lanius tephronotus	灰背伯劳	Grey-backed Shrike	分布: 1, 2; C
Lanius validirostris	灰顶伯劳	Mountain Shrike	分布: 2
Lanius mackinnoni	麦氏伯劳	Mackinnon's Shrike	分布: 3
Lanius minor	黑额伯劳	Lesser Grey Shrike	分布: 1, 3; C
Lanius ludovicianus	呆头伯劳	Loggerhead Shrike	分布: 5, 6
Lanius borealis	北灰伯劳	Northern Shrike	分布: 1, 5; C
Lanius excubitor	灰伯劳	Great Grey Shrike	分布: 1; C
Lanius meridionalis	伊比利亚灰伯劳	Iberian Grey Shrike	分布: 1, 3
Lanius sphenocercus	楔尾伯劳	Chinese Grey Shrike	分布: 1, 2; C
Lanius giganteus	南楔尾伯劳	Giant Grey Shrike	分布: 1, 2; EC
Lanius excubitoroides	灰背长尾伯劳	Grey-backed Fiscal	分布: 3
Lanius cabanisi	东非长尾伯劳	Long-tailed Fiscal	分布: 3

Lanius dorsalis	肯尼亚伯劳	Taita Fiscal	分布: 3
Lanius somalicus	索马里伯劳	Somali Fiscal	分布: 3
Lanius collaris	领伯劳	Southern Fiscal	分布: 3
Lanius humeralis	北领伯劳	Northern Fiscal	分布: 3
Lanius newtoni	圣多美伯劳	Sao Tome Fiscal	分布: 3
Lanius senator	林䳭伯劳	Woodchat Shrike	分布: 1, 3
Lanius nubicus	云斑伯劳	Masked Shrike	分布: 1, 2

55. 鸦科 Corvidae (Magpies, Crows and Jays) 21 属 129 种

Platysmurus leucopterus	白翅鹊	Black Magpie	分布: 2
Perisoreus infaustus	北噪鸦	Siberian Jay	分布: 1; C
Perisoreus internigrans	黑头噪鸦	Sichuan Jay	分布: 1; EC
Perisoreus canadensis	灰噪鸦	Grey Jay	分布: 5
Cyanolyca armillata	黑领蓝头鹊	Black-collared Jay	分布: 6
Cyanolyca viridicyanus	白领蓝头鹊	White-collared Jay	分布: 6
Cyanolyca turcosa	青绿蓝头鹊	Turquoise Jay	分布: 6
Cyanolyca pulchra	丽蓝头鹊	Beautiful Jay	分布: 6
Cyanolyca cucullata	青蓝头鹊	Azure-hooded Jay	分布: 6
Cyanolyca pumilo	黑喉蓝头鹊	Black-throated Jay	分布: 6
Cyanolyca nanus	小蓝头鹊	Dwarf Jay	分布: 6
Cyanolyca mirabilis	白喉蓝头鹊	White-throated Jay	分布: 6
Cyanolyca argentigula	银喉蓝头鹊	Silvery-throated Jay	分布: 6
Cyanocorax melanocyaneus	浓冠鸦	Bushy-crested Jay	分布: 6
Cyanocorax sanblasianus	黑蓝冠鸦	San Blas Jay	分布: 6
Cyanocorax yucatanicus	尤卡坦蓝鸦	Yucatan Jay	分布: 6
Cyanocorax beecheii	紫背冠鸦	Purplish-backed Jay	分布: 6
Cyanocorax violaceus	紫蓝鸦	Violaceous Jay	分布: 6
Cyanocorax caeruleus	青蓝鸦	Azure Jay	分布: 6
Cyanocorax cyanomelas	淡紫蓝鸦	Purplish Jay	分布: 6
Cyanocorax cristatellus	卷冠蓝鸦	Curl-crested Jay	分布: 6
Cyanocorax dickeyi	簇蓝鸦	Tufted Jay	分布: 6
Cyanocorax affinis	黑胸蓝鸦	Black-chested Jay	分布: 6
Cyanocorax mystacalis	白尾蓝鸦	White-tailed Jay	分布: 6
Cyanocorax cayanus	白颈蓝鸦	Cayenne Jay	分布: 6
Cyanocorax heilprini	蓝枕蓝鸦	Azure-naped Jay	分布: 6
Cyanocorax chrysops	绒冠蓝鸦	Plush-crested Jay	分布: 6
Cyanocorax cyanopogon	白枕蓝鸦	White-naped Jay	分布: 6
Cyanocorax yncas	印加绿蓝鸦	Inca Jay	分布: 3
Cyanocorax morio	褐鸦	Brown Jay	分布: 5, 6
Cyanocorax colliei	黑喉鹊鸦	Black-throated Magpie-jay	分布: 6
Cyanocorax formosus	白喉鹊鸦	White-throated Magpie-jay	分布: 6
Cyanocitta cristata	冠蓝鸦	Blue Jay	分布: 5

Cyanocitta stelleri	暗冠蓝鸦	Steller's Jay	分布: 5, 6
Aphelocoma wollweberi	墨西哥丛鸦	Mexican Jay	分布: 5, 6
Aphelocoma ultramarina	灰胸丛鸦	Transvolcanic Jay	分布: 6
Aphelocoma unicolor	纯色丛鸦	Unicolored Jay	分布: 6
Aphelocoma californica	西丛鸦	California Scrub Jay	分布: 5, 6
Aphelocoma woodhouseii	伍氏丛鸦	Woodhouse's Scrub Jay	分布: 5, 6
Aphelocoma insularis	圣岛丛鸦	Island Scrub Jay	分布: 6
Aphelocoma coerulescens	丛鸦	Florida Scrub Jay	分布: 5
Gymnorhinus cyanocephalus	蓝头鸦	Pinyon Jay	分布: 5
Garrulus glandarius	松鸦	Eurasian Jay	分布: 1, 2, 4; C
Garrulus lanceolatus	黑头松鸦	Black-headed Jay	分布: 2
Garrulus lidthi	琉球松鸦	Lidth's Jay	分布: 1
Cyanopica cyanus	灰喜鹊	Azure-winged Magpie	分布: 1; C
Cyanopica cooki	蓝尾灰喜鹊	Iberian Magpie	分布: 1
Urocissa ornata	斯里兰卡蓝鹊	Sri Lanka Blue Magpie	分布: 2
Urocissa caerulea	台湾蓝鹊	Taiwan Blue Magpie	分布: 2; EC
Urocissa flavirostris	黄嘴蓝鹊	Yellow-billed Blue Magpie	分布: 2; C
Urocissa erythroryncha	红嘴蓝鹊	Red-billed Blue Magpie	分布: 1, 2; C
Urocissa whiteheadi	白翅蓝鹊	White-winged Magpie	分布: 2; C
Cissa chinensis	蓝绿鹊	Common Green Magpie	分布: 2; C
Cissa hypoleuca	黄胸绿鹊	Indochinese Green Magpie	分布: 2; C
Cissa thalassina	短尾绿鹊	Javan Green Magpie	分布: 2
Cissa jefferyi	婆罗洲绿鹊	Bornean Green Magpie	分布: 2
Dendrocitta vagabunda	棕腹树鹊	Rufous Treepie	分布: 2; C
Dendrocitta occipitalis	马来树鹊	Sumatran Treepie	分布: 2
Dendrocitta cinerascens	加里曼丹树鹊	Bornean Treepie	分布: 2
Dendrocitta formosae	灰树鹊	Grey Treepie	分布: 2; C
Dendrocitta leucogastra	白腹树鹊	White-bellied Treepie	分布: 2
Dendrocitta frontalis	黑额树鹊	Collared Treepie	分布: 2; C
Dendrocitta bayleii	安达曼树鹊	Andaman Treepie	分布: 2
Crypsirina temia	盘尾树鹊	Racket-tailed Treepie	分布: 2; C
Crypsirina cucullata	黑头树鹊	Hooded Treepie	分布: 2
Temnurus temnurus	塔尾树鹊	Ratchet-tailed Treepie	分布: 2; C
Pica pica	欧亚喜鹊	Eurasian Magpie	分布: 1, 2; C
Pica bottanensis	青藏喜鹊	Black-rumped Magpie	分布: 1, 2; C
Pica serica	喜鹊	Oriental Magpie	分布: 1, 2; C
Pica mauritanica	北非喜鹊	Maghreb Magpie	分布: 1
Pica asirensis	中东喜鹊	Asir Magpie	分布: 1
Pica hudsonia	北美喜鹊	Black-billed Magpie	分布: 5
Pica nutalli	黄嘴喜鹊	Yellow-billed Magpie	分布: 5
Zavattariornis stresemanni	灰丛鸦	Stresemann's Bushcrow	分布: 3
Podoces hendersoni	黑尾地鸦	Henderson's Ground-jay	分布: 1; C

Podoces biddulphi	白尾地鸦	Xinjiang Ground-jay	分布: 1; EC
Podoces panderi	里海地鸦	Pander's Ground-jay	分布: 1
Podoces pleskei	波斯地鸦	Pleske's Ground-jay	分布: 1
Nucifraga columbiana	北美星鸦	Clark's Nutcracker	分布: 5, 6
Nucifraga caryocatactes	星鸦	Spotted Nutcracker	分布: 1, 2; C
Nucifraga multipunctata	大斑星鸦	Large-spotted Nutcracker	分布: 1
Pyrrhocorax pyrrhocorax	红嘴山鸦	Red-billed Chough	分布: 1, 2, 3; C
Pyrrhocorax graculus	黄嘴山鸦	Alpine Chough	分布: 1; C
Ptilostomus afer	须嘴鸦	Piapiac	分布: 3
Corvus monedula	寒鸦	Western Jackdaw	分布: 1, 2; C
Corvus dauuricus	达乌里寒鸦	Daurian Jackdaw	分布: 1, 2; C
Corvus splendens	家鸦	House Crow	分布: 1, 2; C
Corvus moneduloides	新喀鸦	New Caledonian Crow	分布: 4
Corvus unicolor	邦盖乌鸦	Banggai Crow	分布: 4
Corvus enca	细嘴乌鸦	Slender-billed Crow	分布: 2, 4
Corvus violaceus	紫背乌鸦	Violet Crow	分布: 4
Corvus typicus	苏拉乌鸦	Piping Crow	分布: 4
Corvus florensis	佛罗乌鸦	Flores Crow	分布: 4
Corvus kubaryi	关岛乌鸦	Mariana Crow	分布: 2
Corvus validus	长嘴乌鸦	Long-billed Crow	分布: 4
Corvus woodfordi	白嘴乌鸦	White-billed Crow	分布: 4
Corvus meeki	布岛乌鸦	Bougainville Crow	分布: 4
Corvus fuscicapillus	棕头乌鸦	Brown-headed Crow	分布: 4
Corvus tristis	灰乌鸦	Grey Crow	分布: 4
Corvus capensis	海角鸦	Cape Crow	分布: 3
Corvus frugilegus	秃鼻乌鸦	Rook	分布: 1, 2; C
Corvus brachyrhynchos	短嘴鸦	American Crow	分布: 5
Corvus caurinus	北美乌鸦	Northwestern Crow	分布: 5
Corvus imparatus	墨西哥乌鸦	Tamaulipas Crow	分布: 5, 6
Corvus sinaloae	西纳劳乌鸦	Sinaloa Crow	分布: 6
Corvus ossifragus	鱼鸦	Fish Crow	分布: 5
Corvus palmarum	棕榈鸦	Hispaniolan Palm Crow	分布: 6
Corvus minutus	古巴棕榈鸦	Cuban Palm Crow	分布: 6
Corvus jamaicensis	牙买加乌鸦	Jamaican Crow	分布: 6
Corvus nasicus	古巴鸦	Cuban Crow	分布: 6
Corvus leucognaphalus	美洲白颈鸦	White-necked Crow	分布: 6
Corvus hawaiiensis	夏威夷乌鸦	Hawaiian Crow	分布: 4
Corvus corone	小嘴乌鸦	Carrion Crow	分布: 1, 2; C
Corvus pectoralis	白颈鸦	Collared Crow	分布: 1, 2; C
Corvus macrorhynchos	大嘴乌鸦	Large-billed Crow	分布: 1, 2; C
Corvus orru	澳洲鸦	Torresian Crow	分布: 4
Corvus insularis	俾岛鸦	Bismarck Crow	分布: 4

Corvus bennetti	小嘴鸦	Little Crow	分布: 4
Corvus tasmanicus	林渡鸦	Forest Raven	分布: 4
Corvus mellori	小渡鸦	Little Raven	分布: 4
Corvus coronoides	澳洲渡鸦	Australian Raven	分布: 4
Corvus albus	非洲白颈鸦	Pied Crow	分布: 3
Corvus ruficollis	褐颈渡鸦	Brown-necked Raven	分布: 1, 2
Corvus edithae	东非褐颈渡鸦	Somali Crow	分布: 3
Corvus corax	渡鸦	Northern Raven	分布: 1, 2, 5; C
Corvus cryptoleucus	白颈渡鸦	Chihuahuan Raven	分布: 5, 6
Corvus rhipidurus	扇尾渡鸦	Fan-tailed Raven	分布: 1, 3
Corvus albicollis	非洲渡鸦	White-necked Raven	分布: 3
Corvus crassirostris	厚嘴渡鸦	Thick-billed Raven	分布: 3

56. 黑脚风鸟科　Melampittidae　(Melampittas)　2 属　2 种

Melampitta lugubris	小黑脚风鸟	Lesser Melampitta	分布: 4
Megalampitta gigantea	大黑脚风鸟	Greater Melampitta	分布: 4

57. 澳鸦科　Corcoracidae　(Australian Mudnesters)　2 属　2 种

Corcorax melanorhamphos	白翅澳鸦	White-winged Chough	分布: 4
Struthidea cinerea	灰短嘴澳鸦	Apostlebird	分布: 4

58. 极乐鸟科　Paradisaeidae　(Birds-of-paradise)　14 属　41 种

Lycocorax pyrrhopterus	褐翅极乐鸟	Paradise-crow	分布: 4
Manucodia ater	黑辉极乐鸟	Glossy-mantled Manucode	分布: 4
Manucodia jobiensis	绿辉极乐鸟	Jobi Manucode	分布: 4
Manucodia chalybatus	绿胸辉极乐鸟	Crinkle-collared Manucode	分布: 4
Manucodia comrii	卷冠辉极乐鸟	Curl-crested Manucode	分布: 4
Phonygammus keraudrenii	号声极乐鸟	Trumpet Manucode	分布: 4
Paradigalla carunculata	长尾肉垂风鸟	Long-tailed Paradigalla	分布: 4
Paradigalla brevicauda	短尾肉垂风鸟	Short-tailed Paradigalla	分布: 4
Astrapia nigra	黑蓝长尾风鸟	Arfak Astrapia	分布: 4
Astrapia splendidissima	华丽长尾风鸟	Splendid Astrapia	分布: 4
Astrapia mayeri	绶带长尾风鸟	Ribbon-tailed Astrapia	分布: 4
Astrapia stephaniae	公主长尾风鸟	Princess Stephanie's Astrapia	分布: 4
Astrapia rothschildi	绿腹长尾风鸟	Huon Astrapia	分布: 4
Parotia sefilata	阿法六线风鸟	Western Parotia	分布: 4
Parotia carolae	白胁六线风鸟	Queen Carola's Parotia	分布: 4
Parotia berlepschi	青铜六线风鸟	Bronze Parotia	分布: 4
Parotia lawesii	劳氏六线风鸟	Lawes's Parotia	分布: 4
Parotia helenae	棕额六线风鸟	Eastern Parotia	分布: 4
Parotia wahnesi	瓦氏六线风鸟	Wahnes's Parotia	分布: 4
Pteridophora alberti	萨克森极乐鸟	King of Saxony Bird-of-paradise	分布: 4
Lophorina superba	华美极乐鸟	Greater Lophorina	分布: 4

Lophorina paradisea	大掩鼻风鸟	Paradise Riflebird	分布: 4
Lophorina victoriae	小掩鼻风鸟	Victoria's Riflebird	分布: 4
Lophorina magnifica	丽色掩鼻风鸟	Magnificent Riflebird	分布: 4
Lophorina intercedens	啸声掩鼻风鸟	Growling Riflebird	分布: 4
Epimachus fastosus	黑镰嘴风鸟	Black Sicklebill	分布: 4
Epimachus meyeri	褐镰嘴风鸟	Brown Sicklebill	分布: 4
Drepanornis albertisi	黑嘴镰嘴风鸟	Black-billed Sicklebill	分布: 4
Drepanornis bruijnii	淡嘴镰嘴风鸟	Pale-billed Sicklebill	分布: 4
Cicinnurus magnificus	丽色极乐鸟	Magnificent Bird-of-paradise	分布: 4
Cicinnurus respublica	威氏极乐鸟	Wilson's Bird-of-paradise	分布: 4
Cicinnurus regius	王极乐鸟	King Bird-of-paradise	分布: 4
Semioptera wallacii	幡羽极乐鸟	Standardwing	分布: 4
Seleucidis melanoleucus	十二线极乐鸟	Twelve-wired Bird-of-paradise	分布: 4
Paradisaea apoda	大极乐鸟	Greater Bird-of-paradise	分布: 4
Paradisaea raggiana	新几内亚极乐鸟	Raggiana Bird-of-paradise	分布: 4
Paradisaea minor	小极乐鸟	Lesser Bird-of-paradise	分布: 4
Paradisaea decora	戈氏极乐鸟	Goldie's Bird-of-paradise	分布: 4
Paradisaea rubra	红极乐鸟	Red Bird-of-paradise	分布: 4
Paradisaea guilielmi	线翎极乐鸟	Emperor Bird-of-paradise	分布: 4
Paradisaea rudolphi	蓝极乐鸟	Blue Bird-of-paradise	分布: 4

59. 垂耳鸦科 Callaeidae (New Zealand Wattlebirds) 2 属 3 种

Callaeas wilsoni	北岛垂耳鸦	North Island Kokako	分布: 4
Philesturnus rufusater	北岛鞍背鸦	North Island Saddleback	分布: 4
Philesturnus carunculatus	鞍背鸦	South Island Saddleback	分布: 4

60. 须吸蜜鸟科 Notiomystidae (Stitchbird) 1 属 1 种

Notiomystis cincta	须吸蜜鸟	Stitchbird	分布: 4

61. 啄果鸟科 Melanocharitidae (Berrypeckers and Longbills) 4 属 10 种

Melanocharis arfakiana	暗色啄果鸟	Obscure Berrypecker	分布: 4
Melanocharis nigra	黑啄果鸟	Black Berrypecker	分布: 4
Melanocharis longicauda	黄胸啄果鸟	Mid-mountain Berrypecker	分布: 4
Melanocharis versteri	扇尾啄果鸟	Fan-tailed Berrypecker	分布: 4
Melanocharis striativentris	纹啄果鸟	Streaked Berrypecker	分布: 4
Rhamphocharis crassirostris	斑啄果鸟	Spotted Berrypecker	分布: 4
Oedistoma iliolophus	小弯嘴吸蜜鸟	Dwarf Longbill	分布: 4
Oedistoma pygmaeum	侏弯嘴吸蜜鸟	Pygmy Longbill	分布: 4
Toxorhamphus novaeguineae	黄腹弯嘴吸蜜鸟	Yellow-bellied Longbill	分布: 4
Toxorhamphus poliopterus	灰颏弯嘴吸蜜鸟	Slaty-headed Longbill	分布: 4

62. 短嘴极乐鸟科 Cnemophilidae (Satinbirds) 2 属 3 种

Cnemophilus loriae	黑短嘴极乐鸟	Loria's Satinbird	分布: 4
Cnemophilus macgregorii	黑腹短嘴极乐鸟	Crested Satinbird	分布: 4

| *Loboparadisea sericea* | 黄胸短嘴极乐鸟 | Yellow-breasted Satinbird | 分布: 4 |

63. 岩鹛科 Picathartidae (Rockfowls) 1 属 2 种

| *Picathartes gymnocephalus* | 白颈岩鹛 | White-necked Rockfowl | 分布: 3 |
| *Picathartes oreas* | 灰颈岩鹛 | Grey-necked Rockfowl | 分布: 3 |

64. 长颈鸫科 Eupetidae (Rail-babbler) 1 属 1 种

| *Eupetes macrocerus* | 白眉长颈鸫 | Rail-babbler | 分布: 2 |

65. 岩鸫科 Chaetopidae (Rockjumpers) 1 属 2 种

| *Chaetops frenatus* | 棕岩鸫 | Cape Rockjumper | 分布: 3 |
| *Chaetops aurantius* | 橙胸岩鸫 | Drakensberg Rockjumper | 分布: 3 |

66. 鸲鹟科 Petroicidae (Australian Robins) 19 属 49 种

Heteromyias albispecularis	地丛鸲	Ashy Robin	分布: 4
Heteromyias cinereifrons	灰头丛鸲	Grey-headed Robin	分布: 4
Gennaeodryas placens	黄绿杂色鸲	Banded Yellow Robin	分布: 4
Plesiodryas albonotata	黑喉杂色鸲	Black-throated Robin	分布: 4
Poecilodryas brachyura	白胸杂色鸲	Black-chinned Robin	分布: 4
Poecilodryas hypoleuca	黑白杂色鸲	Black-sided Robin	分布: 4
Poecilodryas superciliosa	白眉杂色鸲	White-browed Robin	分布: 4
Poecilodryas cerviniventris	棕胁杂色鸲	Buff-sided Robin	分布: 4
Peneothello sigillata	白翅薮鸲	White-winged Robin	分布: 4
Peneothello cryptoleuca	灰薮鸲	Smoky Robin	分布: 4
Peneothello cyanus	蓝灰薮鸲	Slaty Robin	分布: 4
Peneothello bimaculata	白腰薮鸲	White-rumped Robin	分布: 4
Peneothello pulverulenta	红树鸲鹟	Mangrove Robin	分布: 4
Tregellasia leucops	白脸歌鸲鹟	White-faced Robin	分布: 4
Tregellasia capito	淡黄歌鸲鹟	Pale-yellow Robin	分布: 4
Quoyornis georgianus	白胸歌鸲鹟	White-breasted Robin	分布: 4
Eopsaltria australis	东黄鸲鹟	Eastern Yellow Robin	分布: 4
Eopsaltria griseogularis	西黄鸲鹟	Western Yellow Robin	分布: 4
Melanodryas cucullata	冠鸲鹟	Hooded Robin	分布: 4
Melanodryas vittata	暗色鸲鹟	Dusky Robin	分布: 4
Pachycephalopsis hattamensis	绿丛鸲	Green-backed Robin	分布: 4
Pachycephalopsis poliosoma	白眼丛鸲	White-eyed Robin	分布: 4
Monachella muelleriana	特岛鸲鹟	Torrent Flyrobin	分布: 4
Devioeca papuana	巴布亚小鹟	Canary Flyrobin	分布: 4
Kempiella griseoceps	黄脚小鹟	Yellow-legged Flyrobin	分布: 4
Kempiella flavovirescens	绿小鹟	Olive Flyrobin	分布: 4
Cryptomicroeca flaviventris	黄腹鸲鹟	Yellow-bellied Robin	分布: 4
Microeca flavigaster	黄胸小鹟	Lemon-bellied Flyrobin	分布: 4
Microeca hemixantha	金腹小鹟	Golden-bellied Flyrobin	分布: 4
Microeca fascinans	褐背小鹟	Jacky Winter	分布: 4

Eugerygone rubra	红背刺莺	Garnet Robin	分布: 4
Petroica rosea	瑰色鸲鹟	Rose Robin	分布: 4
Petroica rodinogaster	粉红鸲鹟	Pink Robin	分布: 4
Petroica archboldi	岩鸲鹟	Snow Mountain Robin	分布: 4
Petroica bivittata	林鸲鹟	Mountain Robin	分布: 4
Petroica phoenicea	火红鸲鹟	Flame Robin	分布: 4
Petroica pusilla	太平洋鸲鹟	Pacific Robin	分布: 4
Petroica multicolor	诺岛鸲鹟	Norfolk Robin	分布: 4
Petroica boodang	绯红鸲鹟	Scarlet Robin	分布: 4
Petroica goodenovii	红头鸲鹟	Red-capped Robin	分布: 4
Petroica macrocephala	雀鸲鹟	Tomtit	分布: 4
Petroica longipes	北岛鸲鹟	North Island Robin	分布: 4
Petroica australis	新西兰鸲鹟	South Island Robin	分布: 4
Petroica traversi	查岛鸲鹟	Black Robin	分布: 4
Drymodes beccarii	巴布亚薮鸲	Papuan Scrub Robin	分布: 4
Drymodes superciliaris	纹眉薮鸲	Northern Scrub Robin	分布: 4
Drymodes brunneopygia	栗腰薮鸲	Southern Scrub Robin	分布: 4
Amalocichla sclateriana	大地鸲	Greater Ground Robin	分布: 4
Amalocichla incerta	小地鸲	Lesser Ground Robin	分布: 4

67. 丛莺科 Hyliotidae (Hyliotas) 1 属 4 种

Hyliota flavigaster	黄腹丛莺	Yellow-bellied Hyliota	分布: 3
Hyliota australis	南丛莺	Southern Hyliota	分布: 3
Hyliota usambara	坦桑丛莺	Usambara Hyliota	分布: 3
Hyliota violacea	紫背丛莺	Violet-backed Hyliota	分布: 3

68. 玉鹟科 Stenostiridae (Fairy Flycatcher and Allies) 4 属 9 种

Chelidorhynx hypoxanthus	黄腹扇尾鹟	Yellow-bellied Fantail	分布: 2; C
Stenostira scita	仙玉鹟	Fairy Flycatcher	分布: 3
Culicicapa ceylonensis	方尾鹟	Grey-headed Canary-flycatcher	分布: 2; C
Culicicapa helianthea	柠黄仙鹟	Citrine Canary-flycatcher	分布: 2, 4
Elminia longicauda	蓝凤头鹟	African Blue Flycatcher	分布: 3
Elminia albicauda	白尾蓝凤头鹟	White-tailed Blue Flycatcher	分布: 3
Elminia nigromitrata	暗色凤头鹟	Dusky Crested Flycatcher	分布: 3
Elminia albiventris	白腹凤头鹟	White-bellied Crested Flycatcher	分布: 3
Elminia albonotata	白尾凤头鹟	White-tailed Crested Flycatcher	分布: 3

69. 山雀科 Paridae (Tits and Chickadees) 14 属 62 种

Cephalopyrus flammiceps	火冠雀	Fire-capped Tit	分布: 1, 2; C
Sylviparus modestus	黄眉林雀	Yellow-browed Tit	分布: 1, 2; C
Melanochlora sultanea	冕雀	Sultan Tit	分布: 2; C
Periparus rufonuchalis	棕枕山雀	Rufous-naped Tit	分布: 1, 2; C
Periparus rubidiventris	黑冠山雀	Rufous-vented Tit	分布: 2; C

Periparus ater	煤山雀	Coal Tit	分布: 1, 2; C
Pardaliparus venustulus	黄腹山雀	Yellow-bellied Tit	分布: 2; EC
Pardaliparus elegans	丽色山雀	Elegant Tit	分布: 2
Pardaliparus amabilis	巴拉望山雀	Palawan Tit	分布: 2
Lophophanes cristatus	凤头山雀	European Crested Tit	分布: 1
Lophophanes dichrous	褐冠山雀	Grey Crested Tit	分布: 1, 2; C
Baeolophus wollweberi	白眉冠山雀	Bridled Titmouse	分布: 5, 6
Baeolophus inornatus	纯色冠山雀	Oak Titmouse	分布: 5
Baeolophus ridgwayi	林山雀	Juniper Titmouse	分布: 5
Baeolophus bicolor	美洲凤头山雀	Tufted Titmouse	分布: 5
Baeolophus atricristatus	黑冠凤头山雀	Black-crested Titmouse	分布: 5
Sittiparus varius	杂色山雀	Varied Tit	分布: 1, 2; C
Sittiparus owstoni	伊豆杂色山雀	Owston's Tit	分布: 2
Sittiparus olivaceus	琉球杂色山雀	Iriomote Tit	分布: 2
Sittiparus castaneoventris	台湾杂色山雀	Chestnut-bellied Tit	分布: 2; EC
Sittiparus semilarvatus	白额山雀	White-fronted Tit	分布: 2
Poecile superciliosus	白眉山雀	White-browed Tit	分布: 1; EC
Poecile lugubris	暗山雀	Sombre Tit	分布: 1
Poecile davidi	红腹山雀	Pere David's Tit	分布: 1, 2; EC
Poecile palustris	沼泽山雀	Marsh Tit	分布: 1, 2; C
Poecile hyrcanus	伊朗山雀	Caspian Tit	分布: 1
Poecile hypermelaenus	黑喉山雀	Black-bibbed Tit	分布: 2; C
Poecile montanus	褐头山雀	Willow Tit	分布: 1; C
Poecile weigoldicus	四川褐头山雀	Sichuan Tit	分布: 1; EC
Poecile carolinensis	卡罗山雀	Carolina Chickadee	分布: 5
Poecile atricapillus	黑顶山雀	Black-capped Chickadee	分布: 5
Poecile gambeli	北美白眉山雀	Mountain Chickadee	分布: 5
Poecile sclateri	墨西哥山雀	Mexican Chickadee	分布: 5, 6
Poecile cinctus	西伯利亚山雀	Grey-headed Chickadee	分布: 1, 5
Poecile hudsonicus	北山雀	Boreal Chickadee	分布: 5
Poecile rufescens	栗背山雀	Chestnut-backed Chickadee	分布: 5
Cyanistes teneriffae	非洲青山雀	African Blue Tit	分布: 3
Cyanistes caeruleus	青山雀	Eurasian Blue Tit	分布: 1
Cyanistes cyanus	灰蓝山雀	Azure Tit	分布: 1, 2; C
Pseudopodoces humilis	地山雀	Ground Tit	分布: 1; EC
Parus major	欧亚大山雀	Great Tit	分布: 1, 2; C
Parus cinereus	大山雀	Cinereous Tit	分布: 1, 2; C
Parus monticolus	绿背山雀	Green-backed Tit	分布: 1, 2; C
Machlolophus nuchalis	白枕山雀	White-naped Tit	分布: 2
Machlolophus holsti	台湾黄山雀	Yellow Tit	分布: 2; EC
Machlolophus xanthogenys	眼纹黄山雀	Himalayan Black-lored Tit	分布: 2
Machlolophus spilonotus	黄颊山雀	Yellow-cheeked Tit	分布: 2; C

Melaniparus guineensis	白肩黑山雀	White-shouldered Black Tit	分布: 3
Melaniparus leucomelas	白翅黑山雀	White-winged Black Tit	分布: 3
Melaniparus niger	南黑山雀	Southern Black Tit	分布: 3
Melaniparus carpi	卡氏山雀	Carp's Tit	分布: 3
Melaniparus albiventris	白胸山雀	White-bellied Tit	分布: 3
Melaniparus leuconotus	白背黑山雀	White-backed Black Tit	分布: 3
Melaniparus funereus	暗色山雀	Dusky Tit	分布: 3
Melaniparus rufiventris	棕胸山雀	Rufous-bellied Tit	分布: 3
Melaniparus pallidiventris	玫红胸山雀	Cinnamon-breasted Tit	分布: 3
Melaniparus fringillinus	红喉山雀	Red-throated Tit	分布: 3
Melaniparus fasciiventer	纹胸山雀	Stripe-breasted Tit	分布: 3
Melaniparus thruppi	索马里山雀	Acacia Tit	分布: 3
Melaniparus griseiventris	北灰山雀	Miombo Tit	分布: 3
Melaniparus cinerascens	阿卡山雀	Ashy Tit	分布: 3
Melaniparus afer	灰山雀	Grey Tit	分布: 3

70. 攀雀科　Remizidae　(Penduline-tits)　3 属　11 种

Remiz pendulinus	欧亚攀雀	Eurasian Penduline-tit	分布: 1
Remiz macronyx	黑头攀雀	Black-headed Penduline-tit	分布: 1; C
Remiz coronatus	白冠攀雀	White-crowned Penduline-tit	分布: 1, 2; C
Remiz consobrinus	中华攀雀	Chinese Penduline-tit	分布: 1, 2; C
Anthoscopus punctifrons	斑额攀雀	Sennar Penduline-tit	分布: 3
Anthoscopus parvulus	黄攀雀	Yellow Penduline-tit	分布: 3
Anthoscopus musculus	灰攀雀	Mouse-colored Penduline-tit	分布: 3
Anthoscopus flavifrons	林攀雀	Forest Penduline-tit	分布: 3
Anthoscopus caroli	非洲攀雀	Grey Penduline-tit	分布: 3
Anthoscopus minutus	南攀雀	Cape Penduline-tit	分布: 3
Auriparus flaviceps	黄头金雀	Verdin	分布: 5, 6

71. 百灵科　Alaudidae　(Larks)　21 属　96 种

Alaemon alaudipes	拟戴胜百灵	Greater Hoopoe-lark	分布: 1, 2, 3
Alaemon hamertoni	小拟戴胜百灵	Lesser Hoopoe-lark	分布: 3
Chersomanes albofasciata	直爪百灵	Spike-heeled Lark	分布: 3
Chersomanes beesleyi	比氏直爪百灵	Beesley's Lark	分布: 3
Ammomanopsis grayi	格氏漠百灵	Gray's Lark	分布: 3
Certhilauda chuana	短爪歌百灵	Short-clawed Lark	分布: 3
Certhilauda subcoronata	卡鲁歌百灵	Karoo Long-billed Lark	分布: 3
Certhilauda benguelensis	本格拉歌百灵	Benguela Long-billed Lark	分布: 3
Certhilauda semitorquata	半颈环歌百灵	Eastern Long-billed Lark	分布: 3
Certhilauda curvirostris	长嘴歌百灵	Cape Long-billed Lark	分布: 3
Certhilauda brevirostris	阿古歌百灵	Agulhas Long-billed Lark	分布: 3
Pinarocorys nigricans	黑歌百灵	Dusky Lark	分布: 3
Pinarocorys erythropygia	棕腰歌百灵	Rufous-rumped Lark	分布: 3

Ramphocoris clotbey	厚嘴百灵	Thick-billed Lark	分布: 1, 3
Ammomanes deserti	漠百灵	Desert Lark	分布: 1, 2, 3
Ammomanes cinctura	斑尾漠百灵	Bar-tailed Lark	分布: 1, 3
Ammomanes phoenicura	棕尾漠百灵	Rufous-tailed Lark	分布: 2
Eremopterix australis	黑耳雀百灵	Black-eared Sparrow-lark	分布: 3
Eremopterix hova	马岛雀百灵	Madagascan Lark	分布: 3
Eremopterix nigriceps	黑顶雀百灵	Black-crowned Sparrow-lark	分布: 1, 3
Eremopterix leucotis	栗背雀百灵	Chestnut-backed Sparrow-lark	分布: 3
Eremopterix griseus	灰顶雀百灵	Ashy-crowned Sparrow-lark	分布: 2
Eremopterix signatus	栗头雀百灵	Chestnut-headed Sparrow-lark	分布: 3
Eremopterix verticalis	灰背雀百灵	Grey-backed Sparrow-lark	分布: 3
Eremopterix leucopareia	白颊雀百灵	Fischer's Sparrow-lark	分布: 3
Calendulauda sabota	萨博塔歌百灵	Sabota Lark	分布: 3
Calendulauda poecilosterna	粉胸歌百灵	Pink-breasted Lark	分布: 3
Calendulauda alopex	东非歌百灵	Foxy Lark	分布: 3
Calendulauda africanoides	黄褐歌百灵	Fawn-colored Lark	分布: 3
Calendulauda albescens	红背歌百灵	Karoo Lark	分布: 3
Calendulauda burra	红歌百灵	Red Lark	分布: 3
Calendulauda erythrochlamys	沙丘歌百灵	Dune Lark	分布: 3
Calendulauda barlowi	巴氏歌百灵	Barlow's Lark	分布: 3
Heteromirafra ruddi	拉氏歌百灵	Rudd's Lark	分布: 3
Heteromirafra archeri	阿氏歌百灵	Archer's Lark	分布: 3
Mirafra fasciolata	东振翅歌百灵	Eastern Clapper Lark	分布: 3
Mirafra apiata	振翅歌百灵	Cape Clapper Lark	分布: 3
Mirafra hypermetra	红翅歌百灵	Red-winged Lark	分布: 3
Mirafra africana	棕颈歌百灵	Rufous-naped Lark	分布: 3
Mirafra rufocinnamomea	垂耳歌百灵	Flappet Lark	分布: 3
Mirafra angolensis	安哥拉歌百灵	Angolan Lark	分布: 3
Mirafra williamsi	威氏歌百灵	Williams's Lark	分布: 3
Mirafra passerina	雀歌百灵	Monotonous Lark	分布: 3
Mirafra cheniana	南非歌百灵	Melodious Lark	分布: 3
Mirafra javanica	歌百灵	Horsfield's Bush Lark	分布: 2, 4; C
Mirafra cantillans	北非歌百灵	Singing Bush Lark	分布: 2, 3
Mirafra microptera	缅甸歌百灵	Burmese Bush Lark	分布: 2
Mirafra assamica	棕翅歌百灵	Bengal Bush Lark	分布: 2
Mirafra erythrocephala	东洋歌百灵	Indochinese Bush Lark	分布: 2
Mirafra erythroptera	印度歌百灵	Indian Bush Lark	分布: 2
Mirafra affinis	斯里兰卡歌百灵	Jerdon's Bush Lark	分布: 2
Mirafra gilletti	吉氏歌百灵	Gillett's Lark	分布: 3
Mirafra rufa	锈色歌百灵	Rusty Bush Lark	分布: 3
Mirafra collaris	领歌百灵	Collared Lark	分布: 3
Mirafra ashi	艾氏歌百灵	Ash's Lark	分布: 3

Mirafra somalica	索马里歌百灵	Somali Lark	分布: 3
Mirafra pulpa	暗色歌百灵	Friedmann's Lark	分布: 3
Mirafra cordofanica	金歌百灵	Kordofan Lark	分布: 3
Mirafra albicauda	白尾歌百灵	White-tailed Lark	分布: 3
Lullula arborea	林百灵	Woodlark	分布: 1, 2
Spizocorys obbiensis	奥氏沙百灵	Obbia Lark	分布: 3
Spizocorys sclateri	斯克氏沙百灵	Sclater's Lark	分布: 3
Spizocorys starki	斯氏沙百灵	Stark's Lark	分布: 3
Spizocorys fremantlii	短尾百灵	Short-tailed Lark	分布: 3
Spizocorys personata	花脸沙百灵	Masked Lark	分布: 3
Spizocorys fringillaris	博氏沙百灵	Botha's Lark	分布: 3
Spizocorys conirostris	粉嘴沙百灵	Pink-billed Lark	分布: 3
Alauda leucoptera	白翅云雀	White-winged Lark	分布: 1; C
Alauda razae	拉索云雀	Raso Lark	分布: 1
Alauda gulgula	小云雀	Oriental Skylark	分布: 1, 2; C
Alauda arvensis	云雀	Eurasian Skylark	分布: 1, 2; C
Galerida deva	塞氏凤头百灵	Sykes's Lark	分布: 2
Galerida modesta	太阳凤头百灵	Sun Lark	分布: 3
Galerida magnirostris	长嘴凤头百灵	Large-billed Lark	分布: 3
Galerida theklae	短嘴凤头百灵	Thekla's Lark	分布: 1, 3
Galerida cristata	凤头百灵	Crested Lark	分布: 1, 3; C
Galerida malabarica	马拉巴凤头百灵	Malabar Lark	分布: 2
Eremophila alpestris	角百灵	Horned Lark	分布: 1, 2, 5, 6; C
Eremophila bilopha	漠角百灵	Temminck's Lark	分布: 1
Calandrella acutirostris	细嘴短趾百灵	Hume's Short-toed Lark	分布: 1, 2; C
Calandrella dukhunensis	中华短趾百灵	Mongolian Short-toed Lark	分布: 1, 2; C
Calandrella blanfordi	布氏短趾百灵	Blanford's Lark	分布: 3
Calandrella eremica	棕顶短趾百灵	Rufous-capped Lark	分布: 3
Calandrella cinerea	红顶短趾百灵	Red-capped Lark	分布: 3
Calandrella brachydactyla	大短趾百灵	Greater Short-toed Lark	分布: 1, 2, 3; C
Melanocorypha bimaculata	双斑百灵	Bimaculated Lark	分布: 1; C
Melanocorypha calandra	草原百灵	Calandra Lark	分布: 1, 3; C
Melanocorypha yeltoniensis	黑百灵	Black Lark	分布: 1; C
Melanocorypha mongolica	蒙古百灵	Mongolian Lark	分布: 1; C
Melanocorypha maxima	长嘴百灵	Tibetan Lark	分布: 1, 2; C
Chersophilus duponti	杜氏百灵	Dupont's Lark	分布: 1, 3
Eremalauda dunni	图氏沙百灵	Dunn's Lark	分布: 3
Alaudala cheleensis	短趾百灵	Asian Short-toed Lark	分布: 1; C
Alaudala somalica	棕短趾百灵	Somali Short-toed Lark	分布: 3
Alaudala rufescens	小短趾百灵	Lesser Short-toed Lark	分布: 1, 3
Alaudala raytal	恒河沙百灵	Sand Lark	分布: 2

72. 文须雀科　Panuridae　(Bearded Reedling)　1 属　1 种

Panurus biarmicus	文须雀	Bearded Reedling	分布: 1; C

73. 斗鹎科　Nicatoridae　(Nicators)　1 属　3 种

Nicator chloris	黄翼斑斗鹎	Western Nicator	分布: 3
Nicator gularis	东非斗鹎	Eastern Nicator	分布: 3
Nicator vireo	黄喉斗鹎	Yellow-throated Nicator	分布: 3

74. 长嘴莺科　Macrosphenidae　(Crombecs and Allies)　7 属　19 种

Melocichla mentalis	须薮莺	Moustached Grass Warbler	分布: 3
Graueria vittata	格氏丛莺	Grauer's Warbler	分布: 3
Sphenoeacus afer	草莺	Cape Grassbird	分布: 3
Achaetops pycnopygius	岩莺	Rockrunner	分布: 3
Macrosphenus flavicans	黄长嘴莺	Yellow Longbill	分布: 3
Macrosphenus kempi	肯氏长嘴莺	Kemp's Longbill	分布: 3
Macrosphenus concolor	灰长嘴莺	Grey Longbill	分布: 3
Macrosphenus pulitzeri	普氏长嘴莺	Pulitzer's Longbill	分布: 3
Macrosphenus kretschmeri	克氏长嘴莺	Kretschmer's Longbill	分布: 3
Sylvietta brachyura	短尾森莺	Northern Crombec	分布: 3
Sylvietta whytii	棕红脸森莺	Red-faced Crombec	分布: 5, 6
Sylvietta philippae	短嘴森莺	Philippa's Crombec	分布: 3
Sylvietta rufescens	棕长嘴森莺	Long-billed Crombec	分布: 3
Sylvietta isabellina	长嘴森莺	Somali Crombec	分布: 3
Sylvietta ruficapilla	红顶森莺	Red-capped Crombec	分布: 3
Sylvietta virens	绿森莺	Green Crombec	分布: 3
Sylvietta denti	黄腹森莺	Lemon-bellied Crombec	分布: 3
Sylvietta leucophrys	白眉森莺	White-browed Crombec	分布: 3
Cryptillas victorini	维氏短翅莺	Victorin's Warbler	分布: 3

75. 扇尾莺科　Cisticolidae　(Cisticolas and Allies)　26 属　154 种

Neomixis tenella	北杂鹛	Common Jery	分布: 3
Neomixis viridis	绿杂鹛	Green Jery	分布: 3
Neomixis striatigula	纹喉杂鹛	Stripe-throated Jery	分布: 3
Cisticola erythrops	红脸扇尾莺	Red-faced Cisticola	分布: 3
Cisticola cantans	歌扇尾莺	Singing Cisticola	分布: 3
Cisticola lateralis	哨声扇尾莺	Whistling Cisticola	分布: 3
Cisticola woosnami	颤声扇尾莺	Trilling Cisticola	分布: 3
Cisticola anonymus	噪扇尾莺	Chattering Cisticola	分布: 3
Cisticola bulliens	沸声扇尾莺	Bubbling Cisticola	分布: 3
Cisticola chubbi	查氏扇尾莺	Chubb's Cisticola	分布: 3
Cisticola hunteri	亨氏扇尾莺	Hunter's Cisticola	分布: 3
Cisticola nigriloris	黑眉扇尾莺	Black-lored Cisticola	分布: 3
Cisticola aberrans	懒扇尾莺	Lazy Cisticola	分布: 3

Cisticola chiniana	巧扇尾莺	Rattling Cisticola	分布: 3
Cisticola bodessa	鲍伦扇尾莺	Boran Cisticola	分布: 3
Cisticola njombe	颤鸣扇尾莺	Churring Cisticola	分布: 3
Cisticola cinereolus	淡灰扇尾莺	Ashy Cisticola	分布: 3
Cisticola restrictus	泰纳扇尾莺	Tana River Cisticola	分布: 3
Cisticola rufilatus	灰扇尾莺	Tinkling Cisticola	分布: 3
Cisticola subruficapilla	灰背扇尾莺	Grey-backed Cisticola	分布: 3
Cisticola lais	啸声扇尾莺	Wailing Cisticola	分布: 3
Cisticola galactotes	棕翅扇尾莺	Rufous-winged Cisticola	分布: 3
Cisticola marginatus	号声扇尾莺	Winding Cisticola	分布: 3
Cisticola haematocephalus	海岸扇尾莺	Coastal Cisticola	分布: 3
Cisticola lugubris	埃塞扇尾莺	Ethiopian Cisticola	分布: 3
Cisticola luapula	赞比亚扇尾莺	Luapula Cisticola	分布: 3
Cisticola pipiens	唧鸣扇尾莺	Chirping Cisticola	分布: 3
Cisticola carruthersi	卡氏扇尾莺	Carruthers's Cisticola	分布: 3
Cisticola tinniens	铃声扇尾莺	Levaillant's Cisticola	分布: 3
Cisticola robustus	强健扇尾莺	Stout Cisticola	分布: 3
Cisticola aberdare	阿贝扇尾莺	Aberdare Cisticola	分布: 3
Cisticola natalensis	蛙声扇尾莺	Croaking Cisticola	分布: 3
Cisticola ruficeps	红头扇尾莺	Red-pate Cisticola	分布: 3
Cisticola guinea	多氏扇尾莺	Dorst's Cisticola	分布: 3
Cisticola nana	小扇尾莺	Tiny Cisticola	分布: 3
Cisticola brachypterus	短翅扇尾莺	Short-winged Cisticola	分布: 3
Cisticola rufus	褐扇尾莺	Rufous Cisticola	分布: 3
Cisticola troglodytes	狐色扇尾莺	Foxy Cisticola	分布: 3
Cisticola fulvicapilla	笛声扇尾莺	Neddicky	分布: 3
Cisticola angusticauda	塔伯扇尾莺	Long-tailed Cisticola	分布: 3
Cisticola melanurus	细尾扇尾莺	Black-tailed Cisticola	分布: 3
Cisticola juncidis	棕扇尾莺	Zitting Cisticola	分布: 1, 2, 3, 4; C
Cisticola haesitatus	索岛扇尾莺	Socotra Cisticola	分布: 3
Cisticola cherina	马岛扇尾莺	Madagascan Cisticola	分布: 3
Cisticola aridulus	漠扇尾莺	Desert Cisticola	分布: 3
Cisticola textrix	云扇尾莺	Cloud Cisticola	分布: 3
Cisticola eximius	黑颈扇尾莺	Black-backed Cisticola	分布: 3
Cisticola dambo	霄扇尾莺	Dambo Cisticola	分布: 3
Cisticola brunnescens	淡顶扇尾莺	Pectoral-patch Cisticola	分布: 3
Cisticola cinnamomeus	灰冠扇尾莺	Pale-crowned Cisticola	分布: 3
Cisticola ayresii	艾氏扇尾莺	Wing-snapping Cisticola	分布: 3
Cisticola exilis	金头扇尾莺	Golden-headed Cisticola	分布: 2, 4; C
Incana incana	索岛鹪莺	Socotra Warbler	分布: 3
Prinia crinigera	山鹪莺	Striated Prinia	分布: 2; C
Prinia polychroa	褐山鹪莺	Brown Prinia	分布: 2; C

Prinia atrogularis	黑喉山鹪莺	Black-throated Prinia	分布: 2; C
Prinia superciliaris	白喉山鹪莺	Hill Prinia	分布: 2; C
Prinia cinereocapilla	霍氏山鹪莺	Grey-crowned Prinia	分布: 2
Prinia buchanani	棕额山鹪莺	Rufous-fronted Prinia	分布: 2
Prinia rufescens	暗冕山鹪莺	Rufescent Prinia	分布: 2; C
Prinia hodgsonii	灰胸山鹪莺	Grey-breasted Prinia	分布: 2; C
Prinia gracilis	优雅山鹪莺	Graceful Prinia	分布: 6
Prinia sylvatica	丛林山鹪莺	Jungle Prinia	分布: 2
Prinia familiaris	斑翅山鹪莺	Bar-winged Prinia	分布: 2
Prinia flaviventris	黄腹山鹪莺	Yellow-bellied Prinia	分布: 2; C
Prinia socialis	灰山鹪莺	Ashy Prinia	分布: 2
Prinia subflava	褐胁鹪莺	Tawny-flanked Prinia	分布: 3
Prinia inornata	纯色山鹪莺	Plain Prinia	分布: 2; C
Prinia somalica	淡山鹪莺	Pale Prinia	分布: 3
Prinia fluviatilis	河山鹪莺	River Prinia	分布: 3
Prinia flavicans	黑胸山鹪莺	Black-chested Prinia	分布: 3
Prinia maculosa	斑山鹪莺	Karoo Prinia	分布: 3
Prinia hypoxantha	德拉山鹪莺	Drakensberg Prinia	分布: 3
Prinia molleri	圣多美山鹪莺	Sao Tome Prinia	分布: 3
Prinia bairdii	横斑山鹪莺	Banded Prinia	分布: 3
Schistolais leucopogon	白颏山鹪莺	White-chinned Prinia	分布: 3
Schistolais leontica	白眉山鹪莺	Sierra Leone Prinia	分布: 3
Phragmacia substriata	亚纹山鹪莺	Namaqua Warbler	分布: 3
Oreophilais robertsi	罗氏山鹪莺	Roberts's Warbler	分布: 3
Prinia erythroptera	红翅山鹪莺	Red-winged Warbler	分布: 3
Micromacronus leytensis	小雀莺	Visayan Miniature Babbler	分布: 2
Micromacronus sordidus	棉兰雀莺	Mindanao Miniature Babbler	分布: 2
Urolais epichlorus	绿长尾莺	Green Longtail	分布: 3
Oreolais pulcher	黑领娇莺	Black-collared Apalis	分布: 3
Oreolais ruwenzorii	领娇莺	Rwenzori Apalis	分布: 3
Drymocichla incana	红翅灰莺	Red-winged Grey Warbler	分布: 3
Spiloptila clamans	蟋蟀鹪莺	Cricket Warbler	分布: 3
Phyllolais pulchella	黄腹莺	Buff-bellied Warbler	分布: 3
Apalis thoracica	斑喉娇莺	Bar-throated Apalis	分布: 3
Apalis flavigularis	黄喉娇莺	Yellow-throated Apalis	分布: 3
Apalis fuscigularis	暗喉娇莺	Taita Apalis	分布: 3
Apalis lynesi	莫桑比克娇莺	Namuli Apalis	分布: 3
Apalis ruddi	拉氏娇莺	Rudd's Apalis	分布: 3
Apalis flavida	黄胸娇莺	Yellow-breasted Apalis	分布: 3
Apalis binotata	隐娇莺	Lowland Masked Apalis	分布: 3
Apalis personata	黑脸娇莺	Mountain Masked Apalis	分布: 3
Apalis jacksoni	黑喉娇莺	Black-throated Apalis	分布: 3

Apalis chariessa	白翅娇莺	White-winged Apalis	分布: 3
Apalis nigriceps	黑顶娇莺	Black-capped Apalis	分布: 3
Apalis melanocephala	黑头娇莺	Black-headed Apalis	分布: 3
Apalis chirindensis	赤尔娇莺	Chirinda Apalis	分布: 3
Apalis porphyrolaema	栗喉娇莺	Chestnut-throated Apalis	分布: 3
Apalis kaboboensis	卡波娇莺	Kabobo Apalis	分布: 3
Apalis chapini	查氏娇莺	Chapin's Apalis	分布: 3
Apalis sharpii	夏氏娇莺	Sharpe's Apalis	分布: 3
Apalis rufogularis	棕喉娇莺	Buff-throated Apalis	分布: 3
Apalis argentea	昆维娇莺	Kungwe Apalis	分布: 3
Apalis karamojae	卡拉娇莺	Karamoja Apalis	分布: 3
Apalis bamendae	巴门娇莺	Bamenda Apalis	分布: 3
Apalis goslingi	高氏娇莺	Gosling's Apalis	分布: 3
Apalis cinerea	灰娇莺	Grey Apalis	分布: 3
Apalis alticola	褐头娇莺	Brown-headed Apalis	分布: 3
Prinia rufifrons	红脸娇莺	Red-fronted Warbler	分布: 3
Malcorus pectoralis	棕耳鹩莺	Rufous-eared Warbler	分布: 3
Hypergerus atriceps	鹂莺	Oriole Warbler	分布: 3
Eminia lepida	灰顶莺	Grey-capped Warbler	分布: 3
Camaroptera brachyura	绿背拱翅莺	Green-backed Camaroptera	分布: 3
Camaroptera harterti	绿尾拱翅莺	Hartert's Camaroptera	分布: 3
Camaroptera superciliaris	黄眉拱翅莺	Yellow-browed Camaroptera	分布: 3
Camaroptera chloronota	绿拱翅莺	Olive-green Camaroptera	分布: 3
Calamonastes simplex	灰拱翅莺	Grey Wren-warbler	分布: 3
Calamonastes undosus	墨伊拱翅莺	Miombo Wren-warbler	分布: 3
Calamonastes stierlingi	斯氏拱翅莺	Stierling's Wren-warbler	分布: 3
Calamonastes fasciolatus	斑拱翅莺	Barred Wren-warbler	分布: 3
Euryptila subcinnamomea	红胸莺	Cinnamon-breasted Warbler	分布: 3
Bathmocercus cerviniventris	黑头棕莺	Black-headed Rufous Warbler	分布: 3
Bathmocercus rufus	黑脸棕莺	Black-faced Rufous Warbler	分布: 3
Scepomycter winifredae	莫氏莺	Winifred's Warbler	分布: 3
Orthotomus sutorius	长尾缝叶莺	Common Tailorbird	分布: 2; C
Orthotomus atrogularis	黑喉缝叶莺	Dark-necked Tailorbird	分布: 2; C
Orthotomus chaktomuk	柬埔寨缝叶莺	Cambodian Tailorbird	分布: 2
Orthotomus castaneiceps	菲律宾缝叶莺	Philippine Tailorbird	分布: 2
Orthotomus chloronotus	绿背缝叶莺	Trilling Tailorbird	分布: 2
Orthotomus frontalis	吕宋缝叶莺	Rufous-fronted Tailorbird	分布: 2
Orthotomus derbianus	灰背缝叶莺	Grey-backed Tailorbird	分布: 2
Orthotomus sericeus	红头缝叶莺	Rufous-tailed Tailorbird	分布: 2
Orthotomus ruficeps	灰缝叶莺	Ashy Tailorbird	分布: 2
Orthotomus sepium	爪哇缝叶莺	Olive-backed Tailorbird	分布: 2
Orthotomus cinereiceps	白耳缝叶莺	White-eared Tailorbird	分布: 2

Orthotomus nigriceps	黑头缝叶莺	Black-headed Tailorbird	分布: 2
Orthotomus samarensis	萨马缝叶莺	Yellow-breasted Tailorbird	分布: 2
Artisornis moreaui	长嘴缝叶莺	Long-billed Forest Warbler	分布: 3
Artisornis metopias	红顶缝叶莺	Red-capped Forest Warbler	分布: 3
Poliolais lopezi	白尾拱翅莺	White-tailed Warbler	分布: 3
Eremomela icteropygialis	黄嘴孤莺	Yellow-bellied Eremomela	分布: 3
Eremomela flavicrissalis	黄臀孤莺	Yellow-vented Eremomela	分布: 3
Eremomela pusilla	绿背孤莺	Senegal Eremomela	分布: 3
Eremomela canescens	黄胸孤莺	Green-backed Eremomela	分布: 3
Eremomela scotops	绿顶孤莺	Green-capped Eremomela	分布: 3
Eremomela gregalis	绿孤莺	Karoo Eremomela	分布: 3
Eremomela usticollis	褐喉孤莺	Burnt-necked Eremomela	分布: 3
Eremomela badiceps	褐冠孤莺	Rufous-crowned Eremomela	分布: 3
Eremomela turneri	特氏孤莺	Turner's Eremomela	分布: 3
Eremomela atricollis	黑颈孤莺	Black-necked Eremomela	分布: 3

76. 苇莺科　Acrocephalidae　(Reed Warblers)　6 属　53 种

Nesillas typica	马岛薮莺	Malagasy Brush Warbler	分布: 3
Nesillas lantzii	荒漠薮莺	Subdesert Brush Warbler	分布: 3
Nesillas brevicaudata	戈岛薮莺	Grand Comoro Brush Warbler	分布: 3
Nesillas mariae	科摩罗薮莺	Moheli Brush Warbler	分布: 3
Acrocephalus griseldis	巴士拉苇莺	Basra Reed Warbler	分布: 1, 3
Acrocephalus brevipennis	佛得角苇莺	Cape Verde Warbler	分布: 3
Acrocephalus rufescens	大沼泽苇莺	Greater Swamp Warbler	分布: 3
Acrocephalus gracilirostris	细嘴苇莺	Lesser Swamp Warbler	分布: 3
Acrocephalus newtoni	马岛沼泽苇莺	Madagascan Swamp Warbler	分布: 3
Acrocephalus sechellensis	塞岛苇莺	Seychelles Warbler	分布: 3
Acrocephalus rodericanus	罗岛苇莺	Rodrigues Warbler	分布: 3
Acrocephalus arundinaceus	大苇莺	Great Reed Warbler	分布: 1, 3; C
Acrocephalus orientalis	东方大苇莺	Oriental Reed Warbler	分布: 1, 2, 4; C
Acrocephalus stentoreus	噪苇莺	Clamorous Reed Warbler	分布: 1, 2; C
Acrocephalus australis	澳洲苇莺	Australian Reed Warbler	分布: 4
Acrocephalus hiwae	塞班苇莺	Saipan Reed Warbler	分布: 4
Acrocephalus rehsei	瑙鲁苇莺	Nauru Reed Warbler	分布: 4
Acrocephalus familiaris	夏威夷苇莺	Millerbird	分布: 4
Acrocephalus syrinx	卡罗琳苇莺	Carolinian Reed Warbler	分布: 4
Acrocephalus aequinoctialis	基里巴斯苇莺	Bokikokiko	分布: 4
Acrocephalus percernis	北马岛苇莺	Northern Marquesan Reed Warbler	分布: 4
Acrocephalus caffer	长嘴苇莺	Tahiti Reed Warbler	分布: 4
Acrocephalus mendanae	马岛苇莺	Southern Marquesan Reed Warbler	分布: 4
Acrocephalus atyphus	环礁苇莺	Tuamotu Reed Warbler	分布: 4
Acrocephalus kerearako	库岛苇莺	Cook Reed Warbler	分布: 4

Acrocephalus rimitarae	瑞岛苇莺	Rimatara Reed Warbler	分布: 4
Acrocephalus taiti	亨岛苇莺	Henderson Reed Warbler	分布: 4
Acrocephalus vaughani	皮岛苇莺	Pitcairn Reed Warbler	分布: 4
Acrocephalus bistrigiceps	黑眉苇莺	Black-browed Reed Warbler	分布: 1, 2; C
Acrocephalus melanopogon	须苇莺	Moustached Warbler	分布: 1, 2
Acrocephalus paludicola	水栖苇莺	Aquatic Warbler	分布: 1, 3
Acrocephalus schoenobaenus	蒲苇莺	Sedge Warbler	分布: 1, 2; C
Acrocephalus sorghophilus	细纹苇莺	Speckled Reed Warbler	分布: 1, 2; C
Acrocephalus concinens	钝翅苇莺	Blunt-winged Warbler	分布: 1, 2; C
Acrocephalus tangorum	远东苇莺	Manchurian Reed Warbler	分布: 1, 2; C
Acrocephalus orinus	大嘴苇莺	Large-billed Reed Warbler	分布: 2
Acrocephalus agricola	稻田苇莺	Paddyfield Warbler	分布: 1, 2; C
Acrocephalus dumetorum	布氏苇莺	Blyth's Reed Warbler	分布: 1, 2; C
Acrocephalus scirpaceus	芦莺	Eurasian Reed Warbler	分布: 1, 3; C
Acrocephalus baeticatus	非洲苇莺	African Reed Warbler	分布: 3
Acrocephalus palustris	湿地苇莺	Marsh Warbler	分布: 1, 3
Arundinax aedon	厚嘴苇莺	Thick-billed Warbler	分布: 1, 2; C
Iduna natalensis	黄捕蝇莺	African Yellow Warbler	分布: 3
Iduna similis	山捕蝇莺	Mountain Yellow Warbler	分布: 3
Iduna caligata	靴篱莺	Booted Warbler	分布: 1, 2; C
Iduna rama	赛氏篱莺	Sykes's Warbler	分布: 1, 2; C
Iduna pallida	草绿篱莺	Eastern Olivaceous Warbler	分布: 1, 3; C
Iduna opaca	西草绿篱莺	Western Olivaceous Warbler	分布: 1, 3
Calamonastides gracilirostris	细嘴捕蝇莺	Papyrus Yellow Warbler	分布: 3
Hippolais languida	淡色篱莺	Upcher's Warbler	分布: 1, 2, 3
Hippolais olivetorum	橄榄篱莺	Olive-tree Warbler	分布: 1, 3
Hippolais polyglotta	歌篱莺	Melodious Warbler	分布: 1, 3
Hippolais icterina	绿篱莺	Icterine Warbler	分布: 1, 3

77. 鳞胸鹪鹛科　Pnoepygidae　(Cupwings)　1 属　4 种

Pnoepyga albiventer	鳞胸鹪鹛	Scaly-breasted Cupwing	分布: 2; C
Pnoepyga formosana	台湾鹪鹛	Taiwan Cupwing	分布: 2; EC
Pnoepyga immaculata	尼泊尔鹪鹛	Nepal Cupwing	分布: 2; C
Pnoepyga pusilla	小鳞胸鹪鹛	Pygmy Cupwing	分布: 2; C

78. 蝗莺科　Locustellidae　(Grassbirds and Allies)　13 属　61 种

Robsonius rabori	锈脸地莺	Cordillera Ground Warbler	分布: 2
Robsonius thompsoni	吕宋地莺	Sierra Madre Ground Warbler	分布: 2
Robsonius sorsogonensis	灰斑地莺	Bicol Ground Warbler	分布: 2
Locustella amnicola	库页岛蝗莺	Sakhalin Grasshopper Warbler	分布: 1, 2; C
Locustella fasciolata	苍眉蝗莺	Gray's Grasshopper Warbler	分布: 1, 2, 4; C
Locustella pryeri	斑背大尾莺	Marsh Grassbird	分布: 1, 2; C
Locustella certhiola	小蝗莺	Pallas's Grasshopper Warbler	分布: 1, 2; C

Locustella pleskei	东亚蝗莺	Styan's Grasshopper Warbler	分布: 1, 2; C
Locustella ochotensis	北蝗莺	Middendorff's Grasshopper Warbler	分布: 1, 2; C
Locustella lanceolata	矛斑蝗莺	Lanceolated Warbler	分布: 1, 2; C
Locustella luteoventris	棕褐短翅蝗莺	Brown Bush-warbler	分布: 2; C
Locustella major	巨嘴短翅蝗莺	Long-billed Bush-warbler	分布: 1, 2; C
Locustella naevia	黑斑蝗莺	Common Grasshopper Warbler	分布: 1, 2, 3; C
Locustella tacsanowskia	中华短翅蝗莺	Chinese Bush-warbler	分布: 1, 2; C
Locustella fluviatilis	河蝗莺	River Warbler	分布: 1, 3
Locustella luscinioides	鸲蝗莺	Savi's Warbler	分布: 1, 3; C
Locustella accentor	岩短翅蝗莺	Friendly Bush-warbler	分布: 2
Locustella castanea	栗背短翅蝗莺	Chestnut-backed Bush-warbler	分布: 4
Locustella caudata	长尾短翅蝗莺	Long-tailed Bush-warbler	分布: 2
Locustella davidi	北短翅蝗莺	Baikal Bush-warbler	分布: 1, 2; C
Locustella thoracica	斑胸短翅蝗莺	Spotted Bush-warbler	分布: 1, 2; C
Locustella kashmirensis	喜山短翅蝗莺	West Himalayan Bush-warbler	分布: 2; C
Locustella alishanensis	台湾短翅蝗莺	Taiwan Bush-warbler	分布: 2; EC
Locustella mandelli	黄褐短翅蝗莺	Russet Bush-warbler	分布: 2; C
Locustella seebohmi	高山短翅蝗莺	Benguet Bush-warbler	分布: 2
Locustella montis	爪哇短翅蝗莺	Javan Bush-warbler	分布: 2
Locustella chengi	四川短翅蝗莺	Sichuan Bush-warbler	分布: 2; EC
Poodytes albolimbatus	佛莱河蝗莺	Fly River Grassbird	分布: 4
Poodytes carteri	刺蝗莺	Spinifexbird	分布: 4
Poodytes punctatus	新西兰蝗莺	New Zealand Fernbird	分布: 4
Poodytes gramineus	姬蝗莺	Little Grassbird	分布: 4
Malia grata	苏拉鹛莺	Malia	分布: 4
Cincloramphus cruralis	褐鹨莺	Brown Songlark	分布: 4
Megalurulus rubiginosus	锈色草莺	Rusty Thicketbird	分布: 4
Megalurulus grosvenori	俾斯麦草莺	New Britain Thicketbird	分布: 4
Buettikoferella bivittata	黄斑草莺	Buff-banded Thicketbird	分布: 4
Cincloramphus mathewsi	棕鹨莺	Rufous Songlark	分布: 4
Cincloramphus macrurus	巴布亚大尾莺	Papuan Grassbird	分布: 4
Cincloramphus timoriensis	棕顶大尾莺	Tawny Grassbird	分布: 2, 4
Megalurulus whitneyi	瓜岛草莺	Melanesian Thicketbird	分布: 4
Megalurulus mariae	新喀草莺	New Caledonian Thicketbird	分布: 4
Megalurulus rufus	长腿草莺	Long-legged Thicketbird	分布: 4
Megalurulus llaneae	布岛草莺	Bougainville Thicketbird	分布: 4
Megalurus palustris	沼泽大尾莺	Striated Grassbird	分布: 2; C
Elaphrornis palliseri	帕氏短翅莺	Sri Lanka Bush-warbler	分布: 2
Schoenicola platyurus	阔尾芦莺	Broad-tailed Grassbird	分布: 2
Chaetornis striata	须草莺	Bristled Grassbird	分布: 1, 2
Schoenicola brevirostris	扇尾芦莺	Fan-tailed Grassbird	分布: 3

Bradypterus alfredi	竹短翅莺	Bamboo Warbler	分布: 3
Bradypterus sylvaticus	灌丛短翅莺	Knysna Warbler	分布: 3
Bradypterus bangwaensis	班戈短翅莺	Bangwa Forest Warbler	分布: 3
Bradypterus barratti	薮短翅莺	Barratt's Warbler	分布: 3
Bradypterus lopezi	喀麦隆短翅莺	Evergreen Forest Warbler	分布: 3
Bradypterus cinnamomeus	桂红短翅莺	Cinnamon Bracken Warbler	分布: 3
Amphilais seebohmi	灰短翅莺	Grey Emutail	分布: 3
Bradypterus brunneus	褐短翅莺	Brown Emutail	分布: 3
Bradypterus grandis	沼泽短翅莺	Dja River Scrub Warbler	分布: 3
Bradypterus baboecala	蒲草短翅莺	Little Rush Warbler	分布: 3
Bradypterus carpalis	白翅短翅莺	White-winged Swamp Warbler	分布: 3
Bradypterus graueri	谷氏短翅莺	Grauer's Swamp Warbler	分布: 3
Bradypterus centralis	高地短翅莺	Highland Rush Warbler	分布: 3

79. 黑顶鹩莺科 Donacobiidae (Donacobius) 1 属 1 种

| *Donacobius atricapilla* | 黑顶鹩莺 | Black-capped Donacobius | 分布: 6 |

80. 马岛莺科 Bernieridae (Tetrakas) 8 属 11 种

Oxylabes madagascariensis	白喉马岛莺	White-throated Oxylabes	分布: 3
Bernieria madagascariensis	长嘴马岛莺	Long-billed Bernieria	分布: 3
Cryptosylvicola randrianasoloi	隐马岛莺	Cryptic Warbler	分布: 3
Hartertula flavoviridis	楔尾马岛莺	Wedge-tailed Jery	分布: 3
Thamnornis chloropetoides	绿马岛莺	Thamnornis	分布: 3
Xanthomixis zosterops	短嘴旋木鹛	Spectacled Tetraka	分布: 3
Xanthomixis apperti	阿氏旋木鹛	Appert's Tetraka	分布: 3
Xanthomixis tenebrosa	暗色旋木鹛	Dusky Tetraka	分布: 3
Xanthomixis cinereiceps	灰冠旋木鹛	Grey-crowned Tetraka	分布: 3
Crossleyia xanthophrys	黄眉马岛莺	Madagascan Yellowbrow	分布: 3
Randia pseudozosterops	绣眼马岛莺	Rand's Warbler	分布: 3

81. 燕科 Hirundinidae (Swallows and Martins) 20 属 86 种

Pseudochelidon eurystomina	非洲河燕	African River Martin	分布: 3
Pseudochelidon sirintarae	白眼河燕	White-eyed River Martin	分布: 2
Psalidoprocne nitens	方尾锯翅燕	Square-tailed Saw-wing	分布: 3
Psalidoprocne fuliginosa	山地锯翅燕	Mountain Saw-wing	分布: 3
Psalidoprocne albiceps	白头锯翅燕	White-headed Saw-wing	分布: 3
Psalidoprocne pristoptera	蓝锯翅燕	Black Saw-wing	分布: 3
Psalidoprocne obscura	叉尾锯翅燕	Fanti Saw-wing	分布: 3
Pseudhirundo griseopyga	灰腰燕	Grey-rumped Swallow	分布: 3
Cheramoeca leucosterna	白背燕	White-backed Swallow	分布: 4
Phedina borbonica	马岛原燕	Mascarene Martin	分布: 3
Phedinopsis brazzae	布氏原燕	Brazza's Martin	分布: 3
Riparia paludicola	褐喉沙燕	Brown-throated Martin	分布: 1, 3; C

Riparia chinensis	灰喉沙燕	Grey-throated Martin	分布: 1, 2; C
Riparia congica	刚果沙燕	Congo Martin	分布: 3
Riparia riparia	崖沙燕	Sand Martin	分布: 1, 2, 3, 4, 5, 6; C
Riparia diluta	淡色崖沙燕	Pale Martin	分布: 1, 2; C
Neophedina cincta	斑沙燕	Banded Martin	分布: 3
Tachycineta bicolor	双色树燕	Tree Swallow	分布: 5, 6
Tachycineta albilinea	红树燕	Mangrove Swallow	分布: 6
Tachycineta stolzmanni	秘鲁树燕	Tumbes Swallow	分布: 6
Tachycineta albiventer	白翅树燕	White-winged Swallow	分布: 6
Tachycineta leucorrhoa	白腰树燕	White-rumped Swallow	分布: 6
Tachycineta leucopyga	白臀树燕	Chilean Swallow	分布: 6
Tachycineta euchrysea	金色树燕	Golden Swallow	分布: 6
Tachycineta thalassina	紫绿树燕	Violet-green Swallow	分布: 6
Tachycineta cyaneoviridis	巴哈马树燕	Bahama Swallow	分布: 6
Progne subis	紫崖燕	Purple Martin	分布: 5, 6
Progne cryptoleuca	古巴崖燕	Cuban Martin	分布: 5, 6
Progne dominicensis	加勒比崖燕	Caribbean Martin	分布: 6
Progne sinaloae	墨西哥崖燕	Sinaloa Martin	分布: 6
Progne chalybea	灰胸崖燕	Grey-breasted Martin	分布: 6
Progne modesta	加岛崖燕	Galapagos Martin	分布: 6
Progne murphyi	秘鲁崖燕	Peruvian Martin	分布: 6
Progne elegans	南美崖燕	Southern Martin	分布: 6
Progne tapera	棕胸崖燕	Brown-chested Martin	分布: 6
Pygochelidon cyanoleuca	蓝白南美燕	Blue-and-white Swallow	分布: 6
Orochelidon murina	褐腹南美燕	Brown-bellied Swallow	分布: 6
Orochelidon flavipes	淡脚南美燕	Pale-footed Swallow	分布: 6
Atticora pileata	黑顶南美燕	Black-capped Swallow	分布: 6
Orochelidon andecola	安第斯燕	Andean Swallow	分布: 6
Atticora fasciata	白斑燕	White-banded Swallow	分布: 6
Pygochelidon melanoleuca	黑领燕	Black-collared Swallow	分布: 6
Atticora tibialis	白腿燕	White-thighed Swallow	分布: 6
Stelgidopteryx serripennis	中北美毛翅燕	Northern Rough-winged Swallow	分布: 5, 6
Stelgidopteryx ruficollis	红翎毛翅燕	Southern Rough-winged Swallow	分布: 6
Alopochelidon fucata	棕头燕	Tawny-headed Swallow	分布: 6
Hirundo rustica	家燕	Barn Swallow	分布: 1, 2, 3, 4, 5, 6; C
Hirundo lucida	赤胸燕	Red-chested Swallow	分布: 3
Hirundo angolensis	安哥拉燕	Angolan Swallow	分布: 3
Hirundo tahitica	洋燕	Pacific Swallow	分布: 2, 4; C
Hirundo neoxena	迎燕	Welcome Swallow	分布: 4
Hirundo albigularis	白喉燕	White-throated Swallow	分布: 3
Hirundo aethiopica	红额燕	Ethiopian Swallow	分布: 3
Hirundo smithii	线尾燕	Wire-tailed Swallow	分布: 2, 3; C

Hirundo atrocaerulea	蓝燕	Blue Swallow	分布: 3
Hirundo nigrita	白喉蓝燕	White-bibbed Swallow	分布: 3
Hirundo leucosoma	斑翅燕	Pied-winged Swallow	分布: 3
Hirundo megaensis	白尾燕	White-tailed Swallow	分布: 3
Hirundo nigrorufa	刚果燕	Black-and-rufous Swallow	分布: 3
Hirundo dimidiata	珠胸燕	Pearl-breasted Swallow	分布: 3
Ptyonoprogne rupestris	岩燕	Eurasian Crag Martin	分布: 1, 2; C
Ptyonoprogne obsoleta	灰喉燕	Pale Crag Martin	分布: 1, 3
Ptyonoprogne fuligula	非洲岩燕	Rock Martin	分布: 3
Ptyonoprogne concolor	纯色岩燕	Dusky Crag Martin	分布: 2; C
Delichon urbicum	毛脚燕	Common House Martin	分布: 1, 2, 3; C
Delichon dasypus	烟腹毛脚燕	Asian House Martin	分布: 1, 2; C
Delichon nipalense	黑喉毛脚燕	Nepal House Martin	分布: 2; C
Cecropis cucullata	大纹燕	Greater Striped Swallow	分布: 3
Cecropis abyssinica	小纹燕	Lesser Striped Swallow	分布: 3
Cecropis semirufa	褐胸燕	Red-breasted Swallow	分布: 3
Cecropis senegalensis	塞内加尔燕	Mosque Swallow	分布: 3
Cecropis daurica	金腰燕	Red-rumped Swallow	分布: 1, 2, 3; C
Cecropis hyperythra	斯里兰卡燕	Sri Lanka Swallow	分布: 2
Cecropis striolata	斑腰燕	Striated Swallow	分布: 2; C
Cecropis badia	棕嘴斑腰燕	Rufous-bellied Swallow	分布: 2
Petrochelidon rufigula	红喉燕	Red-throated Cliff Swallow	分布: 3
Petrochelidon preussi	普氏燕	Preuss's Cliff Swallow	分布: 3
Petrochelidon perdita	红海燕	Red Sea Cliff Swallow	分布: 3
Petrochelidon spilodera	非洲斑燕	South African Cliff Swallow	分布: 3
Petrochelidon fuliginosa	林燕	Forest Swallow	分布: 3
Petrochelidon fluvicola	黄额燕	Streak-throated Swallow	分布: 1, 2; C
Petrochelidon ariel	彩石燕	Fairy Martin	分布: 4
Petrochelidon nigricans	树燕	Tree Martin	分布: 4
Petrochelidon pyrrhonota	美洲燕	American Cliff Swallow	分布: 5, 6
Petrochelidon fulva	穴崖燕	Cave Swallow	分布: 5, 6
Petrochelidon rufocollaris	栗领崖燕	Chestnut-collared Swallow	分布: 6

82. 鹎科 **Pycnonotidae** (Bulbuls) 30 属 142 种

Pycnonotus hualon	光脸鹎	Bare-faced Bulbul	分布: 2
Spizixos canifrons	凤头雀嘴鹎	Crested Finchbill	分布: 2; C
Spizixos semitorques	领雀嘴鹎	Collared Finchbill	分布: 2; C
Pycnonotus zeylanicus	黄冠鹎	Straw-headed Bulbul	分布: 2
Pycnonotus striatus	纵纹绿鹎	Striated Bulbul	分布: 2; C
Pycnonotus leucogrammicus	条纹鹎	Cream-striped Bulbul	分布: 2
Pycnonotus tympanistrigus	绿冠鹎	Spot-necked Bulbul	分布: 2
Microtarsus melanoleucos	黑白鹎	Black-and-white Bulbul	分布: 2

Brachypodius priocephalus	灰头鹎	Grey-headed Bulbul	分布: 2
Brachypodius atriceps	黑头鹎	Black-headed Bulbul	分布: 2; C
Brachypodius fuscoflavescens	安达曼鹎	Andaman Bulbul	分布: 2
Rubigula flaviventris	黑冠鹎	Black-crested Bulbul	分布: 2
Rubigula dispar	红喉黄鹎	Ruby-throated Bulbul	分布: 2
Rubigula gularis	火喉黄鹎	Flame-throated Bulbul	分布: 2
Rubigula montis	婆罗黄鹎	Bornean Bulbul	分布: 2
Pycnonotus melanicterus	黑冠黄鹎	Black-capped Bulbul	分布: 2; C
Pycnonotus squamatus	鳞胸鹎	Scaly-breasted Bulbul	分布: 2
Pycnonotus cyaniventris	灰腹鹎	Grey-bellied Bulbul	分布: 2
Pycnonotus jocosus	红耳鹎	Red-whiskered Bulbul	分布: 2; C
Pycnonotus xanthorrhous	黄臀鹎	Brown-breasted Bulbul	分布: 2; C
Pycnonotus sinensis	白头鹎	Light-vented Bulbul	分布: 1, 2; C
Pycnonotus taivanus	台湾鹎	Styan's Bulbul	分布: 2; EC
Pycnonotus leucogenys	白颊鹎	Himalayan Bulbul	分布: 1, 2; C
Pycnonotus leucotis	白耳鹎	White-eared Bulbul	分布: 1, 2
Pycnonotus cafer	黑喉红臀鹎	Red-vented Bulbul	分布: 2; C
Pycnonotus aurigaster	白喉红臀鹎	Sooty-headed Bulbul	分布: 2; C
Pycnonotus xanthopygos	白眶鹎	White-spectacled Bulbul	分布: 1
Pycnonotus nigricans	红眼鹎	African Red-eyed Bulbul	分布: 3
Pycnonotus capensis	南非鹎	Cape Bulbul	分布: 3
Pycnonotus barbatus	黑眼鹎	Common Bulbul	分布: 1, 3
Euptilotus eutilotus	凤头褐鹎	Puff-backed Bulbul	分布: 2
Pycnonotus nieuwenhuisii	蓝肉垂鹎	Blue-wattled Bulbul	分布: 2
Poliolophus urostictus	黄肉垂鹎	Yellow-wattled Bulbul	分布: 2
Pycnonotus bimaculatus	橙斑鹎	Orange-spotted Bulbul	分布: 2
Pycnonotus snouckaerti	西橙斑鹎	Aceh Bulbul	分布: 2
Pycnonotus finlaysoni	纹喉鹎	Stripe-throated Bulbul	分布: 2; C
Pycnonotus xantholaemus	黄喉鹎	Yellow-throated Bulbul	分布: 2
Pycnonotus penicillatus	黄耳鹎	Yellow-eared Bulbul	分布: 2
Pycnonotus flavescens	黄绿鹎	Flavescent Bulbul	分布: 2; C
Pycnonotus goiavier	白眉黄臀鹎	Yellow-vented Bulbul	分布: 2
Pycnonotus luteolus	白眉鹎	White-browed Bulbul	分布: 2
Pycnonotus plumosus	橄榄褐鹎	Olive-winged Bulbul	分布: 2
Pycnonotus cinereifrons	灰额鹎	Ashy-fronted Bulbul	分布: 2
Pycnonotus blanfordi	纹耳鹎	Ayeyarwady Bulbul	分布: 2
Pycnonotus simplex	白眼褐鹎	Cream-vented Bulbul	分布: 2
Pycnonotus brunneus	红眼褐鹎	Asian Red-eyed Bulbul	分布: 2
Pycnonotus erythropthalmos	小褐鹎	Spectacled Bulbul	分布: 2
Arizelocichla masukuensis	塞氏绿鹎	Shelley's Greenbul	分布: 3
Arizelocichla montana	喀麦隆绿鹎	Cameroon Greenbul	分布: 3
Arizelocichla tephrolaema	西绿鹎	Western Greenbul	分布: 3

Arizelocichla nigriceps	东绿鹎	Mountain Greenbul	分布: 3
Arizelocichla neumanni	乌山绿鹎	Uluguru Greenbul	分布: 3
Arizelocichla fusciceps	黑眉绿鹎	Black-browed Greenbul	分布: 3
Arizelocichla chlorigula	黄喉绿鹎	Yellow-throated Greenbul	分布: 3
Arizelocichla milanjensis	纹颊绿鹎	Stripe-cheeked Greenbul	分布: 3
Arizelocichla striifacies	纹脸绿鹎	Stripe-faced Greenbul	分布: 3
Stelgidillas gracilirostris	细嘴绿鹎	Slender-billed Greenbul	分布: 3
Eurillas virens	小绿鹎	Little Greenbul	分布: 3
Eurillas gracilis	灰绿鹎	Little Grey Greenbul	分布: 3
Eurillas ansorgei	安氏绿鹎	Ansorge's Greenbul	分布: 3
Eurillas curvirostris	纯色绿鹎	Plain Greenbul	分布: 3
Eurillas latirostris	黄须绿鹎	Yellow-whiskered Greenbul	分布: 3
Andropadus importunus	黄腹绿鹎	Sombre Greenbul	分布: 3
Calyptocichla serinus	金绿鹎	Golden Greenbul	分布: 3
Baeopogon indicator	白尾鹎	Honeyguide Greenbul	分布: 3
Baeopogon clamans	肖氏白尾鹎	Sjöstedt's Greenbul	分布: 3
Ixonotus guttatus	斑鹎	Spotted Greenbul	分布: 3
Chlorocichla laetissima	娇绿鸫鹎	Joyful Greenbul	分布: 3
Chlorocichla prigoginei	普氏绿鸫鹎	Prigogine's Greenbul	分布: 3
Chlorocichla flaviventris	黄腹绿鸫鹎	Yellow-bellied Greenbul	分布: 3
Chlorocichla falkensteini	黄颈绿鸫鹎	Falkenstein's Greenbul	分布: 3
Chlorocichla simplex	绿鸫鹎	Simple Greenbul	分布: 3
Atimastillas flavicollis	黄喉绿鸫鹎	Yellow-throated Leaflove	分布: 3
Thescelocichla leucopleura	沼泽鹎	Swamp Palm Bulbul	分布: 3
Phyllastrephus scandens	旋木鹎	Red-tailed Leaflove	分布: 3
Phyllastrephus terrestris	褐旋木鹎	Terrestrial Brownbul	分布: 3
Phyllastrephus strepitans	锯齿旋木鹎	Northern Brownbul	分布: 3
Phyllastrephus cerviniventris	灰绿旋木鹎	Grey-olive Greenbul	分布: 3
Phyllastrephus fulviventris	苍绿旋木鹎	Pale-olive Greenbul	分布: 3
Phyllastrephus baumanni	包氏旋木鹎	Baumann's Olive Greenbul	分布: 3
Phyllastrephus hypochloris	托罗绿旋木鹎	Toro Olive Greenbul	分布: 3
Phyllastrephus lorenzi	洛氏旋木鹎	Sassi's Olive Greenbul	分布: 3
Phyllastrephus fischeri	费氏旋木鹎	Fischer's Greenbul	分布: 3
Phyllastrephus cabanisi	卡氏旋木鹎	Cabanis's Greenbul	分布: 3
Phyllastrephus poensis	绿旋木鹎	Cameroon Olive Greenbul	分布: 3
Phyllastrephus icterinus	小旋木鹎	Icterine Greenbul	分布: 3
Phyllastrephus xavieri	泽氏旋木鹎	Xavier's Greenbul	分布: 3
Phyllastrephus albigularis	白喉旋木鹎	White-throated Greenbul	分布: 3
Phyllastrephus flavostriatus	黄纹旋木鹎	Yellow-streaked Greenbul	分布: 3
Phyllastrephus poliocephalus	灰头旋木鹎	Grey-headed Greenbul	分布: 3
Phyllastrephus debilis	姬旋木鹎	Lowland Tiny Greenbul	分布: 3
Phyllastrephus albigula	山地姬旋木鹎	Montane Tiny Greenbul	分布: 3

Bleda syndactylus	须鹎	Red-tailed Bristlebill	分布: 3
Bleda eximius	绿尾须鹎	Green-tailed Bristlebill	分布: 3
Bleda notatus	黄眼先须鹎	Yellow-lored Bristlebill	分布: 3
Bleda canicapillus	灰头须鹎	Grey-headed Bristlebill	分布: 3
Criniger barbatus	西须冠鹎	Western Bearded Greenbul	分布: 3
Criniger chloronotus	东须冠鹎	Eastern Bearded Greenbul	分布: 3
Criniger calurus	红尾须冠鹎	Red-tailed Greenbul	分布: 3
Criniger ndussumensis	白须冠鹎	White-bearded Greenbul	分布: 3
Criniger olivaceus	黄须冠鹎	Yellow-bearded Greenbul	分布: 3
Alophoixus finschii	芬氏冠鹎	Finsch's Bulbul	分布: 2
Alophoixus flaveolus	黄腹冠鹎	White-throated Bulbul	分布: 2; C
Alophoixus pallidus	白喉冠鹎	Puff-throated Bulbul	分布: 2; C
Alophoixus ochraceus	白喉褐冠鹎	Ochraceous Bulbul	分布: 2
Alophoixus bres	灰颊冠鹎	Grey-cheeked Bulbul	分布: 2
Alophoixus frater	巴拉望冠鹎	Palawan Bulbul	分布: 2
Alophoixus phaeocephalus	灰头冠鹎	Yellow-bellied Bulbul	分布: 2
Acritillas indica	黄眉鹎	Yellow-browed Bulbul	分布: 2
Setornis criniger	钩嘴鹎	Hook-billed Bulbul	分布: 2
Tricholestes criniger	丝背鹎	Hairy-backed Bulbul	分布: 2
Iole viridescens	黄眉绿鹎	Olive Bulbul	分布: 2
Iole propinqua	灰眼短脚鹎	Grey-eyed Bulbul	分布: 2; C
Iole charlottae	黄臀灰胸鹎	Charlotte's Bulbul	分布: 2
Iole palawanensis	黄腹鹎	Sulphur-bellied Bulbul	分布: 2
Ixos nicobariensis	尼科巴短脚鹎	Nicobar Bulbul	分布: 2
Ixos mcclellandii	绿翅短脚鹎	Mountain Bulbul	分布: 2; C
Ixos malaccensis	纹羽鹎	Streaked Bulbul	分布: 2
Ixos virescens	巽他短脚鹎	Sunda Bulbul	分布: 2
Hemixos flavala	灰短脚鹎	Ashy Bulbul	分布: 2; C
Hemixos cinereus	灰黑短脚鹎	Cinereous Bulbul	分布: 2
Hemixos castanonotus	栗背短脚鹎	Chestnut Bulbul	分布: 2; C
Hypsipetes affinis	金冠鹎	Seram Golden Bulbul	分布: 4
Hypsipetes longirostris	北金冠鹎	Northern Golden Bulbul	分布: 4
Hypsipetes mysticalis	布岛金冠鹎	Buru Golden Bulbul	分布: 4
Hypsipetes crassirostris	厚嘴短脚鹎	Seychelles Bulbul	分布: 3
Hypsipetes borbonicus	绿短脚鹎	Reunion Bulbul	分布: 3
Hypsipetes olivaceus	毛里求斯短脚鹎	Mauritius Bulbul	分布: 3
Hypsipetes madagascariensis	马岛短脚鹎	Malagasy Bulbul	分布: 3
Hypsipetes parvirostris	科摩罗短脚鹎	Grand Comoro Bulbul	分布: 3
Hypsipetes moheliensis	莫岛短脚鹎	Moheli Bulbul	分布: 3
Hypsipetes leucocephalus	黑短脚鹎	Black Bulbul	分布: 2; C
Hypsipetes ganeesa	方尾黑鹎	Square-tailed Bulbul	分布: 2
Hypsipetes philippinus	菲律宾短脚鹎	Philippine Bulbul	分布: 2

Hypsipetes mindorensis	民岛短脚鹎	Mindoro Bulbul	分布: 2
Hypsipetes guimarasensis	米岛短脚鹎	Visayan Bulbul	分布: 2
Hypsipetes rufigularis	棉兰短脚鹎	Zamboanga Bulbul	分布: 2
Hypsipetes siquijorensis	纹胸鹎	Streak-breasted Bulbul	分布: 2
Hypsipetes everetti	黄鹎	Yellowish Bulbul	分布: 2
Hypsipetes amaurotis	栗耳短脚鹎	Brown-eared Bulbul	分布: 1, 2; C
Cerasophila thompsoni	白头短脚鹎	White-headed Bulbul	分布: 3
Neolestes torquatus	黑领鹎	Black-collared Bulbul	分布: 3

83. 柳莺科 **Phylloscopidae (Leaf-warblers) 1 属 76 种**

Phylloscopus sibilatrix	林柳莺	Wood Warbler	分布: 1, 3; C
Phylloscopus bonelli	博氏柳莺	Western Bonelli's Warbler	分布: 1, 3
Phylloscopus orientalis	东博氏柳莺	Eastern Bonelli's Warbler	分布: 1, 3
Phylloscopus pulcher	橙斑翅柳莺	Buff-barred Warbler	分布: 2; C
Phylloscopus maculipennis	灰喉柳莺	Ashy-throated Warbler	分布: 2; C
Phylloscopus humei	淡眉柳莺	Hume's Leaf-warbler	分布: 1, 2; C
Phylloscopus inornatus	黄眉柳莺	Yellow-browed Warbler	分布: 1, 2; C
Phylloscopus subviridis	布氏柳莺	Brooks's Leaf-warbler	分布: 1, 2
Phylloscopus yunnanensis	云南柳莺	Chinese Leaf-warbler	分布: 1, 2; C
Phylloscopus chloronotus	淡黄腰柳莺	Lemon-rumped Warbler	分布: 2; C
Phylloscopus forresti	四川柳莺	Sichuan Leaf-warbler	分布: 2; C
Phylloscopus kansuensis	甘肃柳莺	Gansu Leaf-warbler	分布: 1; EC
Phylloscopus proregulus	黄腰柳莺	Pallas's Leaf-warbler	分布: 1, 2; C
Phylloscopus tytleri	泰氏柳莺	Tytler's Leaf-warbler	分布: 2
Phylloscopus armandii	棕眉柳莺	Yellow-streaked Warbler	分布: 1, 2; C
Phylloscopus schwarzi	巨嘴柳莺	Radde's Warbler	分布: 1, 2; C
Phylloscopus griseolus	灰柳莺	Sulphur-bellied Warbler	分布: 2; C
Phylloscopus affinis	黄腹柳莺	Tickell's Leaf-warbler	分布: 2; C
Phylloscopus occisinensis	华西柳莺	Alpine Leaf-warbler	分布: 2; C
Phylloscopus fuligiventer	烟柳莺	Smoky Warbler	分布: 2; C
Phylloscopus fuscatus	褐柳莺	Dusky Warbler	分布: 1, 2; C
Phylloscopus neglectus	纯色柳莺	Plain Leaf-warbler	分布: 1, 2
Phylloscopus subaffinis	棕腹柳莺	Buff-throated Warbler	分布: 2; C
Phylloscopus trochilus	欧柳莺	Willow Warbler	分布: 1, 3; C
Phylloscopus sindianus	中亚叽喳柳莺	Mountain Chiffchaff	分布: 1, 2; C
Phylloscopus canariensis	加岛叽喳柳莺	Canary Islands Chiffchaff	分布: 3
Phylloscopus collybita	叽喳柳莺	Common Chiffchaff	分布: 1, 2, 3; C
Phylloscopus ibericus	伊比利亚柳莺	Iberian Chiffchaff	分布: 1, 3
Phylloscopus coronatus	冕柳莺	Eastern Crowned Warbler	分布: 1, 2; C
Phylloscopus ijimae	日本冕柳莺	Ijima's Leaf-warbler	分布: 1, 2
Phylloscopus olivaceus	菲律宾柳莺	Philippine Leaf-warbler	分布: 2
Phylloscopus cebuensis	道氏柳莺	Lemon-throated Leaf-warbler	分布: 2

Phylloscopus ruficapilla	黄喉柳莺	Yellow-throated Woodland Warbler	分布: 3
Phylloscopus umbrovirens	褐林柳莺	Brown Woodland Warbler	分布: 1, 3
Phylloscopus laetus	红脸柳莺	Red-faced Woodland Warbler	分布: 3
Phylloscopus laurae	劳氏柳莺	Laura's Woodland Warbler	分布: 3
Phylloscopus herberti	黑顶柳莺	Black-capped Woodland Warbler	分布: 3
Phylloscopus budongoensis	乌干达柳莺	Uganda Woodland Warbler	分布: 3
Phylloscopus intermedius	白眶鹟莺	White-spectacled Warbler	分布: 2; C
Phylloscopus poliogenys	灰脸鹟莺	Grey-cheeked Warbler	分布: 2; C
Phylloscopus burkii	金眶鹟莺	Green-crowned Warbler	分布: 2; C
Phylloscopus tephrocephalus	灰冠鹟莺	Grey-crowned Warbler	分布: 2; C
Phylloscopus whistleri	韦氏鹟莺	Whistler's Warbler	分布: 2; C
Phylloscopus valentini	比氏鹟莺	Bianchi's Warbler	分布: 1, 2; C
Phylloscopus soror	淡尾鹟莺	Alström's Warbler	分布: 1, 2; C
Phylloscopus omeiensis	峨眉鹟莺	Martens's Warbler	分布: 2; C
Phylloscopus nitidus	绿柳莺	Green Warbler	分布: 1, 2
Phylloscopus plumbeitarsus	双斑绿柳莺	Two-barred Warbler	分布: 1, 2; C
Phylloscopus trochiloides	暗绿柳莺	Greenish Warbler	分布: 1, 2; C
Phylloscopus emeiensis	峨眉柳莺	Emei Leaf-warbler	分布: 2; EC
Phylloscopus magnirostris	乌嘴柳莺	Large-billed Leaf-warbler	分布: 2; C
Phylloscopus borealoides	萨岛柳莺	Sakhalin Leaf-warbler	分布: 1; C
Phylloscopus tenellipes	淡脚柳莺	Pale-legged Leaf-warbler	分布: 1, 2; C
Phylloscopus xanthodryas	日本柳莺	Japanese Leaf-warbler	分布: 1, 2; C
Phylloscopus examinandus	堪察加柳莺	Kamchatka Leaf-warbler	分布: 1, 2
Phylloscopus borealis	极北柳莺	Arctic Warbler	分布: 1, 2; C
Phylloscopus castaniceps	栗头鹟莺	Chestnut-crowned Warbler	分布: 2; C
Phylloscopus grammiceps	纹顶鹟莺	Sunda Warbler	分布: 2
Phylloscopus montis	黄胸鹟莺	Yellow-breasted Warbler	分布: 2, 4
Phylloscopus calciatilis	灰岩柳莺	Limestone Leaf-warbler	分布: 2; C
Phylloscopus ricketti	黑眉柳莺	Sulphur-breasted Warbler	分布: 2; C
Phylloscopus cantator	黄胸柳莺	Yellow-vented Warbler	分布: 2; C
Phylloscopus occipitalis	大冕柳莺	Western Crowned Warbler	分布: 1, 2
Phylloscopus reguloides	西南冠纹柳莺	Blyth's Leaf-warbler	分布: 2; C
Phylloscopus claudiae	冠纹柳莺	Claudia's Leaf-warbler	分布: 1, 2; C
Phylloscopus goodsoni	华南冠纹柳莺	Hartert's Leaf-warbler	分布: 2; C
Phylloscopus ogilviegranti	白斑尾柳莺	Kloss's Leaf-warbler	分布: 2; C
Phylloscopus hainanus	海南柳莺	Hainan Leaf-warbler	分布: 2; EC
Phylloscopus intensior	云南白斑尾柳莺	Davison's Leaf-warbler	分布: 2; C
Phylloscopus xanthoschistos	灰头柳莺	Grey-hooded Warbler	分布: 2; C
Phylloscopus trivirgatus	山柳莺	Mountain Leaf-warbler	分布: 2
Phylloscopus presbytes	帝汶柳莺	Timor Leaf-warbler	分布: 4
Phylloscopus makirensis	圣岛柳莺	Makira Leaf-warbler	分布: 4

Phylloscopus sarasinorum	苏拉柳莺	Sulawesi Leaf-warbler	分布: 4
Phylloscopus amoenus	库岛柳莺	Kolombangara Leaf-warbler	分布: 4
Phylloscopus maforensis	海岛柳莺	Island Leaf-warbler	分布: 4

84. 树莺科 Scotocercidae (Bush-warblers) 11 属 38 种

Hylia prasina	绿莺	Green Hylia	分布: 3
Abroscopus superciliaris	黄腹鹟莺	Yellow-bellied Warbler	分布: 2; C
Abroscopus albogularis	棕脸鹟莺	Rufous-faced Warbler	分布: 2; C
Abroscopus schisticeps	黑脸鹟莺	Black-faced Warbler	分布: 2; C
Phyllergates cucullatus	栗头缝叶莺	Mountain Tailorbird	分布: 2, 4; C
Phyllergates heterolaemus	褐头缝叶莺	Rufous-headed Tailorbird	分布: 2
Tickellia hodgsoni	宽嘴鹟莺	Broad-billed Warbler	分布: 2; C
Horornis seebohmi	菲律宾树莺	Philippine Bush-warbler	分布: 2
Horornis diphone	短翅树莺	Japanese Bush-warbler	分布: 1, 2; C
Horornis canturians	远东树莺	Manchurian Bush-warbler	分布: 1, 2; C
Horornis annae	帕劳树莺	Palau Bush-warbler	分布: 4
Horornis carolinae	台岛树莺	Tanimbar Bush-warbler	分布: 4
Horornis parens	所罗门树莺	Shade Bush-warbler	分布: 4
Horornis haddeni	布岛树莺	Bougainville Bush-warbler	分布: 4
Horornis ruficapilla	斐济树莺	Fiji Bush-warbler	分布: 4
Horornis fortipes	强脚树莺	Brown-flanked Bush-warbler	分布: 2; C
Horornis brunnescens	喜山黄腹树莺	Hume's Bush-warbler	分布: 2; C
Horornis acanthizoides	黄腹树莺	Yellow-bellied Bush-warbler	分布: 2; C
Horornis vulcanius	马氏树莺	Sunda Bush-warbler	分布: 2
Horornis flavolivaceus	异色树莺	Aberrant Bush-warbler	分布: 2; C
Tesia cyaniventer	灰腹地莺	Grey-bellied Tesia	分布: 2; C
Tesia olivea	金冠地莺	Slaty-bellied Tesia	分布: 2; C
Tesia everetti	褐冠地莺	Russet-capped Tesia	分布: 4
Tesia superciliaris	眉纹地莺	Javan Tesia	分布: 2
Cettia cetti	宽尾树莺	Cetti's Warbler	分布: 1, 2; C
Cettia major	大树莺	Chestnut-crowned Bush-warbler	分布: 2; C
Cettia brunnifrons	棕顶树莺	Grey-sided Bush-warbler	分布: 2; C
Cettia castaneocoronata	栗头地莺	Chestnut-headed Tesia	分布: 2; C
Urosphena squameiceps	鳞头树莺	Asian Stubtail	分布: 1, 2; C
Urosphena whiteheadi	印尼短尾莺	Bornean Stubtail	分布: 2
Urosphena subulata	帝汶短尾莺	Timor Stubtail	分布: 4
Urosphena pallidipes	淡脚树莺	Pale-footed Bush-warbler	分布: 2; C
Urosphena neumanni	纽氏丛莺	Neumann's Warbler	分布: 3
Scotocerca inquieta	纹鹨莺	Streaked Scrub Warbler	分布: 1, 2
Erythrocercus holochlorus	黄红鹟	Little Yellow Flycatcher	分布: 3
Erythrocercus mccallii	栗顶红鹟	Chestnut-capped Flycatcher	分布: 3
Erythrocercus livingstonei	利氏红鹟	Livingstone's Flycatcher	分布: 3

| *Pholidornis rushiae* | 拟雀莺 | Tit Hylia | 分布: 3 |

85. 长尾山雀科　Aegithalidae　(Long-tailed Tits)　3 属　12 种

Aegithalos caudatus	北长尾山雀	Long-tailed Tit	分布: 1; C
Aegithalos glaucogularis	银喉长尾山雀	Silver-throated Bushtit	分布: 2; EC
Aegithalos leucogenys	白颊长尾山雀	White-cheeked Bushtit	分布: 1, 2
Aegithalos concinnus	红头长尾山雀	Black-throated Bushtit	分布: 2; C
Aegithalos niveogularis	白喉长尾山雀	White-throated Bushtit	分布: 2
Aegithalos iouschistos	棕额长尾山雀	Rufous-fronted Bushtit	分布: 2; C
Aegithalos bonvaloti	黑眉长尾山雀	Black-browed Bushtit	分布: 2; C
Aegithalos fuliginosus	银脸长尾山雀	Sooty Bushtit	分布: 2; EC
Aegithalos exilis	侏长尾山雀	Pygmy Bushtit	分布: 2
Leptopoecile sophiae	花彩雀莺	White-browed Tit-warbler	分布: 1, 2; C
Leptopoecile elegans	凤头雀莺	Crested Tit-warbler	分布: 1, 2; EC
Psaltriparus minimus	短嘴长尾山雀	American Bushtit	分布: 5, 6

86. 莺鹛科　Sylviidae　(Old World Warblers and Parrotbills)　17 属　70 种

Myzornis pyrrhoura	火尾绿鹛	Fire-tailed Myzornis	分布: 2; C
Sylvia galinieri	猫鹛	Abyssinian Catbird	分布: 3
Sylvia abyssinica	非洲雅鹛	African Hill Babbler	分布: 3
Sylvia atriceps	黑头非洲雅鹛	Rwenzori Hill Babbler	分布: 3
Sylvia dohrni	多氏仙鹟	Dohrn's Thrush-babbler	分布: 3
Sylvia nigricapillus	黑顶鹛莺	Bush Blackcap	分布: 3
Sylvia atricapilla	黑顶林莺	Eurasian Blackcap	分布: 1, 3; C
Sylvia borin	庭园林莺	Garden Warbler	分布: 1, 3
Sylvia nana	荒漠林莺	Asian Desert Warbler	分布: 1, 2, 3; C
Curruca nisoria	横斑林莺	Barred Warbler	分布: 1, 3; C
Curruca curruca	白喉林莺	Lesser Whitethroat	分布: 1, 3; C
Curruca minula	漠白喉林莺	Desert Whitethroat	分布: 1, 2; C
Curruca althaea	休氏白喉林莺	Hume's Whitethroat	分布: 1, 2; C
Curruca hortensis	歌林莺	Western Orphean Warbler	分布: 1, 2, 3
Curruca crassirostris	东歌林莺	Eastern Orphean Warbler	分布: 1, 3; C
Curruca leucomelaena	红海林莺	Arabian Warbler	分布: 1, 3
Curruca deserti	非洲漠林莺	African Desert Warbler	分布: 1, 3
Curruca communis	灰白喉林莺	Common Whitethroat	分布: 1, 2, 3; C
Curruca undata	波纹林莺	Dartford Warbler	分布: 1, 3
Curruca sarda	马氏林莺	Marmora's Warbler	分布: 1, 3
Curruca balearica	巴岛林莺	Balearic Warbler	分布: 1
Curruca deserticola	沙林莺	Tristram's Warbler	分布: 1, 3
Curruca conspicillata	白眶林莺	Spectacled Warbler	分布: 1, 3
Curruca cantillans	亚高山林莺	Subalpine Warbler	分布: 6
Curruca subalpina	地中海林莺	Moltoni's Warbler	分布: 1
Curruca melanocephala	黑头林莺	Sardinian Warbler	分布: 1, 3

Curruca mystacea	门氏林莺	Menetries's Warbler	分布: 1, 3
Curruca ruppeli	鲁氏林莺	Rüppell's Warbler	分布: 1, 3
Curruca melanothorax	塞浦路斯林莺	Cyprus Warbler	分布: 1, 3
Curruca buryi	也门林莺	Yemen Warbler	分布: 1, 3
Curruca lugens	褐林莺	Brown Warbler	分布: 3
Curruca boehmi	斑林莺	Banded Warbler	分布: 3
Curruca subcoerulea	棕臀林莺	Chestnut-vented Warbler	分布: 3
Curruca layardi	莱氏林莺	Layard's Warbler	分布: 3
Lioparus chrysotis	金胸雀鹛	Golden-breasted Fulvetta	分布: 2; C
Moupinia poecilotis	宝兴鹛雀	Rufous-tailed Babbler	分布: 2; EC
Fulvetta vinipectus	白眉雀鹛	White-browed Fulvetta	分布: 2; C
Fulvetta striaticollis	中华雀鹛	Chinese Fulvetta	分布: 2; EC
Fulvetta ruficapilla	棕头雀鹛	Spectacled Fulvetta	分布: 2; C
Fulvetta danisi	中南雀鹛	Indochinese Fulvetta	分布: 2
Fulvetta ludlowi	路氏雀鹛	Brown-throated Fulvetta	分布: 2; C
Fulvetta cinereiceps	灰头雀鹛	Grey-hooded Fulvetta	分布: 2; EC
Fulvetta manipurensis	褐头雀鹛	Manipur Fulvetta	分布: 2; C
Fulvetta formosana	玉山雀鹛	Taiwan Fulvetta	分布: 2; EC
Chrysomma sinense	金眼鹛雀	Yellow-eyed Babbler	分布: 2; C
Chrysomma altirostre	杰氏鹛雀	Jerdon's Babbler	分布: 2
Rhopophilus pekinensis	山鹛	Beijing Hill-warbler	分布: 1; EC
Rhopophilus albosuperciliaris	西域山鹛	Tarim Hill-warbler	分布: 1; EC
Chamaea fasciata	鹪雀莺	Wrentit	分布: 5
Conostoma aemodium	红嘴鸦雀	Great Parrotbill	分布: 2; C
Cholornis paradoxus	三趾鸦雀	Three-toed Parrotbill	分布: 2; EC
Cholornis unicolor	褐鸦雀	Brown Parrotbill	分布: 2; C
Sinosuthora conspicillata	白眶鸦雀	Spectacled Parrotbill	分布: 1, 2; EC
Sinosuthora webbiana	棕头鸦雀	Vinous-throated Parrotbill	分布: 1, 2; C
Sinosuthora alphonsiana	灰喉鸦雀	Ashy-throated Parrotbill	分布: 2; C
Sinosuthora brunnea	褐翅鸦雀	Brown-winged Parrotbill	分布: 2; C
Sinosuthora zappeyi	暗色鸦雀	Grey-hooded Parrotbill	分布: 2; EC
Sinosuthora przewalskii	灰冠鸦雀	Rusty-throated Parrotbill	分布: 2; EC
Suthora fulvifrons	黄额鸦雀	Fulvous Parrotbill	分布: 2; C
Suthora nipalensis	黑喉鸦雀	Black-throated Parrotbill	分布: 2; C
Suthora verreauxi	金色鸦雀	Golden Parrotbill	分布: 2; C
Neosuthora davidiana	短尾鸦雀	Short-tailed Parrotbill	分布: 2; C
Chleuasicus atrosuperciliaris	黑眉鸦雀	Pale-billed Parrotbill	分布: 2; C
Psittiparus ruficeps	白胸鸦雀	White-breasted Parrotbill	分布: 2; C
Psittiparus bakeri	红头鸦雀	Rufous-headed Parrotbill	分布: 2; C
Psittiparus gularis	灰头鸦雀	Grey-headed Parrotbill	分布: 2; C
Psittiparus margaritae	黑头鸦雀	Black-headed Parrotbill	分布: 2
Paradoxornis flavirostris	斑胸鸦雀	Black-breasted Parrotbill	分布: 2; C

Paradoxornis guttaticollis	点胸鸦雀	Spot-breasted Parrotbill	分布: 2; C
Paradoxornis heudei	震旦鸦雀	Reed Parrotbill	分布: 1; C

87. 绣眼鸟科　Zosteropidae　(White-eyes and Yuhinas)　12 属　125 种

Yuhina castaniceps	栗耳凤鹛	Striated Yuhina	分布: 2; C
Yuhina torqueola	栗颈凤鹛	Indochinese Yuhina	分布: 2; C
Yuhina everetti	栗冠凤鹛	Chestnut-crested Yuhina	分布: 2
Yuhina bakeri	白颈凤鹛	White-naped Yuhina	分布: 2; C
Yuhina flavicollis	黄颈凤鹛	Whiskered Yuhina	分布: 2; C
Yuhina humilis	缅甸凤鹛	Burmese Yuhina	分布: 2
Yuhina gularis	纹喉凤鹛	Stripe-throated Yuhina	分布: 2; C
Yuhina diademata	白领凤鹛	White-collared Yuhina	分布: 2; C
Yuhina occipitalis	棕臀凤鹛	Rufous-vented Yuhina	分布: 2; C
Yuhina brunneiceps	褐头凤鹛	Taiwan Yuhina	分布: 2; EC
Yuhina nigrimenta	黑颏凤鹛	Black-chinned Yuhina	分布: 1, 2; C
Zosterornis whiteheadi	怀氏穗鹛	Chestnut-faced Babbler	分布: 2
Zosterornis striatus	纹穗鹛	Luzon Striped Babbler	分布: 2
Zosterornis latistriatus	班岛穗鹛	Panay Striped Babbler	分布: 2
Zosterornis nigrorum	黑纹穗鹛	Negros Striped Babbler	分布: 2
Zosterornis hypogrammicus	巴拉望穗鹛	Palawan Striped Babbler	分布: 2
Megazosterops palauensis	帕劳绣眼鸟	Giant White-eye	分布: 4
Apalopteron familiare	笠原绣眼鸟	Bonin White-eye	分布: 1
Cleptornis marchei	金绣眼鸟	Golden White-eye	分布: 4
Rukia ruki	特鲁绣眼鸟	Teardrop White-eye	分布: 4
Rukia longirostra	波纳绣眼鸟	Long-billed White-eye	分布: 4
Dasycrotapha speciosa	鬃鬃穗鹛	Flame-templed Babbler	分布: 2
Dasycrotapha plateni	侏穗鹛	Mindanao Pygmy Babbler	分布: 2
Dasycrotapha pygmaea	短尾侏穗鹛	Visayan Pygmy Babbler	分布: 2
Sterrhoptilus dennistouni	金冠穗鹛	Golden-crowned Babbler	分布: 2
Sterrhoptilus nigrocapitatus	黑冠穗鹛	Black-crowned Babbler	分布: 2
Sterrhoptilus capitalis	棕头穗鹛	Rusty-crowned Babbler	分布: 2
Tephrozosterops stalkeri	双色绣眼鸟	Rufescent Darkeye	分布: 4
Heleia pinaiae	灰巾冠绣眼鸟	Grey-hooded White-eye	分布: 4
Heleia goodfellowi	花脸冠绣眼鸟	Mindanao White-eye	分布: 2
Heleia squamiceps	纹头冠绣眼鸟	Streak-headed White-eye	分布: 4
Heleia javanica	灰喉冠绣眼鸟	Mees's White-eye	分布: 2
Heleia superciliaris	黄眉冠绣眼鸟	Cream-browed White-eye	分布: 4
Heleia dohertyi	冠绣眼鸟	Crested White-eye	分布: 4
Heleia muelleri	帝汶大嘴绣眼鸟	Spot-breasted Heleia	分布: 4
Heleia crassirostris	大嘴绣眼鸟	Thick-billed Heleia	分布: 4
Heleia squamifrons	侏绣眼鸟	Pygmy White-eye	分布: 2
Heleia wallacei	黄眶绣眼鸟	Yellow-ringed White-eye	分布: 4

Chlorocharis emiliae	绿绣眼鸟	Mountain Black-eye	分布: 2
Zosterops superciliosus	裸眼绣眼鸟	Bare-eyed White-eye	分布: 4
Zosterops lacertosus	桑氏绣眼鸟	Sanford's White-eye	分布: 4
Zosterops brunneus	褐绣眼鸟	Bioko Speirops	分布: 3
Zosterops leucophaeus	白顶绣眼鸟	Principe Speirops	分布: 3
Zosterops lugubris	黑顶绣眼鸟	Black-capped Speirops	分布: 3
Zosterops melanocephalus	喀麦隆绣眼鸟	Mount Cameroon Speirops	分布: 3
Zosterops erythropleurus	红胁绣眼鸟	Chestnut-flanked White-eye	分布: 1, 2; C
Zosterops japonicus	暗绿绣眼鸟	Japanese White-eye	分布: 1, 2; C
Zosterops meyeni	低地绣眼鸟	Lowland White-eye	分布: 2; C
Zosterops palpebrosus	灰腹绣眼鸟	Oriental White-eye	分布: 2; C
Zosterops ceylonensis	斯里兰卡绣眼鸟	Sri Lanka White-eye	分布: 2
Zosterops rotensis	罗岛绣眼鸟	Rota White-eye	分布: 4
Zosterops conspicillatus	马里亚纳绣眼鸟	Bridled White-eye	分布: 4
Zosterops semperi	卡岛绣眼鸟	Citrine White-eye	分布: 4
Zosterops hypolais	淡色绣眼鸟	Plain White-eye	分布: 4
Zosterops salvadorii	恩加绣眼鸟	Enggano White-eye	分布: 2
Zosterops atricapilla	黑冠绣眼鸟	Black-capped White-eye	分布: 2
Zosterops everetti	埃氏绣眼鸟	Everett's White-eye	分布: 2
Zosterops nigrorum	菲律宾绣眼鸟	Yellowish White-eye	分布: 2
Zosterops montanus	山绣眼鸟	Mountain White-eye	分布: 2
Zosterops flavus	爪哇绣眼鸟	Javan White-eye	分布: 2
Zosterops chloris	红树绣眼鸟	Lemon-bellied White-eye	分布: 4
Zosterops citrinella	苍腹绣眼鸟	Ashy-bellied White-eye	分布: 4
Zosterops consobrinorum	淡腹绣眼鸟	Pale-bellied White-eye	分布: 4
Zosterops grayi	珠腹绣眼鸟	Pearl-bellied White-eye	分布: 4
Zosterops uropygialis	金腹绣眼鸟	Golden-bellied White-eye	分布: 4
Zosterops anomalus	柠喉绣眼鸟	Black-ringed White-eye	分布: 4
Zosterops atriceps	摩鹿加绣眼鸟	Cream-throated White-eye	分布: 4
Zosterops nehrkorni	桑岛绣眼鸟	Sangihe White-eye	分布: 4
Zosterops atrifrons	白额绣眼鸟	Black-crowned White-eye	分布: 4
Zosterops somadikartai	托岛绣眼鸟	Togian White-eye	分布: 4
Zosterops stalkeri	斯兰岛绣眼鸟	Seram White-eye	分布: 4
Zosterops minor	黑额绣眼鸟	Black-fronted White-eye	分布: 4
Zosterops meeki	白喉绣眼鸟	Tagula White-eye	分布: 4
Zosterops hypoxanthus	黑头绣眼鸟	Bismarck White-eye	分布: 4
Zosterops mysorensis	比岛绣眼鸟	Biak White-eye	分布: 4
Zosterops fuscicapilla	黄腹绣眼鸟	Capped White-eye	分布: 4
Zosterops buruensis	布鲁绣眼鸟	Buru White-eye	分布: 4
Zosterops kuehni	库氏绣眼鸟	Ambon White-eye	分布: 4
Zosterops novaeguineae	新几内亚绣眼鸟	New Guinea White-eye	分布: 4
Zosterops metcalfii	黄喉绣眼鸟	Yellow-throated White-eye	分布: 4

Zosterops natalis	圣诞岛绣眼鸟	Christmas White-eye	分布: 2
Zosterops luteus	澳洲黄绣眼鸟	Australian Yellow White-eye	分布: 4
Zosterops griseotinctus	路易绣眼鸟	Louisiade White-eye	分布: 4
Zosterops rennellianus	伦纳绣眼鸟	Rennell White-eye	分布: 4
Zosterops vellalavella	斑绣眼鸟	Vella Lavella White-eye	分布: 4
Zosterops luteirostris	丽绣眼鸟	Gizo White-eye	分布: 4
Zosterops splendidus	加农绣眼鸟	Ranongga White-eye	分布: 4
Zosterops kulambangrae	所罗门绣眼鸟	Solomons White-eye	分布: 4
Zosterops murphyi	库拉山绣眼鸟	Kolombangara White-eye	分布: 4
Zosterops rendovae	灰喉绣眼鸟	Grey-throated White-eye	分布: 4
Zosterops stresemanni	马莱绣眼鸟	Malaita White-eye	分布: 4
Zosterops sanctaecrucis	圣岛绣眼鸟	Santa Cruz White-eye	分布: 4
Zosterops gibbsi	瓦岛绣眼鸟	Vanikoro White-eye	分布: 4
Zosterops samoensis	萨摩绣眼鸟	Samoan White-eye	分布: 4
Zosterops explorator	莱氏绣眼鸟	Fiji White-eye	分布: 4
Zosterops flavifrons	黄额绣眼鸟	Vanuatu White-eye	分布: 4
Zosterops minutus	姬绣眼鸟	Small Lifou White-eye	分布: 4
Zosterops xanthochroa	绿背绣眼鸟	Green-backed White-eye	分布: 4
Zosterops lateralis	灰胸绣眼鸟	Silvereye	分布: 4
Zosterops tenuirostris	细嘴绣眼鸟	Slender-billed White-eye	分布: 4
Zosterops inornatus	利岛绣眼鸟	Large Lifou White-eye	分布: 4
Zosterops cinereus	灰褐绣眼鸟	Kosrae White-eye	分布: 4
Zosterops ponapensis	灰绣眼鸟	Pohnpei White-eye	分布: 4
Zosterops oleagineus	雅岛绣眼鸟	Yap Olive White-eye	分布: 4
Zosterops finschii	暗绣眼鸟	Dusky White-eye	分布: 4
Zosterops abyssinicus	白胸绣眼鸟	Abyssinian White-eye	分布: 3
Zosterops virens	南非绣眼鸟	Cape White-eye	分布: 3
Zosterops pallidus	苍色绣眼鸟	Orange River White-eye	分布: 3
Zosterops senegalensis	黄绣眼鸟	African Yellow White-eye	分布: 3
Zosterops poliogastrus	宽翼绣眼鸟	Ethiopian White-eye	分布: 3
Zosterops kikuyuensis	黄额环眼鸟	Kikuyu White-eye	分布: 3
Zosterops silvanus	绿额环眼鸟	Taita White-eye	分布: 3
Zosterops borbonicus	留尼汪灰绣眼鸟	Reunion Grey White-eye	分布: 3
Zosterops mauritianus	毛岛灰绣眼鸟	Mauritius Grey White-eye	分布: 3
Zosterops ficedulinus	普林西比绣眼鸟	Principe White-eye	分布: 3
Zosterops feae	圣多美绣眼鸟	Sao Tome White-eye	分布: 3
Zosterops griseovirescens	安诺绣眼鸟	Annobon White-eye	分布: 3
Zosterops maderaspatanus	马岛绣眼鸟	Malagasy White-eye	分布: 3
Zosterops kirki	科氏绣眼鸟	Kirk's White-eye	分布: 3
Zosterops mayottensis	栗胁绣眼鸟	Mayotte White-eye	分布: 3
Zosterops modestus	塞舌尔绣眼鸟	Seychelles White-eye	分布: 3
Zosterops mouroniensis	科摩罗绣眼鸟	Karthala White-eye	分布: 3

Zosterops olivaceus	橄榄绣眼鸟	Reunion Olive White-eye	分布: 3
Zosterops chloronothos	毛里求斯绣眼鸟	Mauritius Olive White-eye	分布: 3
Zosterops vaughani	奔巴绣眼鸟	Pemba White-eye	分布: 3

88. 林鹛科 Timaliidae (Scimitar-babblers and Allies) 11 属 53 种

Erythrogenys hypoleucos	长嘴钩嘴鹛	Large Scimitar-babbler	分布: 2; C
Erythrogenys erythrogenys	锈脸钩嘴鹛	Rusty-cheeked Scimitar-babbler	分布: 2
Erythrogenys erythrocnemis	台湾斑胸钩嘴鹛	Black-necklaced Scimitar-babbler	分布: 2; EC
Erythrogenys gravivox	斑胸钩嘴鹛	Black-streaked Scimitar-babbler	分布: 2; C
Erythrogenys mcclellandi	印度斑胸钩嘴鹛	Spot-breasted Scimitar-babbler	分布: 2
Erythrogenys swinhoei	华南斑胸钩嘴鹛	Grey-sided Scimitar-babbler	分布: 2; EC
Pomatorhinus horsfieldii	霍氏钩嘴鹛	Indian Scimitar-babbler	分布: 2
Pomatorhinus melanurus	斯里兰卡钩嘴鹛	Sri Lanka Scimitar-babbler	分布: 2
Pomatorhinus schisticeps	灰头钩嘴鹛	White-browed Scimitar-babbler	分布: 2; C
Pomatorhinus montanus	栗背钩嘴鹛	Chestnut-backed Scimitar-babbler	分布: 2
Pomatorhinus ruficollis	棕颈钩嘴鹛	Streak-breasted Scimitar-babbler	分布: 1, 2; C
Pomatorhinus musicus	台湾棕颈钩嘴鹛	Taiwan Scimitar-babbler	分布: 2; EC
Pomatorhinus ochraceiceps	棕头钩嘴鹛	Red-billed Scimitar-babbler	分布: 2; C
Pomatorhinus ferruginosus	红嘴钩嘴鹛	Coral-billed Scimitar-babbler	分布: 2; C
Pomatorhinus superciliaris	细嘴钩嘴鹛	Slender-billed Scimitar-babbler	分布: 2; C
Spelaeornis caudatus	棕喉鹩鹛	Rufous-throated Wren-babbler	分布: 2; C
Spelaeornis badeigularis	锈喉鹩鹛	Rusty-throated Wren-babbler	分布: 2; C
Spelaeornis troglodytoides	斑翅鹩鹛	Bar-winged Wren-babbler	分布: 1, 2; C
Spelaeornis chocolatinus	长尾鹩鹛	Naga Wren-babbler	分布: 5, 6
Spelaeornis reptatus	灰腹鹩鹛	Grey-bellied Wren-babbler	分布: 2
Spelaeornis oatesi	缅甸鹩鹛	Chin Hills Wren-babbler	分布: 2
Spelaeornis kinneari	淡喉鹩鹛	Pale-throated Wren-babbler	分布: 2; C
Spelaeornis longicaudatus	茶胸鹩鹛	Tawny-breasted Wren-babbler	分布: 2
Stachyris humei	黑胸楔嘴穗鹛	Blackish-breasted Babbler	分布: 2; C
Stachyris roberti	楔嘴穗鹛	Chevron-breasted Babbler	分布: 2; C
Stachyris grammiceps	白胸穗鹛	White-breasted Babbler	分布: 2
Stachyris herberti	乌穗鹛	Sooty Babbler	分布: 2
Stachyris nonggangensis	弄岗穗鹛	Nonggang Babbler	分布: 2; EC
Stachyris nigriceps	黑头穗鹛	Grey-throated Babbler	分布: 2; C
Stachyris poliocephala	灰头穗鹛	Grey-headed Babbler	分布: 2
Stachyris strialata	斑颈穗鹛	Spot-necked Babbler	分布: 2; C
Stachyris oglei	奥氏穗鹛	Snowy-throated Babbler	分布: 2
Stachyris maculata	红腰穗鹛	Chestnut-rumped Babbler	分布: 2
Stachyris leucotis	白耳穗鹛	White-necked Babbler	分布: 2
Stachyris nigricollis	黑喉穗鹛	Black-throated Babbler	分布: 2
Stachyris thoracica	白领穗鹛	White-bibbed Babbler	分布: 2
Cyanoderma erythropterum	红翅穗鹛	Chestnut-winged Babbler	分布: 2

Cyanoderma melanothorax	珠颊穗鹛	Crescent-chested Babbler	分布: 2
Cyanoderma rufifrons	红额穗鹛	Rufous-fronted Babbler	分布: 2
Cyanoderma ruficeps	红头穗鹛	Rufous-capped Babbler	分布: 2; C
Cyanoderma pyrrhops	黑颏穗鹛	Black-chinned Babbler	分布: 2; C
Cyanoderma chrysaeum	金头穗鹛	Golden Babbler	分布: 2; C
Stachyridopsis rodolphei	德氏穗鹛	Deignan's Babbler	分布: 2
Stachyridopsis ambigua	黄喉穗鹛	Buff-chested Babbler	分布: 2; C
Dumetia hyperythra	棕腹鹛	Tawny-bellied Babbler	分布: 2
Rhopocichla atriceps	黑头鹛	Dark-fronted Babbler	分布: 2
Mixornis gularis	纹胸鹛	Pin-striped Tit-babbler	分布: 2; C
Mixornis bornensis	宽纹胸鹛	Bold-striped Tit-babbler	分布: 2
Mixornis flavicollis	黄领纹胸鹛	Grey-cheeked Tit-babbler	分布: 2
Mixornis kelleyi	灰脸纹胸鹛	Grey-faced Tit-babbler	分布: 2
Macronus striaticeps	褐纹胸鹛	Brown Tit-babbler	分布: 2
Macronus ptilosus	绒背纹胸鹛	Fluffy-backed Tit-babbler	分布: 2
Timalia pileata	红顶鹛	Chestnut-capped Babbler	分布: 2; C

89. 幽鹛科 Pellorneidae (Ground Babblers) 16属 67种

Laticilla burnesii	长尾山鹛鹛	Rufous-vented Grass Babbler	分布: 2
Laticilla cinerascens	沼泽山鹛鹛	Swamp Grass Babbler	分布: 2
Schoeniparus variegaticeps	金额雀鹛	Golden-fronted Fulvetta	分布: 2; EC
Schoeniparus cinereus	黄喉雀鹛	Yellow-throated Fulvetta	分布: 2; C
Schoeniparus castaneceps	栗头雀鹛	Rufous-winged Fulvetta	分布: 2; C
Schoeniparus klossi	黑顶雀鹛	Black-crowned Fulvetta	分布: 2
Schoeniparus rufogularis	棕喉雀鹛	Rufous-throated Fulvetta	分布: 2; C
Schoeniparus dubius	褐胁雀鹛	Rusty-capped Fulvetta	分布: 2; C
Schoeniparus brunneus	褐顶雀鹛	Dusky Fulvetta	分布: 2; C
Alcippe brunneicauda	褐雀鹛	Brown Fulvetta	分布: 2
Alcippe poioicephala	褐脸雀鹛	Brown-cheeked Fulvetta	分布: 2; C
Alcippe pyrrhoptera	爪哇雀鹛	Javan Fulvetta	分布: 2
Alcippe peracensis	山雀鹛	Mountain Fulvetta	分布: 2
Alcippe grotei	黑眉雀鹛	Black-browed Fulvetta	分布: 2
Alcippe morrisonia	灰眶雀鹛	Grey-cheeked Fulvetta	分布: 2; C
Alcippe nipalensis	白眶雀鹛	Nepal Fulvetta	分布: 2; C
Ptilocichla leucogrammica	加里曼丹地鹛	Bornean Wren-babbler	分布: 2
Ptilocichla mindanensis	条纹地鹛	Striated Wren-babbler	分布: 2
Ptilocichla falcata	菲律宾地鹛	Falcated Wren-babbler	分布: 2
Turdinus rufipectus	苏门答腊鹛鹛	Rusty-breasted Wren-babbler	分布: 2
Turdinus atrigularis	黑喉鹛鹛	Black-throated Wren-babbler	分布: 2
Turdinus macrodactylus	大鹛鹛	Large Wren-babbler	分布: 2
Turdinus marmoratus	石纹鹛鹛	Marbled Wren-babbler	分布: 2
Turdinus crispifrons	灰岩鹛鹛	Limestone Wren-babbler	分布: 2; C

Turdinus brevicaudatus	短尾鹪鹛	Streaked Wren-babbler	分布: 2; C
Turdinus crassus	山鹪鹛	Mountain Wren-babbler	分布: 2
Napothera epilepidota	纹胸鹪鹛	Eyebrowed Wren-babbler	分布: 2; C
Gampsorhynchus rufulus	白头鸥鹛	White-hooded Babbler	分布: 2; C
Gampsorhynchus torquatus	领鸥鹛	Collared Babbler	分布: 2
Illadopsis turdina	白腹鸫鹛	Spotted Thrush-babbler	分布: 3
Illadopsis cleaveri	黑冠非洲雅鹛	Blackcap Illadopsis	分布: 3
Illadopsis albipectus	白胸非洲雅鹛	Scaly-breasted Illadopsis	分布: 3
Illadopsis rufescens	棕翅非洲雅鹛	Rufous-winged Illadopsis	分布: 3
Illadopsis puveli	浦氏非洲雅鹛	Puvel's Illadopsis	分布: 3
Illadopsis rufipennis	苍胸非洲雅鹛	Pale-breasted Illadopsis	分布: 3
Illadopsis fulvescens	褐非洲雅鹛	Brown Illadopsis	分布: 3
Illadopsis pyrrhoptera	山非洲雅鹛	Mountain Illadopsis	分布: 3
Jabouilleia danjoui	短尾钩嘴鹛	Short-tailed Scimitar-babbler	分布: 2; C
Jabouilleia naungmungensis	瑙蒙短尾鹛	Naung Mung Scimitar-babbler	分布: 2; C
Rimator malacoptilus	长嘴鹪鹛	Long-billed Wren-babbler	分布: 2; C
Rimator albostriatus	苏门答腊鹪鹛	Sumatran Wren-babbler	分布: 2
Rimator pasquieri	白喉鹪鹛	White-throated Wren-babbler	分布: 2
Malacocincla abbotti	阿氏雅鹛	Abbott's Babbler	分布: 2
Malacocincla sepiaria	霍氏雅鹛	Horsfield's Babbler	分布: 2
Malacocincla perspicillata	黑眉雅鹛	Black-browed Babbler	分布: 2
Malacopteron magnirostre	须树鹛	Moustached Babbler	分布: 2
Malacopteron affine	纯色树鹛	Sooty-capped Babbler	分布: 2
Malacopteron cinereum	小红头树鹛	Scaly-crowned Babbler	分布: 2
Malacopteron magnum	大红头树鹛	Rufous-crowned Babbler	分布: 2
Malacopteron palawanense	巴拉望树鹛	Melodious Babbler	分布: 2
Malacopteron albogulare	灰头树鹛	Grey-breasted Babbler	分布: 2
Trichastoma malaccense	短尾雅鹛	Short-tailed Babbler	分布: 2
Trichastoma cinereiceps	灰头雅鹛	Ashy-headed Babbler	分布: 2
Trichastoma rostratum	白胸雅鹛	White-chested Babbler	分布: 2
Trichastoma celebense	苏拉雅鹛	Sulawesi Babbler	分布: 4
Trichastoma bicolor	锈色雅鹛	Ferruginous Babbler	分布: 2
Trichastoma tickelli	棕胸雅鹛	Buff-breasted Babbler	分布: 2; C
Trichastoma buettikoferi	苏门答腊幽鹛	Sumatran Babbler	分布: 2
Trichastoma pyrrogenys	泰氏幽鹛	Temminck's Babbler	分布: 2
Kenopia striata	纹鹪鹛	Striped Wren-babbler	分布: 2
Graminicola bengalensis	南亚草鹛	Indian Grassbird	分布: 2
Graminicola striatus	中华草鹛	Chinese Grassbird	分布: 2; C
Pellorneum albiventre	白腹幽鹛	Spot-throated Babbler	分布: 2; C
Pellorneum palustre	沼泽幽鹛	Marsh Babbler	分布: 2
Pellorneum ruficeps	棕头幽鹛	Puff-throated Babbler	分布: 2; C
Pellorneum fuscocapillus	褐冠幽鹛	Brown-capped Babbler	分布: 2

| *Pellorneum capistratum* | 黑冠幽鹛 | Black-capped Babbler | 分布: 2 |

90. 噪鹛科 **Leiothrichidae** (**Laughingthrushes and Allies**) 19 属 135 种

Phyllanthus atripennis	斗篷鹛	Capuchin Babbler	分布: 3
Kupeornis gilberti	白喉鹟鹛	White-throated Mountain Babbler	分布: 3
Kupeornis rufocinctus	棕颈鹟鹛	Red-collared Babbler	分布: 3
Kupeornis chapini	查氏鹟鹛	Chapin's Babbler	分布: 3
Acanthoptila nipalensis	刺鹛鹛	Spiny Babbler	分布: 1
Argya altirostris	伊拉克鹛鹛	Iraq Babbler	分布: 1, 2
Argya caudata	普通鹛鹛	Common Babbler	分布: 2
Argya earlei	纹背鹛鹛	Striated Babbler	分布: 2
Argya malcolmi	灰鹛鹛	Large Grey Babbler	分布: 2
Argya squamiceps	阿拉伯鹛鹛	Arabian Babbler	分布: 1, 3
Argya fulva	棕褐鹛鹛	Fulvous Babbler	分布: 1, 3
Argya subrufa	棕鹛鹛	Rufous Babbler	分布: 2
Chatarrhaea gularis	白喉鹛鹛	White-throated Babbler	分布: 2
Chatarrhaea longirostris	细嘴鹛鹛	Slender-billed Babbler	分布: 2
Turdoides aylmeri	鳞斑鹛鹛	Scaly Chatterer	分布: 3
Turdoides rubiginosa	棕红鹛鹛	Rufous Chatterer	分布: 3
Turdoides striata	丛林鹛鹛	Jungle Babbler	分布: 2
Turdoides rufescens	橙嘴鹛鹛	Orange-billed Babbler	分布: 2
Turdoides affinis	印度白头鹛鹛	Yellow-billed Babbler	分布: 2
Turdoides melanops	黑脸鹛鹛	Black-faced Babbler	分布: 3
Turdoides sharpei	黑眼先鹛鹛	Black-lored Babbler	分布: 3
Turdoides tenebrosa	暗色鹛鹛	Dusky Babbler	分布: 3
Turdoides reinwardtii	黑头鹛鹛	Blackcap Babbler	分布: 3
Turdoides plebejus	非洲褐鹛鹛	Brown Babbler	分布: 3
Turdoides leucocephala	白头鹛鹛	White-headed Babbler	分布: 2
Turdoides jardineii	箭纹鹛鹛	Arrow-marked Babbler	分布: 3
Turdoides squamulata	鳞羽鹛鹛	Scaly Babbler	分布: 3
Turdoides leucopygia	白腰鹛鹛	White-rumped Babbler	分布: 3
Turdoides hartlaubii	安哥拉鹛鹛	Hartlaub's Babbler	分布: 3
Turdoides hindei	海氏斑鹛鹛	Hinde's Babbler	分布: 3
Turdoides hypoleuca	北斑鹛鹛	Northern Pied Babbler	分布: 3
Turdoides bicolor	斑鹛鹛	Southern Pied Babbler	分布: 3
Turdoides gymnogenys	裸颊鹛鹛	Bare-cheeked Babbler	分布: 3
Garrulax lanceolatus	矛纹草鹛	Chinese Babax	分布: 2; C
Garrulax woodi	维山草鹛	Mount Victoria Babax	分布: 2
Garrulax waddelli	大草鹛	Giant Babax	分布: 2; C
Garrulax koslowi	棕草鹛	Tibetan Babax	分布: 2; EC
Garrulax canorus	画眉	Chinese Hwamei	分布: 2; C
Garrulax taewanus	台湾画眉	Taiwan Hwamei	分布: 2; EC

Garrulax owstoni	海南画眉	Hainan Hwamei	分布: 2; EC
Garrulax leucolophus	白冠噪鹛	White-crested Laughingthrush	分布: 2; C
Garrulax bicolor	苏门答腊噪鹛	Sumatran Laughingthrush	分布: 2
Garrulax strepitans	白颈噪鹛	White-necked Laughingthrush	分布: 2; C
Garrulax ferrarius	柬埔寨噪鹛	Cambodian Laughingthrush	分布: 2
Garrulax milleti	黑冠噪鹛	Black-hooded Laughingthrush	分布: 2
Garrulax maesi	褐胸噪鹛	Grey Laughingthrush	分布: 2; C
Garrulax castanotis	栗颊噪鹛	Rufous-cheeked Laughingthrush	分布: 2; C
Garrulax sukatschewi	黑额山噪鹛	Snowy-cheeked Laughingthrush	分布: 1; EC
Garrulax cineraceus	灰翅噪鹛	Moustached Laughingthrush	分布: 1, 2; C
Garrulax rufogularis	棕颏噪鹛	Rufous-chinned Laughingthrush	分布: 2; C
Garrulax konkakinhensis	棕耳噪鹛	Chestnut-eared Laughingthrush	分布: 2
Garrulax lunulatus	斑背噪鹛	Barred Laughingthrush	分布: 1; EC
Garrulax bieti	白点噪鹛	White-speckled Laughingthrush	分布: 1, 2; EC
Garrulax maximus	大噪鹛	Giant Laughingthrush	分布: 1, 2; EC
Garrulax ocellatus	眼纹噪鹛	Spotted Laughingthrush	分布: 2; C
Garrulax cinereifrons	灰头噪鹛	Ashy-headed Laughingthrush	分布: 2
Garrulax palliatus	灰褐噪鹛	Sunda Laughingthrush	分布: 2
Garrulax rufifrons	红额噪鹛	Rufous-fronted Laughingthrush	分布: 2
Garrulax perspicillatus	黑脸噪鹛	Masked Laughingthrush	分布: 1, 2; C
Garrulax albogularis	白喉噪鹛	White-throated Laughingthrush	分布: 1, 2; C
Garrulax ruficeps	台湾白喉噪鹛	Rufous-crowned Laughingthrush	分布: 2; EC
Garrulax monileger	小黑领噪鹛	Lesser Necklaced Laughingthrush	分布: 2; C
Garrulax pectoralis	黑领噪鹛	Greater Necklaced Laughingthrush	分布: 1, 2; C
Garrulax nuchalis	栗背噪鹛	Chestnut-backed Laughingthrush	分布: 2
Garrulax chinensis	黑喉噪鹛	Black-throated Laughingthrush	分布: 2; C
Garrulax vassali	白脸噪鹛	White-cheeked Laughingthrush	分布: 2
Garrulax ruficollis	栗颈噪鹛	Rufous-necked Laughingthrush	分布: 2; C
Garrulax galbanus	黄喉噪鹛	Yellow-throated Laughingthrush	分布: 2; C
Garrulax courtoisi	蓝冠噪鹛	Blue-crowned Laughingthrush	分布: 2; EC
Garrulax delesserti	灰胸噪鹛	Wynaad Laughingthrush	分布: 2
Garrulax gularis	栗臀噪鹛	Rufous-vented Laughingthrush	分布: 2; C
Garrulax davidi	山噪鹛	Plain Laughingthrush	分布: 1; EC
Garrulax caerulatus	灰胁噪鹛	Grey-sided Laughingthrush	分布: 2; C
Garrulax poecilorhynchus	台湾棕噪鹛	Rusty Laughingthrush	分布: 2; EC
Garrulax berthemyi	棕噪鹛	Buffy Laughingthrush	分布: 2; EC
Garrulax sannio	白颊噪鹛	White-browed Laughingthrush	分布: 1, 2; C
Garrulax mitratus	栗头噪鹛	Chestnut-capped Laughingthrush	分布: 2
Garrulax treacheri	栗冠噪鹛	Chestnut-hooded Laughingthrush	分布: 2
Garrulax merulinus	斑胸噪鹛	Spot-breasted Laughingthrush	分布: 2; C
Garrulax annamensis	橙胸噪鹛	Orange-breasted Laughingthrush	分布: 2
Garrulax lugubris	黑噪鹛	Black Laughingthrush	分布: 2

Garrulax calvus	裸头噪鹛	Bare-headed Laughingthrush	分布: 2
Grammatoptila striata	条纹噪鹛	Striated Laughingthrush	分布: 2; C
Trochalopteron lineatum	细纹噪鹛	Streaked Laughingthrush	分布: 1, 2; C
Trochalopteron imbricatum	丽星噪鹛	Bhutan Laughingthrush	分布: 2
Trochalopteron virgatum	纹耳噪鹛	Striped Laughingthrush	分布: 2
Trochalopteron austeni	褐顶噪鹛	Brown-capped Laughingthrush	分布: 2
Trochalopteron squamatum	蓝翅噪鹛	Blue-winged Laughingthrush	分布: 2; C
Trochalopteron subunicolor	纯色噪鹛	Scaly Laughingthrush	分布: 2; C
Trochalopteron elliotii	橙翅噪鹛	Elliot's Laughingthrush	分布: 1, 2; EC
Trochalopteron henrici	灰腹噪鹛	Brown-cheeked Laughingthrush	分布: 1, 2; EC
Trochalopteron affine	黑顶噪鹛	Black-faced Laughingthrush	分布: 1, 2; C
Trochalopteron morrisonianum	台湾噪鹛	White-whiskered Laughingthrush	分布: 2; EC
Trochalopteron variegatum	杂色噪鹛	Variegated Laughingthrush	分布: 1, 2; C
Trochalopteron erythrocephalum	红头噪鹛	Chestnut-crowned Laughingthrush	分布: 2; C
Trochalopteron chrysopterum	红顶噪鹛	Assam Laughingthrush	分布: 2; C
Trochalopteron melanostigma	银耳噪鹛	Silver-eared Laughingthrush	分布: 2; C
Trochalopteron ngoclinhense	金翅噪鹛	Golden-winged Laughingthrush	分布: 2
Trochalopteron peninsulae	马来噪鹛	Malayan Laughingthrush	分布: 2
Trochalopteron yersini	纹枕噪鹛	Collared Laughingthrush	分布: 2
Trochalopteron formosum	红翅噪鹛	Red-winged Laughingthrush	分布: 2; C
Trochalopteron milnei	红尾噪鹛	Red-tailed Laughingthrush	分布: 2; C
Montecincla jerdoni	白胸噪鹛	Banasura Laughingthrush	分布: 2
Montecincla fairbanki	暗灰胸噪鹛	Palani Laughingthrush	分布: 2
Montecincla meridionale	棕胁噪鹛	Ashambu Laughingthrush	分布: 2
Montecincla trochalopteron	灰颈噪鹛	Nilgiri Laughingthrush	分布: 2
Cutia nipalensis	斑胁姬鹛	Himalayan Cutia	分布: 2; C
Cutia legalleni	越南姬鹛	Vietnamese Cutia	分布: 2
Actinodura cyanouroptera	蓝翅希鹛	Blue-winged Minla	分布: 2; C
Actinodura strigula	斑喉希鹛	Bar-throated Minla	分布: 2; C
Minla ignotincta	火尾希鹛	Red-tailed Minla	分布: 2; C
Liocichla phoenicea	灰头薮鹛	Red-faced Liocichla	分布: 2; C
Liocichla ripponi	红翅薮鹛	Scarlet-faced Liocichla	分布: 2; C
Liocichla omeiensis	灰胸薮鹛	Emei Shan Liocichla	分布: 2; EC
Liocichla bugunorum	黑冠薮鹛	Bugun Liocichla	分布: 2; C
Liocichla steerii	黄痣薮鹛	Steere's Liocichla	分布: 2; EC
Actinodura egertoni	栗额斑翅鹛	Rusty-fronted Barwing	分布: 2; C
Actinodura ramsayi	白眶斑翅鹛	Spectacled Barwing	分布: 2; C
Actinodura sodangorum	黑冠斑翅鹛	Black-crowned Barwing	分布: 2
Sibia nipalensis	纹头斑翅鹛	Hoary-throated Barwing	分布: 2; C
Sibia waldeni	纹胸斑翅鹛	Streak-throated Barwing	分布: 2; C
Sibia souliei	灰头斑翅鹛	Streaked Barwing	分布: 2; C

Sibia morrisoniana	台湾斑翅鹛	Taiwan Barwing	分布: 2; EC
Leiothrix argentauris	银耳相思鸟	Silver-eared Mesia	分布: 2; C
Leiothrix lutea	红嘴相思鸟	Red-billed Leiothrix	分布: 2; C
Laniellus langbianis	灰冠南洋鹛	Grey-crowned Crocias	分布: 2
Laniellus albonotatus	斑南洋鹛	Spotted Crocias	分布: 2
Leioptila annectens	栗背奇鹛	Rufous-backed Sibia	分布: 2; C
Heterophasia capistrata	黑顶奇鹛	Rufous Sibia	分布: 2; C
Heterophasia gracilis	灰奇鹛	Grey Sibia	分布: 2; C
Heterophasia melanoleuca	黑头奇鹛	Dark-backed Sibia	分布: 2; C
Heterophasia desgodinsi	黑耳奇鹛	Black-headed Sibia	分布: 2
Heterophasia auricularis	白耳奇鹛	White-eared Sibia	分布: 2; EC
Heterophasia pulchella	丽色奇鹛	Beautiful Sibia	分布: 2; C
Heterophasia picaoides	长尾奇鹛	Long-tailed Sibia	分布: 2; C

91. 旋木雀科 Certhiidae (Treecreepers) 2属 11种

Certhia familiaris	旋木雀	Eurasian Treecreeper	分布: 1, 2; C
Certhia hodgsoni	霍氏旋木雀	Hodgson's Treecreeper	分布: 1, 2; C
Certhia americana	美洲旋木雀	Brown Creeper	分布: 5, 6
Certhia brachydactyla	短趾旋木雀	Short-toed Treecreeper	分布: 1
Certhia himalayana	高山旋木雀	Bar-tailed Treecreeper	分布: 1, 2; C
Certhia nipalensis	红腹旋木雀	Rusty-flanked Treecreeper	分布: 2; C
Certhia discolor	褐喉旋木雀	Sikkim Treecreeper	分布: 2; C
Certhia manipurensis	休氏旋木雀	Hume's Treecreeper	分布: 2; C
Certhia tianquanensis	四川旋木雀	Sichuan Treecreeper	分布: 2; EC
Salpornis spilonota	斑旋木雀	Indian Spotted Creeper	分布: 2, 3
Salpornis salvadori	非洲斑旋木雀	African Spotted Creeper	分布: 3

92. 䴓科 Sittidae (Nuthatches) 2属 29种

Sitta europaea	普通䴓	Eurasian Nuthatch	分布: 1, 2; C
Sitta arctica	西伯利亚䴓	Siberian Nuthatch	分布: 1
Sitta nagaensis	栗臀䴓	Chestnut-vented Nuthatch	分布: 2; C
Sitta cashmirensis	克什米尔䴓	Kashmir Nuthatch	分布: 2
Sitta castanea	印度䴓	Indian Nuthatch	分布: 2; C
Sitta cinnamoventris	栗腹䴓	Chestnut-bellied Nuthatch	分布: 2; C
Sitta neglecta	缅甸䴓	Burmese Nuthatch	分布: 2
Sitta himalayensis	白尾䴓	White-tailed Nuthatch	分布: 2; C
Sitta victoriae	白眉䴓	White-browed Nuthatch	分布: 2
Sitta pygmaea	小䴓	Pygmy Nuthatch	分布: 5, 6
Sitta pusilla	褐头䴓	Brown-headed Nuthatch	分布: 5
Sitta whiteheadi	科西嘉䴓	Corsican Nuthatch	分布: 6
Sitta ledanti	阿尔及利亚䴓	Algerian Nuthatch	分布: 1
Sitta krueperi	克氏䴓	Krüper's Nuthatch	分布: 1
Sitta yunnanensis	滇䴓	Yunnan Nuthatch	分布: 2; EC

Sitta canadensis	红胸䴓	Red-breasted Nuthatch	分布: 5
Sitta villosa	黑头䴓	Chinese Nuthatch	分布: 1; C
Sitta leucopsis	喜山䴓	White-cheeked Nuthatch	分布: 2; C
Sitta przewalskii	白脸䴓	Przevalski's Nuthatch	分布: 1, 2; EC
Sitta carolinensis	白胸䴓	White-breasted Nuthatch	分布: 5
Sitta neumayer	岩䴓	Western Rock Nuthatch	分布: 1
Sitta tephronota	东岩䴓	Eastern Rock Nuthatch	分布: 1
Sitta frontalis	绒额䴓	Velvet-fronted Nuthatch	分布: 2; C
Sitta solangiae	淡紫䴓	Yellow-billed Nuthatch	分布: 2; C
Sitta oenochlamys	黄嘴䴓	Sulphur-billed Nuthatch	分布: 2
Sitta azurea	蓝䴓	Blue Nuthatch	分布: 2
Sitta magna	巨䴓	Giant Nuthatch	分布: 2; C
Sitta formosa	丽䴓	Beautiful Nuthatch	分布: 2; C
Tichodroma muraria	红翅旋壁雀	Wallcreeper	分布: 1, 2; C

93. 蚋莺科 Polioptilidae (Gnatcatchers) 3 属 14 种

Microbates collaris	领蚋莺	Collared Gnatwren	分布: 6
Microbates cinereiventris	半领蚋莺	Tawny-faced Gnatwren	分布: 6
Ramphocaenus melanurus	长嘴蚋莺	Long-billed Gnatwren	分布: 6
Polioptila caerulea	灰蓝蚋莺	Blue-grey Gnatcatcher	分布: 5, 6
Polioptila melanura	黑尾蚋莺	Black-tailed Gnatcatcher	分布: 5, 6
Polioptila californica	加州蚋莺	California Gnatcatcher	分布: 5
Polioptila lembeyei	古巴蚋莺	Cuban Gnatcatcher	分布: 6
Polioptila albiloris	白眼先蚋莺	White-lored Gnatcatcher	分布: 6
Polioptila nigriceps	黑顶蚋莺	Black-capped Gnatcatcher	分布: 6
Polioptila plumbea	热带蚋莺	Tropical Gnatcatcher	分布: 6
Polioptila lactea	白腹蚋莺	Creamy-bellied Gnatcatcher	分布: 6
Polioptila guianensis	圭亚那蚋莺	Guianan Gnatcatcher	分布: 6
Polioptila schistaceigula	灰喉蚋莺	Slate-throated Gnatcatcher	分布: 6
Polioptila dumicola	花脸蚋莺	Masked Gnatcatcher	分布: 6

94. 鹪鹩科 Troglodytidae (Wrens) 19 属 87 种

Campylorhynchus albobrunneus	白头曲嘴鹪鹩	White-headed Wren	分布: 6
Campylorhynchus zonatus	斑背曲嘴鹪鹩	Band-backed Wren	分布: 6
Campylorhynchus megalopterus	灰斑曲嘴鹪鹩	Grey-barred Wren	分布: 6
Campylorhynchus nuchalis	纹背曲嘴鹪鹩	Stripe-backed Wren	分布: 6
Campylorhynchus fasciatus	横斑曲嘴鹪鹩	Fasciated Wren	分布: 6
Campylorhynchus chiapensis	大曲嘴鹪鹩	Giant Wren	分布: 6
Campylorhynchus griseus	灰曲嘴鹪鹩	Bicolored Wren	分布: 6
Campylorhynchus rufinucha	棕颈曲嘴鹪鹩	Rufous-naped Wren	分布: 6
Campylorhynchus humilis	斯氏曲嘴鹪鹩	Sclater's Wren	分布: 6

Campylorhynchus capistratus	棕背曲嘴鹪鹩	Rufous-backed Wren	分布: 6
Campylorhynchus gularis	斑曲嘴鹪鹩	Spotted Wren	分布: 6
Campylorhynchus jocosus	波氏曲嘴鹪鹩	Boucard's Wren	分布: 6
Campylorhynchus yucatanicus	尤卡曲嘴鹪鹩	Yucatan Wren	分布: 6
Campylorhynchus brunneicapillus	棕曲嘴鹪鹩	Cactus Wren	分布: 5, 6
Campylorhynchus turdinus	拟鸫曲嘴鹪鹩	Thrush-like Wren	分布: 6
Odontorchilus branickii	灰背锯嘴鹪鹩	Grey-mantled Wren	分布: 6
Odontorchilus cinereus	锯嘴鹪鹩	Tooth-billed Wren	分布: 6
Salpinctes obsoletus	岩鹪鹩	Rock Wren	分布: 5, 6
Catherpes mexicanus	墨西哥鹪鹩	Canyon Wren	分布: 5, 6
Hylorchilus sumichrasti	细嘴鹪鹩	Sumichrast's Wren	分布: 6
Hylorchilus navai	内氏鹪鹩	Nava's Wren	分布: 6
Cinnycerthia unirufa	棕鹪鹩	Rufous Wren	分布: 6
Cinnycerthia olivascens	夏氏鹪鹩	Sharpe's Wren	分布: 6
Cinnycerthia peruana	棕褐鹪鹩	Peruvian Wren	分布: 6
Cinnycerthia fulva	茶色鹪鹩	Fulvous Wren	分布: 6
Cistothorus stellaris	北美沼泽鹪鹩	Sedge Wren	分布: 5
Cistothorus meridae	沼泽鹪鹩	Merida Wren	分布: 6
Cistothorus apolinari	阿氏沼泽鹪鹩	Apolinar's Wren	分布: 6
Cistothorus platensis	短嘴沼泽鹪鹩	Grass Wren	分布: 5, 6
Cistothorus palustris	长嘴沼泽鹪鹩	Marsh Wren	分布: 5, 6
Thryomanes bewickii	比氏苇鹪鹩	Bewick's Wren	分布: 5, 6
Ferminia c333cerverai	扎巴鹪鹩	Zapata Wren	分布: 6
Pheugopedius atrogularis	黑喉苇鹪鹩	Black-throated Wren	分布: 6
Pheugopedius spadix	黑头苇鹪鹩	Sooty-headed Wren	分布: 6
Pheugopedius fasciatoventris	黑腹苇鹪鹩	Black-bellied Wren	分布: 6
Pheugopedius euophrys	淡尾苇鹪鹩	Plain-tailed Wren	分布: 6
Pheugopedius eisenmanni	印加苇鹪鹩	Inca Wren	分布: 6
Pheugopedius genibarbis	须苇鹪鹩	Moustached Wren	分布: 6
Pheugopedius mystacalis	髯苇鹪鹩	Whiskered Wren	分布: 6
Pheugopedius coraya	科拉苇鹪鹩	Coraya Wren	分布: 6
Pheugopedius felix	快乐苇鹪鹩	Happy Wren	分布: 6
Pheugopedius maculipectus	斑胸苇鹪鹩	Spot-breasted Wren	分布: 6
Pheugopedius rutilus	棕胸苇鹪鹩	Rufous-breasted Wren	分布: 6
Pheugopedius sclateri	鳞胸苇鹪鹩	Speckle-breasted Wren	分布: 6
Thryophilus pleurostictus	斑苇鹪鹩	Banded Wren	分布: 6
Thryophilus rufalbus	棕白苇鹪鹩	Rufous-and-white Wren	分布: 6
Thryophilus sernai	淡脸苇鹪鹩	Antioquia Wren	分布: 6
Thryophilus nicefori	尼氏苇鹪鹩	Niceforo's Wren	分布: 6
Thryophilus sinaloa	斑臀苇鹪鹩	Sinaloa Wren	分布: 6
Cantorchilus modestus	纯色苇鹪鹩	Plain Wren	分布: 6

Cantorchilus zeledoni	灰冠苇鹪鹩	Canebrake Wren	分布: 6
Cantorchilus leucotis	黄胸苇鹪鹩	Buff-breasted Wren	分布: 6
Cantorchilus superciliaris	纹眉苇鹪鹩	Superciliated Wren	分布: 6
Cantorchilus guarayanus	褐胸苇鹪鹩	Fawn-breasted Wren	分布: 6
Cantorchilus longirostris	长嘴苇鹪鹩	Long-billed Wren	分布: 6
Cantorchilus griseus	灰苇鹪鹩	Grey Wren	分布: 6
Cantorchilus semibadius	滨苇鹪鹩	Riverside Wren	分布: 6
Cantorchilus nigricapillus	栗苇鹪鹩	Bay Wren	分布: 6
Cantorchilus thoracicus	纹胸苇鹪鹩	Stripe-breasted Wren	分布: 6
Cantorchilus leucopogon	纹喉苇鹪鹩	Stripe-throated Wren	分布: 6
Thryothorus ludovicianus	卡罗苇鹪鹩	Carolina Wren	分布: 5, 6
Troglodytes troglodytes	鹪鹩	Eurasian Wren	分布: 1, 2; C
Troglodytes hiemalis	冬鹪鹩	Winter Wren	分布: 5
Troglodytes pacificus	阿拉斯加鹪鹩	Pacific Wren	分布: 5
Troglodytes tanneri	号声鹪鹩	Clarion Wren	分布: 6
Troglodytes aedon	莺鹪鹩	House Wren	分布: 5, 6
Troglodytes cobbi	科氏鹪鹩	Cobb's Wren	分布: 6
Troglodytes sissonii	索科罗苇鹪鹩	Socorro Wren	分布: 6
Troglodytes rufociliatus	棕眉鹪鹩	Rufous-browed Wren	分布: 6
Troglodytes ochraceus	赭鹪鹩	Ochraceous Wren	分布: 6
Troglodytes solstitialis	山鹪鹩	Mountain Wren	分布: 6
Troglodytes monticola	圣岛鹪鹩	Santa Marta Wren	分布: 6
Troglodytes rufulus	淡红鹪鹩	Tepui Wren	分布: 6
Thryorchilus browni	高山鹪鹩	Timberline Wren	分布: 6
Uropsila leucogastra	白腹鹪鹩	White-bellied Wren	分布: 6
Henicorhina leucosticta	白胸林鹩	White-breasted Wood Wren	分布: 3
Henicorhina leucophrys	灰胸林鹩	Grey-breasted Wood Wren	分布: 6
Henicorhina anachoreta	隐林鹩	Hermit Wood Wren	分布: 6
Henicorhina leucoptera	斑翅林鹩	Bar-winged Wood Wren	分布: 6
Henicorhina negreti	斑腹林鹩	Munchique Wood Wren	分布: 6
Microcerculus philomela	夜莺鹪鹩	Northern Nightingale-wren	分布: 6
Microcerculus marginatus	鳞胸鹪鹩	Southern Nightingale-wren	分布: 6
Microcerculus ustulatus	笛声鹪鹩	Flutist Wren	分布: 6
Microcerculus bambla	斑翅鹪鹩	Wing-banded Wren	分布: 6
Cyphorhinus thoracicus	栗胸歌鹪鹩	Chestnut-breasted Wren	分布: 6
Cyphorhinus arada	歌鹪鹩	Musician Wren	分布: 6
Cyphorhinus phaeocephalus	鸣鹪鹩	Song Wren	分布: 6

95. 河乌科　Cinclidae　(Dippers)　1 属　5 种

Cinclus cinclus	河乌	White-throated Dipper	分布: 1, 2; C
Cinclus pallasii	褐河乌	Brown Dipper	分布: 1, 2; C
Cinclus mexicanus	美洲河乌	American Dipper	分布: 5, 6

| *Cinclus leucocephalus* | 白顶河乌 | White-capped Dipper | 分布: 6 |
| *Cinclus schulzii* | 棕喉河乌 | Rufous-throated Dipper | 分布: 6 |

96. 牛椋鸟科 Buphagidae (Oxpeckers) 1 属 2 种

| *Buphagus africanus* | 黄嘴牛椋鸟 | Yellow-billed Oxpecker | 分布: 3 |
| *Buphagus erythrorynchus* | 红嘴牛椋鸟 | Red-billed Oxpecker | 分布: 3 |

97. 嘲鸫科 Mimidae (Mockingbirds and Thrashers) 10 属 34 种

Dumetella carolinensis	灰嘲鸫	Grey Catbird	分布: 5, 6
Melanoptila glabrirostris	黑嘲鸫	Black Catbird	分布: 6
Mimus polyglottos	小嘲鸫	Northern Mockingbird	分布: 5, 6
Mimus gilvus	热带小嘲鸫	Tropical Mockingbird	分布: 6
Mimus gundlachii	巴哈马小嘲鸫	Bahama Mockingbird	分布: 6
Mimus thenca	智利小嘲鸫	Chilean Mockingbird	分布: 6
Mimus longicaudatus	长尾小嘲鸫	Long-tailed Mockingbird	分布: 6
Mimus saturninus	淡褐小嘲鸫	Chalk-browed Mockingbird	分布: 6
Mimus patagonicus	南美小嘲鸫	Patagonian Mockingbird	分布: 6
Mimus triurus	白斑小嘲鸫	White-banded Mockingbird	分布: 6
Mimus dorsalis	棕背小嘲鸫	Brown-backed Mockingbird	分布: 6
Mimus parvulus	加岛嘲鸫	Galapagos Mockingbird	分布: 6
Mimus trifasciatus	查尔斯嘲鸫	Floreana Mockingbird	分布: 6
Mimus macdonaldi	冠嘲鸫	Espanola Mockingbird	分布: 6
Mimus melanotis	圣岛嘲鸫	San Cristobal Mockingbird	分布: 6
Mimus graysoni	索科罗嘲鸫	Socorro Mockingbird	分布: 6
Oreoscoptes montanus	高山弯嘴嘲鸫	Sage Thrasher	分布: 5, 6
Toxostoma rufum	褐弯嘴嘲鸫	Brown Thrasher	分布: 5
Toxostoma longirostre	长弯嘴嘲鸫	Long-billed Thrasher	分布: 6
Toxostoma guttatum	斑弯嘴嘲鸫	Cozumel Thrasher	分布: 6
Toxostoma cinereum	灰弯嘴嘲鸫	Grey Thrasher	分布: 5, 6
Toxostoma bendirei	本氏弯嘴嘲鸫	Bendire's Thrasher	分布: 5, 6
Toxostoma ocellatum	墨西哥弯嘴嘲鸫	Ocellated Thrasher	分布: 6
Toxostoma curvirostre	弯嘴嘲鸫	Curve-billed Thrasher	分布: 5, 6
Toxostoma redivivum	加州弯嘴嘲鸫	California Thrasher	分布: 5
Toxostoma crissale	栗臀弯嘴嘲鸫	Crissal Thrasher	分布: 5, 6
Toxostoma lecontei	勒氏弯嘴嘲鸫	LeConte's Thrasher	分布: 5, 6
Ramphocinclus brachyurus	白胸嘲鸫	White-breasted Thrasher	分布: 6
Melanotis caerulescens	蓝嘲鸫	Blue Mockingbird	分布: 6
Melanotis hypoleucus	蓝白嘲鸫	Blue-and-white Mockingbird	分布: 6
Allenia fusca	鳞胸嘲鸫	Scaly-breasted Thrasher	分布: 6
Margarops fuscatus	珠眼嘲鸫	Pearly-eyed Thrasher	分布: 6
Cinclocerthia ruficauda	红尾旋木嘲鸫	Brown Trembler	分布: 6
Cinclocerthia gutturalis	灰旋木嘲鸫	Grey Trembler	分布: 6

98. 椋鸟科　Sturnidae　(Starlings)　33 属　115 种

Aplonis metallica	群辉椋鸟	Metallic Starling	分布: 4
Aplonis circumscripta	紫冠辉椋鸟	Violet-hooded Starling	分布: 4
Aplonis mystacea	黄眼辉椋鸟	Yellow-eyed Starling	分布: 4
Aplonis cantoroides	小辉椋鸟	Singing Starling	分布: 4
Aplonis crassa	塔宁辉椋鸟	Tanimbar Starling	分布: 4
Aplonis feadensis	环礁辉椋鸟	Atoll Starling	分布: 4
Aplonis insularis	伦岛辉椋鸟	Rennell Starling	分布: 4
Aplonis magna	长尾辉椋鸟	Long-tailed Starling	分布: 3
Aplonis brunneicapillus	白眼辉椋鸟	White-eyed Starling	分布: 4
Aplonis grandis	褐翅辉椋鸟	Brown-winged Starling	分布: 4
Aplonis dichroa	圣克托辉椋鸟	Makira Starling	分布: 4
Aplonis zelandica	棕翅辉椋鸟	Rusty-winged Starling	分布: 4
Aplonis striata	纹辉椋鸟	Striated Starling	分布: 4
Aplonis santovestris	山辉椋鸟	Mountain Starling	分布: 4
Aplonis panayensis	亚洲辉椋鸟	Asian Glossy Starling	分布: 2, 4; C
Aplonis mysolensis	摩鹿加辉椋鸟	Moluccan Starling	分布: 4
Aplonis minor	短尾辉椋鸟	Short-tailed Starling	分布: 4
Aplonis opaca	花辉椋鸟	Micronesian Starling	分布: 4
Aplonis tabuensis	玻利辉椋鸟	Polynesian Starling	分布: 4
Aplonis atrifusca	萨摩亚辉椋鸟	Samoan Starling	分布: 4
Aplonis cinerascens	拉岛辉椋鸟	Rarotonga Starling	分布: 4
Mino dumontii	黄脸树八哥	Yellow-faced Myna	分布: 4
Mino kreffti	长尾树八哥	Long-tailed Myna	分布: 4
Mino anais	金树八哥	Golden Myna	分布: 4
Basilornis celebensis	苏拉王椋鸟	Sulawesi Myna	分布: 4
Basilornis galeatus	大王椋鸟	Helmeted Myna	分布: 4
Basilornis corythaix	长冠王椋鸟	Long-crested Myna	分布: 4
Goodfellowia miranda	阿波王椋鸟	Apo Myna	分布: 4
Sarcops calvus	秃椋鸟	Coleto	分布: 2
Streptocitta albicollis	白颈鹊椋鸟	White-necked Myna	分布: 4
Streptocitta albertinae	裸眼鹊椋鸟	Bare-eyed Myna	分布: 4
Enodes erythrophris	火眉红椋鸟	Fiery-browed Starling	分布: 4
Scissirostrum dubium	雀嘴八哥	Grosbeak Starling	分布: 4
Saroglossa spilopterus	斑翅椋鸟	Spot-winged Starling	分布: 2; C
Ampeliceps coronatus	金冠树八哥	Golden-crested Myna	分布: 2; C
Gracula ptilogenys	斯里兰卡鹩哥	Sri Lanka Hill Myna	分布: 2
Gracula religiosa	鹩哥	Common Hill Myna	分布: 2, 4; C
Gracula indica	南鹩哥	Southern Hill Myna	分布: 2
Gracula robusta	尼岛鹩哥	Nias Hill Myna	分布: 2
Gracula enganensis	恩岛鹩哥	Enggano Hill Myna	分布: 2

Acridotheres grandis	林八哥	Great Myna	分布: 2; C
Acridotheres cristatellus	八哥	Crested Myna	分布: 1, 2; C
Acridotheres javanicus	爪哇八哥	Javan Myna	分布: 2; C
Acridotheres cinereus	淡腹八哥	Pale-bellied Myna	分布: 4
Acridotheres fuscus	丛林八哥	Jungle Myna	分布: 2
Acridotheres albocinctus	白领八哥	Collared Myna	分布: 2; C
Acridotheres ginginianus	灰背岸八哥	Bank Myna	分布: 2
Acridotheres tristis	家八哥	Common Myna	分布: 2; C
Acridotheres melanopterus	黑翅椋鸟	Black-winged Starling	分布: 2
Acridotheres burmannicus	红嘴椋鸟	Vinous-breasted Starling	分布: 2; C
Spodiopsar sericeus	丝光椋鸟	Red-billed Starling	分布: 1, 2; C
Spodiopsar cineraceus	灰椋鸟	White-cheeked Starling	分布: 1, 2; C
Gracupica nigricollis	黑领椋鸟	Black-collared Starling	分布: 2; C
Gracupica contra	斑椋鸟	Pied Myna	分布: 2; C
Agropsar sturninus	北椋鸟	Daurian Starling	分布: 1, 2; C
Agropsar philippensis	紫背椋鸟	Chestnut-cheeked Starling	分布: 1, 2, 4; C
Sturnia sinensis	灰背椋鸟	White-shouldered Starling	分布: 2; C
Sturnia malabarica	灰头椋鸟	Chestnut-tailed Starling	分布: 2; C
Sturnia erythropygia	白头椋鸟	White-headed Starling	分布: 2
Sturnia pagodarum	黑冠椋鸟	Brahminy Starling	分布: 2; C
Sturnornis albofrontatus	白脸椋鸟	White-faced Starling	分布: 2
Leucopsar rothschildi	长冠八哥	Bali Myna	分布: 2
Pastor roseus	粉红椋鸟	Rosy Starling	分布: 1, 2; C
Sturnus vulgaris	紫翅椋鸟	Common Starling	分布: 1, 2; C
Sturnus unicolor	纯色椋鸟	Spotless Starling	分布: 1
Creatophora cinerea	肉垂椋鸟	Wattled Starling	分布: 3
Notopholia corusca	黑腹辉椋鸟	Black-bellied Starling	分布: 3
Hylopsar purpureiceps	紫头辉椋鸟	Purple-headed Starling	分布: 3
Hylopsar cupreocauda	铜尾辉椋鸟	Copper-tailed Starling	分布: 3
Lamprotornis nitens	红肩辉椋鸟	Cape Starling	分布: 3
Lamprotornis chalybaeus	蓝耳丽椋鸟	Greater Blue-eared Starling	分布: 3
Lamprotornis chloropterus	小蓝耳辉椋鸟	Lesser Blue-eared Starling	分布: 3
Lamprotornis chalcurus	铜绿辉椋鸟	Bronze-tailed Starling	分布: 3
Lamprotornis splendidus	彩辉椋鸟	Splendid Starling	分布: 3
Lamprotornis ornatus	丽辉椋鸟	Principe Starling	分布: 3
Lamprotornis iris	翠辉椋鸟	Emerald Starling	分布: 3
Lamprotornis purpureus	紫辉椋鸟	Purple Starling	分布: 3
Lamprotornis purpuroptera	卢氏丽椋鸟	Rüppell's Starling	分布: 3
Lamprotornis caudatus	长尾丽椋鸟	Long-tailed Glossy Starling	分布: 3
Lamprotornis regius	金胸丽椋鸟	Golden-breasted Starling	分布: 3
Lamprotornis mevesii	米氏辉椋鸟	Meves's Starling	分布: 3
Lamprotornis australis	巨辉椋鸟	Burchell's Starling	分布: 3

Lamprotornis acuticaudus	楔尾辉椋鸟	Sharp-tailed Starling	分布: 3
Lamprotornis superbus	栗头丽椋鸟	Superb Starling	分布: 3
Lamprotornis hildebrandti	希氏丽椋鸟	Hildebrandt's Starling	分布: 3
Lamprotornis shelleyi	谢氏丽椋鸟	Shelley's Starling	分布: 3
Lamprotornis pulcher	栗腹丽椋鸟	Chestnut-bellied Starling	分布: 3
Lamprotornis unicolor	灰丽椋鸟	Ashy Starling	分布: 3
Lamprotornis fischeri	费氏丽椋鸟	Fischer's Starling	分布: 3
Lamprotornis bicolor	非洲丽椋鸟	Pied Starling	分布: 3
Lamprotornis albicapillus	白冠丽椋鸟	White-crowned Starling	分布: 3
Hartlaubius auratus	马岛八哥	Madagascan Starling	分布: 3
Cinnyricinclus leucogaster	白腹紫椋鸟	Violet-backed Starling	分布: 3
Onychognathus morio	红翅椋鸟	Red-winged Starling	分布: 3
Onychognathus tenuirostris	细嘴栗翅椋鸟	Slender-billed Starling	分布: 3
Onychognathus fulgidus	栗翅椋鸟	Chestnut-winged Starling	分布: 3
Onychognathus walleri	高山栗翅椋鸟	Waller's Starling	分布: 3
Onychognathus blythii	索马里栗翅椋鸟	Somali Starling	分布: 3
Onychognathus frater	索岛栗翅椋鸟	Socotra Starling	分布: 3
Onychognathus tristramii	红海栗翅椋鸟	Tristram's Starling	分布: 3
Onychognathus nabouroup	淡栗翅椋鸟	Pale-winged Starling	分布: 3
Onychognathus salvadorii	须冠栗翅椋鸟	Bristle-crowned Starling	分布: 3
Onychognathus albirostris	白嘴栗翅椋鸟	White-billed Starling	分布: 3
Onychognathus neumanni	诺氏栗翅椋鸟	Neumann's Starling	分布: 3
Poeoptera stuhlmanni	斯氏狭尾椋鸟	Stuhlmann's Starling	分布: 3
Poeoptera kenricki	肯氏狭尾椋鸟	Kenrick's Starling	分布: 3
Poeoptera lugubris	狭尾椋鸟	Narrow-tailed Starling	分布: 3
Poeoptera femoralis	艾氏紫椋鸟	Abbott's Starling	分布: 3
Pholia sharpii	黄腹紫椋鸟	Sharpe's Starling	分布: 3
Grafisia torquata	白领椋鸟	White-collared Starling	分布: 3
Speculipastor bicolor	鹊椋鸟	Magpie Starling	分布: 3
Neocichla gutturalis	白翅噪椋鸟	Babbling Starling	分布: 3
Rhabdornis mystacalis	纹胁旋椋鸟	Stripe-headed Rhabdornis	分布: 2
Rhabdornis inornatus	纹胸旋椋鸟	Stripe-breasted Rhabdornis	分布: 2
Rhabdornis grandis	长嘴旋椋鸟	Grand Rhabdornis	分布: 2

99. 鸫科 Turdidae (Thrushes) 19 属   165 种

Neocossyphus rufus	红尾蚁鸫	Red-tailed Ant Thrush	分布: 3
Neocossyphus poensis	白尾蚁鸫	White-tailed Ant Thrush	分布: 3
Stizorhina fraseri	弗氏蚁鸫	Fraser's Rufous Thrush	分布: 3
Stizorhina finschi	芬氏蚁鸫	Finsch's Rufous Thrush	分布: 3
Geokichla schistacea	青背地鸫	Slaty-backed Thrush	分布: 4
Geokichla dumasi	摩鹿加地鸫	Buru Thrush	分布: 4
Geokichla joiceyi	斯岛地鸫	Seram Thrush	分布: 4

Geokichla interpres	栗顶地鸫	Chestnut-capped Thrush	分布: 2
Geokichla leucolaema	恩岛地鸫	Enggano Thrush	分布: 2
Geokichla erythronota	红背地鸫	Red-backed Thrush	分布: 4
Geokichla mendeni	红黑地鸫	Red-and-black Thrush	分布: 4
Geokichla dohertyi	栗背地鸫	Chestnut-backed Thrush	分布: 4
Geokichla wardii	杂色地鸫	Pied Thrush	分布: 2
Geokichla cinerea	灰地鸫	Ashy Thrush	分布: 2
Geokichla peronii	橙斑地鸫	Orange-sided Thrush	分布: 4
Geokichla citrina	橙头地鸫	Orange-headed Thrush	分布: 2; C
Geokichla sibirica	白眉地鸫	Siberian Thrush	分布: 1, 2; C
Geokichla piaggiae	埃塞地鸫	Abyssinian Ground Thrush	分布: 3
Geokichla crossleyi	科氏地鸫	Crossley's Ground Thrush	分布: 3
Geokichla gurneyi	橙色地鸫	Orange Ground Thrush	分布: 3
Geokichla oberlaenderi	澳氏地鸫	Oberländer's Ground Thrush	分布: 3
Geokichla camaronensis	黑耳地鸫	Black-eared Ground Thrush	分布: 3
Geokichla princei	灰色地鸫	Grey Ground Thrush	分布: 3
Geokichla guttata	斑地鸫	Spotted Ground Thrush	分布: 3
Geokichla spiloptera	斑翅地鸫	Spot-winged Thrush	分布: 2
Geomalia heinrichi	苏拉山鸫	Geomalia	分布: 4
Zoothera everetti	埃氏地鸫	Everett's Thrush	分布: 2
Zoothera andromedae	巽他地鸫	Sunda Thrush	分布: 2
Zoothera mollissima	淡背地鸫	Alpine Thrush	分布: 2; C
Zoothera griseiceps	四川淡背地鸫	Sichuan Thrush	分布: 2; C
Zoothera salimalii	喜山淡背地鸫	Himalayan Thrush	分布: 2; C
Zoothera dixoni	长尾地鸫	Long-tailed Thrush	分布: 2; C
Zoothera aurea	虎斑地鸫	White's Thrush	分布: 1, 2; C
Zoothera major	琉球地鸫	Amami Thrush	分布: 2
Zoothera dauma	小虎斑地鸫	Scaly Thrush	分布: 2, 4; C
Zoothera machiki	黄胸地鸫	Fawn-breasted Thrush	分布: 2
Zoothera heinei	黄尾地鸫	Russet-tailed Thrush	分布: 4
Zoothera lunulata	绿尾地鸫	Bassian Thrush	分布: 2
Zoothera talaseae	新不列颠地鸫	New Britain Thrush	分布: 4
Zoothera margaretae	圣岛地鸫	Makira Thrush	分布: 4
Zoothera turipavae	瓜岛地鸫	Guadalcanal Thrush	分布: 4
Zoothera monticola	大长嘴地鸫	Long-billed Thrush	分布: 2; C
Zoothera marginata	长嘴地鸫	Dark-sided Thrush	分布: 2; C
Ixoreus naevius	杂色鸫	Varied Thrush	分布: 5
Ridgwayia pinicola	阿兹特克地鸫	Aztec Thrush	分布: 6
Cataponera turdoides	苏拉威西地鸫	Sulawesi Thrush	分布: 4
Grandala coelicolor	蓝大翅鸲	Grandala	分布: 1, 2; C
Sialia sialis	东蓝鸲	Eastern Bluebird	分布: 5, 6
Sialia mexicana	西蓝鸲	Western Bluebird	分布: 5, 6

Sialia currucoides	山蓝鸲	Mountain Bluebird	分布: 5, 6
Myadestes obscurus	夏威夷鸫	Omao	分布: 4
Myadestes myadestinus	考岛孤鸫	Kamao	分布: 4
Myadestes palmeri	小考岛鸫	Puaiohi	分布: 4
Myadestes lanaiensis	拉奈孤鸫	Olomao	分布: 4
Myadestes townsendi	坦氏孤鸫	Townsend's Solitaire	分布: 5, 6
Myadestes occidentalis	褐背孤鸫	Brown-backed Solitaire	分布: 6
Myadestes elisabeth	古巴孤鸫	Cuban Solitaire	分布: 6
Myadestes genibarbis	棕喉孤鸫	Rufous-throated Solitaire	分布: 6
Myadestes melanops	黑脸孤鸫	Black-faced Solitaire	分布: 6
Myadestes coloratus	多色孤鸫	Varied Solitaire	分布: 6
Myadestes ralloides	安第斯孤鸫	Andean Solitaire	分布: 6
Myadestes unicolor	灰孤鸫	Slate-colored Solitaire	分布: 6
Cichlopsis leucogenys	棕褐孤鸫	Rufous-brown Solitaire	分布: 6
Catharus gracilirostris	黑嘴夜鸫	Black-billed Nightingale-thrush	分布: 6
Catharus aurantiirostris	橙腹夜鸫	Orange-billed Nightingale-thrush	分布: 6
Catharus fuscater	灰背夜鸫	Slaty-backed Nightingale-thrush	分布: 6
Catharus occidentalis	茶色夜鸫	Russet Nightingale-thrush	分布: 6
Catharus frantzii	红顶夜鸫	Ruddy-capped Nightingale-thrush	分布: 6
Catharus mexicanus	黑头夜鸫	Black-headed Nightingale-thrush	分布: 6
Catharus dryas	斑夜鸫	Gould's Nightingale-thrush	分布: 6
Catharus fuscescens	棕夜鸫	Veery	分布: 6
Catharus minimus	灰颊夜鸫	Grey-cheeked Thrush	分布: 5, 6
Catharus bicknelli	比氏夜鸫	Bicknell's Thrush	分布: 5
Catharus ustulatus	斯氏夜鸫	Swainson's Thrush	分布: 5, 6
Catharus guttatus	隐夜鸫	Hermit Thrush	分布: 5, 6
Hylocichla mustelina	棕林鸫	Wood Thrush	分布: 5, 6
Entomodestes coracinus	黑孤鸫	Black Solitaire	分布: 6
Entomodestes leucotis	白耳孤鸫	White-eared Solitaire	分布: 6
Psophocichla litsitsirupa	非洲地鸫	Groundscraper Thrush	分布: 3
Turdus flavipes	黄腿鸫	Yellow-legged Thrush	分布: 6
Turdus leucops	淡眼鸫	Pale-eyed Thrush	分布: 6
Turdus pelios	非洲鸫	African Thrush	分布: 3
Turdus tephronotus	非洲裸眼鸫	Bare-eyed Thrush	分布: 3
Turdus libonyana	橙腹鸫	Kurrichane Thrush	分布: 3
Turdus olivaceofuscus	圣多美鸫	Sao Tome Thrush	分布: 3
Turdus xanthorhynchus	普林西比鸫	Principe Thrush	分布: 3
Turdus olivaceus	橄榄鸫	Olive Thrush	分布: 3
Turdus roehli	乌山鸫	Usambara Thrush	分布: 3
Turdus abyssinicus	东非鸫	Abyssinian Thrush	分布: 3
Turdus smithi	南非鸫	Karoo Thrush	分布: 3
Turdus ludoviciae	索马里鸫	Somali Thrush	分布: 3

Turdus helleri	肯尼亚鸫	Taita Thrush	分布: 3
Turdus menachensis	也门鸫	Yemen Thrush	分布: 1, 3
Turdus bewsheri	科摩罗鸫	Comoros Thrush	分布: 3
Turdus hortulorum	灰背鸫	Grey-backed Thrush	分布: 1, 2; C
Turdus unicolor	蒂氏鸫	Tickell's Thrush	分布: 2; C
Turdus dissimilis	黑胸鸫	Black-breasted Thrush	分布: 2; C
Turdus cardis	乌灰鸫	Japanese Thrush	分布: 1, 2; C
Turdus albocinctus	白颈鸫	White-collared Blackbird	分布: 2; C
Turdus torquatus	环颈鸫	Ring Ouzel	分布: 1
Turdus boulboul	灰翅鸫	Grey-winged Blackbird	分布: 2; C
Turdus merula	欧乌鸫	Common Blackbird	分布: 1, 2; C
Turdus mandarinus	乌鸫	Chinese Blackbird	分布: 2; EC
Turdus maximus	藏乌鸫	Tibetan Blackbird	分布: 2; C
Turdus simillimus	南亚乌鸫	Indian Blackbird	分布: 2
Turdus poliocephalus	岛鸫	Island Thrush	分布: 2, 4; C
Turdus niveiceps	白头鸫	Taiwan Thrush	分布: 2; EC
Turdus rubrocanus	灰头鸫	Chestnut Thrush	分布: 2; C
Turdus kessleri	棕背黑头鸫	Kessler's Thrush	分布: 2; C
Turdus feae	褐头鸫	Grey-sided Thrush	分布: 1, 2; C
Turdus obscurus	白眉鸫	Eyebrowed Thrush	分布: 1, 2; C
Turdus pallidus	白腹鸫	Pale Thrush	分布: 1, 2; C
Turdus chrysolaus	赤胸鸫	Brown-headed Thrush	分布: 1, 2; C
Turdus celaenops	伊岛鸫	Izu Thrush	分布: 1
Turdus atrogularis	黑喉鸫	Black-throated Thrush	分布: 1, 2; C
Turdus ruficollis	赤颈鸫	Red-throated Thrush	分布: 1, 2; C
Turdus naumanni	红尾斑鸫	Naumann's Thrush	分布: 1, 2; C
Turdus eunomus	斑鸫	Dusky Thrush	分布: 1, 2; C
Turdus pilaris	田鸫	Fieldfare	分布: 1; C
Turdus iliacus	白眉歌鸫	Redwing	分布: 1, 2; C
Turdus philomelos	欧歌鸫	Song Thrush	分布: 1, 2; C
Turdus mupinensis	宝兴歌鸫	Chinese Thrush	分布: 1, 2; EC
Turdus viscivorus	槲鸫	Mistle Thrush	分布: 1, 2; C
Turdus fuscater	大棕鸫	Great Thrush	分布: 6
Turdus chiguanco	秘鲁鸫	Chiguanco Thrush	分布: 6
Turdus nigrescens	乌鸲鸫	Sooty Thrush	分布: 6
Turdus infuscatus	美洲黑鸫	Black Thrush	分布: 6
Turdus serranus	辉背鸫	Glossy-black Thrush	分布: 6
Turdus nigriceps	安第斯灰鸫	Andean Slaty Thrush	分布: 6
Turdus subalaris	石鸫	Eastern Slaty Thrush	分布: 6
Turdus reevei	铅背鸫	Plumbeous-backed Thrush	分布: 6
Turdus olivater	黑冠鸫	Black-hooded Thrush	分布: 6
Turdus maranonicus	马谷鸫	Maranon Thrush	分布: 6

Turdus fulviventris	栗腹鸫	Chestnut-bellied Thrush	分布: 6
Turdus rufiventris	棕腹鸫	Rufous-bellied Thrush	分布: 6
Turdus falcklandii	南美鸫	Austral Thrush	分布: 6
Turdus leucomelas	淡胸鸫	Pale-breasted Thrush	分布: 6
Turdus amaurochalinus	淡腹鸫	Creamy-bellied Thrush	分布: 6
Turdus plebejus	美洲山鸫	Mountain Thrush	分布: 6
Turdus ignobilis	黑嘴鸫	Black-billed Thrush	分布: 6
Turdus lawrencii	罗氏鸫	Lawrence's Thrush	分布: 6
Turdus fumigatus	淡臀鸫	Cocoa Thrush	分布: 6
Turdus obsoletus	白臀鸫	Pale-vented Thrush	分布: 6
Turdus hauxwelli	豪氏鸫	Hauxwell's Thrush	分布: 6
Turdus haplochrous	纯色鸫	Unicolored Thrush	分布: 6
Turdus grayi	褐背鸫	Clay-colored Thrush	分布: 6
Turdus nudigenis	裸眼鸫	Spectacled Thrush	分布: 6
Turdus sanchezorum	亚马孙裸眼鸫	Varzea Thrush	分布: 6
Turdus maculirostris	厄瓜多尔鸫	Ecuadorian Thrush	分布: 6
Turdus jamaicensis	白眼鸫	White-eyed Thrush	分布: 6
Turdus assimilis	白喉鸫	White-throated Thrush	分布: 6
Turdus albicollis	南美白颈鸫	White-necked Thrush	分布: 6
Turdus rufopalliatus	棕背鸫鸫	Rufous-backed Thrush	分布: 6
Turdus rufitorques	中美棕颈鸫	Rufous-collared Thrush	分布: 6
Turdus migratorius	旅鸫	American Robin	分布: 5, 6
Turdus swalesi	红腹鸫	La Selle Thrush	分布: 6
Turdus aurantius	白颏鸫	White-chinned Thrush	分布: 6
Turdus plumbeus	红腿鸫	Red-legged Thrush	分布: 6
Turdus lherminieri	林鸫	Forest Thrush	分布: 6
Turdus eremita	特里斯坦鸫	Tristan Thrush	分布: 3
Cochoa purpurea	紫宽嘴鸫	Purple Cochoa	分布: 2; C
Cochoa viridis	绿宽嘴鸫	Green Cochoa	分布: 2; C
Cochoa beccarii	苏门答腊宽嘴鸫	Sumatran Cochoa	分布: 2
Cochoa azurea	马来宽嘴鸫	Javan Cochoa	分布: 2
Chlamydochaera jefferyi	食果鸫	Fruithunter	分布: 2

100. 鹟科　Muscicapidae　(Old World Flycatchers and Chats)　54 属　322 种

Alethe diademata	白尾鸲鸫	White-tailed Alethe	分布: 2
Alethe castanea	红冠鸲鸫	Fire-crested Alethe	分布: 3
Cercotrichas coryphoeus	栗腹薮鸲	Karoo Scrub Robin	分布: 3
Cercotrichas leucosticta	林薮鸲	Forest Scrub Robin	分布: 3
Cercotrichas quadrivirgata	东须薮鸲	Bearded Scrub Robin	分布: 3
Cercotrichas barbata	须薮鸲	Miombo Scrub Robin	分布: 3
Cercotrichas podobe	黑薮鸲	Black Scrub Robin	分布: 1, 3
Cercotrichas galactotes	棕薮鸲	Rufous-tailed Scrub Robin	分布: 1, 3; C

Cercotrichas paena	沙薮鸲	Kalahari Scrub Robin	分布: 3
Cercotrichas hartlaubi	褐背薮鸲	Brown-backed Scrub Robin	分布: 3
Cercotrichas leucophrys	白眉薮鸲	White-browed Scrub Robin	分布: 3
Cercotrichas signata	褐薮鸲	Brown Scrub Robin	分布: 3
Copsychus fulicatus	印度鸲	Indian Robin	分布: 2
Copsychus saularis	鹊鸲	Oriental Magpie-robin	分布: 2; C
Copsychus pyrropygus	橙尾鹊鸲	Rufous-tailed Shama	分布: 2
Copsychus albospecularis	马岛鹊鸲	Madagascan Magpie-robin	分布: 3
Copsychus sechellarum	塞舌尔鹊鸲	Seychelles Magpie-robin	分布: 3
Copsychus mindanensis	菲律宾鹊鸲	Philippine Magpie-robin	分布: 2
Copsychus stricklandii	白顶鹊鸲	White-crowned Shama	分布: 2
Kittacincla malabarica	白腰鹊鸲	White-rumped Shama	分布: 2; C
Kittacincla albiventris	安达曼鹊鸲	Andaman Shama	分布: 2
Kittacincla luzoniensis	白眉鹊鸲	White-browed Shama	分布: 2
Kittacincla nigra	白臀鹊鸲	White-vented Shama	分布: 2
Kittacincla cebuensis	黑鹊鸲	Black Shama	分布: 2
Fraseria ocreata	非洲森鹟	African Forest Flycatcher	分布: 3
Fraseria cinerascens	白眉森鹟	White-browed Forest Flycatcher	分布: 3
Myioparus griseigularis	灰喉雀鹟	Grey-throated Tit-flycatcher	分布: 3
Myioparus plumbeus	灰雀鹟	Grey Tit-flycatcher	分布: 3
Melaenornis brunneus	安哥拉黑鹟	Angolan Slaty Flycatcher	分布: 3
Melaenornis fischeri	白眼黑鹟	White-eyed Slaty Flycatcher	分布: 3
Melaenornis chocolatinus	灰黑鹟	Abyssinian Slaty Flycatcher	分布: 3
Melaenornis annamarulae	西非黑鹟	Nimba Flycatcher	分布: 3
Melaenornis ardesiacus	黄眼黑鹟	Yellow-eyed Black Flycatcher	分布: 3
Melaenornis edolioides	黑鹟	Northern Black Flycatcher	分布: 3
Melaenornis pammelaina	南非黑鹟	Southern Black Flycatcher	分布: 3
Agricola pallidus	苍色鹟	Pale Flycatcher	分布: 3
Agricola infuscatus	噪鹟	Chat Flycatcher	分布: 3
Bradornis microrhynchus	非洲灰鹟	African Grey Flycatcher	分布: 3
Bradornis mariquensis	南非灰鹟	Marico Flycatcher	分布: 3
Melaenornis silens	白翅斑黑鹟	Fiscal Flycatcher	分布: 3
Empidornis semipartitus	银鹟	Silverbird	分布: 3
Muscicapa striata	斑鹟	Spotted Flycatcher	分布: 1, 2, 3; C
Muscicapa tyrrhenica	地中海斑鹟	Mediterranean Flycatcher	分布: 1, 3
Muscicapa gambagae	褐背斑鹟	Gambaga Flycatcher	分布: 3
Muscicapa griseisticta	灰纹鹟	Grey-streaked Flycatcher	分布: 1, 2, 4; C
Muscicapa sibirica	乌鹟	Dark-sided Flycatcher	分布: 1, 2; C
Muscicapa dauurica	北灰鹟	Asian Brown Flycatcher	分布: 1, 2; C
Muscicapa williamsoni	褐纹鹟	Brown-streaked Flycatcher	分布: 2
Muscicapa randi	灰胸鹟	Ashy-breasted Flycatcher	分布: 2
Muscicapa segregata	松岛鹟	Sumba Brown Flycatcher	分布: 4

Muscicapa muttui	褐胸鹟	Brown-breasted Flycatcher	分布: 2; C
Muscicapa ferruginea	棕尾褐鹟	Ferruginous Flycatcher	分布: 2; C
Muscicapa caerulescens	灰鹟	Ashy Flycatcher	分布: 3
Muscicapa aquatica	泽鹟	Swamp Flycatcher	分布: 3
Muscicapa cassini	卡氏灰鹟	Cassin's Flycatcher	分布: 3
Muscicapa olivascens	绿鹟	Olivaceous Flycatcher	分布: 3
Muscicapa lendu	察氏鹟	Chapin's Flycatcher	分布: 3
Muscicapa adusta	暗鹟	African Dusky Flycatcher	分布: 3
Muscicapa epulata	小灰鹟	Little Grey Flycatcher	分布: 3
Muscicapa sethsmithi	黄脚鹟	Yellow-footed Flycatcher	分布: 3
Muscicapa comitata	暗蓝鹟	Dusky-blue Flycatcher	分布: 3
Muscicapa tessmanni	泰氏鹟	Tessmann's Flycatcher	分布: 3
Muscicapa infuscata	非洲乌鹟	Sooty Flycatcher	分布: 3
Muscicapa ussheri	乌氏鹟	Ussher's Flycatcher	分布: 3
Muscicapa boehmi	伯氏鹟	Böhm's Flycatcher	分布: 3
Anthipes monileger	白喉姬鹟	White-gorgeted Flycatcher	分布: 2; C
Anthipes solitaris	棕眉姬鹟	Rufous-browed Flycatcher	分布: 2
Cyornis hainanus	海南蓝仙鹟	Hainan Blue Flycatcher	分布: 2; C
Cyornis unicolor	纯蓝仙鹟	Pale Blue Flycatcher	分布: 2; C
Cyornis ruckii	鲁氏仙鹟	Rück's Blue Flycatcher	分布: 2
Cyornis herioti	蓝胸仙鹟	Blue-breasted Blue Flycatcher	分布: 2
Cyornis pallidipes	白腹仙鹟	White-bellied Blue Flycatcher	分布: 6
Cyornis poliogenys	灰颊仙鹟	Pale-chinned Blue Flycatcher	分布: 2; C
Cyornis banyumas	山蓝仙鹟	Hill Blue Flycatcher	分布: 2; C
Cyornis magnirostris	大蓝仙鹟	Large Blue Flycatcher	分布: 2
Cyornis lemprieri	巴拉望仙鹟	Palawan Blue Flycatcher	分布: 2
Cyornis tickelliae	梯氏仙鹟	Tickell's Blue Flycatcher	分布: 2
Cyornis caerulatus	大嘴仙鹟	Sunda Blue Flycatcher	分布: 2
Cyornis superbus	加里曼丹仙鹟	Bornean Blue Flycatcher	分布: 2
Cyornis rubeculoides	蓝喉仙鹟	Blue-throated Blue Flycatcher	分布: 2; C
Cyornis glaucicomans	中华仙鹟	Chinese Blue Flycatcher	分布: 2; C
Cyornis turcosus	马来仙鹟	Malaysian Blue Flycatcher	分布: 2
Cyornis rufigastra	红树仙鹟	Mangrove Blue Flycatcher	分布: 2
Cyornis djampeanus	塔岛仙鹟	Tanahjampea Blue Flycatcher	分布: 4
Cyornis omissus	苏拉蓝仙鹟	Sulawesi Blue Flycatcher	分布: 4
Cyornis hyacinthinus	蓝背仙鹟	Timor Blue Flycatcher	分布: 4
Cyornis hoevelli	蓝额仙鹟	Blue-fronted Blue Flycatcher	分布: 4
Cyornis sanfordi	山氏仙鹟	Matinan Blue Flycatcher	分布: 4
Cyornis concretus	白尾蓝仙鹟	White-tailed Flycatcher	分布: 2; C
Cyornis oscillans	褐背林鹟	Russet-backed Jungle Flycatcher	分布: 4
Cyornis brunneatus	白喉林鹟	Brown-chested Jungle Flycatcher	分布: 2; C
Cyornis nicobaricus	尼科巴林鹟	Nicobar Jungle Flycatcher	分布: 2

Cyornis olivaceus	绿背林鹟	Fulvous-chested Jungle Flycatcher	分布: 2
Cyornis umbratilis	灰胸林鹟	Grey-chested Jungle Flycatcher	分布: 2
Cyornis ruficauda	棕尾林鹟	Rufous-tailed Jungle Flycatcher	分布: 2
Cyornis colonus	栗尾林鹟	Sula Jungle Flycatcher	分布: 4
Niltava davidi	棕腹大仙鹟	Fujian Niltava	分布: 2; C
Niltava sundara	棕腹仙鹟	Rufous-bellied Niltava	分布: 2; C
Niltava sumatrana	苏门答腊仙鹟	Rufous-vented Niltava	分布: 2
Niltava vivida	棕腹蓝仙鹟	Vivid Niltava	分布: 2; C
Niltava grandis	大仙鹟	Large Niltava	分布: 2; C
Niltava macgrigoriae	小仙鹟	Small Niltava	分布: 2; C
Cyanoptila cyanomelana	白腹蓝鹟	Blue-and-white Flycatcher	分布: 1, 2; C
Cyanoptila cumatilis	白腹暗蓝鹟	Zappey's Flycatcher	分布: 1, 2; C
Eumyias sordidus	暗蓝仙鹟	Dull-blue Flycatcher	分布: 2
Eumyias thalassinus	铜蓝鹟	Verditer Flycatcher	分布: 2; C
Eumyias panayensis	岛仙鹟	Turquoise Flycatcher	分布: 4
Eumyias albicaudatus	印度仙鹟	Nilgiri Flycatcher	分布: 2
Eumyias indigo	青仙鹟	Indigo Flycatcher	分布: 2
Eumyias additus	布岛林鹟	Streak-breasted Jungle Flycatcher	分布: 4
Erithacus rubecula	欧亚鸲	European Robin	分布: 1, 3; C
Chamaetylas poliophrys	红喉鸲鸫	Red-throated Alethe	分布: 3
Chamaetylas poliocephala	褐胸鸲鸫	Brown-chested Alethe	分布: 3
Chamaetylas fuelleborni	白胸鸲鸫	White-chested Alethe	分布: 4
Chamaetylas choloensis	棕脸鸲鸫	Thyolo Alethe	分布: 3
Cossyphicula roberti	白腹歌鸲	White-bellied Robin-chat	分布: 3
Cossypha isabellae	高山歌鸲	Mountain Robin-chat	分布: 3
Cossypha archeri	阿氏歌鸲	Archer's Ground Robin	分布: 3
Cossypha anomala	绿胁歌鸲	Olive-flanked Ground Robin	分布: 3
Cossypha caffra	黄喉歌鸲	Cape Robin-chat	分布: 3
Cossypha humeralis	白喉歌鸲	White-throated Robin-chat	分布: 3
Cossypha cyanocampter	蓝肩歌鸲	Blue-shouldered Robin-chat	分布: 3
Cossypha semirufa	卢氏歌鸲	Rüppell's Robin-chat	分布: 3
Cossypha heuglini	白眉歌鸲	White-browed Robin-chat	分布: 3
Cossypha natalensis	红顶歌鸲	Red-capped Robin-chat	分布: 3
Cossypha dichroa	南非歌鸲	Chorister Robin-chat	分布: 3
Cossypha heinrichi	白头歌鸲	White-headed Robin-chat	分布: 3
Cossypha niveicapilla	白冠歌鸲	Snowy-crowned Robin-chat	分布: 3
Cossypha albicapillus	白顶歌鸲	White-crowned Robin-chat	分布: 3
Sheppardia polioptera	灰翅歌鸲	Grey-winged Robin-chat	分布: 3
Xenocopsychus ansorgei	穴鸲	Angolan Cave Chat	分布: 3
Swynnertonia swynnertoni	斯氏鸲	Swynnerton's Robin	分布: 3
Pogonocichla stellata	白点鸲	White-starred Robin	分布: 3
Stiphrornis erythrothorax	橙胸林鸲	Orange-breasted Forest Robin	分布: 3

Sheppardia bocagei	伯氏阿卡拉鸲	Bocage's Akalat	分布: 3
Sheppardia cyornithopsis	须阿卡拉鸲	Lowland Akalat	分布: 3
Sheppardia aequatorialis	杰氏阿卡拉鸲	Equatorial Akalat	分布: 3
Sheppardia sharpei	沙氏阿卡鸲	Sharpe's Akalat	分布: 3
Sheppardia gunningi	东非阿卡拉鸲	East Coast Akalat	分布: 3
Sheppardia gabela	安哥拉阿卡拉鸲	Gabela Akalat	分布: 3
Sheppardia aurantiithorax	鲁山阿卡拉鸲	Rubeho Akalat	分布: 3
Sheppardia montana	尤山阿卡拉鸲	Usambara Akalat	分布: 3
Sheppardia lowei	坦桑阿卡拉鸲	Iringa Akalat	分布: 3
Cichladusa arquata	晨鸫	Collared Palm Thrush	分布: 3
Cichladusa ruficauda	红尾晨鸫	Rufous-tailed Palm Thrush	分布: 3
Cichladusa guttata	斑晨鸫	Spotted Palm Thrush	分布: 3
Heinrichia calligyna	大短翅鸫	Great Shortwing	分布: 4
Leonardina woodi	菲律宾鹛鸫	Bagobo Babbler	分布: 2
Heteroxenicus stellatus	栗背短翅鸫	Gould's Shortwing	分布: 2; C
Brachypteryx hyperythra	锈腹短翅鸫	Rusty-bellied Shortwing	分布: 2; C
Brachypteryx leucophris	白喉短翅鸫	Lesser Shortwing	分布: 2, 4; C
Brachypteryx montana	蓝短翅鸫	White-browed Shortwing	分布: 2, 4; C
Vauriella gularis	白眉林鸲	Eyebrowed Jungle Flycatcher	分布: 2
Vauriella albigularis	黑林鸲	White-throated Jungle Flycatcher	分布: 2
Vauriella insignis	吕宋林鸲	White-browed Jungle Flycatcher	分布: 2
Vauriella goodfellowi	棉岛林鸲	Slaty-backed Jungle Flycatcher	分布: 2
Larvivora brunnea	栗腹歌鸲	Indian Blue Robin	分布: 1, 2; C
Larvivora cyane	蓝歌鸲	Siberian Blue Robin	分布: 1, 2; C
Larvivora sibilans	红尾歌鸲	Rufous-tailed Robin	分布: 1, 2; C
Larvivora ruficeps	棕头歌鸲	Rufous-headed Robin	分布: 1; C
Larvivora komadori	琉球歌鸲	Ryukyu Robin	分布: 1; C
Larvivora akahige	日本歌鸲	Japanese Robin	分布: 1, 2; C
Luscinia svecica	蓝喉歌鸲	Bluethroat	分布: 1, 2, 3; C
Luscinia phaenicuroides	白腹短翅鸲	White-bellied Redstart	分布: 2; C
Luscinia luscinia	欧歌鸲	Thrush Nightingale	分布: 1, 3
Luscinia megarhynchos	新疆歌鸲	Common Nightingale	分布: 1, 3; C
Irania gutturalis	白喉鸲	White-throated Robin	分布: 1, 3
Calliope pectoralis	黑胸歌鸲	Himalayan Rubythroat	分布: 1, 2; C
Calliope tschebaiewi	白须黑胸歌鸲	Chinese Rubythroat	分布: 1, 2; C
Calliope calliope	红喉歌鸲	Siberian Rubythroat	分布: 1, 2; C
Calliope pectardens	金胸歌鸲	Firethroat	分布: 1, 2; C
Calliope obscura	黑喉歌鸲	Blackthroat	分布: 1, 2; C
Myiomela leucura	白尾蓝地鸲	White-tailed Blue Robin	分布: 1, 2; C
Myiomela diana	蓝地鸲	Sunda Blue Robin	分布: 2
Sholicola major	棕胁蓝地鸲	Nilgiri Blue Robin	分布: 2
Sholicola albiventris	白腹蓝地鸲	White-bellied Blue Robin	分布: 2

Tarsiger indicus	白眉林鸲	White-browed Bush Robin	分布: 2; C
Tarsiger hyperythrus	棕腹林鸲	Rufous-breasted Bush Robin	分布: 2; C
Tarsiger johnstoniae	台湾林鸲	Collared Bush Robin	分布: 2; EC
Tarsiger cyanurus	红胁蓝尾鸲	Orange-flanked Bush-robin	分布: 1, 2; C
Tarsiger rufilatus	蓝眉林鸲	Himalayan Bush-robin	分布: 1, 2; C
Tarsiger chrysaeus	金色林鸲	Golden Bush Robin	分布: 1, 2; C
Enicurus scouleri	小燕尾	Little Forktail	分布: 2; C
Enicurus velatus	姬燕尾	Sunda Forktail	分布: 2
Enicurus ruficapillus	栗枕燕尾	Chestnut-naped Forktail	分布: 2
Enicurus immaculatus	黑背燕尾	Black-backed Forktail	分布: 2; C
Enicurus schistaceus	灰背燕尾	Slaty-backed Forktail	分布: 2; C
Enicurus leschenaulti	白额燕尾	White-crowned Forktail	分布: 2; C
Enicurus maculatus	斑背燕尾	Spotted Forktail	分布: 1, 2; C
Myophonus blighi	斯里兰卡啸鸫	Sri Lanka Whistling Thrush	分布: 2
Myophonus melanurus	辉亮啸鸫	Shiny Whistling Thrush	分布: 2
Myophonus glaucinus	巽他啸鸫	Javan Whistling Thrush	分布: 2
Myophonus borneensis	婆罗洲啸鸫	Bornean Whistling Thrush	分布: 2
Myophonus castaneus	褐翅啸鸫	Brown-winged Whistling Thrush	分布: 2
Myophonus robinsoni	马来啸鸫	Malayan Whistling Thrush	分布: 2
Myophonus horsfieldii	印度啸鸫	Malabar Whistling Thrush	分布: 2
Myophonus insularis	台湾紫啸鸫	Taiwan Whistling Thrush	分布: 2; EC
Myophonus caeruleus	紫啸鸫	Blue Whistling Thrush	分布: 1, 2; C
Cinclidium frontale	蓝额地鸲	Blue-fronted Robin	分布: 2; C
Ficedula ruficauda	栗尾姬鹟	Rusty-tailed Flycatcher	分布: 1, 2; C
Ficedula hypoleuca	斑姬鹟	European Pied Flycatcher	分布: 1, 3; C
Ficedula speculigera	非洲斑姬鹟	Atlas Pied Flycatcher	分布: 1, 3
Ficedula albicollis	白领姬鹟	Collared Flycatcher	分布: 1, 3
Ficedula semitorquata	半领姬鹟	Semicollared Flycatcher	分布: 1, 3
Ficedula zanthopygia	白眉姬鹟	Yellow-rumped Flycatcher	分布: 1, 2; C
Ficedula narcissina	黄眉姬鹟	Narcissus Flycatcher	分布: 1, 2; C
Ficedula elisae	绿背姬鹟	Green-backed Flycatcher	分布: 1, 2; C
Ficedula owstoni	琉球姬鹟	Ryukyu Flycatcher	分布: 2; C
Ficedula mugimaki	鸲姬鹟	Mugimaki Flycatcher	分布: 1, 2; C
Ficedula erithacus	锈胸蓝姬鹟	Slaty-backed Flycatcher	分布: 2; C
Ficedula dumetoria	棕胸姬鹟	Rufous-chested Flycatcher	分布: 2
Ficedula riedeli	塔岛姬鹟	Tanimbar Flycatcher	分布: 4
Ficedula strophiata	橙胸姬鹟	Rufous-gorgeted Flycatcher	分布: 1, 2; C
Ficedula parva	红胸姬鹟	Red-breasted Flycatcher	分布: 1, 2; C
Ficedula albicilla	红喉姬鹟	Taiga Flycatcher	分布: 1, 2; C
Ficedula subrubra	印巴姬鹟	Kashmir Flycatcher	分布: 2
Ficedula hyperythra	棕胸蓝姬鹟	Snowy-browed Flycatcher	分布: 2, 4; C
Ficedula basilanica	小灰姬鹟	Little Slaty Flycatcher	分布: 2

Ficedula rufigula	棕喉姬鹟	Rufous-throated Flycatcher	分布: 4
Ficedula buruensis	褐胸姬鹟	Cinnamon-chested Flycatcher	分布: 4
Ficedula henrici	达岛姬鹟	Damar Flycatcher	分布: 4
Ficedula harterti	哈氏姬鹟	Sumba Flycatcher	分布: 4
Ficedula platenae	巴拉望姬鹟	Palawan Flycatcher	分布: 2
Ficedula crypta	佛氏姬鹟	Cryptic Flycatcher	分布: 2
Ficedula luzoniensis	菲律宾姬鹟	Bundok Flycatcher	分布: 2
Ficedula disposita	隐姬鹟	Furtive Flycatcher	分布: 2
Ficedula bonthaina	苏拉姬鹟	Lompobattang Flycatcher	分布: 4
Ficedula westermanni	小斑姬鹟	Little Pied Flycatcher	分布: 2, 4; C
Ficedula superciliaris	白眉蓝姬鹟	Ultramarine Flycatcher	分布: 2; C
Ficedula tricolor	灰蓝姬鹟	Slaty-blue Flycatcher	分布: 2; C
Ficedula sapphira	玉头姬鹟	Sapphire Flycatcher	分布: 2; C
Ficedula nigrorufa	黑棕姬鹟	Black-and-orange Flycatcher	分布: 2
Ficedula timorensis	帝汶姬鹟	Black-banded Flycatcher	分布: 4
Ficedula hodgsoni	侏蓝姬鹟	Pygmy Flycatcher	分布: 2; C
Phoenicurus alaschanicus	贺兰山红尾鸲	Przevalski's Redstart	分布: 1; EC
Phoenicurus erythronotus	红背红尾鸲	Eversmann's Redstart	分布: 1, 2; C
Phoenicurus coeruleocephala	蓝头红尾鸲	Blue-capped Redstart	分布: 2; C
Phoenicurus ochruros	赭红尾鸲	Black Redstart	分布: 1, 2; C
Phoenicurus phoenicurus	欧亚红尾鸲	Common Redstart	分布: 1, 3; C
Phoenicurus hodgsoni	黑喉红尾鸲	Hodgson's Redstart	分布: 1, 2; C
Phoenicurus schisticeps	白喉红尾鸲	White-throated Redstart	分布: 1, 2; C
Phoenicurus auroreus	北红尾鸲	Daurian Redstart	分布: 1, 2; C
Phoenicurus moussieri	北非红尾鸲	Moussier's Redstart	分布: 1
Phoenicurus erythrogastrus	红腹红尾鸲	White-winged Redstart	分布: 1, 2; C
Phoenicurus frontalis	蓝额红尾鸲	Blue-fronted Redstart	分布: 2; C
Phoenicurus fuliginosus	红尾水鸲	Plumbeous Water Redstart	分布: 1, 2; C
Phoenicurus bicolor	吕宋水鸲	Luzon Water Redstart	分布: 2
Phoenicurus leucocephalus	白顶溪鸲	White-capped Water-redstart	分布: 1, 2; C
Monticola semirufus	白翅矶鸫	White-winged Cliff Chat	分布: 3
Monticola rupestris	南非矶鸫	Cape Rock Thrush	分布: 3
Monticola explorator	哨声矶鸫	Sentinel Rock Thrush	分布: 3
Monticola brevipes	短趾矶鸫	Short-toed Rock Thrush	分布: 3
Monticola angolensis	安哥拉矶鸫	Miombo Rock Thrush	分布: 3
Monticola saxatilis	白背矶鸫	Common Rock Thrush	分布: 1, 2, 3; C
Monticola rufocinereus	小矶鸫	Little Rock Thrush	分布: 1, 3
Monticola solitarius	蓝矶鸫	Blue Rock Thrush	分布: 1, 2; C
Monticola rufiventris	栗腹矶鸫	Chestnut-bellied Rock Thrush	分布: 2; C
Monticola cinclorhyncha	蓝头矶鸫	Blue-capped Rock Thrush	分布: 2; C
Monticola gularis	白喉矶鸫	White-throated Rock Thrush	分布: 1, 2; C
Monticola imerina	马岛鸫鹟	Littoral Rock Thrush	分布: 3

Monticola sharpei	岩鸫鹩	Forest Rock Thrush	分布: 3
Saxicola rubetra	草原石䳭	Whinchat	分布: 1, 3
Saxicola macrorhynchus	大嘴石䳭	White-browed Bush Chat	分布: 1, 2
Saxicola insignis	白喉石䳭	White-throated Bush Chat	分布: 1, 2; C
Saxicola dacotiae	加纳利石䳭	Canary Islands Stonechat	分布: 1
Saxicola rubicola	欧石䳭	European Stonechat	分布: 1
Saxicola maurus	黑喉石䳭	Siberian Stonechat	分布: 1, 2; C
Saxicola stejnegeri	东亚石䳭	Stejneger's Stonechat	分布: 1, 2; C
Saxicola torquatus	非洲石䳭	African Stonechat	分布: 3
Saxicola sibilla	马岛石䳭	Madagascan Stonechat	分布: 3
Saxicola tectes	留尼汪石䳭	Reunion Stonechat	分布: 3
Saxicola leucurus	白尾石䳭	White-tailed Stonechat	分布: 2
Saxicola caprata	白斑黑石䳭	Pied Bush Chat	分布: 1, 2, 4; C
Saxicola jerdoni	黑白林䳭	Jerdon's Bush Chat	分布: 1, 2; C
Saxicola ferreus	灰林䳭	Grey Bush Chat	分布: 2; C
Saxicola gutturalis	帝汶林䳭	White-bellied Bush Chat	分布: 4
Campicoloides bifasciatus	黄纹石䳭	Buff-streaked Chat	分布: 3
Emarginata sinuata	镰翅岩䳭	Sickle-winged Chat	分布: 3
Emarginata schlegelii	灰岩䳭	Karoo Chat	分布: 3
Emarginata tractrac	特拉岩䳭	Tractrac Chat	分布: 3
Pinarochroa sordida	山岩䳭	Moorland Chat	分布: 3
Thamnolaea cinnamomeiventris	桂红蚁䳭	Mocking Cliff Chat	分布: 3
Thamnolaea coronata	白冠蚁䳭	White-crowned Cliff Chat	分布: 3
Myrmecocichla nigra	暗色蚁䳭	Sooty Chat	分布: 3
Myrmecocichla aethiops	蚁䳭	Northern Anteater-chat	分布: 3
Myrmecocichla tholloni	刚果蚁䳭	Congo Moor Chat	分布: 3
Myrmecocichla formicivora	南方蚁䳭	Southern Anteater-chat	分布: 3
Myrmecocichla melaena	黑蚁䳭	Rüppell's Black Chat	分布: 3
Myrmecocichla monticola	山䳭	Mountain Wheatear	分布: 3
Myrmecocichla arnotti	阿氏蚁䳭	Arnot's Chat	分布: 3
Myrmecocichla collaris	西非蚁䳭	Ruaha Chat	分布: 3
Oenanthe oenanthe	穗䳭	Northern Wheatear	分布: 1, 3; C
Oenanthe pileata	冕䳭	Capped Wheatear	分布: 3
Oenanthe bottae	红胸䳭	Red-breasted Wheatear	分布: 3
Oenanthe heuglinii	休氏䳭	Heuglin's Wheatear	分布: 3
Oenanthe isabellina	沙䳭	Isabelline Wheatear	分布: 1, 2, 3; C
Oenanthe monacha	冠䳭	Hooded Wheatear	分布: 1, 2, 3
Oenanthe deserti	漠䳭	Desert Wheatear	分布: 1, 2, 3; C
Oenanthe hispanica	白顶䳭	Black-eared Wheatear	分布: 1, 3; C
Oenanthe cypriaca	塞浦路斯䳭	Cyprus Wheatear	分布: 1, 3
Oenanthe pleschanka	斑䳭	Pied Wheatear	分布: 1, 3
Oenanthe albifrons	白额䳭	White-fronted Black Chat	分布: 3

Oenanthe phillipsi	索马里鹏	Somali Wheatear	分布: 3
Oenanthe moesta	红腰鹏	Red-rumped Wheatear	分布: 1, 3
Oenanthe melanura	黑尾岩鹏	Blackstart	分布: 1, 3
Oenanthe familiaris	红尾岩鹏	Familiar Chat	分布: 3
Oenanthe scotocerca	褐尾岩鹏	Brown-tailed Rock Chat	分布: 3
Oenanthe dubia	乌岩鹏	Sombre Rock Chat	分布: 3
Oenanthe fusca	褐岩鹏	Brown Rock Chat	分布: 2
Oenanthe picata	东方斑鹏	Variable Wheatear	分布: 1, 2, 3; C
Oenanthe leucura	白尾黑鹏	Black Wheatear	分布: 1, 3
Oenanthe leucopyga	白冠黑鹏	White-crowned Wheatear	分布: 1, 3
Oenanthe albonigra	黑白鹏	Hume's Wheatear	分布: 1
Oenanthe finschii	芬氏鹏	Finsch's Wheatear	分布: 1, 3
Oenanthe lugens	悲鹏	Mourning Wheatear	分布: 1
Oenanthe lugubris	东非悲鹏	Abyssinian Wheatear	分布: 3
Oenanthe lugentoides	阿拉伯悲鹏	Arabian Wheatear	分布: 1
Oenanthe xanthoprymna	黑脸红尾鹏	Kurdish Wheatear	分布: 1
Oenanthe chrysopygia	红尾鹏	Red-tailed Wheatear	分布: 1
Pinarornis plumosus	暗色石鹏	Boulder Chat	分布: 3
Namibornis herero	拟鹟鸲	Herero Chat	分布: 3
Humblotia flavirostris	哈氏鹟	Humblot's Flycatcher	分布: 3

101. 戴菊科 Regulidae (Kinglets and Firecrests) 1属 6种

Regulus ignicapilla	火冠戴菊	Common Firecrest	分布: 1
Regulus goodfellowi	台湾戴菊	Flamecrest	分布: 2; EC
Regulus regulus	戴菊	Goldcrest	分布: 1, 2; C
Regulus madeirensis	马德拉火冠戴菊	Madeira Firecrest	分布: 1
Regulus satrapa	金冠戴菊	Golden-crowned Kinglet	分布: 5, 6
Regulus calendula	红冠戴菊	Ruby-crowned Kinglet	分布: 5, 6

102. 棕榈鹏科 Dulidae (Palmchat) 1属 1种

| *Dulus dominicus* | 棕榈鹏 | Palmchat | 分布: 5 |

103. 连雀科 Hypocoliidae (Hypocolius) 1属 1种

| *Hypocolius ampelinus* | 灰连雀 | Grey Hypocolius | 分布: 1 |

104. 啸鹟科 Hylocitreidae (Hylocitrea) 1属 1种

| *Hylocitrea bonensis* | 林啸鹟 | Hylocitrea | 分布: 4 |

105. 太平鸟科 Bombycillidae (Waxwings) 1属 3种

Bombycilla garrulus	太平鸟	Bohemian Waxwing	分布: 1, 5; C
Bombycilla japonica	小太平鸟	Japanese Waxwing	分布: 1, 2; C
Bombycilla cedrorum	雪松太平鸟	Cedar Waxwing	分布: 5, 6

106. 丝鹟科 Ptiliogonatidae (Silky-flycatchers) 3属 4种

| *Phainoptila melanoxantha* | 黑黄丝鹟 | Black-and-yellow Phainoptila | 分布: 6 |

Phainopepla nitens	黑丝鹟	Phainopepla	分布: 5, 6
Ptiliogonys cinereus	灰丝鹟	Grey Silky-flycatcher	分布: 5, 6
Ptiliogonys caudatus	长尾丝鹟	Long-tailed Silky-flycatcher	分布: 6

107. 丽星鹩鹛科　Elachuridae　(Spotted Elachura)　1 属　1 种

| *Elachura formosa* | 丽星鹩鹛 | Spotted Elachura | 分布: 2; C |

108. 长尾食蜜鸟科　Promeropidae　(Sugarbirds)　1 属　2 种

| *Promerops cafer* | 长尾食蜜鸟 | Cape Sugarbird | 分布: 3 |
| *Promerops gurneyi* | 格氏长尾食蜜鸟 | Gurney's Sugarbird | 分布: 3 |

109. 喉鹛科　Modulatricidae　(Spot-throat and Allies)　3 属　3 种

Arcanator orostruthus	纹喉鹛	Dapple-throat	分布: 3
Modulatrix stictigula	斑喉鹛	Spot-throat	分布: 3
Kakamega poliothorax	灰胸雅鹛	Grey-chested Babbler	分布: 3

110. 和平鸟科　Irenidae　(Fairy-bluebirds)　1 属　2 种

| *Irena puella* | 和平鸟 | Asian Fairy-bluebird | 分布: 2; C |
| *Irena cyanogastra* | 蓝腹和平鸟 | Philippine Fairy-bluebird | 分布: 2 |

111. 叶鹎科　Dicaeidae　(Leafbirds)　1 属　11 种

Chloropsis media	苏门答腊叶鹎	Sumatran Leafbird	分布: 2
Chloropsis sonnerati	大绿叶鹎	Greater Green Leafbird	分布: 2
Chloropsis cyanopogon	小绿叶鹎	Lesser Green Leafbird	分布: 2
Chloropsis palawanensis	黄喉叶鹎	Yellow-throated Leafbird	分布: 2
Chloropsis flavipennis	黄翅叶鹎	Philippine Leafbird	分布: 2
Chloropsis aurifrons	金额叶鹎	Golden-fronted Leafbird	分布: 2; C
Chloropsis venusta	蓝脸叶鹎	Blue-masked Leafbird	分布: 2
Chloropsis jerdoni	南亚叶鹎	Jerdon's Leafbird	分布: 2
Chloropsis hardwickii	橙腹叶鹎	Orange-bellied Leafbird	分布: 2; C
Chloropsis kinabaluensis	婆罗洲叶鹎	Bornean Leafbird	分布: 2
Chloropsis cochinchinensis	蓝翅叶鹎	Blue-winged Leafbird	分布: 2; C

112. 啄花鸟科　Chloropseidae　(Flowerpeckers)　2 属　47 种

Prionochilus olivaceus	绿背锯齿啄花鸟	Olive-backed Flowerpecker	分布: 2
Prionochilus maculatus	黄喉锯齿啄花鸟	Yellow-breasted Flowerpecker	分布: 2
Prionochilus thoracicus	赤胸锯齿啄花鸟	Scarlet-breasted Flowerpecker	分布: 2
Prionochilus xanthopygius	婆罗洲啄花鸟	Yellow-rumped Flowerpecker	分布: 2
Prionochilus percussus	绯胸锯齿啄花鸟	Crimson-breasted Flowerpecker	分布: 2
Prionochilus plateni	巴拉望啄花鸟	Palawan Flowerpecker	分布: 2
Dicaeum melanozanthum	黄腹啄花鸟	Yellow-bellied Flowerpecker	分布: 2; C
Dicaeum chrysorrheum	黄臀啄花鸟	Yellow-vented Flowerpecker	分布: 2; C
Dicaeum vincens	白喉啄花鸟	Legge's Flowerpecker	分布: 2
Dicaeum annae	金腰啄花鸟	Golden-rumped Flowerpecker	分布: 4
Dicaeum agile	厚嘴啄花鸟	Thick-billed Flowerpecker	分布: 2, 4; C

Dicaeum aeruginosum	纵纹啄花鸟	Striped Flowerpecker	分布: 2
Dicaeum everetti	褐背啄花鸟	Brown-backed Flowerpecker	分布: 2
Dicaeum proprium	灰胸啄花鸟	Whiskered Flowerpecker	分布: 2
Dicaeum anthonyi	黄冠啄花鸟	Flame-crowned Flowerpecker	分布: 2
Dicaeum bicolor	双色啄花鸟	Bicolored Flowerpecker	分布: 2
Dicaeum aureolimbatum	黄胁啄花鸟	Yellow-sided Flowerpecker	分布: 2
Dicaeum trigonostigma	橙腹啄花鸟	Orange-bellied Flowerpecker	分布: 2
Dicaeum australe	红纹啄花鸟	Red-keeled Flowerpecker	分布: 2
Dicaeum haematostictum	黑带啄花鸟	Black-belted Flowerpecker	分布: 2
Dicaeum retrocinctum	红领啄花鸟	Scarlet-collared Flowerpecker	分布: 2
Dicaeum hypoleucum	白腹啄花鸟	Buzzing Flowerpecker	分布: 2
Dicaeum nigrilore	绿顶啄花鸟	Olive-capped Flowerpecker	分布: 2
Dicaeum erythrorhynchos	淡嘴啄花鸟	Pale-billed Flowerpecker	分布: 2
Dicaeum concolor	印度纯色啄花鸟	Nilgiri Flowerpecker	分布: 2
Dicaeum minullum	纯色啄花鸟	Plain Flowerpecker	分布: 2; C
Dicaeum virescens	安达曼啄花鸟	Andaman Flowerpecker	分布: 2
Dicaeum pygmaeum	小啄花鸟	Pygmy Flowerpecker	分布: 2
Dicaeum nehrkorni	红冠啄花鸟	Crimson-crowned Flowerpecker	分布: 4
Dicaeum schistaceiceps	哈岛啄花鸟	Halmahera Flowerpecker	分布: 4
Dicaeum erythrothorax	淡红啄花鸟	Flame-breasted Flowerpecker	分布: 4
Dicaeum vulneratum	灰啄花鸟	Ashy Flowerpecker	分布: 4
Dicaeum pectorale	绿冠啄花鸟	Olive-crowned Flowerpecker	分布: 2
Dicaeum sanguinolentum	爪哇啄花鸟	Blood-breasted Flowerpecker	分布: 2, 4
Dicaeum cruentatum	朱背啄花鸟	Scarlet-backed Flowerpecker	分布: 2; C
Dicaeum trochileum	红头啄花鸟	Scarlet-headed Flowerpecker	分布: 2, 4
Dicaeum igniferum	黑额啄花鸟	Black-fronted Flowerpecker	分布: 4
Dicaeum maugei	红颏啄花鸟	Red-chested Flowerpecker	分布: 4
Dicaeum celebicum	灰胁啄花鸟	Grey-sided Flowerpecker	分布: 4
Dicaeum monticolum	黑胁啄花鸟	Black-sided Flowerpecker	分布: 2
Dicaeum ignipectus	红胸啄花鸟	Fire-breasted Flowerpecker	分布: 2; C
Dicaeum aeneum	所罗门啄花鸟	Midget Flowerpecker	分布: 4
Dicaeum eximium	红斑啄花鸟	Red-banded Flowerpecker	分布: 4
Dicaeum tristrami	杂色啄花鸟	Mottled Flowerpecker	分布: 4
Dicaeum nitidum	路岛啄花鸟	Louisiade Flowerpecker	分布: 4
Dicaeum hirundinaceum	澳洲啄花鸟	Mistletoebird	分布: 4
Dicaeum geelvinkianum	红顶啄花鸟	Red-capped Flowerpecker	分布: 4

113. 花蜜鸟科　Nectariniidae　(Sunbirds)　16 属　142 种

Kurochkinegramma hypogrammicum	蓝枕花蜜鸟	Purple-naped Sunbird	分布: 2; C
Arachnothera crassirostris	厚嘴捕蛛鸟	Thick-billed Spiderhunter	分布: 2
Arachnothera robusta	纹胸捕蛛鸟	Long-billed Spiderhunter	分布: 2

Arachnothera longirostra	长嘴捕蛛鸟	Little Spiderhunter	分布: 2; C
Arachnothera dilutior	巴拉望捕蛛鸟	Palawan Spiderhunter	分布: 2
Arachnothera flammifera	橙胁捕蛛鸟	Orange-tufted Spiderhunter	分布: 2
Arachnothera juliae	怀氏捕蛛鸟	Whitehead's Spiderhunter	分布: 2
Arachnothera clarae	裸脸捕蛛鸟	Naked-faced Spiderhunter	分布: 2
Arachnothera chrysogenys	小黄耳捕蛛鸟	Yellow-eared Spiderhunter	分布: 2
Arachnothera magna	纹背捕蛛鸟	Streaked Spiderhunter	分布: 2; C
Arachnothera flavigaster	大黄耳捕蛛鸟	Spectacled Spiderhunter	分布: 2
Arachnothera affinis	细纹灰胸捕蛛鸟	Streaky-breasted Spiderhunter	分布: 2
Arachnothera modesta	灰胸捕蛛鸟	Grey-breasted Spiderhunter	分布: 2
Arachnothera everetti	婆罗洲捕蛛鸟	Bornean Spiderhunter	分布: 2
Chalcoparia singalensis	紫颊太阳鸟	Ruby-cheeked Sunbird	分布: 2; C
Deleornis fraseri	红领太阳鸟	Fraser's Sunbird	分布: 3
Deleornis axillaris	灰头太阳鸟	Grey-headed Sunbird	分布: 3
Anthreptes reichenowi	纯背食蜜鸟	Plain-backed Sunbird	分布: 3
Anthreptes anchietae	安氏食蜜鸟	Anchieta's Sunbird	分布: 3
Anthreptes simplex	纯色食蜜鸟	Plain Sunbird	分布: 2
Anthreptes malacensis	褐喉食蜜鸟	Brown-throated Sunbird	分布: 2, 4; C
Anthreptes griseigularis	灰喉食蜜鸟	Grey-throated Sunbird	分布: 2
Anthreptes rhodolaemus	棕喉食蜜鸟	Red-throated Sunbird	分布: 2
Anthreptes gabonicus	灰褐食蜜鸟	Mangrove Sunbird	分布: 3
Anthreptes longuemarei	西紫背食蜜鸟	Western Violet-backed Sunbird	分布: 3
Anthreptes orientalis	东紫背食蜜鸟	Eastern Violet-backed Sunbird	分布: 3
Anthreptes neglectus	紫背食蜜鸟	Uluguru Violet-backed Sunbird	分布: 3
Anthreptes aurantius	紫尾食蜜鸟	Violet-tailed Sunbird	分布: 3
Anthreptes seimundi	小绿食蜜鸟	Little Green Sunbird	分布: 3
Anthreptes rectirostris	绿食蜜鸟	Grey-chinned Sunbird	分布: 3
Anthreptes rubritorques	红领食蜜鸟	Banded Green Sunbird	分布: 3
Hedydipna collaris	环颈直嘴太阳鸟	Collared Sunbird	分布: 3
Hedydipna platura	小直嘴太阳鸟	Pygmy Sunbird	分布: 3
Hedydipna metallica	尼罗直嘴太阳鸟	Nile Valley Sunbird	分布: 3
Hedydipna pallidigaster	阿曼尼直嘴太阳鸟	Amani Sunbird	分布: 3
Anabathmis reichenbachii	瑞氏花蜜鸟	Reichenbach's Sunbird	分布: 3
Anabathmis hartlaubii	普林西比花蜜鸟	Principe Sunbird	分布: 3
Anabathmis newtonii	黄胸花蜜鸟	Newton's Sunbird	分布: 3
Dreptes thomensis	巨花蜜鸟	Giant Sunbird	分布: 3
Anthobaphes violacea	橙胸花蜜鸟	Orange-breasted Sunbird	分布: 3
Cyanomitra verticalis	绿头花蜜鸟	Green-headed Sunbird	分布: 3
Cyanomitra bannermani	班氏花蜜鸟	Bannerman's Sunbird	分布: 3
Cyanomitra cyanolaema	蓝喉花蜜鸟	Blue-throated Brown Sunbird	分布: 3
Cyanomitra oritis	喀麦隆花蜜鸟	Cameroon Sunbird	分布: 3
Cyanomitra alinae	蓝头花蜜鸟	Blue-headed Sunbird	分布: 3

Cyanomitra olivacea	绿花蜜鸟	Olive Sunbird	分布: 3
Cyanomitra verreauxii	灰褐花蜜鸟	Grey Sunbird	分布: 3
Chalcomitra adelberti	黄喉花蜜鸟	Buff-throated Sunbird	分布: 3
Chalcomitra fuliginosa	乌色花蜜鸟	Carmelite Sunbird	分布: 3
Chalcomitra rubescens	绿喉花蜜鸟	Green-throated Sunbird	分布: 3
Chalcomitra amethystina	艾米花蜜鸟	Amethyst Sunbird	分布: 3
Chalcomitra senegalensis	赤胸花蜜鸟	Scarlet-chested Sunbird	分布: 3
Chalcomitra hunteri	亨氏花蜜鸟	Hunter's Sunbird	分布: 3
Chalcomitra balfouri	索科花蜜鸟	Socotra Sunbird	分布: 3
Leptocoma zeylonica	紫腰花蜜鸟	Purple-rumped Sunbird	分布: 2
Leptocoma minima	小花蜜鸟	Crimson-backed Sunbird	分布: 2
Leptocoma brasiliana	蓝肩花蜜鸟	Van Hasselt's Sunbird	分布: 2
Leptocoma sperata	紫喉花蜜鸟	Purple-throated Sunbird	分布: 2
Leptocoma aspasia	黑花蜜鸟	Black Sunbird	分布: 4
Leptocoma calcostetha	铜喉花蜜鸟	Copper-throated Sunbird	分布: 2
Nectarinia bocagii	包氏花蜜鸟	Bocage's Sunbird	分布: 3
Nectarinia purpureiventris	紫胸花蜜鸟	Purple-breasted Sunbird	分布: 3
Nectarinia tacazze	塔卡花蜜鸟	Tacazze Sunbird	分布: 3
Nectarinia kilimensis	长尾铜花蜜鸟	Bronzy Sunbird	分布: 3
Nectarinia famosa	辉绿花蜜鸟	Malachite Sunbird	分布: 3
Nectarinia johnstoni	红簇花蜜鸟	Scarlet-tufted Sunbird	分布: 3
Drepanorhynchus reichenowi	金翅花蜜鸟	Golden-winged Sunbird	分布: 3
Cinnyris chloropygius	绿腹花蜜鸟	Olive-bellied Sunbird	分布: 3
Cinnyris minullus	姬花蜜鸟	Tiny Sunbird	分布: 3
Cinnyris manoensis	双领花蜜鸟	Eastern Miombo Sunbird	分布: 3
Cinnyris gertrudis	西双领花蜜鸟	Western Miombo Sunbird	分布: 3
Cinnyris chalybeus	小双领花蜜鸟	Southern Double-collared Sunbird	分布: 3
Cinnyris neergaardi	尼氏花蜜鸟	Neergaard's Sunbird	分布: 3
Cinnyris afer	大双领花蜜鸟	Greater Double-collared Sunbird	分布: 3
Cinnyris stuhlmanni	施氏花蜜鸟	Rwenzori Double-collared Sunbird	分布: 3
Cinnyris prigoginei	普氏花蜜鸟	Prigogine's Double-collared Sunbird	分布: 3
Cinnyris ludovicensis	山林双领花蜜鸟	Ludwig's Double-collared Sunbird	分布: 3
Cinnyris reichenowi	北双领花蜜鸟	Northern Double-collared Sunbird	分布: 3
Cinnyris regius	帝王花蜜鸟	Regal Sunbird	分布: 3
Cinnyris rockefelleri	洛氏花蜜鸟	Rockefeller's Sunbird	分布: 3
Cinnyris mediocris	东非双领花蜜鸟	Eastern Double-collared Sunbird	分布: 3
Cinnyris usambaricus	坦赞双领花蜜鸟	Usambara Double-collared Sunbird	分布: 3
Cinnyris fuelleborni	暗腹双领花蜜鸟	Forest Double-collared Sunbird	分布: 3
Cinnyris moreaui	摩氏花蜜鸟	Moreau's Sunbird	分布: 3
Cinnyris loveridgei	拉氏花蜜鸟	Loveridge's Sunbird	分布: 3
Cinnyris pulchellus	丽色花蜜鸟	Beautiful Sunbird	分布: 3

Cinnyris mariquensis	马里基花蜜鸟	Marico Sunbird	分布: 3
Cinnyris shelleyi	雪氏花蜜鸟	Shelley's Sunbird	分布: 3
Cinnyris congensis	黑腹花蜜鸟	Congo Sunbird	分布: 3
Cinnyris erythrocercus	红胸花蜜鸟	Red-chested Sunbird	分布: 3
Cinnyris nectarinioides	小黑腹花蜜鸟	Black-bellied Sunbird	分布: 3
Cinnyris bifasciatus	紫斑花蜜鸟	Purple-banded Sunbird	分布: 3
Cinnyris tsavoensis	察武花蜜鸟	Tsavo Sunbird	分布: 3
Cinnyris chalcomelas	蓝紫胸花蜜鸟	Violet-breasted Sunbird	分布: 3
Cinnyris pembae	奔岛花蜜鸟	Pemba Sunbird	分布: 3
Cinnyris bouvieri	橙簇花蜜鸟	Orange-tufted Sunbird	分布: 3
Cinnyris osea	阿拉伯橙簇花蜜鸟	Palestine Sunbird	分布: 3
Cinnyris habessinicus	辉花蜜鸟	Shining Sunbird	分布: 3
Cinnyris coccinigastrus	华丽花蜜鸟	Splendid Sunbird	分布: 3
Cinnyris johannae	猩红簇花蜜鸟	Johanna's Sunbird	分布: 3
Cinnyris superbus	雅美花蜜鸟	Superb Sunbird	分布: 3
Cinnyris rufipennis	褐翅花蜜鸟	Rufous-winged Sunbird	分布: 3
Cinnyris oustaleti	安哥拉花蜜鸟	Oustalet's Sunbird	分布: 3
Cinnyris talatala	白腹花蜜鸟	White-bellied Sunbird	分布: 3
Cinnyris venustus	杂色花蜜鸟	Variable Sunbird	分布: 3
Cinnyris fuscus	暗色花蜜鸟	Dusky Sunbird	分布: 3
Cinnyris ursulae	乌氏花蜜鸟	Ursula's Sunbird	分布: 3
Cinnyris batesi	巴氏花蜜鸟	Bates's Sunbird	分布: 3
Cinnyris cupreus	铜色花蜜鸟	Copper Sunbird	分布: 3
Cinnyris asiaticus	紫色花蜜鸟	Purple Sunbird	分布: 1, 2; C
Cinnyris jugularis	黄腹花蜜鸟	Olive-backed Sunbird	分布: 2, 4; C
Cinnyris buettikoferi	松岛花蜜鸟	Apricot-breasted Sunbird	分布: 4
Cinnyris solaris	帝汶花蜜鸟	Flame-breasted Sunbird	分布: 4
Cinnyris sovimanga	斯韦花蜜鸟	Souimanga Sunbird	分布: 3
Cinnyris humbloti	洪氏花蜜鸟	Humblot's Sunbird	分布: 3
Cinnyris comorensis	昂岛花蜜鸟	Anjouan Sunbird	分布: 3
Cinnyris coquerellii	马约岛花蜜鸟	Mayotte Sunbird	分布: 3
Cinnyris dussumieri	塞舌尔花蜜鸟	Seychelles Sunbird	分布: 3
Cinnyris notatus	马岛花蜜鸟	Madagascar Sunbird	分布: 3
Cinnyris lotenius	罗氏花蜜鸟	Loten's Sunbird	分布: 2
Aethopyga jefferyi	吕宋太阳鸟	Luzon Sunbird	分布: 2
Aethopyga decorosa	保岛太阳鸟	Bohol Sunbird	分布: 2
Aethopyga duyvenbodei	亮丽太阳鸟	Elegant Sunbird	分布: 4
Aethopyga ignicauda	火尾太阳鸟	Fire-tailed Sunbird	分布: 2; C
Aethopyga saturata	黑胸太阳鸟	Black-throated Sunbird	分布: 2; C
Aethopyga nipalensis	绿喉太阳鸟	Green-tailed Sunbird	分布: 2; C
Aethopyga gouldiae	蓝喉太阳鸟	Gould's Sunbird	分布: 1, 2; C
Aethopyga temminckii	特氏太阳鸟	Temminck's Sunbird	分布: 2

Aethopyga mystacalis	赤红太阳鸟	Javan Sunbird	分布: 2
Aethopyga shelleyi	丽色太阳鸟	Lovely Sunbird	分布: 2
Aethopyga vigorsii	猩红太阳鸟	Vigors's Sunbird	分布: 2
Aethopyga siparaja	黄腰太阳鸟	Crimson Sunbird	分布: 2, 4; C
Aethopyga magnifica	华丽太阳鸟	Magnificent Sunbird	分布: 2
Aethopyga pulcherrima	山太阳鸟	Metallic-winged Sunbird	分布: 2
Aethopyga flagrans	火红太阳鸟	Flaming Sunbird	分布: 2
Aethopyga guimarasensis	栗颈太阳鸟	Maroon-naped Sunbird	分布: 2
Aethopyga bella	秀丽太阳鸟	Handsome Sunbird	分布: 2
Aethopyga eximia	白胁太阳鸟	White-flanked Sunbird	分布: 2
Aethopyga christinae	叉尾太阳鸟	Fork-tailed Sunbird	分布: 2; C
Aethopyga linaraborae	林氏太阳鸟	Lina's Sunbird	分布: 2
Aethopyga primigenia	哈氏太阳鸟	Grey-hooded Sunbird	分布: 2
Aethopyga boltoni	阿波太阳鸟	Apo Sunbird	分布: 2

114. 岩鹨科 Prunellidae (Accentors) 1 属 13 种

Prunella himalayana	高原岩鹨	Altai Accentor	分布: 1, 2; C
Prunella collaris	领岩鹨	Alpine Accentor	分布: 1, 2; C
Prunella immaculata	栗背岩鹨	Maroon-backed Accentor	分布: 1, 2; C
Prunella rubeculoides	鸲岩鹨	Robin Accentor	分布: 1, 2; C
Prunella strophiata	棕胸岩鹨	Rufous-breasted Accentor	分布: 1, 2; C
Prunella fulvescens	褐岩鹨	Brown Accentor	分布: 1, 2; C
Prunella koslowi	贺兰山岩鹨	Mongolian Accentor	分布: 1; C
Prunella rubida	红岩鹨	Japanese Accentor	分布: 1
Prunella montanella	棕眉山岩鹨	Siberian Accentor	分布: 1; C
Prunella modularis	林岩鹨	Dunnock	分布: 1
Prunella atrogularis	黑喉岩鹨	Black-throated Accentor	分布: 1, 2; C
Prunella fagani	也门岩鹨	Arabian Accentor	分布: 2, 3
Prunella ocularis	眼斑岩鹨	Radde's Accentor	分布: 1

115. 绿森莺科 Peucedramidae (Olive Warbler) 1 属 1 种

| *Peucedramus taeniatus* | 橄榄绿森莺 | Olive Warbler | 分布: 5, 6 |

116. 朱鹀科 Urocynchramidae (Przevalski's Rosefinch) 1 属 1 种

| *Urocynchramus pylzowi* | 朱鹀 | Przevalski's Rosefinch | 分布: 1; EC |

117. 织雀科 Ploceidae (Weavers) 15 属 117 种

Bubalornis albirostris	白嘴牛文鸟	White-billed Buffalo Weaver	分布: 3
Bubalornis niger	红嘴牛文鸟	Red-billed Buffalo Weaver	分布: 3
Dinemellia dinemelli	白头牛文鸟	White-headed Buffalo Weaver	分布: 3
Plocepasser mahali	白眉织雀	White-browed Sparrow-weaver	分布: 3
Plocepasser superciliosus	栗顶织雀	Chestnut-crowned Sparrow-weaver	分布: 3

Plocepasser donaldsoni	肯尼亚织雀	Donaldson Smith's Sparrow-weaver	分布: 3
Plocepasser rufoscapulatus	栗背织雀	Chestnut-backed Sparrow-weaver	分布: 3
Histurgops ruficauda	棕尾织雀	Rufous-tailed Weaver	分布: 3
Sporopipes squamifrons	鳞额编织雀	Scaly-feathered Weaver	分布: 3
Sporopipes frontalis	点额织雀	Speckle-fronted Weaver	分布: 3
Pseudonigrita arnaudi	灰头群织雀	Grey-capped Social Weaver	分布: 3
Pseudonigrita cabanisi	黑头群织雀	Black-capped Social Weaver	分布: 3
Philetairus socius	群织雀	Sociable Weaver	分布: 3
Amblyospiza albifrons	厚嘴织雀	Thick-billed Weaver	分布: 3
Quelea cardinalis	绯红奎利亚雀	Cardinal Quelea	分布: 3
Quelea erythrops	红头奎利亚雀	Red-headed Quelea	分布: 3
Quelea quelea	红嘴奎利亚雀	Red-billed Quelea	分布: 3
Euplectes afer	黄顶巧织雀	Yellow-crowned Bishop	分布: 3
Euplectes aureus	金背巧织雀	Golden-backed Bishop	分布: 3
Euplectes gierowii	黑巧织雀	Black Bishop	分布: 3
Euplectes franciscanus	橙巧织雀	Northern Red Bishop	分布: 3
Euplectes ardens	红领巧织雀	Red-collared Widowbird	分布: 3
Euplectes diadematus	火额巧织雀	Fire-fronted Bishop	分布: 3
Euplectes nigroventris	黑臀巧织雀	Zanzibar Red Bishop	分布: 3
Euplectes hordeaceus	黑翅巧织雀	Black-winged Red Bishop	分布: 3
Euplectes orix	红巧织雀	Southern Red Bishop	分布: 3
Euplectes capensis	黄巧织雀	Yellow Bishop	分布: 3
Euplectes macroura	黄肩巧织雀	Yellow-mantled Widowbird	分布: 3
Euplectes axillaris	扇尾巧织雀	Fan-tailed Widowbird	分布: 3
Euplectes albonotatus	白翅巧织雀	White-winged Widowbird	分布: 3
Euplectes hartlaubi	沼泽巧织雀	Marsh Widowbird	分布: 3
Euplectes jacksoni	杰氏巧织雀	Jackson's Widowbird	分布: 3
Euplectes psammacromius	淡黄肩织雀	Montane Widowbird	分布: 3
Euplectes progne	长尾巧织雀	Long-tailed Widowbird	分布: 3
Foudia madagascariensis	红织雀	Red Fody	分布: 3
Foudia aldabrana	阿岛织雀	Aldabra Fody	分布: 3
Foudia eminentissima	马岛红头织雀	Comoros Fody	分布: 4
Foudia omissa	林织雀	Forest Fody	分布: 4
Foudia rubra	毛里求斯织雀	Mauritius Fody	分布: 4
Foudia sechellarum	塞舌尔织雀	Seychelles Fody	分布: 4
Foudia flavicans	罗岛织雀	Rodrigues Fody	分布: 4
Brachycope anomala	短尾织雀	Bob-tailed Weaver	分布: 3
Ploceus baglafecht	黄腹织雀	Baglafecht Weaver	分布: 3
Ploceus bannermani	黑脸黄腹织雀	Bannerman's Weaver	分布: 3
Ploceus batesi	白喉黄腹织雀	Bates's Weaver	分布: 3
Ploceus nigrimentus	黑颏织雀	Black-chinned Weaver	分布: 3

Ploceus bertrandi	伯氏织雀	Bertram's Weaver	分布: 3
Ploceus pelzelni	细嘴织雀	Slender-billed Weaver	分布: 3
Ploceus subpersonatus	西非金织雀	Loango Weaver	分布: 3
Ploceus luteolus	小织雀	Little Weaver	分布: 3
Ploceus ocularis	眼斑织雀	Spectacled Weaver	分布: 3
Ploceus nigricollis	黑颈织雀	Black-necked Weaver	分布: 3
Ploceus alienus	黑头栗斑织雀	Strange Weaver	分布: 3
Ploceus melanogaster	黑腹山织雀	Black-billed Weaver	分布: 3
Ploceus capensis	南非织雀	Cape Weaver	分布: 3
Ploceus temporalis	安哥拉织雀	Bocage's Weaver	分布: 3
Ploceus subaureus	东非织巢鸟	African Golden Weaver	分布: 3
Ploceus xanthops	大金织雀	Holub's Golden Weaver	分布: 3
Ploceus aurantius	橙色织雀	Orange Weaver	分布: 3
Ploceus heuglini	绿腰织雀	Heuglin's Masked Weaver	分布: 3
Ploceus bojeri	橙头织巢鸟	Golden Palm Weaver	分布: 3
Ploceus castaneiceps	栗头金织雀	Taveta Golden Weaver	分布: 3
Ploceus princeps	普岛金织雀	Principe Golden Weaver	分布: 3
Ploceus castanops	北非褐喉织雀	Northern Brown-throated Weaver	分布: 3
Ploceus xanthopterus	褐喉金织雀	Southern Brown-throated Weaver	分布: 3
Ploceus burnieri	凯隆织雀	Kilombero Weaver	分布: 3
Ploceus galbula	栗脸织雀	Rüppell's Weaver	分布: 3
Ploceus taeniopterus	北非黑脸织雀	Northern Masked Weaver	分布: 3
Ploceus intermedius	黑脸织雀	Lesser Masked Weaver	分布: 3
Ploceus velatus	黑额织雀	Southern Masked Weaver	分布: 3
Ploceus katangae	赞比亚黑额织雀	Katanga Masked Weaver	分布: 3
Ploceus ruweti	刚果黑额织雀	Lufira Masked Weaver	分布: 3
Ploceus reichardi	坦桑黑脸织雀	Tanzanian Masked Weaver	分布: 3
Ploceus vitellinus	赤道黑额织雀	Vitelline Masked Weaver	分布: 3
Ploceus spekei	斯氏织雀	Speke's Weaver	分布: 3
Ploceus spekeoides	乌干达织雀	Fox's Weaver	分布: 3
Ploceus cucullatus	黑头织雀	Village Weaver	分布: 3
Ploceus grandis	大织雀	Giant Weaver	分布: 3
Ploceus nigerrimus	大黑织雀	Vieillot's Black Weaver	分布: 3
Ploceus weynsi	韦氏织雀	Weyns's Weaver	分布: 3
Ploceus golandi	克氏织雀	Clarke's Weaver	分布: 3
Ploceus dichrocephalus	萨氏织雀	Salvadori's Weaver	分布: 3
Ploceus melanocephalus	黑头黄背织雀	Black-headed Weaver	分布: 3
Ploceus jacksoni	苏丹金背织雀	Golden-backed Weaver	分布: 3
Ploceus badius	桂红织雀	Cinnamon Weaver	分布: 3
Ploceus rubiginosus	栗织雀	Chestnut Weaver	分布: 3
Ploceus aureonucha	金枕织雀	Golden-naped Weaver	分布: 3
Ploceus tricolor	黄肩织雀	Yellow-mantled Weaver	分布: 3

Ploceus albinucha	白枕黑织雀	Maxwell's Black Weaver	分布: 3
Ploceus nelicourvi	纳利织雀	Nelicourvi Weaver	分布: 4
Ploceus sakalava	萨卡织雀	Sakalava Weaver	分布: 4
Ploceus hypoxanthus	亚洲金织雀	Asian Golden Weaver	分布: 2
Ploceus superciliosus	褐翅织雀	Compact Weaver	分布: 3
Ploceus benghalensis	黑胸织雀	Black-breasted Weaver	分布: 2
Ploceus manyar	纹胸织雀	Streaked Weaver	分布: 2; C
Ploceus philippinus	黄胸织雀	Baya Weaver	分布: 2; C
Ploceus megarhynchus	巨嘴织雀	Finn's Weaver	分布: 2
Ploceus bicolor	灰背织雀	Dark-backed Weaver	分布: 3
Ploceus preussi	金背织雀	Preuss's Weaver	分布: 3
Ploceus dorsomaculatus	黄顶织雀	Yellow-capped Weaver	分布: 3
Ploceus olivaceiceps	绿头金织雀	Olive-headed Weaver	分布: 3
Ploceus nicolli	坦桑织雀	Usambara Weaver	分布: 3
Ploceus insignis	褐顶织雀	Brown-capped Weaver	分布: 3
Ploceus angolensis	斑翅织雀	Bar-winged Weaver	分布: 3
Ploceus sanctithomae	圣多美织雀	Sao Tome Weaver	分布: 3
Ploceus flavipes	黄腿织雀	Yellow-legged Weaver	分布: 3
Malimbus coronatus	朱顶精织雀	Red-crowned Malimbe	分布: 3
Malimbus cassini	黑喉精织雀	Cassin's Malimbe	分布: 3
Malimbus racheliae	金胸精织雀	Rachel's Malimbe	分布: 3
Malimbus ballmanni	保氏精织雀	Gola Malimbe	分布: 3
Malimbus scutatus	红臀精织雀	Red-vented Malimbe	分布: 3
Malimbus ibadanensis	尼日利亚精织雀	Ibadan Malimbe	分布: 3
Malimbus nitens	蓝嘴精织雀	Blue-billed Malimbe	分布: 3
Malimbus rubricollis	红头精织雀	Red-headed Malimbe	分布: 3
Malimbus erythrogaster	红腹精织雀	Red-bellied Malimbe	分布: 3
Malimbus malimbicus	冠精织雀	Crested Malimbe	分布: 3
Anaplectes rubriceps	红头编织雀	Red-headed Weaver	分布: 3

118. 梅花雀科 **Estrildidae (Waxbills) 34 属 140 种**

Lagonosticta rara	黑腹火雀	Black-bellied Firefinch	分布: 3
Lagonosticta rufopicta	斑胸火雀	Bar-breasted Firefinch	分布: 3
Lagonosticta nitidula	褐背火雀	Brown Firefinch	分布: 3
Lagonosticta senegala	红嘴火雀	Red-billed Firefinch	分布: 3
Lagonosticta sanguinodorsalis	岩火雀	Rock Firefinch	分布: 3
Lagonosticta umbrinodorsalis	赖氏火雀	Chad Firefinch	分布: 3
Lagonosticta rhodopareia	红腹火雀	Jameson's Firefinch	分布: 3
Lagonosticta virata	马里火雀	Mali Firefinch	分布: 3
Lagonosticta rubricata	灰顶火雀	African Firefinch	分布: 3
Lagonosticta landanae	淡嘴火雀	Landana Firefinch	分布: 3
Lagonosticta larvata	黑脸火雀	Black-faced Firefinch	分布: 3

Clytospiza monteiri	褐双点雀	Brown Twinspot	分布: 3
Pytilia lineata	红嘴斑腹雀	Red-billed Pytilia	分布: 3
Pytilia phoenicoptera	红翅斑腹雀	Red-winged Pytilia	分布: 3
Pytilia afra	橙翅斑腹雀	Orange-winged Pytilia	分布: 3
Pytilia hypogrammica	黄翅斑腹雀	Yellow-winged Pytilia	分布: 3
Pytilia melba	绿翅斑腹雀	Green-winged Pytilia	分布: 3
Hypargos margaritatus	玫胸斑雀	Pink-throated Twinspot	分布: 3
Hypargos niveoguttatus	朱胸斑雀	Red-throated Twinspot	分布: 3
Euschistospiza dybowskii	朱背双斑雀	Dybowski's Twinspot	分布: 3
Euschistospiza cinereovinacea	乌双斑雀	Dusky Twinspot	分布: 3
Granatina granatina	紫耳蓝饰雀	Violet-eared Waxbill	分布: 3
Granatina ianthinogaster	紫蓝饰雀	Purple Grenadier	分布: 3
Uraeginthus angolensis	蓝饰雀	Blue-breasted Cordon-bleu	分布: 3
Uraeginthus bengalus	红颊蓝饰雀	Red-cheeked Cordon-bleu	分布: 3
Uraeginthus cyanocephalus	蓝顶蓝饰雀	Blue-capped Cordon-bleu	分布: 3
Spermophaga poliogenys	灰颊蓝嘴雀	Grant's Bluebill	分布: 3
Spermophaga haematina	红胸蓝嘴雀	Western Bluebill	分布: 3
Spermophaga ruficapilla	红头蓝嘴雀	Red-headed Bluebill	分布: 3
Pyrenestes ostrinus	黑腹裂籽雀	Black-bellied Seedcracker	分布: 3
Pyrenestes sanguineus	赤红裂籽雀	Crimson Seedcracker	分布: 3
Pyrenestes minor	小裂籽雀	Lesser Seedcracker	分布: 3
Estrilda caerulescens	淡蓝梅花雀	Lavender Waxbill	分布: 3
Estrilda perreini	黑尾梅花雀	Grey Waxbill	分布: 3
Estrilda thomensis	纽氏梅花雀	Cinderella Waxbill	分布: 3
Estrilda poliopareia	灰颊梅花雀	Anambra Waxbill	分布: 3
Estrilda paludicola	黄胸梅花雀	Fawn-breasted Waxbill	分布: 3
Estrilda melpoda	橙颊梅花雀	Orange-cheeked Waxbill	分布: 2, 3; C
Estrilda rhodopyga	赤腰梅花雀	Crimson-rumped Waxbill	分布: 3
Estrilda rufibarba	阿拉伯梅花雀	Arabian Waxbill	分布: 1, 3
Estrilda troglodytes	黑腰梅花雀	Black-rumped Waxbill	分布: 3
Estrilda astrild	梅花雀	Common Waxbill	分布: 3
Estrilda nigriloris	黑脸梅花雀	Black-lored Waxbill	分布: 3
Estrilda nonnula	黑顶梅花雀	Black-crowned Waxbill	分布: 3
Estrilda atricapilla	黑头梅花雀	Black-headed Waxbill	分布: 3
Estrilda kandti	坎氏梅花雀	Kandt's Waxbill	分布: 3
Estrilda charmosyna	红腰梅花雀	Black-cheeked Waxbill	分布: 3
Estrilda erythronotos	黑颊梅花雀	Black-faced Waxbill	分布: 3
Mandingoa nitidula	绿背斑雀	Green Twinspot	分布: 3
Cryptospiza reichenovii	红脸朱翅雀	Red-faced Crimsonwing	分布: 3
Cryptospiza salvadorii	绿背朱翅雀	Abyssinian Crimsonwing	分布: 3
Cryptospiza jacksoni	暗腹朱翅雀	Dusky Crimsonwing	分布: 3
Cryptospiza shelleyi	谢氏朱翅雀	Shelley's Crimsonwing	分布: 3

Coccopygia bocagei	安哥拉梅花雀	Angolan Waxbill	分布: 3
Coccopygia melanotis	黑颊黄腹梅花雀	Swee Waxbill	分布: 3
Coccopygia quartinia	黄腹梅花雀	Yellow-bellied Waxbill	分布: 3
Nesocharis shelleyi	小绿背织雀	Shelley's Oliveback	分布: 3
Nesocharis ansorgei	白领绿背织雀	White-collared Oliveback	分布: 3
Nesocharis capistrata	灰头绿背织雀	Grey-headed Oliveback	分布: 3
Nigrita fusconotus	白胸黑雀	White-breasted Nigrita	分布: 3
Nigrita bicolor	栗胸黑雀	Chestnut-breasted Nigrita	分布: 3
Nigrita luteifrons	淡额黑雀	Pale-fronted Nigrita	分布: 3
Nigrita canicapillus	灰冠黑雀	Grey-headed Nigrita	分布: 3
Parmoptila woodhousei	啄花雀	Woodhouse's Antpecker	分布: 3
Parmoptila rubrifrons	红额啄花雀	Red-fronted Antpecker	分布: 3
Parmoptila jamesoni	雨林红额啄花雀	Jameson's Antpecker	分布: 3
Amadina erythrocephala	红头环喉雀	Red-headed Finch	分布: 3
Amadina fasciata	环喉雀	Cut-throat Finch	分布: 3
Ortygospiza atricollis	黑喉鹑雀	Quailfinch	分布: 3
Amandava amandava	红梅花雀	Red Avadavat	分布: 2, 4; C
Amandava formosa	绿梅花雀	Green Avadavat	分布: 2
Amandava subflava	橙胸梅花雀	Zebra Waxbill	分布: 2, 3
Paludipasser locustella	蝗鹑雀	Locust Finch	分布: 3
Spermestes cucullata	铜色文鸟	Bronze Mannikin	分布: 3
Spermestes bicolor	黑白文鸟	Black-and-white Mannikin	分布: 3
Spermestes nigriceps	褐背文鸟	Red-backed Mannikin	分布: 3
Spermestes fringilloides	鹊文鸟	Magpie Mannikin	分布: 3
Odontospiza griseicapilla	斑颊文鸟	Grey-headed Silverbill	分布: 3
Lepidopygia nana	马岛文鸟	Madagascan Mannikin	分布: 3
Euodice cantans	银嘴文鸟	African Silverbill	分布: 1, 3
Euodice malabarica	白喉文鸟	Indian Silverbill	分布: 1, 2; C
Lonchura striata	白腰文鸟	White-rumped Munia	分布: 1, 2; C
Lonchura leucogastroides	黑喉文鸟	Javan Munia	分布: 2
Lonchura fuscans	暗栗文鸟	Dusky Munia	分布: 2
Lonchura molucca	黑脸文鸟	Black-faced Munia	分布: 4
Lonchura punctulata	斑文鸟	Scaly-breasted Munia	分布: 2, 4; C
Lonchura kelaarti	红胸文鸟	Black-throated Munia	分布: 2
Lonchura leucogastra	白胸文鸟	White-bellied Munia	分布: 2
Lonchura tristissima	纹头文鸟	Streak-headed Mannikin	分布: 4
Lonchura leucosticta	白斑文鸟	White-spotted Mannikin	分布: 4
Lonchura quinticolor	五彩文鸟	Five-colored Munia	分布: 4
Lonchura malacca	黑头文鸟	Tricolored Munia	分布: 2, 4
Lonchura atricapilla	栗腹文鸟	Chestnut Munia	分布: 2, 4; C
Lonchura ferruginosa	白顶文鸟	White-capped Munia	分布: 2
Lonchura maja	白头文鸟	White-headed Munia	分布: 2, 4

Lonchura pallida	淡色文鸟	Pale-headed Munia	分布: 4
Lonchura grandis	大嘴文鸟	Great-billed Mannikin	分布: 4
Lonchura vana	灰带文鸟	Grey-banded Mannikin	分布: 4
Lonchura caniceps	灰头文鸟	Grey-headed Mannikin	分布: 4
Lonchura nevermanni	灰冠文鸟	Grey-crowned Mannikin	分布: 4
Lonchura spectabilis	黑巾文鸟	Hooded Mannikin	分布: 4
Lonchura forbesi	栗背文鸟	Forbes's Mannikin	分布: 4
Lonchura hunsteini	杂色文鸟	Hunstein's Mannikin	分布: 4
Lonchura flaviprymna	黄尾文鸟	Yellow-rumped Mannikin	分布: 4
Lonchura castaneothorax	栗胸文鸟	Chestnut-breasted Mannikin	分布: 4
Lonchura stygia	黑文鸟	Black Mannikin	分布: 4
Lonchura teerinki	黑胸文鸟	Black-breasted Mannikin	分布: 4
Lonchura monticola	高山文鸟	Alpine Mannikin	分布: 4
Lonchura montana	雪山文鸟	Snow Mountain Mannikin	分布: 4
Lonchura melaena	太平洋文鸟	Buff-bellied Mannikin	分布: 4
Lonchura fuscata	帝汶禾雀	Timor Sparrow	分布: 4
Lonchura oryzivora	禾雀	Java Sparrow	分布: 2; C
Heteromunia pectoralis	斑胸文鸟	Pictorella Mannikin	分布: 4
Stagonopleura bella	艳火尾雀	Beautiful Firetail	分布: 4
Stagonopleura oculata	红耳火尾雀	Red-eared Firetail	分布: 4
Stagonopleura guttata	斑胁火尾雀	Diamond Firetail	分布: 4
Oreostruthus fuliginosus	红胁火尾雀	Mountain Firetail	分布: 4
Emblema pictum	彩火尾雀	Painted Finch	分布: 4
Neochmia temporalis	红眉火尾雀	Red-browed Finch	分布: 4
Neochmia phaeton	赤胸星雀	Black-bellied Crimson Finch	分布: 4
Neochmia ruficauda	星雀	Star Finch	分布: 4
Neochmia modesta	褐头星雀	Plum-headed Finch	分布: 4
Poephila personata	白耳草雀	Masked Finch	分布: 4
Poephila acuticauda	长尾草雀	Long-tailed Finch	分布: 4
Poephila cincta	黑喉草雀	Black-throated Finch	分布: 4
Taeniopygia guttata	斑胸草雀	Zebra Finch	分布: 4
Taeniopygia bichenovii	双斑草雀	Double-barred Finch	分布: 4
Erythrura hyperythra	绿尾鹦雀	Tawny-breasted Parrotfinch	分布: 2, 4
Erythrura prasina	长尾鹦雀	Pin-tailed Parrotfinch	分布: 2; C
Erythrura viridifacies	绿脸鹦雀	Green-faced Parrotfinch	分布: 2
Erythrura tricolor	帝汶鹦雀	Tricolored Parrotfinch	分布: 4
Erythrura coloria	红耳鹦雀	Red-eared Parrotfinch	分布: 2
Erythrura trichroa	蓝脸鹦雀	Blue-faced Parrotfinch	分布: 4
Erythrura papuana	大蓝脸鹦雀	Papuan Parrotfinch	分布: 4
Erythrura psittacea	红喉鹦雀	Red-throated Parrotfinch	分布: 4
Erythrura cyaneovirens	红头鹦雀	Red-headed Parrotfinch	分布: 4
Erythrura regia	皇鹦雀	Royal Parrotfinch	分布: 4

Erythrura pealii	斐济鹦雀	Fiji Parrotfinch	分布: 4
Erythrura kleinschmidti	黑脸鹦雀	Pink-billed Parrotfinch	分布: 4
Chloebia gouldiae	七彩文鸟	Gouldian Finch	分布: 4

119. 维达雀科　Viduidae　(Whydahs and Indigobirds)　2 属　20 种

Vidua macroura	针尾维达雀	Pin-tailed Whydah	分布: 3
Vidua paradisaea	乐园维达雀	Long-tailed Paradise Whydah	分布: 3
Vidua obtusa	宽尾维达雀	Broad-tailed Paradise Whydah	分布: 3
Vidua orientalis	北维达雀	Sahel Paradise Whydah	分布: 3
Vidua interjecta	长尾维达雀	Exclamatory Paradise Whydah	分布: 3
Vidua hypocherina	辉蓝维达雀	Steel-blue Whydah	分布: 3
Vidua regia	箭尾维达雀	Shaft-tailed Whydah	分布: 3
Vidua fischeri	草尾维达雀	Straw-tailed Whydah	分布: 3
Vidua togoensis	多哥维达雀	Togo Paradise Whydah	分布: 3
Vidua wilsoni	淡翅维达雀	Wilson's Indigobird	分布: 3
Vidua larvaticola	巴喀维达雀	Barka Indigobird	分布: 3
Vidua maryae	乔斯维达雀	Jos Plateau Indigobird	分布: 3
Vidua camerunensis	喀麦隆维达雀	Cameroon Indigobird	分布: 3
Vidua nigeriae	鹑雀维达雀	Quailfinch Indigobird	分布: 3
Vidua raricola	詹巴杜维达雀	Jambandu Indigobird	分布: 3
Vidua codringtoni	双斑维达雀	Zambezi Indigobird	分布: 3
Vidua funerea	暗紫维达雀	Dusky Indigobird	分布: 3
Vidua chalybeata	靛蓝维达雀	Village Indigobird	分布: 3
Vidua purpurascens	暗色维达雀	Purple Indigobird	分布: 3
Anomalospiza imberbis	寄生维达雀	Cuckoo-finch	分布: 3

120. 雀科　Passeridae　(Old World Sparrows)　8 属　43 种

Passer ammodendri	黑顶麻雀	Saxaul Sparrow	分布: 1; C
Passer domesticus	家麻雀	House Sparrow	分布: 1, 2, 3; C
Passer italiae	意大利麻雀	Italian Sparrow	分布: 1
Passer hispaniolensis	黑胸麻雀	Spanish Sparrow	分布: 1; C
Passer pyrrhonotus	丛林麻雀	Sind Sparrow	分布: 1, 2
Passer castanopterus	索马里麻雀	Somali Sparrow	分布: 3
Passer cinnamomeus	山麻雀	Russet Sparrow	分布: 1, 2; C
Passer flaveolus	黄腹麻雀	Plain-backed Sparrow	分布: 2
Passer moabiticus	死海麻雀	Dead Sea Sparrow	分布: 1
Passer iagoensis	棕背麻雀	Cape Verde Sparrow	分布: 3
Passer motitensis	棕麻雀	Great Sparrow	分布: 3
Passer insularis	索岛麻雀	Socotra Sparrow	分布: 3
Passer hemileucus	阿岛麻雀	Abd al Kuri Sparrow	分布: 3
Passer cordofanicus	苏丹麻雀	Kordofan Sparrow	分布: 3
Passer shelleyi	白尼罗河麻雀	White Nile Sparrow	分布: 3
Passer rufocinctus	肯尼亚麻雀	Kenya Sparrow	分布: 3

Passer melanurus	南非麻雀	Cape Sparrow	分布: 3
Passer swainsonii	斯氏麻雀	Swainson's Sparrow	分布: 3
Passer gongonensis	鹦嘴麻雀	Parrot-billed Sparrow	分布: 3
Passer suahelicus	东非麻雀	Swahili Sparrow	分布: 3
Passer griseus	灰头麻雀	Northern Grey-headed Sparrow	分布: 3
Passer diffusus	南非灰头麻雀	Southern Grey-headed Sparrow	分布: 3
Passer simplex	荒漠麻雀	Desert Sparrow	分布: 1, 3
Passer zarudnyi	灰麻雀	Zarudny's Sparrow	分布: 2
Passer montanus	麻雀	Eurasian Tree Sparrow	分布: 1, 2, 4; C
Passer luteus	金麻雀	Sudan Golden Sparrow	分布: 3
Passer euchlorus	阿拉伯金麻雀	Arabian Golden Sparrow	分布: 1, 3
Passer eminibey	栗麻雀	Chestnut Sparrow	分布: 3
Carpospiza brachydactyla	淡色石雀	Pale Rockfinch	分布: 1, 3
Petronia petronia	石雀	Rock Sparrow	分布: 1, 2, 3; C
Gymnoris superciliaris	黄喉石雀	Yellow-throated Bush-sparrow	分布: 3
Gymnoris dentata	小石雀	Sahel Bush-sparrow	分布: 1, 3
Gymnoris pyrgita	黄斑石雀	Yellow-spotted Bush-sparrow	分布: 3
Gymnoris xanthocollis	栗肩石雀	Chestnut-shouldered Bush-sparrow	分布: 1, 2
Montifringilla nivalis	白斑翅雪雀	White-winged Snowfinch	分布: 1, 2; C
Montifringilla henrici	藏雪雀	Tibetan Snowfinch	分布: 1, 2; EC
Montifringilla adamsi	褐翅雪雀	Black-winged Snowfinch	分布: 1, 2; C
Onychostruthus taczanowskii	白腰雪雀	White-rumped Snowfinch	分布: 1, 2; C
Pyrgilauda davidiana	黑喉雪雀	Small Snowfinch	分布: 1; C
Pyrgilauda ruficollis	棕颈雪雀	Rufous-necked Snowfinch	分布: 1, 2; C
Pyrgilauda blanfordi	棕背雪雀	Plain-backed Snowfinch	分布: 1, 2; C
Pyrgilauda theresae	阿富汗雪雀	Afghan Snowfinch	分布: 1
Hypocryptadius cinnamomeus	桂红绣眼雀	Cinnamon Ibon	分布: 4

121. 鹡鸰科　Motacillidae　(Pipits and Wagtails)　8 属　67 种

Dendronanthus indicus	山鹡鸰	Forest Wagtail	分布: 1, 2; C
Anthus sokokensis	东非鹨	Sokoke Pipit	分布: 3
Anthus brachyurus	短尾鹨	Short-tailed Pipit	分布: 3
Anthus caffer	南非鹨	Bush Pipit	分布: 3
Anthus gustavi	北鹨	Pechora Pipit	分布: 1, 2; C
Anthus trivialis	林鹨	Tree Pipit	分布: 1, 2, 3; C
Anthus hodgsoni	树鹨	Olive-backed Pipit	分布: 1, 2; C
Anthus cervinus	红喉鹨	Red-throated Pipit	分布: 1, 2, 3; C
Anthus roseatus	粉红胸鹨	Rosy Pipit	分布: 1, 2; C
Anthus rubescens	黄腹鹨	Buff-bellied Pipit	分布: 1, 2, 5, 6; C
Anthus pratensis	草地鹨	Meadow Pipit	分布: 1; C
Anthus spinoletta	水鹨	Water Pipit	分布: 1, 2; C
Anthus petrosus	石鹨	Eurasian Rock Pipit	分布: 1

Anthus furcatus	短嘴鹨	Short-billed Pipit	分布: 6
Anthus lutescens	黄鹨	Yellowish Pipit	分布: 6
Anthus peruvianus	秘鲁黄鹨	Peruvian Pipit	分布: 6
Anthus chacoensis	查科鹨	Pampas Pipit	分布: 6
Anthus spragueii	斯氏鹨	Sprague's Pipit	分布: 5, 6
Anthus hellmayri	赫氏鹨	Hellmayr's Pipit	分布: 6
Anthus bogotensis	帕拉鹨	Paramo Pipit	分布: 6
Anthus nattereri	赭胸鹨	Ochre-breasted Pipit	分布: 6
Anthus correndera	科雷鹨	Correndera Pipit	分布: 6
Anthus antarcticus	南极鹨	South Georgia Pipit	分布: 7
Anthus sylvanus	山鹨	Upland Pipit	分布: 1, 2; C
Anthus nilghiriensis	印度鹨	Nilgiri Pipit	分布: 2
Anthus hoeschi	山地鹨	Mountain Pipit	分布: 3
Anthus crenatus	南非石鹨	Yellow-tufted Pipit	分布: 3
Anthus lineiventris	条纹鹨	Striped Pipit	分布: 3
Anthus richardi	田鹨	Richard's Pipit	分布: 1, 2; C
Anthus australis	澳洲鹨	Australian Pipit	分布: 4
Anthus rufulus	东方田鹨	Paddyfield Pipit	分布: 2, 4; C
Anthus novaeseelandiae	新西兰鹨	New Zealand Pipit	分布: 4
Anthus nyassae	林地鹨	Woodland Pipit	分布: 3
Anthus godlewskii	布氏鹨	Blyth's Pipit	分布: 1, 2; C
Anthus leucophrys	纯背鹨	Plain-backed Pipit	分布: 3
Anthus berthelotii	伯氏鹨	Berthelot's Pipit	分布: 1
Anthus campestris	平原鹨	Tawny Pipit	分布: 1, 2, 3; C
Anthus cinnamomeus	非洲鹨	African Pipit	分布: 1, 3
Anthus vaalensis	沙黄鹨	Buffy Pipit	分布: 3
Anthus similis	长嘴鹨	Long-billed Pipit	分布: 1, 2, 3
Anthus melindae	灰鹨	Malindi Pipit	分布: 3
Anthus pallidiventris	长脚鹨	Long-legged Pipit	分布: 3
Anthus gutturalis	斑喉鹨	Alpine Pipit	分布: 4
Madanga ruficollis	摩鹿加鹨	Madanga	分布: 4
Macronyx flavicollis	黄颈长爪鹡鸰	Abyssinian Longclaw	分布: 3
Macronyx fuelleborni	福氏长爪鹡鸰	Fülleborn's Longclaw	分布: 3
Macronyx capensis	橙喉长爪鹡鸰	Cape Longclaw	分布: 3
Macronyx croceus	黄喉长爪鹡鸰	Yellow-throated Longclaw	分布: 3
Macronyx aurantiigula	橘红长爪鹡鸰	Pangani Longclaw	分布: 3
Macronyx ameliae	红胸长爪鹡鸰	Rosy-throated Longclaw	分布: 3
Macronyx grimwoodi	格氏长爪鹡鸰	Grimwood's Longclaw	分布: 3
Macronyx sharpei	夏氏长爪鹡鸰	Sharpe's Longclaw	分布: 3
Hemimacronyx chloris	黄胸鹨	Yellow-breasted Pipit	分布: 3
Tmetothylacus tenellus	金鹨	Golden Pipit	分布: 3
Motacilla flaviventris	马岛鹡鸰	Madagascan Wagtail	分布: 3

Motacilla clara	非洲山鹡鸰	Mountain Wagtail	分布: 3
Motacilla capensis	海角鹡鸰	Cape Wagtail	分布: 3
Motacilla flava	西黄鹡鸰	Western Yellow Wagtail	分布: 1, 2, 3; C
Motacilla aguimp	非洲斑鹡鸰	African Pied Wagtail	分布: 3
Motacilla cinerea	灰鹡鸰	Grey Wagtail	分布: 1, 2, 3, 4; C
Motacilla citreola	黄头鹡鸰	Citrine Wagtail	分布: 1, 2; C
Motacilla tschutschensis	黄鹡鸰	Eastern Yellow Wagtail	分布: 1, 2, 4, 5; C
Motacilla maderaspatensis	大斑鹡鸰	White-browed Wagtail	分布: 2
Motacilla samveasnae	湄公鹡鸰	Mekong Wagtail	分布: 2
Motacilla grandis	日本鹡鸰	Japanese Wagtail	分布: 1, 2; C
Motacilla alba	白鹡鸰	White Wagtail	分布: 1, 2, 3, 5; C
Amaurocichla bocagii	圣多美鹡鸰	Sao Tome Shorttail	分布: 3

122. 燕雀科　Fringillidae　(Finches)　45 属　210 种

Fringilla coelebs	苍头燕雀	Common Chaffinch	分布: 1, 2; C
Fringilla teydea	蓝燕雀	Tenerife Blue Chaffinch	分布: 1
Fringilla polatzeki	加纳利蓝燕雀	Gran Canaria Blue Chaffinch	分布: 1
Fringilla montifringilla	燕雀	Brambling	分布: 1, 2; C
Chlorophonia flavirostris	黄领绿雀	Yellow-collared Chlorophonia	分布: 5
Chlorophonia cyanea	蓝枕绿雀	Blue-naped Chlorophonia	分布: 5
Chlorophonia pyrrhophrys	栗胸绿雀	Chestnut-breasted Chlorophonia	分布: 5
Chlorophonia occipitalis	蓝冠绿雀	Blue-crowned Chlorophonia	分布: 5, 6
Chlorophonia callophrys	金眉绿雀	Golden-browed Chlorophonia	分布: 6
Euphonia jamaica	牙买加歌雀	Jamaican Euphonia	分布: 6
Euphonia plumbea	铅灰歌雀	Plumbeous Euphonia	分布: 6
Euphonia affinis	薮歌雀	Scrub Euphonia	分布: 5, 6
Euphonia luteicapilla	黄冠歌雀	Yellow-crowned Euphonia	分布: 5, 6
Euphonia chlorotica	紫喉歌雀	Purple-throated Euphonia	分布: 6
Euphonia trinitatis	特立尼达歌雀	Trinidad Euphonia	分布: 6
Euphonia concinna	绒额歌雀	Velvet-fronted Euphonia	分布: 6
Euphonia saturata	橙冠歌雀	Orange-crowned Euphonia	分布: 6
Euphonia finschi	芬氏歌雀	Finsch's Euphonia	分布: 6
Euphonia violacea	紫歌雀	Violaceous Euphonia	分布: 6
Euphonia laniirostris	厚嘴歌雀	Thick-billed Euphonia	分布: 6
Euphonia hirundinacea	黄喉歌雀	Yellow-throated Euphonia	分布: 6
Euphonia chalybea	绿喉歌雀	Green-chinned Euphonia	分布: 6
Euphonia elegantissima	亮丽歌雀	Elegant Euphonia	分布: 5, 6
Euphonia cyanocephala	金腰歌雀	Golden-rumped Euphonia	分布: 6
Euphonia musica	蓝头歌雀	Antillean Euphonia	分布: 6
Euphonia fulvicrissa	褐臀歌雀	Fulvous-vented Euphonia	分布: 6
Euphonia imitans	斑冠歌雀	Spot-crowned Euphonia	分布: 6
Euphonia gouldi	绿背歌雀	Olive-backed Euphonia	分布: 6

Euphonia chrysopasta	金腹歌雀	White-lored Euphonia	分布: 6
Euphonia mesochrysa	铜绿歌雀	Bronze-green Euphonia	分布: 6
Euphonia minuta	白臀歌雀	White-vented Euphonia	分布: 6
Euphonia anneae	黄顶歌雀	Tawny-capped Euphonia	分布: 6
Euphonia xanthogaster	橙腹歌雀	Orange-bellied Euphonia	分布: 6
Euphonia rufiventris	棕腹歌雀	Rufous-bellied Euphonia	分布: 6
Euphonia pectoralis	栗腹歌雀	Chestnut-bellied Euphonia	分布: 6
Euphonia cayennensis	金胁歌雀	Golden-sided Euphonia	分布: 6
Mycerobas icterioides	黄腹拟蜡嘴雀	Black-and-yellow Grosbeak	分布: 1, 2
Mycerobas affinis	黄颈拟蜡嘴雀	Collared Grosbeak	分布: 1, 2; C
Mycerobas melanozanthos	白点翅拟蜡嘴雀	Spot-winged Grosbeak	分布: 1, 2; C
Mycerobas carnipes	白斑翅拟蜡嘴雀	White-winged Grosbeak	分布: 1, 2; C
Hesperiphona vespertina	黄昏锡嘴雀	Evening Grosbeak	分布: 5
Hesperiphona abeillei	黑头锡嘴雀	Hooded Grosbeak	分布: 5, 6
Coccothraustes coccothraustes	锡嘴雀	Hawfinch	分布: 1, 2; C
Eophona migratoria	黑尾蜡嘴雀	Chinese Grosbeak	分布: 1, 2; C
Eophona personata	黑头蜡嘴雀	Japanese Grosbeak	分布: 1, 2; C
Melamprosops phaeosoma	毛岛蜜雀	Poo-uli	分布: 4
Paroreomyza maculata	瓦岛管舌雀	Oahu Alauahio	分布: 4
Paroreomyza montana	毛岛管舌雀	Maui Alauahio	分布: 4
Oreomystis bairdi	考岛悬木雀	Akikiki	分布: 4
Telespiza cantans	莱岛拟管舌雀	Laysan Finch	分布: 4
Telespiza ultima	尼岛拟管舌雀	Nihoa Finch	分布: 4
Loxioides bailleui	黄胸管舌雀	Palila	分布: 4
Psittirostra psittacea	鹦嘴管舌雀	Ou	分布: 4
Hemignathus hanapepe	考岛短镰嘴雀	Kauai Nukupuu	分布: 4
Hemignathus wilsoni	镰嘴雀	Akiapolaau	分布: 4
Hemignathus affinis	茂岛短镰嘴雀	Maui Nukupuu	分布: 4
Pseudonestor xanthophrys	毛岛鹦嘴雀	Maui Parrotbill	分布: 4
Magumma parva	小绿雀	Anianiau	分布: 4
Manucerthia mana	夏威夷悬木雀	Hawaii Creeper	分布: 4
Loxops caeruleirostris	考岛管舌雀	Akekee	分布: 4
Loxops coccineus	红管舌雀	Hawaii Akepa	分布: 4
Loxops ochraceus	毛岛红管舌雀	Maui Akepa	分布: 4
Chlorodrepanis flava	瓦岛绿雀	Oahu Amakihi	分布: 4
Chlorodrepanis stejnegeri	考岛绿雀	Kauai Amakihi	分布: 4
Drepanis coccinea	镰嘴管舌雀	Iiwi	分布: 4
Himatione fraithii	莱岛蜜雀	Laysan Honeycreeper	分布: 4
Palmeria dolei	冠旋蜜雀	Akohekohe	分布: 4
Carpodacus erythrinus	普通朱雀	Common Rosefinch	分布: 1, 2; C
Carpodacus sipahi	血雀	Scarlet Finch	分布: 2; C
Carpodacus grandis	喜山红腰朱雀	Blyth's Rosefinch	分布: 2; C

Carpodacus rhodochlamys	红腰朱雀	Red-mantled Rosefinch	分布: 1, 2; C
Carpodacus waltoni	曙红朱雀	Pink-rumped Rosefinch	分布: 1, 2; C
Carpodacus davidianus	中华朱雀	Chinese Beautiful Rosefinch	分布: 1; EC
Carpodacus pulcherrimus	红眉朱雀	Himalayan Beautiful Rosefinch	分布: 1, 2; C
Carpodacus edwardsii	棕朱雀	Dark-rumped Rosefinch	分布: 1, 2; C
Carpodacus rodochroa	粉眉朱雀	Pink-browed Rosefinch	分布: 2; C
Carpodacus verreauxii	淡腹点翅朱雀	Sharpe's Rosefinch	分布: 2; C
Carpodacus rodopeplus	点翅朱雀	Spot-winged Rosefinch	分布: 2; C
Carpodacus vinaceus	酒红朱雀	Vinaceous Rosefinch	分布: 1, 2; C
Carpodacus formosanus	台湾酒红朱雀	Taiwan Rosefinch	分布: 2; EC
Carpodacus synoicus	西沙色朱雀	Sinai Rosefinch	分布: 1
Carpodacus stoliczkae	沙色朱雀	Pale Rosefinch	分布: 1; C
Carpodacus roborowskii	藏雀	Tibetan Rosefinch	分布: 1; EC
Carpodacus sillemi	褐头朱雀	Sillem's Rosefinch	分布: 1; EC
Carpodacus rubicilloides	拟大朱雀	Streaked Rosefinch	分布: 1, 2; C
Carpodacus rubicilla	大朱雀	Great Rosefinch	分布: 1, 2; C
Carpodacus sibiricus	长尾雀	Long-tailed Rosefinch	分布: 1, 2; C
Carpodacus puniceus	红胸朱雀	Red-fronted Rosefinch	分布: 1, 2; C
Carpodacus subhimachalus	红眉松雀	Crimson-browed Finch	分布: 2; C
Carpodacus roseus	北朱雀	Pallas's Rosefinch	分布: 1; C
Carpodacus trifasciatus	斑翅朱雀	Three-banded Rosefinch	分布: 1, 2; C
Carpodacus thura	喜山白眉朱雀	Himalayan White-browed Rosefinch	分布: 2; C
Carpodacus dubius	白眉朱雀	Chinese White-browed Rosefinch	分布: 1, 2; EC
Pinicola enucleator	松雀	Pine Grosbeak	分布: 1, 5; C
Pyrrhula nipalensis	褐灰雀	Brown Bullfinch	分布: 1, 2; C
Pyrrhula leucogenis	白颊灰雀	White-cheeked Bullfinch	分布: 2
Pyrrhula aurantiaca	橙色灰雀	Orange Bullfinch	分布: 2
Pyrrhula erythrocephala	红头灰雀	Red-headed Bullfinch	分布: 2; C
Pyrrhula erythaca	灰头灰雀	Grey-headed Bullfinch	分布: 1, 2; C
Pyrrhula owstnoi	台湾灰头灰雀	Taiwan Grey-headed Bullfinch	分布: 2; EC
Pyrrhula murina	亚速尔灰雀	Azores Bullfinch	分布: 1
Pyrrhula pyrrhula	红腹灰雀	Eurasian Bullfinch	分布: 1; C
Rhodopechys alienus	非洲红翅沙雀	African Crimson-winged Finch	分布: 1
Rhodopechys sanguineus	红翅沙雀	Eurasian Crimson-winged Finch	分布: 1; C
Bucanetes githagineus	沙雀	Trumpeter Finch	分布: 1, 2
Bucanetes mongolicus	蒙古沙雀	Mongolian Finch	分布: 1, 2; C
Agraphospiza rubescens	赤朱雀	Blanford's Rosefinch	分布: 2; C
Callacanthis burtoni	红眉金翅雀	Spectacled Finch	分布: 2; C
Pyrrhoplectes epauletta	金枕黑雀	Gold-naped Finch	分布: 2; C
Procarduelis nipalensis	暗胸朱雀	Dark-breasted Rosefinch	分布: 2; C
Leucosticte nemoricola	林岭雀	Plain Mountain Finch	分布: 1, 2; C

Leucosticte brandti	高山岭雀	Brandt's Mountain Finch	分布: 1, 2; C
Leucosticte arctoa	粉红腹岭雀	Asian Rosy Finch	分布: 1; C
Leucosticte tephrocotis	灰头岭雀	Grey-crowned Rosy Finch	分布: 5
Leucosticte atrata	黑岭雀	Black Rosy Finch	分布: 5
Leucosticte australis	褐顶岭雀	Brown-capped Rosy Finch	分布: 5
Rhodospiza obsoleta	巨嘴沙雀	Desert Finch	分布: 1; C
Haemorhous mexicanus	家朱雀	House Finch	分布: 5, 6
Haemorhous cassinii	卡氏朱雀	Cassin's Finch	分布: 5
Haemorhous purpureus	紫朱雀	Purple Finch	分布: 5
Rhynchostruthus socotranus	金翅锡嘴雀	Socotra Grosbeak	分布: 3
Rhynchostruthus percivali	阿拉伯锡嘴雀	Arabian Grosbeak	分布: 1
Rhynchostruthus louisae	索马里锡嘴雀	Somali Grosbeak	分布: 3
Chloris chloris	欧金翅雀	European Greenfinch	分布: 1; C
Chloris sinica	金翅雀	Oriental Greenfinch	分布: 1; C
Chloris spinoides	高山金翅雀	Yellow-breasted Greenfinch	分布: 2; C
Chloris monguilloti	越南金翅雀	Vietnamese Greenfinch	分布: 2
Chloris ambigua	黑头金翅雀	Black-headed Greenfinch	分布: 2; C
Linurgus olivaceus	鹂雀	Oriole Finch	分布: 3
Crithagra citrinelloides	非洲丝雀	African Citril	分布: 3
Crithagra frontalis	西部丝雀	Western African Citril	分布: 3
Crithagra hyposticta	东非丝雀	East African Citril	分布: 3
Crithagra capistrata	黑脸丝雀	Black-faced Canary	分布: 3
Crithagra koliensis	乌干达丝雀	Papyrus Canary	分布: 3
Crithagra scotops	黄眉林丝雀	Forest Canary	分布: 3
Crithagra leucopygia	白腰丝雀	White-rumped Seedeater	分布: 3
Crithagra atrogularis	黑喉丝雀	Black-throated Canary	分布: 3
Crithagra xanthopygia	黄腰丝雀	Yellow-rumped Seedeater	分布: 3
Crithagra reichenowi	肯尼亚黄腰丝雀	Reichenow's Seedeater	分布: 3
Crithagra rothschildi	绿腰丝雀	Arabian Serin	分布: 1
Crithagra flavigula	黄喉丝雀	Yellow-throated Seedeater	分布: 3
Crithagra xantholaema	萨氏丝雀	Salvadori's Seedeater	分布: 3
Crithagra citrinipectus	黄胸丝雀	Lemon-breasted Canary	分布: 3
Crithagra mozambica	黄额丝雀	Yellow-fronted Canary	分布: 3
Crithagra donaldsoni	北厚嘴丝雀	Northern Grosbeak-canary	分布: 3
Crithagra buchanani	肯尼亚大嘴丝雀	Southern Grosbeak-canary	分布: 3
Crithagra flaviventris	黄丝雀	Yellow Canary	分布: 3
Crithagra dorsostriata	白腹丝雀	White-bellied Canary	分布: 3
Crithagra sulphurata	硫黄丝雀	Brimstone Canary	分布: 3
Crithagra albogularis	白喉丝雀	White-throated Canary	分布: 3
Crithagra reichardi	纹胸丝雀	Reichard's Seedeater	分布: 3
Crithagra canicapilla	西非纹头丝雀	West African Seedeater	分布: 3
Crithagra gularis	纹头丝雀	Streaky-headed Seedeater	分布: 3

Crithagra mennelli	黑耳丝雀	Black-eared Seedeater	分布: 3
Crithagra tristriata	褐腰丝雀	Brown-rumped Seedeater	分布: 3
Crithagra ankoberensis	埃塞丝雀	Ankober Serin	分布: 3
Crithagra menachensis	也门丝雀	Yemen Serin	分布: 1
Crithagra striolata	条纹丝雀	Streaky Seedeater	分布: 3
Crithagra whytii	黄眉丝雀	Yellow-browed Seedeater	分布: 3
Crithagra burtoni	厚嘴丝雀	Thick-billed Seedeater	分布: 3
Crithagra melanochroa	坦桑尼亚丝雀	Kipengere Seedeater	分布: 3
Crithagra rufobrunnea	普林丝雀	Principe Seedeater	分布: 3
Crithagra concolor	圣多美蜡嘴雀	Sao Tome Grosbeak	分布: 3
Crithagra leucoptera	白翅丝雀	Protea Canary	分布: 3
Crithagra totta	海角丝雀	Cape Siskin	分布: 3
Crithagra symonsi	德拉丝雀	Drakensberg Siskin	分布: 3
Linaria flavirostris	黄嘴朱顶雀	Twite	分布: 1, 2; C
Linaria cannabina	赤胸朱顶雀	Common Linnet	分布: 1, 2; C
Linaria yemenensis	也门朱顶雀	Yemen Linnet	分布: 1
Linaria johannis	索马里朱顶雀	Warsangli Linnet	分布: 3
Acanthis flammea	白腰朱顶雀	Common Redpoll	分布: 1, 5; C
Acanthis cabaret	小白腰朱顶雀	Lesser Redpoll	分布: 1
Acanthis hornemanni	极北朱顶雀	Arctic Redpoll	分布: 1, 5; C
Loxia scotica	苏格兰交嘴雀	Scottish Crossbill	分布: 1
Loxia curvirostra	红交嘴雀	Red Crossbill	分布: 1, 2, 5; C
Loxia leucoptera	白翅交嘴雀	Two-barred Crossbill	分布: 1, 5; C
Loxia megaplaga	海地交嘴雀	Hispaniolan Crossbill	分布: 6
Loxia pytyopsittacus	鹦交嘴雀	Parrot Crossbill	分布: 1
Chrysocorythus estherae	山金丝雀	Mountain Serin	分布: 2, 4
Carduelis carduelis	红额金翅雀	European Goldfinch	分布: 1, 2; C
Carduelis citrinella	橘黄丝雀	Citril Finch	分布: 1
Carduelis corsicana	科西嘉黄丝雀	Corsican Finch	分布: 1
Serinus serinus	欧洲丝雀	European Serin	分布: 1
Serinus canaria	金丝雀	Atlantic Canary	分布: 1
Serinus syriacus	叙利亚丝雀	Syrian Serin	分布: 1
Serinus pusillus	金额丝雀	Red-fronted Serin	分布: 1, 2; C
Serinus alario	黑头丝雀	Black-headed Canary	分布: 3
Serinus canicollis	南非丝雀	Cape Canary	分布: 3
Serinus flavivertex	黄顶丝雀	Yellow-crowned Canary	分布: 3
Serinus nigriceps	埃塞俄比亚丝雀	Ethiopian Siskin	分布: 3
Spinus thibetanus	藏黄雀	Tibetan Serin	分布: 1, 2; C
Spinus spinus	黄雀	Eurasian Siskin	分布: 1, 2; C
Spinus pinus	松金翅雀	Pine Siskin	分布: 5
Spinus tristis	北美金翅雀	American Goldfinch	分布: 1, 3
Spinus psaltria	暗背金翅雀	Lesser Goldfinch	分布: 5, 6

Spinus lawrencei	加州金翅雀	Lawrence's Goldfinch	分布: 5
Spinus atriceps	黑顶金翅雀	Black-capped Siskin	分布: 5, 6
Spinus spinescens	安第斯金翅雀	Andean Siskin	分布: 6
Spinus yarrellii	黄脸金翅雀	Yellow-faced Siskin	分布: 6
Spinus cucullatus	黑头红金翅雀	Red Siskin	分布: 6
Spinus crassirostris	厚嘴金翅雀	Thick-billed Siskin	分布: 6
Spinus magellanicus	冠金翅雀	Hooded Siskin	分布: 6
Spinus dominicensis	海地金翅雀	Antillean Siskin	分布: 6
Spinus siemiradzkii	红金翅雀	Saffron Siskin	分布: 6
Spinus olivaceus	绿金翅雀	Olivaceous Siskin	分布: 6
Spinus notatus	橙胸金翅雀	Black-headed Siskin	分布: 5, 6
Spinus xanthogastrus	黄腹金翅雀	Yellow-bellied Siskin	分布: 6
Spinus atratus	黑金翅雀	Black Siskin	分布: 6
Spinus uropygialis	黄腰金翅雀	Yellow-rumped Siskin	分布: 6
Spinus barbatus	黑颏金翅雀	Black-chinned Siskin	分布: 6

123. 铁爪鹀科　Calcariidae　(Longspurs)　3 属　6 种

Calcarius lapponicus	铁爪鹀	Lapland Longspur	分布: 1, 5; C
Calcarius pictus	黄腹铁爪鹀	Smith's Longspur	分布: 5
Calcarius ornatus	栗领铁爪鹀	Chestnut-collared Longspur	分布: 5
Rhynchophanes mccownii	麦氏铁爪鹀	McCown's Longspur	分布: 5
Plectrophenax nivalis	雪鹀	Snow Bunting	分布: 1, 5; C
Plectrophenax hyperboreus	麦氏鹀	McKay's Bunting	分布: 5

124. 鸫唐纳雀科　Rhodinocichlidae　(Thrush-tanager)　1 属　1 种

| *Rhodinocichla rosea* | 鸫唐纳雀 | Rosy Thrush-tanager | 分布: 5, 6 |

125. 鹀科　Emberizidae　(Old World Buntings)　1 属　44 种

Emberiza affinis	褐腰鹀	Brown-rumped Bunting	分布: 3
Emberiza lathami	凤头鹀	Crested Bunting	分布: 1, 2; C
Emberiza melanocephala	黑头鹀	Black-headed Bunting	分布: 1, 2; C
Emberiza bruniceps	褐头鹀	Red-headed Bunting	分布: 1, 2; C
Emberiza calandra	黍鹀	Corn Bunting	分布: 1, 2; C
Emberiza fucata	栗耳鹀	Chestnut-eared Bunting	分布: 1, 2; C
Emberiza koslowi	藏鹀	Tibetan Bunting	分布: 1; EC
Emberiza jankowskii	栗斑腹鹀	Jankowski's Bunting	分布: 1; C
Emberiza cia	淡灰眉岩鹀	Rock Bunting	分布: 1, 2; C
Emberiza godlewskii	灰眉岩鹀	Godlewski's Bunting	分布: 1, 2; C
Emberiza cioides	三道眉草鹀	Meadow Bunting	分布: 1; C
Emberiza buchanani	灰颈鹀	Grey-necked Bunting	分布: 1, 2; C
Emberiza cineracea	苍头鹀	Cinereous Bunting	分布: 1, 3
Emberiza hortulana	圃鹀	Ortolan Bunting	分布: 1, 3; C
Emberiza caesia	蓝头圃鹀	Cretzschmar's Bunting	分布: 1, 3

Emberiza cirlus	黄道眉鹀	Cirl Bunting	分布: 1
Emberiza stewarti	白顶鹀	White-capped Bunting	分布: 1, 2; C
Emberiza citrinella	黄鹀	Yellowhammer	分布: 1, 2; C
Emberiza leucocephalos	白头鹀	Pine Bunting	分布: 1, 2; C
Emberiza cabanisi	白眉黄腹鹀	Cabanis's Bunting	分布: 3
Emberiza flaviventris	金胸鹀	Golden-breasted Bunting	分布: 3
Emberiza poliopleura	索马里鹀	Somali Bunting	分布: 3
Emberiza capensis	南非岩鹀	Cape Bunting	分布: 3
Emberiza vincenti	维氏岩鹀	Vincent's Bunting	分布: 3
Emberiza impetuani	淡岩鹀	Lark-like Bunting	分布: 3
Emberiza socotrana	索岛鹀	Socotra Bunting	分布: 3
Emberiza sahari	家鹀	House Bunting	分布: 1, 3
Emberiza striolata	黑纹鹀	Striolated Bunting	分布: 1, 3
Emberiza goslingi	灰喉鹀	Grey-throated Bunting	分布: 3
Emberiza tahapisi	朱胸鹀	Cinnamon-breasted Bunting	分布: 1, 3
Emberiza elegans	黄喉鹀	Yellow-throated Bunting	分布: 1, 2; C
Emberiza siemsseni	蓝鹀	Slaty Bunting	分布: 1; EC
Emberiza yessoensis	红颈苇鹀	Japanese Reed Bunting	分布: 1; C
Emberiza schoeniclus	芦鹀	Common Reed Bunting	分布: 1, 2; C
Emberiza pallasi	苇鹀	Pallas's Reed Bunting	分布: 1, 2; C
Emberiza aureola	黄胸鹀	Yellow-breasted Bunting	分布: 1, 2; C
Emberiza rustica	田鹀	Rustic Bunting	分布: 1, 2; C
Emberiza pusilla	小鹀	Little Bunting	分布: 1, 2; C
Emberiza spodocephala	灰头鹀	Black-faced Bunting	分布: 1, 2; C
Emberiza sulphurata	硫黄鹀	Yellow Bunting	分布: 1, 2; C
Emberiza rutila	栗鹀	Chestnut Bunting	分布: 1, 2; C
Emberiza chrysophrys	黄眉鹀	Yellow-browed Bunting	分布: 1, 2; C
Emberiza tristrami	白眉鹀	Tristram's Bunting	分布: 1, 2; C
Emberiza variabilis	灰鹀	Grey Bunting	分布: 1; C

126. 雀鹀科　Passerellidae　(New World Sparrows)　28 属　136 种

Spizella passerina	棕顶雀鹀	Chipping Sparrow	分布: 5, 6
Spizella pallida	褐雀鹀	Clay-colored Sparrow	分布: 5
Spizella atrogularis	黑颏雀鹀	Black-chinned Sparrow	分布: 5
Spizella pusilla	田雀鹀	Field Sparrow	分布: 5
Spizella breweri	布氏雀鹀	Brewer's Sparrow	分布: 5
Spizella wortheni	沃氏雀鹀	Worthen's Sparrow	分布: 5
Amphispiza bilineata	黑喉漠鹀	Black-throated Sparrow	分布: 5
Amphispiza quinquestriata	五纹猛雀鹀	Five-striped Sparrow	分布: 5, 6
Chondestes grammacus	云雀鹀	Lark Sparrow	分布: 5
Calamospiza melanocorys	白斑黑鹀	Lark Bunting	分布: 5
Rhynchospiza stolzmanni	斯贝猛雀鹀	Tumbes Sparrow	分布: 6

Rhynchospiza strigiceps	纹顶猛雀鹀	Stripe-capped Sparrow	分布: 6
Peucaea sumichrasti	红尾猛雀鹀	Cinnamon-tailed Sparrow	分布: 6
Peucaea carpalis	棕翅猛雀鹀	Rufous-winged Sparrow	分布: 6
Peucaea ruficauda	纹头猛雀鹀	Stripe-headed Sparrow	分布: 6
Peucaea humeralis	黑胸猛雀鹀	Black-chested Sparrow	分布: 6
Peucaea mystacalis	白须猛雀鹀	Bridled Sparrow	分布: 6
Peucaea botterii	伯氏猛雀鹀	Botteri's Sparrow	分布: 5, 6
Peucaea cassinii	卡氏猛雀鹀	Cassin's Sparrow	分布: 5, 6
Peucaea aestivalis	巴氏猛雀鹀	Bachman's Sparrow	分布: 5
Arremonops rufivirgatus	褐纹头雀	Olive Sparrow	分布: 5, 6
Arremonops tocuyensis	小黑纹头雀	Tocuyo Sparrow	分布: 6
Arremonops chloronotus	绿背纹头雀	Green-backed Sparrow	分布: 6
Arremonops conirostris	大黑纹头雀	Black-striped Sparrow	分布: 6
Ammodramus savannarum	黄胸草鹀	Grasshopper Sparrow	分布: 5, 6
Ammodramus humeralis	草地蝇鹀	Grassland Sparrow	分布: 6
Ammodramus aurifrons	黄眉蝇鹀	Yellow-browed Sparrow	分布: 6
Oreothraupis arremonops	拟唐纳雀	Tanager Finch	分布: 6
Chlorospingus flavopectus	丛唐纳雀	Common Bush Tanager	分布: 6
Chlorospingus tacarcunae	塔卡丛唐纳雀	Tacarcuna Bush Tanager	分布: 6
Chlorospingus inornatus	巴拿马丛唐纳雀	Pirre Bush Tanager	分布: 6
Chlorospingus semifuscus	暗腹丛唐纳雀	Dusky Bush Tanager	分布: 6
Chlorospingus pileatus	乌顶丛唐纳雀	Sooty-capped Bush Tanager	分布: 6
Chlorospingus parvirostris	短嘴丛唐纳雀	Yellow-whiskered Bush Tanager	分布: 6
Chlorospingus flavigularis	黄喉丛唐纳雀	Yellow-throated Bush Tanager	分布: 6
Chlorospingus canigularis	灰喉丛唐纳雀	Ashy-throated Bush Tanager	分布: 6
Arremon crassirostris	乌脸雀	Sooty-faced Finch	分布: 6
Arremon castaneiceps	栗头绿雀	Olive Finch	分布: 6
Arremon brunneinucha	栗顶薮雀	Chestnut-capped Brushfinch	分布: 6
Arremon virenticeps	绿纹薮雀	Green-striped Brushfinch	分布: 6
Arremon costaricensis	哥斯达黎加薮雀	Costa Rican Brushfinch	分布: 6
Arremon assimilis	灰眉薮雀	Grey-browed Brushfinch	分布: 6
Arremon basilicus	北纹头薮雀	Sierra Nevada Brushfinch	分布: 6
Arremon perijanus	东纹头薮雀	Perija Brushfinch	分布: 6
Arremon torquatus	纹头薮雀	White-browed Brushfinch	分布: 6
Arremon atricapillus	黑头薮雀	Black-headed Brushfinch	分布: 6
Arremon phaeopleurus	加拉加斯薮雀	Caracas Brushfinch	分布: 6
Arremon phygas	委内瑞拉薮雀	Paria Brushfinch	分布: 6
Arremon flavirostris	黄嘴金肩雀	Saffron-billed Sparrow	分布: 6
Arremon taciturnus	白眉金肩雀	Pectoral Sparrow	分布: 6
Arremon semitorquatus	半领金肩雀	Half-collared Sparrow	分布: 6
Arremon franciscanus	巴西金肩雀	Sao Francisco Sparrow	分布: 6
Arremon abeillei	黑顶金肩雀	Black-capped Sparrow	分布: 6

Arremon aurantiirostris	橙嘴金肩雀	Orange-billed Sparrow	分布: 6
Arremon schlegeli	金翅金肩雀	Golden-winged Sparrow	分布: 6
Pipilo ocai	领唧鹀	Collared Towhee	分布: 6
Pipilo chlorurus	绿尾唧鹀	Green-tailed Towhee	分布: 5
Pipilo maculatus	斑唧鹀	Spotted Towhee	分布: 5, 6
Pipilo erythrophthalmus	棕胁唧鹀	Eastern Towhee	分布: 5
Pipilo naufragus	百慕大唧鹀	Bermuda Towhee	分布: 5
Pselliophorus tibialis	黄踝饰雀	Yellow-thighed Finch	分布: 6
Pselliophorus luteoviridis	绿踝饰雀	Yellow-green Finch	分布: 6
Atlapetes pileatus	棕顶薮雀	Rufous-capped Brushfinch	分布: 6
Atlapetes meridae	东白须薮雀	Merida Brushfinch	分布: 6
Atlapetes albofrenatus	白须薮雀	Moustached Brushfinch	分布: 6
Atlapetes semirufus	赭胸薮雀	Ochre-breasted Brushfinch	分布: 6
Atlapetes personatus	栗头薮雀	Tepui Brushfinch	分布: 6
Atlapetes albinucha	白颈薮雀	White-naped Brushfinch	分布: 6
Atlapetes melanocephalus	哥伦比亚薮雀	Santa Marta Brushfinch	分布: 6
Atlapetes pallidinucha	黄枕薮雀	Pale-naped Brushfinch	分布: 6
Atlapetes flaviceps	绿头薮雀	Yellow-headed Brushfinch	分布: 6
Atlapetes fuscoolivaceus	乌头薮雀	Dusky-headed Brushfinch	分布: 6
Atlapetes crassus	乔科薮雀	Choco Brushfinch	分布: 6
Atlapetes tricolor	三色薮雀	Tricolored Brushfinch	分布: 6
Atlapetes leucopis	白翅缘薮雀	White-rimmed Brushfinch	分布: 6
Atlapetes nigrifrons	黑额薮雀	Black-fronted Brushfinch	分布: 6
Atlapetes latinuchus	黄胸薮雀	Yellow-breasted Brushfinch	分布: 6
Atlapetes blancae	安蒂薮雀	Antioquia Brushfinch	分布: 6
Atlapetes rufigenis	棕耳薮雀	Rufous-eared Brushfinch	分布: 6
Atlapetes forbesi	圣河薮雀	Apurimac Brushfinch	分布: 6
Atlapetes melanopsis	黑花脸薮雀	Black-spectacled Brushfinch	分布: 6
Atlapetes schistaceus	灰蓝薮雀	Slaty Brushfinch	分布: 6
Atlapetes leucopterus	白翅薮雀	White-winged Brushfinch	分布: 6
Atlapetes albiceps	白头薮雀	White-headed Brushfinch	分布: 6
Atlapetes pallidiceps	苍头薮雀	Pale-headed Brushfinch	分布: 6
Atlapetes seebohmi	棕冠薮雀	Bay-crowned Brushfinch	分布: 6
Atlapetes nationi	锈腹薮雀	Rusty-bellied Brushfinch	分布: 6
Atlapetes canigenis	灰脸薮雀	Cuzco Brushfinch	分布: 6
Atlapetes terborghi	黄胸灰耳薮雀	Vilcabamba Brushfinch	分布: 6
Atlapetes melanolaemus	灰耳薮雀	Grey-eared Brushfinch	分布: 6
Atlapetes rufinucha	棕枕薮雀	Bolivian Brushfinch	分布: 6
Atlapetes fulviceps	黄头薮雀	Fulvous-headed Brushfinch	分布: 6
Atlapetes citrinellus	黄纹薮雀	Yellow-striped Brushfinch	分布: 6
Pezopetes capitalis	大脚薮雀	Large-footed Finch	分布: 6
Torreornis inexpectata	萨帕塔鹀	Zapata Sparrow	分布: 6

Melozone kieneri	锈顶地雀	Rusty-crowned Ground-sparrow	分布: 6
Melozone fusca	棕喉唧鹀	Canyon Towhee	分布: 5, 6
Melozone albicollis	白喉唧鹀	White-throated Towhee	分布: 6
Melozone crissalis	加州唧鹀	California Towhee	分布: 5
Melozone aberti	红腹唧鹀	Abert's Towhee	分布: 5
Melozone biarcuata	普氏地雀	Prevost's Ground-sparrow	分布: 6
Melozone cabanisi	哥斯达黎加地雀	Costa Rican Ground-sparrow	分布: 6
Melozone leucotis	白耳地雀	White-eared Ground-sparrow	分布: 6
Aimophila rufescens	锈红猛雀鹀	Rusty Sparrow	分布: 6
Aimophila ruficeps	棕顶猛雀鹀	Rufous-crowned Sparrow	分布: 5, 6
Aimophila notosticta	瓦哈猛雀鹀	Oaxaca Sparrow	分布: 5, 6
Junco vulcani	黄眼灯草鹀	Volcano Junco	分布: 6
Junco hyemalis	暗眼灯草鹀	Dark-eyed Junco	分布: 5
Junco insularis	瓜岛灯草鹀	Guadalupe Junco	分布: 5
Junco phaeonotus	墨西哥灯草鹀	Yellow-eyed Junco	分布: 5, 6
Junco bairdi	淡墨西哥灯草鹀	Baird's Junco	分布: 5
Zonotrichia capensis	红领带鹀	Rufous-collared Sparrow	分布: 6
Zonotrichia querula	赫氏带鹀	Harris's Sparrow	分布: 5
Zonotrichia albicollis	白喉带鹀	White-throated Sparrow	分布: 5
Zonotrichia leucophrys	白冠带鹀	White-crowned Sparrow	分布: 1, 5; C
Zonotrichia atricapilla	金冠带鹀	Golden-crowned Sparrow	分布: 5
Passerella iliaca	狐色雀鹀	Red Fox-sparrow	分布: 5
Passerella unalaschcensis	黑狐色雀鹀	Sooty Fox-sparrow	分布: 5
Passerella schistacea	灰狐色雀鹀	Slate-colored Fox-sparrow	分布: 5
Passerella megarhyncha	厚嘴狐色雀鹀	Thick-billed Fox-sparrow	分布: 5
Passerella arborea	美洲树雀鹀	American Tree Sparrow	分布: 5
Ammospiza leconteii	莱氏沙鹀	Le Conte's Sparrow	分布: 5
Ammospiza maritima	海滨沙鹀	Seaside Sparrow	分布: 5
Ammospiza nelsoni	纳氏沙鹀	Nelson's Sparrow	分布: 5
Ammospiza caudacuta	尖尾沙鹀	Saltmarsh Sparrow	分布: 5
Artemisiospiza nevadensis	艾草漠鹀	Sagebrush Sparrow	分布: 5
Artemisiospiza belli	贝氏漠鹀	Bell's Sparrow	分布: 5
Pooecetes gramineus	栗肩雀鹀	Vesper Sparrow	分布: 5
Oriturus superciliosus	纹雀鹀	Striped Sparrow	分布: 5, 6
Passerculus sandwichensis	稀树草鹀	Savannah Sparrow	分布: 5, 6
Passerculus henslowii	亨氏草鹀	Henslow's Sparrow	分布: 5
Passerculus bairdii	贝氏草鹀	Baird's Sparrow	分布: 5
Xenospiza baileyi	异雀鹀	Sierra Madre Sparrow	分布: 6
Melospiza melodia	歌带鹀	Song Sparrow	分布: 5
Melospiza lincolnii	林氏带鹀	Lincoln's Sparrow	分布: 5, 6
Melospiza georgiana	沼泽带鹀	Swamp Sparrow	分布: 5

127. 冠鹛森莺科 Zeledoniidae (Wrenthrush) 1 属 1 种

Zeledonia coronata	冠鹛森莺	Wrenthrush	分布: 6

128. 灰森莺科 Teretistridae (Cuban Warblers) 1 属 2 种

Teretistris fernandinae	黄头灰森莺	Yellow-headed Warbler	分布: 6
Teretistris fornsi	灰森莺	Oriente Warbler	分布: 6

129. 拟鹂科 Icteridae (New World Blackbirds) 31 属 109 种

Icteria virens	黄胸大鹛莺	Yellow-breasted Chat	分布: 5, 6
Xanthocephalus xanthocephalus	黄头黑鹂	Yellow-headed Blackbird	分布: 5
Dolichonyx oryzivorus	刺歌雀	Bobolink	分布: 5, 6
Sturnella neglecta	西草地鹨	Western Meadowlark	分布: 5
Sturnella magna	东草地鹨	Eastern Meadowlark	分布: 5, 6
Leistes militaris	彭巴草地鹨	Red-breasted Blackbird	分布: 6
Leistes superciliaris	白眉草地鹨	White-browed Blackbird	分布: 6
Leistes bellicosus	红胸草地鹨	Peruvian Meadowlark	分布: 6
Leistes defilippii	小红胸草地鹨	Pampas Meadowlark	分布: 6
Leistes loyca	长尾草地鹨	Long-tailed Meadowlark	分布: 6
Amblycercus holosericeus	黄嘴酋长鹂	Yellow-billed Cacique	分布: 5, 6
Cassiculus melanicterus	黄翅酋长鹂	Mexican Cacique	分布: 5
Psarocolius wagleri	栗头拟椋鸟	Chestnut-headed Oropendola	分布: 6
Psarocolius atrovirens	暗绿拟椋鸟	Dusky-green Oropendola	分布: 6
Psarocolius angustifrons	褐背拟椋鸟	Russet-backed Oropendola	分布: 6
Psarocolius decumanus	发冠拟椋鸟	Crested Oropendola	分布: 6
Psarocolius viridis	绿拟椋鸟	Green Oropendola	分布: 6
Psarocolius bifasciatus	亚马孙拟椋鸟	Olive Oropendola	分布: 6
Psarocolius montezuma	褐拟椋鸟	Montezuma Oropendola	分布: 6
Psarocolius guatimozinus	黑拟椋鸟	Black Oropendola	分布: 6
Psarocolius cassini	栗背拟椋鸟	Baudo Oropendola	分布: 6
Cacicus solitarius	黑酋长鹂	Solitary Cacique	分布: 6
Cacicus chrysopterus	金翅酋长鹂	Golden-winged Cacique	分布: 6
Cacicus sclateri	厄瓜多尔酋长鹂	Ecuadorian Cacique	分布: 6
Cacicus koepckeae	秘鲁酋长鹂	Selva Cacique	分布: 6
Cacicus microrhynchus	橙腰酋长鹂	Scarlet-rumped Cacique	分布: 6
Cacicus uropygialis	亚热带酋长鹂	Subtropical Cacique	分布: 6
Cacicus cela	黄腰酋长鹂	Yellow-rumped Cacique	分布: 6
Cacicus leucoramphus	北山酋长鹂	Northern Mountain Cacique	分布: 6
Cacicus chrysonotus	南山酋长鹂	Southern Mountain Cacique	分布: 6
Cacicus haemorrhous	红腰酋长鹂	Red-rumped Cacique	分布: 6
Cacicus oseryi	盔拟椋鸟	Casqued Oropendola	分布: 6
Cacicus latirostris	斑尾拟椋鸟	Band-tailed Oropendola	分布: 6
Icterus parisorum	斯氏拟鹂	Scott's Oriole	分布: 5, 6

Icterus graduacauda	黑头拟鹂	Audubon's Oriole	分布: 5, 6
Icterus chrysater	黄背拟鹂	Yellow-backed Oriole	分布: 6
Icterus leucopteryx	牙买加拟鹂	Jamaican Oriole	分布: 6
Icterus auratus	墨西哥橙拟鹂	Orange Oriole	分布: 6
Icterus gularis	橙拟鹂	Altamira Oriole	分布: 5, 6
Icterus nigrogularis	黄拟鹂	Yellow Oriole	分布: 6
Icterus galbula	橙腹拟鹂	Baltimore Oriole	分布: 5, 6
Icterus abeillei	黑背拟鹂	Black-backed Oriole	分布: 6
Icterus bullockiorum	布氏拟鹂	Bullock's Oriole	分布: 5, 6
Icterus pustulatus	红头拟鹂	Streak-backed Oriole	分布: 5, 6
Icterus mesomelas	黄尾拟鹂	Yellow-tailed Oriole	分布: 6
Icterus pectoralis	斑胸拟鹂	Spot-breasted Oriole	分布: 6
Icterus graceannae	白翅斑拟鹂	White-edged Oriole	分布: 6
Icterus jamacaii	草原拟鹂	Campo Troupial	分布: 6
Icterus icterus	普通拟鹂	Venezuelan Troupial	分布: 6
Icterus croconotus	橙背拟鹂	Orange-backed Troupial	分布: 6
Icterus maculialatus	斑翅拟鹂	Bar-winged Oriole	分布: 6
Icterus wagleri	黑臀拟鹂	Black-vented Oriole	分布: 5, 6
Icterus cucullatus	巾冠拟鹂	Hooded Oriole	分布: 5, 6
Icterus prosthemelas	黑顶拟鹂	Black-cowled Oriole	分布: 6
Icterus spurius	圃拟鹂	Orchard Oriole	分布: 5, 6
Icterus fuertesi	赭拟鹂	Fuertes's Oriole	分布: 6
Icterus northropi	巴哈马拟鹂	Bahama Oriole	分布: 6
Icterus melanopsis	古巴拟鹂	Cuban Oriole	分布: 6
Icterus bonana	马提拟鹂	Martinique Oriole	分布: 6
Icterus portoricensis	波多黎各拟鹂	Puerto Rican Oriole	分布: 6
Icterus oberi	蒙岛拟鹂	Montserrat Oriole	分布: 6
Icterus dominicensis	海地拟鹂	Hispaniolan Oriole	分布: 6
Icterus laudabilis	圣卢拟鹂	St. Lucia Oriole	分布: 6
Icterus auricapillus	橙冠拟鹂	Orange-crowned Oriole	分布: 6
Icterus cayanensis	黄肩黑拟鹂	Epaulet Oriole	分布: 6
Icterus pyrrhopterus	杂色黑拟鹂	Variable Oriole	分布: 6
Nesopsar nigerrimus	牙买加黑鹂	Jamaican Blackbird	分布: 6
Agelaius humeralis	黄褐肩黑鹂	Tawny-shouldered Blackbird	分布: 6
Agelaius xanthomus	黄肩黑鹂	Yellow-shouldered Blackbird	分布: 6
Agelaius tricolor	三色黑鹂	Tricolored Blackbird	分布: 5
Agelaius phoeniceus	红翅黑鹂	Red-winged Blackbird	分布: 5, 6
Agelaius assimilis	红肩黑鹂	Red-shouldered Blackbird	分布: 6
Molothrus rufoaxillaris	啸声牛鹂	Screaming Cowbird	分布: 6
Molothrus oryzivorus	巨牛鹂	Giant Cowbird	分布: 6
Molothrus bonariensis	紫辉牛鹂	Shiny Cowbird	分布: 6
Molothrus ater	褐头牛鹂	Brown-headed Cowbird	分布: 5, 6

Molothrus aeneus	铜色牛鹂	Bronzed Cowbird	分布: 6
Molothrus armenti	铜褐牛鹂	Bronze-brown Cowbird	分布: 6
Dives dives	艳拟鹂	Melodious Blackbird	分布: 6
Dives warczewiczi	丛拟鹂	Scrub Blackbird	分布: 6
Ptiloxena atroviolacea	古巴黑鹂	Cuban Blackbird	分布: 6
Euphagus carolinus	锈色黑鹂	Rusty Blackbird	分布: 5
Euphagus cyanocephalus	蓝头黑鹂	Brewer's Blackbird	分布: 5
Quiscalus quiscula	拟八哥	Common Grackle	分布: 5
Quiscalus lugubris	辉拟八哥	Carib Grackle	分布: 6
Quiscalus nicaraguensis	尼加拉瓜拟八哥	Nicaraguan Grackle	分布: 6
Quiscalus niger	黑拟八哥	Greater Antillean Grackle	分布: 6
Quiscalus major	宽尾拟八哥	Boat-tailed Grackle	分布: 5
Quiscalus mexicanus	大尾拟八哥	Great-tailed Grackle	分布: 5, 6
Lampropsar tanagrinus	绒额拟鹩哥	Velvet-fronted Grackle	分布: 6
Hypopyrrhus pyrohypogaster	红腹拟鹩哥	Red-bellied Grackle	分布: 6
Gymnomystax mexicanus	黄头拟鹂	Oriole Blackbird	分布: 6
Macroagelaius subalaris	山拟鹩哥	Colombian Mountain Grackle	分布: 6
Macroagelaius imthurni	金簇山拟鹩哥	Golden-tufted Mountain Grackle	分布: 6
Amblyramphus holosericeus	红头黑鹂	Scarlet-headed Blackbird	分布: 6
Curaeus curaeus	南美黑鹂	Austral Blackbird	分布: 6
Anumara forbesi	福氏黑鹂	Forbes's Blackbird	分布: 6
Gnorimopsar chopi	巴西拟鹂	Chopi Blackbird	分布: 6
Agelaioides badius	栗翅牛鹂	Greyish Baywing	分布: 6
Agelaioides fringillarius	纯色栗翅牛鹂	Pale Baywing	分布: 6
Oreopsar bolivianus	玻利维亚拟鹂	Bolivian Blackbird	分布: 6
Agelasticus thilius	黄翅黑鹂	Yellow-winged Blackbird	分布: 6
Agelasticus cyanopus	纯蓝黑鹂	Unicolored Blackbird	分布: 6
Agelasticus xanthophthalmus	白眼黑鹂	Pale-eyed Blackbird	分布: 6
Chrysomus icterocephalus	黄巾黑鹂	Yellow-hooded Blackbird	分布: 6
Chrysomus ruficapillus	栗顶黑鹂	Chestnut-capped Blackbird	分布: 6
Xanthopsar flavus	橙头黑鹂	Saffron-cowled Blackbird	分布: 6
Pseudoleistes guirahuro	黄腰沼泽雀	Yellow-rumped Marshbird	分布: 6
Pseudoleistes virescens	褐黄沼泽雀	Brown-and-yellow Marshbird	分布: 6

130. 森莺科　Parulidae　(New World Warblers)　18 属　119 种

Seiurus aurocapilla	橙顶灶莺	Ovenbird	分布: 5, 6
Helmitheros vermivorum	食虫森莺	Worm-eating Warbler	分布: 5, 6
Parkesia motacilla	白眉灶莺	Louisiana Waterthrush	分布: 5, 6
Parkesia noveboracensis	黄眉灶莺	Northern Waterthrush	分布: 5, 6
Vermivora bachmanii	黑胸虫森莺	Bachman's Warbler	分布: 5, 6
Vermivora chrysoptera	金翅虫森莺	Golden-winged Warbler	分布: 5, 6
Vermivora cyanoptera	蓝翅虫森莺	Blue-winged Warbler	分布: 5, 6

Mniotilta varia	黑白森莺	Black-and-white Warbler	分布: 5, 6
Protonotaria citrea	蓝翅黄森莺	Prothonotary Warbler	分布: 5, 6
Limnothlypis swainsonii	斯氏森莺	Swainson's Warbler	分布: 5, 6
Oreothlypis superciliosa	月胸森莺	Crescent-chested Warbler	分布: 5, 6
Oreothlypis gutturalis	火喉森莺	Flame-throated Warbler	分布: 6
Leiothlypis peregrina	灰冠虫森莺	Tennessee Warbler	分布: 5, 6
Leiothlypis celata	橙冠虫森莺	Orange-crowned Warbler	分布: 5, 6
Leiothlypis crissalis	黄腰虫森莺	Colima Warbler	分布: 5, 6
Leiothlypis luciae	赤腰虫森莺	Lucy's Warbler	分布: 5, 6
Leiothlypis ruficapilla	黄喉虫森莺	Nashville Warbler	分布: 5, 6
Leiothlypis virginiae	黄胸虫森莺	Virginia's Warbler	分布: 5, 6
Leucopeza semperi	淡脚森莺	Semper's Warbler	分布: 6
Oporornis agilis	灰喉地莺	Connecticut Warbler	分布: 5, 6
Geothlypis poliocephala	灰冠黄喉地莺	Grey-crowned Yellowthroat	分布: 5, 6
Geothlypis chiriquensis	巴拿马黄喉地莺	Chiriqui Yellowthroat	分布: 6
Geothlypis auricularis	黑眼先黄喉地莺	Black-lored Yellowthroat	分布: 6
Geothlypis aequinoctialis	黑颊黄喉地莺	Masked Yellowthroat	分布: 6
Geothlypis tolmiei	灰头地莺	MacGillivray's Warbler	分布: 5, 6
Geothlypis philadelphia	黑胸地莺	Mourning Warbler	分布: 5, 6
Geothlypis formosa	黄腹地莺	Kentucky Warbler	分布: 5, 6
Geothlypis semiflava	绿冠黄喉地莺	Olive-crowned Yellowthroat	分布: 6
Geothlypis speciosa	黑顶黄喉地莺	Black-polled Yellowthroat	分布: 6
Geothlypis beldingi	贝氏黄喉地莺	Belding's Yellowthroat	分布: 5
Geothlypis rostrata	巴哈马黄喉地莺	Bahama Yellowthroat	分布: 6
Geothlypis flavovelata	墨西哥黄喉地莺	Altamira Yellowthroat	分布: 6
Geothlypis trichas	黄喉地莺	Common Yellowthroat	分布: 5, 6
Geothlypis nelsoni	纳氏黄喉地莺	Hooded Yellowthroat	分布: 6
Geothlypis velata	南黄喉地莺	Southern Yellowthroat	分布: 6
Catharopeza bishopi	啸森莺	Whistling Warbler	分布: 6
Setophaga plumbea	铅色林莺	Plumbeous Warbler	分布: 6
Setophaga angelae	小林莺	Elfin Woods Warbler	分布: 6
Setophaga pharetra	尖头林莺	Arrowhead Warbler	分布: 6
Setophaga citrina	黑枕威森莺	Hooded Warbler	分布: 5, 6
Setophaga ruticilla	橙尾鸲莺	American Redstart	分布: 5, 6
Setophaga kirtlandii	黑纹背林莺	Kirtland's Warbler	分布: 6
Setophaga tigrina	栗颊林莺	Cape May Warbler	分布: 5, 6
Setophaga cerulea	蓝林莺	Cerulean Warbler	分布: 5, 6
Setophaga americana	北森莺	Northern Parula	分布: 5, 6
Setophaga pitiayumi	绿背森莺	Tropical Parula	分布: 5, 6
Setophaga magnolia	纹胸林莺	Magnolia Warbler	分布: 5, 6
Setophaga castanea	栗胸林莺	Bay-breasted Warbler	分布: 5, 6
Setophaga fusca	橙胸林莺	Blackburnian Warbler	分布: 5, 6

Setophaga petechia	黄林莺	Mangrove Warbler	分布: 5, 6
Setophaga pensylvanica	栗胁林莺	Chestnut-sided Warbler	分布: 5, 6
Setophaga striata	白颊林莺	Blackpoll Warbler	分布: 5, 6
Setophaga caerulescens	黑喉蓝林莺	Black-throated Blue Warbler	分布: 5, 6
Setophaga palmarum	棕榈林莺	Palm Warbler	分布: 5, 6
Setophaga pityophila	绿顶林莺	Olive-capped Warbler	分布: 6
Setophaga pinus	松莺	Pine Warbler	分布: 5, 6
Setophaga auduboni	奥杜邦林莺	Audubon's Warbler	分布: 5, 6
Setophaga coronata	黄腰白喉林莺	Myrtle Warbler	分布: 5, 6
Setophaga dominica	黄喉林莺	Yellow-throated Warbler	分布: 5, 6
Setophaga flavescens	巴哈马林莺	Bahama Warbler	分布: 6
Setophaga vitellina	绿林莺	Vitelline Warbler	分布: 6
Setophaga discolor	草原绿林莺	Prairie Warbler	分布: 5, 6
Setophaga adelaidae	黄腹灰林莺	Adelaide's Warbler	分布: 6
Setophaga subita	巴岛黄腹灰林莺	Barbuda Warbler	分布: 6
Setophaga delicata	圣岛黄腹灰林莺	St. Lucia Warbler	分布: 6
Setophaga graciae	黄喉纹胁林莺	Grace's Warbler	分布: 5, 6
Setophaga nigrescens	黑喉灰林莺	Black-throated Grey Warbler	分布: 5, 6
Setophaga townsendi	黄眉林莺	Townsend's Warbler	分布: 5, 6
Setophaga occidentalis	黄脸林莺	Hermit Warbler	分布: 5, 6
Setophaga chrysoparia	金颊黑背林莺	Golden-cheeked Warbler	分布: 5, 6
Setophaga virens	黑喉绿林莺	Black-throated Green Warbler	分布: 5, 6
Setophaga aestiva	美洲黄林莺	American Yellow Warbler	分布: 5, 6
Setophaga goldmani	中美林莺	Goldman's Warbler	分布: 6
Myiothlypis luteoviridis	柠黄王森莺	Citrine Warbler	分布: 6
Myiothlypis basilica	黑头王森莺	Santa Marta Warbler	分布: 6
Myiothlypis leucophrys	白纹王森莺	White-striped Warbler	分布: 6
Myiothlypis flaveola	黄王森莺	Flavescent Warbler	分布: 6
Myiothlypis leucoblephara	白眉王森莺	White-rimmed Warbler	分布: 6
Myiothlypis signata	淡脚王森莺	Pale-legged Warbler	分布: 6
Myiothlypis nigrocristata	黑冠王森莺	Black-crested Warbler	分布: 6
Myiothlypis fulvicauda	黄腰王森莺	Buff-rumped Warbler	分布: 6
Myiothlypis rivularis	河岸王森莺	Riverbank Warbler	分布: 6
Myiothlypis roraimae	亚马孙王森莺	Roraiman Warbler	分布: 6
Myiothlypis bivittata	双斑王森莺	Two-banded Warbler	分布: 6
Myiothlypis chlorophrys	乔科王森莺	Choco Warbler	分布: 6
Myiothlypis chrysogaster	金腹王森莺	Golden-bellied Warbler	分布: 6
Myiothlypis conspicillata	白眼先王森莺	White-lored Warbler	分布: 6
Myiothlypis cinereicollis	灰喉王森莺	Grey-throated Warbler	分布: 6
Myiothlypis fraseri	灰黄王森莺	Grey-and-gold Warbler	分布: 6
Myiothlypis coronata	褐冠王森莺	Russet-crowned Warbler	分布: 6
Basileuterus lachrymosus	扇尾森莺	Fan-tailed Warbler	分布: 5, 6

Basileuterus rufifrons	棕顶王森莺	Rufous-capped Warbler	分布: 5, 6
Basileuterus melanogenys	黑颊王森莺	Black-cheeked Warbler	分布: 6
Basileuterus ignotus	王森莺	Pirre Warbler	分布: 6
Basileuterus belli	金眉王森莺	Golden-browcd Warbler	分布: 6
Basileuterus culicivorus	金冠王森莺	Golden-crowned Warbler	分布: 6
Basileuterus trifasciatus	三斑王森莺	Three-banded Warbler	分布: 6
Basileuterus tristriatus	三纹王森莺	Three-striped Warbler	分布: 6
Basileuterus griseiceps	灰头王森莺	Grey-headed Warbler	分布: 6
Basileuterus melanotis	黑耳王森莺	Black-eared Warbler	分布: 6
Basileuterus tacarcunae	东黑耳王森莺	Tacarcuna Warbler	分布: 6
Basileuterus punctipectus	云盖王森莺	Yungas Warbler	分布: 6
Cardellina canadensis	加拿大威森莺	Canada Warbler	分布: 5, 6
Cardellina pusilla	黑头威森莺	Wilson's Warbler	分布: 5, 6
Cardellina rubrifrons	红脸森莺	Red-faced Warbler	分布: 5
Cardellina rubra	红头虫莺	Red Warbler	分布: 6
Cardellina versicolor	粉头虫莺	Pink-headed Warbler	分布: 6
Myioborus pictus	彩鸲莺	Painted Whitestart	分布: 5, 6
Myioborus miniatus	暗喉鸲莺	Slate-throated Whitestart	分布: 5, 6
Myioborus brunniceps	褐顶鸲莺	Brown-capped Whitestart	分布: 6
Myioborus flavivertex	黄顶鸲莺	Yellow-crowned Whitestart	分布: 6
Myioborus albifrons	白额鸲莺	White-fronted Whitestart	分布: 6
Myioborus ornatus	金额鸲莺	Golden-fronted Whitestart	分布: 6
Myioborus melanocephalus	黑头鸲莺	Spectacled Whitestart	分布: 6
Myioborus torquatus	黑领鸲莺	Collared Whitestart	分布: 6
Myioborus pariae	黄脸鸲莺	Paria Whitestart	分布: 6
Myioborus albifacies	白脸鸲莺	White-faced Whitestart	分布: 6
Myioborus cardonai	橙胸鸲莺	Guaiquinima Whitestart	分布: 6
Myioborus castaneocapilla	泰普鸲莺	Tepui Whitestart	分布: 6

131. 长尾唐纳雀科 Phaenicophilidae (Hispaniolan Tanagers) 3 属 4 种

Phaenicophilus palmarum	黑顶长尾唐纳雀	Black-crowned Tanager	分布: 6
Phaenicophilus poliocephalus	灰顶长尾唐纳雀	Grey-crowned Tanager	分布: 6
Xenoligea montana	白翅地唐纳雀	White-winged Warbler	分布: 6
Microligea palustris	绿尾地唐纳雀	Green-tailed Ground Warbler	分布: 6

132. 鹩唐纳雀科 Spindalidae (Spindalises) 1 属 4 种

Spindalis zena	鹩唐纳雀	Western Spindalis	分布: 6
Spindalis dominicensis	海地鹩唐纳雀	Hispaniolan Spindalis	分布: 6
Spindalis portoricensis	波多鹩唐纳雀	Puerto Rican Spindalis	分布: 6
Spindalis nigricephala	牙买加鹩唐纳雀	Jamaican Spindalis	分布: 6

133. 暗唐纳雀科 Nesospingidae (Puerto Rican Tanager) 1 属 1 种

| *Nesospingus speculiferus* | 暗唐纳雀 | Puerto Rican Tanager | 分布: 6 |

134. 鹛唐纳雀科　Calyptophilidae　(Chat-tanagers)　1 属　2 种

Calyptophilus tertius	西鹛唐纳雀	Western Chat-tanager	分布: 6
Calyptophilus frugivorus	东鹛唐纳雀	Eastern Chat-tanager	分布: 6

135. 乌脸唐纳雀科　Mitrospingidae　(Mitrospingid Tanagers)　3 属　4 种

Lamprospiza melanoleuca	红嘴唐纳雀	Red-billed Pied Tanager	分布: 6
Mitrospingus cassinii	乌脸唐纳雀	Dusky-faced Tanager	分布: 6
Mitrospingus oleagineus	绿背唐纳雀	Olive-backed Tanager	分布: 6
Orthogonys chloricterus	巴西绿唐纳雀	Olive-green Tanager	分布: 6

136. 美洲雀科　Cardinalidae　(Cardinals)　11 属　51 种

Pheucticus chrysopeplus	黄色斑翅雀	Yellow Grosbeak	分布: 5, 6
Pheucticus tibialis	黑腿斑翅雀	Black-thighed Grosbeak	分布: 6
Pheucticus chrysogaster	黄腹斑翅雀	Golden Grosbeak	分布: 6
Pheucticus aureoventris	黑背斑翅雀	Black-backed Grosbeak	分布: 6
Pheucticus ludovicianus	玫胸斑翅雀	Rose-breasted Grosbeak	分布: 5, 6
Pheucticus melanocephalus	黑头斑翅雀	Black-headed Grosbeak	分布: 5, 6
Granatellus venustus	红胸鹛莺	Red-breasted Chat	分布: 6
Granatellus sallaei	灰喉鹛莺	Grey-throated Chat	分布: 6
Granatellus pelzelni	玫胸鹛莺	Rose-breasted Chat	分布: 6
Spiza americana	美洲雀	Dickcissel	分布: 5, 6
Passerina cyanea	靛蓝彩鹀	Indigo Bunting	分布: 5, 6
Passerina caerulea	斑翅蓝彩鹀	Blue Grosbeak	分布: 5, 6
Passerina amoena	白腹蓝彩鹀	Lazuli Bunting	分布: 5
Passerina rositae	粉腹彩鹀	Rose-bellied Bunting	分布: 6
Passerina leclancherii	橙胸彩鹀	Orange-breasted Bunting	分布: 6
Passerina versicolor	杂色彩鹀	Varied Bunting	分布: 5, 6
Passerina ciris	丽彩鹀	Painted Bunting	分布: 5, 6
Cyanocompsa parellina	蓝彩鹀	Blue Bunting	分布: 5, 6
Amaurospiza carrizalensis	委内瑞拉籽雀	Carrizal Seedeater	分布: 6
Amaurospiza concolor	蓝籽雀	Cabanis's Seedeater	分布: 6
Amaurospiza moesta	黑蓝籽雀	Blackish-blue Seedeater	分布: 6
Cyanoloxia cyanoides	蓝黑彩鹀	Blue-black Grosbeak	分布: 6
Cyanoloxia rothschildii	亚马孙彩鹀	Amazonian Grosbeak	分布: 6
Cyanoloxia brissonii	青彩鹀	Ultramarine Grosbeak	分布: 6
Cyanoloxia glaucocaerulea	蓝大彩鹀	Glaucous-blue Grosbeak	分布: 6
Habia fuscicauda	红喉蚁唐纳雀	Red-throated Ant-tanager	分布: 6
Habia gutturalis	烟色蚁唐纳雀	Sooty Ant-tanager	分布: 6
Habia atrimaxillaris	黑颊蚁唐纳雀	Black-cheeked Ant-tanager	分布: 6
Habia cristata	红冠蚁唐纳雀	Crested Ant-tanager	分布: 6
Habia rubica	红头蚁唐纳雀	Red-crowned Ant-tanager	分布: 6
Habia carmioli	卡氏唐纳雀	Carmiol's Tanager	分布: 6

Habia frenata	绿唐纳雀	Yellow-lored Tanager	分布: 6
Habia olivacea	黄眉绿唐纳雀	Lemon-spectacled Tanager	分布: 6
Habia stolzmanni	赭胸绿唐纳雀	Ochre-breasted Tanager	分布: 6
Piranga roseogularis	玫喉丽唐纳雀	Rose-throated Tanager	分布: 6
Piranga erythrocephala	红头丽唐纳雀	Red-headed Tanager	分布: 5, 6
Piranga rubriceps	红冠丽唐纳雀	Red-hooded Tanager	分布: 6
Piranga leucoptera	白翅丽唐纳雀	White-winged Tanager	分布: 6
Piranga olivacea	猩红丽唐纳雀	Scarlet Tanager	分布: 5, 6
Piranga rubra	玫红丽唐纳雀	Summer Tanager	分布: 5, 6
Piranga bidentata	火领丽唐纳雀	Flame-colored Tanager	分布: 5, 6
Piranga ludoviciana	黄腹丽唐纳雀	Western Tanager	分布: 5, 6
Piranga hepatica	暗红丽唐纳雀	Hepatic Tanager	分布: 5, 6
Piranga flava	南暗红丽唐纳雀	Red Tanager	分布: 6
Cardinalis cardinalis	主红雀	Northern Cardinal	分布: 5, 6
Cardinalis phoeniceus	锡嘴主红雀	Vermilion Cardinal	分布: 6
Cardinalis sinuatus	灰额主红雀	Pyrrhuloxia	分布: 5, 6
Caryothraustes poliogaster	黑脸厚嘴雀	Black-faced Grosbeak	分布: 6
Caryothraustes canadensis	黄绿厚嘴雀	Yellow-green Grosbeak	分布: 6
Caryothraustes celaeno	朱领锡嘴雀	Crimson-collared Grosbeak	分布: 6
Caryothraustes erythromelas	黑头红锡嘴雀	Red-and-black Grosbeak	分布: 6

137. 唐纳雀科　Thraupidae　(Tanagers)　103 属　384 种

Catamblyrhynchus diadema	绒顶唐纳雀	Plushcap	分布: 6
Charitospiza eucosma	煤冠雀	Coal-crest	分布: 6
Orchesticus abeillei	褐唐纳雀	Brown Tanager	分布: 6
Parkerthraustes humeralis	黄肩厚嘴雀	Yellow-shouldered Grosbeak	分布: 6
Nemosia pileata	黑顶唐纳雀	Hooded Tanager	分布: 6
Nemosia rourei	红喉唐纳雀	Cherry-throated Tanager	分布: 6
Cyanicterus cyanicterus	蓝背唐纳雀	Blue-backed Tanager	分布: 6
Sericossypha albocristata	白顶唐纳雀	White-capped Tanager	分布: 6
Compsothraupis loricata	朱喉唐纳雀	Scarlet-throated Tanager	分布: 6
Coryphaspiza melanotis	花脸雀	Black-masked Finch	分布: 6
Embernagra platensis	大南美草鹀	Great Pampa-finch	分布: 6
Embernagra longicauda	南美草鹀	Pale-throated Pampa-finch	分布: 6
Emberizoides ypiranganus	小草鹀	Lesser Grass Finch	分布: 6
Emberizoides herbicola	楔尾草鹀	Wedge-tailed Grass Finch	分布: 6
Emberizoides duidae	山楔尾草鹀	Duida Grass Finch	分布: 6
Incaspiza pulchra	大印加雀	Great Inca-finch	分布: 6
Incaspiza personata	棕背印加雀	Rufous-backed Inca-finch	分布: 6
Incaspiza ortizi	灰翅印加雀	Grey-winged Inca-finch	分布: 6
Incaspiza laeta	黄纹印加雀	Buff-bridled Inca-finch	分布: 6
Incaspiza watkinsi	小印加雀	Little Inca-finch	分布: 6

Rhopospina fruticeti	黑岭雀鹀	Mourning Sierra-finch	分布: 6
Porphyrospiza caerulescens	蓝雀鹀	Blue Finch	分布: 6
Corydospiza alaudina	斑尾岭雀鹀	Band-tailed Sierra-finch	分布: 6
Corydospiza carbonaria	炭黑岭雀鹀	Carbonated Sierra-finch	分布: 6
Chlorophanes spiza	绿旋蜜雀	Green Honeycreeper	分布: 6
Iridophanes pulcherrimus	金领旋蜜雀	Golden-collared Honeycreeper	分布: 6
Chrysothlypis salmoni	红白唐纳雀	Scarlet-and-white Tanager	分布: 6
Chrysothlypis chrysomelas	黑黄唐纳雀	Black-and-yellow Tanager	分布: 6
Heterospingus rubrifrons	黄腰红眉唐纳雀	Sulphur-rumped Tanager	分布: 6
Heterospingus xanthopygius	红眉唐纳雀	Scarlet-browed Tanager	分布: 6
Hemithraupis flavicollis	黄背裸鼻雀	Yellow-backed Tanager	分布: 6
Hemithraupis guira	吉拉裸鼻雀	Guira Tanager	分布: 6
Hemithraupis ruficapilla	红头裸鼻雀	Rufous-headed Tanager	分布: 6
Tersina viridis	燕嘴唐纳雀	Swallow Tanager	分布: 6
Cyanerpes caeruleus	紫旋蜜雀	Purple Honeycreeper	分布: 6
Cyanerpes cyaneus	红脚旋蜜雀	Red-legged Honeycreeper	分布: 6
Cyanerpes nitidus	短嘴旋蜜雀	Short-billed Honeycreeper	分布: 6
Cyanerpes lucidus	辉旋蜜雀	Shining Honeycreeper	分布: 6
Dacnis berlepschi	红胸锥嘴雀	Scarlet-breasted Dacnis	分布: 6
Dacnis venusta	红腿锥嘴雀	Scarlet-thighed Dacnis	分布: 6
Dacnis cayana	蓝锥嘴雀	Blue Dacnis	分布: 6
Dacnis flaviventer	黄腹锥嘴雀	Yellow-bellied Dacnis	分布: 6
Dacnis hartlaubi	青绿锥嘴雀	Turquoise Dacnis	分布: 6
Dacnis egregia	黄肩锥嘴雀	Yellow-tufted Dacnis	分布: 6
Dacnis lineata	黑脸锥嘴雀	Black-faced Dacnis	分布: 6
Dacnis viguieri	翠绿锥嘴雀	Viridian Dacnis	分布: 6
Dacnis nigripes	黑腿锥嘴雀	Black-legged Dacnis	分布: 6
Dacnis albiventris	白腹锥嘴雀	White-bellied Dacnis	分布: 6
Saltatricula multicolor	彩雀	Many-colored Chaco Finch	分布: 6
Saltator atricollis	黑喉舞雀	Black-throated Saltator	分布: 6
Saltator orenocensis	白眉舞雀	Orinoco Saltator	分布: 6
Saltator similis	绿翅舞雀	Green-winged Saltator	分布: 6
Saltator coerulescens	灰背舞雀	Greyish Saltator	分布: 5, 6
Saltator striatipectus	斑纹舞雀	Streaked Saltator	分布: 6
Saltator albicollis	小安第斯舞雀	Lesser Antillean Saltator	分布: 6
Saltator maximus	黄喉舞雀	Buff-throated Saltator	分布: 6
Saltator atripennis	黑翅舞雀	Black-winged Saltator	分布: 6
Saltator atriceps	黑头舞雀	Black-headed Saltator	分布: 6
Saltator nigriceps	黑巾舞雀	Black-cowled Saltator	分布: 6
Saltator fuliginosus	黑喉粗嘴雀	Black-throated Grosbeak	分布: 6
Saltator grossus	灰蓝粗嘴雀	Slate-colored Grosbeak	分布: 6
Saltator cinctus	花脸舞雀	Masked Saltator	分布: 6

Saltator maxillosus	厚嘴舞雀	Thick-billed Saltator	分布: 6
Saltator aurantiirostris	金嘴舞雀	Golden-billed Saltator	分布: 6
Coereba flaveola	曲嘴森莺	Bananaquit	分布: 6
Tiaris fuliginosus	乌草雀	Sooty Grassquit	分布: 6
Tiaris obscurus	暗色草雀	Dull-colored Grassquit	分布: 6
Tiaris olivaceus	黄脸草雀	Yellow-faced Grassquit	分布: 6
Phonipara canora	古巴草雀	Cuban Grassquit	分布: 6
Euneornis campestris	橙喉雀	Orangequit	分布: 6
Pyrrhulagra portoricensis	波多黎各牛雀	Puerto Rican Bullfinch	分布: 6
Pyrrhulagra violacea	大安德牛雀	Greater Antillean Bullfinch	分布: 6
Melopyrrha nigra	古巴黑雀	Cuban Bullfinch	分布: 6
Loxipasser anoxanthus	黄肩草雀	Yellow-shouldered Grassquit	分布: 6
Loxigilla barbadensis	巴巴多斯牛雀	Barbados Bullfinch	分布: 6
Loxigilla noctis	小安德牛雀	Lesser Antillean Bullfinch	分布: 6
Melanospiza richardsoni	圣卢西亚黑雀	St. Lucia Black Finch	分布: 6
Melanospiza bicolor	黑脸草雀	Black-faced Grassquit	分布: 6
Certhidea fusca	灰喉莺雀	Grey Warbler-finch	分布: 6
Certhidea olivacea	莺雀	Green Warbler-finch	分布: 6
Platyspiza crassirostris	植食树雀	Vegetarian Finch	分布: 6
Pinaroloxias inornata	可岛雀	Cocos Finch	分布: 6
Geospiza difficilis	尖嘴地雀	Sharp-beaked Ground Finch	分布: 6
Camarhynchus psittacula	大树雀	Large Tree Finch	分布: 6
Camarhynchus pauper	中树雀	Medium Tree Finch	分布: 6
Camarhynchus parvulus	小树雀	Small Tree Finch	分布: 6
Camarhynchus heliobates	红树林树雀	Mangrove Finch	分布: 6
Camarhynchus pallidus	拟䴕树雀	Woodpecker Finch	分布: 6
Geospiza septentrionalis	北加岛地雀	Vampire Ground Finch	分布: 6
Geospiza fuliginosa	小地雀	Small Ground Finch	分布: 6
Geospiza fortis	中地雀	Medium Ground Finch	分布: 6
Geospiza acutirostris	吉岛地雀	Genovesa Ground Finch	分布: 6
Geospiza magnirostris	大地雀	Large Ground Finch	分布: 6
Geospiza conirostris	大仙人掌地雀	Espanola Cactus Finch	分布: 6
Geospiza scandens	仙人掌地雀	Common Cactus Finch	分布: 6
Geospiza propinqua	吉岛仙人掌地雀	Genovesa Cactus Finch	分布: 6
Volatinia jacarina	蓝黑草鹀	Blue-black Grassquit	分布: 5, 6
Conothraupis speculigera	黑白唐纳雀	Black-and-white Tanager	分布: 6
Conothraupis mesoleuca	锥嘴唐纳雀	Cone-billed Tanager	分布: 6
Creurgops dentatus	灰蓝唐纳雀	Slaty Tanager	分布: 6
Creurgops verticalis	棕冠唐纳雀	Rufous-crested Tanager	分布: 6
Eucometis penicillata	灰头唐纳雀	Grey-headed Tanager	分布: 6
Trichothraupis melanops	黑脸唐拉格雀	Black-goggled Tanager	分布: 6
Tachyphonus cristatus	火冠黑唐纳雀	Flame-crested Tanager	分布: 6

Tachyphonus luctuosus	白肩黑唐纳雀	White-shouldered Tanager	分布: 6
Tachyphonus rufiventer	黄顶黑唐纳雀	Yellow-crested Tanager	分布: 6
Tachyphonus surinamus	暗黄顶黑唐纳雀	Fulvous-crested Tanager	分布: 6
Tachyphonus phoenicius	红肩黑唐纳雀	Red-shouldered Tanager	分布: 6
Tachyphonus rufus	纹肩黑唐纳雀	White-lined Tanager	分布: 6
Tachyphonus delatrii	黄冠黑唐纳雀	Tawny-crested Tanager	分布: 6
Tachyphonus coronatus	红冠黑唐纳雀	Ruby-crowned Tanager	分布: 6
Coryphospingus pileatus	红顶雀	Grey Pileated Finch	分布: 6
Coryphospingus cucullatus	红冠雀	Red Pileated Finch	分布: 6
Rhodospingus cruentus	红胸雀	Crimson-breasted Finch	分布: 6
Lanio versicolor	白翅唐纳鹏	White-winged Shrike-tanager	分布: 6
Lanio fulvus	暗黄唐纳鹏	Fulvous Shrike-tanager	分布: 6
Lanio aurantius	黑喉唐纳鹏	Black-throated Shrike-tanager	分布: 6
Lanio leucothorax	白喉唐纳鹏	White-throated Shrike-tanager	分布: 6
Ramphocelus sanguinolentus	绯领厚嘴唐纳雀	Crimson-collared Tanager	分布: 6
Ramphocelus nigrogularis	绯红厚嘴唐纳雀	Masked Crimson Tanager	分布: 6
Ramphocelus dimidiatus	绯背厚嘴唐纳雀	Crimson-backed Tanager	分布: 6
Ramphocelus melanogaster	黑腹厚嘴唐纳雀	Huallaga Tanager	分布: 6
Ramphocelus carbo	银嘴唐纳雀	Silver-beaked Tanager	分布: 6
Ramphocelus bresilia	巴西厚嘴唐纳雀	Brazilian Tanager	分布: 6
Ramphocelus passerinii	红腰厚嘴唐纳雀	Passerini's Tanager	分布: 6
Ramphocelus costaricensis	切氏厚嘴唐纳雀	Cherrie's Tanager	分布: 6
Ramphocelus flammigerus	火腰厚嘴唐纳雀	Flame-rumped Tanager	分布: 6
Ramphocelus icteronotus	橙腰厚嘴唐纳雀	Lemon-rumped Tanager	分布: 6
Sporophila bouvronides	莱氏食籽雀	Lesson's Seedeater	分布: 6
Sporophila lineola	白颊食籽雀	Lined Seedeater	分布: 6
Sporophila torqueola	白领食籽雀	Cinnamon-rumped Seedeater	分布: 6
Sporophila morelleti	中美食籽雀	White-collared Seedeater	分布: 6
Sporophila corvina	黑食籽雀	Black Seedeater	分布: 6
Sporophila intermedia	灰食籽雀	Grey Seedeater	分布: 6
Sporophila americana	斑翅食籽雀	Wing-barred Seedeater	分布: 6
Sporophila fringilloides	白枕籽雀	White-naped Seedeater	分布: 6
Sporophila murallae	卡克食籽雀	Caqueta Seedeater	分布: 6
Sporophila luctuosa	黑白食籽雀	Black-and-white Seedeater	分布: 6
Sporophila caerulescens	双领食籽雀	Double-collared Seedeater	分布: 6
Sporophila nigricollis	黄腹食籽雀	Yellow-bellied Seedeater	分布: 6
Sporophila ardesiaca	杜氏食籽雀	Dubois's Seedeater	分布: 6
Sporophila funerea	厚嘴籽雀	Thick-billed Seed-finch	分布: 6
Sporophila angolensis	小籽雀	Chestnut-bellied Seed-finch	分布: 6
Sporophila nuttingi	尼加拉瓜籽雀	Nicaraguan Seed-finch	分布: 6
Sporophila maximiliani	巨嘴籽雀	Great-billed Seed-finch	分布: 6
Sporophila crassirostris	大嘴籽雀	Large-billed Seed-finch	分布: 6

Sporophila atrirostris	黑嘴籽雀	Black-billed Seed-finch	分布: 6
Sporophila schistacea	灰蓝食籽雀	Slate-colored Seedeater	分布: 6
Sporophila falcirostris	巴西食籽雀	Temminck's Seedeater	分布: 6
Sporophila frontalis	黄额食籽雀	Buffy-frontcd Sccdeater	分布: 6
Sporophila plumbea	铅色食籽雀	Plumbeous Seedeater	分布: 6
Sporophila beltoni	黄嘴食籽雀	Tropeiro Seedeater	分布: 6
Sporophila collaris	红领食籽雀	Rusty-collared Seedeater	分布: 6
Sporophila albogularis	白喉食籽雀	White-throated Seedeater	分布: 6
Sporophila leucoptera	白腹食籽雀	White-bellied Seedeater	分布: 6
Sporophila peruviana	鹦嘴食籽雀	Parrot-billed Seedeater	分布: 6
Sporophila telasco	栗喉食籽雀	Chestnut-throated Seedeater	分布: 6
Sporophila simplex	黄褐食籽雀	Drab Seedeater	分布: 6
Sporophila castaneiventris	栗腹食籽雀	Chestnut-bellied Seedeater	分布: 6
Sporophila minuta	棕胸食籽雀	Ruddy-breasted Seedeater	分布: 6
Sporophila bouvreuil	黑顶食籽雀	Copper Seedeater	分布: 6
Sporophila nigrorufa	黑褐食籽雀	Black-and-tawny Seedeater	分布: 6
Sporophila hypoxantha	茶腹食籽雀	Tawny-bellied Seedeater	分布: 6
Sporophila ruficollis	黑喉食籽雀	Dark-throated Seedeater	分布: 6
Sporophila pileata	珠白腹食籽雀	Pearly-bellied Seedeater	分布: 6
Sporophila hypochroma	棕腰食籽雀	Rufous-rumped Seedeater	分布: 6
Sporophila cinnamomea	栗食籽雀	Chestnut Seedeater	分布: 6
Sporophila palustris	沼泽食籽雀	Marsh Seedeater	分布: 6
Sporophila melanogaster	黑腹食籽雀	Black-bellied Seedeater	分布: 6
Piezorina cinerea	灰雀鹀	Cinereous Finch	分布: 6
Xenospingus concolor	细嘴雀鹀	Slender-billed Finch	分布: 6
Cnemoscopus rubrirostris	灰头薮唐纳雀	Grey-hooded Bush Tanager	分布: 6
Pseudospingus verticalis	黑头拟雀	Black-headed Hemispingus	分布: 6
Pseudospingus xanthophthalmus	褐拟雀	Drab Hemispingus	分布: 6
Poospiza boliviana	玻利维亚歌鹀	Bolivian Warbling-finch	分布: 6
Poospiza ornata	桂红歌鹀	Cinnamon Warbling-finch	分布: 6
Poospiza whitii	黑栗歌鹀	Black-and-chestnut Warbling-finch	分布: 6
Poospiza nigrorufa	棕黑歌鹀	Black-and-rufous Warbling-finch	分布: 6
Poospiza hispaniolensis	领歌鹀	Collared Warbling-finch	分布: 6
Poospiza rubecula	棕胸歌鹀	Rufous-breasted Warbling-finch	分布: 6
Poospiza goeringi	灰背拟雀	Slaty-backed Hemispingus	分布: 6
Poospiza rufosuperciliaris	棕眉拟雀	Rufous-browed Hemispingus	分布: 6
Poospiza thoracica	桂胸歌鹀	Bay-chested Warbling Finch	分布: 6
Compsospiza garleppi	科山歌鹀	Cochabamba Mountain Finch	分布: 6
Compsospiza baeri	图库曼歌鹀	Tucuman Mountain Finch	分布: 6
Hemispingus reyi	灰顶拟雀	Grey-capped Hemispingus	分布: 6

Hemispingus atropileus	黑顶拟雀	Black-capped Hemispingus	分布: 6
Hemispingus auricularis	白眉黑顶拟雀	White-browed Hemispingus	分布: 6
Hemispingus calophrys	黄眉拟雀	Orange-browed Hemispingus	分布: 6
Hemispingus parodii	帕氏拟雀	Parodi's Hemispingus	分布: 6
Hemispingus superciliaris	白眉拟雀	Superciliaried Hemispingus	分布: 6
Sphenopsis frontalis	绿拟雀	Oleaginous Hemispingus	分布: 6
Sphenopsis ochracea	北拟雀	Western Hemispingus	分布: 6
Sphenopsis piurae	南拟雀	Piura Hemispingus	分布: 6
Sphenopsis melanotis	黑耳拟雀	Black-eared Hemispingus	分布: 6
Thlypopsis fulviceps	黄头灰背雀	Fulvous-headed Tanager	分布: 6
Thlypopsis inornata	黄腹灰背雀	Buff-bellied Tanager	分布: 6
Thlypopsis sordida	橙头灰背雀	Orange-headed Tanager	分布: 6
Pyrrhocoma ruficeps	栗头唐纳雀	Chestnut-headed Tanager	分布: 6
Thlypopsis ruficeps	红黄灰背雀	Rust-and-yellow Tanager	分布: 6
Thlypopsis ornata	棕胸灰背雀	Rufous-chested Tanager	分布: 6
Thlypopsis pectoralis	褐胁灰背雀	Brown-flanked Tanager	分布: 6
Donacospiza albifrons	长尾芦雀	Long-tailed Reed Finch	分布: 6
Cypsnagra hirundinacea	白腰唐纳雀	White-rumped Tanager	分布: 6
Poospizopsis hypocondria	棕胁歌鹀	Rufous-sided Warbling-finch	分布: 6
Poospizopsis caesar	栗胸歌鹀	Chestnut-breasted Mountain Finch	分布: 6
Urothraupis stolzmanni	黑背丛雀	Black-backed Bush Tanager	分布: 6
Nephelornis oneilli	秘鲁森雀	Pardusco	分布: 6
Microspingus lateralis	红腰歌鹀	Buff-throated Warbling-finch	分布: 6
Microspingus cabanisi	灰喉歌鹀	Grey-throated Warbling-finch	分布: 6
Microspingus erythrophrys	锈眉歌鹀	Rusty-browed Warbling-finch	分布: 6
Microspingus alticola	淡尾歌鹀	Plain-tailed Warbling-finch	分布: 6
Microspingus torquatus	黑领歌鹀	Ringed Warbling-finch	分布: 6
Microspingus trifasciatus	三道眉拟雀	Three-striped Hemispingus	分布: 6
Microspingus melanoleucus	黑顶歌鹀	Black-capped Warbling-finch	分布: 6
Microspingus cinereus	灰白歌鹀	Cinereous Warbling-finch	分布: 6
Conirostrum margaritae	丝胸锥嘴雀	Pearly-breasted Conebill	分布: 6
Conirostrum bicolor	灰黄锥嘴雀	Bicolored Conebill	分布: 6
Conirostrum speciosum	栗臀锥嘴雀	Chestnut-vented Conebill	分布: 6
Conirostrum leucogenys	白耳锥嘴雀	White-eared Conebill	分布: 6
Conirostrum albifrons	白顶锥嘴雀	Capped Conebill	分布: 6
Conirostrum binghami	巨锥嘴雀	Giant Conebill	分布: 6
Conirostrum sitticolor	蓝背锥嘴雀	Blue-backed Conebill	分布: 6
Conirostrum ferrugineiventre	白眉锥嘴雀	White-browed Conebill	分布: 6
Conirostrum tamarugense	约氏锥嘴雀	Tamarugo Conebill	分布: 6
Conirostrum rufum	棕眉锥嘴雀	Rufous-browed Conebill	分布: 6
Conirostrum cinereum	朱红锥嘴雀	Cinereous Conebill	分布: 6

Sicalis citrina	柠黄雀鹀	Stripe-tailed Yellow-finch	分布: 6
Sicalis taczanowskii	黄喉黄雀鹀	Sulphur-throated Finch	分布: 6
Sicalis uropigyalis	亮腰黄雀鹀	Bright-rumped Yellow-finch	分布: 6
Sicalis flaveola	橙黄雀鹀	Saffron Finch	分布: 6
Sicalis columbiana	橙额黄雀鹀	Orange-fronted Yellow-finch	分布: 6
Sicalis luteola	草原黄雀鹀	Grassland Yellow-finch	分布: 6
Sicalis luteocephala	黄头黄雀鹀	Citron-headed Yellow-finch	分布: 6
Sicalis lebruni	巴塔黄雀鹀	Patagonian Yellow-finch	分布: 6
Sicalis mendozae	阿根廷黄雀鹀	Monte Yellow-finch	分布: 6
Sicalis olivascens	绿黄雀鹀	Greenish Yellow-finch	分布: 6
Sicalis auriventris	大黄雀鹀	Greater Yellow-finch	分布: 6
Sicalis raimondii	来氏黄雀鹀	Raimondi's Yellow-finch	分布: 6
Sicalis lutea	普纳黄雀鹀	Puna Yellow-finch	分布: 6
Phrygilus gayi	灰头岭雀鹀	Grey-hooded Sierra-finch	分布: 6
Phrygilus patagonicus	南美岭雀鹀	Patagonian Sierra-finch	分布: 6
Phrygilus atriceps	黑头岭雀鹀	Black-hooded Sierra-finch	分布: 6
Phrygilus punensis	秘鲁岭雀鹀	Peruvian Sierra-finch	分布: 6
Nesospiza acunhae	伊岛雀	Inaccessible Finch	分布: 6
Nesospiza questi	南丁岛雀	Nightingale Finch	分布: 6
Nesospiza wilkinsi	大嘴岛雀	Wilkins's Finch	分布: 6
Rowettia goughensis	高夫岛雀	Gough Finch	分布: 6
Melanodera xanthogramma	黄纹雀鹀	Yellow-bridled Finch	分布: 6
Melanodera melanodera	黑喉雀鹀	White-bridled Finch	分布: 6
Haplospiza unicolor	纯灰雀鹀	Uniform Finch	分布: 6
Haplospiza rustica	蓝灰雀鹀	Slaty Finch	分布: 6
Geospizopsis plebejus	灰胸岭雀鹀	Ash-breasted Sierra-finch	分布: 6
Geospizopsis unicolor	铅色岭雀鹀	Plumbeous Sierra-finch	分布: 6
Acanthidops bairdi	尖嘴雀鹀	Peg-billed Finch	分布: 6
Xenodacnis parina	辉蓝锥嘴雀	Tit-like Dacnis	分布: 6
Idiopsar brachyurus	短尾雀鹀	Short-tailed Finch	分布: 6
Ephippiospingus erythronotus	白喉岭雀鹀	White-throated Sierra-finch	分布: 6
Ephippiospingus dorsalis	红背岭雀鹀	Red-backed Sierra-finch	分布: 6
Catamenia analis	斑尾栗臀雀	Band-tailed Seedeater	分布: 6
Catamenia inornata	纯色栗臀雀	Plain-colored Seedeater	分布: 6
Catamenia homochroa	黄嘴栗臀雀	Paramo Seedeater	分布: 6
Diglossa glauca	蓝刺花鸟	Golden-eyed Flowerpiercer	分布: 6
Diglossa caerulescens	浅蓝刺花鸟	Bluish Flowerpiercer	分布: 6
Diglossa cyanea	花脸刺花鸟	Masked Flowerpiercer	分布: 6
Diglossa indigotica	青刺花鸟	Indigo Flowerpiercer	分布: 6
Diglossa sittoides	锈色刺花鸟	Rusty Flowerpiercer	分布: 6
Diglossa plumbea	灰刺花鸟	Slaty Flowerpiercer	分布: 6
Diglossa baritula	灰腹刺花鸟	Cinnamon-bellied Flowerpiercer	分布: 6

Diglossa mystacalis	须刺花鸟	Moustached Flowerpiercer	分布: 6
Diglossa lafresnayii	辉黑刺花鸟	Glossy Flowerpiercer	分布: 6
Diglossa gloriosissima	栗腹刺花鸟	Chestnut-bellied Flowerpiercer	分布: 6
Diglossa duidae	鳞斑刺花鸟	Scaled Flowerpiercer	分布: 6
Diglossa major	大刺花鸟	Greater Flowerpiercer	分布: 6
Diglossa venezuelensis	委内瑞拉刺花鸟	Venezuelan Flowerpiercer	分布: 6
Diglossa albilatera	白胁刺花鸟	White-sided Flowerpiercer	分布: 6
Diglossa carbonaria	乌背刺花鸟	Grey-bellied Flowerpiercer	分布: 6
Diglossa brunneiventris	黑喉刺花鸟	Black-throated Flowerpiercer	分布: 6
Diglossa gloriosa	黑背刺花鸟	Merida Flowerpiercer	分布: 6
Diglossa humeralis	黑刺花鸟	Black Flowerpiercer	分布: 6
Calochaetes coccineus	朱红唐纳雀	Vermilion Tanager	分布: 6
Iridosornis porphyrocephalus	紫背彩裸鼻雀	Purplish-mantled Tanager	分布: 6
Iridosornis analis	黄喉彩裸鼻雀	Yellow-throated Tanager	分布: 6
Iridosornis jelskii	金领彩裸鼻雀	Golden-collared Tanager	分布: 6
Iridosornis reinhardti	黄枕彩裸鼻雀	Yellow-scarfed Tanager	分布: 6
Iridosornis rufivertex	金顶彩裸鼻雀	Golden-crowned Tanager	分布: 6
Pipraeidea melanonota	黄胸裸鼻雀	Fawn-breasted Tanager	分布: 6
Pipraeidea bonariensis	橙腹裸鼻雀	Blue-and-yellow Tanager	分布: 6
Pseudosaltator rufiventris	棕腹舞雀	Rufous-bellied Mountain-tanager	分布: 6
Dubusia castaneoventris	栗腹唐纳雀	Chestnut-bellied Mountain-tanager	分布: 6
Dubusia taeniata	淡胸山裸鼻雀	Buff-breasted Mountain-tanager	分布: 6
Buthraupis montana	黑头山裸鼻雀	Hooded Mountain-tanager	分布: 6
Sporathraupis cyanocephala	蓝枕裸鼻雀	Blue-capped Tanager	分布: 6
Tephrophilus wetmorei	花脸山裸鼻雀	Masked Mountain-tanager	分布: 6
Chlorornis riefferii	草绿唐纳雀	Grass-green Tanager	分布: 6
Cnemathraupis eximia	黑胸山裸鼻雀	Black-chested Mountain-tanager	分布: 6
Cnemathraupis aureodorsalis	金背山裸鼻雀	Golden-backed Mountain-tanager	分布: 6
Anisognathus somptuosus	蓝翅岭裸鼻雀	Blue-winged Mountain-tanager	分布: 6
Anisognathus notabilis	黑颏岭裸鼻雀	Black-chinned Mountain-tanager	分布: 6
Anisognathus melanogenys	黑颊岭裸鼻雀	Santa Marta Mountain-tanager	分布: 6
Anisognathus igniventris	朱腹岭裸鼻雀	Scarlet-bellied Mountain-tanager	分布: 6
Anisognathus lacrymosus	黄腹岭裸鼻雀	Lacrimose Mountain-tanager	分布: 6
Chlorochrysa phoenicotis	辉绿雀	Glistening-green Tanager	分布: 6
Chlorochrysa nitidissima	彩绿雀	Multicolored Tanager	分布: 6
Chlorochrysa calliparaea	橙耳绿雀	Orange-eared Tanager	分布: 6
Wetmorethraupis sterrhopteron	橙喉唐纳雀	Orange-throated Tanager	分布: 6
Bangsia flavovirens	黄绿灌丛唐纳雀	Yellow-green Tanager	分布: 6
Bangsia arcaei	蓝黄唐纳雀	Blue-and-gold Tanager	分布: 6
Bangsia aureocincta	金环唐纳雀	Gold-ringed Tanager	分布: 6
Bangsia edwardsi	苔背唐纳雀	Moss-backed Tanager	分布: 6
Bangsia rothschildi	金胸唐纳雀	Golden-chested Tanager	分布: 6

Bangsia melanochlamys	黑金唐纳雀	Black-and-gold Tanager	分布: 6
Lophospingus griseocristatus	灰冠雀鹀	Grey-crested Finch	分布: 6
Lophospingus pusillus	黑冠雀鹀	Black-crested Finch	分布: 6
Neothraupis fasciata	白斑唐纳雀	Shrike-like Tanager	分布: 6
Diuca diuca	迪卡雀	Common Diuca-finch	分布: 6
Diuca speculifera	白翅迪卡雀	White-winged Diuca-finch	分布: 6
Gubernatrix cristata	黑冠黄雀鹀	Yellow Cardinal	分布: 6
Stephanophorus diadematus	凤冠裸鼻雀	Diademed Tanager	分布: 6
Cissopis leverianus	鹊色唐纳雀	Magpie Tanager	分布: 6
Schistochlamys melanopis	黑脸唐纳雀	Black-faced Tanager	分布: 6
Schistochlamys ruficapillus	黄棕唐纳雀	Cinnamon Tanager	分布: 6
Paroaria capitata	黄嘴蜡嘴鹀	Yellow-billed Cardinal	分布: 6
Paroaria dominicana	冕蜡嘴鹀	Red-cowled Cardinal	分布: 6
Paroaria nigrogenis	黑颊蜡嘴鹀	Masked Cardinal	分布: 6
Paroaria baeri	猩额蜡嘴鹀	Crimson-fronted Cardinal	分布: 6
Paroaria coronata	冠蜡嘴鹀	Red-crested Cardinal	分布: 6
Paroaria gularis	红顶蜡嘴鹀	Red-capped Cardinal	分布: 6
Tangara varia	蓝翅靓唐纳雀	Dotted Tanager	分布: 6
Tangara rufigula	棕喉靓唐纳雀	Rufous-throated Tanager	分布: 6
Tangara punctata	斑靓唐纳雀	Spotted Tanager	分布: 6
Tangara guttata	点斑靓唐纳雀	Speckled Tanager	分布: 6
Tangara xanthogastra	黄腹靓唐纳雀	Yellow-bellied Tanager	分布: 6
Tangara ruficervix	金颈靓唐纳雀	Golden-naped Tanager	分布: 6
Tangara cabanisi	蓝腰靓唐纳雀	Cabanis's Tanager	分布: 6
Tangara palmeri	灰黄靓唐纳雀	Grey-and-gold Tanager	分布: 6
Tangara cyanoptera	蓝肩裸鼻雀	Azure-shouldered Tanager	分布: 6
Tangara abbas	黄翅裸鼻雀	Yellow-winged Tanager	分布: 6
Tangara episcopus	灰蓝裸鼻雀	Blue-grey Tanager	分布: 6
Tangara sayaca	灰喉裸鼻雀	Sayaca Tanager	分布: 6
Tangara glaucocolpa	绿灰裸鼻雀	Glaucous Tanager	分布: 6
Tangara ornata	金肩纹裸鼻雀	Golden-chevroned Tanager	分布: 6
Tangara palmarum	棕榈裸鼻雀	Palm Tanager	分布: 6
Tangara argentea	黑头靓唐纳雀	Black-headed Tanager	分布: 6
Tangara viridicollis	银背靓唐纳雀	Silver-backed Tanager	分布: 6
Tangara phillipsi	希拉靓唐纳雀	Sira Tanager	分布: 6
Tangara argyrofenges	绿喉靓唐纳雀	Straw-backed Tanager	分布: 6
Tangara heinei	黑顶靓唐纳雀	Black-capped Tanager	分布: 6
Tangara larvata	金头靓唐纳雀	Golden-hooded Tanager	分布: 6
Tangara cyanicollis	蓝颈靓唐纳雀	Blue-necked Tanager	分布: 6
Tangara nigrocincta	花脸靓唐纳雀	Masked Tanager	分布: 6
Tangara peruviana	黑背靓唐纳雀	Black-backed Tanager	分布: 6
Tangara preciosa	栗背靓唐纳雀	Chestnut-backed Tanager	分布: 6

Tangara meyerdeschauenseei	绿顶靓唐纳雀	Green-capped Tanager	分布: 6
Tangara vitriolina	朱顶靓唐纳雀	Scrub Tanager	分布: 6
Tangara cayana	亮黄靓唐纳雀	Burnished-buff Tanager	分布: 6
Tangara cucullata	栗顶靓唐纳雀	Lesser Antillean Tanager	分布: 6
Tangara vassorii	蓝黑靓唐纳雀	Blue-and-black Tanager	分布: 6
Tangara nigroviridis	辉斑靓唐纳雀	Beryl-spangled Tanager	分布: 6
Tangara dowii	斑颊靓唐纳雀	Spangle-cheeked Tanager	分布: 6
Tangara fucosa	绿枕靓唐纳雀	Green-naped Tanager	分布: 6
Tangara cyanotis	蓝眉靓唐纳雀	Blue-browed Tanager	分布: 6
Tangara rufigenis	棕颊靓唐纳雀	Rufous-cheeked Tanager	分布: 6
Tangara labradorides	辉绿靓唐纳雀	Metallic-green Tanager	分布: 6
Tangara gyrola	栗头靓唐纳雀	Bay-headed Tanager	分布: 6
Tangara lavinia	棕翅靓唐纳雀	Rufous-winged Tanager	分布: 6
Tangara chrysotis	金耳靓唐纳雀	Golden-eared Tanager	分布: 6
Tangara xanthocephala	黄顶靓唐纳雀	Saffron-crowned Tanager	分布: 6
Tangara parzudakii	火脸靓唐纳雀	Flame-faced Tanager	分布: 6
Tangara johannae	蓝髭靓唐纳雀	Blue-whiskered Tanager	分布: 6
Tangara schrankii	绿金靓唐纳雀	Green-and-gold Tanager	分布: 6
Tangara arthus	金靓唐纳雀	Golden Tanager	分布: 6
Tangara florida	翠绿靓唐纳雀	Emerald Tanager	分布: 6
Tangara icterocephala	银喉靓唐纳雀	Silver-throated Tanager	分布: 6
Tangara fastuosa	七彩靓唐纳雀	Seven-colored Tanager	分布: 6
Tangara seledon	绿头靓唐纳雀	Green-headed Tanager	分布: 6
Tangara cyanocephala	红颈靓唐纳雀	Red-necked Tanager	分布: 6
Tangara desmaresti	铜胸靓唐纳雀	Brassy-breasted Tanager	分布: 6
Tangara cyanoventris	金边靓唐纳雀	Gilt-edged Tanager	分布: 6
Tangara inornata	纯色靓唐纳雀	Plain-colored Tanager	分布: 6
Tangara mexicana	青绿靓唐纳雀	Turquoise Tanager	分布: 6
Tangara chilensis	仙靓唐纳雀	Paradise Tanager	分布: 6
Tangara callophrys	白冠靓唐纳雀	Opal-crowned Tanager	分布: 6
Tangara velia	白腰靓唐纳雀	Opal-rumped Tanager	分布: 6

三、主要参考文献

赵正阶. 2001a. 中国鸟类志. 上卷. 非雀形目. 长春: 吉林科学技术出版社.

赵正阶. 2001b. 中国鸟类志. 下卷. 雀形目. 长春: 吉林科学技术出版社.

郑光美. 2002. 世界鸟类分类与分布名录. 北京: 科学出版社.

郑光美. 2017. 中国鸟类分类与分布名录(第三版). 北京: 科学出版社.

郑作新. 1986. 世界鸟类名称. 北京: 科学出版社.

郑作新. 2000. 中国鸟类种和亚种分类名录大全. 北京: 科学出版社.

郑作新. 2002. 世界鸟类名称(第二版). 北京: 科学出版社.

Abbott CL, Double MC. 2003a. Phylogeography of shy and white-capped albatrosses inferred from mitochondrial DNA sequences: implications for population history and taxonomy. Molecular Ecology, 12(10): 2747-2758.

Abbott CL, Double MC. 2003b. Genetic structure, conservation genetics and evidence of speciation by range expansion in shy and white-capped albatrosses. Molecular Ecology, 12(11): 2953-2962.

Aggerbeck M, Fjeldså J, Christidis L, et al. 2014. Resolving deep lineage divergences in core corvoid passerine birds supports a proto-Papuan island origin. Molecular Phylogenetics and Evolution, 70: 272-285.

Aleixandre P, Montoya JH, Milá B. 2013. Speciation on oceanic islands: rapid adaptive divergence vs. cryptic speciation in a Guadalupe Island songbird (Aves: Junco). PLoS ONE, 8(5): e63242.

Aliabadian M, Alaei-Kakhki N, Mirshamsi O, et al. 2016. Phylogeny, biogeography, and diversification of barn owls (Aves: Strigiformes). Biological Journal of the Linnean Society, 119(4): 904-918.

Aliabadian M, Kaboli M, Förschler MI, et al. 2012. Convergent evolution of morphological and ecological traits in the open-habitat chat complex (Aves, Muscicapidae: Saxicolinae). Molecular Phylogenetics and Evolution, 65: 35-45.

Alström P, Barnes KN, Olsson U, et al. 2013. Multilocus phylogeny of the avian family Alaudidae (larks) reveals complex morphological evolution, non-monophyletic genera and hidden species diversity. Molecular Phylogenetics and Evolution, 69(3): 1043-1056.

Alström P, Cibois A, Irestedt M, et al. 2018. Comprehensive molecular phylogeny of the grassbirds and allies (Locustellidae) reveals extensive non-monophyly of traditional genera, and a proposal for a new classification. Molecular Phylogenetics and Evolution, 127: 367-375.

Alström P, Davidson P, Duckworth JW, et al. 2009. Description of a new species of *Phylloscopus* warbler from Vietnam and Laos. Ibis, 152(1): 145-168.

Alström P, Ericson PGP, Olsson U, et al. 2006. Phylogeny and classification of the avian superfamily Sylvioidea. Molecular Phylogenetics and Evolution, 38(2): 381-397.

Alström P, Fregin S, Norman JA, et al. 2011. Multilocus analysis of a taxonomically densely sampled dataset reveal extensive non-monophyly in the avian family Locustellidae. Molecular Phylogenetics and Evolution, 58(3): 513-526.

Alström P, Höhna S, Gelang M, et al. 2011. Non-monophyly and intricate morphological evolution within the avian family Cettiidae revealed by multilocus analysis of a taxonomically densely sampled dataset. BMC Evolutionary Biology, 11: 352.

Alström P, Hooper DM, Liu Y, et al. 2014. Discovery of a relict lineage and monotypic family of passerine birds. Biology Letters, 10(3): 20131067.

Alström P, Mild K. 2003. Pipits and Wagtails of Europe, Asia and North America. Princeton: Princeton University Press.

Alström P, Olsson U, Lei FM, et al. 2008. Phylogeny and classification of the Old World Emberizini (Aves, Passeriformes). Molecular Phylogenetics and Evolution, 47(3): 960-973.

Alström P, Rasmussen PC, Zhao C, et al. 2016. Integrative taxonomy of the Plain-backed Thrush (*Zoothera mollissima*) complex (Aves, Turdidae) reveals cryptic species, including a new species. Avian Research, 7: 1.

Alström P, Rheindt FE, Zhang RY, et al. 2018b. Complete species-level phylogeny of the leaf warbler (Aves: Phylloscopidae) radiation. Molecular Phylogenetics and Evolution, 126: 141-152.

Alström P, Song G, Zhang RY, et al. 2013b. Taxonomic status of Blackthroat *Calliope obscura* and Firethroat *C. pectardens*. Forktail, 29: 94-99.

Alström P, Sundev G. 2021. Mongolian Short-toed Lark *Calandrella dukhunensis*, an overlooked East Asian species. Journal of Ornithology, 162: 165-177.

Alström P, van Linschooten J, Donald PF, et al. 2021. Multiple species delimitation approaches applied to the avian lark genus *Alaudala*. Molecular Phylogenetics and Evolution, 154: 106994.

Alström P, Xia CW, Rasmussen PC, et al. 2015. Integrative taxonomy of the Russet Bush Warbler *Locustella mandelli* complex reveals a new species from central China. Avian Research, 6: 9.

Andersen MJ, Hosner PA, Filardi CE, et al. 2015. Phylogeny of the monarch flycatchers reveals extensive paraphyly and novel relationships within a major Australo-Pacific radiation. Molecular Phylogenetics and Evolution, 83: 118-136.

Andersen MJ, Naikatini A, Moyle RG. 2014. A molecular phylogeny of Pacific honeyeaters (Aves: Meliphagidae) reveals extensive paraphyly and an isolated Polynesian radiation. Molecular Phylogenetics and Evolution, 71: 308-315.

Arbogast BS, Drovetski SV, Curry RL, et al. 2006. The origin and diversification of Galapagos mockingbirds. Evolution, 60(2): 370-382.

Austin JJ, Bretagnolle V, Pasquet E, et al. 2004. A global molecular phylogeny of the small Puffinus shearwaters and implications for systematics of the Little-Audubon's Shearwater complex. The Auk, 121(3): 847-864.

Baker AJ, Pereira SL, Paton TA, et al. 2007. Phylogenetic relationships and divergence times of Charadriiformes genera: multigene evidence for the Cretaceous origin of at least 14 clades of shorebirds. Biology Letters, 3: 205-209.

Barani-Beiranvand H, Aliabadian M, Irestedt M, et al. 2017. Phylogeny of penduline tits inferred from mitochondrial and microsatellite genotyping. Journal of Avian Biology, 48(7): 932-940.

Barker FK, Cibois A, Schikler P, et al. 2004. Phylogeny and diversification of the largest avian radiation. Proceedings of the National Academy of Sciences of the United States of America, 101(30): 11040-11045.

Barrowclough GF, Groth JG, Odom KJ, et al. 2011. Phylogeography of the Barred Owl (*Strix varia*): species limits, multiple refugia, and range expansion. The Auk, 128(4): 696-706.

Baveja P, Garg KM, Chattopadhyay B, et al. 2021. Using historical genome-wide DNA to unravel the confused taxonomy in a songbird lineage that is extinct in the wild. Evolutionary Applications, 14(3): 698-709.

Benz BW, Robbins MB, Peterson AT. 2006. Evolutionary history of woodpeckers and allies (Aves: Picidae): placing key taxa on the phylogenetic tree. Molecular Phylogenetics and Evolution, 40(2): 389-399.

Beresford P, Barker FK, Ryan PG, et al. 2005. African endemics span the tree of songbirds (*Passeri*): molecular systematics of several evolutionary 'enigmas'. Proceedings of the Royal Society B: Biological Sciences, 272(1565): 849-858.

Bonaccorso E, Peterson AT. 2007. A multilocus phylogeny of New World jay genera. Molecular Phylogenetics and Evolution, 42(2): 467-476.

Chang Q, Zhang BW, Jin H, et al. 2003. Phylogenetic relationships among 13 species of herons inferred from mitochondrial 12S rRNA gene sequences. Acta Zoologica Sinica, 49(2): 205-210.

Chen D, Liu Y, Davison GWH, et al. 2015. Revival of the genus *Tropicoperdix* Blyth 1859 (Phasianidae, Aves) using multilocus sequence data. Zoological Journal of the Linnean Society, 175(2): 429-438.

Chen SH, Huang Q, Fan ZY, et al. 2012. The update of Zhejiang bird checklist. Chinese Birds, 3(2): 118-136.

Cheng TH. 1987. A Synopsis of the Avifauna of China. Beijing: Science Press.

Chesser RT. 2004a. Molecular systematics of New World suboscine birds. Molecular Phylogenetics and Evolution, 32(1): 11-24.

Chesser RT. 2004b. Systematics, evolution and biogeography of the South American ovenbird genus *Cinclodes*. The Auk, 121(3): 752-766.

Christidis L, Boles WE. 2008. Systematics and Taxonomy of Australian Birds. Collingwood, Victoria, Australia: CSIRO Publishing.

Christidis L, Irestedt M, Rowe D, et al. 2011. Mitochondrial and nuclear DNA phylogenies reveal a complex evolutionary history in the Australasian robins (Passeriformes: Petroicidae). Molecular Phylogenetics and Evolution, 61(3): 726-738.

Cibois A. 2003. Mitochondrial DNA phylogeny of babblers (Timaliidae). The Auk, 120(1): 35-54.

Cibois A, Beadell JS, Graves GR, et al. 2011. Charting the course of reed-warblers across the Pacific islands. Journal of Biogeography, 38(10): 1963-1975.

Cibois A, Kalyakin MV, Han LX, et al. 2002. Molecular phylogenetics of babblers (Timaliidae): revaluation of the genera *Yuhina* and *Stachyris*. Journal of Avian Biology, 33(4): 380-390.

Cibois A, Thibault J-C, Bonillo C, et al. 2014. Phylogeny and biogeography of the fruit doves (Aves: Columbidae). Molecular Phylogenetics and Evolution, 70: 442-453.

Cibois A, Thibault J-C, Pasquet E. 2007. Uniform phenotype conceals double colonization by reed-warblers of a remote Pacific archipelago. Journal of Biogeography, 34(7): 1150-1166.

Cibois A, Thibault J-C, Pasquet E. 2008. Systematics of the extinct reed warblers *Acrocephalus* of the Society Islands of eastern Polynesia. Ibis, 150(2): 365-376.

Clements JF, Schulenberg TS, Iliff MJ, et al. 2021. The eBird/Clements checklist of Birds of the World: v2021. https://www.birds.cornell.edu/clementschecklist/download/ [2021-7-30].

Collar NJ. 2004. Species limits in some Indonesian thrushes. Forktail, 20: 71-87.

Collar NJ. 2006. A partial revision of the Asian babblers (Timaliidae). Forktail, 22: 85-112.

Collar NJ. 2011. Taxonomic notes on some Asian babblers (Timaliidae). Forktail, 27: 100-102.

Crottini A, Galimberti A, Boto A, et al. 2010. Toward a resolution of a taxonomic enigma: First genetic analyses of *Paradoxornis webbianus* and *Paradoxornis alphonsianus* (Aves: Paradoxornithidae) from China and Italy. Molecular Phylogenetics and Evolution, 57(3): 1312-1318.

Crowe TM, Bowie RCK, Bloomer P, et al. 2006. Phylogenetics, biogeography and classification of, and character evolution in, gamebirds (Aves: Galliformes): effects of character exclusion, data partitioning and missing data. Cladistics, 22(6): 495-532.

del Hoyo J, Collar NJ, Christie DA, et al. 2014. HBW and BirdLife International Illustrated Checklist of the Birds of the World. Volume 1. Non-passerines. Barcelona: Lynx Edicions.

del Hoyo J, Collar NJ, Christie DA, et al. 2016. HBW and BirdLife International Illustrated Checklist of the Birds of the World. Volume 2. Passerines. Barcelona: Lynx Edicions.

del Hoyo J, Elliott A, Christie DA. 2003. Handbook of the Birds of the World. Volume 8. Broadbills to Tapaculos. Barcelona: Lynx Edicions.

del Hoyo J, Elliott A, Christie DA. 2004. Handbook of the Birds of the World. Volume 9. Cotingas to Pipits and Wagtails. Barcelona: Lynx Edicions.

del Hoyo J, Elliott A, Christie DA. 2005. Handbook of the Birds of the World. Volume 10. Cuckoo-shrikes to Thrushes. Barcelona: Lynx Edicions.

del Hoyo J, Elliott A, Christie DA. 2006. Handbook of the Birds of the World. Volume 11. Old World Flycatchers to Old World Warblers. Barcelona: Lynx Edicions.

del Hoyo J, Elliott A, Christie DA. 2007. Handbook of the Birds of the World. Volume 12. Picathartes to Tits and Chickadees. Barcelona: Lynx Edicions.

del Hoyo J, Elliott A, Christie DA. 2008. Handbook of the Birds of the World. Volume 13. Penduline-tits to Shrikes. Barcelona: Lynx Edicions.

del Hoyo J, Elliott A, Christie DA. 2009. Handbook of the Birds of the World. Volume 14. Bush-shrikes to Old World Sparrows. Barcelona: Lynx Edicions.

del Hoyo J, Elliott A, Christie DA. 2010. Handbook of the Birds of the World. Volume 15. Weavers to New World Warblers. Barcelona: Lynx Edicions.

del Hoyo J, Elliott A, Sargatal J. 1992. Handbook of the Birds of the World. Volume 1. Ostrich to Ducks. Barcelona: Lynx Edicions.

del Hoyo J, Elliott A, Sargatal J. 1994. Handbook of the Birds of the World. Volume 2. New World Vultures to Guineafowl. Barcelona: Lynx Edicions.

del Hoyo J, Elliott A, Sargatal J. 1996. Handbook of the Birds of the World. Volume 3. Hoatzin to Auks. Barcelona: Lynx Edicions.

del Hoyo J, Elliott A, Sargatal J. 1997. Handbook of the Birds of the World. Volume 4. Sandgrouse to Cuckoos. Barcelona: Lynx Edicions.

del Hoyo J, Elliott A, Sargatal J. 1999. Handbook of the Birds of the World. Volume 5. Barn-owls to Hummingbirds. Barcelona: Lynx Edicions.

del Hoyo J, Elliott A, Sargatal J. 2001. Handbook of the Birds of the World. Volume 6. Mousebirds to Hornbills. Barcelona: Lynx Edicions.

del Hoyo J, Elliott A. Sargatal J. 2002. Handbook of the Birds of the World. Volume 7. Jacamars to Woodpeckers. Barcelona: Lynx Edicions.

den Tex RJ, Leonard JA. 2013. A molecular phylogeny of Asian barbets: speciation and extinction in the tropics. Molecular Phylogenetics and Evolution, 68(1): 1-13.

Dickinson EC, Christidis L. 2014. The Howard and Moore Complete Checklist of the Birds of the World. 4th Edition. Volume 2. Passerines. Eastbourne: Aves Press.

Dickinson EC, Remsen JV. 2013. The Howard and Moore Complete Checklist of the Birds of the World. 4th Edition. Volume 1. Non-passerines. Eastbourne: Aves Press.

Dickinson EC, Schodde R, Kullander S, et al. 2014. Correcting the "correct" name for the Asian Brown Flycatcher (Aves: Passeriformes, Muscicapidae, *Muscicapa*). Zootaxa, 3869(3): 343-347.

Dong F, Li SH, Yang XJ. 2010. Molecular systematics and diversification of the Asian scimitar babblers (Timaliidae, Aves) based on mitochondrial and nuclear DNA sequences. Molecular Phylogenetics and Evolution, 57(3): 1268-1275.

Dong F, Li SH, Zou FS, et al. 2014. Molecular systematics and plumage coloration evolution of an enigmatic babbler (*Pomatorhinus ruficollis*) in East Asia. Molecular Phylogenetics and Evolution, 70: 76-83.

Dong F, Wu F, Liu LM, et al. 2010. Molecular phylogeny of the barwings (Aves: Timaliidae: *Actinodura*), a paraphyletic group, and its taxonomic implications. Zoological Studies, 49(5): 703-709.

Dong L, Wei M, Alström P, et al. 2015. Taxonomy of the Narcissus Flycatcher *Ficedula narcissina* complex: an integrative approach using morphological, bioacoustic and multilocus DNA data. Ibis, 157(2): 312-325.

Dong L, Zhang J, Sun Y, et al. 2010. Phylogeographic patterns and conservation units of a vulnerable species, Cabot's tragopan (*Tragopan caboti*), endemic to southeast China. Conservation Genetics, 11: 2231-2242.

Drovetski SV, Zink RM, Fadeev IV, et al. 2004. Mitochondrial phylogeny of *Locustella* and related genera. Journal of Avian Biology, 35(2): 105-110.

Ericson PGP, Irestedt M, Johansson US. 2003. Evolution, biogeography, and patterns of diversification in passerine birds. Journal of Avian Biology, 34(1): 3-15.

Ericson PGP, Zuccon D, Ohlson JI, et al. 2006. Higher-level phylogeny and morphological evolution of tyrant flycatchers, cotingas, manakins, and their allies (Aves: Tyrannida). Molecular Phylogenetics and Evolution, 40(2): 471-483.

Feinstein J, Yang XJ, Li SH. 2008. Molecular systematics and historical biogeography of the Black-browed Barbet species complex (*Megalaima oorti*). Ibis, 150(1): 40-49.

Filardi CE, Moyle RG. 2005. Single origin of a pan-Pacific bird group and upstream colonization of Australasia. Nature, 438(7065): 216-219.

Filardi CE, Smith CE. 2005. Molecular phylogenetics of monarch flycatchers (genus *Monarcha*) with emphasis on Solomon Island endemics. Molecular Phylogenetics and Evolution, 37(3): 776-788.

Fregin S, Haase M, Olsson U, et al. 2009. Multi-locus phylogeny of the family Acrocephalidae (Aves: Passeriformes) – The traditional taxonomy overthrown. Molecular Phylogenetics and Evolution, 52(3): 866-878.

Fregin S, Haase M, Olsson U, et al. 2012. New insights into family relationships within the avian superfamily Sylvioidea (Passeriformes) based on seven molecular markers. BMC Evolutionary Biology, 12: 157.

Fuchs J, Pasquet E, Couloux A, et al. 2009. A new Indo-Malayan member of the Stenostiridae (Aves: Passeriformes) revealed by multilocus sequence data: Biogeographical implications for a morphologically diverse clade of flycatchers. Molecular Phylogenetics and Evolution, 53(2): 384-393.

Fuchs J, Pons JM, Ericson PGP, et al. 2008. Molecular support for a rapid cladogenesis of the woodpecker clade Malarpicini, with further insights into the genus *Picus* (Piciformes: Picinae). Molecular Phylogenetics and Evolution, 48(1): 34-46.

Fuchs J, Zuccon D. 2018. On the genetic distinctiveness of tailorbirds (Cisticolidae: *Orthotomus*) from the South-east Asian mainland with the description of a new subspecies. Avian Research, 9: 31.

Gelang M, Cibois A, Pasquet E, et al. 2009. Phylogeny of babblers (Aves, Passeriformes): major lineages, family limits and classification. Zoologica Scripta, 38(3): 225-236.

Gibson R, Baker A. 2012. Multiple gene sequences resolve phylogenetic relationships in the shorebird suborder Scolopaci (Aves: Charadriiformes). Molecular Phylogenetics and Evolution, 64(1): 66-72.

Gill F, Donsker D, Rasmussen P. 2021. IOC World Bird List (v11.2). doi: 10.14344/IOC.ML. 11.2.

Groth JG. 2000. Molecular evidence for the systematic position of *Urocynchramus pylzowi*. The Auk, 117(3): 787-791.

Hackett SJ, Kimball RT, Reddy S, et al. 2008. A phylogenomic study of birds reveals their evolutionary history. Science, 320(5884): 1763-1768.

Han KL, Robbins MB, Braun MJ. 2010. A multi-gene estimate of phylogeny in the nightjars and nighthawks (Caprimulgidae). Molecular Phylogenetics and Evolution, 55(2): 443-453.

He FQ, Yang XJ, Deng XJ, et al. 2011. The White-eared Night Heron (*Gorsachius magnificus*): from behind the bamboo curtain to the front stage. Chinese Birds, 2(4): 163-166.

Hernández MA, Campos F, Gutiérrez-Corchero F, et al. 2004. Identification of *Lanius* species and subspecies using tandem repeats in the mitochondrial DNA control region. Ibis, 146(2): 227-230.

Hung CM, Hung HY, Yeh CF, et al. 2014. Species delimitation in the Chinese bamboo partridge *Bambusicola thoracica* (Phasianidae; Aves). Zoologica Scripta, 43(6): 562-575.

Irwin DE, Alström P, Olsson U, et al. 2001. Cryptic species in the genus *Phylloscopus* (Old World leaf warblers). Ibis, 143(2): 233-247.

James HF, Ericson PGP, Slikas B, et al. 2003. *Pseudopodoces humilis*, a misclassified terrestrial tit (Paridae) of the Tibetan Plateau: evolutionary consequences of shifting adaptive zones. Ibis, 145(2): 185-202.

Johansson US, Ekman J, Bowie RCK, et al. 2013. A complete multilocus species phylogeny of the tits and chickadees (Aves: Paridae). Molecular Phylogenetics and Evolution, 69(3): 852-860.

Jønsson KA, Bowie RCK, Moyle RG, et al. 2010. Phylogeny and biogeography of Oriolidae (Aves: Passeriformes). Ecography, 33(2): 232-241.

Jønsson KA, Bowie RCK, Nylander JAA, et al. 2010. Biogeographical history of cuckoo-shrikes (Aves: Passeriformes): transoceanic colonization of Africa from Australo-Papua. Journal of Biogeography, 37(9): 1767-1781.

Kimball RT, Mary CMS, Braun EL. 2011. A macroevolutionary perspective on multiple sexual traits in the Phasianidae (Galliformes). International Journal of Evolutionary Biology, 2011: 1-16.

Kirchman JJ. 2012. Speciation of flightless rails on islands: A DNA-based phylogeny of the typical rails of the Pacific. The Auk, 129(1): 56-69.

König C, Weick F. 2009. Owls of the World. 2nd Edition. New Haven: Yale University Press.

Krajewski C, Sipiorski JT, Anderson FE. 2010. Complete mitochondrial genome sequences and the phylogeny of cranes (Gruiformes: Gruidae). The Auk, 127(2): 440-452.

Kvist L, Martens J, Higuchi H, et al. 2003. Evolution and genetic structure of the great tit (*Parus major*) complex. Proceedings Biological Sciences, 270(1523): 1447-1454.

Leader PJ, Carey GJ, Olsson U, et al. 2010. The taxonomic status of Rufous-rumped Grassbird *Graminicola bengalensis*, with comments on its distribution and status. Forktail, 26: 121-126.

Lei FM, Qu YH, Lu JL, et al. 2003. Conservation on diversity and distribution patterns of endemic birds in China. Biodiversity and Conservation, 12(2): 239-254.

Lerner HRL, Mindell DP. 2005. Phylogeny of eagles, Old World vultures, and other Accipitridae based on nuclear and mitochondrial DNA. Molecular Phylogenetics and Evolution, 37(2): 327-346.

Li JJ, Cao HF, Jin K, et al. 2012. A new record of Picidae in China: the Brown-fronted Woodpecker (*Dendrocopos auriceps*). Chinese Birds, 3(3): 240-241.

Li SH, Li JW, Han LX, et al. 2006. Species delimitation in the Hwamei *Garrulax canorus*. Ibis, 148(4):

698-706.

Lim HC, Zou FS, Taylor SS, et al. 2010. Phylogeny of magpie-robins and shamas (Aves: Turdidae: *Copsychus* and *Trichixos*): implications for island biogeography in Southeast Asia. Journal of Biogeography, 37(10): 1894-1906.

Liu SM, Liu Y, Jelen E, et al. 2020. Regional drivers of diversification in the late Quaternary in a widely distributed generalist species, the common pheasant *Phasianus colchicus*. Journal of Biogeography, 47(12): 2714-2727.

Liu Y, Chen GL, Huang Q, et al. 2016. Species delimitation of the White-tailed Rubythroat *Calliope pectoralis* complex (Aves, Muscicapidae) using an integrative taxonomic approach. Journal of Avian Biology, 47(6): 899-910.

Liu Y, Zhang ZW, Li JQ, et al. 2008. A survey of the birds of the Dabie Shan range, central China. Forktail, 24: 80-91.

Livezey BC. 1998. A phylogenetic analysis of the Gruiformes (Aves) based on morphological characters, with an emphasis on the rails (Rallidae). Philosophical Transactions of the Royal Society B, 353(1378): 2077-2151.

Lovette IJ, McCleery BV, Talaba AL, et al. 2008. A complete species-level molecular phylogeny for the "Eurasian" starlings (Sturnidae: *Sturnus*, *Acridotheres*, and allies): recent diversification in a highly social and dispersive avian group. Molecular Phylogenetics and Evolution, 47(1): 251-260.

Madge S, McGowan P. 2002. Pheasants, Partridges and Grouse. London: Christopher Helm.

Martens J, Tietze DT, Eck S, et al. 2004. Radiation and species limits in the Asian Pallas's warbler complex (*Phylloscopus proregulus* s.l.). Journal of Ornithology, 145(3): 206-222.

Marthinsen G, Wennerberg L, Lifjeld JT. 2008. Low support for separate species within the redpoll complex (*Carduelis flammea - hornemanni - cabaret*) from analyses of mtDNA and microsatellite markers. Molecular Phylogenetics and Evolution, 47(3): 1005-1017.

McKay BD, Barker FK, Mays HL, et al. 2010. A molecular phylogenetic hypothesis for the manakins (Aves: Pipridae). Molecular Phylogenetics and Evolution, 55(2): 733-737.

McKay BD, Mays HL, Yao CT, et al. 2014. Incorporating color into integrative taxonomy: analysis of the Varied Tit (*Sittiparus varius*) complex in East Asia. Systematic Biology, 63(4): 505-517.

Mlíkovský J. 2011. Correct name for the Asian Russet Sparrow. Chinese Birds, 2(2): 109-110.

Moyle RG. 2004. Phylogenetics of barbets (Aves: Piciformes) based on nuclear and mitochondrial DNA sequence data. Molecular Phylogenetics and Evolution, 30(1): 187-200.

Moyle RG, Andersen MJ, Oliveros CH, et al. 2012. Phylogeny and biogeography of the Core Babblers (Aves: Timaliidae). Systematic Biology, 61(4): 631-651.

Moyle RG, Filardi CE, Smith CE, et al. 2009. Explosive Pleistocene diversification and hemispheric expansion of a "great speciator". Proceedings of the National Academy of Sciences of the United States of America, 106(6): 1863-1868.

Moyle RG, Hosner PA, Jones AW, et al. 2015. Phylogeny and biogeography of *Ficedula* flycatchers (Aves: Muscicapidae): novel results from fresh source material. Molecular Phylogenetics and Evolution, 82: 87-94.

Nyári A, Benz BW, Jønsson KA, et al. 2009. Phylogenetic relationships of fantails (Aves: Rhipiduridae). Zoologica Scripta, 38(6): 553-561.

Nylander JAA, Olsson U, Alström P, et al. 2008. Accounting for phylogenetic uncertainty in biogeography: a Bayesian approach to dispersal-vicariance analysis of the thrushes (Aves: *Turdus*). Systematic Biology, 57(2): 257-268.

Oliveros CH, Moyle RG. 2010. Origin and diversification of Philippine bulbuls. Molecular Phylogenetics and Evolution, 54(3): 822-832.

Olsen KM, Larsson H. 2003. Gulls of Europe, Asia and North America. London: Christopher Helm.

Olsson U, Alström P, Ericson PGP, et al. 2005. Non-monophyletic taxa and cryptic species evidence from a molecular phylogeny of leaf-warblers (*Phylloscopus*, Aves). Molecular Phylogenetics and Evolution, 36(2): 261-276.

Olsson U, Alström P, Svensson L, et al. 2010. The *Lanius excubitor* (Aves, Passeriformes) conundrum – Taxonomic dilemma when molecular and non-molecular data tell different stories. Molecular

Phylogenetics and Evolution, 55(2): 347-357.

Olsson U, Irestedt M, Sangster G, et al. 2013. Systematic revision of the avian family Cisticolidae based on a multi-locus phylogeny of all genera. Molecular Phylogenetics and Evolution, 66(3): 790-799.

Outlaw DC, Voelker G. 2006. Systematics of *Ficedula* flycatchers (Muscicapidae): a molecular reassessment of a taxonomic enigma. Molecular Phylogenetics and Evolution, 41(1): 118-126

Päckert M, Blume C, Sun YH, et al. 2009. Acoustic differentiation reflects mitochondrial lineages in Blyth's leaf warbler and white-tailed leaf warbler complexes (Aves: *Phylloscopus reguloides*, *Phylloscopus davisoni*). Biological Journal of the Linnean Society, 96(3): 584-600.

Päckert M, Martens J, Eck S, et al. 2005. The great tit (*Parus major*) – a misclassified ring species. Biological Journal of the Linnean Society, 86(2): 153-174.

Päckert M, Martens J, Liang W, et al. 2013. Molecular genetic and bioacoustic differentiation of *Pnoepyga* wren-babblers. Journal of Ornithology, 154(2): 329-337.

Päckert M, Martens J, Sun YH. 2011. Phylogeny of long-tailed tits and allies inferred from mitochondrial and nuclear markers (Aves: Passeriformes, Aegithalidae). Molecular Phylogenetics and Evolution, 55(3): 952-967.

Päckert M, Sun YH, Fischer BS, et al. 2014. A phylogeographic break and bioacoustic intraspecific differentiation in the Buff-barred Warbler (*Phylloscopus pulcher*) (Aves: Passeriformes, Phylloscopidae). Avian Research, 5: 2.

Pasquet E, Bourdon E, Kalyakin MV, et al. 2006. The fulvettas (*Alcippe*, Timaliidae, Aves): a polyphyletic group. Zoologica Scripta, 35(6): 559-566.

Pavlova A, Zink RM, Drovetski SV, et al. 2003. Phylogeographic patterns in *Motacilla flava* and *Motacilla citreola*: species limits and population history. The Auk, 120(3): 744-758.

Payne RB. 2005. The Cuckoos. Oxford: Oxford University Press.

Penhallurick J, Robson C. 2009. The generic taxonomy of parrotbills (Aves, Timaliidae). Forktail, 25: 137-141.

Penhallurick J, Wink M. 2004. Analysis of the taxonomy and nomenclature of the Procellariiformes based on complete nucleotide sequences of the mitochondrial cytochrome *b* gene. Emu - Austral Ornithology, 104(2): 125-147.

Persons NW, Hosner PA, Meiklejohn KA, et al. 2016. Sorting out relationships among the grouse and ptarmigan using intron, mitochondrial, and ultra-conserved element sequences. Molecular Phylogenetics and Evolution, 98: 123-132.

Prum RO, Berv JS, Dornburg A, et al. 2015. A comprehensive phylogeny of birds (Aves) using targeted next-generation DNA sequencing. Nature, 526(7574): 569-573.

Rasmussen PC, Anderton JC. 2012. Birds of South Asia: The Ripley Guide. Second Edition. Barcelona: Lynx Edicions.

Reddy S. 2008. Systematics and biogeography of the shrike-babblers (*Pteruthius*): species limits, molecular phylogenetics, and diversification patterns across southern Asia. Molecular Phylogenetics and Evolution, 47(1): 54-72.

Reddy S, Moyle RG. 2011. Systematics of the scimitar babblers (Pomatorhinus: Timaliidae): phylogeny, biogeography, and species-limits of four species complexes. Biological Journal of the Linnean Society, 102(4): 846-869.

Reddy S, Sharief S, Yohe LR, et al. 2015. Untangling taxonomic confusion and diversification patterns of the Streak-breasted Scimitar Babblers (Timaliidae: *Pomatorhinus ruficollis* complex) in southern Asia. Molecular Phylogenetics and Evolution, 82: 183-192.

Rheindt FE, Eaton JA. 2009. Species limits in *Pteruthius* (Aves: Corvida) shrike-babblers: a comparison between the Biological and Phylogenetic Species Concepts. Zootaxa, 2301: 29-54.

Rheindt FE, Fujita MK, Wilton PR, et al. 2014. Introgression and phenotypic assimilation in *Zimmerius* flycatchers (Tyrannidae): population genetic and phylogenetic inferences from genome-wide SNPs. Systematic Biology, 63(2): 134-152.

Rheindt FE, Prawiradilaga DM, Ashari H, et al. 2020. A lost world in Wallacea: description of a montane archipelagic avifauna. Science, 367(6474): 167-170.

Saitoh T, Alström P, Nishiumi I, et al. 2010. Old divergences in a boreal bird supports long-term survival through the Ice Ages. BMC Evolutionary Biology, 10: 35.

Salzburger W, Martens J, Nazarenko AA, et al. 2002. Phylogeography of the Eurasian Willow Tit (*Parus montanus*) based on DNA sequences of the mitochondrial cytochrome *b* gene. Molecular Phylogenetics and Evolution, 24(1): 26-34.

Sangster G, Alström P, Forsmark E, et al. 2010. Multi-locus phylogenetic analysis of Old World chats and flycatchers reveals extensive paraphyly at family, subfamily and genus level (Aves: Muscicapidae). Molecular Phylogenetics and Evolution, 57(1): 380-392.

Sangster G, Collinson JM, Knox AG, et al. 2007. Taxonomic recommendations for British birds: fourth report. Ibis, 149(4): 853-857.

Song G, Qu YH, Yin ZH, et al. 2009. Phylogeography of the *Alcippe morrisonia* (Aves: Timaliidae): long population history beyond late Pleistocene glaciations. BMC Evolutionary Biology, 9: 143.

Song G, Zhang RY, Alström P, et al. 2018. Complete taxon sampling of the avian genus *Pica* (magpies) reveals ancient relictual populations and synchronous Late-Pleistocene demographic expansion across the Northern Hemisphere. Journal of Avian Biology, 49(2): e01612.

Stervander M, Alström P, Olsson U, et al. 2016. Multiple instances of paraphyletic species and cryptic taxa revealed by mitochondrial and nuclear RAD data for *Calandrella* larks (Aves: Alaudidae). Molecular Phylogenetics and Evolution, 102: 233-245.

Tietze DT, Martens J, Sun YH. 2006. Molecular phylogeny of treecreepers (*Certhia*) detects hidden diversity. Ibis, 148(3): 477-488.

Tietze DT, Päckert M, Martens J, et al. 2013. Complete phylogeny and historical biogeography of true rosefinches (Aves: *Carpodacus*). Zoological Journal of the Linnean Society, 169(1): 215-234.

Töpfer T, Haring E, Birkhead TR, et al. 2011. A molecular phylogeny of bullfinches *Pyrrhula* Brisson, 1760 (Aves: Fringillidae). Molecular Phylogenetics and Evolution, 58(2): 271-282.

Voelker G, Huntley JW, Peñalba JV, et al. 2016. Resolving taxonomic uncertainty and historical biogeographic patterns in *Muscicapa* flycatchers and their allies. Molecular Phylogenetics and Evolution, 94: 618-625.

Voelker G, Klicka J. 2008. Systematics of *Zoothera* thrushes, and a synthesis of true thrush molecular systematic relationships. Molecular Phylogenetics and Evolution, 49(1): 377-381.

Voelker G, Outlaw RK. 2008. Establishing a perimeter position: speciation around the Indian Ocean basin. Journal of Evolutionary Biology, 21(6): 1779-1788.

Wang N, Kimball RT, Braun EL, et al. 2013. Assessing phylogenetic relationships among galliformes: a multigene phylogeny with expanded taxon sampling in Phasianidae. PLoS ONE, 8(5): e64312.

Wang WJ, Dai CY, Alström P, et al. 2014. Past hybridization between two East Asian long-tailed tits (*Aegithalos bonvaloti* and *A. fuliginosus*). Frontiers in Zoology, 11: 40.

Wang XJ, Que PJ, Heckel G, et al. 2019. Genetic, phenotypic and ecological differentiation suggests incipient speciation in two *Charadrius* plovers along the Chinese coast. BMC Evolutionary Biology, 19(1): 135.

Wu HC, Lin RC, Hung HY, et al. 2011. Molecular and morphological evidences reveal a cryptic species in the Vinaceous Rosefinch *Carpodacus vinaceus* (Fringillidae; Aves). Zoologica Scripta, 40(5): 468-478.

Wu YC, Huang JH, Zhang M, et al. 2012. Genetic divergence and population demography of the Hainan endemic Black-throated Laughingthrush (Aves: Timaliidae, *Garrulax chinensis monachus*) and adjacent mainland subspecies. Molecular Phylogenetics and Evolution, 65(2): 482-489.

Xia CW, Liang W, Carey GJ, et al. 2016. Song characteristics of Oriental cuckoo *Cuculus optatus* and Himalayan cuckoo *Cuculus saturatus* and implications for distribution and taxonomy. Zoological Studies, 55: 38.

Yang SJ, Yin ZH, Ma XM, et al. 2006. Phylogeography of ground tit (*Pseudopodoces humilis*) based on mtDNA: evidence of past fragmentation on the Tibetan Plateau. Molecular Phylogenetics and Evolution, 41(2): 257-265.

Zhang DZ, Song G, Gao B, et al. 2017. Genomic differentiation and patterns of gene flow between two long-tailed tit species (*Aegithalos*). Molecular Ecology, 26 (23): 6654-6665.

Zhang SX, Yang L, Yang XJ, et al. 2007. Molecular phylogeny of the yuhinas (Sylviidae: *Yuhina*): a paraphyletic group of babblers including *Zosterops* and Philippine *Stachyris*. Journal of Ornithology, 148(4): 417-426.

Zhang Z, Wang XY, Huang Y, et al. 2016. Unexpected divergence and lack of divergence revealed in continental Asian *Cyornis* flycatchers (Aves: Muscicapidae). Molecular Phylogenetics and Evolution, 94: 232-241.

Zhao M, Alström P, Hu RC, et al. 2017. Phylogenetic relationships, song and distribution of the endangered Rufous-headed Robin *Larvivora ruficeps*. Ibis, 159(1): 204-216.

Zhou F, Jiang AW. 2008. A new species of Babbler (Timaliidae: *Stachyris*) from the Sino-Vietnamese border region of China. The Auk, 125(2): 420-424.

Zhou XP, Lin QX, Fang WZ, et al. 2014. The complete mitochondrial genomes of sixteen ardeid birds revealing the evolutionary process of the gene rearrangements. BMC Genomics, 15: 573.

Zhu BR, Verkuil YI, Conklin JR, et al. 2021. Discovery of a morphologically and genetically distinct population of Black-tailed Godwits in the East Asian-Australasian Flyway. Ibis, 163(2): 448-462.

Zuccon D, Ericson PGP. 2010. A multi-gene phylogeny disentangles the chat-flycatcher complex (Aves: Muscicapidae). Zoologica Scripta, 39(3): 213-224.

Zuccon D, Pasquet E, Ericson PG. 2008. Phylogenetic relationships among Palearctic-Oriental starlings and mynas (genera *Sturnus* and *Acridotheres*: Sturnidae). Zoologica Scripta, 37(5): 469-481.

Zuccon D, Prŷs-Jones R, Rasmussen PC, et al. 2012. The phylogenetic relationships and generic limits of finches (Fringillidae). Molecular Phylogenetics and Evolution, 62(2): 581-596.

四、拉丁学名索引

Amazilia 37, 38
amazilia, Amazilia 37
Amazona 105, 106
amazona, Chloroceryle 88
Amazonetta 14
amazonica, Amazona 105
amazonicus, Thamnophilus 117
amazonina, Hapalopsittaca 104
amazonum, Pyrrhura 106
ambigua, Chloris 245
ambigua, Myrmotherula 115
ambigua, Stachyridopsis 202
ambiguus, Ara 107
ambiguus, Ramphastos 91
ambiguus, Thamnophilus 117
Amblycercus 252
Amblyornis 145
Amblyospiza 233
Amblyramphus 254
amboimensis, Laniarius 163
amboinensis, Alisterus 111
amboinensis, Macropygia 18
ameliae, Macronyx 241
amelis, Aerodramus 30
americana, Aythya 14
americana, Certhia 207
americana, Chloroceryle 88
americana, Fulica 47
americana, Grus 48
americana, Mareca 15
americana, Melanitta 13
americana, Mycteria 54
americana, Recurvirostra 60
americana, Rhea 2
americana, Setophaga 255
americana, Spiza 258
americana, Sporophila 262
americanus, Coccyzus 42
americanus, Ibycter 101
americanus, Numenius 63
amethysticollis, Heliangelus 33
amethystina, Calliphlox 39
amethystina, Chalcomitra 230
amethystinus, Lampornis 38
amethystinus, Phapitreron 21
amherstiae, Chrysolophus 10
amictus, Nyctyornis 85
ammodendri, Passer 239
Ammodramus 249
Ammomanes 178
Ammomanopsis 177
Ammonastes 114
Ammoperdix 8
Ammospiza 251
amnicola, Locustella 185
amoena, Passerina 258
amoenus, Phylloscopus 195
Ampeliceps 212
ampelinus, Hypocolius 226
Ampelioides 132
Ampelion 132
Ampelornis 119

amphichroa, Newtonia 161
Amphilais 187
Amphispiza 248
amsterdamensis, Diomedea 51
amurensis, Falco 102
Amytornis 146
Anabacerthia 128
Anabathmis 229
anabatina, Dendrocincla 129
anabatinus, Thamnistes 114
Anabazenops 128
anachoreta, Henicorhina 210
anaethetus, Onychoprion 67
Anairetes 136
anais, Mino 212
anale, Edolisoma 158
analis, Catamenia 265
analis, Dendrocopos 101
analis, Formicarius 123
analis, Iridosornis 266
analogus, Microptilotis 150
Anaplectes 235
Anarhynchus 62
Anas 15
Anastomus 54
Anatidae 11
anchietae, Anthreptes 229
anchietae, Stactolaema 94
Ancistrops 128
andaecola, Ochetorhynchus 123
andamanensis, Centropus 41
andamanensis, Dicrurus 165
andamanicus, Caprimulgus 28
andecola, Orochelidon 188
andecolus, Aeronautes 30
andicola, Leptasthenura 124
andicolus, Grallaria 120
Andigena 92
andina, Gallinago 64
andina, Recurvirostra 60
andinus, Phoenicoparrus 16
andium, Anas 15
andrei, Taeniotriccus 139
andrewsi, Fregata 57
Androdon 32
andromedae, Zoothera 215
Andropadus 191
Androphobus 156
anerythra, Pitta 113
angelae, Setophaga 255
angelinae, Otus 72
angolensis, Dryoscopus 163
angolensis, Gypohierax 76
angolensis, Hirundo 188
angolensis, Mirafra 178
angolensis, Monticola 224
angolensis, Pitta 113
angolensis, Ploceus 235
angolensis, Sporophila 262
angolensis, Uraeginthus 236
anguitimens, Eurocephalus 168
angulata, Gallinula 47

angusticauda, Cisticola 181
angustifrons, Psarocolius 252
angustirostris, Lepidocolaptes 130
angustirostris, Marmaronetta 14
angustirostris, Todus 86
Anhima 11
Anhimidae 11
Anhinga 59
anhinga, Anhinga 59
Anhingidae 59
ani, Crotophaga 40
Anisognathus 266
ankoberensis, Crithagra 246
anna, Calypte 39
annae, Dicaeum 227
annae, Horornis 195
annamarulae, Melaenornis 219
annamensis, Garrulax 205
annamensis, Psilopogon 93
annamensis, Pteruthius 157
anneae, Euphonia 243
annectens, Dicrurus 165
annectens, Leioptila 207
annumbi, Anumbius 127
Anodorhynchus 106, 107
anomala, Brachycope 233
anomala, Cossypha 221
Anomalospiza 239
anomalus, Eleothreptus 26
anomalus, Zosterops 199
anonymus, Cisticola 180
Anopetia 31
Anorrhinus 84
Anous 66
anoxanthus, Loxipasser 261
anselli, Centropus 41
Anser 12
anser, Anser 12
Anseranas 11
Anseranatidae 11
Anseriformes 11
ansorgei, Eurillas 191
ansorgei, Nesocharis 237
ansorgei, Xenocopsychus 221
antarctica, Geositta 123
antarctica, Thalassoica 52
antarcticus, Anthus 241
antarcticus, Cinclodes 123
antarcticus, Lopholaimus 25
antarcticus, Pygoscelis 50
antarcticus, Rallus 45
antarcticus, Stercorarius 68
Anthipes 220
Anthobaphes 229
Anthocephala 36
Anthochaera 149
anthoides, Asthenes 125
anthonyi, Dicaeum 228
anthonyi, Nyctidromus 26
anthopeplus, Polytelis 111
anthophilus, Phaethornis 32
Anthornis 147

Anthoscopus 177
anthracinus, Buteogallus 80
Anthracoceros 84
Anthracothorax 32, 33
Anthreptes 229
Anthus 240, 241
Antigone 47, 48
antigone, Antigone 48
antillarum, Myiarchus 144
antillarum, Sternula 67
Antilophia 130, 131
antipodensis, Diomedea 51
antipodes, Megadyptes 50
antiquus, Synthliboramphus 69
antisianus, Pharomachrus 83
antisiensis, Cranioleuca 126
antoniae, Carpodectes 133
Antrostomus 27
Anumara 254
Anumbius 127
Anurophasis 8
Apalharpactes 82
Apalis 182, 183
Apaloderma 82
Apalopteron 198
Aphanotriccus 140
Aphantochroa 36
Aphelocephala 152
Aphelocoma 170
Aphrastura 124
Aphrodroma 52
apiaster, Merops 86
apiata, Mirafra 178
apicalis, Acanthiza 152
apicalis, Myiarchus 144
apicauda, Treron 22
apivorus, Pernis 76
Aplonis 212
Aplopelia 18
apoda, Paradisaea 173
Apodidae 29
apolinari, Cistothorus 209
apperti, Xanthomixis 187
approximans, Circus 79
apricaria, Pluvialis 60
Aprositornis 114
Aprosmictus 111
Aptenodytes 50
Apterygidae 3
Apteryx 3
Apus 31
apus, Apus 31
aquatica, Muscicapa 220
aquaticus, Rallus 45
Aquila 78
aquila, Eutoxeres 31
aquila, Fregata 58
aquilonius, Charadrius 60
Ara 107
arabs, Ardeotis 48
aracari, Pteroglossus 92
Arachnothera 228, 229

arada, Cyphorhinus 210
araeus, Falco 102
Aramidae 47
Aramides 45, 46
Aramidopsis 45
Aramus 47
ararauna, Ara 107
Aratinga 107
araucana, Patagioenas 19
araucuan, Ortalis 5
arausiaca, Amazona 105
arborea, Dendrocygna 11
arborea, Lullula 179
arborea, Passerella 251
Arborophila 7
arcaei, Bangsia 266
Arcanator 227
arcanus, Ptilinopus 23
archboldi, Aegotheles 28
archboldi, Eurostopodus 26
archboldi, Newtonia 161
archboldi, Petroica 175
Archboldia 145
archeri, Buteo 81
archeri, Cossypha 221
archeri, Heteromirafra 178
Archilochus 39
archipelagicus, Indicator 95
arctica, Fratercula 68
arctica, Gavia 49
arctica, Sitta 207
arcticus, Picoides 99
arctitorquis, Pachycephala 155
arctoa, Leucosticte 245
arcuata, Dendrocygna 11
arcuata, Pipreola 132
Ardea 56, 57
Ardeidae 55
Ardenna 53
ardens, Arborophila 7
ardens, Euplectes 233
ardens, Harpactes 82
ardens, Selasphorus 39
ardens, Sericulus 145
Ardeola 56
ardeola, Dromas 65
Ardeotis 48
ardesiaca, Conopophaga 120
ardesiaca, Egretta 57
ardesiaca, Fulica 47
ardesiaca, Sporophila 262
ardesiacus, Melaenornis 219
ardesiacus, Rhopornis 119
ardesiacus, Thamnomanes 115
ardosiaceus, Falco 102
Arenaria 63
arenarum, Percnostola 119
arenarum, Sublegatus 138
arequipae, Asthenes 125
arfaki, Oreocharis 154
arfaki, Oreopsittacus 109
arfakiana, Melanocharis 173

arfakianus, Aepypodius 4
arfakianus, Sericornis 151
argentatus, Ceyx 87
argentatus, Larus 67
argentauris, Leiothrix 207
argentauris, Lichmera 148
argentea, Apalis 183
argentea, Tangara 267
argenteus, Cracticus 160
argenticeps, Philemon 148
argentifrons, Scytalopus 122
argentigula, Cyanolyca 169
argentina, Columba 17
argoondah, Perdicula 8
argus, Argusianus 7
argus, Eurostopodus 26
Argusianus 7
Argya 204
argyrofenges, Tangara 267
argyrotis, Penelope 4
aricomae, Cinclodes 124
aridulus, Cisticola 181
ariel, Fregata 57
ariel, Petrochelidon 189
aristotelis, Phalacrocorax 58
Arizelocichla 190, 191
arizonae, Antrostomus 27
arizonae, Leuconotopicus 100
armandii, Phylloscopus 193
armata, Merganetta 14
armatus, Vanellus 61
armenicus, Larus 67
armenti, Molothrus 254
armillaris, Psilopogon 93
armillata, Cyanolyca 169
armillata, Fulica 47
arminjoniana, Pterodroma 52
arnaudi, Pseudonigrita 233
arnotti, Myrmecocichla 225
aromaticus, Treron 22
aroyae, Thamnophilus 116
arquata, Cichladusa 222
arquata, Erythropitta 113
arquata, Numenius 63
arquatrix, Columba 17
Arremon 249, 250
Arremonops 249
arremonops, Oreothraupis 249
Arses 167
Artamella 160
Artamidae 160
Artamus 160
Artemisiospiza 251
arthus, Tangara 268
Artisornis 184
aruensis, Meliphaga 150
arundinaceus, Acrocephalus 184
Arundinax 185
Arundinicola 142
arvensis, Alauda 179
Asarcornis 14
ascalaphus, Bubo 74

bannermani, *Ploceus* 233
bannermani, *Puffinus* 53
bannermani, *Tauraco* 49
banyumas, *Cyornis* 220
baraui, *Pterodroma* 52
barbadensis, *Amazona* 105
barbadensis, *Loxigilla* 261
barbara, *Alectoris* 8
barbarus, *Laniarius* 163
barbarus, *Megascops* 73
barbata, *Cercotrichas* 218
barbata, *Penelope* 4
barbatus, *Amytornis* 146
barbatus, *Apus* 31
barbatus, *Criniger* 192
barbatus, *Dendrortyx* 6
barbatus, *Gypaetus* 76
barbatus, *Myiobius* 133
barbatus, *Pycnonotus* 190
barbatus, *Spinus* 247
barbatus, *Symposiachrus* 167
barbirostris, *Myiarchus* 144
baritula, *Diglossa* 265
barklyi, *Coracopsis* 108
barlowi, *Calendulauda* 178
Barnardius 108
baroli, *Puffinus* 53
baroni, *Metallura* 34
barrabandi, *Pyrilia* 104
barratti, *Bradypterus* 187
barroti, *Heliothryx* 32
bartelsi, *Nisaetus* 77
bartletti, *Crypturellus* 3
Bartramia 62
bartschi, *Aerodramus* 30
Baryphthengus 87
basalis, *Chalcites* 42
basilanica, *Ficedula* 223
Basileuterus 256, 257
basilica, *Ducula* 22
basilica, *Myiothlypis* 256
basilicus, *Arremon* 249
Basilinna 38
Basilornis 212
bassanus, *Morus* 58
Batara 117
batavicus, *Touit* 104
batesi, *Apus* 31
batesi, *Caprimulgus* 28
batesi, *Cinnyris* 231
batesi, *Ploceus* 233
batesi, *Terpsiphone* 166
Bathmocercus 183
Batis 161, 162
Batrachostomus 25, 26
battyi, *Leptotila* 19
baudii, *Hydrornis* 112
baudinii, *Zanda* 103
baumanni, *Phyllastrephus* 191
bayleii, *Dendrocitta* 170
beankaensis, *Mentocrex* 44
beaudouini, *Circaetus* 77

beauharnaesii, *Pteroglossus* 92
beccarii, *Alopecoenas* 20
beccarii, *Cochoa* 218
beccarii, *Drymodes* 175
beccarii, *Otus* 73
beccarii, *Sericornis* 151
beckeri, *Phylloscartes* 137
becki, *Pseudobulweria* 54
bedfordi, *Terpsiphone* 166
beecheii, *Cyanocorax* 169
beesleyi, *Chersomanes* 177
behni, *Myrmotherula* 115
belcheri, *Larus* 67
belcheri, *Pachyptila* 52
beldingi, *Geothlypis* 255
belfordi, *Melidectes* 150
bella, *Aethopyga* 232
bella, *Goethalsia* 38
bella, *Stagonopleura* 238
belli, *Artemisiospiza* 251
belli, *Basileuterus* 257
bellicosus, *Leistes* 252
bellicosus, *Polemaetus* 77
bellii, *Vireo* 156
bellulus, *Margarornis* 127
beltoni, *Sporophila* 263
bendirei, *Toxostoma* 211
bengalensis, *Bubo* 75
bengalensis, *Centropus* 41
bengalensis, *Graminicola* 203
bengalensis, *Gyps* 76
bengalensis, *Houbaropsis* 48
bengalensis, *Thalasseus* 68
bengalus, *Uraeginthus* 236
benghalense, *Dinopium* 97
benghalensis, *Coracias* 86
benghalensis, *Ploceus* 235
benghalensis, *Rostratula* 62
benguelensis, *Certhilauda* 177
benjamini, *Urosticte* 35
bennetti, *Casuarius* 3
bennetti, *Corvus* 172
bennettii, *Aegotheles* 28
bennettii, *Campethera* 97
benschi, *Monias* 17
Berenicornis 84
bergii, *Thalasseus* 68
berigora, *Falco* 102
berlepschi, *Aglaiocercus* 33
berlepschi, *Asthenes* 125
berlepschi, *Chaetocercus* 39
berlepschi, *Cranioleuca* 127
berlepschi, *Crypturellus* 2
berlepschi, *Dacnis* 260
berlepschi, *Hylopezus* 121
berlepschi, *Parotia* 172
berlepschi, *Rhegmatorhina* 117
berlepschi, *Sipia* 119
Berlepschia 127
berliozi, *Apus* 31
Bermuteo 81
bernardi, *Thamnophilus* 116

bernicla, *Branta* 12
bernieri, *Anas* 15
bernieri, *Oriolia* 160
bernieri, *Threskiornis* 55
Bernieria 187
Bernieridae 187
bernsteini, *Centropus* 41
bernsteini, *Thalasseus* 68
bernsteinii, *Megapodius* 4
bernsteinii, *Ptilinopus* 23
berthelotii, *Anthus* 241
berthemyi, *Garrulax* 205
bertrandi, *Ploceus* 234
beryllina, *Amazilia* 37
beryllinus, *Loriculus* 110
beverlyae, *Synallaxis* 125
bewickii, *Thryomanes* 209
bewsheri, *Turdus* 217
biarcuata, *Melozone* 251
biarmicus, *Falco* 102
biarmicus, *Panurus* 180
Bias 161
Biatas 117
bicalcarata, *Galloperdix* 7
bicalcaratum, *Polyplectron* 8
bicalcaratus, *Pternistis* 8
bichenovii, *Taeniopygia* 238
bicinctus, *Charadrius* 61
bicinctus, *Hypnelus* 91
bicinctus, *Pterocles* 25
bicinctus, *Treron* 21
bicknelli, *Catharus* 216
bicolor, *Accipiter* 79
bicolor, *Baeolophus* 176
bicolor, *Conirostrum* 264
bicolor, *Coracina* 158
bicolor, *Cyanophaia* 36
bicolor, *Dendrocygna* 11
bicolor, *Dicaeum* 228
bicolor, *Ducula* 23
bicolor, *Garrulax* 205
bicolor, *Gymnopithys* 117
bicolor, *Lamprotornis* 214
bicolor, *Laniarius* 163
bicolor, *Melanospiza* 261
bicolor, *Nigrita* 237
bicolor, *Phoenicurus* 224
bicolor, *Ploceus* 235
bicolor, *Speculipastor* 214
bicolor, *Spermestes* 237
bicolor, *Tachycineta* 188
bicolor, *Trichastoma* 203
bicolor, *Turdoides* 204
bicolor, *Zapornia* 46
bicornis, *Buceros* 84
biddulphi, *Podoces* 171
bidentata, *Piranga* 259
bidentatus, *Harpagus* 78
bidentatus, *Pogonornis* 95
bieti, *Garrulax* 205
bifasciatus, *Campicoloides* 225
bifasciatus, *Cinnyris* 231

brasiliensis, Amazona 105
brasiliensis, Amazonetta 14
brassi, Philemon 148
brauni, Laniarius 163
brazzae, Phedinopsis 187
brehmeri, Turtur 21
brehmii, Psittacella 112
brehmii, Symposiachrus 167
brenchleyi, Ducula 23
bres, Alophoixus 192
bresilia, Ramphocelus 262
brevicauda, Muscigralla 143
brevicauda, Paradigalla 172
brevicaudata, Nesillas 184
brevicaudatus, Turdinus 203
brevipennis, Acrocephalus 184
brevipennis, Vireo 156
brevipes, Accipiter 78
brevipes, Monticola 224
brevipes, Psittacara 107
brevipes, Pterodroma 52
brevipes, Tringa 64
brevirostris, Aerodramus 30
brevirostris, Amazilia 37
brevirostris, Aphrodroma 52
brevirostris, Brachyramphus 69
brevirostris, Certhilauda 177
brevirostris, Crypturellus 3
brevirostris, Melithreptus 148
brevirostris, Pericrocotus 157
brevirostris, Rhynchocyclus 139
brevirostris, Rissa 66
brevirostris, Schoenicola 186
brevirostris, Smicrornis 151
brevis, Bycanistes 84
brevis, Ramphastos 91
breweri, Merops 85
breweri, Spizella 248
brewsteri, Siphonorhis 27
bridgesi, Thamnophilus 116
bridgesii, Drymornis 129
brissonii, Cyanoloxia 258
broadbenti, Dasyornis 146
brodiei, Glaucidium 71
brookii, Otus 72
Brotogeris 104
browni, Reinwardtoena 18
browni, Symposiachrus 167
browni, Thryorchilus 210
brucei, Otus 72
bruijnii, Aepypodius 4
bruijnii, Drepanornis 173
bruijnii, Grallina 167
bruijnii, Micropsitta 112
bruniceps, Emberiza 247
brunnea, Larvivora 222
brunnea, Nonnula 91
brunnea, Sinosuthora 197
brunneatus, Cyornis 220
brunneicapillus, Aplonis 212
brunneicapillus, Campylorhynchus
    209

brunneicapillus, Ornithion 135
brunneicauda, Alcippe 202
brunneicauda, Newtonia 161
brunneiceps, Hylophilus 157
brunneiceps, Myrmelastes 119
brunneiceps, Phapitreron 21
brunneiceps, Yuhina 198
brunneinucha, Arremon 249
brunneipectus, Capito 92
brunneirostris, Gymnomyza 150
brunneiventris, Diglossa 266
brunneopectus, Arborophila 7
brunneopygia, Drymodes 175
brunnescens, Cisticola 181
brunnescens, Horornis 195
brunnescens, Premnoplex 127
brunneus, Bradypterus 187
brunneus, Melaenornis 219
brunneus, Pycnonotus 190
brunneus, Pyrrholaemus 151
brunneus, Schoeniparus 202
brunneus, Zosterops 199
brunnicephalus, Chroicocephalus 66
brunniceps, Myioborus 257
brunnifrons, Cettia 195
bryani, Puffinus 53
bryantae, Calliphlox 39
Bubalornis 232
Bubo 74, 75
bubo, Bubo 74
Bubulcus 56
Bucanetes 244
Buccanodon 94
buccinator, Cygnus 12
Bucco 90
buccoides, Ailuroedus 145
Bucconidae 90
Bucephala 13
bucephalus, Lanius 168
buceroides, Philemon 148
Buceros 84
Bucerotidae 83
Bucerotiformes 83
buchanani, Crithagra 245
buchanani, Emberiza 247
buchanani, Prinia 182
bucinator, Bycanistes 84
buckleyi, Columbina 20
buckleyi, Laniisoma 134
buckleyi, Micrastur 101
Bucorvus 83
budongoensis, Phylloscopus 194
budytoides, Stigmatura 136
buergersi, Erythrotriorchis 78
Buettikoferella 186
buettikoferi, Cinnyris 231
buettikoferi, Trichastoma 203
buffoni, Circus 79
buffonii, Chalybura 37
bugunorum, Liocichla 206
bukidnonensis, Scolopax 64
bulleri, Ardenna 53

bulleri, Chroicocephalus 66
bulleri, Thalassarche 51
bulliens, Cisticola 180
bullockiorum, Icterus 253
bullockoides, Merops 85
bulocki, Merops 85
bulweri, Lophura 10
Bulweria 54
bulwerii, Bulweria 54
Buphagidae 211
Buphagus 211
burchelli, Pterocles 25
burchellii, Centropus 41
burhani, Ninox 70
Burhinidae 59
Burhinus 59
burkii, Phylloscopus 194
burmannicus, Acridotheres 213
burmeisteri, Chunga 101
burmeisteri, Microstilbon 39
burmeisteri, Phyllomyias 134
burnesii, Laticilla 202
burnieri, Ploceus 234
burra, Calendulauda 178
burrovianus, Cathartes 75
burtoni, Callacanthis 244
burtoni, Crithagra 246
buruensis, Ficedula 224
buruensis, Zosterops 199
buryi, Curruca 197
Busarellus 80
Butastur 80
Buteo 81, 82
buteo, Buteo 81
Buteogallus 80, 81
Buthraupis 266
butleri, Accipiter 78
butleri, Strix 74
Butorides 56
Bycanistes 84
cabanisi, Emberiza 248
cabanisi, Knipolegus 141
cabanisi, Lanius 168
cabanisi, Melozone 251
cabanisi, Microspingus 264
cabanisi, Phyllastrephus 191
cabanisi, Pseudonigrita 233
cabanisi, Synallaxis 126
cabanisi, Tangara 267
cabaret, Acanthis 246
caboti, Tragopan 10
Cacatua 103
Cacatuidae 103
cachinnans, Herpetotheres 101
cachinnans, Larus 67
Cacicus 252
Cacomantis 42, 43
cactorum, Eupsittula 107
cactorum, Melanerpes 99
cactorum, Pseudasthenes 125
caerulatus, Cyornis 220
caerulatus, Garrulax 205

caerulea, Coua   40
caerulea, Egretta   57
caerulea, Halobaena   52
caerulea, Passerina   258
caerulea, Polioptila   208
caerulea, Urocissa   170
caeruleirostris, Loxops   243
caeruleitorques, Erythropitta   113
caeruleogrisea, Coracina   158
caeruleogularis, Aulacorhynchus   91
caerulescens, Anser   12
caerulescens, Dicrurus   165
caerulescens, Diglossa   265
caerulescens, Estrilda   236
caerulescens, Eupodotis   48
caerulescens, Geranospiza   80
caerulescens, Melanotis   211
caerulescens, Microhierax   101
caerulescens, Muscicapa   220
caerulescens, Porphyrospiza   260
caerulescens, Ptilorrhoa   154
caerulescens, Rallus   45
caerulescens, Setophaga   256
caerulescens, Sporophila   262
caerulescens, Thamnophilus   117
caerulescens, Theristicus   55
caeruleus, Cyanerpes   260
caeruleus, Cyanistes   176
caeruleus, Cyanocorax   169
caeruleus, Elanus   75
caeruleus, Hydrornis   112
caeruleus, Myophonus   223
caesar, Poospizopsis   264
caesia, Emberiza   247
caesius, Ceblepyris   158
caesius, Thamnomanes   115
cafer, Promerops   227
cafer, Pycnonotus   190
caffer, Acrocephalus   184
caffer, Anthus   240
caffer, Apus   31
caffra, Cossypha   221
cahow, Pterodroma   52
caica, Pyrilia   104
cailliautii, Campethera   97
Cairina   13
cajaneus, Aramides   45
cajeli, Ceyx   87
Calamanthus   151
Calamonastes   183
Calamonastides   185
Calamospiza   248
calandra, Emberiza   247
calandra, Melanocorypha   179
Calandrella   179
calayanensis, Gallirallus   45
Calcariidae   247
Calcarius   247
calciatilis, Phylloscopus   194
calcostetha, Leptocoma   230
caledonica, Coracina   158
caledonica, Myiagra   168

caledonica, Myzomela   147
caledonica, Pachycephala   155
caledonicus, Nycticorax   56
caledonicus, Platycercus   108
calendula, Regulus   226
Calendulauda   178
Calicalicus   160
Calidris   63
Caliechthrus   43
californianus, Geococcyx   40
californianus, Gymnogyps   75
californica, Aphelocoma   170
californica, Callipepla   6
californica, Polioptila   208
californicum, Glaucidium   71
californicus, Larus   67
caligata, Iduna   185
caligatus, Trogon   83
Caligavis   149
Callacanthis   244
Callaeas   173
Callaeidae   173
calligyna, Heinrichia   222
callinota, Euchrepomis   114
Calliope   222
calliope, Calliope   222
calliope, Selasphorus   39
calliparaea, Chlorochrysa   266
Callipepla   6
Calliphlox   39
calliptera, Pyrrhura   106
callizonus, Xenotriccus   140
Callocephalon   103
Callonetta   13
callonotus, Veniliornis   100
callophrys, Chlorophonia   242
callophrys, Tangara   268
callopterus, Piculus   98
Calochaetes   266
Caloenas   21
calolaemus, Lampornis   38
Calonectris   53
Caloperdix   7
calophrys, Hemispingus   264
calopterus, Aramides   46
calopterus, Mecocerculus   136
calopterus, Poecilotriccus   139
Caloramphus   93
Calothorax   39
calthrapae, Psittacula   112
calurus, Criniger   192
calvus, Garrulax   206
calvus, Geronticus   55
calvus, Gymnobucco   94
calvus, Sarcogyps   76
calvus, Sarcops   212
calvus, Treron   22
calyorhynchus, Rhamphococcyx   41
Calypte   39
Calyptocichla   191
Calyptomena   114
Calyptomenidae   114

Calyptophilidae   258
Calyptophilus   258
Calyptorhynchus   103
Calyptura   140
Camarhynchus   261
camaronensis, Geokichla   215
Camaroptera   183
cambodiana, Arborophila   7
camelus, Struthio   2
camerunensis, Pternistis   9
camerunensis, Vidua   239
camiguinensis, Loriculus   110
campanisona, Chamaeza   123
campanisona, Myrmothera   121
campbelli, Arborophila   7
campbelli, Chenorhamphus   145
campbelli, Phalacrocorax   58
Campephaga   158
Campephagidae   157
Campephilus   96
campestris, Anthus   241
campestris, Calamanthus   151
campestris, Colaptes   98
campestris, Euneornis   261
campestris, Uropelia   20
Campethera   97
Campicoloides   225
Campochaera   158
Camptostoma   135
Campylopterus   36
Campylorhamphus   130
Campylorhynchus   208, 209
camurus, Lophoceros   84
cana, Tadorna   13
canadensis, Antigone   47
canadensis, Branta   12
canadensis, Cardellina   257
canadensis, Caryothraustes   259
canadensis, Falcipennis   11
canadensis, Perisoreus   169
canadensis, Sakesphorus   117
canadensis, Sitta   208
canagicus, Anser   12
canaria, Serinus   246
canariensis, Phylloscopus   193
cancrominus, Platyrinchus   140
candei, Manacus   131
candei, Synallaxis   125
candicans, Eleothreptus   26
candida, Amazilia   37
candidus, Melanerpes   99
canente, Hemicircus   96
canescens, Eremomela   184
canicapilla, Crithagra   245
canicapillus, Bleda   192
canicapillus, Nigrita   237
canicapillus, Picoides   99
caniceps, Geotrygon   19
caniceps, Lonchura   238
caniceps, Myiopagis   135
caniceps, Prionops   161
caniceps, Psittacula   112

canicollis, Ortalis 5
canicollis, Serinus 246
canicularis, Eupsittula 107
canifrons, Alopecoenas 20
canifrons, Spizixos 189
canigenis, Atlapetes 250
canigularis, Chlorospingus 249
Canirallus 44
canivetii, Chlorostilbon 36
cannabina, Linaria 246
canningi, Rallina 44
canora, Phonipara 261
canorus, Cuculus 43
canorus, Garrulax 204
canorus, Melierax 78
cantans, Cisticola 180
cantans, Euodice 237
cantans, Telespiza 243
cantator, Hypocnemis 118
cantator, Phylloscopus 194
cantillans, Curruca 196
cantillans, Mirafra 178
cantonensis, Pericrocotus 158
Cantorchilus 209, 210
cantoroides, Aplonis 212
canturians, Horornis 195
canus, Agapornis 110
canus, Larus 67
canus, Picus 97
canus, Scytalopus 122
canutus, Calidris 63
capellei, Treron 22
capense, Daption 52
capense, Glaucidium 71
capensis, Anas 15
capensis, Asio 73
capensis, Batis 161
capensis, Bubo 75
capensis, Bucco 90
capensis, Burhinus 59
capensis, Corvus 171
capensis, Emberiza 248
capensis, Euplectes 233
capensis, Macronyx 241
capensis, Microparra 62
capensis, Morus 58
capensis, Motacilla 242
capensis, Oena 21
capensis, Pelargopsis 88
capensis, Phalacrocorax 59
capensis, Ploceus 234
capensis, Pternistis 8
capensis, Pycnonotus 190
capensis, Smithornis 114
capensis, Tyto 69
capensis, Zonotrichia 251
capicola, Streptopelia 18
capillatus, Phalacrocorax 59
capistrata, Crithagra 245
capistrata, Heterophasia 207
capistrata, Nesocharis 237
capistratum, Pellorneum 204

capistratus, Campylorhynchus 209
capistratus, Muscisaxicola 142
capistratus, Trichoglossus 110
capitalis, Aphanotriccus 140
capitalis, Grallaria 120
capitalis, Pezopetes 250
capitalis, Poecilotriccus 139
capitalis, Sterrhoptilus 198
capitata, Paroaria 267
Capito 92
capito, Tregellasia 174
Capitonidae 92
capnodes, Otus 72
caprata, Saxicola 225
Caprimulgidae 26
Caprimulgiformes 25
Caprimulgus 27, 28
caprius, Chrysococcyx 42
Capsiempis 136
capueira, Odontophorus 6
caracae, Scytalopus 122
Caracara 101
carbo, Cepphus 69
carbo, Phalacrocorax 59
carbo, Ramphocelus 262
carbonaria, Cercomacra 118
carbonaria, Corydospiza 260
carbonaria, Diglossa 266
Cardellina 257
Cardinalidae 258
Cardinalis 259
cardinalis, Cardinalis 259
cardinalis, Chalcopsitta 109
cardinalis, Myzomela 147
cardinalis, Quelea 233
cardis, Turdus 217
cardonai, Myioborus 257
Carduelis 246
carduelis, Carduelis 246
Cariama 101
Cariamidae 101
Cariamiformes 101
caribaea, Patagioenas 19
caribaeus, Contopus 140
caribaeus, Vireo 156
Caridonax 88
carinatum, Electron 87
caripensis, Steatornis 25
carmioli, Habia 258
carmioli, Vireo 156
carneipes, Ardenna 53
carnifex, Phoenicircus 132
carnipes, Mycerobas 243
carola, Ducula 22
carolae, Melipotes 149
carolae, Parotia 172
caroli, Anthoscopus 177
caroli, Campethera 97
caroli, Polyonymus 34
carolina, Porzana 46
carolinae, Horornis 195
carolinae, Tanysiptera 89

carolinensis, Antrostomus 27
carolinensis, Dumetella 211
carolinensis, Poecile 176
carolinensis, Sitta 208
carolinus, Euphagus 254
carolinus, Melanerpes 99
carpalis, Bradypterus 187
carpalis, Peucaea 249
carpi, Melaniparus 177
Carpococcyx 40
Carpodacus 243, 244
Carpodectes 133
Carpornis 132
Carpospiza 240
carrikeri, Grallaria 120
carrikeri, Zentrygon 19
carrizalensis, Amaurospiza 258
carruthersi, Cisticola 181
carteri, Poodytes 186
carteri, Thalassarche 51
Carterornis 167
carunculata, Anthochaera 149
carunculata, Bostrychia 55
carunculata, Grus 48
carunculata, Paradigalla 172
carunculatus, Foulehaio 149
carunculatus, Phalacrocorax 58
carunculatus, Phalcoboenus 101
carunculatus, Philesturnus 173
caryocatactes, Nucifraga 171
Caryothraustes 259
cashmirensis, Sitta 207
Casiornis 144
casiquiare, Crypturellus 3
caspia, Hydroprogne 67
caspius, Tetraogallus 8
Cassiculus 252
cassicus, Cracticus 160
cassidix, Rhyticeros 84
cassini, Malimbus 235
cassini, Muscicapa 220
cassini, Neafrapus 29
cassini, Psarocolius 252
cassini, Veniliornis 100
cassinii, Haemorhous 245
cassinii, Leptotila 19
cassinii, Mitrospingus 258
cassinii, Peucaea 249
cassinii, Vireo 156
castanea, Alethe 218
castanea, Anas 15
castanea, Dyaphorophyia 162
castanea, Hapaloptila 91
castanea, Locustella 186
castanea, Philepitta 113
castanea, Sciaphylax 118
castanea, Setophaga 255
castanea, Sitta 207
castanea, Synallaxis 125
castaneceps, Schoeniparus 202
castaneiceps, Arremon 249
castaneiceps, Conopophaga 120

chalcoptera, Phaps   21
chalcopterus, Pionus   105
chalcopterus, Rhinoptilus   65
chalcospilos, Turtur   21
Chalcostigma   34
chalcothorax, Galbula   90
chalcurum, Polyplectron   8
chalcurus, Lamprotornis   213
chalcurus, Ptilinopus   24
chalybaeus, Lamprotornis   213
chalybatus, Manucodia   172
chalybea, Dyaphorophyia   162
chalybea, Euphonia   242
chalybea, Progne   188
chalybeata, Vidua   239
chalybeus, Centropus   40
chalybeus, Cinnyris   230
chalybeus, Lophornis   33
Chalybura   37
Chamaea   197
Chamaepetes   4
Chamaetylas   221
Chamaeza   123
chapini, Apalis   183
chapini, Kupeornis   204
chaplini, Lybius   94
chapmani, Chaetura   29
chapmani, Pogonotriccus   137
Charadriidae   60
Charadriiformes   59
Charadrius   60, 61
chariessa, Apalis   183
Charitospiza   259
charlottae, Iole   192
charltonii, Tropicoperdix   7
Charmosyna   109
charmosyna, Estrilda   236
Chasiempis   166
Chatarrhaea   204
chathamensis, Haematopus   60
chathamensis, Hemiphaga   24
Chauna   11
chavaria, Chauna   11
cheela, Spilornis   77
cheimomnestes, Hydrobates   51
cheleensis, Alaudala   179
Chelictinia   76
chelicuti, Halcyon   88
Chelidoptera   91
Chelidorhynx   175
chengi, Locustella   186
cheniana, Mirafra   178
Chenonetta   13
Chenorhamphus   145
Cheramoeca   187
cherina, Cisticola   181
cheriway, Caracara   101
chermesina, Myzomela   147
cherriei, Cypseloides   29
cherriei, Myrmotherula   115
cherriei, Synallaxis   126
cherriei, Thripophaga   126

cherrug, Falco   102
Chersomanes   177
chersonesus, Psilopogon   93
Chersophilus   179
chiapensis, Campylorhynchus   208
chicomendesi, Zimmerius   137
chicquera, Falco   102
chiguanco, Turdus   217
chihi, Plegadis   55
chilensis, Accipiter   79
chilensis, Catharacta   68
chilensis, Phoenicopterus   16
chilensis, Tangara   268
chilensis, Vanellus   62
chimachima, Milvago   101
chimaera, Uratelornis   86
chimango, Phalcoboenus   101
chimborazo, Oreotrochilus   34
chinensis, Cissa   170
chinensis, Garrulax   205
chinensis, Oriolus   153
chinensis, Riparia   188
chinensis, Spilopelia   18
chinensis, Synoicus   8
chiniana, Cisticola   181
Chionididae   59
Chionis   59
chionogaster, Accipiter   79
chionogaster, Amazilia   37
chionura, Elvira   37
chionurus, Trogon   83
chirindensis, Apalis   183
chiriquensis, Elaenia   135
chiriquensis, Geothlypis   255
chiriquensis, Zentrygon   19
chiriri, Brotogeris   104
Chiroxiphia   131
chirurgus, Hydrophasianus   62
chivi, Vireo   157
Chlamydera   145
Chlamydochaera   218
Chlamydotis   48
Chleuasicus   197
Chlidonias   68
Chloebia   239
Chloephaga   13
Chlorestes   36
chloricterus, Orthogonys   258
chlorigula, Arizelocichla   191
Chloris   245
chloris, Acanthisitta   112
chloris, Chloris   245
chloris, Hemimacronyx   241
chloris, Nicator   180
chloris, Piprites   134
chloris, Todiramphus   89
chloris, Zosterops   199
chlorocephalus, Oriolus   153
chlorocercus, Leucippus   37
chlorocercus, Lorius   109
Chloroceryle   88
Chlorocharis   199

Chlorochrysa   266
Chlorocichla   191
Chlorodrepanis   243
chlorolepidota, Pipreola   132
chlorolepidotus, Trichoglossus   110
chlorolophus, Picus   97
chloromeros, Ceratopipra   131
chloronota, Camaroptera   183
chloronota, Gerygone   152
chloronothos, Zosterops   201
chloronotus, Arremonops   249
chloronotus, Criniger   192
chloronotus, Orthotomus   183
chloronotus, Phylloscopus   193
chloropetoides, Thamnornis   187
chlorophaea, Rhinortha   41
Chlorophanes   260
Chlorophoneus   162, 163
Chlorophonia   242
chlorophrys, Myiothlypis   256
Chloropicus   99
Chloropipo   130
Chloropseidae   227
Chloropsis   227
chloropsis, Melithreptus   149
chloroptera, Myzomela   147
chloropterus, Alisterus   111
chloropterus, Ara   107
chloropterus, Lamprotornis   213
chloropterus, Psittacara   108
chloropterus, Treron   22
chloropus, Gallinula   47
chloropus, Tropicoperdix   7
chloropygius, Cinnyris   230
chlororhynchos, Centropus   40
chlororhynchos, Thalassarche   51
Chlorornis   266
Chlorospingus   249
chlorostilbon, Euphonia   242
chlorotis, Anas   15
chlorurus, Pipilo   250
chocoensis, Scytalopus   122
chocoensis, Veniliornis   100
chocolatinus, Melaenornis   219
chocolatinus, Spelaeornis   201
choliba, Megascops   73
choloensis, Chamaetylas   221
Cholornis   197
Chondestes   248
Chondrohierax   76
chopi, Gnorimopsar   254
Chordeiles   26
christinae, Aethopyga   232
Chroicocephalus   66
chrysaetos, Aquila   78
chrysaeum, Cyanoderma   202
chrysaeus, Tarsiger   223
chrysater, Icterus   253
chrysauchen, Melanerpes   99
chrysia, Geotrygon   19
chrysocephalum, Neopelma   130

crassirostris, Ailuroedus 145
crassirostris, Arachnothera 228
crassirostris, Arremon 249
crassirostris, Chalcites 42
crassirostris, Corvus 172
crassirostris, Cuculus 43
crassirostris, Curruca 196
crassirostris, Forpus 106
crassirostris, Geositta 123
crassirostris, Heleia 198
crassirostris, Hypsipetes 192
crassirostris, Larus 67
crassirostris, Oriolus 154
crassirostris, Pachyptila 52
crassirostris, Platyspiza 261
crassirostris, Reinwardtoena 18
crassirostris, Rhamphocharis 173
crassirostris, Spinus 247
crassirostris, Sporophila 262
crassirostris, Tyrannus 143
crassirostris, Vanellus 61
crassirostris, Vireo 156
crassus, Atlapetes 250
crassus, Poicephalus 104
crassus, Turdinus 203
Crateroscelis 151
cratitius, Lichenostomus 149
craveri, Synthliboramphus 69
Crax 5
Creagrus 66
Creatophora 213
creatopus, Ardenna 53
crecca, Anas 15
crenatus, Anthus 241
crepitans, Psophia 47
crepitans, Rallus 45
Creurgops 261
Crex 45
crex, Crex 45
Crinifer 49
Criniferoides 49
crinifrons, Aegotheles 28
Criniger 192
criniger, Setornis 192
criniger, Tricholestes 192
crinigera, Gallicolumba 20
crinigera, Prinia 181
crinitus, Myiarchus 144
crispifrons, Turdinus 202
crispus, Pelecanus 57
crissale, Toxostoma 211
crissalis, Leiothlypis 255
crissalis, Melozone 251
cristata, Calyptura 140
cristata, Cariama 101
cristata, Corythaeola 49
cristata, Coua 40
cristata, Cyanocitta 169
cristata, Elaenia 135
cristata, Fulica 47
cristata, Galerida 179
cristata, Goura 21

cristata, Gubernatrix 267
cristata, Habia 258
cristata, Lophostrix 74
cristata, Lophotibis 55
cristata, Pseudoseisura 127
cristata, Rhegmatorhina 117
cristatella, Aethia 69
cristatellus, Acridotheres 213
cristatellus, Cyanocorax 169
cristatus, Aegotheles 28
cristatus, Colinus 6
cristatus, Corythornis 87
cristatus, Furnarius 124
cristatus, Lanius 168
cristatus, Lophophanes 176
cristatus, Ornorectes 154
cristatus, Orthorhyncus 36
cristatus, Oxyruncus 133
cristatus, Pavo 7
cristatus, Podiceps 16
cristatus, Psophodes 156
cristatus, Sakesphorus 117
cristatus, Tachyphonus 261
Crithagra 245, 246
crocea, Epthianura 149
croceus, Macronyx 241
croconotus, Icterus 253
crossleyi, Atelornis 86
crossleyi, Geokichla 215
crossleyi, Mystacornis 161
Crossleyia 187
Crossoptilon 10
crossoptilon, Crossoptilon 10
Crotophaga 40
crudigularis, Arborophila 7
cruentata, Myzomela 146
cruentata, Pyrrhura 106
cruentatum, Dicaeum 228
cruentatus, Melanerpes 99
cruentus, Ithaginis 10
cruentus, Malaconotus 162
cruentus, Oriolus 154
cruentus, Rhodophoneus 163
cruentus, Rhodospingus 262
crumenifer, Leptoptilos 54
cruralis, Cincloramphus 186
cruziana, Columbina 20
Crypsirina 170
crypta, Batis 161
crypta, Ficedula 224
Cryptillas 180
cryptoleuca, Peneothello 174
cryptoleuca, Progne 188
Cryptoleucopteryx 80
cryptoleucus, Corvus 172
cryptoleucus, Thamnophilus 116
cryptolophus, Snowornis 133
Cryptolybia 94
Cryptomicroeca 174
Cryptophaps 24
Cryptopipo 131
Cryptospiza 236

Cryptosylvicola 187
cryptoxanthus, Myiophobus 138
cryptoxanthus, Poicephalus 104
Crypturellus 2, 3
cryptus, Cypseloides 29
cubanensis, Antrostomus 27
cubensis, Tyrannus 143
cubla, Dryoscopus 163
Cuculidae 40
Cuculiformes 40
cucullata, Andigena 92
cucullata, Carpornis 132
cucullata, Cecropis 189
cucullata, Crypsirina 170
cucullata, Cyanolyca 169
cucullata, Grallaricula 121
cucullata, Melanodryas 174
cucullata, Spermestes 237
cucullata, Tangara 268
cucullatus, Ceblepyris 158
cucullatus, Coryphospingus 262
cucullatus, Icterus 253
cucullatus, Lophodytes 13
cucullatus, Phyllergates 195
cucullatus, Ploceus 234
cucullatus, Spinus 247
cucullatus, Thinornis 61
cuculoides, Aviceda 76
cuculoides, Glaucidium 71
Cuculus 43
cujubi, Pipile 5
Culicicapa 175
Culicivora 138
culicivorus, Basileuterus 257
cumanensis, Grallaricula 121
cumanensis, Pipile 4
cumatilis, Cyanoptila 221
cumingi, Lepidogrammus 41
cumingii, Megapodius 4
cuneata, Geopelia 21
cunicularia, Athene 71
cunicularia, Geositta 123
cupido, Tympanuchus 11
cupreicaudus, Centropus 41
cupreiceps, Elvira 37
cupreocauda, Hylopsar 213
cupreoventris, Eriocnemis 34
cupreus, Chrysococcyx 42
cupreus, Cinnyris 231
cupripennis, Aglaeactis 35
Curaeus 254
curaeus, Curaeus 254
Curruca 196, 197
curruca, Curruca 196
currucoides, Sialia 216
cursor, Coua 40
cursor, Cursorius 65
Cursorius 65
curtata, Cranioleuca 126
curucui, Trogon 83
curvipennis, Campylopterus 36
curvirostra, Loxia 246

decurtatus, Hylophilus 157
decussata, Systellura 26
dedemi, Rhipidura 164
defilippiana, Pterodroma 52
defilippii, Leistes 252
deglandi, Melanitta 13
deiroleucus, Falco 102
delalandi, Corythopis 136
delatrii, Tachyphonus 262
delattrei, Lophornis 33
delawarensis, Larus 67
delegorguei, Columba 18
delegorguei, Coturnix 8
Deleornis 229
delesserti, Garrulax 205
delicata, Gallinago 64
delicata, Setophaga 256
Delichon 189
deliciosus, Machaeropterus 131
delphinae, Colibri 32
Deltarhynchus 144
demersus, Spheniscus 50
demissa, Cranioleuca 126
Dendragapus 11
Dendrexetastes 129
Dendrocincla 129
Dendrocitta 170
Dendrocolaptes 129
dendrocolaptoides, Clibanornis 127
Dendrocopos 100, 101
Dendrocygna 11
Dendronanthus 240
Dendroperdix 9
Dendropicos 99, 100
Dendroplex 129, 130
Dendrortyx 6
denhami, Neotis 48
deningeri, Lichmera 148
dennistouni, Sterrhoptilus 198
densus, Dicrurus 165
dentata, Gymnoris 240
dentatus, Creurgops 261
denti, Sylvietta 180
dentirostris, Scenopoeetes 145
derbiana, Psittacula 112
derbianus, Aulacorhynchus 91
derbianus, Oreophasis 5
derbianus, Orthotomus 183
derbyi, Eriocnemis 34
deroepstorffi, Tyto 69
Deroptyus 106
deserta, Pterodroma 52
deserti, Ammomanes 178
deserti, Curruca 196
deserti, Oenanthe 225
deserticola, Curruca 196
desgodinsi, Heterophasia 207
desmaresti, Tangara 268
desmarestii, Psittaculirostris 110
desmurii, Sylviorthorhynchus 124
desolata, Pachyptila 52
deva, Galerida 179

devillei, Drymophila 118
devillei, Pyrrhura 106
Devioeca 174
dextralis, Psophia 47
diabolicus, Eurostopodus 26
diadema, Amazona 105
diadema, Catamblyrhynchus 259
diadema, Charmosyna 109
diadema, Silvicultrix 142
diademata, Alethe 218
diademata, Tricholaema 94
diademata, Yuhina 198
diadematus, Euplectes 233
diadematus, Stephanophorus 267
dialeucos, Odontophorus 6
diamantinensis, Scytalopus 123
diana, Myiomela 222
diardi, Lophura 10
diardi, Phaenicophaeus 41
diardii, Harpactes 82
Dicaeidae 227
Dicaeum 227, 228
dichroa, Aplonis 212
dichroa, Cossypha 221
dichrocephalus, Ploceus 234
dichrous, Lophophanes 176
dichrous, Pitohui 153
Dichrozona 115
dickeyi, Cyanocorax 169
dickinsoni, Falco 102
dicolorus, Ramphastos 91
Dicruridae 165
dicruroides, Surniculus 43
Dicrurus 165
Didunculus 21
diemenensis, Philemon 148
difficilis, Empidonax 141
difficilis, Geospiza 261
difficilis, Phylloscartes 137
diffusus, Passer 240
Diglossa 265, 266
dignissima, Grallaria 120
dignus, Veniliornis 100
dilectissimus, Touit 104
diluta, Rhipidura 164
diluta, Riparia 188
dilutior, Arachnothera 229
dimidiata, Hirundo 189
dimidiata, Pomarea 166
dimidiata, Syndactyla 128
dimidiatus, Ramphocelus 262
dimorpha, Egretta 57
dimorpha, Uroglaux 70
dinelliana, Pseudocolopteryx 136
dinemelli, Dinemellia 232
Dinemellia 232
Dinopium 96, 97
diodon, Harpagus 78
Diomedea 51
diomedea, Calonectris 53
Diomedeidae 51
diophthalma, Cyclopsitta 110

diops, Batis 161
diops, Hemitriccus 138
diops, Todiramphus 89
Diopsittaca 107
diphone, Horornis 195
discolor, Certhia 207
discolor, Lathamus 108
discolor, Leptosomus 82
discolor, Setophaga 256
discors, Spatula 14
Discosura 33
discurus, Prioniturus 111
disjuncta, Aprositornis 114
dispar, Ceyx 87
dispar, Edolisoma 159
dispar, Rubigula 190
disposita, Ficedula 224
dissimilis, Psephotellus 108
dissimilis, Turdus 217
dissita, Cranioleuca 126
Diuca 267
diuca, Diuca 267
divaricatus, Pericrocotus 158
diversa, Arborophila 7
Dives 254
dives, Dives 254
dives, Hylopezus 121
divisorius, Thamnophilus 117
dixoni, Zoothera 215
djampeanus, Cyornis 220
dobsoni, Coracina 158
dohertyi, Edolisoma 159
dohertyi, Erythropitta 113
dohertyi, Geokichla 215
dohertyi, Heleia 198
dohertyi, Ptilinopus 24
dohertyi, Telophorus 163
dohrni, Sylvia 196
dohrnii, Glaucis 31
dolei, Palmeria 243
doliatus, Thamnophilus 116
Dolichonyx 252
Doliornis 132
domesticus, Passer 239
domicella, Lorius 109
dominica, Pluvialis 60
dominica, Setophaga 256
dominicana, Paroaria 267
dominicanus, Larus 67
dominicanus, Xolmis 142
dominicensis, Icterus 253
dominicensis, Progne 188
dominicensis, Spindalis 257
dominicensis, Spinus 247
dominicensis, Tyrannus 143
dominicus, Anthracothorax 33
dominicus, Dulus 226
dominicus, Nomonyx 12
dominicus, Tachybaptus 15
Donacobiidae 187
Donacobius 187
Donacospiza 264

donaldsoni, Caprimulgus 28
donaldsoni, Crithagra 245
donaldsoni, Plocepasser 233
dorae, Dendropicos 100
dorbignyanus, Picumnus 96
dorbignyi, Asthenes 125
doriae, Megatriorchis 78
Doricha 39
dorotheae, Amytornis 146
dorsale, Ramphomicron 34
dorsalis, Anabazenops 128
dorsalis, Ephippiospingus 265
dorsalis, Gerygone 152
dorsalis, Lanius 169
dorsalis, Mimus 211
dorsalis, Phacellodomus 127
dorsalis, Picoides 99
dorsimaculatus, Herpsilochmus 116
dorsomaculatus, Ploceus 235
dorsostriata, Crithagra 245
Doryfera 32
doubledayi, Cynanthus 36
dougallii, Sterna 68
douglasii, Callipepla 6
dowii, Tangara 268
Drepanis 243
Drepanoptila 23
Drepanorhynchus 230
Drepanornis 173
Dreptes 229
Dromadidae 65
Dromaius 3
Dromas 65
Dromococcyx 40
drownei, Rhipidura 164
dryas, Catharus 216
dryas, Rhipidura 165
Drymocichla 182
Drymodes 175
Drymophila 118
Drymornis 129
Drymotoxeres 130
Dryobates 100
Dryocopus 98
Dryolimnas 45
Dryoscopus 163
Dryotriorchis 77
dubia, Oenanthe 226
dubium, Scissirostrum 212
dubius, Carpodacus 244
dubius, Charadrius 60
dubius, Ixobrychus 56
dubius, Leptoptilos 54
dubius, Pogonornis 95
dubius, Schoeniparus 202
Dubusia 266
duchaillui, Buccanodon 94
ducorpsii, Cacatua 103
Ducula 22, 23
dufresniana, Amazona 105
dugandi, Herpsilochmus 116
duidae, Campylopterus 36

duidae, Crypturellus 2
duidae, Diglossa 266
duidae, Emberizoides 259
duidae, Lepidocolaptes 130
duivenbodei, Chalcopsitta 109
dukhunensis, Calandrella 179
Dulidae 226
dulitensis, Rhizothera 7
Dulus 226
dumasi, Geokichla 214
dumetaria, Upucerthia 123
Dumetella 211
Dumetia 202
dumetoria, Ficedula 223
dumetorum, Acrocephalus 185
dumicola, Polioptila 208
dumontii, Mino 212
dunni, Eremalauda 179
dupetithouarsii, Ptilinopus 24
duponti, Chersophilus 179
dupontii, Tilmatura 39
dussumieri, Cinnyris 231
duvaucelii, Harpactes 82
duvaucelii, Psilopogon 93
duvaucelii, Vanellus 61
duyvenbodei, Aethopyga 231
Dyaphorophyia 162
dybowskii, Euschistospiza 236
Dysithamnus 116
earlei, Argya 204
eatoni, Anas 15
eburnea, Pagophila 66
ecaudatus, Myiornis 139
ecaudatus, Terathopius 77
Eclectus 111
edithae, Corvus 172
edolioides, Melaenornis 219
Edolisoma 158, 159
edouardi, Guttera 6
eduardi, Tylas 161
edward, Amazilia 38
edwardsi, Bangsia 266
edwardsi, Lophura 10
edwardsii, Calonectris 53
edwardsii, Carpodacus 244
edwardsii, Psittaculirostris 110
egertoni, Actinodura 206
egregia, Chaetura 29
egregia, Crex 45
egregia, Dacnis 260
egregia, Pyrrhura 106
Egretta 57
eichhorni, Myzomela 147
eichhorni, Philemon 148
eisenmanni, Pheugopedius 209
eisentrauti, Melignomon 95
ekmani, Antrostomus 27
Elachura 227
Elachuridae 227
elachus, Dendropicos 99
Elaenia 135
Elanoides 76

Elanus 75, 76
Elaphrornis 186
elaphrus, Aerodramus 30
elata, Ceratogymna 84
elatus, Tyrannulus 135
Electron 87
elegans, Celeus 98
elegans, Emberiza 248
elegans, Eudromia 3
elegans, Laniisoma 134
elegans, Leptopoecile 196
elegans, Malurus 146
elegans, Melanopareia 120
elegans, Neophema 108
elegans, Otus 73
elegans, Pardaliparus 176
elegans, Phaps 21
elegans, Pitta 113
elegans, Platycercus 108
elegans, Progne 188
elegans, Puffinus 53
elegans, Rallus 45
elegans, Sarothrura 44
elegans, Thalasseus 68
elegans, Trogon 83
elegans, Xiphorhynchus 130
elegantissima, Euphonia 242
eleonorae, Falco 102
Eleoscytalopus 121
Eleothreptus 26
elgini, Spilornis 77
elgonensis, Scleroptila 9
eliciae, Hylocharis 38
elisabeth, Myadestes 216
elisae, Ficedula 223
eliza, Doricha 39
ellioti, Atthis 39
ellioti, Syrmaticus 10
ellioti, Tanysiptera 89
elliotii, Dendropicos 100
elliotii, Hydrornis 112
elliotii, Trochalopteron 206
Elminia 175
elphinstonii, Columba 17
Elseyornis 61
eludens, Grallaria 120
Elvira 37
Emarginata 225
Emberiza 247, 248
Emberizidae 247
Emberizoides 259
Embernagra 259
Emblema 238
emeiensis, Phylloscopus 194
emiliae, Chlorocharis 199
emiliana, Macropygia 18
eminentissima, Foudia 233
Eminia 183
eminibey, Passer 240
emma, Pyrrhura 106
Empidonax 140, 141
Empidonomus 143

flavus, Zosterops 199
floccosus, Pycnoptilus 151
florensis, Corvus 171
floriceps, Anthocephala 36
florida, Tangara 268
floris, Nisaetus 77
floris, Treron 22
Florisuga 31
flosculus, Loriculus 110
flumenicola, Ceyx 87
fluminea, Porzana 46
fluminensis, Myrmotherula 115
fluviatilis, Locustella 186
fluviatilis, Muscisaxicola 141
fluviatilis, Prinia 182
Fluvicola 142
fluvicola, Petrochelidon 189
foersteri, Henicophaps 20
foersteri, Melidectes 150
foetidus, Gymnoderus 133
fonsecai, Acrobatornis 127
forbesi, Anumara 254
forbesi, Atlapetes 250
forbesi, Charadrius 61
forbesi, Cyanoramphus 108
forbesi, Leptodon 76
forbesi, Lonchura 238
forbesi, Ninox 70
forbesi, Rallicula 44
forcipata, Macropsalis 27
fordianus, Microptilotis 150
forficatus, Chlorostilbon 36
forficatus, Dicrurus 165
forficatus, Elanoides 76
forficatus, Tyrannus 143
Formicariidae 123
Formicarius 123
Formicivora 115
formicivora, Myrmecocichla 225
formicivorus, Melanerpes 99
formosa, Amandava 237
formosa, Elachura 227
formosa, Eudromia 3
formosa, Geothlypis 255
formosa, Pipreola 132
formosa, Sibirionetta 14
formosa, Sitta 208
formosae, Dendrocitta 170
formosae, Treron 22
formosana, Fulvetta 197
formosana, Pnoepyga 185
formosanus, Carpodacus 244
formosum, Trochalopteron 206
formosus, Cyanocorax 169
fornsi, Teretistris 252
Forpus 106
forresti, Phylloscopus 193
forsteni, Ducula 22
forsteni, Meropogon 85
forsteni, Oriolus 153
forsteni, Trichoglossus 110
forsteri, Aptenodytes 50

forsteri, Sterna 68
fortipes, Horornis 195
fortis, Coracina 158
fortis, Geospiza 261
fortis, Hafferia 119
fossii, Caprimulgus 28
Foudia 233
Foulehaio 149
fraenatus, Caprimulgus 27
fraithii, Himatione 243
francesiae, Accipiter 78
franciae, Amazilia 37
francicus, Aerodramus 30
franciscanus, Arremon 249
franciscanus, Euplectes 233
franciscanus, Knipolegus 141
Francolinus 9
francolinus, Francolinus 9
franklinii, Psilopogon 93
frantzii, Catharus 216
frantzii, Elaenia 135
frantzii, Pteroglossus 92
frantzii, Semnornis 93
fraseri, Deleornis 229
fraseri, Myiothlypis 256
fraseri, Stizorhina 214
Fraseria 219
frater, Alophoixus 192
frater, Monarcha 167
frater, Onychognathus 214
Fratercula 68
fratrum, Batis 161
Frederickena 117
Fregata 57, 58
Fregatidae 57
Fregetta 50
fremantlii, Spizocorys 179
frenata, Habia 259
frenata, Zentrygon 19
frenatus, Bolemoreus 149
frenatus, Chaetops 174
freycinet, Megapodius 4
Fringilla 242
fringillaris, Spizocorys 179
fringillarius, Agelaioides 254
fringillarius, Microhierax 102
Fringillidae 242
fringillinus, Melaniparus 177
fringilloides, Spermestes 237
fringilloides, Sporophila 262
frontale, Cinclidium 223
frontalis, Anarhynchus 62
frontalis, Crithagra 245
frontalis, Dendrocitta 170
frontalis, Muscisaxicola 142
frontalis, Nonnula 91
frontalis, Orthotomus 183
frontalis, Phoenicurus 224
frontalis, Pipreola 132
frontalis, Pyrrhura 106
frontalis, Sericornis 151
frontalis, Silvicultrix 142

frontalis, Sitta 208
frontalis, Sphenopsis 264
frontalis, Sporophila 263
frontalis, Sporopipes 233
frontalis, Synallaxis 125
frontalis, Veniliornis 100
frontata, Tricholaema 94
frontatus, Falcunculus 154
frontatus, Psittacara 107
frugilegus, Corvus 171
frugivorus, Calyptophilus 258
fruticeti, Rhopospina 260
fucata, Alopochelidon 188
fucata, Emberiza 247
fuciphagus, Aerodramus 30
fucosa, Tangara 268
fuelleborni, Chamaetylas 221
fuelleborni, Cinnyris 230
fuelleborni, Laniarius 163
fuelleborni, Macronyx 241
fuertesi, Hapalopsittaca 104
fuertesi, Icterus 253
fugax, Hierococcyx 43
fulgens, Eugenes 38
fulgidus, Caridonax 88
fulgidus, Onychognathus 214
fulgidus, Pharomachrus 82
fulgidus, Psittrichas 108
Fulica 47
fulica, Heliornis 43
fulicarius, Phalaropus 64
fulicatus, Copsychus 219
fuliginiceps, Leptasthenura 124
fuliginosa, Asthenes 124
fuliginosa, Chalcomitra 230
fuliginosa, Dendrocincla 129
fuliginosa, Geospiza 261
fuliginosa, Nesofregetta 50
fuliginosa, Petrochelidon 189
fuliginosa, Psalidoprocne 187
fuliginosa, Rhipidura 164
fuliginosa, Strepera 160
fuliginosus, Aegithalos 196
fuliginosus, Calamanthus 151
fuliginosus, Caloramphus 93
fuliginosus, Dendragapus 11
fuliginosus, Haematopus 60
fuliginosus, Leucophaeus 66
fuliginosus, Oreostruthus 238
fuliginosus, Otus 72
fuliginosus, Phoenicurus 224
fuliginosus, Saltator 260
fuliginosus, Tiaris 261
fuligiventer, Phylloscopus 193
fuligula, Aythya 14
fuligula, Ptyonoprogne 189
Fulmarus 51, 52
fulva, Argya 204
fulva, Cinnycerthia 209
fulva, Frederickena 117
fulva, Petrochelidon 189
fulva, Pluvialis 60

helianthea, Coeligena   35
helianthea, Culicicapa   175
helias, Eurypyga   16
Helicolestes   80
heliobates, Camarhynchus   261
Heliobletus   129
heliodor, Chaetocercus   39
Heliodoxa   35
Heliomaster   38
Heliopais   43
Heliornis   43
Heliornithidae   43
heliosylus, Zonerodius   55
Heliothryx   32
helleri, Asthenes   124
helleri, Turdus   217
Hellmayrea   126
hellmayri, Anthus   241
hellmayri, Cranioleuca   126
hellmayri, Drymophila   118
hellmayri, Mecocerculus   136
hellmayri, Synallaxis   126
Helmitheros   254
heloisa, Atthis   39
hemichrysus, Myiodynastes   143
Hemicircus   96
Hemignathus   243
hemilasius, Buteo   81
hemileucurus, Campylopterus   36
hemileucurus, Phlogophilus   33
hemileucus, Lampornis   38
hemileucus, Myrmochanes   115
hemileucus, Passer   239
Hemimacronyx   241
hemimelaena, Sciaphylax   118
Hemiphaga   24
Hemiprocne   28, 29
Hemiprocnidae   28
Hemipus   161
Hemispingus   263, 264
Hemithraupis   260
Hemitriccus   138, 139
hemixantha, Microeca   174
Hemixos   192
hemprichii, Ichthyaetus   66
hemprichii, Lophoceros   84
hendersoni, Podoces   170
henicogrammus, Accipiter   79
Henicopernis   76
Henicophaps   20
Henicorhina   210
henricae, Cranioleuca   126
henrici, Ficedula   224
henrici, Montifringilla   240
henrici, Trochalopteron   206
henricii, Psilopogon   93
henslowii, Passerculus   251
henstii, Accipiter   79
hepatica, Piranga   259
heraldica, Pterodroma   52
herberti, Phylloscopus   194
herberti, Stachyris   201

herbicola, Emberizoides   259
hercules, Alcedo   88
herero, Namibornis   226
herioti, Cyornis   220
herminieri, Melanerpes   99
hernsheimi, Ptilinopus   24
herodias, Ardea   56
Herpetotheres   101
Herpsilochmus   115, 116
herrani, Chalcostigma   34
Hesperiphona   243
Heterocercus   131
heteroclitus, Geoffroyus   111
Heteroglaux   71
heterolaemus, Phyllergates   195
Heteromirafra   178
Heteromunia   238
Heteromyias   174
Heteronetta   12
Heterophasia   207
heteropogon, Chalcostigma   34
Heteroscenes   43
Heterospingus   260
Heterotetrax   48
Heteroxenicus   222
heterura, Asthenes   125
heterura, Setopagis   27
heudei, Paradoxornis   198
heuglini, Cossypha   221
heuglini, Ploceus   234
heuglinii, Neotis   48
heuglinii, Oenanthe   225
heyi, Ammoperdix   8
hiaticula, Charadrius   60
hiemalis, Troglodytes   210
Hieraaetus   77, 78
Hierococcyx   43
hildebrandti, Lamprotornis   214
hildebrandti, Pternistis   9
himalayana, Certhia   207
himalayana, Prunella   232
himalayana, Psittacula   111
himalayensis, Dendrocopos   101
himalayensis, Gyps   76
himalayensis, Sitta   207
himalayensis, Tetraogallus   8
Himantopus   60
himantopus, Calidris   63
himantopus, Himantopus   60
Himantornis   44
Himatione   243
hindei, Turdoides   204
hindwoodi, Bolemoreus   149
hiogaster, Accipiter   78
Hippolais   185
hirsuta, Tricholaema   94
hirsutus, Glaucis   31
Hirundapus   29
hirundinacea, Cypsnagra   264
hirundinacea, Euphonia   242
hirundinacea, Sterna   68
hirundinaceum, Dicaeum   228

hirundinaceus, Aerodramus   30
hirundinaceus, Hemipus   161
hirundinaceus, Nyctipolus   26
Hirundinea   140
hirundineus, Merops   85
Hirundinidae   187
Hirundo   188, 189
hirundo, Sterna   68
hispanica, Oenanthe   225
hispaniolensis, Contopus   140
hispaniolensis, Passer   239
hispaniolensis, Poospiza   263
hispidus, Phaethornis   32
histrio, Eos   110
histrionica, Phaps   21
Histrionicus   13
histrionicus, Histrionicus   13
Histurgops   233
hiwae, Acrocephalus   184
hoazin, Opisthocomus   39
hochstetteri, Cyanoramphus   108
hochstetteri, Porphyrio   46
hodgei, Dryocopus   98
hodgsoni, Anthus   240
hodgsoni, Batrachostomus   25
hodgsoni, Certhia   207
hodgsoni, Ficedula   224
hodgsoni, Phoenicurus   224
hodgsoni, Tickellia   195
hodgsoniae, Perdix   10
hodgsonii, Columba   17
hodgsonii, Prinia   182
hoedtii, Alopecoenas   20
hoematotis, Pyrrhura   106
hoeschi, Anthus   241
hoevelli, Cyornis   220
hoffmanni, Pyrrhura   106
hoffmannii, Melanerpes   99
hoffmannsi, Dendrocolaptes   129
hoffmannsi, Rhegmatorhina   117
holerythra, Rhytipterna   144
hollandicus, Nymphicus   103
holochlora, Cryptopipo   131
holochlorus, Erythrocercus   195
holochlorus, Psittacara   107
holomelas, Laniarius   163
holopolium, Edolisoma   159
holosericea, Drepanoptila   23
holosericeus, Amblycercus   252
holosericeus, Amblyramphus   254
holosericeus, Eulampis   33
holospilus, Spilornis   77
holostictus, Thripadectes   128
holsti, Machlolophus   176
hombroni, Actenoides   88
homeyeri, Pachycephala   155
homochroa, Catamenia   265
homochroa, Dendrocincla   129
homochroa, Hydrobates   51
homochrous, Pachyramphus   134
hoogerwerfi, Lophura   10
hopkei, Carpodectes   133

massena, Trogon 83
masteri, Vireo 156
masukuensis, Arizelocichla 190
mathewsi, Cincloramphus 186
matsudairae, Hydrobates 51
matthewsii, Boissonneaua 35
matthiae, Rhipidura 164
maugaeus, Chlorostilbon 36
maugei, Dicaeum 228
maugeus, Geopelia 21
mauretanicus, Puffinus 53
mauri, Calidris 63
mauritanica, Pica 170
mauritianus, Zosterops 200
maurus, Circus 80
maurus, Saxicola 225
mavors, Heliangelus 33
maxillosus, Saltator 261
maxima, Coracina 158
maxima, Megaceryle 88
maxima, Melanocorypha 179
maxima, Pitta 113
maximiliani, Melanopareia 120
maximiliani, Pionus 105
maximiliani, Sporophila 262
maximus, Aerodramus 30
maximus, Artamus 160
maximus, Garrulax 205
maximus, Saltator 260
maximus, Thalasseus 68
maximus, Turdus 217
mayeri, Astrapia 172
mayeri, Nesoenas 18
maynana, Cotinga 132
mayottensis, Otus 72
mayottensis, Zosterops 200
mayri, Ptiloprora 147
mayri, Rallicula 44
Mayrornis 166
mazarbarnetti, Cichlocolaptes 128
Mazaria 126
mccallii, Erythrocercus 195
mcclellandi, Erythrogenys 201
mcclellandii, Ixos 192
mccownii, Rhynchophanes 247
mcgregori, Malindangia 158
mcilhennyi, Conioptilon 133
mcleannani, Phaenostictus 117
mcleodii, Nyctiphrynus 27
mearnsi, Aerodramus 30
Mearnsia 29
mechowi, Cercococcyx 43
Mecocerculus 136
media, Chloropsis 227
media, Gallinago 64
mediocris, Cinnyris 230
medius, Leiopicus 100
meeki, Ceyx 87
meeki, Charmosyna 109
meeki, Corvus 171
meeki, Erythropitta 113
meeki, Micropsitta 112

meeki, Ninox 70
meeki, Zosterops 199
meekiana, Ptiloprora 147
meesi, Caprimulgus 28
Megabyas 161
megacephalum, Ramphotrigon 144
Megaceryle 88
Megacrex 46
Megadyptes 50
megaensis, Hirundo 189
megala, Gallinago 64
Megalaimidae 93
Megalampitta 172
megalopterus, Campylorhynchus 208
megalopterus, Phalcoboenus 101
megalorynchos, Tanygnathus 111
megalotis, Otus 72
megalura, Leptotila 19
Megalurulus 186
Megalurus 186
megaplaga, Loxia 246
Megapodiidae 3
Megapodius 4
megapodius, Pteroptochos 121
megarhyncha, Colluricincla 155
megarhyncha, Passerella 251
megarhyncha, Pitta 113
megarhyncha, Syma 88
megarhynchos, Luscinia 222
megarhynchus, Chalcites 42
megarhynchus, Dicrurus 165
megarhynchus, Melilestes 149
megarhynchus, Ploceus 235
Megarynchus 143
Megascops 73, 74
Megastictus 115
Megatriorchis 78
Megaxenops 129
Megazosterops 198
meiffrenii, Ortyxelos 65
Meiglyptes 97
melacoryphus, Coccyzus 42
melaena, Lonchura 238
melaena, Myrmecocichla 225
Melaenornis 219
melambrotus, Cathartes 75
Melampitta 172
Melampittidae 172
Melamprosops 243
melanaria, Cercomacra 118
melancholicus, Tyrannus 143
melancoryphus, Cygnus 12
Melanerpes 99
melania, Hydrobates 51
melanicterus, Cassiculus 252
melanicterus, Pycnonotus 190
Melaniparus 177
Melanitta 13
melanocephala, Alectoris 8
melanocephala, Anthornis 147
melanocephala, Apalis 183
melanocephala, Ardea 56

melanocephala, Arenaria 63
melanocephala, Carpornis 132
melanocephala, Curruca 196
melanocephala, Emberiza 247
melanocephala, Myzomela 147
melanocephala, Tricholaema 94
melanocephalus, Atlapetes 250
melanocephalus, Ichthyaetus 66
melanocephalus, Malurus 146
melanocephalus, Myioborus 257
melanocephalus, Pheucticus 258
melanocephalus, Pionites 106
melanocephalus, Ploceus 234
melanocephalus, Threskiornis 55
melanocephalus, Tragopan 10
melanocephalus, Trogon 83
melanocephalus, Vanellus 62
melanocephalus, Zosterops 199
melanoceps, Akletos 119
Melanocharis 173
Melanocharitidae 173
melanochlamys, Accipiter 79
melanochlamys, Bangsia 267
Melanochlora 175
melanochloros, Colaptes 98
melanochroa, Crithagra 246
melanochroa, Ducula 23
Melanocorypha 179
melanocorys, Calamospiza 248
melanocyaneus, Cyanocorax 169
Melanodera 265
melanodera, Melanodera 265
Melanodryas 174
melanogaster, Anhinga 59
melanogaster, Conopophaga 120
melanogaster, Formicivora 115
melanogaster, Lissotis 48
melanogaster, Oreotrochilus 34
melanogaster, Piaya 42
melanogaster, Ploceus 234
melanogaster, Ramphocelus 262
melanogaster, Sporophila 263
melanogaster, Turnix 65
melanogenis, Leucocarbo 58
melanogenys, Adelomyia 33
melanogenys, Anisognathus 266
melanogenys, Basileuterus 257
melanolaemus, Atlapetes 250
melanoleuca, Heterophasia 207
melanoleuca, Lalage 159
melanoleuca, Lamprospiza 258
melanoleuca, Leucosarcia 21
melanoleuca, Pygochelidon 188
melanoleuca, Tringa 64
melanoleucos, Campephilus 96
melanoleucos, Circus 80
melanoleucos, Microcarbo 58
melanoleucos, Microhierax 102
melanoleucos, Microtarsus 189
melanoleucus, Accipiter 79
melanoleucus, Geranoaetus 81
melanoleucus, Microspingus 264

melanoleucus, Seleucidis   173
melanoleucus, Spizaetus   77
melanoleucus, Urolestes   168
melanolophus, Gorsachius   56
melanonota, Pipraeidea   266
melanonotus, Odontophorus   6
melanonotus, Thamnophilus   116
melanonotus, Touit   104
Melanopareia   120
Melanopareiidae   120
Melanoperdix   7
melanopezus, Automolus   128
melanophaius, Laterallus   44
melanophris, Thalassarche   51
melanophrys, Manorina   149
melanopis, Schistochlamys   267
melanopis, Theristicus   55
melanopogon, Acrocephalus   185
melanopogon, Hypocnemoides   118
melanops, Centropus   40
melanops, Conopophaga   120
melanops, Elseyornis   61
melanops, Gallinula   47
melanops, Gliciphila   147
melanops, Leucopternis   81
melanops, Lichenostomus   149
melanops, Myadestes   216
melanops, Phleocryptes   127
melanops, Trichothraupis   261
melanops, Turdoides   204
melanopsis, Atlapetes   250
melanopsis, Icterus   253
melanopsis, Monarcha   167
melanoptera, Chloephaga   13
melanoptera, Lalage   159
melanoptera, Metriopelia   20
melanopterus, Acridotheres   213
melanopterus, Pogonornis   94
melanopterus, Vanellus   61
Melanoptila   211
melanopygia, Telacanthura   29
Melanorectes   154
melanorhamphos, Corcorax   172
melanorhyncha, Pelargopsis   88
melanorhynchus, Chlorostilbon   36
melanorhynchus, Eudynamys   42
melanorhynchus, Thripadectes   128
melanospilus, Ptilinopus   23
Melanospiza   261
melanosternon, Hamirostra   76
melanosticta, Rhegmatorhina   117
melanostigma, Trochalopteron   206
melanota, Pulsatrix   74
melanothorax, Curruca   197
melanothorax, Cyanoderma   202
melanothorax, Thamnophilus   116
Melanotis   211
melanotis, Ailuroedus   145
melanotis, Basileuterus   257
melanotis, Coccopygia   237
melanotis, Coryphaspiza   259
melanotis, Hapalopsittaca   104

melanotis, Manorina   149
melanotis, Mimus   211
melanotis, Odontophorus   6
melanotis, Oriolus   153
melanotis, Pteruthius   157
melanotis, Sphenopsis   264
melanotos, Calidris   63
melanotos, Sarkidiornis   13
melanotus, Porphyrio   47
melanoxantha, Phainoptila   226
melanozanthos, Mycerobas   243
melanozanthum, Dicaeum   227
melanura, Anthornis   147
melanura, Oenanthe   226
melanura, Pachycephala   155
melanura, Polioptila   208
melanura, Pyrrhura   106
melanurus, Ceyx   87
melanurus, Cisticola   181
melanurus, Climacteris   145
melanurus, Himantopus   60
melanurus, Myophonus   223
melanurus, Myrmoborus   119
melanurus, Ochetorhynchus   123
melanurus, Passer   240
melanurus, Pomatorhinus   201
melanurus, Ramphocaenus   208
melanurus, Trogon   83
melas, Edolisoma   159
melaschistos, Lalage   159
melba, Pytilia   236
melba, Tachymarptis   30
meleagrides, Agelastes   5
Meleagris   11
meleagris, Numida   5
Meliarchus   149
Melichneutes   95
Melidectes   150
Melidora   89
Melierax   78
Melignomon   95
Melilestes   149
melindae, Anthus   241
Meliphacator   148
Meliphaga   150
Meliphagidae   146
meliphilus, Indicator   95
Melipotes   149
Melithreptus   148, 149
Melitograis   148
melitophrys, Vireolanius   156
melleri, Anas   15
mellianus, Oriolus   154
Mellisuga   39
mellisugus, Chlorostilbon   36
mellivora, Florisuga   31
mellori, Corvus   172
Melloria   160
Melocichla   180
meloda, Zenaida   20
melodia, Melospiza   251
melodus, Charadrius   61

Melopsittacus   110
Melopyrrha   261
meloryphus, Euscarthmus   136
Melospiza   251
Melozone   251
melpoda, Estrilda   236
membranaceus, Malacorhynchus   12
menachensis, Crithagra   246
menachensis, Turdus   217
menagei, Dicrurus   165
menagei, Gallicolumba   20
menbeki, Centropus   40
menckei, Symposiachrus   167
mendanae, Acrocephalus   184
mendeni, Geokichla   215
mendeni, Otus   73
mendiculus, Spheniscus   50
mendozae, Pomarea   166
mendozae, Sicalis   265
menetriesii, Myrmotherula   115
meninting, Alcedo   88
mennelli, Crithagra   246
menstruus, Pionus   105
mentale, Chrysophlegma   97
mentalis, Artamus   160
mentalis, Ceratopipra   131
mentalis, Cracticus   160
mentalis, Dysithamnus   116
mentalis, Melocichla   180
mentalis, Merops   85
mentalis, Pachycephala   155
mentawi, Otus   72
Mentocrex   44
Menura   145
Menuridae   145
mercenarius, Amazona   105
Merganetta   14
merganser, Mergus   13
Mergellus   13
Mergus   13
meridae, Atlapetes   250
meridae, Cistothorus   209
meridanus, Scytalopus   122
meridionale, Montecincla   206
meridionalis, Buteogallus   80
meridionalis, Chaetura   29
meridionalis, Lanius   168
meridionalis, Nestor   103
merlini, Coccyzus   42
Meropidae   85
Meropogon   85
Merops   85, 86
merrilli, Ptilinopus   23
merrotsyi, Amytornis   146
merula, Dendrocincla   129
merula, Turdus   217
Merulaxis   121
merulinus, Cacomantis   43
merulinus, Garrulax   205
meruloides, Chamaeza   123
Mesembrinibis   55
Mesitornis   17

navai, Hylorchilus 209
ndussumensis, Criniger 192
Neafrapus 29
nebouxii, Sula 58
nebularia, Tringa 64
nebulosa, Rhipidura 164
nebulosa, Strix 74
nebulosus, Picumnus 96
Necrosyrtes 76
Nectarinia 230
Nectariniidae 228
nectarinioides, Cinnyris 231
neergaardi, Cinnyris 230
neglecta, Ducula 22
neglecta, Pterodroma 52
neglecta, Sitta 207
neglecta, Sturnella 252
neglectus, Anthreptes 229
neglectus, Phalacrocorax 59
neglectus, Phylloscopus 193
negreti, Henicorhina 210
nehrkorni, Dicaeum 228
nehrkorni, Zosterops 199
nelicourvi, Ploceus 235
nelsoni, Ammospiza 251
nelsoni, Geothlypis 255
nelsoni, Vireo 156
nematura, Lochmias 129
nemoricola, Gallinago 64
nemoricola, Leucosticte 244
Nemosia 259
nenday, Aratinga 107
nengeta, Fluvicola 142
Neochen 13
Neochmia 238
Neocichla 214
Neocossyphus 214
Neocrex 46
Neoctantes 114
Neodrepanis 113
Neolalage 166
Neolestes 193
Neomixis 180
Neomorphus 40
Neopelma 130
Neophedina 188
Neophema 108, 109
Neophron 76
Neopipo 140
Neopsephotus 108
Neopsittacus 109
Neosittidae 153
Neosuthora 197
Neothraupis 267
Neotis 48
neoxena, Hirundo 188
neoxenus, Euptilotis 82
Neoxolmis 142
Nephelomyias 138
Nephelornis 264
nereis, Garrodia 50
nereis, Sternula 67

Nesasio 73
Nesillas 184
nesiotis, Anas 15
nesiotis, Edolisoma 159
Nesocharis 237
Nesoctites 96
Nesoenas 18
Nesofregetta 50
Nesopsar 253
Nesoptilotis 149
Nesospingidae 257
Nesospingus 257
Nesospiza 265
Nesotriccus 136
Nestor 103
Netta 14
Nettapus 13
neumanni, Arizelocichla 191
neumanni, Onychognathus 214
neumanni, Urosphena 195
neumayer, Sitta 208
nevadensis, Artemisiospiza 251
nevermanni, Lonchura 238
newelli, Puffinus 53
newtoni, Acrocephalus 184
newtoni, Falco 102
newtoni, Lalage 159
newtoni, Lanius 169
Newtonia 161
newtoniana, Prionodura 145
newtonii, Anabathmis 229
ngoclinhense, Trochalopteron 206
niansae, Apus 31
nicaraguensis, Quiscalus 254
Nicator 180
Nicatoridae 180
nicefori, Thryophilus 209
nicobarica, Caloenas 21
nicobaricus, Cyornis 220
nicobariensis, Ixos 192
nicobariensis, Megapodius 4
nicolli, Ploceus 235
nidipendulus, Hemitriccus 138
nieuwenhuisii, Pycnonotus 190
niger, Agelastes 5
niger, Bubalornis 232
niger, Capito 92
niger, Chlidonias 68
niger, Cypseloides 29
niger, Melaniparus 177
niger, Melanoperdix 7
niger, Microcarbo 58
niger, Neoctantes 114
niger, Pachyramphus 134
niger, Phylidonyris 148
niger, Quiscalus 254
niger, Rynchops 66
niger, Threnetes 31
nigeriae, Vidua 239
nigerrimus, Knipolegus 141
nigerrimus, Laniarius 163
nigerrimus, Nesopsar 253

nigerrimus, Ploceus 234
nigra, Astrapia 172
nigra, Ciconia 54
nigra, Coracopsis 108
nigra, Kittacincla 219
nigra, Lalage 159
nigra, Melanitta 13
nigra, Melanocharis 173
nigra, Melopyrrha 261
nigra, Myrmecocichla 225
nigra, Penelopina 4
nigra, Pomarea 166
nigrescens, Cercomacroides 118
nigrescens, Contopus 140
nigrescens, Melanorectes 154
nigrescens, Nyctipolus 26
nigrescens, Setophaga 256
nigrescens, Turdus 217
nigricans, Cercomacra 118
nigricans, Pardirallus 46
nigricans, Petrochelidon 189
nigricans, Pinarocorys 177
nigricans, Pycnonotus 190
nigricans, Sayornis 140
nigricans, Serpophaga 136
nigricapillus, Cantorchilus 210
nigricapillus, Formicarius 123
nigricapillus, Sylvia 196
nigricauda, Sipia 119
nigricephala, Spindalis 257
nigriceps, Apalis 183
nigriceps, Ardeotis 48
nigriceps, Arizelocichla 191
nigriceps, Eremopterix 178
nigriceps, Orthotomus 184
nigriceps, Polioptila 208
nigriceps, Saltator 260
nigriceps, Serinus 246
nigriceps, Spermestes 237
nigriceps, Stachyris 201
nigriceps, Tanysiptera 89
nigriceps, Thamnophilus 116
nigriceps, Todirostrum 139
nigriceps, Turdus 217
nigriceps, Veniliornis 100
nigricincta, Aphelocephala 152
nigricollis, Anthracothorax 33
nigricollis, Busarellus 80
nigricollis, Gracupica 213
nigricollis, Grus 48
nigricollis, Phoenicircus 132
nigricollis, Ploceus 234
nigricollis, Podiceps 16
nigricollis, Sporophila 262
nigricollis, Stachyris 201
nigricollis, Turnix 65
nigrifrons, Atlapetes 250
nigrifrons, Chlorophoneus 162
nigrifrons, Cyclopsitta 110
nigrifrons, Monasa 91
nigrifrons, Phylloscartes 137
nigrigenis, Agapornis 111

rufinus, Buteo 81
rufipectoralis, Ochthoeca 142
rufipectus, Arborophila 7
rufipectus, Clibanornis 128
rufipectus, Formicarius 123
rufipectus, Leptopogon 138
rufipectus, Spilornis 77
rufipectus, Turdinus 202
rufipennis, Butastur 80
rufipennis, Cinnyris 231
rufipennis, Geositta 123
rufipennis, Illadopsis 203
rufipennis, Macropygia 18
rufipennis, Neomorphus 40
rufipennis, Petrophassa 21
rufipennis, Polioxolmis 142
rufipes, Strix 74
rufipileatus, Automolus 128
Rufirallus 44
rufirostris, Tockus 83
rufitorques, Accipiter 79
rufitorques, Turdus 218
rufiventer, Pteruthius 157
rufiventer, Tachyphonus 262
rufiventer, Terpsiphone 166
rufiventris, Accipiter 79
rufiventris, Ardeola 56
rufiventris, Erythropitta 113
rufiventris, Euphonia 243
rufiventris, Lurocalis 26
rufiventris, Melaniparus 177
rufiventris, Mionectes 137
rufiventris, Monticola 224
rufiventris, Neoxolmis 142
rufiventris, Pachycephala 155
rufiventris, Picumnus 96
rufiventris, Poicephalus 104
rufiventris, Prionops 161
rufiventris, Pseudosaltator 266
rufiventris, Rhipidura 164
rufiventris, Turdus 218
rufivertex, Iridosornis 266
rufivertex, Muscisaxicola 141
rufivirgatus, Arremonops 249
rufoaxillaris, Molothrus 253
rufobrunnea, Crithagra 246
rufobrunneus, Thripadectes 128
rufocarpalis, Calicalicus 160
rufociliatus, Troglodytes 210
rufocinctus, Kupeornis 204
rufocinctus, Passer 239
rufocinerea, Grallaria 120
rufocinerea, Terpsiphone 166
rufocinereus, Monticola 224
rufocinnamomea, Mirafra 178
rufocollaris, Petrochelidon 189
rufocrissalis, Melidectes 150
rufofuscus, Buteo 82
rufogularis, Acanthagenys 149
rufogularis, Apalis 183
rufogularis, Arborophila 7
rufogularis, Conopophila 149

rufogularis, Garrulax 205
rufogularis, Pachycephala 154
rufogularis, Schoeniparus 202
rufolateralis, Smithornis 114
rufomarginatus, Euscarthmus 136
rufonuchalis, Periparus 175
rufopalliatus, Turdus 218
rufopectus, Poliocephalus 16
rufopicta, Lagonosticta 235
rufopictus, Pternistis 9
rufopileatum, Pittasoma 120
rufoscapulatus, Plocepasser 233
rufosuperciliaris, Poospiza 263
rufosuperciliata, Syndactyla 128
rufula, Grallaria 120
rufulus, Anthus 241
rufulus, Gampsorhynchus 203
rufulus, Troglodytes 210
rufum, Conirostrum 264
rufum, Philydor 128
rufum, Toxostoma 211
rufus, Antrostomus 27
rufus, Attila 144
rufus, Bathmocercus 183
rufus, Campylopterus 36
rufus, Casiornis 144
rufus, Cisticola 181
rufus, Climacteris 145
rufus, Cursorius 65
rufus, Furnarius 124
rufus, Megalurulus 186
rufus, Neocossyphus 214
rufus, Pachyramphus 134
rufus, Selasphorus 39
rufus, Tachyphonus 262
rufus, Trogon 83
rufusater, Philesturnus 173
rugensis, Metabolus 166
ruki, Rukia 198
Rukia 198
rumicivorus, Thinocorus 62
rumseyi, Ninox 70
rupestris, Chordeiles 26
rupestris, Columba 17
rupestris, Monticola 224
rupestris, Ptyonoprogne 189
Rupicola 132
rupicola, Colaptes 98
rupicola, Pyrrhura 106
rupicola, Rupicola 132
rupicoloides, Falco 102
rupicolus, Falco 102
Rupornis 81
ruppeli, Curruca 197
ruppelli, Eurocephalus 168
rupurumii, Phaethornis 31
rushiae, Pholidornis 196
ruspolii, Turaco 49
russatus, Chlorostilbon 36
russatus, Poecilotriccus 139
rustica, Emberiza 248
rustica, Haplospiza 265

rustica, Hirundo 188
rusticola, Scolopax 63
rusticolus, Falco 102
ruticilla, Setophaga 255
rutila, Amazilia 37
rutila, Emberiza 248
rutila, Phytotoma 132
rutila, Streptoprocne 29
rutilans, Synallaxis 126
rutilus, Otus 72
rutilus, Pheugopedius 209
rutilus, Xenops 129
ruwenzorii, Oreolais 182
Ruwenzorornis 49
ruweti, Ploceus 234
Rynchops 66
sabini, Dryoscopus 163
sabini, Rhaphidura 29
sabini, Xema 66
sabota, Calendulauda 178
sacer, Todiramphus 89
sacerdotis, Ceyx 87
sacerdotum, Symposiachrus 167
sacra, Egretta 57
Sagittariidae 75
Sagittarius 75
sagittatus, Oriolus 153
sagittatus, Otus 72
sagittatus, Pyrrholaemus 151
sagrae, Myiarchus 144
sahari, Emberiza 248
saisseti, Cyanoramphus 108
sakalava, Ploceus 235
Sakesphorus 117
salangana, Aerodramus 30
salimalii, Apus 31
salimalii, Zoothera 215
salinarum, Xolmis 142
sallaei, Granatellus 258
salmoni, Brachygalba 90
salmoni, Chrysothlypis 260
salomonis, Edolisoma 159
Salpinctes 209
Salpornis 207
Saltator 260, 261
Saltatricula 260
salvadori, Salpornis 207
salvadorii, Cryptospiza 236
salvadorii, Onychognathus 214
salvadorii, Psittaculirostris 110
salvadorii, Zosterops 199
Salvadorina 14
salvini, Antrostomus 27
salvini, Mitu 5
salvini, Ochthoeca 142
salvini, Oneillornis 117
salvini, Pachyptila 52
salvini, Thalassarche 51
samarensis, Orthotomus 184
samarensis, Penelopides 85
samarensis, Rhipidura 163
samarensis, Sarcophanops 114

五、英文名索引

161

六、中文名索引

· 434 ·